फसलों की
नवीनतम उत्पादन प्रौद्योगिकी

लेखक के बारे में

लेखक एक कृषि अनुसंधान वैज्ञानिक हैं। इन्होंने 95 शोधपत्र, हिन्दी एवं अंग्रेजी भाषा में लिखे हैं। ये शोध पत्र राष्ट्रीय एवं अन्तर्राष्ट्रीय ख्याति प्राप्त पत्रिकाओं में समय-समय पर प्रकाशित हुये हैं। इसके साथ इन्होंने कई कृषि विज्ञान तथा पर्यावरण सम्बन्धी पुस्तकें भी लिखी हैं। इनमें से दो पर्यावरण विषयक पर इनको भारत सरकार द्वारा पुरस्कृत किया गया है। हाल में पर्यावरण विषयान्तर्गत लिखी पुस्तक "पर्यावरण - आज का भारतीय परिदृश्य" के लिये राष्ट्रपति द्वारा पुरस्कृत किया गया है।

कृषि अनुसंधान के क्षेत्र में लिखी "जौ की खेती" जो कि एक सस्य के ऊपर अनुसंधान सम्बन्धी निबन्धन (मौनोग्राफ) है, इसके लिये भारतीय कृषि अनुसंधान परिषद, नई दिल्ली द्वारा डॉ. राजेन्द्र प्रसाद पुरस्कार से पुरस्कृत किया गया है।

विज्ञान एवं प्रौद्योगिकी विभाग, भारत सरकार, नई दिल्ली के लिये भी एक अंग्रेजी में निबन्धन पुस्तक "न्यू भिस्टाज इन बार्ली प्रोडक्शन" लिखी है। इसमें विश्व की सभी जौ की कृषि से सम्बन्धित वैज्ञानिक तथा आर्थिक सूचनाओं का विस्तार से विवेचन किया गया है।

इनकी पुस्तक "आज धरती रोती है" के लिये इनको पर्यावरण एवं वन मंत्रालय द्वारा पुरस्कृत किया गया है।

कृषि अनुसंधान वैज्ञानिक के पद पर कार्य करते इन्होंने देश में सबसे पहले बौने जौ की किस्म की उत्पत्ति की। आण्विक ऊर्जा का शांतिपूर्ण उपयोग के कार्य के अन्तर्गत इस सस्य की समपित्रैक (जीनोटाइप) किस्म को एक उत्परिवर्तन (आर.डी.बी.-1) के रूप में विकसित किया। इससे सिंचित कृषि की दशा में इससे न केवल प्रचलित किस्म से 2-2½ गुना अधिक उत्पादन प्राप्त हुआ है अपितु इसे पित्ररूप (जर्मप्लाज्म) में प्रयोग कर देश में अन्यान्य वैज्ञानिकों ने इसके साथ संकरण करके कई अन्य स्थितियों के लिये अनुकूल किस्मों को विकसित किया है। इस प्रकार से सूमकृमि रोधी, क्षार रोधी तथा कई अन्य जलवायु की भिन्न-भिन्न अवस्थाओं के लिये अनुकूलन कर अधिक उत्पादन देने वाली सुधरी किस्मों को विकसित किया है।

कृषि सम्बन्धी वार्ताओं का भी इनके द्वारा दूरदर्शन एवं आकाशवाणी से समय-समय पर प्रसारण हुआ है।

फसलों की
नवीनतम उत्पादन प्रौद्योगिकी

भाग 1

डॉ० आर० पी० चन्दोला

2015
दया पब्लिशिंग हाउस®
ऐस्ट्रल इंटरनेशनल (प्रा०) लिमिटेड की इकाई
नई दिल्ली–11002

Cataloging in Publication Data--DK
Courtesy: D.K. Agencies (P) Ltd. <docinfo@dkagencies.com>
Chandola, R. P.
Phasaloṃ kī navīnatama utpādana praudyogikī / Āra. Pī. Candolā.
2 v. cm.
In Hindi.
ISBN 9789351243434 (Set) (Hardbound)
ISBN 9789351243458 (Vol. 1)
ISBN 9789351243465 (Vol. 2)

1. Crop science--India. 2. Agricultural innovations--India. I. Title.

DDC 333.761520954 23

प्रकाशक : **दया पब्लिशिंग हाउस®**
ऐस्ट्रल इंटरनेशनल (प्रा॰) लिमिटेड की इकाई
– ISO 9001:2008 Certified Company –
मकान न० 96, गली न० 6, ब्लॉक सी, 30 फुटा रोड,
तोमर कॉलोनी, बुराडी, नई दिल्ली
ईमेल: info@astralint.com
वेबसाइट: www.astralint.com

विक्रय कार्यालय : 4760-61,23 अंसारी रोड, नई दिल्ली
दूरभाष 011-23245578, 23244987

अक्षर टंकण : शकुन ग्राफिक्स, दिल्ली-110 032

मुद्रक : रेपलिका प्रेस प्राइवेट लिमिटेड

भारत में प्रकाशित

प्राक्कथन

प्रस्तुत ग्रंथ में कृषि–विज्ञान की सन् 1960 से कृषि सस्यों के ऊपर कृषि अनुसंधान के परिणाम प्रस्तुत किये गये हैं। श्रीमती इन्दिरा गाँधी के अपने "गरीबी हटाओ" कार्यक्रम के अंतर्गत उनको आभास हुआ कि भारत के एक कृषि प्रधान देश होने के कारण ही इस दिशा में ठोस बुनियादी प्रगति होने से ही इस उद्देश्य की पूर्ति होना संभव है। इस प्रकार की दूरदर्शिता का परिचय देकर ही उन्होंने भारतीय कृषि अनुसंधान पर बल देकर देश में कृषि उत्पादन के क्षेत्र में उन्नति करने की ठानी। इसके लिए उन्होंने तुरंत कृषि अनुसंधान वैज्ञानिकों का उनके समसामयिक उत्तरदायित्वों एवं देश के प्रति अपने कर्तव्यों की ओर ध्यान आकर्षित किया। जिसके परिणाम स्वरूप कृषि वैज्ञानिकों के कर्मठ प्रयासों तथा उनके विज्ञान–ज्ञान से संबंधित सूझबूझ से भारत में 'हरित क्रांति' की परिणति हुई। यह कहना अतिश्योक्ति न होगी कि हरित क्रांति के सूत्रपात से ही अभिनव भारत का कृषि क्षेत्र में सूत्रपात हुआ, आम जनता विशेषकर कृषक–जगत में इस उद्देश्य को लेकर काफी जागृति आयी और उनका समान रूप से उत्साह भी बढ़ा। सभी ने इस बात को सराहा कि भारत में व्याप्त गरीबी को हटाने की दिशा में इससे अधिक व्यवहारिक एवं आवश्यक तरीका कोई अन्य हो ही नहीं सकता था। इसी समय कृषि अनुसंधान के लिए सार्थक प्रयासों की दिशा में सभी फसलों के विषय में विषय विशेषज्ञों के द्वारा प्रत्येक विषय को समकक्ष मानकर अनुसंधान पर अधिक व्यापक कार्य के कार्यक्रम हाथ में लिए गए। भारतीय कृषि अनुसंधान परिषद, नई दिल्ली के तत्वावधान में इस प्रकार के कार्य को "अखिल भारतीय कृषि समन्वित कार्यक्रम" के रूप में कार्यान्वित किया गया।

विभिन्न कृषि संबंधी आलेखों एवं पत्र–पत्रिकाओं में कृषि उद्योग के उत्थान एवं विभिन्न फसलों की उत्पादन वृद्धि के लिए किए गए अनुसंधान–प्रयासों को इंगित किया जाता है। प्रस्तुत पुस्तक में इन सभी अध्ययनों को संचित कर एक संग्रह के रूप में प्रकाशित किया जा रहा है। चाहे वे सामान्य मूल सिद्धान्त हों, या फसलों के उगाने के विशेष नवीनतम विधियां–इन सब विषयों को पुस्तक के रूप में हिन्दी भाषा में प्रस्तुत किया गया है। मातृभाषा एवं राजभाषा होने के कारण इसका महत्त्व और भी अधिक हो जाता है। इसका महत्त्व इसलिए अधिक हो जाता है क्योंकि सभी विषयों को नवीनतम प्रौद्योगिकी के साथ–साथ आवश्यक सूचना देते हुए सफलतापूर्वक बोधगम्य भाषा में लिखा गया है। विशेषकर जो प्रौद्योगिकी शब्द हैं और उनके लिए पुस्तक के अंत में शब्दावली को शब्दकोश के रूप में दिया गया है।

पुस्तक में लिखी गई सामग्री में किसानों को जिन प्राकृतिक विपदाओं अथवा कठिनाइयों का सामना करना पड़ता है, इनसे निवारण के लिए नए–नए प्रयोगों द्वारा सिद्ध करके उसे ठोस वैज्ञानिक परीक्षणों के परिणामों के साथ–साथ ही क्षेत्रीय आधार पर फसलों के अधिक उत्पादन के लिए वैज्ञानिकों द्वारा अपनाये गये सुधारों एवं विधियों का विवरण दिया गया है। जो भी सामान्य मूल विषय हैं उनका भी कई नवीनतम सुधारों के साथ विवरण दिया

गया है। जो आमतौर पर सामान्य कृषि क्रियाओं जैसे मूल विषयों को भी कई अन्य आवश्यक सुधारों को ध्यान में रखकर जो भी अनुसंधान के द्वारा उत्साहवर्द्धक परिणाम मिले हैं, उनको भी क्षेत्रीय आवश्यकताओं की दृष्टि से विशेष क्षेत्रीय फसल उत्पादकों के द्वारा कार्यान्वयन से क्षेत्रीय उत्पादकों को काफी लाभ हुआ है। इससे स्पष्टतया किसानों की स्मृधि तथा जीवन–यापन की गुणवत्ता में भी वृद्धि हुई है। इस प्रकार की स्थिति फसलों में उत्पादन वृद्धि एवं विकास से ही संभव हो सकी है।

इन अनुसंधान के कार्यक्रमों के किए गए कार्य–कलापों के अंतर्गत कृषि उत्पादन में वृद्धि हेतु किये जाने वाले वांछित विषय–विशेषज्ञों को साथ मिलकर काम करने तथा उनको एक फसल के लिए समन्वित ढंग से प्रयोग करने के परिणाम स्वरूप बड़े उत्साहवर्द्धक नतीजे मिले हैं। उपरोक्त जो योजना थी उससे अनुसंधान समन्वित योजना के अंतर्गत ऐसे मुख्य–मुख्य कार्य संपन्न हुए जिससे बड़े–सूक्ष्म क्षेत्रों को भी जलवायु, भूमि, वर्षा पर आधारित खेती, सिंचित खेती, उर्वरण एवं पौध संरक्षण जैसे विषयों को ध्यान में रखकर शामिल किया गया है। इस प्रकार से सूक्ष्मतम एवं सूक्ष्म खेती के लिए उत्पादन मापदण्ड निर्धारित करने से अन्यान्य क्षेत्रों में उत्पादन में वृद्धि हुई है और देश खाद्यान्न की दृष्टि से स्वावलम्बीं हो सका।

अखिल भारतीय समन्वित अनुसंधान के अंतर्गत फसलों की विभिन्न प्रजातियों का प्रजनन के द्वारा उद्‌भव एवं विकास किया गया। यहाँ तक कि जलवायु तथा अन्य कृषि उत्पादन के आदायों को विशेष ध्यान में रखकर विस्तृत परीक्षणों के द्वारा क्षेत्र विशेष के लिए फसलो की उचित प्रजातियों का उनकी स्थानीय अनुकूलन एवं लोकप्रियता के साथ उनकी उत्पादन क्षमता को भी कई गुना बढ़ाया गया।

इस कार्यक्रम के अंतर्गत कार्य करते हुए लेखक ने भी जौ की एक बहुत महत्त्वपूर्ण प्रजाति का विकास किया। यह कार्य आण्विक ऊर्जा के शान्तिपूर्ण उपयोग के अंतर्गत एक अहं उत्परिवर्तन के उद्‌भव के द्वारा किया गया। यह जौ कि जल्दी पकने वाली, बौनी किस्म की प्रजाति थी। इससे राजस्थान में सिंचित कृषि करके प्रचलित प्रजाति की तुलना में ढाई गुना अधिक उत्पादन मिला है। देश के अन्य अनुसंधान केन्द्रों ने भी इस प्रजाति के बौने आकार तथा इसके अन्य क्षेत्रीय गुणों को मान्यता देकर उसे अपने प्रजनन कार्यक्रमों में बौने जीनों के लिए एक दाता–पित्र के रूप में उपयोग किया। इसके फलस्वरूप ऐसी प्रजातियों का उद्‌भव किया गया जो लवणीय दशाओं के प्रतिरोधी (हरियाणा), सूमकृमि के प्रतिरोधी (राजस्थान) तथा असिंचित कृषि में भी अधिक उत्पादन देने वाली किस्म (मध्य प्रदेश तथा उत्तरी भाग) के रूप में कई नई किस्मों को विकसित किया गया।

अब जो कार्यक्रम निरंतर बाकी रहता है वह है अनुसंधान प्राप्त उत्साहवर्द्धक परिणामों को भविष्य में भी पूर्ण निष्ठा एवं लगन के साथ उपयोग करना। साथ ही किसान को अधिक सुविधा देना जिससे वह उत्पादन कार्य में पूरी रुचि ले सके। नई प्रौद्योगिकी के उपलब्ध होते हुए कृषि उत्पादन आदायों के ऊपर विशेष ध्यान देने की आवश्यकता है। अब कृषि सस्यों का उत्पादन पहले जैसे जुआ नहीं रह गया है। अब नवीनतम ढंग से वैज्ञानिक कृषि के द्वारा हम वांछित फल प्राप्त कर सकते हैं। बस ध्यान उन कारकों पर भी देना होगा जो प्राकृतिक दशाओं की विकृति से उत्पादन में रोड़ा बनते हैं। ये कारक हैं शुष्कखेती (अवर्षा के कारण) अधिक वर्षा (बाढ़ की स्थिति से भूमि फसल का जलमग्न होना) तथा पहाड़ी क्षेत्रों के लिए कृषि यांत्रिकी को विकसित/प्रोत्साहित करना तथा उत्पादन के सृष्टों की उचित वितरण व्यवस्था उत्पन्न करना आदि।

वर्ष 2010 को प्रधान मंत्री ने अपने दीक्षान्त भाषण में जो उन्होंने गोविन्द बल्लभ कृषि एवं प्रौद्योगिकी विश्वविद्यालय पन्तनगर में जोर देकर कहा कि हरित क्रान्ति के एक बार स्थापित होने के बाबजूद भी अभी हमारी निरंतर बढ़ती आबादी के लिए हमें कृषि उत्पादन को दो प्रतिशत से बढ़ाकर चार प्रतिशत करने की आज के युग

में बड़ी आवश्यकता है। इस प्रकार की दशा इसलिए भी हुई कि वैज्ञानिकों द्वारा प्रौद्योगिकी में की गई तरक्की के संपूर्ण अनुसंधान के द्वारा प्राप्त परिणामों को अधिकांशत: प्रयोग में नहीं लिया गया। इसके कई कारण हैं जैसे– निरंतर बढ़ती जनसंख्या, कृषि के लिए जमीन के क्षेत्रफल में कमी, अन्य आदायों जैसे कृत्रिम सिंचाई के साधन उपलब्ध न होना इत्यादि। यहाँ पर यह जोर देकर कहा जाना चाहिए कि पहले की भाँति सभी साधनों को निरंतर पूर्ण निष्ठा एवं संकल्प के साथ किसानों को प्रोत्साहित करना होगा। इसके लिए सबसे अच्छा उपाय किसानों को उनके द्वारा उत्पादित मदों को उत्साहवर्द्धक दरों से खरीदना होगा। आज का शुभसमाचार यह है कि भारत सरकार अपने दायित्वों का निर्वहन करते हुए कुपोषण एवं गरीबों के पूर्णतया जागृत होते हुये आवश्यक खाद्य सामग्री उपलब्ध कराने हेतु कानून बनाया है। इस कानून का नाम है–खाद्य सुरक्षा कानून, 2013–इसके तहत गरीबी की रेखा के नीचे रहने वालेजनता के सदस्यों, महिलाओं तथा बच्चों को विशेषकर ध्यान में रखकर कानून बनाया गया है। खाद्य सुरक्षा कानून के कारण हर भारतवासी को रोजमर्रा की खाद्य सामग्री एवं खाद्यान्न को उपलब्ध कराने की गारंटी दी गई है। इससे समाज में विद्यमान कुपोषण की समस्या का काफी सीमा तक हल हो जायेगा।

भारत में अच्छे विचारों की कमी नहीं है, परन्तु इससे जुड़ी एक घनिष्ठ समस्या है–विचारों की क्षमताओं के साथ विपणनीय ज्ञान तथा उत्पादों में परिवर्तित करने की योग्यता, भी एक चुनौती है। नवोन्मेष प्रक्रिया की प्रभावकारिता एवं परिवर्तक और उपयोगकर्ता के बीच कुशल सहयोग एक ऐसे कारक है जिनपर उत्पादन की समस्त प्रक्रिया मुख्यतया निर्भर करती है। पुस्तक में नये आयामों के प्रवाह को व्यवस्थित रूप से आगे बढ़ाने के लक्ष्य को ध्यान में रखते हुए वास्तविक जीवन दशाओं का पता लगाते रहने का मार्ग दर्शन पुस्तक में इंगित है। साथ ही संसाधनों का इष्टतम उपयोग सुनिश्चित किया गया है।

मुझे दया पब्लिशिंग हाउस का आभार प्रकट करते हुए इस बात की प्रसन्नता है कि उन्होंने इस पुस्तक के प्रकाशन में जो रुचि दिखाई है, उससे उन्होंने राष्ट्रभाषा हिन्दी के प्रति न केवल अपने अबाध प्रेम का परिचय दिया है, अपितु इसके साथ यह उनकी कृषि विज्ञान के प्रति आवश्यक अभिरुचि को जनसाधारण के हित में उपयोग करना भी दर्शाता है।

विषय सूची

भाग-1

आधारीय ज्ञान

भाग-2

विशेष सस्यों का उत्पादन

दलहनी फसलें - खरीफ

दलहनी फसलें - रबी

1. कृषि प्रौद्योगिकी के नये आयाम

आज हमारे देश में जो कृषि कार्यों को करने की पौराणिक विधियाँ अपनाई जाती हैं और जो अन्य प्रगतिशील देशों में व्यवहार में लाई जाती है, उनमें आये अन्तर से साफ पता चलता है कि अभी भी हमारे देश में कृषि उन्नति के लिये काफी बड़ा रक्षीय क्षेत्र उपलब्ध है। आज अति सम्पन्न तथा पिछड़े कृषकों के बाबत सोचे तो हमें दिखाई देगा कि इनमें आपस में उत्पादन की दृष्टि से जो बड़ी खाई थी वह और भी बड़ी हो गई है। फिर भी येन-केन प्रकारेण खाद्यान्नों की आत्मनिर्भरता छोटे किसानों के पास काफी नजदीक पहुँच चुकी है। अब यदि कृषि विकास विभाग अपने को इस प्रकार से पुनर्निर्मित कर सके जैसा कि अन्य विभागों के साथ सम्पर्क एवं समायोजन करने से हो सकता है, तभी छोटे कृषकों को अच्छी सेवा मिलने से उन्हें अधिक लाभ ही नहीं होगा अपितु उनकी उत्पादन क्षमता चिरस्थायी भी हो सकेगी। आज कृषि विज्ञान के लिये समाज में नई चुनौतियाँ मुंह बाये खड़ी हैं।

भारत जैसे संसाधन विहीन मुल्क में, अन्य आवश्यक वस्तुओं जैसे तेल, प्राकृतिक गैस, उर्वरक उत्पादन के आवश्यक अवयव, भारी इंजीनियरी वस्तुओं, परमाण्विक शक्ति एवं कम्प्यूटर प्रौद्योगिकी के ऊपर किये जाने वाले खर्चे के बाद शायद ही अपने देश के लिये निर्यात के लिये कुछ बचत हो सकेगी। ऐसे में आयातित वस्तुओं के बिलों के चुकाने का प्रश्न ही नहीं उठता है। आज प्रायः 50 प्रतिशत पेट्रोलियम की पूर्ति आयातित की जाती है और सन् 2035 तक हम अपने यहाँ के तेल के संचित भण्डार को भी समाप्त कर देंगे। कोयला भारत का जीवाश्म-ऊर्जा का प्रमुख स्त्रोत है और यह भी कुछ ही साल और चल सकेगा। परन्तु क्योंकि इस साधन की गुणवता भी अच्छी नहीं है जिसके कारण इसकी विक्रय क्षमता भी अच्छी नहीं हो सकती है और शायद कुछ ही लोग भविष्य में इसे खरीदना पसन्द करेंगे। अन्य वस्तुओं जैसे धातुओं के निर्यात करने की भी गुंजाइश बहुत कम है। इस स्थिति में जब हमारी विदेशी मुद्रा को कमाने की क्षमता शून्य हो जायेगी जो अपने देश की इतनी बड़ी जनसंख्या के लिये हम खाद्यान्नों के उत्पादन में ऐसी निरन्तर बढ़ोतरी करते रहें जिससे कि खाद्यान्न की दृष्टि से हम एक चिरस्थायी कृषि उद्योग की स्थापना कर सकें।

आशा इसलिये भी जागृत होती है कि भविष्य के 35 वर्ष हमारे सामने एक ऐसा लम्बा समय है कि इसमें हम आगामी आर्थिक विपदा का सामना करने के लिये कुछ निश्चित एवं सबल कदम इस तरह के आपातकाल को दूर रखने के लिए उठा सकते हैं। आज की तत्काल आवश्यकता है आगामी दस वर्षों में प्रगट होने वाली इस प्रकार की जटिल चुनौती का कैसे सामना किया जाय। इस समयान्तर में हमारी जनसंख्या 1150 मिलीयन (115 करोड़) पर पहुँच जायगी। इसके लिये हमारे खाद्यान्नों की आवश्यकता लगभग 240 मिलियन टन तक पहुँच जायगी। इस प्रकार की जरूरत की भरपाई के लिये हमारे लिये यह अति आवश्यक हो जाता है कि हम देश के कृषि उत्पादन को आज की तुलना में कम से कम 20 प्रतिशत है। (जो कि विद्यमान 198 मिलियन टन है) इसके स्तर से ऊपर ले जायँ।

तालिका-1 : कुछ प्रमुख देशों मे खाद्य पदार्थो का प्रतिदिन प्रति व्यक्ति औसत उपभोग (कैलौरीज में)

देश	*प्रतिदिन प्रतिव्यक्ति (1965-66)*	*औसत उपभोग (1989-90)*
1	2	3
भारत	2021	2229
चीन	1929	2639
नेपाल	1889	2077
पाकिस्तान	1773	2219
ईरान	2060	3181
मलेशिया	2269	2887
सऊदी अरब	1850	2874
लीबिया	1875	3324
संयुक्त राज्य अमेरिका	3234	3671
जर्मनी	3088	3443
जापान	2668	2956
ब्रिटेन	3234	3671
फ्रान्स	3395	3465
कनाडा	3127	3482
आस्ट्रेलिया	3053	3216
सम्पूर्ण विश्व	2383	2711

सामान्य परिस्थितियों मे 20 प्रतिशत की वृद्धि संभव है जो कि इस समस्या के समाधान के लिये जरूरी भी है। यह कठिन समस्या भी नहीं है क्यों कि पिछले दशक के आंकड़ों के अनुसार हमारी मुल्क की उत्पादन वृद्धि औसत 2.37 प्रतिशत रही थी। फिर भी जो व्यूह रचना हमने 70 के दशक में इस्तेमाल की थी, उसका पूर्णतया दोहन हो चुका है और अब यह एक संपृक्तता की दशा में पहुँच चुकी है। इस स्थिति में यह आवश्यक हो जाता है कि हम आगे की वृद्धि को प्राप्त करने के लिये अपनी पुरानी नीति में बदलाव लायें, जिससे कि हम आगे आने वाली खाद्य समस्या का सफलतापूर्वक मुकाबला कर सकें। हमारे पास जो भी नये संसाधन एवं प्रौद्योगिकी उपलब्ध हैं उनके पूर्णतया दोहन करने से ही हम अपना उत्पादन बढ़ा सकते हैं, और कोई दूसरा विकल्प है भी नहीं। हमारे देश में आज जो कृषि कार्य किये जाते हैं। उनकी तुलना बाकी सारी दुनियाँ को देखने से पता चलता है कि हमारे यहाँ कृषि विकास की तरक्की के लिये काफी गुंजाइश है। साथ ही, साफ है कि हमारे यहाँ के छोटे किसानों और बड़े किसानों के बीच में एक बड़ी खाई है। यह बात तय है कि छोटे किसानों के सहयोग से हमारे यहाँ उत्पादन वृद्धि प्राप्त करना अवश्य ही सम्भव है। इसके लिये यह पहले आवश्यक है कि हमारे कृषि के विकास खण्डों/विभागों को अपनी भागीदारी को फिर से निर्धारित कर के छोटे किसानो को अधिक अच्छी सेवायें उपलब्ध करवानी होगी। सबसे पहले किसानों और कृषि विभागों के बीच को एक बड़ी

गहरी खाई को पाटना चाहिए जिससे के आज जो अभिकरणों और छोटे किसानों के बीच जो भी दूरियाँ है, उनको कम से कम कर दिया जाय जिससे एक चिरस्थायी विकास को स्थापित किया जा सके।

एक प्रश्न भविष्य में अपने यहाँ के लोगो को भोजन व्यवस्था का भी है। यह इसलिये भी जटिल हो जाती है कि क्योंकि हम एक संसाधनहीन देश है। अन्य आवश्यक पदार्थो के अतिरिक्त जैसे कि खनिज तेल, प्राकृतिक गैस, खाद के लिये आवश्यक अवयव, भारी इंजीनियरिंग पदार्थो। आण्विक शक्ति इत्यादि के परिणामत: मुश्किल से ही कुछ बचत हो सके जिससे कि हम अपने ऊपर चढ़े विदेशी खर्चे के बिलों का भुगतान करने में सक्षम हो सकेंगे। आज भी जितना भी पेट्रोलियम पदार्थो का देश में इस्तेमाल होता है, उसमें 50 प्रतिशत से भी अधिक विदेशों से आयात करना होता है और अनुमानत: सन् 2035 तक हम अपने सभी तेल पदार्थों के प्राकृतिक भण्ड़ारों को पूर्णतया खत्म कर देगें। कोयला ही एक मुख्य जीवाश्म ईधन है, जो कि कुछ और वर्षों तक उपलब्ध हो सकता है। परन्तु क्योंकि इसकी गुणवत्ता बहुत ही घटिया है, इसकी शायद ही कोई उपभोक्ता रूचिकर मांग रखें। साथ ही अन्य खनिज पदार्थो के निर्यात के लिये भी सम्भावनायें काफी कमजोर हैं। इस स्थिति में यदि हम कुछ विदेशी मुद्रा को कमाने में सक्षम नहीं हो सकते हैं तो यह समझने की बात है कि भविष्य में खाद्यान्नों की निरन्तर बढ़ती कमी के होते हुये हम कैसे अपनी निरन्तर बढ़ती जनसंख्या को खाना खिला सकेंगे? (तालिका 2) आज खाद्यान्नों की सुरक्षा के लिए यह आवश्यक है कि हम जल्दी से जल्दी एक चिरस्थायी कृषि व्यवस्था का निर्माण करें, जिससे हमारी खाद्यान्नों की भविष्य में उत्पन्न समस्या हमेशा के लिये निरस्त की जा सके। कृषि फसलों की आजकल की उत्पादन के उपज के आंकड़े कुछ अन्य देशों में निम्नलिखित हैं:-

तालिका-2 : कुछ देशों के कृषि उत्पादन के लिये प्रस्तुत आदायों के आंकड़े

आदायों का विवरण	*भारत*	*चीन*	*एशिया*	*यूरोप*	*उ0अमरीका*	*विश्व*
1	*2*	*3*	*4*	*5*	*6*	*7*
सस्य भूमि (हेक्टर/कापुट)	0.20	0.08	0.014	0.27	0.69	0.27
सिंचित भूमि (कुल का प्रतिशत)	27.00	49.00	33.00	12.00	10.00	17.00
औसत उर्वरकों का उपयोग कि0/हे0 (1989-91)	73.00	284.00	123.00	192.00	87.00	96.00
कुल सस्य उत्पादन क्षेत्र (मि0हे0)	169.70	96.58	457.51	138.02	271.80	1441.57
कुल सीरियल उत्पादन मिलियन टन (1990-92)	196.17	399.93	875.97	281.42	398.32	1928.04
औसत सीरियल उत्पादन कि0/हे0 (1990-92)	1935.00	4329.00	2854.00	4295.00	4040.00	2757.00
ट्रैक्टरों की संख्या (मिलियन में)	0.971	0.828	5.497	10.385	5.814	26.420

आजकल भारत में खाद्यान्न सस्यों की औसत उपज 1935 किलो/हेक्टर है, जबकि यही उत्पादन चीन में 4329, उत्तरी अमेरिका में 4040 और विश्व में 2757 है। प्रति कापुट भूमि ग्रहण एवं सिंचित भूमि की दृष्टि से, भारत इन देशों से कहीं भी खासा पीछे नहीं है। उर्वरकों के इस्तेमाल में अवश्य ही भारत का औसत उपयोग चीन के औसत उपयोग से काफी कम है, परन्तु उत्तरी अमरीका के लगभग बराबर ही है। यह सब ध्यान में रखते हुये सम्भावित दिखता है कि भारत में अभी खाद्यान्नों के उत्पादन को बढ़ाने की काफी गुंजाइश है। बस आवश्यकता है तो उचित और सही उत्पादन प्रौद्योगिकी का प्रयोग करने की।

तालिका-3 : विश्व के विभिन्न देशों का कुछ मुख्य कृषि फसलों के उत्पादन में 1999 से 2001 तक अंशदान (उत्पादन- ,000 टनों में)

खाद्यान्न	*देश*	*औसत उत्पादन (1999-2001)*	*देश का प्रतिशत उत्पादन अंशदान*
1	*2*	*3*	*4*
1. धान	विश्व	601128	100.0
	बांग्लादेश	36994	6.2
	ब्राजील	11002	1.8
	चीन	190577	31.7
	मिश्र	5839	1.0
	भारत	131852	21.9
	इंडोनेशिया	50953	8.5
	जापान	11551	1.9
	मयन्मार	20683	3.4
	पाकिस्तान	7229	1.2
	फिलिपिन्स	12377	2.1
	सोवियत रूस	509	0.1
	थाईलैंड़	24993	4.2
	संयुक्त राज्य अमेरिका	9222	1.5
	वियतनाम	31950	5.3
2. मक्का	विश्व	602814	100.0
	अर्जेन्टीना	15224	2.5
	ब्राजील	35109	5.8
	कनाडा	8053	1.3
	चीन	116757	19.3
	मिश्र	6356	1.1
	फ्रांस	15967	2.6
	हंगरी	6606	1.1
	भारत	11486	1.9
	इंडोनेशिया	9324	1.5
	इटली	12248	1.7
	मेक्सीको	17960	3.0
	पाकिस्तान	1632	0.3

क्रमशः...

1	2	3	4
	फिलिपिन्स	4540	0.8
	रोमानिया	7778	1.3
	सोवियत रूस	1133	0.2
	तुर्की	2166	0.4
	संयुक्त राज्य अमेरीका	244296	40.5
3. गेहूँ	विश्व	585421	100.0
	अर्जेन्टीना	16450	2.8
	बांग्लादेश	1943	0.3
	कनाडा	25009	4.3
	चीन	102339	17.5
	मिश्र	6389	1.1
	फ्रांस	35367	6.0
	भारत	71773	12.3
	ईरान	8087	1.4
	इटली	7237	1.2
	पाकिस्तान	19296	3.3
	रोमानिया	5364	0.9
	सोवियत रूस	37422	6.4
	स्पेन	5812	1.0
	सीरिया	3514	0.6
	तुर्की	18333	3.1
	इंग्लैंड	14380	2.5
	संयुक्त राज्य अमेरीका	58867	10.1
	उक्रेन	15026	2.6
	ऑस्ट्रेलिया	23654	4.0
4. मूंगफली (छिलके सहित)			
	विश्व	33802	100.0
	अर्जेन्टीना	549	1.6
	ब्राजील	187	0.6
	चीन	13925	41.2
	भारत	5974	17.7
	इन्डोनेशिया	998	3.0

क्रमशः...

1	2	3	4
	जापान	27	0.1
	मयन्मार	642	1.9
	नाईजीरिया	2862	8.5
	सेनेगल	1046	3.1
	सूडान	998	3.0
	थाईलैंड	136	0.4
	संयुक्त राज्य अमरीका	1714	5.1
	यूगाण्डा	141	0.4
	वियतनाम	349	1.0

संयुक्त राष्ट्र संघ का खाद्य एवं कृषि संगठन एग्रीकल्चर टुवर्डस 2016- रोम स्ट्रेटजी से उद्धृत

आज के उपलब्ध आंकड़ों को देखने से पता चलता है कि आज के नवीन कृषि उत्पादन के नये प्रौद्योगिकी को काम में लाने से पिछले सालों की तुलना में उत्पादन की वृद्धि कुछ ही सस्यों तक जैसे मुख्यतया गेहुँ, धान एवं मक्का तक ही सीमित रही है। किसी अन्य सस्य की उत्पादन क्षमता में इतनी बढ़ोतरी नहीं हुई है, यद्यपि इन सस्यों में उत्पादन बढ़ाने की काफी क्षमता अभी भी हैं। इनकी क्षमता उत्पादन 2.500–3.500 किलो/हेक्टर के अन्दर है। धान ही सबसे ऐसी मुख्य सस्य है, जिसकी कृषि 43 मिलियन हेक्टर भूमि में की जाती है और इससे कुल खाद्यान्नों के उत्पादन का 42 प्रतिशत से देश में पूर्ति हो जाती है। देश के कुल उत्पादित क्षेत्र में से 90 प्रतिशत खरीफ सस्यों के अन्दर रहता है और इसका औसत उत्पादन 1776 किलो/हेक्टर रहता है, जबकि रबी की फसलों से जिनका क्षेत्र बाकी 10 प्रतिशत ही है, इससे 2761 किलो/हेक्टर उत्पादन मिल जाता है। इस प्रकार से उत्पन्न 40 प्रतिशत की उत्पादन बढ़ोतरी से साफ जाहिर होता है कि खरीफ फसलों में उत्पादन बढ़ाने की अभी काफी गुंजाइश है, जो कि केवल सुधरे तरीकों के इस्तेमाल करने से सम्भव है। यद्यपि पानी की कमी का वर्चस्व रहता है फिर भी खरीफ फसलों का औसत उत्पादन सहज ही एक अच्छे कुशल प्रबन्धन के साथ बढ़ाया जा सकता है। रबी/ऋतु में अन्य सस्यों का औसत उत्पादन भी खरीफ की अन्य फसलों से काफी अधिक हो जाता है। ज्वार,बाजरा,चना एवं तिलहनी फसलें यद्यपि कुल क्षेत्र के लगभग 35 प्रतिशत क्षेत्र में उगाई जाती हैं, फिर भी इनकी उत्पादन क्षमता बहुत कम है। इसका मुख्य कारण इन फसलों के लिये अति न्यून आदान उपलब्ध कराने का है। साथ ही कुछ निम्न कोटि की किस्मों के उपयोग से भी इस प्रकार की हानि निरन्तर होती जा रही है।

रासायनिक उर्वकों की बड़ी मात्रा में इस्तेमाल करने से सस्यों के उत्पादन में काफी अच्छा प्रभाव पड़ता है। यह बात विशेषकर प्रति हेक्टर 100 किलो की मात्रा देने से तो सत्य प्रतीत होती है (तालिका 2)। चीन में जहाँ कि अनाज के फसलों की उपज 4329 किलो प्रति हेक्टर है, विश्व की सबसे अधिक उपज है। यहाँ यह औसत उर्वरकों का इस्तेमाल 284 किलो प्रति हेक्टर का है। विश्व का औसत केवल 96 किलो/हेक्टर मात्र है, यूरोप में तो औसत अनाज की उपज 4289 किलो/हेक्टर है जो कि चीन की तुलना में केवल 1 प्रतिशत कम है। यहाँ पर उर्वरकों की कम मात्रा दी जाती है, जो कि लगभग 30 प्रतिशत चीन में दी जाने वाली मात्रा से कम है। संयुक्त राष्ट्र अमरीका में औसत अनाज की उपज 4040 किलो/हेक्टर है। जबकि वहाँ उर्वरक केवल 87

किलो/हेक्टर की दर से दिया जाता है। इस प्रकार जबकि उपज की कमी केवल 6.7 प्रतिशत है, दिये जाने वाले उर्वरक की कमी 70 प्रतिशत से भी अधिक है। इस तथ्य से यह बात साबित होती है कि बुद्धिमता से भली–भांति बाहरी आदायों का उपयोग करने के लिये अभी भी भारत में काफी क्षेत्र है। इस तरीके से हमें एक चिरकालीन सस्य उत्पादन की प्राप्ति हो सकती है। भारत के विकसित राज्यों जैसे पंजाब में औसत उर्वरक की देय मात्रा 167. 3 किलो/हेक्टर है। इससे कम आन्ध्रप्रदेश में 137.3 किलो/हेक्टर, हरियाणा में 123.7 किलो/हेक्टर और तमिलनाडु में 106.9 हेक्टर है।

भारत में उर्वरक उपयोग का राष्ट्रीय औसत केवल 73 किलो/हेक्टर है। केरल, गुजरात एंव महाराष्ट्र का तो औसत उर्वरक का उपयोग राष्ट्रीय औसत से कम है, जबकि कई पिछड़े राज्यों का औसत बहुत नीचे है। इसका मुख्य कारण यह है कि जिन राज्यों के किसानों के पास सिंचाई की अच्छी सुविधायें उपलब्ध हैं, वे ही उर्वरक का अधिक मात्रा में उपयोग करने में सक्षम है। साथ ही ऐसे राज्यों में जहाँ रासायनिक उर्वरक का प्रयोग सबसे अधिक है, वहाँ मुख्यतया चार मुख्य फसलों के लिये गन्ना, धान, गेहूँ और कपास के लिये रासायनिक उर्वरकों का इस्तेमाल पूरे देश के उपयोग किये जाने वाले कुल मात्रा का 80 प्रतिशत से ऊपर है। देखने में आया है कि इन फसलों में जो असर रासायनिक खादों के देने से भारत में प्राप्त होता है, वह अमरीका में प्राप्त असर से कहीं कम होता है। इसका मुख्य कारण है–फसलों को अनुचित मात्रा में दिये जाने से उनकी पोषकता में कमी और वह भी ठीक समय पर उर्वरकों के उपलब्ध न होने से आई कभी तथा अन्यान्य कारक जैसे फसलों को उगाने के लिये उचित किस्मों का चयन, फल सुरक्षा में कमी तथा सुप्रबन्धन की आवश्यकता का होना ही है। (तालिका 2) आमतौर पर यह देखा जाता है कि भारतीय किसान सामान्यतया नाइट्रोजन, पोटाश, फॉस्फोरस की जो आम अभिस्तावित मात्रा 4:2:1 के अनुपात का है, उसके बजाय 8:5:2 या 6:1 के अनुपात में देते है। इससे फसलों के पौधों की प्रारम्भिक अवस्थाओं में अधिक वर्धी वृद्धि होती है जो कि केवल हानिकारक कीटों एवं बीमारियों को बढ़ावा देती है। इन्हीं से आगे चलकर पौधों में परिपक्वन की अवस्था में विलम्ब ही नहीं होता, बल्कि इस कारण से फसलों की उपज में कमी आ जाती है। इसका एक कारण यह भी है कि नाइट्रोजन उर्वरकों की कीमत सब्सिडी रेट पर मिलने से यह सस्ती मिलती है। जिससे किसान उसका जरूरत से ज्यादा ही उपयोग करते हैं। पोटाश और फॉस्फोरस वाली खादों के महँगा होने से किसान उनका कम या बिल्कुल नहीं के बराबर उपयोग करते हैं। भूमि में अकार्बनिक पदार्थों की उपस्थित मात्रा भी रसायनिक उर्वरकों के पौधों मे उचित उपयोग के लिये आवश्यक है। ऐसी स्थिति में यह पता चलता है कि किसानों में उर्वरकों के सही उपयोग करने की पूरी वैज्ञानिक ज्ञान की भारी कमी है। इस दिशा में और अधिक जानकारी की आवश्यकता है। साथ ही यहाँ पर यह कहना भी उचित होगा कि आज अच्छे परिणाम प्राप्त करने हेतु किसान को अच्छे उत्पादन के लिये फसल उत्पादन की नवीनतम प्रौद्योगिकी का ज्ञान प्राप्त होना नितान्त आवश्यक है।

भुखमरी और कुपोषण - कृषि उत्पादन से जुड़ी समस्या

देखने में आता है कि विश्व एवं क्षेत्रीय स्तरों पर मांग के अनुरूप खाद्यान्नों की पर्याप्त आपूर्ति होने के बावजूद आज भी काफी लोग भूखे ही रहते हैं। खाद्य एवं कृषि संगठन के एक अनुमान के अनुसार वर्ष 2010 तक विश्व के विकासशील देशों की लगभग 6370 लाख जनसंख्या कुपोषित होगी। खाद्य सुरक्षा में दलहनी फसलों का अधिक महत्त्व होते हुये भी, तीसरे विश्व के देशों में जहाँ विश्व की आधी जनसंख्या रहती है, ज्यादातर जनसंख्या शाकाहारी है। इसलिये भोजन में दालों की आवश्यकता और भी बढ़ जाती है। भारत विश्व

में दलहन की ज्यादा पैदावार करने वाला देश है। ये कई किस्म की होती है, जैसे–चना अरहर, उड़द, मूँग, मसूर खेसारी, लोबिया, फरासबीन, कुल्थी, मोठ इत्यादि।

तालिका-4 : विश्व के विभिन्न क्षेत्रों में कुपोषित जनसंख्या

क्षेत्र	*जनसंख्या (लाख में)*				*जनसंख्या (प्रतिशत)*			
	1969–71	*1979–81*	*1988–90*	*2010*	*1969–71*	*1969–81*	*1988–90*	*2010*
1	*2*	*3*	*4*	*5*	*6*	*7*	*8*	*9*
दक्षिण एशिया	2540	2850	2710	2020	34	31	24	12
पूर्वी एशिया	4970	3590	2520	700	44	26	16	4
एशिया प्रशान्त	7510	6440	5230	2720	40	28	19	8
विकासशील देश	9410	8430	7810	6370	36	26	20	11

कृषि उत्पादन में वृद्धि से जुड़ा हुआ एक अहम् विषय है देश में व्याप्त भुखमरी और कुपोषण। गत वर्षो के दौरान देश के खाद्य उत्पादन में अभूतपूर्व वृद्धि होती रही है बस दु:ख इस बात का है कि हमारी जनसंख्या वृद्धि भी लगातार हो रही है। इससे खाद्य उत्पादन और आय बढ़ती हुई जनसंख्या में बँट कर रह जाती है। समाज का एक बड़ा भाग आज भी गरीबी की रेखा के नीचे अपना जीवनयापन करती है। खाद्य पदार्थो की उपलब्धता जो कि जीवन की एक मूलभूत आवश्यकता है, वह भी आज पर्याप्त नहीं है। इस विषय से घनिष्ठता से जुड़ा विषय कुपोषण का है। इसके मूल में जो विकट समस्या है, वह वही बढ़त अबाध गति से बढ़ती हमारी जनसंख्या। मोटी तौर पर जनसंख्या सन् 2001 में अनुमानत: 108 करोड़ थी और यही आगे चलकर 2006 में यह बढ़कर 108.4 करोड़ हो गई है।

वर्ष 1961 से 1991 के दौरान खाद्य तेलों, शक्कर, चाय और कॉफी के उत्पादन में वृद्धि हुई। इसी प्रकार उपलब्ध सूचना इस बात को दर्शाती है कि 1988–89 के दौरान प्रति व्यक्ति दूध की उपलब्धता 165 ग्राम थी, जो कि 1989–90 में बढ़कर 172 ग्राम हो गईं। इस अवधि के दौरान प्रति व्यक्ति प्रति वर्ष अण्डों की उपलब्धता क्रमश: 24 और 25 रही। इस प्रकार प्रति व्यक्ति उपलब्धता इन वस्तुओं की आपूर्ति के मामले में सामान्य आर्थिक प्रवृति दर्शाती है (तालिका 3)।

विभिन्न खाद्य वस्तुओं अथवा उनके स्थान पर उपभोग की जाने वाली वस्तुओं की खपत, उसकी कीमत और उपभोक्ता की आय पर निर्भर करती है और आय का स्तर, रोजगार और कमाई पर भी निर्भर होता है।

नियोजित विकास के फलस्वरूप सकल घेरलू उत्पाद में वृद्धि हुई है। फिर भी, बड़ी संख्या में लोग गरीबी रेखा के नीचे हैं। सन् 1973–74 के दौरान लगभग 54.9 प्रतिशत जनसंख्या गरीबी रेखा के नीचे है। सन् 1993–94 के दौरान घटकर 36 प्रतिशत हो गयी। हांलाकि गरीबी रेखा से नीचे जीवनयापन कर रहे लोगों के प्रतिशत में काफी कमी हुई है, फिर भी गरीबों की कुल संख्या में कोई महत्वपूर्ण कमी नहीं हुई है। यह 1973–74 के दौरान प्राप्त किए गए आंकड़ों से स्पष्ट होता है कि इस दौरान गरीब लोगों की संख्या 321 मिलियन थी, जो 1993–94 के दौरान घट कर 320 मिलियन हो गई थी।

तालिका 5 : आयु और लिंग के अनुसार भारत में युवा जनसंख्या

वर्ष	*15–19 वर्ष*			*20–24 वर्ष*		
	पुरूष	*महिला*	*व्यक्ति*	*पुरूष*	*महिला*	*व्यक्ति*
1	*2*	*3*	*4*	*5*	*6*	*7*
1971	25280	22185	47465	21588	21393	42981
	(8.9)	(8.4)	(8.7)	(7.6)	(8.1)	(7.9)
1981	34984	31016	66000	29683	29036	58719
	(9.9)	(9.4)	(9.6)	(8.4)	(8.8)	(8.6)
1991	43482	38701	88183	37754	36538	74292
	(9.7)	(9.1)	(9.4)	(8.6)	(9.2)	(8.9)
1996	47999	42721	90721	41676	40334	82010
	(9.9)	(9.5)	(9.7)	(8.6)	(9.2)	(8.9)
2001	57675	51389	109064	47731	42489	90220
	(11.0)	(10.5)	(10.8)	(9.1)	(8.7)	(9.0)
2006	63304	59119	122423	57382	51142	108524
	(11.2)	(11.2)	(11.2)	(10.2)	(9.7)	(10.0)
2011	58664	56420	115084	63011	58869	121880
	(10.4)	(10.3)	(10.3)	(9.4)	(8.9)	(9.2)
2016	53792	51079	104871	58414	56205	114619
	(8.3)	(8.3)	(8.3)	(9.0)	(9.1)	(9.1)

नोट : कोष्ठ में दिये गये आंकड़े कुल जनसंख्या का प्रतिशत हैं।

हालांकि किसी व्यक्ति की कैलोरी सम्बन्धी जरूरत उसकी आयु, लिंग, शारीरिक भार, काम करने की प्रकृति, स्वास्थ्य और कई अन्य कारकों पर निर्भर करती है। फिर भी राष्ट्रीय प्रतिदर्श सर्वेक्षण संगठन प्रतिदिन प्रति इकाई उपभोक्ता की 2700 कैलोरी के एक मानक स्तर का इस्तेमाल कर रहा है ताकि इसकी तुलना वास्तविक रूप से ली गयी कैलोरी से की जा सके (तालिका 4)।

राज्यवार किये गये विश्लेषण से देखने में आया है कि तमिलनाडु और केरल के ग्रामीण क्षेत्रों मे 1000 व्यक्तियों में 700 से अधिक व्यक्तियों का प्रति उपभोक्ता द्वारा ली गई इकाई कैलोरी का स्तर 70 प्रतिशत से कम था। अखिल भारतीय ग्रामीण औसत 538 था। सबसे अच्छी स्थिति जम्मू–कश्मीर, पंजाब और हरियाणा की थी। भारत के शहरी क्षेत्रों में प्रति हजार व्यक्तियों मे से सबसे कम कैलोरी लेने वाले लोगों की सर्वाधिक संख्या तमिलनाडु, गुजरात, पश्चिम बंगाल, केरल और आसाम में पाई गयी।

बाद के वर्षों में परिस्थितियों मे कोई खास सुधार नहीं आया। यहां तक कि सर्वेक्षण के 50वें चक्र में देखा गया कि सभी लोग वर्षभर पर्याप्त भोजन नहीं पा रहे हैं। ऐसा देखा गया है कि न सिर्फ ग्रामीण बल्कि शहरी

क्षेत्रों मे भी परिवारों ने पूरे माह पर्याप्त भोजन न मिल पाने की सूचना दी है। यह समस्या आसाम, बिहार, केरल, उड़ीसा और पश्चिम बंगाल के ग्रामीण क्षेत्रों में अत्यधिक गंभीर है। शहरी क्षेत्रों में पर्याप्त भोजन न मिलने की समस्या मुख्य रूप से केरल, उड़ीसा और पश्चिम बंगाल में है। राजस्थान,पंजाब और हरियाणा में यह समस्या लगभग ना के बराबर है।

इस बहुत बड़ी समस्या के निवारण हेतु फसलों में सही मात्रा में उर्वरक का उपयोग करने से भी उत्पादन में वृद्धि करना सम्भव है। उर्वरक का उपयोग न करने से सस्यों की उपज बहुत कम होती है। वर्तमान की मौसम में परिवर्तन की समस्याओं ने तो स्थिति को और भी संकटमय बना दिया है। ऐसे क्षेत्रों में फसलों के ऊपर असामयिक वर्षा या अधिक सूखा पड़ने पर कृषक और भी किंमकर्त्तव्यविमूढ़ की दशा में निराश हो जाता है। ऐसे में उसके लिये कोई भी सुधारयुक्त तरीका अपनाना भी असम्भव हो जाता है। इन समस्याओं का समाधान कुछ काफी हद तक तभी हो सकता है, जब यदि कई जलागम-योजनाओं की रचना एवं विकास किया जाय और पानी के संग्रहण पर विशेष ध्यान केन्द्रित कर वर्षा के पानी का फार्मों में नजदीक के तालाबों में संग्रहण किया जाय। ऐसी सुविधाओं के उपलब्ध होने पर ही काश्तकार जल्दी से अपने लिये कोई फसल बो सकेगाा क्योंकि उसके पास तालाबों का पानी फसलों की प्रारम्भिक सिंचाई के लिये उपलब्ध है। ऐसे में एक विश्वास के साथ वह जल्दी ही कोई उचित फसल का बीज बो सकेगा। इस प्रकार से पानी की उपलब्धता से ही उसके मानस में एक ऐसी भावना भी उत्पन्न हो सकती है, जिससे वह अधिक मात्रा में उर्वरक का प्रयोग करने के लिये प्रस्तुत हो सकेगा।

कुछ ही वर्षो पूर्व वैज्ञानिकों ने फसलों की उपज को बढ़ाने हेतु अनुसांधन किये है, इससे जो प्रगति हुई है, वह सराहनीय ही नहीं अपितु कृषि की सनातन उन्नति के लिये एक महत्त्वपूर्ण विषय है। इसमें से कुछ उपलब्धियाँ नीचे तालिका में प्रस्तुत की गई है।

फसलों की उच्च उपज पाने के लिये कुछ कारक महत्त्वपूर्ण होते हैं, जैसे भूमि की उच्च उर्वराशक्ति, फसलों के लिये संतुलित पौष्टिक अवयवों की उपलब्धता, कुशल जल संवर्धन, सुधरी बीज की किस्में, अच्छा पौध-संरक्षण प्रोग्राम, फसलों की कटाई के बाद उनका उचित ढंग से भंडारण के लिये कार्यवाही करना ताकि उनके मूल्य में बढ़ोतरी हो सके, तथा अन्त में उचित विपणन की सुविधाएँ। गर्मी का मौसम और काफी मात्रा में सूर्यप्रकाश भी कुछ अन्य प्रमुख उदायों में से हैं, जो भारत के सन्दर्भ में अन्य देशों की तुलना में काफी लाभदायक है।

सस्यों का उत्पादन बढ़ाने की अपेक्षायें एवं सम्भावनाएँ

भूमि की उर्वरता मुख्यतया मिट्टी में विद्यमान खनिज पदार्थों तथा उनकी संरचना,मिट्टी की तह की गहराई तभा उसका जलोत्सारण, उसमें विद्यमान कार्बनिक पदार्थ, केंचुओं तथा अन्य जीव-जन्तुओं का रहना, शाकाणुओं और कीट-पतंग की कुशल क्रियाशीलता इत्यदि। अच्छी भली उपजाऊ मिट्टियों को यदि संयोग से अच्छी सिंचाई की प्राप्ति हो जाय और साथ में एक सुचारू पौष्टिता उपलब्ध हो सके तो इससे फसलों की उपज सहज में ही 200-300 प्रतिशत बढ़ाई जा सकती है। वर्षा पर आधारित उगाई जाने वाली फसलों में भी किसी ऐसे क्षेत्र में उगाने के लिये उपयुक्त फसलों का चयन, सुधरी किस्में के बीजों का वैज्ञानिक ढ़ंग से उपयोग, कुशल पौध संरक्षण की व्यवस्था से भी फसलों की उपज बढ़ाने में काफी सहायक सिद्ध हो सकते हैं। यद्यपि इन सब उपायों को एक साथ मिलाना काफी कठिन है, फिर भी यह देखा गया है कि प्राय: सभी लघु तथा हासिये पर स्थित

काश्तकार इन सभी बातों की अनदेखी कर देते हैं। एक अच्छे कृषि विकास के लिये उपलब्ध प्रशिक्षण विस्तार व्यवस्था की अनुपस्थिति में तो बड़े-बड़े काश्तकार भी इस प्रकार के उपायों को पूर्णतया नकार देते हैं। आन्ध्रप्रदेश और महाराष्ट्र में कपास की फसल के उत्पादन के समय इन फसलों के लिये उपयुक्त आवश्यकताओं तथा धन के अभाव में वहाँ काश्तकारों की अत्यधिक हानि हुई है, जिससे कुछ काश्तकार तो खुदकुशी भी करने पर विवश हो गये।

तालिका 6 : भारत में विभिन्न फसलों की प्रमाणित सुधरी किस्मों विभिन्न वर्षों मे

फसल	*1951–60*	*1961–70*	*1971–80*	*1981–90*	*1991*	*1992*	*1993*	*1994*	*1995*
धान	0	6	15	19	4	6	2	0	2
गेहूँ	0	0	3	1	4	5	5	7	4
जौ	0	0	0	1	1	0	1	0	0
ज्वार	0	0	1	0	6	3	2	0	0
मक्का	0	1	4	3	1	2	2	2	0
बाजरा	0	0	3	3	10	13	12	14	11
गन्ना	4	8	33	22	3	2	1	7	0
तम्बाकू	0	0	6	10	0	0	0	0	0
मूंगफली	0	0	0	7	6	2	4	4	0
सोयाबीन	0	0	0	4	1	3	1	2	0
ग्वार	0	0	0	1	0	0	0	0	0
चारा घास	0	0	0	2	4	5	9	3	6
मटर	0	0	1	1	0	1	0	1	0
राजमा	0	0	0	1	0	0	0	0	0
चना	0	0	0	1	0	0	0	0	0
मसूर	0	0	0	1	0	2	0	1	0

**भारतीय कृषि अनुसन्धान परिषद् से उद्धृत

बाहरी देय पदार्थो की ऊँची कीमतें, जोकि उत्पादित पदार्थों की विक्रय की जाने वाली कीमतों से भी अनुपात में काफी ऊँची होती है, जो किसानों की एक बहुत बड़ी समस्या है (सिवाय कुछ ही फसलों को छोड़कर जैसे गन्ना, धान तथा गैहूँ है), जिनको सरकारें कुछ अनुदान देकर खरीदती है, बहुधा सभी अन्य फसलों की उपज बहुत ही अधिक कीमतों में उतार चढ़ाव के कारण बाजार में आने पर व्यवसाइयों तथा अन्य कई छोटे-छोटे कारणों से दुष्प्रभावित होती हैं। जहाँ तक कि सरकार के द्वारा मान्य समर्थन मूल्य तय की जाती है, वे भी बाजार में व्यक्त कुप्रथाओं के कारण किसानों को किसी प्रकार से भी लाभदायक सिद्ध नहीं होती है। इस प्रकार से सरकार के द्वारा तय की गई कुछ ही खाद्यान्नों की विक्रय कीमत से किसानों को थोड़ी सी अपने जीवनयापन के लिये बचत भी नहीं हो पाती है। केवल इतना होता है कि उनके द्वारा उत्पादित अनाज उनके घर में पड़ा-पड़ा खराब न होकर, बाजार में आ जाता है। इसलिये निश्चय ही यह कहा जा सकता है कि छोटे किसानों

को कृषि में उपयोग आने वाले रसायनों एवं कीट तथा व्याधिनाशकों के इस्तेमाल करने के लिये प्रोत्साहित करने भर से ही उपज नहीं बढ़ सकती। इसके लिये यह आवश्यक है कि ऐसे हर एक किसान को जो उत्पादन बढ़ाने में रूचि रखता हो, ये बाहर से दिये जाने वाले आदेय सस्ती तथा आर्थिक दृष्टि से लाभ पहुँचाने वाली कीमतों पर उपलब्ध की जाय। ऐसा न होने पर किसान ऐसे उत्पाद में कोई रूचि नहीं रखता है जिससे उसकी केवल हानि की ही सम्भावना होती है। वह इसलिये उन अपने स्वास्थ्य लाभ के लिये भी औषधियों का नहीं खरीदता है जिनकी कीमतें उसकी क्रय क्षमता से बाहर होती है।

छोटे सीमान्त काश्तकारों के ऊपर अधिक ध्यान केन्द्रित करने की आवश्यकता एवं कृषकों को अपने फार्मो का प्रबन्धन स्वयं करना भी एक महत्त्वपूर्ण विषय है। क्योंकि इसी एक कारक से उनकी फसलों की उपज प्रभावित होती है। धनी और बड़े काश्तकार आसानी से सुधरे कृषि उत्पादन के तरीकों को अपनाकर जिसमें कृषि कार्य के उपाय सम्मिलित है, वे इन तरीकों का भरपूर इस्तेमाल करने से काफी लाभ कमा लेते हैं। परन्तु छोटे या सीमान्त किसान इस प्रकार की सुविधायें धन के अभाव में प्राप्त नहीं कर पाते हैं। सही समय पर महत्त्वपूर्ण आदेय पदार्थो को उपलब्ध न होने या प्राप्त न कर सकने से वे फसलों की बहुत कम उपज प्राप्त कर पाते हैं। इसलिये आज इस बात की भी आवश्यकता है कि छोटे किसानों को उनके द्वारा फसल उत्पादन के उपायों को सुदृढ़ करने के हेतु एक तर्कसंगत रणनीति का निर्माण किया जाय। देश के कुल कृषक वर्ग में ऐसे किसानों की गणना 75 प्रतिशत से कम नहीं है। इस वर्ग के लोगों के पास छोटे-छोटे जोत की खेती होती है जो लगभग 2 हेक्टर प्रति कुटुम्ब के पास है, वह भी अधिकतर अनुपजाऊ एवं असिंचित होती है। विवश होकर ये केवल कम मात्रा में देय पदार्थो का उपयोग कर पाते हैं, जिससे इनकी फसलों की उपज भी बहुत कम हो जाती है। यद्यपि इनका राष्ट्रीय खाद्य उत्पादन में कोई खास योगदान नहीं के बराबर है फिर भी ये अपने लिये खाद्यान्नों का उत्पादन करके देश की एक बड़ी सेवा करते हैं।

यह तो एक कटु सत्य है कि देश में खाद्यान्नों का उत्पादन बढ़ाने से ही खाद्यान्नों की उपलब्ध होने की समस्या का पूर्णतया निराकरण हो पायेगा। यह इसलिये मुश्किल है कि यदि गरीब जनता की क्रय शक्ति इतनी कमजोर है कि वह किसी भी तरह से अपने खाने के लिये सामान खरीद ही नहीं सके तो खाद्यसामग्री की सुचारू रूप से उपलब्धता एक छलावा बनकर रह जाता है। ऐसी स्थिति में उत्पादित जिन्सों के व्यापार में काला बाजार जैसे भ्रष्टाचार का बोलबाला रहता है, जिससे व्यापार को काफी हानि होती है। इसलिये भी यह आवश्यक है कि देश की खाद्यान्न प्रबन्धन से सम्बन्धित रक्षा के लिये छोटे किसानों को भागीदार बनाना अतिआवश्यक है। क्योंकि ये छोटे किसान अनपढ़ तथा अशिक्षित होते हैं इसलिये भी पिछले वर्षो के सरकार द्वारा संचालित विभिन्न विकास योजनाओं का ये बिल्कुल भी फायदा नहीं उठा सके। इस कारण ये नवीनतम प्रौद्योगिकी को नहीं अपना पाये और अन्ततः इनमें एक अविश्वास पैदा हो गया और प्रशिक्षण संस्थाओं से तो इनका भरोसा पूर्णतया समाप्त ही हो गया।

उचित तो यह होगा कि छोटे और सीमान्त किसानों को प्रौद्योगिकियों का लाभ-हानि की दृष्टि से ज्ञानवर्धन करवाना चाहिये। ऐसा करने से इनका सोचने का दायरा बढ़ेगा और स्वयं के लिये ये सही दिशा प्राप्त कर पायेगें। एक महत्त्वपूर्ण सुझाव यह है कि नई प्रौद्योगिकी के आयामों का इनमें शनैः-शनैः कई इकाइयों में संचार करना चाहिये। एकदम से बड़ी खर्चीली युक्तियों से इनको दूर ही रखना होगा, क्योकि इसमे अधिक खर्च होगा। ऐसी हानि का जोखिम ये नहीं उठा सकेंगे। हालांकि नई उत्पादन प्रौद्योगिकी अपनाने से ये बड़े-बड़े किसानों के बराबर के परिणाम, भले ही प्राप्त न कर सकें परन्तु छोटे ही परिणाम में अवश्य प्राप्त कर सकते है और इसके अतिरिक्त

जो स्थानीय गरीब और भूमिहीन लोग हैं वे इनकी बढ़ी उत्पादन शक्ति का लाभ उठाकर यथास्थान अपने उपयोग के लिए खाद्यान्न 30 से 40 प्रतिशत कम दामों पर खरीद सकते हैं। इस तरह अधिकतर गरीब आदमी अपनी जरूरतों की पूर्ति भले ही उसकी आयु कितनी भी कम हो, कर सकेगा और भूख से भी नहीं मरेगा। यों तो सामान्यतया यह भी देखा गया है कि किसान चाहे छोटा हो या बड़ा, दोनों ही अपने-अपने स्तर पर फसलों से उत्पादन बढ़ाने की होड़ में लगे रहते हैं। कौन कितना इस प्रयास में सफल होता है यह तो अलग बात है, परन्तु इतना इससे फायदा अवश्य होता है कि दोनों के प्रयासों के द्वारा कुछ न कुछ उत्पादन तो देश में बढ़ता ही है।

चिरस्थायी कृषि आर्थिकी का विकास होना चाहिये जिससे काश्तकारों की आर्थिक स्थिति को निरन्तर कारगर रखा जा सके। यह आवश्यक है कि कृषि व्यवस्था ऐसी हो जो टिकाऊ या हमेशा किसानों के लिए उनकी आर्थिक दृष्टि से लाभकारी हो। इस प्रकार की स्थिति उत्पन्न करने लिये यह जरूरी है कि फार्म की उर्वरा शक्ति का हमेशा भली प्रकार से संधारण होता रहे, उसकी कार्य कुशलता के द्वारा उसको लाभदायक होना चाहिए। साथ ही उसके द्वारा किसी भी प्राकृतिक संसाधनों का अपक्षयण न हो तथा उसकी हर एक कार्यशीलता से पर्यावरण सदैव अनुकूल बना रहे। लघु कृषकों को एक प्रकार की उत्पादन स्थिरता लाने के लिये यह एक विशेष सुझाव मान्य होना चाहिये कि अपनी भलाई के लिये अपने पुराने तौर तरीकों को ही न अपना कर अपने द्वारा संचालित कृषि कार्यो में जहाँ तक हो सके कुछ नवीनतम कृषि के तरीके अपनाने का प्रयास अवश्य करें। इसके लिये उन्हें अपने चिरकाल से चले आ रहे अनुभव से उत्पन्न कार्यकुशलता से भीतरी आदेय पदार्थो का इस्तेमाल कर विशेषकर कार्बनिक स्त्रोतों के संसाधनों पर बिल्कुल निर्भर न रहकर, उनके द्वारा लिये जाने वाली सस्यों की भिन्न जातियों का भी फायदा मिलेगा। सहजीवी सस्य-चक्रों के साथ जो भी उत्पादन करें उसे स्थानीय जरूरतों को पूरी करने की दृष्टि से ही करें।

छोटे किसानों को उनके द्वारा उगाये जाने वाली फसलों के चयन में तथा उचित फैसला लेने के लिये मार्गदर्शन आवश्यक होता है। साथ ही उसके द्वारा उगाये जाने वाली फसलों में लगने वाला व्यय तथा भिन्न-भिन्न आदायों की उपलब्धता एवं उपयोग के लिये बड़े काश्तकारों को भी अपने कृषि कार्यो में ऐसे कुछ कार्य करने चाहिये, जो लघु-कृषकों के लिये अच्छे साबित हुये है।, तो निश्चय ही उनके अपनाने से उनको भी काफी फायदा हो सकता है। इस प्रकार से सभी छोटे-बड़े किसानों की मिली-जुली प्रक्रिया से आर्थिक दृष्टि से एक अच्छा वातावरण हरितक्रान्ति की ओर अग्रसर किया जा सकता है। ऐसी स्थिति में कृषि-रसायनों का अधिक उपयोग भी रोका जा सकता है। इससे खाद्यान्नों के उत्पादन में लगे धन की कीमत भी कम हो जायेगी। ट्रकों की आवाजाही भी रूक जायेगी। सभी क्षेत्रों में प्रदूषण से भी बचा जा सकेगा।

बाहरी आदायों के उपयोग पर रोक लगाने या उनका कम इस्तेमाल करने से स्वाभाविक तौर पर यह होगा कि किसानों के द्वारा कार्बनिक पदार्थों के इस्तेमाल में रूचि बढ़ेगी, स्वस्थ खाद्यान्नों का उत्पादन होगा एवं भूमि की उर्वरा शक्ति का भी आरक्षण किया जा सकेगा। अच्छे स्वास्थ्यवर्धक खाद्य पदार्थों के लिये उपभोक्ता अधिक दाम देने के लिए भी तैयार हो जायेंगे। इस प्रकार ऐसी कृषि व्यवस्था में जिसमें बाहरी आदाय पदार्थो का कम उपयोग होगा, उसमें काफी आकर्षण होगा, विशेष कर छोटे किसानों के लिए। परम्परागत बुद्धिमानी एवं नवीनतम प्रयोगों को अपनाने के साथ एक ऐसी कृषि पद्धति का विकास निश्चय है जिससे एक चिरस्थायी कृषि के विकास का उद्भव हो जायगा।

इसके साथ स्थानीय कार्यकलापों की भी भली-भाँति सराहना करनी चाहिये। इन पुराने तरीकों को अपनाने से यह होगा कि काश्तकार को भूमि की उर्वरता तथा पानी के प्रबन्धन का सही ज्ञान हो पायेगा। क्योंकि

रासायनिक उर्वरकों के आने से पहले खेती इनके बिना उपयोग के होती थी और औसतन उत्पादन ठीक ही होता था। इससे यह प्रत्यक्ष सिद्ध होता है कि एक स्थायी कृषि उत्पादन प्राप्त करने के लिये हमें अवश्य अपने पुराने तरीकों का काफी इस्तेमाल करना चाहिये। क्योंकि स्थायी कृषि उत्पादन हमारे पारम्परिक विधानों पर ही निर्भर है। यद्यपि इसमें थोड़े बहुत परिवर्तन किये गये हैं, फिर भी यह कह सकते हैं कि कृषि उत्पादन को यदि स्थिरता देनी है तो उसकी बुनियाद पुराने तरीकों के ऊपर प्रसार करके सम्भव हो सकते है।

पिछले कुछ वर्षो में आये पारिस्थितिक परिवर्तन जिससे मुख्यतया हमारे जंगलों की भूमि, पशुओं के पालन में आयी विषमताएँ और कठिनाईयाँ तथा गाँव के लोगों मे जीवन शैली के तौर-तरिकों में आये बदलाव के कारणों से क्षेत्रीय खाद की काफी मात्रा में उपलब्धि आजकल असम्भव हो गयी है। इसके कारण भूमि में पाये जाने वाले पौष्टिक पदार्थो, उनमें होने वाले जैविक एवं रासायनिक क्रियाओं का अभाव सभी में काफी कमी हो गयी है। जंगलों के अधिक काटे जाने से जलाऊ लकड़ी के द्वारा जीव-समुदाय की क्षति तथा औद्योगिक इस्तेमाल में असफल है। परन्तु कृषि के उपसृष्टों या द्वंय उत्पादों में तथा फार्म के अन्दर ही उपलब्ध कूड़े-करकट से कम्पोस्ट बनाकर भूमि की उर्वराशक्ति को अभी स्थिर तथा अधिक उपजाऊ बनाया जा सकता है। कृषि-वानिकी को प्रोत्साहन देकर जीवित पौधों की बाढ़ लगाकर तथा कहीं-कहीं वायु रोकने के लिये पेड़ो की कतारों के इस्तेमाल से भी जैविक खाद की मात्रा बढ़ायी जा सकती है।

डेयरी फार्मिंग के अन्तर्गत अच्छे उच्च्व नस्ल के ऐसे जानवरों के पालन से जो दूध की मात्रा अधिक देते हों, इनमें गाय और भैंस दोनों ही आते हैं, इनको पालने से इनके द्वारा चारे तथा अन्य मलमूत्र से भी काफी जीव-समुदाय पैदा किया जा सकता है। इसका काफी बड़ी मात्रा में खेती में उपयोग करने से काफी लाभ हो सकता है। इस प्रकार से फार्म की आय में भी बढ़ोतरी के साथ-साथ फार्म में उपलब्ध शक्ति (ऊर्जा) में भी इजाफा हो जायेगा। केचुओं को खाद बनाने के काम में लाने से खाद की गुणवता बढ़ाई जा सकती है। मिट्टी की उर्वराशक्ति को भूमि एवं पानी दोनों के ही संरक्षण से भी बढ़ाया जा सकता है। इसमें जलोत्सारण के सुधरे तरीकों को अपनाने तथा समोच्चरेखित बांध बनाने के द्वारा तथा खेत के चारों तरफ उचित पौधों की बाढ़ बनाने से किया जा सकता है। शुष्क एवं अर्धशुष्क दशाओं में जहाँ रसायनिक उर्वरक एक आपत्ति पैदा कर सकते हैं, ऐसे क्षेत्रों मे कार्बनिक खादों तथा जैविक खादों के उपयोग करने से पेड़ों के ऊपर आधारित खेती के साथ ऐसी सस्यों की प्रकारों का उत्पादन करने से जो सूखारोधी हो, कीट-व्याधि से बचाव की कीट-व्याधि से बचाव की सम्मिलित करके विभिन्न सस्यों की उपज बढ़ाई जा सकती है। स्थानीय सस्यों के बीजों को बदलकर केवल प्रमाणित बीजों का उपयोग करके भी फसलों की उपज में काफी बढ़ावा किया जा सकता है। फसलों में परिवर्तन लाने से अच्छे कृषि के यन्त्रों, औजारों के इस्तेमाल करने से, खनिज उर्वरकों को साथ लेकर, पौध-संरक्षण उपायों के साथ, सिंचाई सुविधाओं को सुधार कर, ये सब ऐसे कुछ उपाय हैं, जिनसे फसलों की उपज हमेशा बढ़ाई जा सकती है। फसल काटने के बाद की क्रिया-कलापों में सुधार करके एवं भण्डारण की अच्छी विधि अपनाकर, विपणन की उचित एवं स्वस्थ उपायों को अपनाकर भी फसलों की उपज तथा कृषक की आमदनी काफी बढ़ाई जा सकती है।

विभिन्न विधाओं पर आधारित सामंजस्य एवं संतुलन

भरतीय कृषि का महत्त्व बढ़ाने के लिये आज आधुनिकीकरण की बड़ी आवश्यकता है। सबसे पहले तो यह देखने में आता है कि हमारी कृषि उत्पादन व्यवस्था केवल कुछ ही सस्यों की कृषि पर ही आधारित है।

आज कुशल सिंचाई के कुछ तन्त्रों को अपनाकर फसल उगाना, जैविक खादों का इस्तेमाल, जैविक पौध संरक्षण के उपायों के द्वारा, संरक्षित कृषि रसायनों के इस्तेमाल करने से तथा अच्छे बीजों का हमारी कृषि उत्पादन में परोक्ष में काफी प्रभाव पड़ता है। आज ऐसे छोटे-छोटे सामान्य विषयों जैसे बीज, पानी एवं मिट्‌टी के परीक्षण का वांछित विकास नहीं हुआ है। भूमि में पौष्टिक तत्वों के संतुलन के संधारण करने, तृणक एवं हानिकारक कीट व्याधियों पर नियन्त्रण करना ताकि पौष्टिक तत्वों की हानि में कमी की जा सके। ये कुछ ऐसे क्षेत्र हैं, जिनमें आधुनिक प्रौद्योगिकी का अभी तक उपयोग ही नहीं किया जाता है। काश्तकारों को पौष्टिक तत्वों के बुद्धिमत उपयोग के लिये जो कि भूमि की उर्वरा शक्ति के लिये विचारणीय विषय होता है, तथा कार्बनिक पदार्थ की विद्यमान मात्रा का भी विचार किया जाता है। सही नई प्रौद्योगिकी के प्रति उदासीनता बरतने के कारण यह हो रहा है कि फसलों की उपज में बढ़ोतरी हो ही नहीं रही है। भूमि में विद्यमान सूक्ष्म और सामान्य पौष्टिक तत्वों की मात्रा का समन्वयन एवं भूमि में पानी की मात्रा का समन्वयन एवं भूमि में पानी की मात्रा तथा उसकी पौधों के लिए उपलब्धता फसल की आवश्यकता इन सभी विषयों के बाबत काश्तकार को मार्गदर्शन की अत्यन्त आवश्यकता है। इसलिये यह भी जरूरी हो जाता है कि हम समयानुसार कृषि में प्राप्त अनुसन्धान के परिणामों एवं राज्यों के कृषि विस्तार के दफ्‌तरों में एक प्रकार का समन्वय निरन्तर बनाये रखें। इस प्रकार के कार्यो को करने में स्थानीय स्वयंसेवी संस्थाओं का भी बड़ा योगदान प्राप्त किया जा सकता है। राज्य के विकास केन्द्र और वहाँ पर स्थित कृषि विज्ञान केन्द्रों के तालमेल से आधुनिकतम प्रौद्योगिकी का काश्तकारों द्वारा अपनाकर फसलों की उपज में काफी बढ़ोतरी की जा सकती है। यह दफ्‌तर क्षेत्रों की सेवाओं के तहत प्रशिक्षण, प्रदर्शन कार्य करके, एवं खेतों को स्वयं जाकर देखना (निरीक्षण) जैसे कार्य करके कृषि उत्पादन को बढ़ाने में काफी तरक्की की जा सकती है। राज्यों के कृषि विभागों को भी चाहिये कि वे विभिन्न सम्बन्धित विभागों जैसे - सिंचाई विभाग, खाद्य परिरक्षण विभाग, कृषि विपणन, बैंक तथा कर्ज देने वाली संस्थाओं के समन्वयन से काफी बड़ी सेवा काश्तकार को उपलब्ध करवाकर खाद्य पदार्थो के उत्पादन में काफी वृद्धि करने में अपना योगदान दे सकते हैं।

कुछ लोगों को ऐसा भी विश्वास है कि कुछ बिचौलिये-काश्तकारों का एक वर्ग बनाकर कृषि में हुई प्रगति की सूचना तथा किसानों के काम आने वाले पदार्थो जैसे-बीज, खाद एवं मशीनें उनको उपलब्ध करवाई जाय। यदि ऐसा हुआ तो इससे बिचौलिये किसानों द्वारा सामान्य किसानों का बहुत अहित होगा। काफी हद तक यह कहा जा सकता है कि हमारे देश की आर्थिक दशा की असफलता पर मुख्य दोष बिचौलिया तन्त्र का ही है। अच्छा तो यह हो कि सरकारी कर्मचारी जिनके पास कुछ काम करने के लिए नहीं है, या थोड़ा काम है, उनको इस प्रकार के उत्तरदायित्व सौंपे जायें और उनसे इस बात पर बल दिया जाय कि उनको ही जो काम करने को दिया जा रहा है उसके निर्वाह में ही उनकी सेवाएँ आँकी जायं। साथ ही काम न होने पर उचित दण्ड की व्यवस्था भी होनी चाहिये।

भूमि आंवटन में संशोधन एवं क्षेत्रों को संगठित करना

आज देश में दो प्रकार के क्षेत्र उपलब्ध है, पहले वर्ग में वे क्षेत्र आते हैं जो बहुत बड़े आकार के हैं परन्तु इनके स्वामी इनसे सफल खेती करने में असफल रहते हैं। इनमें से कुछ ऐसे भी भू-स्वामी हैं जो कृषि का कोई कार्य नहीं करते, उनको सुषुप्त भूस्वामी कहा जा सकता है। ये लोग भूमि छीने जाने के डर से अपने खेतों को दूसरे के पास उत्पादन करने हेतु नही देना चाहते हैं। दूसरी श्रेणी में वे किसान आते हैं, जो छोटी जोत के मालिक हैं, जिससे इनके खेतों में सुधरी कृषि कार्यविधियों को करने के साधन नहीं है। इन दोनों दशाओं में सबसे अच्छा यह होगा कि शासन की सहायता से कॉपरेटिव फार्मिग को बढ़ावा दिया जाय तो इस ओर एक अच्छा परिणाम

निकलेगा। इस प्रकार की सहकारी समितियाँ, छोटी या बड़ी जो भी हो किसानों में परोक्ष में जुड़ी रहेगी। स्थानीय सम्पर्क के कारण इनको हर समय नये-नये प्रयोगों तथा सफल कृषि के लिये नये उपायों को अपनाने के लिये प्रोत्साहित किया जा सकता है। इस प्रकार की समितियों के द्वारा हल, बैल, पावर-टिलर्स या अन्य संयंत्रों से लेकर बीज, खाद तथा कीट और व्याधिनाशक दवाईयों का भी इन्तजाम करना होगा। इससे सही तरीकों से समयानुसार सभी कार्य सम्पन्न हो सकेंगे और फिर तो ऐसी व्यवस्था से कृषि उत्पादन में वृद्धि निश्चय ही है।

2. कृषि वानिकी की कृषि उत्पादन में भूमिका एवं उपयोगिता

कृषि वानिकी भूमि संवर्धन का एक ऐसा तंन्त्र है जो कि वृक्ष, फसल, पशुओं के आपस की अन्तराकृति से भूमि प्रयोग को एक अच्छे से अच्छा माध्यम उत्पादन के लिये बनाया जा सकता है। यह विधि एक ऐसा मानव हितैषी तन्त्र है जिसके साथ विविध जीवाणु अपने-अपने निवास स्थानों की सहचर्य करके अपने अजीविक एवं जैविक संघटकों को आपस में बांट कर उपयोग करते हैं। इन संघटकों दोनों पारिस्थिकीय एवं आर्थिकी मिथः क्रियाओं के साथ वरिम एवं लौकिक सीमाओं के साथ कार्यरत रहते हैं। इसलिये कृषि वानिकी को केवल पेड़ों के बीच में फसलें उगाने के कार्य नहीं समझा जाना चाहिये। यह स्वभावतःऐसी दशा हैं, जिसमें कृषि वानिकी को केवल पेड़ो के बीच में फसलें उगाने का कार्य नहीं समझा जाना चाहिये। यह स्वभावतः ऐसी दशा है जिसमें पौष्टिक तत्वों के चक्र को ऊर्जा के बहाव के साथ विभिन्न जीवनदायी क्रियाओं के साथ देखा जाता है। कैसे-कैसे ये पौष्टिक तत्व एवं उनसे प्रसारित जीवन-क्रियाओं का किस प्रकार से कुशलतम रूप में उपयोग किया जाता है, यह कृषि वानिकी के अद्यतन में देखा जाता है। प्राकृतिक संसाधनों का सरंक्षण और उनसे सम्बन्धित अधिकतम उत्पादन के मान ही कृषि वानिकी के कार्यविधि का अन्तर्निहित कारकों को अति जीव मार्मिक समझा जाना चाहिये। कृषि वानिकी हमारे देश में प्राचीन प्रथा है और इसी के पहले आज की कृषि पद्धतियों की उत्पत्ति वनों से ही हुई है। प्राचीन शिकारी और जमा करने की मनुष्य की आदतों से लेकर आज के व्यवस्थित कृषि तक कई ऐसी भिन्न-भिन्न अवस्थाओं से गुजरी है जिसमें कि भिन्न-भिन्न कृषि के तरीकों को जलवायु, भूमि और जमीन का सदुपयोग करना मुख्य कारक थे।

प्राचीनतम तौंग्या पद्धति से लेकर वृक्षों का कृषि भूमि में दूर-दूर पर स्थापित होना, कृषि वानिकी, वानिक चारागाह, वानिक उद्यानीय चारागाहें, ऊर्जा को उत्पादन करने वाले चारागाह, क्षेत्र की सीमा पर पेड़ों का लगाना, जलीय वानिकी, ये सभी पूर्ण भारत में आम व्यवहार में लाई जाती थी। यहाँ तक कि एक सुव्यवस्थित जंगल चारागाह एवं कृषि दोनों को कृषि वानिकी का ही भाग माना जाता था, क्योंकि इसमें साधनों के भागीदारी किसी भी उपयुक्त कृषि व्यवस्था में विनियमित हो जाते थे। अन्ततः ये सभी पद्धतियाँ जीवनयापन के माध्यम हो जाते थे। आज इस प्रकार की भिन्नताएँ हम छोटे क्षेत्रों, गृह-उद्यान से लेकर बड़े-बड़े क्षेत्रों, वाणिज्यिक फार्मो एवं कृषि-वानिकी और कृषि-उद्यानिकी क्षेत्रों की पद्धतियों के रूप में बनी हुई दिखाई देती है। यहाँ तक कि आज की पद्धतियों में भूमिहीन मजदूर दिन-प्रतिदिन इसके अन्तर्गत अपना जीवन-यापन कर रहा है। ऐसी पद्धति में ऐसी आधारभूत आवश्यकताओं के द्वारा एक बड़े जैविक -समूह की चारा एवं जलाऊ लकड़ी का भी प्रबन्ध हो जाता है।

कृषि वानिकी का विषय कई चुनौतियों एवं बाधाओं से घिरा हुआ है। कभी-कभी यह भी सवाल पैदा किया जाता है कि क्या कृषि-वानिकी को जीवन-यापन के लिये एक पारिस्थिकी-तन्त्र की तरह माना जा सकता

है? यदि हाँ, तो क्यों यह विषय आज तक एक सुदृढ़ सर्वमान्य एवं लोकप्रिय नहीं हो पाया है? सामान्यतया जितने भी कृषि के तन्त्र हैं, उन्होंने कभी भी वृक्षारोपण को अपने तन्त्र में सम्मिलित नहीं किया। कदाचित् फसलों से अधिक से अधिक उत्पादन लेने के प्रयास में पेड़ों को केवल अवांछित छाया का कारण समझा गया है। साथ ही पेड़ो को फसलों के जो कीड़े तथा बीमारियों को आश्रय देने के लिये भी एक प्रमुख माध्यम समझा जाता है इससे यह हुआ की फसलों के कृषि क्षेत्रों से बहुवर्षीय पेड़ धीरे-धीरे गायब ही हो गये। मनुष्यों तथा पशुओं की निरन्तर बढ़ती जनसंख्या से वनों को नष्ट किया जाने लगा। साथ ही मनुष्य की आवास समस्या के समाधान के लिये अधिकतम भूमि का इस ओर विकास होने लगा। इस कारण वनभूमि का तथा जो कम उपजाऊ भूमि था, उसका भी विनाश होने लगा। देश में वास्तविक वनभूमि 63.34 मिलियन हेक्टर है। इसमें से 26.13 मिलियन हेक्टर भूमि कम उपजाऊ किसान की भूमि है। लगभग 16 मिलियम हेक्टर भूमि ही वनों के अतिरिक्त भूमि में पेड़ों से आच्छादित है। इस प्रकार से वनों एवं कम उपजाऊ भूमि को मिलाकर कुल क्षेत्रफल 79.34 मिलियन हेक्टर या देश के 24.13 प्रतिशत कुल क्षेत्रपल का ही पेड़ों के नीचे है। हमारा राष्ट्रीय लक्ष्य कुल भूमि का 33 प्रतिशत पेड़ों से आच्छादित करने का है। इससे यह तथ्य सामने आया कि अब हमें भविष्य में अतिरिक्त 29.13 मिलियन हेक्टर भूमि को वृक्षों से आच्छादित कर वनों का क्षेत्रफल बढ़ाना है। 108.47-79.34=29.13 मिलियन हेक्टर में वन लगाने हैं। दुर्भाग्य से आज देश के भौगोलिक क्षेत्रफल 328.6 मिलियन हेक्टर का भूमि क्षेत्र ऐसा है, जिसमें प्राकृतिक तरीकों से भूमि का स्तर निम्न वर्गीकरण में आ रहा है। बाढ़ से अधिक क्षेत्र की हानि, भूमि को क्षारीय भूमि में परिवर्तन होना, कन्दराभूमि का बहुत कम निर्माण, वनों की उत्पति से चारे की कमी, जलाऊ लकड़ी की कमी, पथरीली तथा कंकरीय भूमि की उत्पत्ति से ही कई तालाबों का नाश हो रहा है। नदियों का अपना मार्ग बदलकर मुड़ जाना कई उपजाऊ भूमियों को नष्ट कर रहा है। आज भूमि की अधोगति ही स्वस्थ पर्यावरण को प्रभावित करने की सबसे बड़ी चुनौती है। आज की स्थिति सें भूमि, पानी, पौधें, जीव-जन्तुओं तथा मानवीय रहन-सहन इन सभी क्षेत्रों को काफी अस्त-व्यस्त कर दिया है।

आज कृषि-वानिकी को एक पुनरूत्थान ईकाई, पुनरूस्थापन विधि, जैविकीकरण यांत्रिकी एवं धात्रेय माता के रूप में माना जाता है। इसकी अति संवदनशील धरती के निम्न स्तरीय गुणों को अधिक ऊँचे आदायों के द्वारा पुनर्जीवित किया जा सकता है। क्योंकि पुनरूत्थान के जितने भी तन्त्र हैं, उनकी नींव कुशल पौष्टिक चक्र, ऊर्जा- स्थापत्र, कार्बन-सिंक तथा सूक्ष्म जलवायु के तत्वों के प्रभाव का सहनशक्ति बनाकर एक उचित पर्यावरण को जन्म देना होता है। आज देश में कोई भी ऐसी संस्था नहीं है, जो कृषि-वानिकी की ओर ध्यान देकर एक उचित प्रौद्योगिकी का निर्माण कर सके। धन की कमी, अकुशल विपणन तन्त्र वनों की लकड़ी के हेतु उचित नीति भी निर्धारित नही है, जिससे पेड़ों की कटाई तथा ढुलाई में बड़ी अनियमिततायें बरती जाती हैं। इसी कारण इमारती लकड़ी के व्यवसाय में सबसे बड़ी अड़चनें पैदा हो गई है। इस प्रकार कृषि वानिकी अपने अत्यधिक बाधाओं, सीमित रूचीकरण तथा उसके विषय में अति अनभिज्ञता का होना, इन्हीं सभी के द्वारा उत्पन्न विरोधाभास से त्रस्त हैं।

सस्य उत्पादन और ग्रामीण उद्योग

यह सर्वमान्य है कि अच्छी फसल लेने के लिये अच्छी उर्वरा भूमि एक मुख्य प्राथमिक आवश्यकता है। जैसे कहीं भी सामान्यतया समाज में राष्ट्रहित में शस्त्रों की आवश्यकता शास्त्रों से अधिक बलवान होती है, क्योंकि शस्त्रों से राष्ट्र की रक्षा करने के पश्चात् ही शास्त्रों का चिंतन होता है। इसी प्रकार अच्छे सस्य उत्पादन के लिये भूमि की उर्वरा-शक्ति को प्राथमिकता दी जाती है, क्योंकि निश्चय ही यदि भूमि अच्छी होगी तो उसमें

उगने वाली फसल भी उत्पादन की दृष्टि से अधिक लाभकारी होगी। देखना यह है कि भूमि को उत्पादन की दृष्टि से कैसे उत्तम बनाया जाय। इसमें अन्य कारकों को छोड़कर जैसे भूमि की उत्पत्ति,जलवायु एवं अन्य प्रभाव डालने वाले विषयों को छोड़कर हमारा ध्यान अपने नियन्त्रण में उपलब्ध कारक जो कि भूमि में खाद एवं उर्वरकों की ओर आकृष्ट होता है। ये उर्वरक वे हैं जो कि फसल पैदा करने के लिये एक खनिज उत्पत्ति की भूमि में पौधों के आवश्यकता के लिये स्वाभाविक तौर पर पाये जाते है।

तालिका-7 : भारत मे विभिन्न क्षेत्रों में पाये जाने वाले कृषि वानिकी तन्त्र

	कृषि वानिकी तन्त्रों का परिमाण					
विभिन्न कृषि जलवायु प्रदेश	*वानिकी*	*कृषि उद्यान वानिकी*	*कृषि उद्यानिकी*	*उद्यानिकी चारागाह*	*वानिकी चारागाह*	*विशेष क्षेत्र*
पश्चिमी हिमालय प्रदेश	4	4	5	4	4	झूम
पूर्वी हिमालय प्रदेश	5	3	5	4	3	ऊर्जा
दक्षिणी गंगा-मैदानी प्रदेश	5	0	3	2	2	गृहस्थ
मध्य गंगा-मैदानी प्रदेश	4	0	2	0	0	ऐ.हो.सि.
ऊपरी गंगा-मैदानी प्रदेश	5	0	5	0	0	ऐ.हो.सि.
अन्तर-गंगा मैदानी प्रदेश	5	0	5	0	0	सामुहिक
पूर्वी पठारी एवं पर्वतीय प्रदेश	5	0	4	3	4	वृक्षारोपण
मध्य पठारी एवं पर्वतीय प्रदेश	4	0	5	4	4	वृक्षारोपण
पश्चिमी पठारी एवं पर्वतीय प्रदेश	4	0	5	2	4	वृक्षारोपण
दक्षिणी पठारी एवं पर्वतीय प्रदेश	5	0	3	2	4	गृह उद्यान
पूर्वी तटीय मैदानी एंव पर्वतीय	4	5	4	2	2	गृह उद्यान
पश्चिमी तटीय मैदानी एवं घाट प्रदेश	4	5	4	2	2	सामुहिक
गुजरात के मैदानी एवं पहाड़ी प्रदेश	4	2	4	3	5	वृक्षारोपण
पश्चिमी शुष्क प्रदेश	5	3	4	0	5	आरक्षित तट
द्वीपों के क्षेत्र	4	5	4	1	2	गृह उद्यान

**1-5 नम्बर प्राथमिकता के आधार पर अपनाया प्रतिरूपण (मोडल)*
***1 सबसे कम और 5 सबसे ऊंचा*

यह आवश्यक है कि किसानों एवं कृषि उद्योग को ग्राम-आधारित विकासोन्मुख संस्थाओं के साथ जोड़ दिया जाय। मूल्यों की वृद्धि के लिये साधन उत्पन्न करना, जैसे लकड़ी का सीजनिंग, ग्रेडिंग, परिवर्तन करना तथा उत्पादित वस्तु का भिन्न-भिन्न दशाओं में साधना जैसे बांस के बड़े-बड़े चटाई के बोर्ड बनाना, पेनल निर्माण करना, औषधीय पौधों के उत्पादन किये पदार्थो को दिशा देना, इन सब स्थितियों का गाँव के आधार पर यथोचित मूल्यों को प्रोत्साहन देना इत्यादि से गाँवों की प्रगति सुनिश्चित हो सकेगी। अधिक प्रोत्साहन के लिये कच्चे माल के ऊपर सरकारी सहायता को बन्द करना तथा आयातित कच्चे माल पर आयात-शुल्क को बढ़ाने से अच्छे परिणाम मिल सकते हैं। यह भी आवश्यक होगा कि रोपण के लिये पौधों का उत्थान किया जाय (अच्छी किस्मों

तालिका - 8 : विभिन्न कृषि योग्य जलवायु के लिये अभिस्तावित वृक्षों की जातियो की प्राथमिकता के आधार पर चयनित सूची

जलवायु आधारित क्षेत्र			*प्राथमिकता*		
उत्तरी हिमालय क्षेत्र	ग्रूइया औप्टिमा	पौपूलस	टूना सिलियटा	कैसुरेनिया	अकेसिया
पूर्वी हिमालय प्रदेश	माइकेलिया चम्पका	आल्नस नेपेलेन्सिस	गौसिपियम आरबोंट्रिया	मोरस लैमिगेटा	पाइनस
गंगा का निचला मैदानी क्षेत्र	इक्विलिप्टस हाइब्रिड	अकेशिया औरिक्यूलिफौर्मिस	नौ.आखोरिया	ऐ.निकोटिका	ए.इन्डिका
गंगा का मध्य मैदानी क्षेत्र	पौपुलस डेल्टोइडिस	ऐन्थेसिफेलस कडम्बा	यूकेलिप्टस हाइब्रिड	डी.सिसू	ऐ.निकोटिका
गंगा का ऊपरी मैदानी क्षेत्र	पी.डेल्टोइडिस	इक्यूलिप्टस हाइब्रिड	डस्बर्जिथा सीजू	मीलिया अजाडिरेक्टा	ऐ. निकोटिका
गंगा का मैदानी क्षेत्र	पी. डेल्टाइडिस	इक्यूलिप्टस हाइब्रिड	डी. सीजू	मीलिया अर्जाडिरेक्टा	ल्यूकोसिफला
पूर्वी पठार एवं पहाड़ी क्षेत्र	मिलिया आरबोरिस	टेक्टोनामैन्डिस	यूकेलिप्टस हाइब्रिड	कैप्यूरिना इक्विसिटिफोलि	सल्यूकोसिफला
मध्य पठार एवं पहाड़ी क्षेत्र	ऊजार्डिरेक्टा इंडिका	यूक्वेयूलिप्टस हाइब्रिड	रक्टोनाग्रैन्डिस	ए. निलोटिका	ल्यूकोसिफेला हार्डविकिया
पश्चिमी पठार एवं पहाड़ी क्षेत्र	ए.इन्डिका	अकेशिया नीलोटिका	यूकेलिप्टस हाइब्रिड	ल्यूकाइना ल्यूकेसिफोलिया	टी.ग्रैन्डिस
दक्षिणी पठार एवं पहाड़ी क्षेत्र	कैस्यूरिना यूक्नीसिटीफोलिया	जी.आर्बोरिया	अकेशिया मैन्जियम	टर्मिनेलियाटोमेन्टोस	आर्टोकार्पस हेट्रोफिल्स
गुजरात के मैदान एवं पहाडी क्षेत्र	प्रोसोपिस	सिनेरेरिया	यूकेलिप्टस हाइब्रिड	ए.इक्सेल्साडी. सीसू (शीशम)	यल.ल्यूकोसिफेला
पश्चिमी शुष्क प्रदेश	पी. सिनेरेरिय	ए. नाइलोटिका	ए. इन्डिका	ए. इक्सेल्सा	डी. सीसू
द्वीपीय क्षेत्र	सी. इक्कीसेटीफोलिया	जी. आवीरिया	लाइरिसिया सीपियम	स्पैनिया सामन	अर्मिनेलिया कैटैपा

तालिका – 9 : भारत में रसायनिक उर्वरकों, क्षेत्रीय खाद, कीटनाशक रसायनों का बड़े क्षेत्रों में उपयोग एव सिंचाई की व्यवस्था 1991–92 मे (क्षेत्रफल,000 हेक्टर, उर्वरक, खाद एवं कीटनाशी टनों में)

क्रम सं.	*हेक्टर*	*समूहों का आकार*	*सकल सस्य क्षेत्रफल*	*क्षेत्रफल उर्वरक से उपचारित*	*पोषक तत्वों का कुल उपभोग*				*उपचारित क्षेत्र*		*क्षेत्रीय खाद की उपयोगित मात्रा*
					नाइट्रोजन	*फॉस्फोरस*	*पोटाश*	*योग*	*क्षेत्रीय खाद से*	*व्याधि नाशक से*	
1.	हासिये पर	सिंचित	13037	11319	971360	346413	150086	1467859	5271	3214	49170123
	(1.00 से नीचे)	असिंचित	16446	7439	424550	175841	59342	659734	5589	1371	26244441
		कुल	29483	18759	1395910	522255	209428	2127592	10860	4585	75414564
2.	छोटा	सिंचित	13288	11326	948244	368669	134869	1451783	5589	3638	42016694
	(1.00 से 1.99)	असिंचित	20081	9567	461772	211091	60257	733120	6896	2319	24501768
		कुल	33369	20893	1410016	579760	195126	2184903	12485	5957	66518462
3.	अर्धमध्यम	सिंचित	14773	12910	1117188	437293	132601	1687082	5086	4883	33202361
	(2.00 से 3.99)	असिंचित	25740	11765	499624	253745	59004	812373	8091	3027	24579814
		कुल	40514	24674	1616812	691038	191605	2499455	13176	7910	57782175
4.	मध्यम	सिंचित	15260	13331	1108767	455512	109649	1673928	4572	5698	30769366
	(4.00 से 9.99)	असिंचित	28578	12101	470619	264837	56842	792298	7681	3407	19325643
		कुल	43838	25432	1579385	720350	166491	2466226	12253	9104	50095009
5.	बड़ा	सिंचित	63224	54871	4692632	1816295	556016	7064943	21893	20270	163592154
	(10.00 और	असिंचित	106973	45679	2006310	1003261	258397	3267968	31244	11329	101071875
	बड़ा)	कुल	170197	100549	6698943	2819556	814413	10332912	53137	31600	264664029

नोट: सिंचित और असिंचित क्षेत्रों का योग पूर्णांकन करने के कारण मेल नहीं खायेगा।

स्त्रोत: कृषि गणना विभाग, कृषि मंत्रालय, सम्पूर्ण भारत की आपरीक्षण रिपोर्ट, नई दिल्ली 1991–92

को रोपित करने से) तथा साथ ही नये-नये पेड़ों की किस्मों को रोपण के लिये इस्तेमाल करने के प्रयास निरन्तर जारी रखे जाने चाहिये (तालिका 6)।

जलाऊ लकड़ी, पशुओं का चारा, मकान की लकड़ी, औद्योगिक लकड़ी तथा कई इनसे वन्य आधारित उत्पादों की यदि भविष्य की आवश्यकताओं की पूर्ति करनी है तो हमें निम्नलिखित मुद्दों पर ध्यान देना होगा। जलोदय क्षेत्रों का विकास जिसमें भूमि का संरक्षण निहित है, जलागम क्षेत्रों की ओर ध्यान देना तथा सिंचित क्षेत्रों के विकास को बढ़ावा देकर वन्य-कृषि को विकसित किया जा सकता है। पानी के उपयोग को भूमि उपयोग के साथ समाहित करके ऐसी नीति बनाई जा सकती है जिससे जलानुबंधन को रोकने से भूमि में क्षार पैदा होना तथा पानी की गुणवता को उपयुक्त बनाया जा सकता है।

सरकारी योजना के अनुसार आज करीब 50 मिलियन हेक्टर भूमि देश में कृषि वानिकी के लिये विकसित करनी हैं। इसमें 16 मिलियन हेक्टर आज कृषि-वानिकी के तहत आ चुकी हैं। जो ऐसी भूमि है जो कि फसल उत्पादन के लिये हासिये पर है, तथा ऐसी भूमि जो कि अवनत दशा में है,-उन पर ध्यान दिया जा सकता है। लगभग 26 मिलियन वन क्षेत्र देश में आज अध:पतन की स्थिति में है। इसे नया पौधरोपण कर पुनर्जीवित करना हैं। इसको करने के लिये एक संयुक्त प्रयास करना होगा, जिसमें जलाऊ लकड़ी, चारे के पौधे तथा अन्य उपयोगों मे आने वाली लकड़ी के उत्पादों का प्रावधान करना होगा। कृषि-वानिकी को इस प्रकार विकसित करना होगा जिससे वनों से मिलने वाले औद्योगिक कच्चे माल के लिये लकड़ी का गूदा का उत्पादन बढ़ाया जा सके। इस प्रकार के निश्चित बाजारों के द्वारा समाज में नौकरियों के अवसर बढ़ाये जा सकेंगे (तालिका 7)।

कृषि-वानिकी से सम्बन्धित अनुसन्धान एवं विकास के जितने भी कार्य हैं, उनको नये ढंग से हाथ में लेना चाहिये। जिससे उचित पौधों के रोपण हेतु सही कदम इस दिशा में उठाये जा सकें। साथ ही ऐसे पौधों के नर्सरी में उत्पादन हेतु उचित कार्यवाही करनी चाहिये और इस प्रकार के कार्य से सम्बन्धित पूर्वाग्रहों के लिये सही प्रशिक्षण एवं प्रौद्योगिकी के स्थानान्तरण के लिये सही प्रबन्ध होने चाहिये। कार्य सही दिशा में प्रगति कर रहा है, इसके लिये समय पर हर स्तर पर पर्यवेक्षण का सख्ती से कार्यान्वयन होने पर जोर देना चाहिये। विभिन्न कृषि जलवायु के क्षेत्रों में कहाँ-कहाँ पर समयानुसार कृषि-वानिकी विषय में काम करने वाले केन्द्र खोलने चाहिये। इन केन्द्रों को कृषि-वानिकी के विषय में उच्च अध्ययन के लिये काम करना चाहिये।

नारियल से सम्बन्धित क्षेत्रों को जो कि कृषि वानिकी के लिये एक अच्छी छतरी का काम करते हैं, उनका निरन्तर सुधार कर व्यापक रूप से काम में लाना चाहिये। इसी प्रकार बांस के पेड़ों को चलती फिरती कृषि को रोकने के लिये अधिक उपयोग करना चाहिये। बहुत से दलहनी जाति के पेड़ों जैसे ल्यूसिना, ल्यूकेसिफोलिया, ऐल्नस नेपालेन्सिस, कैलिन्ड्रा, कैलोथाइरसस, इराइथ्रिना, आरबोरिसेन्स, ग्रीरिसिड़िया सेप्टम, सिस्वेनिया स्पे आदि पेड़ों का कृषि-वानिकी के अन्तर्गत पोषण पौधों की तरह भरपूर उपयोग करना चाहिये। ये पेड़ कृषि वानिकी के लिये भूमि की उर्वरा शक्ति के संधारण में काफी लाभदायक सिद्ध होंगे।

पेड़ों के उत्पादन के व्यवसाय के लिये पौधों का शिशुकाल केवल 4 से 5 वर्ष का होता है। यह स्थिति कई बार अत्यधिक खतरनाक हो सकती है कृषि फसलों के उत्पादन की तुलना में। कृषि क्षेत्र में काश्तकार को फसल उत्पादन के कार्य के अन्तर्गत कई सुविधायें जैसे अनुदान, सहायता, कीमत फसल के अन्त में, कई किस्म के कर्ज, आयकर में छूट आदि-आदि उसे प्राप्त होते हैं। परन्तु कृषि-वानिकी को इस प्रकार की कोई सुविधायें देने हेतु विचार करना होगा, जिससे यह विषय अधिक से अधिक आवश्यक उन्नति कर सके।

कृषि-वानिकी के वृहत् विकास के लिये उच्च शिक्षा एवं शिक्षण प्राप्त एवं कुशल आदमियों की जरूरत होती है। इनको नर्सरी बनाने तथा पौधों के वितरण के वैज्ञानिक कार्य करने में लगाना चाहिये। प्रसारण कार्य निश्चय ही अभी कृषि-वानिकी से काफी दूर है।

सस्य उत्पादन के लिये भूमि का विकास

इससे पहले कि हम एकाएक किसी भूमि में फसल उगाने की चेष्टा करें, यह आवश्यक है कि उक्त भूमि का पिछला इतिहास जाने, उसकी शुरूआत की उत्पत्ति, उसमें आये भौतिक एवं रसायनिक परिवर्तनों का अध्ययन एवं उसमें आने वाले सम्भावित परिवर्तन,जलवायु से प्रेरित उसकी दशा एवं स्थिति को ध्यान में रखें। इस प्रकार की जानकारी के लिये यद्यपि भूमि-विज्ञान में काफी सूचना नहीं मिलती है, फिर भी भूमि विज्ञान ने सामान्य मनुष्य के लिये भूमि में कार्य करने के लिये काफी जानकारी मिलती है। भूमि-विज्ञान अन्त में अनुसन्धान के तहत काफी सूचनायें प्रस्तुत करता है, फिर भी आखिरी जो आवश्यकता है, वह है भूमि से सम्बन्धित उसके व्यावहारिक मानवीय एवं आर्थिक दशाओं का विवेचन करना। इस प्रकार भूमि का अध्ययन एक ऐसा आवश्यक विकास पर विचार करना है जिसमें उच्चतर पौधों, जिसमें विभिन्न सस्यों के पौधें मुख्य हैं-उनकी भूमि से सम्बन्धित वैज्ञानिक ढंग से चर्चा हो। इसलिये भूमि का सम्बन्ध (विभिन्न फसलों के पौधों से), भूमि की आरम्भिक उर्वरा शक्ति को बनाना तथा उसका संधारण और ऐसे कई अन्य सिद्धान्तों का सस्य-उत्पादन में उपयोगिता तथा इन कतिपय सिद्धान्तों का मनुष्य के दैनिक जीवन में आई समस्याओं का समाधान करना है। इसलिये कई भूमि के अन्दर आने वाली घटनाओं को मनुष्य के हित में उपयोग करना तथा उनको पौधों के सन्दर्भ में वैज्ञानिक ढंग से उपयोग तथा अस्वीकार करना ही कृषि शास्त्र का मुख्य अध्ययन तथा प्रयोजन है।

मिट्टी की प्रारम्भिक उत्पत्ति को उसके अन्दर होने वाली भौतिक एवं रसायनिक प्रक्रिया मात्र ही नहीं समझाना चाहिये। वास्तव में अधिकतर क्रियायें परोक्ष या अपरोक्ष में मिट्टी के अन्दर होने वाली कई जैविक प्रक्रियाओं का विद्यमान होना है। मिट्टी जैसा कि सामान्यतया अनुमान लगाया जाता है, विशेषतया जब वह पौधों की वृद्धि के लिये एक अनुकूलतम अवस्था में रहती है, मोटे तौर पर चार कारक-खनिज अंश, कार्बनिक पदार्थ, हवा एवं पानी ही मिट्टी की दशा को प्रभावित करते रहते हैं। ये सभी एक अति सूक्ष्म अवस्था में विद्यमान रहकर अति घनिष्ठता से परस्पर मिले रहते हैं।

कोई भी मिट्टी हो उसमें एक बड़ा अंश ऊर्जा का कार्बनिक रूप में विद्यमान रहता है। इसके आधार पर मिट्टी के अन्दर एक बड़ी संख्या मे जीवित जीवाणु वास करते हैं। इस मद में प्रकृति काफी बड़े परिमाण में सभी ऐसे पदार्थों को मिट्टी में रखती है। दोनों ही प्राणि तथा पौधों के कई किस्मों के प्रतिनिधि मिट्टी में रहते हैं। मिट्टी के एक एकड़ फरोस्लाइस में एक आम खनिज मृदा में पौधों की जड़ों सहित, मृदा का भार लगभग 3000 किलोग्राम होता है। कुछ अन्य किस्म की मिट्टियों में यह भार कहीं और अधिक भी हो सकता है। कैसे भी हो भूमि में जीवित पदार्थ का इतना अंश अवश्य विद्यमान होता है, जिसमें उनके द्वारा उसमें होने वाले भौतिक एवं रसायनिक परिवर्तन निरन्तर होते रहते हैं। इसका यह तात्पर्य हुआ कि व्यवहारिक तौर से हर एक प्राकृतिक मिट्टी में होने वाले प्राकृतिक प्रतिक्रियाओं के लिये परोक्ष या अपरोक्ष में जैव रासायनिक क्रियायें ही जिम्मेदार होती हैं। इसमें बड़े जीवों जैसे केंचुआ तथा अन्य बड़े कीट एवं छोटे जीवों में जैसे कवक एवं शाकाणुओं का अधिक योगदान होता है।

भूमि के समाये जीव

1. भूमि में पाये जाने वाले परपोषी सूत्रकृमि
2. भूमि के रोमिल प्रोटोजोवा
3. भूमि के सामान्य रोटिफर
4. उदभिद श्रेणी के सूक्ष्म जीव
5. कवक जाल
6. विभिन्न जातियों के शाकाणु
7. ऐक्टीनोमाइसीज के सूत्र

बंजर भूमि को कृषि में काम लाने के लिये उसकी पहले पहल मिट्टी की जुताई आवश्यक होती है। यह जुताई उस समय सरल होती है, जब उसमें उगने वाले छोटे-छोटे पौधों की वृद्धि होती है। बड़े-बड़े पौधे और वृक्षों को तो पहले ही काट दिया जाता है। यहाँ तक कि उनकी बड़ी-बड़ी जड़ों को भी भूमि में से अलग निकाला जाता है। बंजर भूमि की जुताई बरसात के बाद उत्तम रहती है। इसके अन्दर इस समय जड़ों की वृद्धि होने के कारण मिट्टी पोली रहती है, जिसके कारण उसमें हल चलाना सरल होता है।

यदि पहाड़ी भूमि हो तो उसमें खेतों को जहाँ तक हो सके उनको समतल करना ही आवश्यक होता है। इससे यह लाभ होगा कि वर्षा में या सिंचाई के पानी का अपधावन काफी मात्रा में रूक जायगा जिससे कि फस्लोत्पादन के दौरान दिये गये उर्वरकों की क्षति कम हो जायगी। इस उद्देश्य की पूर्ति के लिये पहाड़ी भूमि में सीढ़ीनुमा खेत बनाये जाते हैं। इस प्रकार की तैयारी से न केवल पानी, उर्वरक एवं रसायनिकों की क्षति को बचाया जा सकता है, अपितु भविष्य में सभी कृषि कार्यों के करने में सुविधा भी होती है।

भूमि में पौधों के लिये पौष्टिक पदार्थो की उपलब्धता एंव प्रदायता

पौध-मृदा का पर्यावरण का जो सम्बन्ध है, वह एक विस्तृत एवं घनिष्ठ प्रकार का है। पौधों की जड़ें खनिजों का शोषण करती हैं और साथ ही पौष्टिक पदार्थ एवं पानी भी मिट्टी के द्वारा ही मिलते हैं (तालिका 10)। यह सब कार्य सूर्य की रोशनी में निर्मित कार्बन-डाई-ऑक्साइड के मिलने से प्रांगोदीय पदार्थो का सृजन होता है। इसमें उर्वरकों के भाग लेने से अन्यान्य प्रकार के विधायनों के द्वारा कई चयपचयन क्रियाओं का भी विकास होता है, जिससे कि पौधों में निरन्तर वृद्धि एवं विकास होता रहता है। सभी 16 खनिज पौष्टिक तत्वों की संतुलित अनुपातों में आवश्यकता होती है। फिर भी सार्थकता के आधार को ध्यान में रखकर यह देखा जाता है कि किसी भी पौष्टिक तत्व की किसी वांछित सस्यों को उगाने में काफी आपसी भिन्नतायें होती है, जो कि प्रत्येक किस्म की वृद्धि चक्र, जैवरसायनिक रचना अन्तिम सृष्टों की तथा सस्य के पौधों की वायुमण्डल में से नाइट्रोजन का आत्मसात्करण की क्षमता (जैविक नाइट्रीफिकेशन) इत्यादि का सरल और वास्तविक स्वरूप है जोकि यह भी दर्शाता है कि वह कैसे उच्चतर पौधों को उनके द्वारा वांछित आवश्यक तत्वों को प्रदान करती है। यही सस्य उत्पादन की आधारभूत समस्या भी है। इसलिये किसी भी एक मूढ़ अवधारणा जिसमें भूमि और उसमें रहने वाले जीव-जन्तु के अन्तर सम्बन्धों का प्रतिपादन आपस में करना होता है। इसके लिए भूमि में उपस्थित आवश्यक तत्वों का ज्ञान होना अति आवश्यक होता है। इसके तहत पहला भूमि में कुल विद्यमान मात्रा,

दूसरे इन तत्वों का भूमि के घोल में परिवर्तन होना तथा तीसरा कि किस तरह से आवश्यक तत्वों की किस रूप में तथा किस ढ़ंग से महीन जीवाणुओं एवं उच्चतर पौधों के शरीर की सतह तक उपस्थित कर शोषित किया जाता है।

उच्चतर पौधों की वृद्धि दो प्राकर के कारकों पर निर्भर करती है, 1. आन्तरिक तथा बाह्य स्थित। यहाँ पर दूसरा बिन्दु ही मिट्टी की दृष्टि से विशेष महत्व का है। ये है: 1. प्रकाश, यांत्रिक सहायता (खड़े रहने के लिये) उष्मा, वायु, पानी तथा पौष्टिक पदार्थ, इसके अन्तर्गत आते हैं।

इन स्थान पर हम पहले जो प्रमुख आवश्यक तत्व है, उनके ऊपर प्रकाश डालेगें। उच्च तथा निम्न पौधों की सामान्य वृद्धि के मिट्टी के अन्दर और बाहर दोनों ही स्थितियों में, पौष्टिक तत्वों की दो अवस्थायें प्रमुख होती हैं। पहला यह कि कुछ तत्व ऐसे होते हैं जिनको कि पौधों के उपयोग के लिये प्रस्तुत रहना चाहिये और दूसरा यह कि इन पौष्टिक तत्वों का वास्तविक एवं उचित अनुपातीय मात्रा में विद्यमान होना। एक तत्व का बड़ी मात्रा में विद्यमान होना इतना ही हानिकारक हो सकता है, जितना कि उसकी अति न्यून मात्रा में उपस्थित होना साथ ही किसी भी पौधें की एक तत्व को इस्तेमाल करने की क्षमता एक तत्व की कमी या अन्य तत्व की बड़ी मात्रा का होना हो सकता है। न केवल तत्व उपलब्ध ही होने चाहिये तथा साथ ही उनको पौधों के शरीर के साथ समयन्वित भी होना चाहिये। इसलिये कुछ तत्वों को विशेष मान्यता सफल सस्य उत्पादन के कार्य में दी जाती है। ये तत्व यदि भूमि में नहीं हैं या अति न्यून मात्रा में उचित सामंजित मात्रा में नहीं हों तो, पौधों का सामान्य विकास नहीं होता है। इस प्रकार के दस तत्वों को अधिकांश में मान्यता दी जाती है (तालिका 11)। बाद में आगे चलकर चार और तत्वों- मैंगेनीज, बोरान, तांबा और जस्ते को इस सूची में स्थान प्राप्त हुआ है। बाद के इन चार तत्वों की बहुत ही छोटी मात्रा में उपयोग करना हितकार होता है। बड़ी मात्रा में इनके इस्तेमाल से पेड़ो के ऊपर जहरीले प्रभाव दिखाई देते है। निम्नलिखित तालिका में इन भंली-भांति मान्यता प्राप्त आवश्यक तत्वों का उल्लेख किया जा रहा है। चाहे वे मुख्यतया भूमि में पाये जाते हो या चाहे उनके स्रोत अन्यथा वायु, पानी ही क्यों न हो।

तालिका-10 : 11 आवश्यक पौष्टिक तत्व तथा उनके स्रोत

मुख्य-बड़ी मात्रा में प्रयोग में आने वाले	*पौष्टिक तत्व जो कि अनुपात में बहुत कम मात्रा में होते हैं*	
मुख्यतया वायु और पानी के स्त्रोत से	मिट्टी के ठोस भाग से	ठोस मिट्टी से
कार्बन	नाइट्रोजन	लोहा
हाइड्रोजन	फॉस्फोरस	मैंगेनीज
ऑक्सीजन	पौटेशियम	बोरान
	कैल्शियम	तांबा
	मैग्नीशियम	जस्ता
		गंधक

उच्चतर पौधे अपने लिये कार्बन तथा ऑक्सीजन बहुधा वायु से ही लेते हैं। ऐसा वे अपने अन्दर होने वाली भा-संश्लेषण एवं श्वसन की क्रियाओं के द्वारा प्राप्त करते हैं। हाइड्रोजन की आवश्यक मात्रा पौधों के द्वारा परोक्ष में या अपरोक्ष में विद्यमान पानी में से की आती है। थोड़ी सी नाइट्रोजन की मात्रा को छोड़कर सभी अन्य आवश्यक तत्वों की पौधों के लिये उपलब्धि मिट्टी में विद्यमान ठोस पदार्थो के द्वारा ही होती है। थोड़ी सी

नाइट्रोजन की मात्रा वायु से फलीदार पौधों के द्वारा पौधों की जड़ों में पहुँचती है। यह भी समझना सही नहीं है कि अधिकतर पौधों के ऊतकों का निर्माण केवल मिट्टी में पाये जाने वाले पौष्टिक तत्वों के द्वारा ही होता है, जबकि सत्य इसके विपरीत है। सामान्यतया पौधों के 96 से 99.5 प्रतिशत स्वस्थ ऊतकों का निर्माण कार्बन, हाइड्रोजन तथा ऑक्सीजन के द्वारा होता है तथा कदाचित् 0.5 से 4.0 प्रतिशत केवल राख होती है। यह सब होते हुये भी पौष्टिकता के जो तत्व होते हैं वे ही फसलों के विकास को सबसे ज्यादा प्रभावित करते हैं। सूखे की स्थिति, अति ठंडी जलवायु, हीन जलोत्सारण या व्याधियों से ग्रसित दशाओं को छोड़कर, पौधों की वृद्धि का किसी भी प्रकार से ह्रास नहीं होता है। इसलिये मृदा तथा उसमें विद्यमान पौष्टिक तत्वों पर ही ज्यादा ध्यान दिया जाता है।

भूमि में सभी पौष्टिक तत्वों का विद्यमान और उपलब्ध रूप में होना जरूरी है। क्योंकि इन्हीं से पौधे सुचारू रूप से उग सकते हैं, फिर भी छः तत्वों की ओर विशेष ध्यान देना जरूरी है। ये हैं-नाइट्रोजन, फॉस्फोरस, पौटेशियम, कैल्शियम तथा गंधक क्योंकि ये तत्व पौधों के द्वारा बड़ी मात्राओं में उपयोग में लाये जाते हैं और ये तत्व ही व्यापारिक उर्वरकों में सामान्यतया अधिक पाये जाते हैं। साथ ही ये क्षेत्रीय-खाद तथा चूने के साथ भी मिलाये जाते हैं। इसलिये इनको सुविधा हेतु प्राथमिक तत्व भी कहा जाता है। ये तत्व पौधों की वृद्धि की गतिमंद भी कर सकते हैं यदि वे मिट्टी में बहुत कम मात्रा में विद्यमान हो, या यदि वे बहुत मंद गति से उपलब्ध होते हैं तो अक्सर ये दोनों स्थिति मिट्टी में पाई जाती हैं। फॉस्फोरस के लिये तो यह नितान्त सत्य है।

जब कभी भी नाइट्रोजन, फॉस्फोरस तथा पोटेशियम भूमि में एक साथ कृत्रिम रूप में डाले जाते हैं, तो यह क्षेत्रीय खाद या कृत्रिम खाद ही होती है। इसी प्रकार कैल्शियम तथा मैग्नीशियम को सामान्यतया चूने के रूप में दिया जाता है। इनको चूने के तत्व भी कहा जाता है। वर्षा के पानी में होने के अतिरिक्त, गंधक का भूमि में प्रवेश एक प्रासंगिक, संयोगाग उर्वरक के रूप में जैसे क्षेत्रीय खाद, सुपरफॉस्फेट, अमोनिया का सल्फेट और पौटाश के सल्फेट के रूप में होता है गंधक का महत्त्व किसी भी उर्वरक के आयोजन में अति महत्त्वपूर्ण होता है। विशेष स्थितियों मे गंधक के उपयोग में गंधक अकेला ही मृदा में डाला जाता है या बड़ी मात्राओं में गंधक के फूल के रूप में कुछ पौष्टिक सम्बन्धी कमियों को दूर करने या मृदा की प्रक्रियाओं को समायोजित करने के लिये किया जाता है।

अन्य पौष्टिक तत्व (लोहा, मैंगेनीज, बोरान, तांबा तथा जस्ता) उच्चतर पौधों के द्वारा छोटी-छोटी मात्राओं में लिये जाते हैं। इस दशा में इन तत्वों को लेश-तत्व कहा जाता है। इसका यह मतलब कतई नहीं होता है कि वे पौधों के लिये प्रारम्भिक तत्वों की तुलना में कम आवश्यक होते हैं। सच तो यह है कि ये तत्व मूलतः पौधों के स्वास्थ्य के लिये उतने ही अधिक महत्त्वपूर्ण होते है, जितने कि अन्य तत्व होते हैं। इसके अतिरिक्त किसी उर्वरक संवर्धन की योजना में इनका बहुत महत्त्व होता है। कभी-कभी इन तत्वों को उर्वरक निर्माताओं द्वारा न्यून मात्रा में सामान्य व्यवसायिक उर्वरकों के साथ भी उनकी सम्भाव्य कमी की पूर्ति के लिये भी मिलाया जाता है, विशेषकर उस दशा में जब मृदा में उनकी उपलब्धता बहुत कम हो या बिल्कुल ही न हो। यदि कभी भी किसी भी श्लेष-तत्व की चिंताजनक न्यूनता है तो, यह उचित होगा कि उसकी आवश्यकतानुसार मात्रा में अलग सें मृदा में डाल कर पूर्ति की जाय न कि किसी बड़े व्यापारिक उर्वरक की बड़ी मात्रा के साथ वास्तव में किसी भी एक तत्व की वास्तविक न्यूनता की सम्भावना का मुख्यतया प्राथमिक पोषक तत्वों की मृदा में पाये जाने पर या कुछ पौष्टिक तत्वों का बहुत धीरे-धीरे उपलब्ध होने की दशाओं का अनुमान तीन मुख्य बिन्दुओं को उजागर करते हैं: 1. किसी भी खनिज-मृदा में अन्यांन्य प्राथमिक पौष्टिक तत्वों का विद्यमान होना, 2. ये तत्व किस प्रकार के संयोगों में प्रस्तुत है तथा 3. ऐसी विधियाँ जिनके साथ इनकी उपलब्धता मृदा से सम्भव हो सकती है।

तालिका-11 : मृदा में पाये जाने वाले प्रारम्भिक तत्वों का रूप

अधिक जटिल और कम क्रियाशील रूप	*कुछ सरल और अधिक उपलब्ध रूप, उनकी आइओनिक दशा सहित*	
नाइट्रोजन		
कार्बनिक संयोग, प्रोटीन, ऐमिनो एसिड्स तथा ऐसे अन्य रूप श्लेषीय और सरलता से विघटन होने वाले रूप	अमोनियम लवण	NH_4^+
	नाइट्राइट लवण	NO_2^-
	नाइट्रेट लवण	NO_3^-
फॉस्फोरस		
ऐपेटाइट एक प्राथमिक स्त्रोत, द्रयं कैल्शियम, लौह ऐल्यूमिनियम सिलिकेट्स	कैल्शियम, पौटाश इत्यादि के फॉस्फेट, घुलनशील कार्बनिक रूपों में	PO_4^-
		HPO_4^-
		$H_2PO_4^-$
पोटेशियम		
मूल रूप के खनिज जैसे फेल्सपार एवं माइका, जटिल द्रव्य एल्यूमिनियम के सिलिकेट, श्लेषीय जटिल पदार्थो द्वारा शोषित	पोटाश के लवण जैसे सल्फेट, कार्बोनेट इत्यादि	K^+
कैल्शियम		
मूल रूप के खनिज जैसे फेल्सपार हौर्नब्लेन्ड् एवं कैल्साइट	कई प्रकार के कैल्शियम के लवण	Ca^{++}
मैगेनीज		
खनिज पदार्थ जैसे माइका हौर्नब्लेन्ड्,डोलोमाइट तथा सर्पेन्टाइन, द्रयं ऐल्यूमिनियम के सिलिकेट पदार्थो द्वारा शोषित	कई प्रकार के मैग्नीशियम के लवण, श्लेषीय जटिल संयोग	Mg^{++}
गन्धक		
खनिज यौगिक जैसे पाइराइट विशेषकर जिप्सम, जैविक रूप,श्लेषीय एवं सरलता से विवन्धित रूप	कैल्शियम पोटेशियम तथा मैगेनीज के अन्यान्य सल्फेट तथा सल्फाइट	

फसलों के लिये पोषक तत्वों का महत्त्व

मिट्टी ही फसलों को उगाने का मूल आधार है। यह आवश्यक है कि उचित प्रकार की मिट्टी के ऊपर ही फसलें उगाई जांय। आमतौर पर अधिकांश फसलें कई प्रकार की मिट्टियों में उगाई जा सकती हैं। परन्तु मुख्य प्रश्न फसलों के आर्थिक दृष्टि से उत्पादन का है। इसलिये विपरीत दशा की चरम सीमा से तो हर हालत में बचना चाहिये। सामान्यतया भारी मिट्टी का प्रबन्धन अति कठिन होता है। इसलिये इसमें कृषि करना जोखिम भरा हो सकता है। बालुई मिट्टी में जलग्रहण तथा प्रतिधारण क्षमता कम होती है। इसीलिये इस प्रकार की मिट्टी कम उपजाऊ होती है। दुमट या रेतीली दुमट फसलों की उपज के लिये सबसे अच्छी होती है। ये दोनों प्रकार की मिट्टियाँ हमारे देश के कई भागों में पाई जाती हैं। मिट्टी जितनी अधिक उपजाऊ होगी, उसमें उतनी ही कम उर्वरक की आवश्यकता होती है। फिर भी किसी भी मिट्टी की उर्वरता बनाये रखने के लिये ही उर्वरकों का प्रयोग करना जरूरी होता है। अन्यान्य कारकों से मिट्टी का अच्छा होने के साथ-साथ जलोत्सारण भी मिट्टी में सही ढंग से होना चाहिये। पौधे ऐसी मिट्टी में नही पनपते जब उनकी जड़ें हर बार या बहुधा पानी से घिरी रहती हैं।

पौधों का आवश्यक पौष्टिक संवर्धन

पौधे अपनी वृद्धि के लिये ऑक्सीजन, कार्बन, नाइट्रोजन, गंधक, फास्फोरस, पोटाश, कैल्शियम, लोहा, मैगजीन, तांबा, जस्ता, तथा बोरान का उपयोग करते हैं। सबसे बाद के चार तत्व केवल अतिन्यून मात्रा में उपयुक्त होते हैं। इनके अतिरिक्त और कई अन्य तत्व भी होते हैं, जो पौधों की ऊतियों में पाये जाते हैं।

प्राकृतिक अवस्था में भी पास-पास उगने वाले विभिन्न पौधों की विभिन्न जातियों के खनिज अवयवों में भी भारी भिन्नता होती है। इसी प्रकार की भिन्नता एक ही जाति के पौधों को विभिन्न किस्म की मिट्टियों में उगाने में दिखाई देती है। अधिकतर स्थितियों में आवश्यक तत्व यदि बड़ी मात्रा में दिये जाते हैं, तो उनसे क्षति ही होती है। यहाँ तक कि ऐसे पौधों को खाने वाले पशु, पक्षी तथा अन्य जीवों को नुकसान होने का भय होता है। इसका ज्वलन्त उदाहरण है, सिलिनियम युक्त पौधों के द्वारा पशुओं का विषायण। पौधों के इस गुण का जिससे वे ऐसे पदार्थों का शोषण कर लेते हैं, जिनकी कि उनको जरूरत ही नहीं होती है। इसका उपयोग रसायनिक चिकित्सा में होता है। किसी भी स्थिति में सभी खनिज तत्वों को इकट्ठा लीजिये, ऊतियों का एक बड़ा भाग इनसे ही निर्मित होता है। इसके अतिरिक्त कुछ ऐसे भी ऊति होते हैं, जिनमें इनका लेशमात्र भी विद्यमान न होगा या किसी विशेष ऊति के खनिज अवयवों का कुछ मात्रा तथा एक या दो तत्वों की अन्य मात्रा विभिन्न ऋतुओं में भी भिन्न हो सकती है।

फसल उत्पादन के लिये मुख्य तत्व तथा उनसे उर्वरण का प्रभाव एवं महत्त्व

कैल्शियम

इसके लवणों के बाहुल्य से लोहे की उपलब्धि पर इतना कुप्रभाव पड़ता है कि बहुत से पौधे लोहे की न्यूनता के कारण अस्वस्थ हो जाते हैं। यह चाहे पर्याप्त लोहे की मात्रा भूमि में विद्यमान क्यों न हो, फिर भी यह प्रतिक्रिया स्वभावतः हो ही जाती है। यह भी देखा जा चुका है कि ग्रेट ब्रिटेन एवं फ्रांस में कभी-कभी तो पेड़-पौधे इस स्थिति में पाण्डुरता से ग्रसित हो गये। यह स्थिति केवल चूने की मिट्टियों के लिये सत्य है। कैल्शियम बाहुल्य लवणों के अधिक विलेयन से ही यह दशा प्रस्तुत होती है। किंचित प्रकार के कैल्शियम का अधिक मात्रा में विद्यमान होने से लोहा केवल कुछ ही मात्रा में एकत्रित हो पाता है और यही फिर स्थिर भी हो जाता है। यानि इसके द्वारा फिर मिट्टी में कोई प्रक्रिया नहीं दिखाई देती है (तालिका 11)।

इस तत्व से कोष्ठों को निर्माण होता है। जड़ों की वृद्धि शीघ्र प्रारम्भ होती है। कैल्शियम के भूमि में विद्यमान विलयों से कार्बनिक अम्लों से उत्पन्न विषैले पदार्थो का ह्रास हो जाता है। पौधों द्वारा नत्रजन के शोषण की क्रिया में वृद्धि होती है। फूल तथा बीज बनने की क्रियाओं को प्रोत्साहन मिलता है। फसलों के तने दृढ़ हो जाते हैं जिससे उनके गिरने की सम्भावना कम हो जाती हैं।

फॉस्फोरस

सर्वविदित है कि नाइट्रोजन का परिष्करण कार्बनिक योगिकों में पत्तियों के द्वारा होता है। परन्तु यह नहीं कहा जा सकता कि अकार्बनिक फॉस्फोरस और कार्बनिक सल्फेटों का परिष्करण कहाँ होता है। ऐसे में एक बात की ओर ध्यान जाता है। जो भिन्नताऐं नाइट्रोजन तथा फॉस्फोरस की मात्राओं में सभी प्रकार के कोष्ठों में मिलती है उनसे यह आभास होना स्वाभाविक है कि नाइट्रोजन की भाँति फॉस्फोरस का परिष्करण भी पत्तियों

में ही होता होगा। फॉस्फोरस की आत्मसात्कृत मात्रा प्रकाश के घनत्व पर निर्भर करती है। यह वही प्रकाश होता है, जिसमें पौधों में भा-सन्श्लेषण का विधायन कार्यनिमित्त होता रहता है। पौधों के लाल तथा पीले प्रकाश में फॉस्फोरस नई वृद्धि में अधिक पाया जाता है और पुरानी वृद्धि में कम रहता है। फॉस्फोरस की कुल मात्रा से मिट्टी में जो सस्य उत्पादन के वास्तविक तौर पर काम आती है, वह काफी कम होती है। अन्य स्थितियों में जैसे छादि-सस्य में फॉस्फोरस को देने से तथा दालें तथा इस प्रकार की अन्य फसलों में देने से उत्पादन में काफी बढ़ोतरी होती है। साथ ही खेत की सामान्य दशा का भी स्वयं सुधार हो जाता है।

फॉस्फोरस से व्यवहारिक दृष्टि से पौधों की वृद्धि अधिक होती है। जड़ों की वृद्धि भी बढ़ जाती है। दानों का भार बढ़ता है। पौधों में कीट तथा व्याधियों के प्रति अधिक सहनशक्ति आ जाती है। दलहनी फसलों की विद्यमान ग्रन्थियों के आकार एवं संख्या में वृद्धि होती है इससे ये पौधें अधिक नत्रजन की मात्रा भूमि में एकत्रित कर सकते हैं। फसल शीघ्र पकती है। फूल आने तथा बीज बनने की क्रिया को प्रोत्साहन मिलता है।

तालिका-12 : कुछ सस्य पौधों मे विद्यमान नाइट्रोजन, फॉस्फोरस, पोटैशियम की शोषित अनुमानित मात्राऐं (किलोग्राम में)

फसलों के नाम	*प्रति हेक्टर अनुमानित*	*तत्वों का प्रति हेक्टर अनुमानित मात्रा किलोग्राम में*		
	उपज किलोग्राम में	*नत्रजन*	*फॉस्फोरस*	*पोटाश*
धान	5000	145	42	220
गेहूँ	5000	130	68	150
ज्वार	3000	137	50	210
बाजरा	2500	77	30	275
मक्का	5000	212	86	195
अलसी	2500	48	30	80
कपास	1250	85	47	125
जूट	3500	150	80	150
मुँगफली	4200	175	50	100
जौ	5000	110	60	125
गन्ना	52 टन	340	200	1000

पौटेशियम

अनुमानतः ऐसा प्रतीत होता है कि कुछ प्रोटीन पोटाश के लवणों के रूप में ही स्फटीक होती है। कैल्शियम, मैंगनीशियम तथा पोटाश के जटिल लवण भी सामान्यतः पाये जाते हैं। घनी सस्यों से पत्तियों द्वारा पोटाश की काफी मात्रा में हानि होती है। सामान्यतः जब कभी भी बीजों में या नई पत्तियों में पोटाश का बाहुल्य होता है, वहीं कैल्शियम बहुत ही न्यून मात्रा में अन्य भागों में विद्यमान होता है। जहाँ भी कैल्शियम अधिक मात्रा में पाया जाय, वहीं पोटाश बहुत ही न्यून मात्रा में विद्यमान होता है। वैसे पोटाश का मुख्य कार्य मांडी पदार्थो को जड़ों के भोजन के लिये उपलब्ध कराना होता है। व्यावहारिक रूप में पोटाश से पौधों मे भोजन बनाने की प्रक्रिया तीव्र गति से होती है। पत्तियों में निर्मित पदार्थ अन्य भागों में सुचारू रूप से पहुँचाने लगते हैं। दोनों का

रंग चमकीला हो जाता है। फॉस्फोरस तथा नाइट्रोजन का प्रभाव अधिक गतिशील हो जाता है। पौधों की वृद्धि गतिशील हो जाती है। पौधें हर तरह से स्वस्थ हो जाते हैं।

मैंगनीज

इस तत्व से युक्त मिट्टियों में पौधों की अस्वस्थ दशा केवल उपलब्ध होने के लायक लोहें की कमी के कारण लगती है। यहाँ तक कि चाहे मैंगनीज युक्त मिट्टी में 10 से 30 प्रतिशत तक भी लोहे का ऑक्साइड विद्यमान क्यूँ न हो, फिर भी ऐसी मिट्टियों में लोहे की वजह से हुई कमी से ये 500 से 3000 पाउण्ड प्रति एकड़ की दर सें लोहे का सल्फेट देने से भी पाण्डुरता को रोकने में कोई सफलता नहीं मिलती है। परन्तु 50 पाउण्ड् प्रति एकड़ के हिसाब से पौधों के ऊपर मैगनीज को छिड़कने से तुरन्त ही लाभ हो जाता है। यह तथ्य इसलिये भी रूचिपूर्ण है क्योंकि इससे यह भी ज्ञात हो जाता है कि किसी पौधें की मात्रा इतनी पर्याप्त मात्रा में लोहे का शोंषण कर सकती हैं जिससे पाण्डुरता दूर हो जाय, यद्यपि उन्हीं स्थितियों में जड़ें ये काम नहीं कर पाती हैं। यह भी देखा गया है कि चूनेवाली मिट्टियों में उगने वाले शंकुघर वृक्ष की पाण्डुरता का एक प्रतिशत लोहे के सल्फेट के विलय के छिड़कने से प्रत्युपाय हो जाता है। निश्चय ही फसल में उर्वरकों को अच्छे उत्पादन प्राप्त करने के लिये देना तो जरूरी है, क्योंकि इससे पौष्टिक पदार्थ मिलते हैं। परन्तु साथ में यह भी आवश्यक है कि विशेष परिस्थिति में इन पौष्टिक तत्वों के विलय के रूप में पौधों को देना एक गम्भीर विषय है।

गन्धक

जो कोई रूप गन्धक के पौधों द्वारा मिट्टी में से लिये जाते हैं, वे कार्बनिक यौगिकों के रूप में दोनों ही सल्फाईड तथा सल्फेट के रूप के यौगिक होते हैं। सल्फेट के रूप अमोनिया के साथ मिलने से एक प्रकार विषैला पदार्थ बनता है, जिसका कि आगे चलकर प्रोटीनों के निर्माण में उपयोग होता है। यह तत्व अधिकतर मिट्टियों में इतनी मात्रा में स्वंय ही पाया जाता है जो कि सस्यों के उत्पादन के लिये पर्याप्त होता है। सल्फेट का जड़ों के विकास में अधिक महत्त्व है। गन्धक को जरूरत से ज्यादा देने से मिट्टी अम्लीय हो सकती है। परन्तु यह परिवर्तन चिरस्थायी नहीं होता है। यदि किसी मिट्टी में लोहे की उपलब्धता कम हो तो इस स्थिति से निपटने के लिये भी गन्धक को मिट्टी में दिया जाता है। इसके यौगिकों से भूमि में रहने वाले कीड़े भी मर जाते हैं जिससे उनके द्वारा की गई हानि कम से कम हो जाती है। गन्धक अप्रत्यक्ष रूप में शाद-पदार्थ के निर्माण में भागीदार होता है। यह पौधों की वनस्पतीय वृद्धि मे सहायक होता है। यह अनेक प्रोटीन तथा तेलों का एक रसायनिक अंग भी है। यह जड़ों की वृद्धि को बढ़ावा देता है। बीज बनने की क्रिया को प्रोत्साहित करता है। दलहनी फसलों में शाकाणुओं की ग्रन्थियों की रचना में सहायक होता है।

लोहा

यह तत्व पौधों में गन्धक से भी कम मात्रा में पाया जाता है। इसका अकार्बनिक रूप कुछ न्यष्टिक अम्लों में पाया जाता है। पौधों के द्वारा शादि-संश्लेषण से इसका घनिष्ठ अवश्य सम्बन्ध है। यह भी देखा गया है कि इसकी न्यूनता के कारण पौधों में नाइट्रेटों की पूर्ण उपलब्धि में बाधा होती है। पौधों में इसकी कमी को हटाने के लिये मिट्टी में गंधक के तेजाब को मिट्टी में अन्तःक्षेपण के द्वारा यह विकार हटाया जा सकता है। व्यापारीय दृष्टि से यह इसलिये आवश्यक है कि मिट्टी में जो लोह-तत्व निष्क्रिय पड़ा होने से जो पौधों को नुकसान होता है उसका निदान करना आवश्यक होता है। यह लोह-तत्व को सक्रिय करने से ही सम्भव होता है। व्यावहारिक दृष्टि से लोहा पौधों को कई प्रकार से प्रभावित करता है। यद्यपि लोहा शाद-पदार्थ के निर्माण का अंग नहीं है,

फिर भी यह शाद पदार्थ के निर्माण में अहं भूमिका निभाता है। अन्य तत्वों के शोषण में भी यह सहायक होता है। क्लोरोप्लास्ट की प्रोटीन बनने में लोहे की उपस्थिति आवश्यक होती है। यह जारण तथा प्रहसन करने वाले विकरों को उत्प्रेरित करता है।

मैग्नीशियम

पौधों का सबसे अधिक मैग्नीशियम युक्त पदार्थ शाद होता है। मैग्नीशियम का मिट्टी में किसी विशेष उदाय के नीचे के मान से पौधों के पत्तों में शाद के नीचे के मान से पौधों के पत्तों में शाद की मात्रा घटने लगती है। यह तत्व ऐरेबिक अम्ल के कार्बनिक लवणों तथा समिताय कणों के खनिज गुलिकाओं में भी कैल्शियम तथा कुछ अन्य धातुओं के योगिकों के जटिल रूपों में पाया जाता है। अन्वेषणों से पता चला है कि लोविया के पौधों को मैग्नीशियम काफी मात्रा में देने से पौधे वायुमण्डल से नाइट्रोजन का जड़ों में अधिक स्थीरीकरण कर लेते हैं ऐसी मिट्टी में जो कि 20 से 50 पाउण्ड तक मैग्नीशियम प्रति एकड़ प्रतिवर्ष स्थानान्तरित कदाचित् परिच्यवन से करती है। यह विशेषकर उस मिट्टी में जो स्वभावतः अम्लीय होती है उसमें शीघ्र ही इसकी न्यूनता का आभास होने लगता है।

शाद–पदार्थ का मुख्य अंग होने के कारण मैग्नीशियम प्रत्येक हरे भाग के लिये आवश्यक तत्व है। यह तत्व पौधों मे फॉस्फोरस के संचालन का कार्य भी करता है। यह कार्य तब अधिक महत्त्व का हो जाता है जब तिलहनी फसलों में अधिक तेल की मात्रा का उत्पादन होता है। माटी के द्वारा पौधें के अन्दर बढ़ावा मिलता है। अन्य तत्वों के पोषण को नियन्त्रित करता है। तेल तथा वसा के निर्माण में सहायक होता है।

नाइट्रोजन

यह पौधों के वनस्पतीय अंगों की वृद्धि करता है। पत्तियों में स्वस्थ हरा रंग पैदा करता है। दाने मोटे तथा गूदेदार हो जाते हैं। पौधों के अंगों में कोमलता आने से पौधों के तने गिरने लगते हैं। इस तत्व की अत्यधिक मात्रा के कारण फसल पकने में देर होती है। क्योंकि इस तत्व से वनस्पतीय अंग निरन्तर बढ़ते रहते हैं जिसके कारण उनमें पुष्पन तथा फलन देर से एवं कम मात्रा में होता है। दाने का अन्य त्याज्य पदार्थों की अपेक्षा वजन घट जाता है। पौधों के कोमल होने से कीड़ों तथा व्याधियों का प्रकोप अधिक होता है। पौधों में इसके द्वारा प्रोटीन तथा पानी की मात्रा में बढ़ोतरी होती है।

बोरान

यह तत्व मिट्टी में न्यून मात्रा में रहने पर भी कैल्शियम को घुलनशील अवस्था में रखता है। पोटैशियम तथा कैल्शियम अनुपात को नियन्त्रित करता है। पौधों के लिये कैल्शियम के शोषण तथा उसकी क्रियाशीलता की गति को बढ़ाता है। नाइट्रोंजन के पौधों द्वारा शोषण क्रिया को प्रोत्साहित करता है। इसकी उपस्थिति में पौधों में वृद्धि ऊतकों के क्षेत्र में अधिक सहायक जड़ों का निर्माण होने से होता है। इससे शाकाणुओं के लिये उपलब्ध होने वाले भोजन में वृद्धि होती है।

मैंगेनीज

फॉस्फोरस के अन्य रूपों को परिवर्तित करने में सहायक होता है, जारण (ऑक्सीडेशन) एवं प्रह्रासन (रिडेक्शन) की क्रियाओं में उत्प्रेरक का कार्य करता है।

जस्ता

कभी–कभी पौधों की प्रजनन सम्बन्धी क्रियाओं में भाग लेता है। वृद्धि के न्यासर्ग सम्बन्धित क्रियाओं के निर्माण में भाग लेता है। पौधों मे विकर (एन्जाइम) की क्रियाओं को उत्प्रेरित करता है।

मौलीब्डिनम

भूमि में नाइट्रोजन के संस्थापन में सहायक होता है। जारण तथा प्रह्रासन की क्रियाओं को उत्प्रेरित करता है। लोहे के उपयोग में सहायक होता है।

ताँबा

श्वसन की क्रिया को नियन्त्रित करता है। जारण एवं प्रह्रासन की क्रियाओं को उत्प्रेरित करता है।

3. सस्य उत्पादन में उर्वरक एवं उर्वरण का सामान्य ज्ञान

पौधों और मृदा के सम्बन्धित पर्यावरण के अन्तर्गत पौधों की जड़ें खनिज पौष्टिकों का शोषण करती हैं। इस क्रिया से जल के माध्यम से प्रकाश एवं कार्बन-डाई-ऑक्साइड वाति के समिश्रण के साथ प्रांगोदीय पदार्थों का निर्माण होता है। इन पदार्थों का आगे चलकर भिन्न चयपचय प्रकर्मों के अन्तर्गत पौधों की वृद्धि तथा विकास होता है। यह एक समान्य ज्ञान की बात भी है कि जीवों एवं पौधों को भी अपने विकास के लिये भोजन की आवश्यकता होती है। परन्तु जहाँ प्राणि अपना भोजन ठोस एवं द्रव्य रूप में ले सकते हैं उनकी तुलना में वनस्पति समुदाय अपना भोजन केवल द्रव्य या वाति रूप में ही लेने में सक्षम होते हैं। भूमि में कोई भी खाद्य तत्व भले ही कितनी ही बड़ी मात्रा में विद्यमान हो, यदि वह घोल के रूप में नहीं है तो उसका पौधे उपयोग कर ही नहीं पायेंगे। यह भी एक वैज्ञानिक तथ्य है कि घोल की सम्बन्धित तत्व के साथ किस प्रगाढ़ता के साथ कितनी कम या अधिक मात्रा में विद्यमान है। इस प्रकार का अध्ययन जैव-रसायन शास्त्र का विषय है। सारांश में यह कह सकते हैं कि यदि मृदा घोल पौधों की जड़ों के तन्तुओं में विद्यमान घोल से अधिक या उच्च संकेन्द्रण का है तो पौधे की ऐसे घोल के बजाय शोषण करने के इसके विपरीत स्थिति पैदा हो जायेगी। ऐसी स्थिति में पौधों की स्वस्थता पर कुप्रभाव पड़ेगा और अधिक चिन्ताजनक स्थिति में उनकी मृत्यु भी हो सकती है। स्वत: ही प्राणियों के शोषण के लिये दिये जाने वाले भोजन से हर प्रकार से इस तरह भिन्न-भिन्न है। पौधों के लिये भूमि में डाली गई खाद (उर्वरक) का कोई परिवर्तित रूप ही पौधों के उपयोग के लिये प्रस्तुत होता है। सभी 16 तत्वों की पौधों की वृद्धि एवं विकास के लिये सन्तुलित अनुपातों में प्राप्त होने पर उनका सबसे अच्छा विकास हो सकता है। फिर भी सार्थकता की दृष्टि से किसी भी सस्य-समुदाय की सामान्य वृद्धि के लिये पौष्टिक तत्वों की आवश्यकताऐं उनकी वृद्धि चक्र, जैव-रसायन संरचना अन्तिम सृष्ट का उत्पादन एवं सस्य पौधों की क्षमता वायुमण्डल एवं धरती में से पौष्टिक तत्वों की शोषण क्षमता, जैविक नाइट्रोजन का स्थिरीकरण आदि पर निर्भर करेगा।

दलहनी फसलों में नाइट्रोजन की कम आवश्यकता होती है, क्योंकि ये पौधे अपनी काफी नाइट्रोजन की मात्रा को वायुमण्डल से मृदा में स्थिरीकरण शाकाणुओं की सहायता से कर लेते हैं। राइजोबिया सहजीवी शाकाणु इस कार्य में सहायक होते हैं। परन्तु ये फसले फॉस्फोरस एवं गन्धक का अच्छे उत्पादन के लिये बड़ी मात्रा में उपयोग करती है। इससे जड़ों का अच्छा विकास होता है। कुछ सूक्ष्म तत्वों जैसे मौलीबिडनम जो कि नाइट्रोजिनेज विकर का एक प्रमुख भाग हैं, इसकी नाइट्रोजन स्थिरीकरण में अधिक आवश्यकता होती है। प्राणियों के लिये दिये जाने वाले पोषण पौधों में दिये जाने वाले पोषण से भिन्न होता है। पौधों के पोषण के लिये भूमि में जाने वाले पोषक तत्व (उर्वरक) सर्वथा मिन्न होते हैं। ये उर्वरक कई परिवर्तित रूपों में ही पौधों को उपलब्ध हो सकते हैं। जब तक परिवर्तित अंश भूमि में विद्यमान नहीं है, तब तक पौधे उस खनिज अंश का अपने विकास के लिये उपयोग ही नहीं कर सकते हैं। उदाहरणत: यदि फॉस्फोरस तत्व की उर्वरक के द्वारा उपलब्ध होने के लिये एक

उपयुक्त योगिक ट्राइकैल्शियम फॉस्फेट ($Ca_3(PO_4)_2$) के रूप में उचित मात्रा में देने से ही अपने अभिप्राय की सिद्धि हो सकेगी। पौधों के पोषण के लिये जो प्रमुख तीन तत्व हैं, ये इस प्रकार से हैं–

1. ऑक्सीजन– यह पौधों के तन्तुओं को निर्माण करने वाला प्रमुख तत्व है तन्तुओं में यह लगभग 43 प्रतिशत होता है। प्राकृतिक रूप में पौधे अधिकतर इसकी आवश्यकता की पूर्ति निकटवर्ती वातावरण से कर लेते हैं।

2. हाइड्रोजन– पौधों के विकास के तत्व निर्माण में हाइड्रोजन का बहुत महत्त्वपूर्ण स्थान है। तन्तु में लगभग छः प्रतिशत भाग हाइड्रोजन रहती है। प्रत्यक्ष अथवा परोक्ष रूप से पौधें इस तत्व को पानी से प्राप्त करते हैं।

3. कार्बन– पौधों के तन्तुओं में अन्य सभी आवश्सक तत्वों की अपेक्षा अधिक मात्रा में मिलती है। तन्तुओं मे लगभग 45 प्रतिशत कार्बन पाया जाता हैं। इन तीनों तत्वों को छोड़कर शेष 13 तत्व भूमि से प्राप्त होते हैं। दालदार फसलें वातावरण की नत्रजन को स्थापित करने की क्षमता रखती हैं। इनके अतिरिक्त जो शेष खनिज तत्व हैं उनका हम पहले ही उल्लेख कर चुके हैं।

पशुओं के मल–मूत्र का उपयोग कृषि में आदिकाल से किया जाता रहा था। इसलिये कृषि और पशुपालन ये दोनों उद्योगों का जन्म साथ–साथ ही हुआ। ये एक प्रकार से एक दूसरे के पूरक के रूप में अपनाये जाते थे। लेकिन खनिज लवणों का उपयोग फसलों की उपज बढ़ाने के हेतु का क्रमबद्ध विस्तार कुछ ही वर्षो पूर्व से आरम्भ हुआ। यह उद्योग लगभग केवल 100 वर्ष पुराना है। बाजार में मिलने वाले रसायनिक उर्वरक जैसे सोड़ियम नाइट्रेट या कार्बनिक पदार्थ जैसे मछली की छीलन जो भी उपलब्ध हो इनको सीधे भूमि में फसलों की उपज बढ़ाने के लिये डाल दिया जाता है। इनको **व्यापारिक उर्वरकों** की संज्ञा दी जाती है।

उर्वरकों को खेत में डालने का मुख्य उद्देश्य पौधों की अच्छी स्वस्थ बढ़ोतरी तथा एक उत्कृष्ट जीवन निर्वाह के लिये पौधों के लिये पौष्टिक तत्वों को देना है। यह जो मात्रा किसी भी तत्व की दी जाती है। वह केवल भूमि में विद्यमान तत्वों की कमी की पूर्ति के लिए दी जाती है, जिससे की आवश्यक तत्वों की मात्रा का अनुपूरण हो जाय। भले ही फसल में एक अच्छी मात्रा अन्य किसी भी उर्वरक की दी गई हो फिर भी मृदा के ऊपर अधिक पौष्टिक तत्वों के खनिज रूपों की माँग अवश्य रहती है। बलुई मिट्टी या भूमि में कार्बनिक पदार्थों की शुरू से ही कमी की दशाऐं मिलती है, क्योंकि इनके द्वारा उर्वरण का विशेष प्रबन्ध करना होता है। भूमि में तात्कालिक पौष्टिक पदार्थों की उपस्थिति की अनुपूर्ति के लिए दिये गये उर्वरक का एक और कृत्य भी होता है। इसे अन्य तत्वों के साथ एक सामन्जस्य स्थापित करना होता है। यह इसलिये जरूरी है ताकि फसल के पौधों में अतिन्यून या अत्यधिक मात्रा में उपलब्ध कहीं भी किसी हालात में मिट्टी के अन्दर कोई असामान्य व्यापारीय दशा का विकास न हो।

जब कभी भी व्यापारिक उर्वरक मिट्टी में दिया जाता है तो वह मिट्टी में रहने वाले सूक्ष्म जीवों को उतना ही प्रभावित करता है जितना की उच्चतर पौधों को। वास्तव में मिट्टी के उद्‌भिद्‌जात को उर्वरक इतना प्रभावित करते हैं कि इससे भूमि संसाधन का कार्य इतना महत्त्वपूर्ण हो जाता है कि इसे अनदेखा नहीं किया जा सकता है। इसी बात की अक्सर लोग उपेक्षा कर देते हैं। क्योंकि भूमि के शाकाणु, कवक तथा एक्टीनोमाइसीज पौष्टिक तत्वों के शोषण के कार्य में उच्चतर उद्‌भिदों की तुलनात्मक स्पर्धा में अधिक कुशल होते है, इस कारण से पहले उनकी ही आवश्यकता की पूर्ति पहले हो जाती है। इसके बाद ही जो भी पौष्टिक पदार्थ भूमि में रह जाते हैं,

फसलें फिर इसके बाद उससे ही अपनी आवश्यकता की पूर्ति करती हैं। इस प्रकार ऐसे उर्वरक की मात्रा जो कि फसल के लिए काफी समझी जाती है उससे वांछित फलों की प्राप्ति नहीं होती है। क्योंकि इसका साथ–साथ भूमि में रसायनिक एवं जैविक रसायनिक स्थीरीकरण भी होता रहता है। सर्वविदित है कि सूक्ष्म जीव विशेषकर नाइट्रोजन के लिए उच्चतर पौधों के साथ एक बड़ी स्पर्धा पैदा करते हैं। प्रयोगों से दिखाया गया है कि जीवित एक टन वजन के सूक्ष्म जीवों को 300 पौंड से भी अधिक सोडियम नाइट्रेट की आवश्यकता होती है। आधारमानतः ये जीव उतनी ही बड़ी स्पर्धा से मिट्टी में से फॉस्फोरस एवं पोटाश को भी ग्रहण करते हैं।

उर्वरक तत्वों को प्रयोग में लाने के लिए कुछ विशेष समस्याऐं भी होती हैं। जब कभी 11 पोषक तत्वों में से दो तत्व कैल्शिम तथा मैग्नीशियम यदि कभी अधिक मात्रा में देने हो तो इनको चूने के रूप में ही दिया जाता है। चूना यद्यपि मिट्टी में एक बहुत बड़ा प्रभाव डालता है फिर भी इसे उर्वरक की श्रेणी में नहीं गिना जाता है। गन्धक कई बाजार में बिकने वाले उर्वरकों में भी स्वयं पाया जाता है और उसका महत्व भी काफी है। फिर भी उसे कोई चिन्ताजनक एवं समालोचनात्मक तत्व नहीं माना जाता है। केवल कुछ स्थानों पर यह एक गौण तत्व उर्वरक की तरह मान्य हो सकता है। मुख्य पौष्टिक तत्व नाइट्रोजन, फॉस्फोरस एवं पोटैशियम ही होते हैं। क्योंकि ये ही हर स्थिति में उर्वरक की तरह मिट्टी में दिये जाते है। इसलिये इनको **उर्वरक तत्व** भी कहा जाता है। मिट्टी में विद्यमान नाइट्रोजन की चलिष्णुता तथा इससे उत्पन्न जटिलता से भरपूर स्थानान्तरण एवं इसका रूपान्तरण भी एक रोचक विषय है। भूमि में इस तत्व का संधारण एवं क्रियाशीलता भूमि के उर्वरकों के लिए एक सामान्य चर्चा का विषय होता है। इसमें सन्देह नहीं कि इसकी मिट्टी की उर्वरक की समस्या को कभी भी नजर अन्दाज नहीं किया जा सकता।

सस्य पौधों पर नाइट्रोजन का प्रभाव मोटी तौर पर इन बिन्दुओं के अन्तर्गत देखा जा सकता है:–

1. इस तत्व से पौधों के वानस्पतिक अंगों की वृद्धि होती है।
2. पत्तियों के स्वस्थ निर्माण में काम आता है। जिससे पत्तियाँ अपना हरा रंग बनाये रखती हैं।
3. दाने मोटे तथा गूदेदार हो जाते हैं।
4. अच्छी बढ़वार के साथ पौधें मे कोमलता आ जाती है और उसके पौधों के स्तम्भ मुलायम होने से गिरने लगते हैं।
5. इस तत्व की अधिकता से पौधों में पकने का समय बढ़ जाता है।
6. दाने का भूसे के साथ अनुपात कम हो जाता है।
7. पौधों की कोमलता के कारण इनमें कीट और बीमारियाँ भी अधिक लग जाती हैं।
8. पौधों मे प्रोटीन एवं जल की मात्रा बढ़ जाती है।

मिट्टी में पाये जाने वाली फॉस्फोरस की मात्रा न केवल थोड़ी सी होती है, साथ ही वह पौधों के लिए अनुपलब्ध रूप में भी होती है। इस कारण यह होता है कि मिट्टी की दशा भले कितनी ही अच्छी हो विशेषकर उसके समु (पी.एच.) तथा क्रियाशील चूने से भूमि में विद्यमान सम्बन्धित पर्यवेक्षण में, इस तत्व की मात्रा में भूमि में विद्यमान मात्रा की हालत हमेशा चिन्ताजनक ही रहती है। कुछ ही मिट्टियाँ ऐसी होती हैं जो हमेशा फॉस्फोरस की न्यूनता दर्शाती हैं। सत्य तो यह है कि मिट्टी की उर्वरता संधारण में फॉस्फोरस का उतना ही महत्व होता है, जितना की नाइट्रोजन तथा उससे उत्पन्न अन्य सभी उत्पादों का होता है।

फॉस्फोरस की एक और दशा ऐसी होती है, जिसकी अनदेखी नहीं की जाती चाहिये–वह है जब इस तत्व को मिट्टी में डाला जाता है तो उसका कम घुलनशील और उपलब्ध रूपों में परिवर्तित होना। इस प्रकार उदाहरण के तौर पर कह सकतें हैं कि पानी में घुलनशील मोनोकैल्शियम फॉस्फेट का जल्दी से अघुलनशील एवं अनुपलब्ध कैल्शियम फॉस्फेट के रूप में परिवर्तित होना। यह दशा तभी आती है, जब कि मिट्टी में चूने की मात्रा अत्यधिक होती है और मिट्टी का समु 7 से ऊपर होता है। ऐसा भी देखा गया है कि यदि मिट्टी में कैल्शियम की मात्रा कम है या बिल्कुल नहीं है और मिट्टी काफी अम्लीय है, तो इस दशा में लौहे तथा एल्यूमिनियम के अत्यधिक जटिल रूपों का निर्माण होता है जो कि पौधों के लिए पूर्णतया अनुपलब्ध होते हैं। केवल तब ही जब मिट्टी का समु काफी नीचे गिरता है, तभी सुपरफॉस्फेट से संतोषप्रद परिणाम प्राप्त हो सकते हैं। ऐसी स्थिति में जब कि यदि फॉस्फोरस की अति न्यून मात्रा मिट्टी में विद्यमान हो तो इससे भी वांछित परिणाम नहीं मिल सकते हैं। इसलिए हमें केवल अपने विवेक से ही काम लेना पड़ता है। ऐसी स्थिति से निपटने के लिए अनुभव का बड़ा सहारा रहता है। साथ ही यहाँ समस्या जीवाणुओं की क्रियाशीलता से सम्बन्धित होने से और भी कठिन हो जाती है। मिट्टी में जीवाणुओं को उतना ही संजोकर रखना पड़ता है जितना की उच्चतर पौधों का संधारण करना पड़ता है, और वे भी फॉस्फोरस की कम मात्रा में सन्तुष्ट नहीं होते हैं।

इस प्रकार फॉस्फोरस तत्व का सस्य पौधों पर प्रभाव मोटी तौर पर मुख्यतः इस प्रकार से देखा जाता है–

1. पौधों की वृद्धि अधिक होती है, तथा उनके तने पत्तियों के वृंत आदि अधिक सुदृढ़ और शाक्तिशाली होते हैं।
2. जड़ों की अच्छी वृद्धि होती है।
3. दाना अधिक भारी बनता है।
4. पौधों में कीट शत्रुओं एवं व्याधियों के प्रतिरोध अधिक बढ़ जाता है।
5. पौधों में प्रोटीन का निर्माण सही ढ़ंग से होता है।
6. दलहनी फसलों की विद्यमान ग्रन्थियों के आकार एवं संख्या बढ़ जाती है जिससे कि पौधों को शाकाणुओं द्वारा संचित नाइट्रोजन अधिक मिलती है।
7. फसल पकने में सहायक होता है।
8. फल–फूल बनने तथा पकने की क्रियायें सुचारू रूप से संचालित होती हैं।

पौटेशियम के सम्बन्ध में स्थिति कुछ भिन्न हैं, यद्यपि काफी आलोचनात्मक भी है। देखा गया है कि अधिकांश मे खनिज मृदा (केवल बालुई मृदाओं को छोड़कर) में पौटेशियम की मात्रा जो कि श्लेषीय रूप में सहजता से विनियमित हो सके, उसकी मात्रा बहुत कम होती है। इसलिए उच्चतर पौधों को अपने पोटाश की आवश्यकता की पूर्ति के लिए परोक्ष में मिट्टी में अविवंधित रूप में उपलब्ध हैं, इन्हीं से लेने पड़ते हैं। ऐसा कार्य जैसे मिट्टी की जुताई, मिट्टी में क्षेत्रीय उर्वरण देना, मिट्टी के आन्दर कार्बनिक पदार्थो का विबंधन तथा मिट्टी में चूना देना आदि कार्य मिट्टी की पोटाश की समस्याओं को अपने आप ही हल कर लेते हैं। यदि इन सभी कार्यो से काम न चले तो फिर एक मात्र उपाय है, कैल्शियम को व्यापारिक उर्वरकों की तरह इस्तेमाल करना। कभी–कभी जीवाणुओं की पौटेशियम के इतनी स्पर्धा बढ़ जाती है कि इसके फलस्वरूप पोटाश की मात्रा अत्यधिक ही हो जाती है। इससे भी एक और विकट स्थिति पैदा हो जाती है। उदाहरण के तौर पर पौटेशियम

आइनोइक विनियम से जब स्वतन्त्र रूप से छूटता है तो (चूना) एक सामान्य अम्लीय मिट्टी में देने से एक स्थिति यह पैदा होती है कि इस तत्व की मात्रा जलोत्सारित पानी में कम हो जाती है। भूमि के जीवाणुओं को चूने की उपलब्धि से इतने क्रियाशील हो जाते हैं कि उनकी पौटेशियम की माँग अधिकाधिक बढ़ जाती है।

फसलों के उत्पादन में पौटेशियम तत्व का विशिष्ट स्थान होता है। इसकी मुख्य विशेषतायें इस प्रकार फसल के ऊपर प्रदर्शित होती है–

1. पौधों में भोजन बनाने की गति में इसकी अहम् भागीदारी रहती है।
2. पत्तियों में बने भोजन को उसके माध्यम से पौधों के अन्य भागों में जड़ों तक संक्रमण प्रक्रिया के द्वारा पहुँचाने मे यह सहायक होता है।
3. पौधों में स्वस्थ हरा रंग आ जाता है।
4. पौधा मजबूत रहता है।
5. दानों का रंग चमकीला हो जाता है।
6. फास्फोरस एवं नत्रजन दोनों के प्रभाव को इससे गति मिलती है।
7. पौधों की बढ़वार अच्छी होती है।
8. पौधों में रोग रोधी क्षमता अधिक हो जाती है।
9. फसल गिरती नहीं है या कम गिरती है।
10. बीज व दाने अधिक गूदेदार होते हैं।
11. फसलों में इससे कठिन जलवायु के प्रति सहिष्णुता बढ़ती है।
12. पौधें के कोषीय जल की उत्स्वेदन द्वारा क्षति कम हो जाती है।
13. पौधें के अन्दर होने वाले विकारों द्वारा की गई क्रियाओं को बढ़ाता है।

तीन मुख्य पौष्टिक तत्वों की तरह जो वाणिज्य में उर्वरक मिलते है, वे भी तीन मुख्य अलग–अलग समूह में पाये जाते हैं–

1. जो मुख्यतया नाइट्रोजन के स्त्रोत होते हैं।
2. जो मुख्यतया उपलब्ध फॉस्फोरिक अम्ल के उदाय है।
3. जो पानी में घुलनशील पौटेशियम तत्व को प्रदान करते है।

यह वर्गीकरण इतना सरल तो नहीं है, जितना दिखता है। क्योंकि कुछ उर्वरक इस वर्ग में ऐसे भी होते है, जिनसे दो या तीनों तत्व मिल जाते हैं। इसकी उदाहरण पौटेशियम नाइट्रेट, ऐमोफॉस एवं एमोनियेट्यड सुपर फॉस्फेट है। इनमें से हर एक में दो उर्वरक तत्व होते हैं। जब तीनों उर्वरक तत्व के भी उर्वरक मिल जाते है, फिर भी सुविधा के लिये नीचे दी गई तालिका को देखने से स्थिति काफी साफ हो जाती है।

तालिका-13 : नाइट्रोजन तत्व युक्त प्रांगारिक पदार्थ

उर्वरक पदार्थ	*स्त्रोत*	*नाइट्रोजन प्रतिशत*
सुखाया पशुओं का खून	वधशालायें	8 से 12
पशुओं का पिंसा माँस	वधशालायें	10–11 (1–5 P_2O_5)
कूड़ा करकट	कूड़ेदानों से	2–5 (1–5 P_2O_5)
सीवरेज के कीचड़ में	सीवरेज के सुखाये कीचड़ से	5–6 (भिन्न मात्रा P_2O_5 तथा K_2O)
मछली का सूख कचरा	मछलियों के त्याज पदार्थ तथा अन्य मछलियों से	6–10 (4–8 P_2O_5)
कपास के बीज से बना चूरा (खली)	तेल निकालने के बाद बनी खली	6–9 (2–3 P_2O_5, 1-2 K_2O)
अलसी की खली	तेल निकालने के बाद	4–5 (1–5 P_2O_5, 1-5 K_2O)
तम्बाकू के तने	तम्बाकू की पत्तियाँ निकालने के बाद	1–5, 3–5 (4–9 K_2O)
अरण्ड की खली	तेल निकालने के बाद	5.7 (2–0 P_2O_5, 1-0 K_2O)
मूंगफली की खली	कृषि उत्पादन से	7.6 (2–3 P_2O_5, 2-2 K_2O)
सरसों की खली	कृषि उत्पादन से	6.5 (1–0 P_2O_5, 1-4 K_2O)
कुसुम की खली	कृषि उत्पादन से	5.8 (1–3 P_2O_5, 1-2 K_2O)
तिल की खली	कृषि उत्पादन से	5.0 (1–1 P_2O_5, 1-0 K_2O)
नारियल की खली	कृषि उत्पादन से	3.7 (1–8 P_2O_5, 1-9 K_2O)
महुआ की खली	कृषि उत्पादन से	2.6 (0–8 P_2O_5, 2-8 K_2O)

पशुओं का कृषि उत्पादन के लिये उर्वरक का काफी निकट सम्बन्ध है। जब रसायनिक खादों का चलन नहीं था तो कृषि के प्रारम्भिक काल में पशुओं के मल-मूत्र तथा क्षेत्र में बचे-खुचे कूड़े-करकट से कम्पोस्ट बनाकर ही फसलों का उर्वरण किया जाता था। यहाँ पर विभिन्न पशुओं की मलमूत्र में पाये जाने वाले पौष्टिक तत्वों का अनुमानतः प्रतिशत दिया जाता है।

तालिका-14 : कुछ पशुओं के मल तथा मूत्र में विद्यमान विभिन्न पोषक तत्वों की मात्रा

तत्व (प्रतिशत में)	*घोड़ा*		*गाय*		*भेड़*		*सुअर*	
	गोबर 80%	*मूत्र 20%*	*गोबर 70%*	*मूत्र 30%*	*गोबर 70%*	*मूत्र 30%*	*मल 60%*	*मूत्र40%*
पानी	76	89	84	92	58	86.5	80	97.5
ठोस पदार्थ कार्बनिक	21	8	13.6	6	36	10.0	16	1.4
ठोस पदार्थ अकार्बनिक	3	3	2.4	2	6	3.5	4	1.1
नाइट्रोजन	0.5	1.35	0.5	1.0	0.75	1.35	0.5	0.4
फॉस्फोरस पेंटाऑक्साइड	0.3		0.2		0.50	0.05	0.5	0.1
पोटैशियम ऑक्साइड	0.4	1.25	0.1	1.35	0.45	2.10	0.40	0.45
क्षारीय पदार्थ	0.3	1.5	0.1	1.4	0.3	2.0	0.5	0.1
चूना तथा मैग्नीशियम	0.3	0.8	0.4	0.15	1.5	0.6	0.3	0.05
गंधक के यौगिक	0.05	0.15	0.05	0.15	0.15	0.4	0.05	0.05
अन्य लवण	0.02	0.005	0.1	0.1	0.025	0.25	0.05	0.5
सिलिकन	2.0	0.025	1.6	0.01.	3.2	–	1.6	–

जितने भी कार्बनिक उर्वरक होते हैं, उनसे फायदा तभी होता है, जब- वे ऐमिनाइजेशन, एमोनाइट्रिफिकेशन तथा नाइट्रिफिकेशन की रासानिक क्रियाओं से गुजर जाने में सक्षम हों। इसलिये इनका प्रभाव इतना जल्दी नहीं होता है जैसा कि सोडियम नाइट्रेट या अमोनियम सल्फेट से होता है और यदि मिट्टी के ऊपर की क्रियाशीलता अवश्य ही हल्की या मृदु होती है तो ये ही प्राकृतिक उर्वरकों के रूप में जाने जाते है।

कार्बनिक उर्वरक इसलिये भी अच्छे होते हैं, क्यों कि ये नाइट्रोजन को धीरे-धीरे छोड़ते हैं और पूर्ण उत्पादन के समय भी मिट्टी की भौतिक दशा को उच्चतर बनाये रखते हैं चाहे कोई भी मिश्रण हो जिसके ये भाग हों। इसलिये मिश्रित उर्वरक जब भी देने हों इनकी उसमें कार्बनिक पदार्थ की मात्रा कम से कम 200 से 300 किलोग्राम तक विद्यमान होनी ही चाहिये। 100-200 कार्बनिक नाइट्रोजन करीब आधी या तिहाई ही रासायनिक उर्वरकों की तुलना में उपलब्ध हो सकती है। इसलिये इसकी कीमत मंहगी पड़ती है। सामान्य कार्बनिक खादों का आगे उल्लेख किया जायेगा।

तालिका - 15 : अकार्बनिक (रासायनिक) उर्वरकों की सूची

उर्वरक का नाम	*वाणिज्यिक रूप*	*स्त्रोत*	*प्रतिशत नाइट्रोजन*
सोडियम नाइट्रेट	$NaNO_3$	चिली सौल्टपिटर या निर्मित	16
सोडियम सल्फेट	$(NH_4)_2SO_4$	कोयला, गैस या कृत्रिम उत्पादन	20
कैल्शियम साइनेमाइड	$CaCN_2$	कृत्रिम	22
अमोनियम नाइट्रेट	NH_4NO_3	कृत्रिम	35
अमोनियम क्लोराइड	NH_4Cl	कृत्रिम	26
कैल्शियम नाइट्रेट	$Ca(NO_3)_2$	कृत्रिम	15
यूरिया	CON_2H_4	कृत्रिम	42
कैल नाइट्रो	$CaCO_3+NH_4NO_3$	कृत्रिम	16-20
अमोनियेटेड सुपर फास्फेट	$NH_4H_2PO_4,(NH_4)_2SO_4$	कृत्रिम	3-4, 16-18
कैलशियम फॉस्फेट	$Ca_3(PO_4)_2$	-	-
ऐमो फौस	$NH_4H_2PO_4$ तथा अन्य	कृत्रिम	11(48%)
पौटेशियम नाइट्रेट	KNO_3	कृत्रिम	13(44%)K_2O

कई वर्षों से सोडियम नाइट्रेट एवं अमोनियम सल्फेट का उपयोग किया जाता रहा है। ये सदैव से ही आजतक काफी लोकप्रिय रहे हैं। सोडियम नाइट्रेट देने से पौधों में एकदम स्फूर्ति का संचार होता है। भले ही मौसम ठंडा हो इस यौगिक से मिट्टी की अम्लता कम हो जाती है और अधिक मात्रा देने से भूमि क्षारीय हो सकती है। यह मिट्टी में सोडियम कार्बोनेट उत्पन्न करता है जो कि बहुत क्षारीय होता है। इसलिये नाइट्रेट आफ सोडा को कई वर्ष तक निरन्तर भूमि में बड़ी मात्रा में दिये जाने से एक स्थिति ऐसी पैदा होती है कि एक दिन भूमि न केवल क्षारीय हो जाती है, अपितु उसकी भौतिक दशा भी चिन्ताजनक स्थिति में पहुँच जाती है। अमोनियम सल्फेट को भूमि में देने से मिट्टी अम्लीय हो जाती है। क्योंकि भूमि में विद्यमान श्लेषीय पदार्थों से शीघ्र ही अमोनियम के आयनों का जल्दी शोषण हो जाता है। इससे आइओनिक विनिमय जल्दी शुरू हो जाता है। यदि एच-आइनों का विस्थापन होता है तो गन्धक के तेजाब का निर्माण होता है। यही हाल तब होता है, जब

उच्चतर पौधे तथा जीवाणु उर्वरकों के अमोनियम अंश का इस्तेमाल सल्फेट की तुलना में अधिक करते हैं। इसके अन्दर कई अमोनियम के द्वारा क्रियाऐं सम्पन्न होती रहती है। इनमे मुख्य हैं– अमोनिया का नाइट्रीफिकेशन के दौरान जारण से ह्रास होना, एच–आइनों का श्लेषीय जटिल पदार्थों के साथ जाना, सारे श्लेषीय पदार्थो का प्रतिस्थापन से अम्लता का होना इत्यादि। ये सब मिट्टी में घोल के प्रभावों को अलग से आंकना तो मुश्किल होता है, लेकिन इतना जरूर कह सकते हैं कि इन सब प्रक्रियाओं से मिट्टी का पी.एच. समु कम होता रहता है।

अमोनियम सल्फेट से उत्पन्न अम्लीयता की चिन्ता कोई नया विषय नहीं है। थोड़ा सा चूने के देने से या नाइट्रेट ऑफ सोडा को एकान्तरण ढंग से (बारी–बारी से) अमोनियम सल्फेट की प्रतिक्रिया से इसे उल्टाया जा सकता है। फिर भी यह कह सकते है कि अमोनियम सल्फेट से गर्मी के मौसम में नाइट्रीफिकेशन जल्दी होता है। यह देखा गया है कि उच्च तापमान पर अमोनिया के आइनों का पौधों द्वारा शोषण अधिक होता है। औद्योगिक प्रगति के साथ–साथ कई उर्वरक फैक्ट्रीयों में भी बनाये जाती है। अधिकांश में नाइट्रोजन युक्त उर्वरकों का निर्माण फैक्ट्रीयों में ही किया जाता है। जैसे–यूरिया और कैल्शियम नाइट्रेट है। इनमें कुछ मात्रा फास्फोरिक अम्ल एवं पोटाश की भी होती है। यही बात ऐमो–फॉस और पौटेशियम नाइट्रेट पर भी लागू होती है। कैल्शियम साइनामाइड एक अच्छा उर्वरक होने के साथ–साथ इसका काफी खबरदारी से उपयोग करना चाहिए। पौधों के ऊपर से देते समय यह ध्यान रखना होता है कि यदि यह उर्वरक पत्तियों के ऊपर गिरता है तो इससे पत्तियों को नुकसान होता है। कुछ कृत्रिम ढंग से बनाये गये उर्वरक जिसमें फॉस्फोरस एवं नाइट्रोजन दोनो होते हैं– ऐमो–फॉस और अमोनियेटेड सुपर फॉस्फेट है। इनको ही अधिकतर काम में लिया जाता है। ये सस्ते भी पड़ते हैं और इनका फसल के ऊपर प्रभाव भी अच्छा होता है। कृत्रिम संश्लेषित उर्वरकों का फायदा यह होता है कि इनमें ने केवल दो या तीन पौष्टिक तत्व एक साथ मिल जाते हैं और साथ ही इनके बनाने में नाइट्रोजन की कीमत कम हो जाती है।

फॉस्फोरस युक्त उर्वरक

आज फॉस्फोरस युक्त उर्वरकों मे सुपरफॉस्फेट ही मुख्य है। ये 16 से 20 प्रतिशत फॉस्फोरस की मात्रा में उपलब्ध होते है। यह फॉस्फोरस की उपलब्ध मात्रा होती है। चट्टानी फॉस्फेट को गन्धक के तेजाब से मिलाकर इसके कृत्रिम निर्माण किया जाता है। अधिकतर सुपर फॉस्फेट मे करीब 35 प्रतिशत फॉस्फेट होता है, 50 प्रतिशत जिप्सम तथा 19 प्रतिशत अशुद्ध पदार्थ होते हैं। फॉस्फेट दो वर्गो में है। उच्च माप का या दुगुना फॉस्फोरस युक्त (32 प्रतिशत उपलब्ध तत्व) तथा तिगुना फॉस्फेट (40 से 45 प्रतिशत उपलब्ध फॉस्फोरस)।

तालिका–16 : फॉस्फोरिक अम्ल युक्त उर्वरक

उर्वरक	*रासायनिक रूप*	*स्त्रोत*	*फॉस्फोरस प्रतिशत*
1.	*2.*	*3.*	*4.*
कच्चा हड्डी का चूरा	$Ca_3(PO_4)_2$	मारे गये प्राणियों से	20–25
भाप दिया हड्डी का चूरा	$Ca_3(PO_4)_2$	मारे गये प्राणियों से	23–30
शैल फॉस्फेट	फ्लोर और क्लोर	पिसा हुआ शैल ऐपेटाइट के रूप में	25–30
सुपर फॉस्फेट	$CaH_4(PO_4)_2$ तथा $Ca_2H_2(PO_4)_2$	शैल से निर्मित	16–47

क्रमशः

1	2	3	4
वेसिक स्लैग	$(CaO)_5P_2O_5SO_2$	स्टील स्लैग	15–25
काली हड्डी	$Ca_3(PO_4)_2$	कचरे की सफाई से	32–35
मौनोकैल्शियम फॉस्फेट	$CaH_4(PO_4)_2$	संश्लेषित	50
कैल्शियम मेटाफॉस्फेट	$Ca(PO_4)_2$	संश्लेषित	63–63
अमोनियेट्यड सुपर फॉस्फेट	$NH_4H_2PO_4$ $Ca_2H_2(PO_4)_2$	संश्लेषित	16–18
एमोफॉस	$NH_4H_2PO_4$	अधिकांश में संश्लेषित	48(11%N)
पोटैशियम फॉस्फेट	$K_2H_2PO_4$अनिश्चित	संश्लेषित	30-50(32–53% P_2O_5)
लकड़ी की राख	अधिकांश K_2CO_3		3-7% (1-2%P_2O_5)
तम्बाकू के तने	कार्बनिक रूप K_2CO_3		4–9%(2–4% N)

पोटाश लगभग हर देश की खदानों तथा चट्टानों में पाया जाता है। केइनाइट और अन्य परिपक्व लवण पोटाश उर्वरक के प्रमुख स्त्रोत हैं। उच्च स्तर का क्लोराइड एवं पोटाश का सल्फेट ही उच्च स्तर के उर्वरकीय रूप होते हैं। पोटाश के जो भी लवण उर्वरक की तरह इस्तेमाल किये जाते हैं वे सभी पानी में भी घुलनशील होते हैं। इसलिये ये पौधों को जल्दी उपलब्ध हो जाते हैं।

तालिका–17 : पोटाश के उर्वरक

उर्वरक	*रासायनिक रूप*	*K_2O प्रतिशत*
पोटैशियम क्लोराइड	KCl	48 से 60
पोटैशियम सल्फेट	K_2SO_4	48 से 50
पोटैशियम सल्फेट मैग्नीशिया	पोटाश और मैग्नीशियम का द्विगुण लवण	25 से 30
खाद के लवण	अधिकतर KCl	20 से 30
केइनाइट	अधिकांश KCl	12 से 16
पाटैशियम नाइट्रेट	KNO_3	44(13% N)
पोटैशियम फॉस्फेट	अनिश्चित 30 से 50	(32–53% P_2O_5)
लकड़ी की राख	अधिकांश K_2CO_3	3 से 7 (1–2% P_2O_5)
तम्बाकू के तने	कार्बनिक रूप	4 से 9 (2–4% N)

पौष्टिक तत्वों का आंकलन स्थिति एवं समय के अनुसार थोड़ा बहुत भिन्न हो सकता है, फिर भी सामान्यतया औसतन आधा नाइट्रोजन, पोटाश एवं प्रांगारिक पदार्थ तथा कम से कम एक तिहाई फॉस्फोरिक अम्ल की क्षेत्रीय उर्वरक की भण्डारण में क्षति हो ही जाती है। भले ही कितनी ही सतर्कता से इस उर्वरक को बनाया जाये, किसी सामान्य फार्म पर जहाँ उर्वरक पदार्थ काफी समय तक बाहर खुले में रखा जाता है, वहाँ पर भी क्षति काफी अधिक हो जाती है। इस तरह कम से कम आधा पौष्टिक तत्वों की हानि हो ही जाती है।

इस प्रकार यह समझना चाहिये कि एक बड़ी मात्रा में कम से कम आधा उर्वरक से मिलने वाले उर्वरक मान की क्षति सहज में ही हो जाती है। यह ह्रसित तत्व वही होते हैं, जो अधिकांश में पौधों को सरलता से

उपलब्ध होते हैं। यहाँ यह कहा जा सकता है कि उन सभी किस्म की हानि को जो कि आहार के पाचन के समय तथा खाद बनने के समय जो भी उर्वरक संघटकों की क्षति होती है (हस्थन एवं भण्डारण को मिलाकर) 25 प्रतिशत प्रांगारिक पदार्थ, 40 प्रतिशत नाइट्रोजन, 50 प्रतिशत फॉस्फोरिक अम्ल एवं 45 प्रतिशत पोटाश, सस्य के पौधों की जड़ें जो कि वस्तुतः खेत में से प्राप्त होते है, ये सभी सामान्य स्थितियों में मिट्टी में पहुँच पाते हैं।

क्षेत्रीय उर्वरक

यह एक कृषि के कार्यक्रमों के अन्दर पैदा किया गया एक बहुत महत्त्वपूर्ण उपसृष्ट है। इसमें फसलों के छूटे हुये अंशों का इस तरह उपयोग हो जाता है जिससे वे भूमि की दशा को सुधारने में ऐसी भूमिका निभाते हैं, जो कि पोषक तत्वों की तुलना से भी ऊपर होती है। इससे निश्चित ही हम कृषि में भी फसल लेने के बाद जो शेष या निरर्थक या कूड़े–करकट आदि रह जाते हैं, उनके उपयोग से, भूमि की स्वयं स्थापित गुणवत्ता निरन्तर बनी रहती है। इसलिये आधुनिक क्षेत्रीय प्रबन्धन इस पर जोर डालता है कि इस प्रकार के खेतों में छूटे हुये पदार्थो का इस प्रकार से बुद्धिमता से हस्थन किया जाये ताकि वह खेत में एक महत्त्वपूर्ण उर्वरक का स्थान ले सकें।

यह सर्वविदित है कि भूमि में विद्यमान श्लेषीय पदार्थ (धरण पदार्थ) की मात्रा का आभास भूमि में विद्यमान प्रांगारिक नाइट्रोजन की मात्रा से होता है। फसलों के द्वारा भी त्याज्य पदार्थ मिलते हैं। ये ही इस घटक को प्रस्तुत करते हैं। यह इस बात पर निर्भर करता है कि भूमि को कितना प्रांगारिक नाइट्रोजन बाहर से आने वाले पदार्थो से आता है। इसके परिणामतः क्षेत्रीय उर्वरक इसलिये भी अत्यधिक मूल्यवान होता है, क्योंकि इसके द्वारा ही भूमि में नाइट्रोजन का आदाय होता है। इस वास्तविकता के अतिरिक्त क्षेत्रीय उर्वरक के द्वारा भूमि में ऊर्जा का आगमन होता है और निःसन्देह इसका भूमि की भौतिक दशा पर काफी गहन प्रभाव पड़ता है। इसके साथ भूमि में विद्यमान जीवाणुओं तथा सभी अन्य उदभिद्जात जन्तुओं का पोषण भी करता है। फिर भी इसे एक नाइट्रोजन एवं पोटाश देने वाला उर्वरक ही माना जाना चाहिये।

यह भी सही है कि सस्य पौधों के द्वारा जो कि कुल मात्रा का आधा भाग नाइट्रोजन फॉस्फोरिक अम्ल तथा पोटाश का भूमि में से हटाया जाता है यह सस्यों का वह भाग है जो पशुओं को खिलाया जाता है। सस्यों की सभी छोड़े गये भागों को जानवरों को खिलाया भी नहीं जाता है। यह भी जरूरी नहीं है कि भूमि की उर्वरता के संधारण के लिये केवल क्षेत्रीय उर्वरक ही पर्याप्त होता है। इसलिये अन्य साधनों को भी इस अभिप्राय की पूर्ति के लिये किसी अन्य आयोजन के द्वारा भी शामिल करना पड़ता है।

क्षेत्रीय उर्वरक का मुख्य अभिप्राय यह है कि इसमें फार्म पर रहने वाले तमाम पशुओं के मलमूत्र एवं उनके बिछौने एवं फार्म के अन्य छूटे हुये फसलों के भागों को मिलाकर खाद बनाना होता है। इसमें अधिकतर भाग पशुओं के मलमूत्र का ही होता है। इसमें अन्य जानवरों जैसेः भेड़, बकरी, सूअर तथा मुर्गियों के मल के अंश भी मिलाये जा सकते हैं।

क्षेत्रीय उर्वरक के दो मुख्य अंश होते हैं– 1. ठोस तथा 2. द्रव। फिर भी उर्वरक के रूप में जो अंश भूमि को मिलता है वह अधिकांश पशुओं (गाय, भैंस, बैल एवं बकरियों) का होता है। औसतन आधी नाइट्रोजन, सब फॉस्फारस तथा लगभग 2/5वाँ भाग पोटाश का ठोस पदार्थ में पाया जाता है। द्रव में उर्वरक के वे पदार्थ होते हैं जो भूमि में डालते ही भूमि में तुरन्त उपलब्ध हो जाते हैं। यह स्थिति द्रव के अधिक महत्त्व को इंगित करती हैं। इसलिये यह आवश्यक है कि उर्वरक पदार्थों के इस भाग की अधिक चिन्ता के साथ रक्षा करनी चाहिये। पशुओं के मलमूत्र में नाइट्रोजन, फॉस्फोरिक अम्ल एवं पोटश की कितनी मात्रा मिलती है इसका कोई निश्चित

अनुमान लगाना मुश्किल है, क्योंकि यह गणना कई कारकों पर निर्भर करती है, वे हैं- 1. पशुओं का प्रकार, 2. पशु की उम्र तथा शारीरिक दशा, 3. पशुओं के द्वारा खाया गया भोजन पदार्थ, 4. पशु का बिछौना, 5. उर्वरक पदार्थ का हस्थन एवं भण्डारण की विधियाँ।

हस्थन एवं भण्डारण में क्षेत्रीय उर्वरक की क्षति

क्योकि करीब आधी नाइट्रोजन तथा 3/5 भाग क्षेत्रीय खाद का घुलनशील दशा में होता है इसलिये इस दशा में एक बड़ी मात्रा में पौष्टिक तत्वों का परिच्यवन (लीचिंग) की सम्भावनाऐं बहुत बढ़ जाती हैं, भले ही खाद के ऊपर भारी वर्षा पात क्यों न हो। इसके अतिरिक्त विवंधन की क्रियाऐं दोनों ही किस्म के अजारक या जारक शाकाणुओं द्वारा प्रतिपादित पूयन क्यों न हो तथा केवल इससे अमोनियम नाइट्रेट में विद्यान नाइट्रोजन तथा तत्व के रूप में क्यों न हो, इस दशा में इस तत्व का जल्दी-जल्दी ह्रास होता है। कम से कम आधा नाइट्रोजन तो परिच्यवन की क्रिया से बह जाता है। पलटाई की क्रिया तथा खाद में नमी देने से अच्छी सड़न होती है। वह जारक पूयन से अजारक पूयन में परिवर्तित हो जाती है, जिससे नाइट्रोजन का जो गैसीय अंश होता है, वह नष्ट होने से बच जाता है।

क्षेत्रीय उर्वरक का कुशल एवं व्यवहारिक हस्थन एवं भण्डारण

उर्वरक पदार्थ की क्षति तो गौशालाओं, मवेशियों के आवास के स्थानों में परिच्यवन (लीचिंग) के कारण हो जाती है। इसलिये प्रथम आवश्यकता इस बात की है कि पशुओं के लिये जो वस्तुऐं बिछावन के काम में लायी जायें, जिनकी हवा को शोषण करने की क्षमता काफी हो। उनकी कीमत कम होनी चाहिये तथा उनमें सफाई काफी होनी चाहिये। इसके साथ फर्श की बनावट जो कि काफी अप्रवेश्य हो जिससे जो स्वतन्त्र रूप में विद्यमान द्रव है, वह ठोस पदार्थ के बराबर सम्पर्क में बनें रहें। पशुओं के द्वारा कुचले जाने पर बिछावन को निरन्तर बिछाते रहने पर बनने वाले उर्वरक का परिरक्षण भी होता रहता है। क्षेत्रीय उर्वरक से मिट्टी की उपजाऊ शक्ति संधारित रहती है।

हरित उर्वरक

हरित उर्वरक शिम्बीकुल के पौधों की मृदा में नाइट्रोजन को स्थिर करने का सिद्धान्त आम बात है। इससे मृदा की उचित शक्ति लगातार बनी रहती है। शिम्बीकुल के पौधों के द्वारा मृदा में काफी नाइट्रोजन छोड़ी जाती है। यह नाइट्रोजन 30 किलो/60 किलो प्रति हेक्टर में फली की फसलों (मटर, उड़द आदि) के द्वारा और 90 से 120 किलो प्रति हेक्टर चारें की फसलों (वरसीम या ऐल्फाऐल्फा) द्वारा मृदा में छोड़ी जाती है। शिम्बीकुल के पौधे मृदा में कार्बन की भी कुछ मात्रा छोड़कर भी मृदा की उपजाऊ शक्ति बढ़ाते हैं।

हमारे देश में गोबर का क्षेत्रीय उर्वरकों में इस्तेमाल किये जाने वाले अन्य घटकों का बहुधा ईंधन के रुप में इस्तेमाल हो जाता है। इससे क्षेत्रीय उर्वरकों को उचित मात्रा में खेत में नहीं डाला जाता है। इसलिये भूमि में खाद को यदि निरन्तर उपलब्ध नहीं किया गया तो भूमि की उपजाऊ शक्ति शनैः शनैः खत्म हो जाती है। हरी खाद को देने के लिये पूरे पौधों को भूमि में दबाया जाता है। हरी खाद के लिये उपयुक्त पौधों के गुण ऐसे होने चाहिये, जिससे उनकी उपयोगिता हरित खाद के रूप में विशेष हो। कुछ ऐसे गुण होते हैं-1. फसल की जड़ें काफी अधिक हों, जिससे कि पौधों में वृद्धि जल्दी और अधिक हो सके। 2. फसलों को काफी शाखायुक्त तथा पत्तीदार होना चाहिए, 3. पौधों के वानस्पतिक भाग मुलायम हों, 4. पौधों की वृद्धि शीघ्रतया होनी चाहिये,

5. फसल को उगने में कम खाद की आवश्यकता होनी चाहिए, 6. सस्ते दामों पर बीज प्राप्त हो, 7. फसल को जलवायु की विषमताओं को सहने की शक्ति होनी चाहिये, 8. रोगरोधी हों, 9. कीट और व्याधि रोधी हो, 10. इसके सभी अंग खाद के लिये उपयुक्त हों, 11. भूमि की उर्वरा शक्ति को बढ़ानें में अधिक से अधिक योगदान दे सके, 12. अधिक बीज की मात्रा उत्पन्न करने वाली हो, 13. जड़ों में प्रचुर मात्रा में ग्रन्थियाँ बनती हों।

हरी खाद प्रयोग करने की सावधानियाँ

1. हरी खाद के लिये सख्त अंगों वाली फसल का चुनाव नहीं करना चाहिए। विशेषकर ऐसे क्षेत्रों में जहाँ कृत्रिम सिंचाई के साधन न हो और वार्षिक वर्षा 20-25 इंच के लगभग होती हो, यह बात विशेष महत्त्व की है। नमी की कमी से ऐसी खादों का सड़ाव नहीं हो पाता। कच्ची खाद से लाभ के बजाय हानि की अधिक सम्भावना रहती है।
2. शुष्क खेती वाले क्षेत्रों में जहाँ वर्षा की मात्रा 20 इंच से कम होती है, बिना सिंचाई की सुविधाओं के हरी खाद की फसल नहीं उगानी चाहिये। ऐसी दशाओं में हरी खाद का प्रयोग करने की दूसरी विधि है। ऐसे क्षेत्रों में एक खेत में फसल बोई जाती है और उखाड़ कर दूसरे खेत में दबाई जाती है।
3. शुष्क क्षेत्र में हरी खाद जहाँ तक सम्भव हो मुलायम दशा में ही दबा देनी चाहिये, क्योंकि अधिक दिनों की फसल सख्त हो जाती है, जिसका सड़ाव होने के लिए अपेक्षाकृत अधिक समय व नमी की आवश्यकता होती है।
4. दलहन वाली हरी खाद को सुपर फास्फेट देने से अत्यधिक लाभ पहुँचता है। फास्फोरस की उपस्थिति में ग्रन्थियों में उपस्थित जीवाणु अत्यधिक नत्रजन संस्थापित करते हैं।
5. मुख्य फसल बोने के 1 माह पूर्व फसल को दबा देना चाहिये। यह कार्य किसी मिट्टी पलटने वाले हल की सहायता से करना चाहिए।
6. दबाने पर यह ध्यान रखना चाहिये कि फसल अच्छी प्रकार नम मिट्टी की मोटी तह से ढक जावे।
7. हरी खाद की फसल के दबाने में यह सावधानी रखनी चाहिये कि जड़ों के पास पत्तियाँ व शाखाएँ दबाई जावे। इससे सड़ने की क्रिया समान होती है।
8. खेत में फसल दबाने के बाद यदि पर्याप्त नमी न दिखाई दे तो आवश्यकतानुसार सिंचाई अवश्य करें।

हरी खाद के पौधों के वांछित गुण

एक अच्छी हरी खाद की फसल के पौधों में निम्निखित गुण होने चाहिए :

फसल की जड़ें काफी गहरी हों। इसके वनस्पतिक भाग मुलायम हों। शीघ्र बढ़ने वाली हो। कम खाद की आवश्यकता हो। पानी की नमी को अच्छी प्रकार सहन करने वाली हो। सस्ते दामों पर बीज प्राप्त हो। उसमें जलवायु की विषमताओं को सहन करने वाली हों। रोग अवरोधी हों। कीट अवरोधी हो। भूमि पर अच्छा अवशेष प्रभाव छोड़ती हो। इसके विभिन्न अंग प्रयोग में आने वाले हों। थोड़े समय में तैयार होने वाली हो। भूमि की उर्वरा शक्ति में अधिक से अधिक योग प्रदान करने वाली हो। फसल के प्रबन्ध में अधिक खर्च, प्रबन्ध व देखभाल की आवश्यकता न हो। फसल-चक्र में उचित स्थान प्राप्त करती हो। खूब बीज पैदा करने वाली हो। जड़ों में प्रचुर मात्रा में ग्रन्थियाँ हों।

हरी खाद के लिए समर्थित फसलें - 1. सनई, 2. ढैंचा, 3. खिसारी, 4. ग्वार, 5. लोबिया, 6. मटर, 7. मूंग, 8. कुल्थी, 9. सैजी, 10. मसूर, 11. उर्द, 12. मेथी, 13. बरसीम, आदि फसलों का मुख्य रूप से प्रयोग किया जाता है।

हरी खाद की मुख्य-मुख्य फसलों की उत्पादन क्षमता पर जलवायु, भूमि, भूपरिष्करण की क्रियाओं, खाद व सिंचाई की व्यवस्था तथा कीट एवं रोग आदि का प्रमुख रूप से प्रभाव पड़ता है। निम्न तालिका में दी हुई उत्पादन क्षमता को सामान्य परिस्थितियों में औसत मान समझना उचित होगा।

तालिका-18: हरी खाद के लिये उपयुक्त सस्य पौधों में हरित पदार्थ की उपज एवं नाइट्रोजन की प्राप्त मात्रा

सस्य का नाम	*हरे पदार्थ की प्रति एकड़ उपज (मनों में)*	*नत्रजन की प्रतिशत मात्रा*	*प्रति एकड़ संस्थापित नत्रजन (पौंड में)*
सनई	200-225	0.43	60-75
ढैंचा	180-200	0.42	60-70
मूंग	80-100	0.53	30-35
कुल्थी	80-100	0.30	25-30
मेथी	100-125	0.33	60-65
बरसीम	150-200	0.43	50-60
मटर	150-200	0.63	60-65
मसूर	50-60	0.70	30-35
उर्द	125-150	0.41	35-40
ग्वार	200-225	0.40	50-60
लोबिया	150-200	0.49	50-55
नील	100-125	0.78	60-70
सेंजी	250-300	0.51	120-150

हरी खाद के लिये अभिस्तावित फसलें

ये फसलें मुख्यतया वनस्पति शास्त्र के अनुसार लेग्यूमिनोसी कुटुम्ब की पौधौं की प्रजातियाँ होती है। इनकी विशेष बात यह है कि ये इस प्रकार की फसलें हरित उर्वरक देने के उद्देश्य की भली भांति पूर्ति करती हैं। अन्ततः हरित उर्वरक देने का अभिप्राय क्या होता है : इस विधायन के अनुसार हरे पौधौं को भूमि के अन्दर पलट दिया जाता है। इससे पौधे जमीन के अन्दर भली-भांति सड़-गल जाते हैं। जहाँ तक भूमि के अन्दर हरे पदार्थ को पहुँचाने का प्रश्न है, इस काम को दलहनी (लेग्यूमिनस) फसलों के अलावा अन्य फसलें जैसे - जई, राई इत्यादि का भी उपयोग किया जाता है। इनकी विशेषता यह है कि इनकी वृद्धि जल्दी और प्रचुर मात्रा में होती है और इसके लिये ये समय कम लेती हैं। प्रयोगों से सिद्ध हो गया है कि विभिन्न पौधों की उचित जातियाँ अपने वृद्धि एवं जनन समय के अनुसार भूमि के लिये हरित पदार्थ उत्पन्न कर सकते हैं। यह नहीं कि सभी फसलें एक साथ हरित पदार्थ उत्पन्न करते हों। किये गये परीक्षणों में कुछ मुख्य फसलों के द्वारा शुष्क क्षेत्रों में उत्पादित हरित पदार्थ की मात्रा तथा नाइट्रोजन की भूमि में प्राप्त मात्रा का अनुमानतः परिमाण भी इस प्रकार से है :-

तालिका-19 : शुष्क क्षेत्रों में कुछ मुख्य पारम्परिक फसलों का हरी खाद के लिये उत्पादन

फसलों के नाम	*प्रति हेक्टर पदार्थ की उपज (क्विंटल में)*	*नाइट्रोजन की प्राप्त प्रतिशत मात्रा*	*प्रति एकड़ भूमिगत नाइट्रोजन (क्विंटल में)*
मटर	60–70	0.63	24–30
वरसीम	60–70	0.43	20–22
मसूर	20–22	0.70	12–14
सनई	80–85	0.43	24–30
ढैंचा	72–75	0.42	24–30
मूंग	32–35	0.53	12–14
कुल्थी	32–35	0.30	10–12
मेथी	40–42	0.33	12–14
सेंजी	100–125	0.51	48–50
उड़द	50–55	0.41	14–15
ग्वार	80–85	0.40	24–25
लोविया	60–65	0.49	24–26
नील	50–55	0.78	24–25

पश्चिमी देशों में दलहनी फसलों के अलावा अदलहनी फसलों को भी हरित उर्वरक के काम में लाया जाता है। जलवायु के अनुसार हमारे पर्वतीय ठंडे प्रदेशों में भी इन पादप समूहों का हरित उर्वरक की तरह इस्तेमाल किया जा सकता है। ये पौधें हैं– राई, जई, जौ, छोटा मिलेट, बकबीड, गेहूँ, राईघास, सूडान घास, सरसों, रेपसीड, खरपतवार के पौधें, ठण्ड़े जलवायु की जई एवं जौ इत्यादि। सावधानी इस बात की रखनी चाहिये कि हरित उर्वरक की फसल की जुताई करके ऐसे समय मिट्टी में दबाया जाए जब पौधें अपनी वृद्धि की मध्यावस्था में हों, क्योंकि इस समय उनका नाइट्रोजन–कार्बन अनुपात सबसे कम रहता है। इस समय नाइट्रोजन को एक बड़ी मात्रा का मिट्टी के द्वारा ग्रहण कर लिया जाता है।

हरी खाद के लाभ

हरी खाद के कई लाभ हैं। इससे भूमि में पोषक तत्वों की मात्रा बढ़ती हैं। भूमि की संरचना में सुधार होता है। भारी मिट्टियों में वायु संचार में लाभ होता है। हल्की भूमियों में जल ग्रहण क्षमता बढ़ती है। भूमि का तापमान संतुलित रहता है। भूमि में विद्यमान जीवाणुओं का पोषण एवं स्वास्थ्य सही रहता है। पोषक तत्वों को उपलब्ध रूप में लाने के लिये हरी खाद एक प्रकार की सुधारक का काम करती है। भूमि चाहे अम्लीय हो चाहे क्षारीय, दोनों स्थितियों में हरी खाद से भूमि की रासायनिक प्रक्रियाओं में सुधार होता है और एक प्रकार का सामन्जस्य प्रस्तुत होता है। घुलनशील पोषक तत्वों की नीचे की सतहों में जाने से पहले ही इन तत्वों का पौधों द्वारा शोषण समय पर कर लिया जाता है। इससे पोषक तत्वों की मिट्टी में परिच्यवन से हानि नहीं होती है। हरी खाद कुल मिलाकर सस्ती पड़ती है। कुछ फसलों का हरी खाद के साथ–साथ औद्योगिक महत्व भी होता है। हरी खाद उगाने

से खरपतवारों पर भी अंकुश लग जाता है। मुख्य फसलों की उपज जरूर बढ़ती है। बाहर से दिये जाने वाले खाद तथा पानी की मात्रा में किसान को काफी बचत हो जाती है। मिट्टी के अन्दर जो तत्व सुषुप्त अवस्था में एकत्रित रहते हैं, हरी खाद के कार्यक्रम में मिट्टी में भली प्रकार ऊपर आकर मिलकर क्रियाशील हो जाते हैं। बुलई भूमि की सुधरी स्थिति होने से भूमि काफी दृढ़ हो जाती है, जिससे इसमें उगने वाले पौधें गिरते नहीं है। भूमि का कटाव भी रुकता है।

हरी खाद से यह न समझा जाये कि उसका प्रयोग हर प्रकार से उत्तम होता है। इस उर्वरक को यदि सावधानी से प्रयोग में नहीं लाया गया तो इससे बजाय लाभ के हानि भी हो सकती है। ऐसे उर्वरक को विशेष पूर्वावधान के साथ प्रयोग में लाना ही उचित होगा। इसलिये हरी खाद के लिये कभी सख्त अंगों के पौधों का इस्तेमाल नहीं करना चाहिये। ऐसी जगहों पर जहाँ कृत्रिम सिंचाई के साधन नहीं हैं वहां पर इसका विशेष ध्यान रखना चाहिये। यदि वर्षा के पानी का सहारा लेना है तो ऐसे क्षेत्र में कम से कम 50-60 से.मी. बारिश का होना जरूरी है। सड़ने के लिये आवश्यक नमी की कमी के कारण पौधों के हरित अंग सड़ नहीं पाते हैं जिससे कि बजाय लाभ के हानि ही होती है। जिन क्षेत्रों में वर्षा 50 से.मी. से कम होती है, वहाँ पर केवल वर्षा पर आधारित हरी खाद से उर्वरण व्यर्थ होता है। यदि जरूरी हो तो हरी खाद की फसल को एक अलग खेत में उगाकर उसे दूसरे खेत में जहाँ पानी की सुविधा हो उसमें दबाया जा सकता है। शुष्क क्षेत्र में हरे पौधों को मुलायम दशा में ही दबा देना चाहिये। यह इसलिये कि अधिक आयु के पौधों के अंग सख्त हो जाते हैं और उनका विवंधन सरलता से नहीं हो पाता, विशेषकर जब पानी की कमी हो। दलहनी फसलों को सुपर फॉस्फेट देने से खाद की गुणवत्ता बढ़ जाती हैं। फॉस्फोरस की उपस्थित में ग्रन्थियों की उपस्थिति में ग्रन्थियों में बसे जीवाणु अत्यधिक नाइट्रोजन पैदा करते हैं। मुख्य फसल बोने के 1 माह पूर्व हरी खाद की फसल को दबा देना चाहिये। यह कार्य किसी मिट्टी पलटने वाले हल से सम्पन्न किया जा सकता है। दबाते समय यह ध्यान रहे कि पौधों के ऊपर नम मिट्टी की काफी मोटी तह आ जावे। दलहनी फसल के पौधें के हर भाग तो जड़ों, पत्तियों तथा टहनियों के भली-भांति दबा देना चाहिए। यदि जड़ों के पास पत्तियाँ तथा टहनियां होगी तो उनका विवंधन ठीक तरह से हो जाता है, क्योंकि पत्तियाँ एवं शाखायें जड़ों के साथ-साथ जीवाणुओं के निकटस्थ सम्पर्क में आ जाते हैं। इससे सड़ने की क्रिया हर स्थान पर एक साथ हो जाती है। यदि खेत में फसल दबाने के बाद नमी की कमी का आभास हो तो एक बार सिंचाई का प्रबंध अवश्य करें। अधिक सुविधा तथा उपलब्धि को ध्यान में रखते हुये कृषक कभी-कभी मिश्रित उर्वरकों का उपयोग भी कर सकते हैं।

शुष्क क्षेत्र में हरे पौधों को मुलायम दशा में ही दबा देना चाहिये। यह इसलिये कि अधिक आयु के पौधों के अंग सख्त हो जाते हैं और उनका विवंधन सरलता से नहीं हो पाता विशेषकर जब पानी की कमी हो। दलहनी फसलों को सुपर फॉस्फेट देने से खाद की गुणवत्ता बढ़ जाती है। फॉस्फोरस की उपस्थिति में ग्रन्थियों में बसे जीवाणु अत्यधिक नाइट्रोजन पैदा करते हैं। मुख्य फसल बोने के 1 माह के पूर्व हरी खाद की फसल को दबा देना चाहिये। यह कार्य किसी मिट्टी पलटने वाले हल से सम्पन्न किया जा सकता है। दबाते समय यह ध्यान रहे कि पौधों के ऊपर नम मिट्टी की काफी मोटी तह आ जावे। दलहनी फसल के पौधें के हर भाग जड़ों, पत्तियों तथा टहनियों को भली भांति दबा देना चाहिये। यदि जड़ों के पास पत्तियाँ तथा टहनियाँ होंगी तो उनका विवंधन ठीक तरह से हो जाता है, क्योंकि पत्तियाँ एवं शाखायें जड़ों के साथ-साथ जीवाणुओं के निकटस्थ सम्पर्क में आ जाते हैं। इससे सड़ने की क्रिया हर स्थान पर एकसार हो जाती है, यदि खेत में फसल दबाने के बाद नमी की कमी का आभास हो तो एक बार सिंचाई का प्रबन्ध अवश्य करें। अधिक सुविधा तथा उपलब्धि को ध्यान में रखते हुये कृषकों को कभी-कभी मिश्रित उर्वरकों का भी उपयोग करना पड़ता है।

तालिका-20 : मिश्रित वर्ग के उर्वरक

खाद का नाम	*नाइट्रोजन प्रतिशत*	*फॉस्फोरिक अम्ल प्रतिशत*	*पोटैशियम ऑक्साइड प्रतिशत*
1	*2*	*3*	*4*
1. बोन चार	1–2	30–35	–
2. बोल मील	3–4	20–25	–
3. बोन रौ	2–4	22–25	–
4. बोन स्टीम्ड	1–2	22–30	–
5. एमोफॉस ए	11.0	45–48	–
6. एमोफॉस बी	16.5	20.0	–
7. अमोनियम सुपरफॉस्फेट	4.0	18.0	–
8. मोनोअमोनियम फॉस्फेट	12.0	60–0	–
9. डाईअमोनियम फॉस्फेट	21.0	53.0	–
10. मोनोफॉस्फेट	18–20	49.0	–
11. निसीफॉस	13.3	48.0	–
12. नाइट्रोफॉस्फोट	20.0	48.0	–
13. सुपरफॉस्फेट नाइट्रेट	5–6	16–17	–
14. मिश्रण नं. 1	16.0	9.0	–
15. मिश्रण नं. 2	12.0	9.0	–
16. मिश्रण नं. 3	12.0	6.0	6.0
17. पोटैशियम अमोनियम नाइट्रेट	16.0	–	28.0
18. पोटैशियम फॉस्फेट	–	32.0	30–40
19. पोटैशियम अमोनियम फॉस्फेट	12.0	24.0	18.0
20. पोटैशियम नाइट्रो फॉस्फेट	15.0	30.0	15.0

जीवाणु खाद

पौधों को मुख्य रूप से 16 पौषक तत्वों की आवश्यकता होती है, जिन्हें आवश्यक तत्व के नाम से जाना जाता है। इनमें से किसी भी एक पोषक तत्व की कमी से पौधें कमजोर एवं रोगग्रस्त हो सकते हैं। ये आवश्यक तत्व हैं–कार्बन, हाइड्रोजन, ऑक्सीजन, नत्रजन, फॉस्फोरस, पोटाश, गन्धक, कैल्शियम, मैगनीशियम, लोहा, मैंगनीज, जस्ता, ताँबा, मोलिबिडनम, बोरोन एवं क्लोरीन।

हरे पौधें हवा व पानी से ऑक्सीजन, हाइड्रोजन व कार्बन तथा शेष आवश्यक तत्व भूमि से प्राप्त करते हैं। जिस मात्रा में ये तत्व पाये जाते हैं, इसी के अनुसार इन्हें मुख्य तत्व, सूक्ष्म तत्व एवं गौण तत्व के नाम से जाना जाता है।

अधिकतम पौधों में मुख्य तत्वों की कमी होती है और ये मुख्य तत्व हैं–नत्रजन, फॉस्फोरस और पोटाश। पौधें इन्हें भूमि तथा वायुमण्डल से प्राप्त करते हैं। वायुमण्डल में नत्रजन, कार्बन ड़ाईऑक्साइड एवं ऑक्सीजन

का विपुल भण्डार है एवं भूमि में भी ये आवश्यक तत्व विद्यमान रहते हैं। लगातार खेती करने से भूमि में आवश्यक मुख्य तत्वों जैसे – नत्रजन व फॉस्फोरस की कमी होने लगती है। इसी कमी को पूरा करने हेतु हमें भूमि में जीवांश खाद एवं रासायनिक खाद का प्रयोग करना पड़ता है।

इन आवश्यक तत्वों की पूर्ति की दिशा में जीवाणु खाद एक महत्वपूर्ण भूमिका निभाते हैं। यह खाद उन लघु एवं सीमान्त किसानों के लिये वरदान है, जो कि विभागीय सिफारिशों के अनुसार रासायनिक उर्वरकों का प्रयोग आर्थिक स्थिति कमजोर होने के कारण नहीं कर पाते हैं।

जीवाणु खाद उन वांछित जीवाणुओं का समूह है, जो सामान्यत: समुचित मात्रा में भूमि में मौजूद नहीं रहते और भूमि में नत्रजन तथा फॉस्फोरस स्थिर करने में सहायक होते हैं। इन उपयोगी जीवाणुओं को लिग्नाइट, पीट, ह्यूमस, कोयला आदि धारकों के माध्यम में वैज्ञानिक विधि से मिलाकर पोलीथीन की थैलियों में बन्द कर कृषकों को बीजोपचार हेतु उपलब्ध कराया जाता है। ये जीवाणु वायुमण्डल तथा भूमि में बन्द कर कृषकों को बीजोपचार हेतु उपलब्ध कराया जाता है। ये जीवाणु वायुमण्डल तथा भूमि में विद्यमान निष्क्रिय तथा अघुलनशील तत्वों को उपभोग योग्य बनाकर पौधों को उपलब्ध कराने में समर्थ होते हैं। ऐसे जीवाणु खाद द्वारा बुवाई से पूर्व बीजों को उपचारित किया जाता है, जिससे पौधों की जड़ों के आसपास भूमि में इन विशेष जीवाणुओं की संख्या प्रचुर मात्रा में हो जाती है। ये जीवाणु निम्न प्रकार के हैं:-

1. **सहजीवी जीवाणु (राइजोबियम) :** इस प्रकार के जीवाणुओं में मुख्यत: राइजोबियम जीवाणु हैं। यह दलहनी फसलों की जड़ों पर छोटी-छोटी गुलाबी ग्रंन्थियाँ बनाते हैं। इन्हीं ग्रन्थियों में जीवाणुओं द्वारा भूमि में नत्रजन स्थिरीकरण की क्रिया सम्पन्न होती है। फसल एवं भूमि के अनुसार ये जीवाणु 50 से 100 किलोग्राम नत्रजन प्रति हैक्टेर की दर से स्थिर करते हैं। इससे उपज में 5 से 15 प्रतिशत तक वृद्धि होती है। ये जीवाणु भूमि में काफी मात्रा में नत्रजन स्थिर करते हैं, जिससे अगली फसल में 15 से 20 किलोग्राम नत्रजन की प्रति हैक्टर बचत होती है।

2. **मुक्तजीवी जीवाणु (एजोटोबेक्टर एजोस्प्रीवियम) :** गैर दलहनी फसलों में मुक्त-जीवी जीवाणु खाद (एजोटोबेक्टर) का उपयोग करने पर ये जीवाणु मुक्त रूप से मृदा में पौधों की जड़ों के आस-पास रहकर अपना भोजन मृत कार्बिनिक पदार्थों से प्राप्त करते हैं तथा वायुमण्डलीय नत्रजन को स्थिरीकृत कर स्थापित करते हैं। एजोटोबेक्टर कल्चर का उपयोग करने से पैदावार में वृद्धि होती है और इस प्रकार करीब 20 किलोग्राम नत्रजन की प्रति हैक्टर की बचत की जा सकती है।

   एजोटोबेक्टर जीवाणु भूमि में विभिन्न प्रकार के हारमोन एवं अमीनों अम्ल स्रावित करते हैं, जो बीजों के अंकुरण, जड़ तन्त्र के विकास तथा व्याधिकारक सूक्ष्म जीवियों की बढ़वार रोकने में भी सहायक होते हैं।

3. **फॉस्फोरस विलायक जीवाणु :** प्राकृतिक रूप से रॉक फॉस्फेट में 20 से 25 प्रतिशत तक फॉस्फोरस होता है, परन्तु अघुलनशील होने के कारण पौधों के उपयोग योग्य नहीं होता है। प्राकृतिक रूप से मिट्टी में कुछ सूक्ष्म जीवाणु उपलब्ध होते हैं, जिनमें बैक्टीरिया तथा फफूँद प्रमुख हैं। जो रॉक फॉस्फेट एवं अघुलनशील ट्राई फॉस्फेट को जैविक क्रियाओं के द्वारा पौधों के उपयोग योग्य घुलनशील फॉस्फेट में बदल देते हैं। इस (कल्चर) जीवाणु खाद में बीजोपचार करने में 30 किलोग्राम फॉस्फोरस की प्रति हैक्टर बचत होती है। फसल की पैदावार में 10 से 60 प्रतिशत तक की वृद्धि होती है।

फॉस्फोरस विलेयक सूक्ष्म जीवियों को दो भागों में बाँटा जा सकता है।

1. फॉस्फोरस विलेयक जीवाणु : बेसीलस सूडोमोनास
2. फॉस्फोरस विलेयक फफूँद : पेनिसीलियम, ट्राइकेडर्मा, एस्परजिलस आदि।

जीवाणु खाद उपयोग विधि

बीजों को बोने से पूर्व कल्चर से उपचारित करना चाहिए। बीजों को उपचारित करने के लिये आवश्यकतानुसार पानी में 125 ग्राम गुड़ प्रति लीटर घोलें। इस घोल में एक पैकेट कल्चर मिलायें। अब इसे बीजों के ऊपर छिड़कते हुए हल्के-हल्के हाथ से मिलायें। जिसमें बीजों पर एक बारीक परत जीवाणु खाद की जम जाये। इन बीजों को छाया में सुखाकर शीघ्र बोना चाहिये। जीवाणु खाद का प्रयोग मिर्च, टमाटर, बैंगन, गोभी आदि में करना हो तो इनकी पौध की जड़ों की रोपाई से पूर्व जीवाणु खाद के घोल में 15 मिनट तक डुबोकर रखें, बाद में इनकी रोपाई करें।

जीवाणु खाद का उपयोग क्यों?

वायुमण्डल में प्रति हैक्टर भूमि के ऊपर लगभग 80000 टन नत्रजन उपलब्ध होती है। इसका उपयोग पौधे प्रत्यक्ष रूप से नहीं कर पाते हैं। अतः इसके उपयोग हेतु जीवाणु खाद का उपयोग करें। क्योंकि ये जीवाणु नत्रजन को पौधों की जड़ों के द्वारा ग्रहण करने योग्य बना देते हैं। इनके उपयोग में फसल में दिये जाने वाली नत्रजन की मात्रा में भी बचत की जा सकती है।

फॉस्फोरस विलायक जीवाणु मिट्टी में पाये जाने वाली अघुलनशील फॉस्फोरस को घुलनशील बनाकर पौधों की जड़ों द्वारा आसानी से उपयोग योग्य बना देते हैं। इससे फॉस्फोरस उर्वरक की बचत की जा सकती है।

जीवाणु खाद के लाभ

जीवाणु खाद के प्रयोग से लाभ निम्न प्रकार हैं-

1. फसलों की पैदावार में वृद्धि होती है।
2. भूमि में नत्रजन की मात्रा में वृद्धि होती है। जो कि आगे बोये जाने वाली फसल हेतु उपयोगी है। इस तरह यह महँगे रासायनिक उर्वरक का पूरक है।
3. पौधों की उत्पादन क्षमता में वृद्धि होती है।
4. पौधे जल्दी और अधिक विकसित होते हैं तथा जमीन में ज्यादा पोषक तत्व प्राप्त करते हैं।
5. जीवाणुओं द्वारा विसर्जित स्रावों में एन्जाइम्स, विटामिन बी-12 एवं अनेक प्रकार के वृद्धि नियंत्रक पदार्थ होते हैं जो कि बीज अंकुरण क्षमता तथा पौधों के विकास में सहायक होते हैं।
6. एजोटोबेक्टर के कई स्राव भूमि में विद्यमान हानिकारक फफूँद आदि को कुछ मात्रा में नष्ट करने में सहायक होते हैं। जिससे पौधे कई भूमिगत रोगों से अपना बचाव कर सकते हैं।
7. हानिकारक या विषैला नहीं होता।

8. कार्यक्षमता, कीमत से कई गुना अधिक है।
9. बीजों एवं पौधों की जड़ों को उपचारित करना आसान है।
10. पैकेट को एक स्थान से दूसरे स्थान पर ले जाना आसान है।

इनके इस्तेमाल में निम्नलिखित सावधानियाँ रखनी पड़ती हैं :-

1. पैकिट पर अंकित फसल के लिये ही उपयोग करें।
2. पैकिट पर लिखी अन्तिम तिथि से पूर्व ही प्रयोग करें।
3. भण्डारण ठंडे स्थान पर करें।
4. धूप से बचाकर रखें।
5. पैकिट पर लिखे निदेर्शों का पालन करें।
6. रासायनिक खाद व दवाओं से दूर रखें तथा इनके साथ न मिलायें।
7. पारायुक्त रसायनों से उपचारित बीजों के लिये कल्चर की दुगनी मात्रा का प्रयोग करें।
8. अम्लीय तथा क्षारीय भूमि में कल्चर उपचारित बीजों पर कैल्शियम कार्बोनेट या जिप्सम की परत चढ़ाकर बुवाई करें।
9. एक पैकिट से एक एकड़ क्षेत्र के बीजों को उपचारित करें।
10. जीवाणु खाद रासायनिक खाद का प्रतिरूप न होकर पूरक हैं।
11. कवकनाशी, कीटनाशी तथा जीवाणु खाद से उपचारित करने हेतु सर्वप्रथम बीज का कवकनाशी फिर कीटनाशी तथा अन्य में जीवाणु खाद से बीजोपचार किया जाता है।

जैव उर्वरक कृषि के लिये ऐसी विरचना है, जिसमें सक्रिय सूक्ष्मजीवी मुख्यत: जीवाणु (बैक्टीरिया) उपयुक्त संख्या में होते हैं और जो वायुमण्डलीय नाइट्रोजन का स्थिरीकरण करते हैं या पौधों के पोषक को घुलनशील रूप प्रदान करते हैं या कुछ विशेष प्रकार के पदार्थ बनाकर पादप विकास को बढ़ावा देते हैं। मोटे तौर पर जैव-उर्वरकों को चार भागों में बाँटा गया है।

1. **सहजीवी नाइट्रोजन स्थिरक जीवाणु (शाकाणु) :** इसमें रजोबियम समूह आता है, जो दलहनों में तथा परासपोनिया बगैर-दलहनी फसलों में होते हैं। इस विधि से संचित 10 किलो नाइट्रोजन (प्रांगरिक रूप) 100 किलो अमोनियम सल्फेट के बराबर होती है।
2. **असहजीवी नाइट्रोजन स्थिरक जीवाणु (शाकाणु) :** इस वर्ग में एजोटोबैक्टर, एजोस्पिरिलियम, बैक्टीरिया व नाइट्रोजन स्थिरक नीली हरित शैवाल प्रमुख हैं। कुछ शाकाणु ऐसे भी होते हैं, जो पौधों की वृद्धि में सहायक होते हैं और पौधों की बीमारियों से भी लड़ते हैं। यद्यपि इनके द्वारा संचित नाइट्रोजन कम है, फिर भी इस तरीके से 10 किलो नाइट्रोजन स्थिर 500 किलो अमोनियम सल्फेट के बराबर होती है।

3. **फॉस्फोरस को घुलनशील बनाने वाले सूक्ष्मजीवी :** इस वर्ग में जीवाणु, फफूँद और एक्टिनोमाइसीज आते हैं। ये घुलनशील अकॉर्बनिक फॉस्फेट को सरल एवं घुलनशील अवस्था में बदल देते हैं। ये हैं–स्यूडोमोनास, माइक्रोकोकस, बैंसीलस, पेनीसीलियम, फ्यूजेरियम, फ्लेवोबैक्टीरियम, एस्परजिलस एवं स्क्लीरोशियम।

4. **द्विपालिपर्ण–मीनगंध (अजोलाअनाबीना) सहजीविता राइजोबियम इनोकुलेंट :** दलहनी फसलों की जड़ों पर दो प्रकार की ग्रंथियाँ होती है–सक्रिय व निष्क्रिय। सक्रिय ग्रंथियों की संख्या कम, आकार में बड़ी, मध्य भाग में गुलाबी रंग की होती है, जो सक्रिय नाइट्रोजन स्थिरीकरण का मुख्य हिस्सा होती है। निष्क्रिय ग्रंथियाँ छोटी, सफेद, संख्या में अधिक व पूरे जड़ तंत्र पर दूर–दूर फैली होती है।

राइजोबियम दो प्रकार के होते हैं। एक तीव्र बढ़ने और अन्न पैदा करने वाले जैसे राइजोबियम फैसियोलाइ, राइजोबियम ट्राइफोलियाई, राइजोबियम लैग्यूमिनोसोरम एवं राइजोबियम मिलोलोटाई और दूसरे मन्द बढ़ने वाले जीवाणु जो क्षारीयता पैदा करते हैं, जैसे – ब्रेडीराइजोबियम, जापोनिकम राइजोबियम लूपिनी और लोबिया का मिश्रित प्रकार।

राइजोबियम मूल रोम से प्रवेश करते हैं और इनसे ग्रन्थि की उत्पत्ति होती है। एक परिपक्व जड़ग्रन्थि एक केन्द्रीय शाकाण्वाभ परिधि (बैक्टीरोइड जोन) की बनी होती है जो ग्रन्थि कोर्टेक्स से घिरी होती है। यह क्षेत्र पोषिता कोशों के शाकाण्वाभों का बना होता है जिसमें लाल कण के हीमोग्लोबिन इकट्ठे हो जाते हैं। ये रंग–कण (रंग) को ही 'लेगहीमोग्लोबिन' कहा जाता है। जिसमें 'लेग' का अर्थ होता है–दलहन जड़ ग्रन्थि में हिमोग्लोबिन की उपस्थिति। हीमोग्लोबिन में 'गलोबिग' पौधे द्वारा और 'हीम' बैक्टीरिया द्वारा बनता है। लेगहिमोग्लोबिन केवल संक्रान्त कोशों में उपस्थित रहता है और इसकी स्थिति पोषिता कोशारस में होती है। इस प्रकार लेगहिमोग्लोबिन व शाकाण्वाभ का आपसी सीधा सम्बन्ध दलहन द्वारा नाइट्रोजन संचित करने में होता है।

राइजोबियम इनौकुलेंट के प्रयोग की विधि

बीजों पर कल्चर की परत चढ़ाते समय प्रति बीज के ऊपर राइजोबियम के कल्चर की लगभग 1000 जीवित कोशिकाऐं होनी चाहिए। कल्चर की पर्त चढ़ाने के लिए पहले 10 प्रतिशत चीनी या गुड़ का घोल बनाये, जिसे पहले गर्म पानी में घोलें, फिर घोले हुए पदार्थ को ठंडा होने दें, फिर इस घोल में कल्चर मिलायें, इसके बाद इस कल्चर को बीजों पर छिड़कें और लेही को बीजों पर हल्के हाथ से रगड़ें, फिर छाया में सूखी बोरी ऊपर डालकर रखें अथवा ढंककर बरतन में रख लें, तब प्रयोग में लायें। कल्चर मिलाने के बाद बीजों के ऊपर चूने की परत अवश्य चढ़ा दें ताकि भूमि की अम्लीयता एवं उपयोग किये जाने वाले उर्वरकों के अम्लीय प्रभाव से बचाव किया जा सके। अगर बीजों को कल्चर लगाने से पहले पानी में डुबोकर साफ करलें तो हानिकारक तत्व पानी में घुलकर बाहर निकल जायेंगे। बीजों पर यदि कल्चर प्रयोग के साथ–साथ फफूँदनाशी प्रयोग करना हो तो कल्चर की मात्रा को दुगना कर दें। यदि कल्चर प्रयोग में लाया गया है तो किसी भी कीटनाशी अथवा फफूँदनाशी का इस्तेमाल न करें, तो ज्यादा अच्छा रहेगा।

राइजोबियम कल्चर का प्रभाव

कल्चर के प्रयोग से दलहनी फसलों की उपज में 12–65% तक की वृद्धि मिली है। यह वृद्धि चने में

15–22%, मसूर में 5–17%, अरहर में 16–19%, लोबिया में 12–20%, उड़द में 14–27% पायी गई है। इसके अलावा दलहनों के बाद फसल चक्र में गेहूँ में 20–24%, उड़द के बाद 20–21%, चने के बाद 25% व मसूर के बाद 22–25% वृद्धि पाई गयी है।

असहजीवी नाइट्रोजन स्थिरक एजोटोबैक्टर इनोकुलेंट

एजोटोबैक्टर का पता सोवियत वैज्ञानिक बैंजरीन्क ने 20वीं शताब्दी की शुरु में लगाया था। ये वायुमण्डल के नाइट्रोजन को अमोनियम में बदल देते हैं और इसे पौधों को उपलब्ध कराते हैं। एजोटोबैक्टर का वर्गीकरण एजोटोबैक्टर करूकोक्कम, ए.बैरिन्कया तथा ए.वाइनलैण्डी तथा एजोमोनास एजिलिस में हैं। इसके बैक्टीरिया का आकार छड़ की आकृति में, अपेक्षाकृत लंबे बड़े आकार में 2–7 × 1–2 वर्ग का होता है। एजोटोबैक्टर की खास बात यह है कि यह रंग-कण (पिगमैंटस) पैदा करता है। 25–30 डिग्री का तापक्रम इनकी वृद्धि के लिये उपयुक्त तापक्रम माना गया है। इनकी वृद्धि के लिये अधिक नमी चाहिये। चूंकि ये वायवीय (एरोबिक) बेक्टीरिया हैं, अतः इनके जीवित रहने के लिये ऑक्सीजन की उपलब्धता लगातार रहनी चाहिये। भूमि में अधिक लवण सान्द्रता होने पर रेतीली भूमि में सूक्ष्म जीवाणुओं की जीव्यता घट जाती है।

एजोटोबैक्टर की प्रयोग विधि राइजोबियम कल्चर की तरह ही है। पौधों की रोपाई करने से पूर्व पौधों की जड़ों को 10–30 मिनट के लिये एजोटोबैक्टर के घोल में डुबो के रखें, कल्चर की मात्रा फसल की किस्म पर निर्भर करती है। गन्ने की फसल में पौधें की शुरु की बढ़वार हेतु ऐसे कई पैकेट नियमित अन्तर पर उपयोग में लाने चाहिये। दूसरी व बाद की इनोकुलेशन जड़ क्षेत्र के पास घोल बनाकर डाली जानी चाहिये। एजोटोबैक्टर में खास बात यह है कि इसमें (रोगाणुनाशी) प्रतिजीवी प्रदार्थ व फफूँदरोधी ऐसे यौगिक होते हैं जो व्याधिजन के प्रभाव को कम करते हैं। इसके प्रयोग से बीज (उपचार) का अंकुरण प्रतिशत बढ़ जाता है। एजोटोबैक्टर का प्रयोग बीजोपचार, मृदा उपचार एवं पौध उपचार तीनों तरह से कर सकते हैं।

गेहूँ, धान, सब्जियाँ, जैसे प्याज, बैंगन, टमाटर, पत्तागोभी, में एजोटोबैक्टर के उपयोग के अच्छे परिणाम मिले हैं, ये सूर्यमुखी में तेल, आलू में स्टार्च, मक्का में प्रोटीन, चुकन्दर में शर्करा बढ़ाते हैं तथा भूमि में 25–30 किलो नाइट्रोजन प्रति हैक्टर संचित कर देते हैं।

एजोस्पिरिलम इनोकुलंन्टः यह भी एक नाअट्रोजन स्थिरक जीवाणु है। इसका प्रभाव ज्वार बाजरा आदि में देखा गया है। एजोस्पिरिलम ब्राजीलेन्स के प्रयोग से, ज्वार बाजरा की उपज में वृद्धि देखी गई है।

एजोटोबैक्टर, एजोस्पिरिलम, बजरिन्कया, डरक्सिया : ये सभी ऐसे स्वतन्त्र जीवी नाइट्रोजन स्थिरक हैं जो असहजीवित नाइट्रोजन स्थिरीकरण की मदद से मूल नाइट्रोजन को संचित करते हैं। इसमें बैक्टीरिया और श्याम जीवाणु कार्य करते हैं। बाजरे में एजोस्पिरिलियम ब्राजीलेन्स के द्वारा बीजोपचार से उपज में वृद्धि मिली है।

नील-हरित शैवाल इनोकुलेंट शैवाल : खेतों में प्रयोग की जाने वाली शैवाल की जातियाँ है- ओलोसिरा, टोलीपोथ्रिक्स, स्काइटोनिमा, नोस्टेक, अनाबीना और प्लेक्टोनिमा। इनके द्वारा धान के खेत में निमग्न दशा में जैविक नाइट्रोजन स्थिरीकरण के द्वारा लगभग 30 किलो. नाइट्रोजन प्रति हैक्टर संचित हो जाती है। शैवाल (एलगी) जब एक बार धान के खेत में हो गई तो वह लगातार अपनी जैविक प्रक्रिया बनाये रखती हैं। इनमें एक विशेष प्रकार की कोशिका जिसे हेट्रोसिस्ट कहते हैं। उनसे नाइट्रोजन का स्थिरीकरण होता है। धान की रोपाई के एक सप्ताह बाद खड़े पानी की दशा में शैवाल लगा दी जाती है और खेत में कुछ दिनों तक पानी भरा रहने

देते हैं। इस प्रकार के शैवाल वायुमण्डलीय नाइट्रोजन का यौगिकीकरण तो करते ही हैं, साथ-साथ अनेक प्रकार के लाभकारी एवं आवश्यक पदार्थ जैसे विटामिन, आक्सीजन, अम्ल इत्यादि अवमुक्त करते हैं।

एक जलमग्न भूमि को ही लीजिये। ऐसी दशा में निश्चय ही जो मीजोफाइट उद्‌मिदों को उनकी वृद्धि होने से दबाया जाता है, याने यह दशा उनकी अवरोधित दशा होती है। इससे मिट्टी के अन्दर कई ऐसे परिवर्तन होते हैं जिससे माइक्रोफ्लोरा (सूक्ष्म उद्‌भिदों) का प्रमुख स्थान है। ये हैं काई या शैवाल पानी में डूबी भूमि के अन्दर उगे शैवाल (काई) कुशलता से वायुमण्डलीय नाइट्रोजन के परिस्थापन्न में काफी महत्वपूर्ण होते हैं। इन जीवों के फोटो-ऑटोट्रोफिक आदत तथा उनकी सघन प्रचुर वृद्धि पानी के अन्दर होने से उनकी कृषि एवं पारिस्थितिकी के लिये अति उपयोगी साबित होती है।

यद्यपि नील हरित शैवाल को धान की कृषि के लिए एक महत्वपूर्ण आदाय माना जाता है, फिर भी इसके साथ यह देखा गया है कि शैवालों का अन्य फसलों के उत्पादन में भी एक उर्वरक की तौर पर काफी उत्साहवर्धक परिणाम प्राप्त हुये हैं। ये फसलें हैं—जौ, जई, मिर्च, गेहूँ, मक्का, सोयाबीन में उत्पादन में वृद्धि देखी गई है। जई के खेत में देखा गया है कि शैवाल के साथ एजोटोबैक्टर को संयुक्त रूप से देने से फसल का उत्पादन 34 प्रतिशत बढ़ गया था। नील हरित शैवाल को गन्ने, मक्का तथा घास के मैदान के खेत में देने से इन सबमें उपज की आश्चर्यचकित वृद्धि हो गई।

फास्फोरस को घुलनशील बनाने वाले सूक्ष्मजीवी : नाइट्रोजन के बाद फास्फोरस एक महत्त्वपूर्ण तत्व है जिसकी उपलब्धता मात्र 16-18% ही है जो उर्वरको द्वारा भूमि एवं फसलों में दी जाती है। अधिकांश भाग भूमि में अप्राप्य रहता है। अत: अघुलनशील अकार्बनिक फॉस्फेट को सरल और घुलनशील अवस्था में लाने के लिये बहुत से बैक्टीरिया, फफूँद व एक्टिनोमाइसिटिस काम में लाये जाते हैं। इनमें स्यूडोमोनस, फ्यूजेरियम, स्किलरोशियम एवं एस्परजिलस मुख्य हैं। इसके प्रयोग से धान में 10-20%, गेहूँ में 7-42%, चने में 10-30%, आलू में 30-50% उपज की वृद्धि पाई गई है। इन शाकाणुओं के द्वारा बीजोपचार से रॉक फॉस्फेट एवं सुपर फॉस्फेट की उपलब्धता भी बढ़ जाती है।

अजोला-अनाबीना सहजीविता : धान की खेती में अजोला एक कार्बनिक खाद का काम करता है, जिसे सर्वप्रथम वियतनाम में 1957 में देखा गया था। यह एक छोटी तैरने वाली फर्न है जो प्रकृति में सब जगह विद्यमान है। इसकी पत्ती में नील-हरित शैवाल सहजीवी, अनाबीना अजोला होती हैं जो नाइट्रोजन स्थिरीकरण करता है। अजोला का प्रयोग धान में दो विधि से किया जाता है। एक धान की खेती से पूर्व खेत में हरी खाद के रूप में भूमि में मिलाना, दूसरा धान की खड़ी फसल में अजोला उगाना। इसे हरी खाद के रूप में धान में सह फसल पद्धति में ले सकते हैं। 5-15 टन ताजा अजोला प्रति हैक्टर डालने से धान की उपज में 13-33% की वृद्धि होती है।

4. उर्वरक एवं पौष्टिक तत्व-सामग्री तथा उपयोग विधियाँ

यह सर्वविदित है कि पौधें खेत में दिए गए उर्वरक के तत्त्व का कोई परिवर्तित रूप ही प्रयोग करते हैं। परिवर्तन की सभी विधाएं मृदा के अन्दर ही सम्पन्न होती हैं। तत्वों को उनके उपलब्ध रूपों में प्रस्तुत करने के लिए भूमि में विद्यमान बहुत से जीवाणु एवं शाकाणु क्रियाशील रहते हैं जो जटिल पदार्थों को उनके साधारण एवं सरल रूपों में विघटित करते रहते हैं।

कृषक यह तो समझता है कि अच्छे उत्पादन के लिये उर्वरक उपयोग नितान्त आवश्यक है। एक बार दिया हुआ खाद सदैव के लिए या कुछ लम्बे समय के लिए कभी भी पर्याप्त नहीं होता है। कभी भी जो खाद दिया जाता है, उसका कई प्रकार से सस्य उत्पादन के समय उपयोग काफी मात्रा में अन्यत्र प्रकार से हो जाता है। इसलिये यह आवश्यक होता है कि सस्य उत्पादन के काल से पहले ही पता लगाकर खाद की दी जाने वाली मात्रा का निश्चय कर उसका पहले से ही प्रबन्ध किया जाय। यह कार्य खेत की मिट्टी का फसल बोने से पहले ही मिट्टी के परीक्षण द्वारा किया जाता है। जब यह बात पक्की तरह मालूम हो जाय कि कितने तत्व किस मात्रा में खेत की मिट्टी में उपलब्ध हैं, तभी उसके पश्चात् ही खेत में दी जाने वाली अमुक सस्य के लिए उर्वरक की कितनी मात्रा देनी चाहिए इसका निश्चय किया जाता है। सस्य उत्पादन की आर्थिकी की दृष्टि से सफल उत्पादन के लिए यह एक अहम नियम है।

इस प्रकार के तत्वों का जो कि भूमि में बहुत कम मात्रा में पाये जाते हैं और इनकी पौधों की बढ़वार के लिए अतिन्यून मात्रा में आवश्यकता होती है ये केवल चार महत्त्वपूर्ण तत्व होते हैं। वास्तव में खाद की तरह इनको कभी-कभी देने से तो फसल उत्पादन से काफी आश्चर्यजनक परिणाम भी प्राप्त होते हैं। ये तत्व ताँबा, मैंगनीज, जस्ता तथा बोरन हैं। अधिक लोहे युक्त भूमि में इनको देना आवश्यक नहीं है। परन्तु उस भूमि में जिसको चूना अधिक दिया गया हो, वहाँ इसका विशेष महत्त्व होता है। चूने वाली भूमि में इनकी उपलब्धि पौधों के लिए कम हो जाती है। इनकी न्यूनता की कमी पौधों के ऊपर ही परिदर्शित होती है। भूमि के अन्दर इसका पता लगाना कठिन होता है। मैंगनीज एवं जस्ता की पौधों के लिए उपलब्धि इन दशाओं में दुर्लभ हो जाती है। जब मिट्टी का पी.एच. (समु) 7 से ऊपर होता है यानि जब मृदा की दशा क्षारीय हो, इस दशा से भूमि के अन्दर ऐसे यौगिकों का निर्माण होता है जिनकी पौधों के लिए उपलब्धि दुर्लभ या कठिन हो जाती है। वैज्ञानिकों का मत है कि बोरन से जीवाणुओं की क्रियाशीलता बढ़ जाने से एक प्रकार की ऐसी प्रतियोगिता बढ़ जाती है कि पौधों को अधिक मात्रा में उपलब्ध होकर बोरन हितकर होता है। जो भी हो इस बात की अनदेखी नहीं करनी चाहिए कि जिन मिट्टियों में अधिक चूना डाला जाएगा उनमें जीवाणुओं की क्रियाशीलता कम हो जाएगी।

जब भी किसी लेशमात्र तत्व की कमी को भूमि में होने का आभास हो तो उस तत्व को सामान्यत: भूमि में अलग से ही डाला जाता है। ताँबा, मैंगनीज एवं जस्ता सामान्यत: इनके सल्फेटों के रूप में ही दिए जाते हैं।

बोरन को बोरैक्स के रूप में दिया जाता है। इनकी छोटी मात्रा नियमित रूप से डाली जानी चाहिए अन्यथा एक बार में एक बड़ी मात्रा में देने से पौधों को क्षति हो सकती है। एक निश्चित गाढ़ता के ऊपर ये तत्व जहरीला असर पैदा करते हैं। इसलिए इनको देने से पहले इस विषय में विशेषज्ञ से परामर्श करके ही मिट्टी में देना चाहिए। कुछ लेशमात्र तत्व भी होते हैं जिनका कि उर्वरण में काफी अधिक महत्व होता है। भूमि के अन्दर अनेकानेक विधाओं से उर्वरकों का उपयोग होता है। कोई भी तत्व क्यों न हो, इनकी भूमि के अन्दर से पूर्ति नहीं की जाती है। इसकी अनुपस्थिति में सफल सस्य उत्पादन के कार्य में हानि हो सकती है। भूमि में पौष्टिक तत्वों का कैसे ह्रास होता है, इसके मुख्य कारण निम्नलिखित होते हैं-

1. **फसलों के द्वारा खेत में** सबसे अधिक उपयोग पौषक तत्वों का सस्य पौधों के द्वारा किया जाता है। वास्तव में यह एक सुखद स्थिति है क्योंकि उर्वरकों के रूप में विद्यमान ये पोषक तत्व सही वांछित प्रकार से पौधों को उनकी वृद्धि तथा विकास में लाभ पहुँचाते हैं। सस्य पौधे अपने जीवनचक्र में कई तत्व जमीन से ही प्राप्त कर लेते हैं। फसल की किस्म, उसके खेत में रहने की अवधि, भूमि में किये जाने वाले भौतिक एवं रसायनिक कार्य, जलवायु की स्थिति, फसल की वृद्धि की गति आदि अनेक कारक प्रत्येक फसल के पौधे का तत्वों के शोषण पर प्रभाव डालते हैं। मार्गदर्शन के लिए विभिन्न तत्वों का अनुमानित मात्रा का शोषण तालिका 21 में दिया गया है।

तालिका-21 : विभिन्न तत्वों का विभिन्न सस्यों द्वारा शोषित मात्रा का अनुमान

		तत्वों का प्रति हैक्टर शोषण किलोग्राम में		
सस्यों के नाम	*प्रति हैक्टर उपज*	*नाइट्रोजन*	*फॉस्फोरस*	*पोटैशियम*
धान	2264	65	19	87
गेंहू	2264	59	28	66
ज्वार	1320	60	22	94
बाजरा	1100	34	13	121
मक्का	2264	93	38	77
अलसी	1100	21	13	38
कपास	550	37	21	55
जूट	1650	74	35	70
मूंगफली	7800	77	22	44
जौ	2264	48	26	110
गन्ना	55 टन	150	87	433

तालिका से यह स्पष्ट है कि अधिकतर सस्यों द्वारा नाइट्रोजन एवं पोटैश का अधिक मात्रा में प्रयोग किया जाता है और फॉस्फोरस का कम। दलहनी फसलों में फॉस्फोरस का अधिक मात्रा में प्रयोग किया जाता है।

मृदा के कटाव द्वारा भौतिक रूप से मृदा का किसी स्थान विशेष से बहकर जाना ही मृदा कटाव या मृदा अपक्षरण कहलाता है। यह अपक्षरण दो प्रकार से हो सकता है–1. पानी से तथा 2. वायु से। मृदा अपक्षरण अधिकतर अधिक वर्षा वाले ढालवाली जमीनों में होता है, जबकि वायु अपक्षरण शुष्क तथा अतिन्यून वर्षा वाले क्षेत्रों में होता है।

1. जिन स्थानों में थोड़े समय में अधिक वर्षा प्राप्त होती हो, भूमि के ऊपर वनस्पति का अभाव हो या कम संख्या में हो, भूमि की जल शोषण की क्षमता कम हो, भूमि अधिक ढालवाली हो, जिसमें वर्षा जल की बहने की गति अति तीव्र हो, ऐसी परिस्थितियों में मृदाक्षरण की समस्या भी अधिक चिन्ताजनक होती है। क्योंकि ऐसी सभी स्थितियों में तमाम ऊपर की उपजाऊ शक्ति बह जाती है। इसके विपरीत जहाँ वर्षा का अभाव हो, भूमि की जल शोषण क्षमता कम हो, वहाँ भी मृदाक्षरण की समस्या गम्भीर बनी रहती है। वहाँ भी वायुक्षरण की मृदा की समस्या गम्भीर हो जाती है।

2. कतिपय प्रयोगों से सिद्ध हुआ है कि **नीली घास से ढंकी मृदा में मृदाक्षरण** कम हुआ। जबकि इसकी तुलना में परती तथा मक्का के खेतों में मृदाक्षरण काफी बड़ी मात्रा में होता है। जिन सस्य चक्रों में सेंजी, मेथी आदि फसलों को स्थान दिया जाता है, उनमें भी मृदाक्षरण कम होता है। वनस्पति भिन्नता का भी मृदाक्षरण पर अलग मात्रा में प्रभाव पड़ता है।

3. **परिच्यवन** से भी मृदा के शोषक तत्वों का ह्रास होता है। पानी घुलनशील पोषक तत्व वर्षा तथा सिंचाई के पानी के साथ भूमि की निचली सतह में चले जाते हैं, जहाँ से वे पौष्टिक तत्व पौधों की जड़ों के लिए उपलब्ध नहीं हो पाते। पौषक तत्वों की इस तरह हुई हानि पर अनेकानेक कारक प्रभावित होते हैं।

4. अनेक प्रयोगों द्वारा यह बात सिद्ध हो चुकी है कि **रेतीली भूमि** में जहाँ जीवांश की कमी होती है, जीवांशयुक्त भारी भूमि की तुलना में पौषक तत्वों में क्षरण में कमी होती है। साधारणतया नाइट्रोजन तथा पोटाश के यौगिक फॉस्फोरस के यौगिकों की तुलना में अधिक नीचे की सतह पर चले जाते हैं।

5. **गैस रूप में हानि** मुख्यतया नाइट्रोजन की होती है। विभिन्न रसायनिक क्रियाओं से प्रभावित होकर नाइट्रेट्स तत्वीय नाइट्रोजन में परिवर्तन हो जाते हैं, जो भूमि में स्वतन्त्र रूप में होकर उड़ जाती है। इस प्रकार की हानि से बचने के लिए नाइट्रोजनीय खादें छोटी-छोटी मात्राओं में बार-बार खेतों में डाली जाती है। यहाँ तक इस बात की पुष्टि हो जाती है कि निरन्तर सफलतापूर्वक फसलें उगाने के लिए नाइट्रोजन की खाद को बार-बार उचित मात्रा में देनी होती है।

अब सवाल यह पैदा होता है कि कौन-सी फसल के लिए कौन-सा खाद इस्तेमाल करना चाहिए। इस समस्या के लिये उचित समाधान बिना हमारे उद्देश्य की पूर्ति का होना सम्भव नहीं हो सकता। कोई भी खाद किन्हीं अवस्थाओं में हानिकारक भी हो सकती है। इसलिये संतुलित व अनुमानित लाभ की प्राप्ति हेतु उचित खाद का चुनाव करना होता है। ऐसे अनेक कारक हैं जो खाद के चुनाव पर प्रभाव डालते हैं। इसका उल्लेख फसल विशेष के उत्पादन में आगे दिया गया है। मोटे तौर पर इन बिन्दुओं पर ध्यान देना आवश्यक होगा।

1. **भूमि में पोषक तत्व की मात्रा :** भूमि पौष्टिक पदार्थों का भण्डार है। इसके बल पर प्राकृतिक ढंग से वे फसलों का पोषण करते हैं। इनके अनेक कारकों से प्रभावित होकर पौष्टिक पदार्थों का यह भण्डार घटता चला जाता है। यह फसलों की प्रकृति पर निर्भर करता है कि ये किस पोषक तत्व का अधिक मात्रा में प्रयोग करती हैं। किसी तत्व विशेष के प्रति फसल का अपना चाव होता है। उदाहरणार्थ-एक बीज पत्र वाली सभी फसलें नत्रजन अधिक मात्रा में लेती हैं, जबकि दाल वाली फॉस्फोरस। इसलिए जिन खेतों में दाल वाली फसलें उगाई जाती हों उनमें नत्रजन की विशेष कमी नहीं आ पाती, क्योंकि ये पौधे वायुमण्डलीय नत्रजन को स्थापित करने की क्षमता रखते हैं। इसके

विपरीत एक बीज पत्रीय फसलों में यह क्षमता लगभग नहीं होती। अतः जिन खेतों में लम्बी अवधि तक ऐसी फसलें उगाई जाती हैं, वहाँ नत्रजन की विशेष कमी आ जाती है। इस कमी को पूरा करने के लिए नत्रजन की खादों का प्रयोग विशेष महत्त्व का होता हैं। भूमि में पोषक तत्वों की कमी का ज्ञान कर लेना और फिर उसी के अनुसार खाद डालना अधिक लाभकारी होता है। पोषक तत्वों की कमी का ज्ञान करने के अनेक ढंग हैं। जिनका हम यहाँ पर उल्लेख करना चाहेंगे।

2. **मृदा सम्बन्धी अध्ययन :** तत्व विशेष की कमी का ज्ञान भूमि तथा पौधों के तत्वों के अभाव से प्रकट होने वाले लक्षणों द्वारा किया जा सकता है। ऐसा देखा गया है कि जिन भूमियों में जल का निकास अच्छा न हो, अत्यधिक अम्लीय हो, जीवांश की कमी हो, मिट्टी का रंग भूरा हो, नत्रजन व पोटाश देने पर भी पौधें बहुत छोटे हों, तो समझ लेना चाहिए कि भूमि में फॉस्फेटिक उर्वरक की आवश्यकता है। बलुई भूमियों में जहाँ जीवांश की बहुत कमी होती है और अम्लीयता अधिक हो तो ऐसी स्थिति में नत्रजन की कमी का आभास करना चाहिए। इन सरल लक्षणों के साथ तत्व विशेष की ठीक-ठीक मात्रा जाँचने के लिए मृदा का रसायनिक विश्लेषण करना चाहिए। इस विश्लेषण द्वारा भूमि में मौजूद तत्व की मात्रा का सही-सही पता लग जाता है। फिर हम बोयी जाने वाली सस्य की आवश्यकतानुसार खेत में खाद डाल सकते हैं।

भूमि की उर्वरा शक्ति का पता लगाना

किसी भी मिट्टी की फसल उत्पादन के लिए क्षमता ज्ञात करने के लिए मिट्टी का परीक्षण एवं विश्लेषण करना जरूरी है। इससे यह पता चल जाएगा कि मिट्टी में विद्यमान कौन-से तत्वों की कमी है, तथा कौन से ऐसे तत्वों के रूप हैं जो कि अनुपलब्ध रूप में मिट्टी में विद्यमान हैं। इससे पौधों की वर्तमान आवश्यकता का आभास हो जाएगा। आज रसायन विज्ञान की यह एक जरूरी देन है कि हमको तुरन्त इस अद्‌भुत विज्ञान के द्वारा एक सहज जीवनचर्या की तरह ही इन सब बातों का ज्ञान प्राप्त हो जाता है। इस विज्ञान के द्वारा ही हम भूमि में किस पोषक तत्व की किस समय कितनी कमी है और आवश्यकतानुसार उसकी कब, किस तरह फसल उत्पादन हेतु पूर्ति करनी चाहिए। साधारण मनुष्य के लिए भी यह ज्ञात हो जाता है कि भूमि में ऐसे भी तत्व का महत्त्व होता है, जो कि फसल के पौधों की वृद्धि में यह सीमित कारक की भांति उत्पन्न होते रहते हैं। रसायनिक विश्लेषण के साथ-साथ और भी कई अन्य सूचना की आवश्यकता होती है, जिससे हम भूमि की उर्वरता का वैज्ञानिक ढंग से सफल सस्य उत्पादन के लिए काम में लाना चाहें। शायद ही किसी अन्य विज्ञान की विकास की स्थिति ऐसी आई हो जो कि इतनी व्यापक, लोकप्रिय एवं व्यवहारिक दृष्टि से आवश्यक हुई हो।

दो प्रकार के रसायनिक परीक्षण भूमि के किए जाते हैं–1. तुरन्त या अधूरा परीक्षण तथा 2. सम्पूर्ण परीक्षण।

दूसरे परीक्षण के अन्तर्गत विभिन्न जांचों की श्रृंखला का पता लगाया जाता है, जिससे कि तुरन्त परीक्षण भी शामिल होता है।

1. पूर्ण परीक्षण में मिट्टी में पाये जाने वाले सभी तत्वों के पूर्ण परिमाण का पता चलाया जाता है। ऐसा करने में किसी भी तत्व के यौगिक रूपों तथा उनकी भूमि के अन्दर की गति को नहीं देखा जाता है। इस प्रकार के आंकड़ें किसी भी मृदा की वैज्ञानिक अध्ययन के लिए एवं सम्पूर्ण मृदा-विज्ञान एवं मृदा निर्माण से सम्बन्धित जलवायु की दशाओं को इंगित करते हैं।

यह जानने के लिए खेत की मिट्टी में कौन-से तत्व की कमी है और कौन-सी फसल के लिए कितनी मात्रा में खाद उपलब्ध की जाए इसका उत्तर मृदा के विश्लेषण के द्वारा ही सम्भव होता है। इस कार्य को करने के लिए शासन की तरफ से सभी राज्यों में मृदा विश्लेषण एवं परीक्षण केन्द्र (प्रयोगशालाएँ) खुली हैं। यहाँ काश्तकार नियमानुसार मृदा के नमूने एकत्र कर प्रयोगशालाओं में परीक्षण के लिए भेज सकते हैं। किसान अपने खेतों की मिट्टी के नमूने प्रयोगशालाओं में भेजते हैं, जहाँ से उन्हें उनकी भूमि में पौधों के लिए प्राप्त तत्वों की मात्रा का विवरण दिया जाता है तथा साथ-साथ ही आगामी सस्य के लिए योजना भी प्रस्तावित की जाती है। आजकल भारतीय कृषि अनुसंधान संस्था, नई दिल्ली ने हर सूरत में इस्तेमाल करने पर जोर देकर मृदा परीक्षण किट्स का निर्माण कर दिया है। इनके द्वारा परीक्षण किट्स आजकल सभी राज्यों में इस्तेमाल होते हैं।

2. **पौधों के अध्ययन द्वारा :** पौधे की सहायता से तत्व विशेष की कमी का ज्ञान कई प्रकार से किया जा सकता है। इसमें निम्नलिखित विधियाँ प्रमुख हैं :

अ. पौधों की तत्वों की कमी में प्रकट होने वाले विशिष्ट लक्षणों द्वारा

तत्व की कमी में प्रकट होने वाले लक्षण आँख से देखें जा सकते हैं। वैसे तो यह विधि ही आसान मालूम पड़ती है परन्तु ठीक-ठीक अध्ययन के लिए बहुत भारी अनुभव की आवश्यकता होती है। क्योंकि कभी-कभी अन्य उपकारकों जैसे - मौसम की विषमता, भूमि के रसायनिक व भौतिक गुणों में दोष, खेती के दोषपूर्ण ढंगों, दोषपूर्ण जल निकास तथा नए-नए रोग व कीट व्याधियों के आक्रमण की वजह से भी पौधों में ऐसे लक्षण प्रकट हो जाते हैं। पौधों में तत्व की चलिष्णुता के अनुसार उसकी कमी के लक्षण सर्वप्रथम या तो पौधें के निचले भागों में अथवा ऊपर वाले भागों में उपलब्ध होते हैं। चलिष्णुता के आधार पर पोषक तत्वों को दो वर्गों में रखा गया है। पहले, वर्ग में नत्रजन, फॉस्फोरस, मैग्नीशियम, पोटैश तथा जस्ता को रखा गया है। इन तत्वों की चलिष्णुता बहुत अधिक होती है। इन तत्वों की कमी के लक्षण पौधों की पुरानी अथवा निचली पत्तियों पर प्रकट होते हैं। दूसरे वर्ग में कैल्सियम, बोरॉन, कॉपर, मैंगनीज, गन्धक तथा अयस को माना गया है। इन तत्वों की चलिष्णुता अपेक्षाकृत कम होती है। इन तत्वों की कमी के लक्षण छोटी कोमल पत्तियों तथा कलिकाओं की नवजात पत्तियों पर प्रकट होती है।

विभिन्न मुख्य एवं लेशमात्र तत्वों की कमी में प्रकट होने वाले पौधों में दीखने वाले प्रमुख लक्षण

नत्रजन : इस तत्व के अभाव में पत्तियों का रंग पीला पड़ जाता है। निचली पत्तियाँ सूख जाती हैं अथवा झुलस जांती हैं। पौधों की बढ़वार कम होती है, जिनकी वजह से वे छोटे रह जाते हैं। पीलापन सबसे पहले नीचे की पत्तियों पर प्रकट होता है। इस समय तक ऊपर की पत्तियाँ हरी बनी रहती है। नत्रजन की अत्यधिक कमी में पत्तियों का रंग भूरा हो जाता है और तत्पश्चात् मर जाती हैं।

फॉस्फोरस : फॉस्फोरस के अभाव में पौधे छोटे रह जाते हैं। उनका रंग गहरा हरा होता है क्योंकि इस तत्व के अभाव में नाइट्रेटस एकत्र हो जाते हैं। कभी-कभी पत्तियों का रंग बैंगनी अथवा लाल हो जाता है। निचली पंक्तियों का सूखना भी इस तत्व के अभाव का सूचक होता है। फसल देर में पकती हैं।

पोटैशियम : इस तत्व की कमी के लक्षण सर्वप्रथम नीचे की पुरानी पत्तियों पर प्रगट होते हैं। पत्तियों की नोक अथवा किनारे झुलसने आरम्भ हो जाते हैं। बरसीम तथा लूसर्न में पंक्तियों कि किनारे सफेद हो जाते हैं। पंत्तियों का मोटा होना व मुड़ जाना भी पोटाश की कमी के लक्षण हैं।

मैग्नीशियम : इसके अभाव में पत्तियाँ सूख जाती हैं तथा नसें हरी बनी रहती हैं। कपास के पौधों में पत्तियों का रंग बैंगनी लाल हो जाता है परन्तु नसों का रंग हरा रहता है। धीरे-धीरे इन पत्तियों का रंग भूरा होने लगता है।

जस्ता : इस तत्व की कमी में पत्तियों की नसों के बीच पत्रक पर पीली धारियाँ बन जाती हैं। पौधें बौने रह जाते हैं। पत्तियाँ मोटी हो जाती हैं जिनमें कर्वुरण स्पष्ट होता है।

कैल्सियम : इस तत्व की कमी के लक्षण सर्वप्रथम नवजात पत्तियों में प्रकट होते हैं। सिरे की कलिका की बढ़वार बन्द हो जाती है। पत्तियाँ झुर्रीदार हो जाती है। इनके नोक व सिरे सूख जाते हैं।

बोरॉन : इसकी न्यूनता से सर्वप्रथम सिरे की कलिका की पत्तियों की बढ़वार रुक जाती है तथा वे नेक्रोसिस से प्रभावित होने लगती है, फिर पत्तियाँ मुड़ जाती हैं। इसके बाद पत्तियों की मृत्यु हो जाती है।

मैंगनीज : नवजात पत्तियों पर मृत तन्तुओं के चिन्हों का बिखरा होना इस तत्व की कमी का प्रधान लक्षण है। सूक्ष्म नसें ही बनी रहती हैं।

तांबा : नवजात पत्तियाँ बिना किसी अन्य लक्षण प्रकट किए हुए मुर्झाई रहती हैं। कभी-कभी ऊपर की पत्तियों की नोक नीले-हरे रंग की दिखाई देती हैं।

लोहा : इस तत्व के अभाव में तने छोटे एवं पतले हो जाते हैं, पत्तियों पर नीले व भूरे रंग के धब्बे पड़ जाते हैं। पत्ती की मुख्य नसें हरी बनी रहती हैं। तत्व की अत्यधिक कमी में सम्पूर्ण पत्ती सफेद हो जाती है।

गंधक : पत्तियों की नोक के अतिरिक्त सभी भागों पर क्लोरोसिस दिखाई पड़ती है। पौधे की बढ़वार बहुत धीमी पड़ जाती है। नवजात पत्तियों का रंग हल्का हरा होने लगता है।

मॉलिब्डीनम : इसके अभाव में पत्तियों पर कर्वुरण प्रकट होता है।

ब. सांकेतिक पौधों के द्वारा

ऐसा देखा गया है कि कुछ पौधों में किसी तत्व विशेष की कमी के लक्षण बहुत ही स्पष्ट रूप से दिखाई देते हैं जिन्हें देखकर तत्व की कमी का ज्ञान बड़ी सरलतापूर्वक लगाया जा सकता है। कुछ सांकेतिक पौधों के नाम तालिका 22 में दिए गए हैं।

तालिका-22 : सांकेतिक पौधों के लक्षण

सांकेतिक पौधे	*तत्व जिसकी कमी स्पष्ट होती है।*
1.	*2.*
फूल गोभी, पात गोभी	नत्रजन, कैल्सियम, लोहा
सरसों	फॉस्फोरस
आलू	पोटाशियम, मैग्नीशियम, लोहा
जई	मैंगनीज
चुकन्दर	बोरॉन, मैंगनीज

स. पत्ती की सतह पर तत्व का घोल छिड़ककर अथवा लेप कर पता लगाना

यदि उपरोक्त विधियों में से किसी प्रकार तत्व की कमी की निश्चितता में कोई सन्देह रह जाए तो उस अवस्था में यह विधि अपनाई जा सकती है। जहाँ तक सम्भव हो नवजात पत्तियों पर ही परीक्षण किया जाना चाहिए, क्योंकि इनमें तत्व की ग्रहण करने की क्षमता अधिक होती है। ये विधि लघु तत्वों के अध्ययन के लिए विशेष उपयोगी सिद्ध होती है। परीक्षित पौधे दो सप्ताह की अवधि में परिणाम प्रकट कर देते हैं।

परीक्षण करने के लिए खेत में 18×15 का क्षेत्र चुन लिया जाता है। तत्व का 5 गैलन घोल बना लिया जाता है। मैंगनीज सल्फेट, फेरससल्फेट तथा बोरेक्स प्रत्येक आदि से एक छटांक का 5 गैलन घोल बनाया जाता है। लोहा, तांबा, जस्ता आदि के घोल छिड़कने पर कभी-कभी पत्तियों को हानि की सम्भावना हो जाती है। इस हानि से बचाव के लिए घोल में थोड़ी मात्रा में बुझा हुआ चूना मिला लेना चाहिए। लघु तत्वों के घोल छिड़कने व लेप करने में इस बात का विशेषकर ध्यान रखना चाहिए कि घोल की ताकत अधिक न हो। दो कारणों की वजह से ऐसी सावधानी रखनी पड़ती है-1. परीक्षण कोमल पत्तियों पर किया जाता है। 2. अधिक मात्रा में यह तत्व विषाक्त प्रभाव रखते हैं।

नत्रजन, फॉस्फोरस तथा पोटैश के परीक्षण हेतु एक से दो पौण्ड पदार्थ का पाँच गैलन घोल बनाया जाता है। नत्रजन के लिए यूरिया, फॉस्फोरस, पेन्टाक्साइड के लिए ट्रिपिल सुपर फॉस्फेट तथा पोटैशियम ऑक्साइड के लिए पोटैशियम सल्फेट आदि पदार्थों का अधिकतर प्रयोग किया जाता है।

तत्व का लेप पत्ती के आधे भाग पर ही करते हैं। इस प्रकार रंग में होने वाले परिवर्तन को स्पष्टतया देखा जाता है। रंग का यह परिवर्तन एक सप्ताह की अवधि में ही प्रकट हो जाता है। यदि लेप करने से पत्ती का रंग हरा हो जाता है तो यह निष्कर्ष निकलता है कि पूर्व अनुमानित तत्व-विशेष की पत्ती में कमी है।

द. पत्ती अथवा तने में तत्व के अन्तःक्षेपण से

यहाँ पर छिड़काव अथवा लेप के स्थान पर तत्व का अन्तःक्षेपण लगाया जाता है। इस प्रकार तत्व को पौधे के वाहिनी भाग में पहुँचाया जाता है।

स. पत्तियों का रसायनिक विश्लेषण करके

स्वस्थ व दुर्लभ पौधों का रसायनिक विश्लेषण करके यह ज्ञात किया जा सकता है कि दुर्लभ पौधों में स्वस्थ पौधों की अपेक्षा तत्वों की मात्रा कितनी कम है। नत्रजन, फॉस्फोरस तथा पोटैशियम की जाँच इस विधि से की जाती है। ये विश्लेषण पौधे की विभिन्न अवस्थाओं पर चार-पाँच बार करनी होती है।

र. पौधों के ऊतकों का तुरन्त परीक्षण द्वारा

इस विधि में रसायनिक प्रतिकर्ता द्वारा तत्वों की कमी का ज्ञान किया जाता है। यह बहुत ही शीघ्र परिणाम देने वाली विधि है। रसायनिक प्रतिकर्त्ता के लिए पत्ती के तत्व का चूषण किया जाता है तथा रंग में परिवर्तनों द्वारा तत्व की कमी का अध्ययन किया जाता है। रंग की गहनता के अनुसार तत्व की कमी का परिणाम चार वर्गों में विभाजित किया जाता है-कम, औसतन, अधिक, बहुत अधिक। जितना रंग अधिक गहरा होगा पौधों में तत्व का प्रतिशत उतनी ही अधिक होगा। रंग की गहनता कम होने पर तत्व की कमी मानी जाती है।

सुविधा के लिए कुछ मुख्य तत्वों के अध्ययन के परिणाम व विधियों का यहाँ पर उल्लेख किया जा रहा है।

ल. नाइट्रेट का परीक्षण

एक ग्राम डाईफिनाल अमाइन को संक्रेन्द्रित सी.सी. सल्फ्यूरिक अम्ल में घोलकर प्रतिकारक तैयार किया जाना चाहिये। अब जिस पौधे पर परीक्षण करना है, स्वच्छ चाकू की सहायता से तना अथवा पत्ती को काट लेते हैं। कटे हुए भाग पर प्रतिकारक की एक बूंद डालते हैं। यदि पौधे के रस में नाइट्रेट विद्यमान है तो प्रतिकारक नीला रंग देगा। नीले रंग की गहनता ही पौधे में नाइट्रेट नत्रजन की मात्रा की सूचक होगी। यदि नीला रंग उत्पन्न नहीं होता है तो समझ जाना चाहिए कि नत्रजन की बहुत कमी है और उचित बढ़वार के लिए पौधे को तुरन्त नत्रजन देनी चाहिए। यह रंग हल्का नीला, औसत नीला अथवा गहरा नीला हो सकता है। जिन पौधों पर गहरा नीला रंग उत्पन्न हो वहाँ नत्रजन का अभाव नहीं होता। यह परीक्षण उन्हीं पौधों के लिए उपयोगी है, जिनके रस में नत्रजन नाइट्रेट के रूप में होती है।

व. फास्फेट का परीक्षण

इस परीक्षण के लिए दो प्रतिकारकों की आवश्यकता होती है –

प्रतिकारक 1 : इसे तैयार करने के लिए 8 ग्राम अमोनियम मालिब्डेट को 200 सी.सी. आसवित जल में घोला जाता है। अब इस घोल में 126 सी.सी. संकेन्द्रित हाइड्रोक्लोरिक अम्ल तथा 74 सी.सी. आसवित जल धीरे–धीरे मिलाया जाता है। (प्रयोग करने से ठीक पहले इस गाढ़े प्रतिकारक को इसके आयतन का चार गुना डिस्टिलड जल मिलाकर हल्का कर दिया जाता है)।

प्रतिकारक 2 : स्टैनस ऑक्सेलेट द्वारा फास्फेट परीक्षण करने के लिए पत्ती का प्रयोग किया जाता है। पत्ती की मोटी नसों को अलग निकाल लेते हैं तथा शेष भाग को बहुत बारीक टुकड़ों में काट लेते हैं। कटे हुए इस महीन भाग की एक चम्मच 10 सी.सी. के चपटी तली वाले कूपिका में डालते हैं। अब कूपिका में 10 सी.सी. वाले निशान तक प्रतिकारक नं. 11 भरकर लगभग 11 मिनट तक जोर से हिलाते हैं। अब इसमें थोड़ी मात्रा में स्टैनस ऑक्सेलेट मिलाते हैं, और रंग देखते हैं। विभिन्न रंगों से निम्नलिखित अनुमान लगाया जा सकता है, जो इस प्रकार से है –

रंगहीन अथवा पीला रंग – फॉस्फेट की कमी है।

हरा या नीला हरा रंग – फॉस्फेट की कमी है।

हल्का नीला रंग – फॉस्फेट की औसत मात्रा है।

औसत नीला रंग – फॉस्फेट की कमी नहीं है।

गहरा नीला रंग – फॉस्फेट पर्याप्त मात्रा में है।

इस विधि से विभिन्न नमूनों का परीक्षण करने के साथ–साथ आपस में तुलना भी की जा सकती है।

ह. पोटैशियम परीक्षण

इसके लिए परीक्षण के लिए दो प्रतिकारकों की आवश्कता होती है–

प्रतिकारक 1 : 5 ग्राम सोडियम कॉबाल्ट नाइट्रेट, 30 ग्राम सोडियम नाइट्राइट को आसवित जल में घोल लेते हैं। इस घोल में 5 सी.सी. ग्लेशियल एसीटिक अम्ल मिलाते हैं। कुल का आयतन 100 सी.सी. कर लिया

जाता है। इस घोल को कुछ दिन के लिए रख देते हैं। इस घोल के 5 मि.लि. लेकर दूसरे घोल में (जो 100 सी.सी. आसवित पानी में 15 ग्राम सोडियम नाइट्राइट घोल कर बनाया गया हो) मिलाते हैं। एसीटिक अम्ल की मात्रा घटा कर या बढ़ाकर घोल की पी.एच. 5 पर कर लेते हैं।

प्रतिकारक 2 : ईथाइल एल्कोहल (95%)।

पत्ती के महीन कटे हुए भाग को एक चम्मच लेकर इसमें 10 सी.सी. प्रतिकारक नं. 1 मिलाते हैं और तापक्रम 21 डिग्री से. रखा जाता है। एक मिनट तक घोल तेजी से हिलाया जाता है। अब उसी तापक्रम पर 5 सी.सी. प्रतिकारक नं. 2 मिलाई जाती है। दो या तीन मिनट बाद निस्साद बनना आरम्भ हो जाता है। आविलयता का परिणाम ही तत्व की कमी या अधिकता की सूचक होती है, जैसे–

बहुत कम – तत्व की बहुत कमी है।

अधिक आविलयता – तत्व की कमी नहीं है।

इस प्रकार साथ ही अनेक नमूनों की तुलना की जा सकती है।

3. जीवाणुओं के अध्ययन द्वारा : जिस प्रकार फसलें अथवा अन्य पौधे अपनी आवश्यकता की पूर्ति के लिए भूमि से तत्व विशेष की कोई मात्रा शोषित करते हैं उसी प्रकार जीवाणु भी करते हैं। कुछ पौधे तथा जीवाणु किसी तत्व विशेष को लगभग समान रूप में लेते हैं। अतः इस प्रकार के प्रयोगों में पौधों के स्थान पर जीवाणुओं का प्रयोग किया जाता है। इसी सिद्धांत को दृष्टिगत रखते हुए तत्व विशेष की कमी का ज्ञान करने के लिए कुछ जीवाणुओं की सहायता ली जाती है, जिनमें एजोटोबेक्टर (शाकाणु) तथा एस्परजिलस नाइजर (कवक) उल्लेखनीय हैं। परीक्षण करने के लिऐ दो घोल तैयार किए जाते हैं। एक घोल तो ऐसा बनाया जाता है, जिसमें केवल वह तत्व नहीं होता, जिसका परीक्षण कर रहे हैं। इस घोल में वायु–शुष्क–मृदा की निश्चित मात्रा मिला देते हैं। अब इस घोल में शाकाणु का संवर्ध मिलाकर उचित तापक्रम पर रख देते हैं। दूसरे घोल में सभी तत्व उचित अनुपात में रखे जाते हैं। इसमें भी शाकाणु कल्चर मिलाकर उतने ही समय तक उसी तापक्रम पर रखते हैं। दोनों घोलों की जीवाणु वृद्धि की तुलना करके तत्व की विद्यमान मात्रा की तुलना की जा सकती है।

इन विधियों के अतिरिक्त खेतों में खाद प्रयोग करके भी तत्व की कमी का ज्ञान किया जा सकता है। इस प्रकार किसान को इस बात का पता चल जाता है कि उसे किस तत्व की पूर्ति के लिए खाद डालना है। इस तत्व विशेष की पूर्ति के लिए अनेक खाद उपलब्ध हो सकते हैं। अब किसान के सामने ये समस्या होती है कि अधिकतम लाभ लेने के लिए वह कौन–से खाद द्वारा इस तत्व की पूर्ति करे? इस प्रश्न का उत्तर पाने के लिए उसे खाद के अनेक पहलुओं पर विचार करना होगा जैसे–जलवायु तथा खाद की क्षमता, भूमि तथा खाद की क्षमता, फसल तथा खाद का सम्बन्ध, सिंचाई आदि की सुविधा, खाद का सस्य गुणों पर प्रभाव, खाद का इकाई मूल्य, खाद के भण्डारण सम्बन्धी गुण, आदि। विभिन्न दशाओं में एक ही खाद की क्षमता समान नहीं रहती। किन्हीं दशाओं में खाद की निश्चित मात्रा अधिक उपयोगी सिद्ध होती है, किन्हीं अवस्थाओं में उतनी ही मात्रा उपयोगी सिद्ध नहीं होती– यहाँ तक कि हानिकारक भी सिद्ध हो सकती है। हम नत्रजनिक खादों व उर्वरकों का उदाहरण लेकर उन कारकों को संक्षिप्त में स्पष्ट रूप से समझेंगे, जो खाद विशेष के चुनाव पर प्रभाव डालते हैं।

1. **जलवायु :** वर्षा तथा तापक्रम जलवायु के दो ऐसे प्रमुख अवयव हैं जो खाद विशेष के चुनाव को प्रभावित करते हैं। स्वभावतः अधिक वर्षा के मौसम में ऐसे खादों का प्रयोग जो पानी में घुलनशील

हैं, ज्यादा उपयोगी नहीं रहेगा। इसका कारण है कि डाले गए खाद की मात्रा का एक बहुत बड़ा भाग पानी में जल्दी घुलकर खेत से बाहर अथवा नीचे की सतहों में चला जाएगा। इस प्रकार डाले गये खाद की बहुत थोड़ी मात्रा फसल के प्रयोग में आ सकेगी। उदाहरणार्थ विभिन्न नत्रजनिक खादों में, अमोनियम की अपेक्षा नाइट्रेट की घुलनशीलता अधिक है। अब हम कह सकते हैं कि अधिक वर्षा वाले मौसम में नाइट्रेट की अपेक्षा अमोनियम रूप में नत्रजन रखने वाले खाद अधिक उपयोगी होंगे क्योंकि कम घुलनशील होने के कारण अमोनियम खादों की अधिक हानि नहीं होगी। इसके विपरीत जहाँ वर्षा कम हो अथवा उचित परिमाण में होती है और उसका वितरण ठीक है वहाँ नाइट्रेट वाले खादों का प्रयोग अच्छा रहता है।

2. **भूमि :** वास्तव में भूमि और खाद का गहरा सम्बन्ध है। जिस प्रकार शरीर की अनेक आन्तरिक क्रियाएं उसके पोषण पर निर्भर करती हैं, उसी प्रकार भूमि के भी अनेक गुणों पर खाद का प्रभाव पड़ता है। जहाँ तक हो सके सदैव यह प्रयत्न करना चाहिए कि ऐसा खाद डाला जाये जिससे भूमि के भौतिक, रसायनिक व जैविक आदि सभी गुणों पर अच्छा प्रभाव पड़े। उदाहरण के लिए, नाइट्रेट रूप में नत्रजन रखने वाले खाद भूमि की अम्लीयता को घटाते हैं तथा अमोनियम उर्वरक अम्लीयता बढ़ाते हैं। यह सर्वविदित बात है कि अधिक अम्लीयता अथवा अधिक क्षारीयता– दोनों ही दशाएं पौधों की बढ़वार के लिए हानिकारक होती हैं। इन दशाओं में बहुत से अन्य लाभदायक पोषक तत्वों का संस्थापन हो जाता है। कुछ तत्व अधिक मात्रा में घुलनशील होकर मृदा घोल को विषाक्त बना देते हैं जिससे लाभदायक व जीवाणुओं का नाश हो जाता है तथा अनेक मृदा रोग उत्पन्न हो जाते हैं। ऐसी अवस्थाओं में यदि सोच समझ कर खाद का प्रयोग न किया गया तो ये सभी दोष पैदा हो सकते हैं और डाला गया गलत खाद लाभ के बजाय हानिप्रद सिद्ध हो सकता है। सामान्यतः अमोनियम सल्फेट का निरन्तर प्रयोग से भूमि अत्यधिक अम्लीय बन जाती है।

   प्रयोगों के परिणाम इस तथ्य के साक्षी हैं कि खाद का भूमि के गुणों पर और भूमि के गुणों का उपज पर बहुत अधिक प्रभाव पड़ता है। वैज्ञानिक अनुभवों को दृष्टिगत रखते हुए यह कहा जा सकता है कि जिन भूमियों में जल–धारण की क्षमता कम हो (जैसे– रेतीली भूमि) उनसे रसायनिक खादों के बजाय जैविक खादों (कम्पोस्ट, हरी खाद, खलियाँ आदि) का प्रयोग अधिक लाभदायक सिद्ध हो सकता है, क्योंकि ये खादें भूमि की जलधारण क्षमता को बढ़ाते हैं।

3. **फसल :** फसल तथा खाद का सम्बन्ध कृषि में बहुत ही महत्वपूर्ण विवेचना है। विभिन्न फसलों के पौधे किसी तत्व विशेष का विशेष रूप में होने पर ही उचित उपयोग कर सकते हैं। अधिकतर फसलों के पौधे अपनी छोटी अवस्था में नाइट्रेट रूप में नत्रजन लेते हैं। इसके विपरित धान के पौधें अमोनिया रूप में नत्रजन लेते हैं। बाद की अवस्थाओं में दोनों रूपों का उपयोग समान रूप से होने लगता है। इस प्रकार फसल की विभिन्न अवस्थाओं में विभिन्न खादों की अलग–अलग उपयोगिता होती है। फसल की खाद सम्बन्धी आवश्यकता भी खाद की प्रवृत्ति पर प्रभाव डालती है। यदि उचित बढ़वार के लिए खाद की तुरन्त आवश्यकता है तो ऐसे खाद को छाँटना चाहिए जिसमें तत्व तत्काल प्राप्य अवस्था में विद्यमान हों और खेत में डालते ही अथवा घोलरूप में छिड़काव करते ही पौधे उसका उपयोग आरम्भ कर दें। जैसे नत्रजन की कमी को शीघ्र पूरी करने के लिए नाइट्रेट वाले खादों का प्रयोग अन्य खादों की अपेक्षा उत्तम होता है। इसके साथ–साथ अनुभव से यह भी

ज्ञात किया गया है कि रसायनिक उर्वरक अपने स्वभाव के अनुसार कृषि उपज के रसायनिक गठन, रंग, स्वाद, आकार, भण्डारण क्षमता आदि पर भी प्रभाव डालते हैं। इसलिए इन सब बातों को दृष्टि में रखते हुए खाद का चुनाव करना होता है।

4. **खाद का इकाई मूल्य :** खाद के चुनाव का यह आर्थिक पहलू भी अन्य कारकों की भांति विशेष महत्व का है। जहाँ तक केवल इकाई मूल्य का ही प्रश्न सीमित है, हम यह कह सकते हैं कि जो खाद सबसे अधिक सस्ता हो वही छांटना चाहिए। परन्तु दूसरी विधि जिसमें हम यह देखते हैं कि खर्च घटाकर कौन सी खाद सबसे अधिक लाभ प्रति इकाई देता है, अधिक उपयोगी सिद्ध हो सकती है। जैसे-

   एक टन (1000 किलोग्राम) के प्रतिशत भाग में उपस्थित तत्व का मूल्य इकाई मूल्य कहलाता है।

   इकाई मूल्य = एक टन का मूल्यखाद में तत्व की प्रतिशतता। यह एक किलोग्राम के मूल्य की 1000 गुनी होती है।

अ. **पौधों के अध्ययन द्वारा तत्व विशेष** या सामुहिक रूप में कमी का ज्ञान कई प्रकार से किया जाता है। इस प्रकार के अध्ययनों से तत्वों का पौधों पर प्रभाव निम्नलिखित रूप में देखा जा सकता है। इसकी प्रभावकारी और सार्थक अध्ययन के लिए काफी अनुभव की आवश्यकता होती है क्योंकि कभी-कभी अन्य कारणों से जैसे-मौसम का मिजाज, भूमि के रसायनिक व भौतिक गुणों में दोष एवं विशिष्टता, जल निकास तथा रोग एवं कीटों व्याधियों से ग्रसित होने के कारण भी पौधों में कई लक्षण पैदा हो सकते हैं। चलष्णुिता के आधार पर मुख्य तत्वों को 2 वर्गों में रखा गया है- 1. नत्रजन फॉस्फोरस मैग्नीशियम, पोटैश तथा जस्ता आते हैं। इन तत्वों की चलिष्णुता बहुत अधिक होती है। इन तत्वों की कमी के लक्षण पौधे की पुरानी अथवा निचली पत्तियों के ऊपर प्रगट होती है।

   दूसरे वर्ग में कैल्सियम, बोरन, ताँबा, मैंगनीज, गन्धक तथा अयस (लोहा) माना जाता है। इन तत्वों की चलिष्णुता अपेक्षाकृत कम होती है। इन तत्वों की कमी के लक्षण छोटी, कोमल पत्तियों अथवा कलिकाओं की नवजात पत्तियों पर प्रगट होती हैं।

विभिन्न तत्वों का पौधों के प्रमुख लक्षणों का विस्तृत ज्ञान

नाइट्रोजन के अभाव में पत्तियों का रंग पीला पड़ जाता है अथवा वे झुलस जाती हैं। पौधों की वृद्धि कम होती है जिस कारण से पौधे आकार में छोटे रह जाते हैं। पीलापन सबसे पहले नीचे की पत्तियों पर प्रकट होता है। ऊपर की पत्तियाँ कुछ समय तक हरी बनी रहती है। इस तत्व की अत्यधिक कमी से पत्तियों का रंग भूरा पड़ सकता है। जिसके बाद ये पत्तियाँ मर जाती हैं।

नाइट्रोजन पौधों को कई प्रकार से प्रभावित करता है। पौधों के वनस्पतीय भागों में वृद्धि होती है। पत्तियों में गहरा हरा रंग पैदा होता है। पौधे मोटे और गूदेदार हो जाते हैं। पौधों के अंगों में कोमलता आ जाती है जिससे ऊँची बढ़ने वाली फसलों में गिरने की सम्भावना बढ़ जाती है। इस तत्व की अधिकता से फसलें देर से पकती हैं। दाने का भूसे के साथ का अनुपात घट जाता है। कोमल पौधों के ऊपर कीड़ों का आक्रमण अधिक होता है और रोगों का आक्रमण भी अधिक होता है। पौधों में प्रोटीन तथा पानी की मात्रा बढ़ जाती है।

फॉस्फोरस का प्रभाव भी अपनी विशेषताएँ लिए होता है। इस तत्व से भी पौधों में बढ़वार अधिक होती है और तनों और डण्ठल अधिक शक्तिशाली हो जाते हैं। जड़ों की वृद्धि पर भी उत्तम प्रभाव पड़ता है। दानों का भार बढ़ता है, पौधों में कीट तथा कवक जनित बीमारियों के प्रति सहिष्णुता बढ़ जाती है। प्रोटीन की मात्रा बढ़ जाती है। दलहनी पौधों की जड़ों की ग्रन्थियों में वृद्धि होने से उनमें शाकाणुओं की संख्या बढ़ जाती है और ऐसे में पौधे अधिक नाइट्रोजन अपनी वृद्धि के लिए प्राप्त कर पाते हैं। फसल सुचारु रूप से एकसार पकती है। पुष्पन एवं बालियाँ बनने की क्रिया भी समय से पूरी हो जाती है।

पौटेशियम से पौधों में भोजन बनने की क्रिया सुचारु रूप से क्रियान्वित होती है। पत्तियों में निर्मित पदार्थ पौधे के अन्य भागों में नियमित ढंग से पहुँचते रहते हैं। पौधों में स्वस्थ हरा रंग आ जाता है। दानों का रंग चमकीला हो जाता है। नाइट्रोजन एवं फॉस्फोरस का प्रभाव अधिक क्रियाशील हो जाता है। पौधों की वृद्धि भी भलीभांति होती है। फसल गिरती कम है। दाने व बीज अधिक गूदेदार पूरे भरे हो जाते हैं। जलवायु के प्रति पौधों में भी अधिक सहिष्णुता आ जाती है। दानों में अधिक प्रोटीन बनती है। पौधों के कोषीय जल की उत्स्वेदन के द्वारा कम क्षति होती है।

कैल्सियम तत्व कोषों की रचना में काम आता है। इसकी उपस्थिति में पौधे सख्त हो जाते हैं। जड़ों की वृद्धि तुरन्त आरम्भ हो जाती है। पौधे के अन्दर उत्पन्न होने वाले विषैले कार्बनिक अम्लों के प्रभाव को कम कर देता है। पौधे द्वारा शोषित नाइट्रोजन तत्व के शोषण पर अच्छा प्रभाव डालते हैं। इसकी उपस्थिति से पौधों को नाइट्रोजन शोषण में प्रोत्साहन मिलता है। पुष्प अथवा बीज बनने की प्रक्रियाओं को बढ़ावा देता है। फसल गिरने की सम्भावना कम हो जाती है।

मैग्नीशियम पौधों के पर्णशाद के निर्माण के लिए मुख्य तत्व होने के कारण यह प्रत्येक हरे भाग के निर्माण के लिये महत्वपूर्ण होता है। पत्तियों में गहरा हरा रंग कायम रखने में यह सहायक होता है। पौधों में फॉस्फोरस के संचालन में सहायक होता है। विशेषकर तेल के उत्पादन करने वाले बीजों के निर्माण में फॉस्फोरस एक मुख्य अवयव होता है। पौधों में मांडी के बहाव तथा स्थानान्तरण में यह तत्व सहायक होता है। अन्य तत्वों के शोषण को नियमित करता है। तेल तथा वसा के निर्माण में सहायक होता है।

गन्धक सस्य पौधों पर अनेकानेक प्रभाव डालता है। पर्णशाद का अंग न होते हुए भी वह इस सृष्ट के निर्माण में सहायक होता है। इससे पौधों की वनस्पतीय वृद्धि अधिक होती है। यह अनेक प्रोटीन एवं तेलों का रचनात्मक अंग है। जड़ों की वृद्धि बढ़ाता है। बीज बनने के विधान में उत्तेजना लाता है। दलहनी पौधों में ग्रंथियों की रचना में सहायक होता है।

बोरन भी पौधों की वृद्धि के लिए एक मुख्य तत्व होता है। बोरन का प्रभाव कैल्सियम को घुलनशील अवस्था में रखता है। पोटैशियम/कैल्सियम अनुपात को नियन्त्रित करता है। कैल्सियम के शोषण तथा उसकी पौधे में क्रियाशीलता बढ़ाता है। नत्रजन के शोषण में सहायक है। इसकी उपस्थिति में वेस्कुलर भाग से अधिक सहायक जड़ें निकलती हैं। इन सहायक जड़ों से ग्रन्थियों के शाकाणु अपना भोजन प्राप्त करते हैं।

मैंगनीज का प्रभाव : पर्णशाद बनने में सहायता करता है। जारण तथा प्रहृसन की क्रियाओं में उत्प्रेरक का कार्य करता है।

लोहे का प्रभाव : यद्यपि लोहा पर्णशाद का अंग नहीं है फिर भी यह इसके बनने में सहायता करता है। लोहे के अभाव में क्लोरोसिस बीमारी हो जाती है। अन्य तत्वों के शोषण में सहायता करता है। क्लोरोप्लास्ट्स की प्रोटीन बनने के लिए लोहे की उपस्थिति आवश्यक है। जारण, प्रह्रसन प्रतिक्रिया करने वाले विकरों को उत्तेजित करता है।

जस्ते का प्रभाव : कुछ पौधों की प्रजनन सम्बन्धी क्रियाओं में भाग लेता है। वृद्धियुक्त न्यासर्ग बनने में सहायक होता है। पौधों में विकर की क्रिया को उत्तेजित करता है।

मोलिब्डिनम का प्रभाव : नत्रजन के संस्थापन में सहायक है। जारण क्रियाओं को उत्तेजित करता है।

तांबे का प्रभाव : श्वसन की क्रिया को नियंत्रित करता है। लोहे के प्रयोग को बढ़ाता है। जारण, प्रह्रसन की क्रियाओं को उत्तेजित करता है।

मिश्रित उर्वरक एवं एक तत्वीय उर्वरक

उचित रसायनिक संविन्यासन के आधार पर दो अथवा दो से अधिक खाद मिलाने पर खाद का मिश्रण बनता है। उर्वरक मिश्रणों का प्रयोग कृषि जगत में बहुत प्रचलित है। भूमि तथा फसल की आवश्यकतानुसार मिश्रण का सूत्र निर्धारित किया जाता है और उसी सूत्र के अनुसार मिश्रण बनाया जाता है। मिश्रण तैयार करने के लिए खाद प्रतिबन्धारक क्लीवनकर्ता तथा पूरक आदि पदार्थों की आवश्कता होती है। खाद मिश्रण दो प्रकार के हो सकते हैं- ज्ञात सूत्री मिश्रण दो प्रकार के हो सकते हैं-ज्ञात सूत्री मिश्रण तथा अज्ञात सूत्री मिश्रण। पहले प्रकार के मिश्रण में इन बातों का कोई ज्ञान नहीं होता है।

निम्न बातों का ध्यान रखना चाहिए, जैसे-

अ. अमोनिया वाले खादों (जैसे-अमोनियम सल्फेट, अमोनियम नाइट्रेट) को बेसिक उर्वरकों (जैसे चूना, बेसिक, स्लेग, रॉक, फॉस्फोट) के साथ नहीं मिलाना चाहिए। ऐसा करने पर अमोनिया उड़ जाती है।

ब. पानी में घुलनशील खादों (जैसे-सुपर फॉस्फेट सिंगिल, ट्रिपिल सुपर फॉस्फेट, अमोनियम फॉस्फेट) को ऐसी खादों के साथ नहीं मिलाना चाहिए, जिनमें चूना स्वतन्त्र रूप में हो। ऐसा करने से घुलनशील फॉस्फेट अघुलनशील रूप में परिवर्तित हो जाता है।

स. घुलनशील औरा हाइग्रॉस्कोपिक उर्वरक (जैसे-कैल्सियम अमोनियम नाइट्रेट, यूरिया तथा पोटैशियम लवण) मिलाने पर ढेले से बना जाते हैं।

मिश्रित उर्वरकों के लाभ

1. मिश्रण के विभिन्न खादों को यदि अलग-अलग दिया जाए तो धन, समय तथा मेहनत का खर्च अधिक पड़ता है।
2. फसल का सन्तुलित पोषण सम्भव होता है।
3. न्यूट्रेलाइजर का प्रयोग करके खाद का अम्लीयपन समाप्त किया जा सकता है।

4. लघु तत्व जो बहुत थोड़ी मात्रा में दिए जाते हैं, मिश्रण में मिलाकर दे सकते हैं।
5. मिश्रण की भौतिक दशा अच्छी होती है।
6. खाद के संस्थापन की सम्भावना घटाई जा सकती है।
7. भूमि की उर्वरा शक्ति तथा फसल की पैदावार पर अच्छा प्रभाव होता है। खादों को मिलाने में कई अन्य पदार्थों का उपयोग भी करना पड़ता है।

उर्वरकों जैसे-अमोनियम सल्फेट, यूरिया, अमोनियम सल्फेट, कैल्सियम अमोनियम, नाइट्रेट, खलियाँ, सोडियम नाइट्रेट, सुपर फॉस्फेट, बोन मील, म्यूरिएट ऑफ पोटैश, पोटैशियम सल्फेट इत्यादि खादों का मुख्य रूप से कृषि में प्रयोग किया जाता है।

प्रतिबन्धारक : ये पदार्थ खाद के मिलाने पर उसके ढेले बनने से रोकते हैं। इन पदार्थों से युक्त मिश्रण अच्छी प्रकार खेत में फैलाया जा सकता है। जैविक पदार्थ जैसे- तम्बाकू के तने, मूंगफली व घान के छिलके, अच्छे प्रतिबन्धारक हैं।

क्लीवनकर्ता : मिश्रण की अम्लीयता को कम करने वाले पदार्थ जैसे डोलोमाइटि और लाइमस्टोन अम्लता के क्लीवनकर्ता कहलाते हैं।

पूरक पदार्थ : बालू रेत, राख, मिट्टी, पिसा हुआ कोयला आदि का प्रयोग पूरक के स्थान पर करते हैं।

पत्तियों के ऊपर छिड़काव : पौधों के हवाई भाग पर खाद का घोल छिड़का जाता है। खाद के हल्के घोल बनाकर पत्तियों पर छिड़के जाते हैं। प्रयोगों द्वारा सिद्ध किया जा चुका है कि भूमि अथवा पत्तियों को खाद देने पर खाद की क्षमता में कोई विशेष अन्तर नहीं रहता है। कुछ दशाओं में भूमि में खाद देने के बजाय पत्तियों के ऊपर खाद छिड़कना अच्छा रहता है। जब भूमि में खाद देने से कोई विशेष लाभ नहीं होता तब इस विधि से खाद देकर उद्देश्य पूर्ति की जा सकती है। उदाहरणार्थ खड़ी फसल में बोने के एक माह अथवा दो माह बाद नत्रजनीय उर्वरक का भूमि में प्रयोग कठिन होता है। इस दशा में इस प्रकार के खादों को केवल छिड़काव करके ही लाभकारी बनाया जा सकता है। छिटकवाँ विधि से बोई गई फसलों में तो इस विधि का महत्व और भी अधिक होता है। जिन खेतों का ढाल एक सा न हो तथा धरातल काफी ऊँचा-नीचा हो वहाँ भी यह विधि अधिक सफल सिद्ध होती है। जब भूमि में खाद के उदासीन होने का भय हो अथवा पौधों की जड़ों की कार्यक्षमता कम हो ऐसी स्थिति में यही विधि अपनानी चाहिए। इस विधि से खाद देने में यह सावधानी रखनी चाहिए कि खाद का घोल 3 से 5 प्रतिशत से अधिक गाढ़ा न हो। अधिक गाढ़ा घोल प्रयोग करने पर पत्तियों के झुलसने का डर रहता है। चूंकि एक बार में थोड़ा ही खाद इस विधि से दिया जा सकता है इसलिऐ कई बार छिड़काव करना पड़ता है और इससे खाद प्रयोग करने का खर्चा बढ़ जाता है।

खाद प्रयोग करने की उपरोक्त विधियों के अलावा कुछ अन्य विधियों का भी प्रयोग किया जाता है, जैसे बीज के ऊपर लेपन से, बीज के ऊपर घुलन से, अन्तःक्षेपण विधि इत्यादि। ये विधियाँ अधिकतर लघु तत्वों के प्रयोग के लिए की जाती हैं।

पार्श्व में खाद देना : इस विधि से या तो पंक्तियों के बीच में अथवा पौधों के चारों ओर खाद दिया

जाता है। मक्का, गन्ना, ज्वार, तम्बाकू, कपास तथा तरकारियों में नत्रजनिक उर्वरक पंक्तियों के बीच दिए जाते हैं। खाद खड़ी फसल में दिया जाता है ताकि बढ़ती फसल की पोषक तत्व सम्बन्धी आवश्यकता पूरी हो जाए। जब पौधों की आपसी दूरी अधिक होती है तब खाद केवल पौधों के चारों ओर ही दिया जाता है। इस विधि में खाद, बीज अथवा पौधे के सम्पर्क में नहीं आता है। इस विधि के दो रूप हैं :

1. जब फसल के पौधे दूर-दूर होते हैं तब खाद को पौधे के चारों ओर खूंटियों की सहायता से बनाये हुए छेदों में भर देते हैं। इस विधि में खाद की थोड़ी मात्रा खर्च होती है और इच्छानुसार दूरी व गहराई पर खाद डाला जा सकता है।

2. पंक्तियों के बीच खाद देने के लिए मशीन की सहायता से खाद उचित गहराई तथा दूरी पर डाला जाता है।

घोल के रूप में खाद प्रयोग करना

निम्नलिखित विधियों से रसायनिक उर्वरकों का घोल के रूप में खादों का प्रयोग किया जाता है:

प्रारम्भिक खाद घोल जिन फसलों में स्थानान्तरण किया जाता है, उनमें इस विधि से खाद दिया जाता है। स्थानान्तरण के तुरन्त पश्चात् पानी देने की आवश्कता नहीं होती है। यहाँ पानी के बजाय खाद का हल्का घोल देते हैं। ऐसा करने से नई जगह पर पौधे शीघ्र ही स्थापित हो जाते हैं तथा उनकी प्रारम्भिक वृद्धि अधिक तीव्र हो जाती है।

रासायनिक उर्वरक-उपयोगिता एवं संवर्धन

रसायनिक उर्वरकों में नत्रजन, फॉस्फोरस तथा पोटैश प्रदान करने वाले विशेष तथा अन्य विविध खादों का ही कृषि में अधिक प्रयोग किया जाता है। विशेष उर्वरक केवल एक ही पोषक तत्व रखने वाले होते हैं, जबकि विविध उर्वरकों में तीनों तथा दो पोषक तत्व पाए जाते हैं। कृषि में प्रयोग होने वाले मुख्य उर्वरक निम्नलिखित हैं:-

अमोनियम सल्फेट : अमोनियम सल्फेट भूरे रंग का दानेदार खाद है। इसमें लगभग 20 प्रतिशत नत्रजन होती है। अमोनियम सल्फेट के लगातार प्रयोग से भूमि अम्लीय हो जाती है। कई फार्मों पर यह बात सिद्ध हुई कि जिन खेतों में कई वर्ष अमोनियम सल्फेट के रूप में नत्रजन प्रदान की गई उनमें कुछ वर्षों के पश्चात ईख की पैदावार इस खाद के देने पर भी नहीं बढ़ी। इसका कारण यही पता लगा कि अमोनियम सल्फेट के निरन्तर प्रयोग से भूमि में तेजाबीपन बढ़ा तथा फसल की उपज गिरने लगी।

अमोनियम सल्फेट को चूने तथा बेसिक स्लैग के साथ मिलाकर प्रयोग करने से मिश्रण से नत्रजन का अमोनिया के रूप में उड़ जाने का भय रहता है।

नत्रजनिक खादों में अमोनियम सल्फेट प्रयोग आजकल कृषि में बहुत अधिक परिमाण में किया जा रहा है। विशेषकर इसको गेहूं, ईख, मक्का, आलू, ज्वार, धान, बाजरा आदि की फसलों में प्रयोग किया जाता है। सिंचित क्षेत्रों में इसका प्रयोग अधिक प्रचलित है।

जहाँ तक इसके प्रयोग करने की विधि का सम्बन्ध है, इसे फसल बोने के साथ अथवा खड़ी फसल में सिंचाई के साथ दिया जाता है। खरीफ की फसलों में इसे अधिकतर खड़ी फसल में ही देते हैं। अमोनियम सल्फेट फसल में उसी समय देना अधिक उपयुक्त सिद्ध हुआ है, जब फसल की जड़ें इसे लेने योग्य हो जाएँ। खेत में डालने के लगभग एक सप्ताह बाद फसल पर इसका प्रभाव दिखाई देने लगता है।

सोडियम नाइट्रेट : यह भूरे सफेद रंग का दानेदार खाद है। यह खाद पानी में बहुत ही घुलनशील है। इसमें लगभग 15 प्रतिशत नत्रजन होती है। फसल पर इसका प्रभाव दो तीन दिन पश्चात् ही दिखाई दे जाता है। बोने के पहले इसका प्रयोग करना लाभकर नहीं होता है क्योंकि पानी में घुलनशील होने के कारण यह बड़ी शीघ्रता से भूमि में नीचे की ओर चला जाता है। इसका प्रयोग उसी समय करना चाहिए जब फसल के पौधों को खाद की आवश्यकता हो तथा जड़ों की शोषण क्षमता काफी विकसित हो गई हो। वर्षा ऋतु में बोई जाने वाली फसलों में इसका प्रयोग कई बार में करना चाहिए ताकि फसल द्वारा खाद का पूर्ण उपयोग हो सके। लगातार प्रयोग करने पर यह भूमि में क्षारीयपन पैदा करता है। यह खाद शीघ्र बढ़ने वाली फसलों के लिए विशेष उपयोगी होता है। वर्षा वाले दिनों में इसका प्रयोग जहाँ तक सम्भव हो, नहीं करना चाहिए क्योंकि खाद के बह जाने का भय रहता है।

कैल्सियम साइनेमाइड : यह खाद काले रंग का होता है। इसमें लगभग 20 प्रतिशत नत्रजन होती है। इस खाद का प्रयोग बोने के लगभग दो सप्ताह पूर्व करना चाहिए क्योंकि इसमें उपस्थित नत्रजन पौधों को शीघ्र प्राप्त नहीं होती। इसका समुचित उपयोग करने के लिए इसे मिट्टी में अच्छी प्रकार मिला देना चाहिए। अधिक दिन तक खुले में रखी हुई खाद खराब हो जाती है। इसका प्रयोग गन्ना, गेहूं, मूंगफली, कपास, ज्वार, धान आदि की फसलों में लाभदायक सिद्ध हुआ है।

यूरिया : इसमें 46 प्रतिशत नत्रजन होती है। मिट्टी में डालने पर यूरिया अमोनियम कार्बोनेट में परिवर्तित हो जाता है। जिन क्षेत्रों में पानी की उचित सुविधाएँ प्राप्त न हो वहाँ इसका प्रयोग नहीं करना चाहिए, क्योंकि इसमें नत्रजन बहुत घनी मात्रा में होती है। बोने के लगभग एक सप्ताह पूर्व इसको अच्छी प्रकार मिट्टी में मिला देना चाहिए। जिस समय मिट्टी में पर्याप्त नमी हो खाद का प्रयोग करना चाहिए। कभी-कभी खड़ी फसलों में इसके घोल का छिड़काव भी किया जाता है। सिंचाई की असुविधाओं के कारण शुष्क क्षेत्रों में इसका प्रयोग बहुत सीमित है।

अमोनियम नाइट्रेट : इस खाद में नाइट्रेट तथा अमोनिया के रूप में आधी-आधी नत्रजन रहती है। यह पानी में बहुत ही घुलनशील खाद है। इसका प्रयोग फसल बोने के साथ अथवा खड़ी फसल में करना लाभदायक होता है। खरीफ के मौसम में जबकि वर्षा प्रचुर मात्रा में होती है, इसका प्रयोग थोड़ी-थोड़ी मात्रा में जरूरत के समय ही करना चाहिए। सम्पूर्ण मात्रा एक साथ प्रयोग करने पर इसका पूरा लाभ नहीं मिल पाता। इसका कारण यह है कि बहुत सा खाद पानी के साथ भूमि के अधोसतहों में चला जाता है तथा कुछ खेत के बाहर बह जाता है।

पोटैशियम नाइट्रेट : इस खाद में 12 प्रतिशत नाइट्रोजन तथा 45 प्रतिशत पोटैश होती है। इसका प्रयोग ज्वार, कपास, मक्का, गन्ना, तम्बाकू, धान व जूट आदि की फसलों में लाभप्रद सिद्ध हुआ है। इसका प्रयोग खड़ी

फसल में किया जाता है। आवश्यकतानुसार 100 से 300 पौंड प्रति एकड़ की दर से इसका प्रयोग किया जाता है।

यू.पी. मिश्रण नं 1 : इस मिश्रण में अमोनियम सल्फेट, यूरिया, सुपर फॉस्फेट तथा हड्डी का चूरा समान भाग में मिला रहता है। इसमें नत्रजन 16 प्रतिशत तथा फास्फोरिक एसिड 9 प्रतिशत होता है। यह खाद 50 किलोग्राम की बोरी में मिलता है। इस उर्वरक को गेहूं तथा जौं की फसलों में 60 से 65 किलोग्राम हैक्टर की दर से दिया जाना चाहिए। खाद की यह मात्रा बुवाई के पूर्व नाई के द्वारा हल के पीछे देनी चाहिए। इसके बाद बीज बोना चाहिए। असिंचित क्षेत्रों में 30 किलोग्राम प्रति हेक्टर की दर से खाद का प्रयोग करना चाहिए। सिंचित क्षेत्रों में खाद की पूरी मात्रा का प्रयोग एक साथ, एक समय किया जा सकता है।

यू.पी. मिश्रण नं. 2 : यह मिश्रण अमोनियम सल्फेट तथा सुपरफॉस्फेट को मिलाकर तैयार किया जाता है। इसमें 30 भाग अमोनियम सल्फेट तथा 40 भाग सुपरफॉस्फेस्ट मिला होता है। मिश्रण में 12 प्रतिशत नत्रजन तथा 6 प्रतिशत फॉस्फोरिक एसिड होता है। इसका प्रयोग **यू.पी. मिश्रण नं. 1** की भाँति बुवाई के पहले किया जाता है। इसे अक्टूबर की बोई गई गन्ना अथवा आलू की मुख्य फसल में बुवाई से पहले 150 किलोग्राम प्रति एकड़ की दर से प्रयोग करना चाहिए। इसे गेहूँ और जौ की फसल में 70 किलोग्राम प्रति एकड़ की दर से प्रयोग करना चाहिए।

यू.पी. मिश्रण नं. 3 : इस मिश्रित उर्वरक में 12 प्रतिशत नत्रजन, 6 प्रतिशत फॉस्फोरिक अम्ल तथा 6 प्रतिशत पोटैश होती है। यह मिश्रण अमोनियम सल्फेट, सुपर फॉस्फेट तथा पोटैश को मिश्रित करके बनाया जाता है। पोषक तत्वों की दृष्टि से यह मिश्रण सर्वोत्तम है और थोड़े से ही अधिक व्यय में किसान अपनी फसल को पूर्ण पोषक तत्वधारी उर्वरक दे सकता है। यह मिश्रित उर्वरक आलू तथा तम्बाकू की फसल के लिए विशेष उपयुक्त सिद्ध हुआ है। आलू की बुवाई के पहले 2 से 2.5 मन प्रति एकड़ की दर से देना चाहिए। तम्बाकू की फसल में 1 से 1.5 मन प्रति एकड़ की दर से प्रयोग करना चाहिए। इसे गेहूँ व जौ की फसल में भी प्रयोग किया जा सकता है।

सुपर फॉस्फेट : फॉस्फेटिक खादों में से सुपरफॉस्फेट का बहुत प्रयोग किया जाता है। इस खाद को सदैव जड़ों के समीप देना चाहिए, क्योंकि यह जिस स्थान पर डाल दिया जाता है, उससे इधर-उधर नहीं हिलता। इसीलिए इसको बुवाई के पहले बीज से उचित दूरी पर बोते हैं। प्रयोगों द्वारा सिद्ध हुआ है कि इसे बीज से लगभग 2-2.5 इंच की दूरी पर प्रयोग करने से अधिक लाभ होता है। बहुत से प्रयोगों से यह सिद्ध हुआ है कि सुपरफॉस्फेट अगली फसल के लिए कुछ अवशेष छोड़ता है। इसको दलहन वाली फसलों में देने से विशेष लाभ पहुँचाता है। जड़ वाली फसलों में इसका प्रयोग लाभकारी सिद्ध होता है। इसके अलावा यदि भूमि में खाद की सामान्य कमी हो तो इसका प्रयोग प्रत्येक फसल के लिए लाभकारी होता है।

अम्लीय भूमियों में इसका प्रयोग नहीं करना चाहिए क्योंकि ऐसी भूमियों में यह लोहा तथा ऐलुयूमिनियम के साथ संस्थापित हो जाता है और पौधों को उपलब्ध नहीं हो पाता। ऐसी भूमियों को पहले चूना आदि मिलाकर ठीक कर लेना चाहिए। अम्लीय भूमियों में मोनोकैल्शियम फॉस्फेट तथा डाइकैल्शियम फॉस्फेट, ट्राइकैल्शियम फॉस्फेट में परिवर्तित हो जाता है, जो पौधों को प्राप्त नहीं होता।

बेसिक स्लैग : इस खाद में 16–20% फॉस्फोरिक अम्ल होता है। मिट्टी में मिलाने से पूर्व इसको खूब बारीक पीस लेना चाहिए। ऐसा अनुभव किया जाता है कि खाद जितना अधिक बारीक होगा, फसल को उतना ही अधिक लाभ प्राप्त होगा। इसे बीज बोने से पूर्व भूमि में अच्छी प्रकार मिला देना चाहिए। यदि नम स्थान में इसका अधिक समय तक रखा जाएगा तो खाद के ढेले बन जाएँगे। तेजाबी भूमियों में इसका उपयोग काफी लाभकारी सिद्ध हुआ है। धान तथा मूँगफली की फसलों में इसका प्रयोग बड़ा अच्छा सिद्ध हुआ है।

हड्डी की खाद का चूरा

ये खादें बुवाई के पहले खूब बारीक पीस कर भूमि में मिला देनी चाहिए। इसका प्रयोग अम्लीय भूमियों में बड़ा लाभदायक सिद्ध हुआ है। हड्डियाँ जितनी महीन पिसी हुई होगी खाद की प्राप्यता उतनी ही अधिक बढ़ जाएगी। यह खादें प्रायः सभी फसलों के लिए अच्छी सिद्ध हुई है।

राक फॉस्फेट : इसमें 25 से 35 प्रतिशत तक फॉस्फोरिक अम्ल मिलता है। यह खाद पानी में अघुनशील है। इसको बुवाई के पहले ही उचित गहराई पर मिट्टी में मिला देना चाहिए। खाद बोते समय इसकी बारीकी का ध्यान रखना चाहिए। खाद जितना अधिक बारीक होगा उतनी ही जल्दी भूमि में अपनी क्रिया को आरम्भ करेगा। इसका प्रयोग उन भूमियों में अधिक लाभकारी सिद्ध हुआ है, जहाँ जीवांश की पर्याप्त मात्रा होती है।

अमोनियम फॉस्फेट : यह खाद पानी में घुलनशील है। इसमें 11 प्रतिशत नत्रजन तथा 48 प्रतिशत फॉस्फोरिक अम्ल होता है। इसलिए नत्रजन तथा फॉस्फोरस दोनों पोषक तत्वों की पूर्ति करता है। इसलिए खाद का कृषि में काफी प्रयोग रहता है। आलू, गन्ना तथा जड़ व दलहन वाली फसलों के लिए इसका प्रयोग लाभकारी सिद्ध हुआ है।

पोटैशियम सल्फेट : इस खाद में 45–52 प्रतिशत पोटैश होती है। इसका प्रयोग बीज बोने के पूर्व ही करना चाहिए। फसल को आवश्यकतानुसार 100 से 300 पौंड प्रति एकड़ की दर से देना चाहिए। आलू, तम्बाकू, टमाटर तथा फलदार पेड़ों के लिए यह अधिक लाभदायक सिद्ध हुआ है। यह पानी में घुलनशील है तथा भूमि में मिलाते ही पौधों को उपलब्ध होता है।

म्यूरिएट ऑफ पोटैश (पोटैशियम क्लोराइड) : यह पानी में घुलनशील है। मृदा कण इसको अच्छी प्रकार सोख लेते हैं। इसलिए यह पानी में घुलकर बहाव द्वारा कम नष्ट होता है। इसमें 50–60 प्रतिशत पोटैश होती है। जहाँ तक उपज बढ़ाने का सम्बन्ध है, यह पोटैशियम सल्फेट से कम प्रभावशाली नहीं है। फसल की आवश्यकतानुसार इसे 150 से 250 पौंड प्रति एकड़ प्रयोग किया जा सकता है। आलू तथा जौ की फसलों में इससे अच्छे परिणाम मिले हैं। यह भूमि में अम्लीय अवशेष छोड़ता है।

केनाइट : इसमें 12–20 प्रतिशत पोटैश पाया जाता है। इसके अतिरिक्त इसमें लगभग दुगनी मात्रा में सोडियम क्लोराइड होता है। बुवाई से पूर्व इसका प्रयोग करना चाहिए। फसल की आवश्यकता के अनुसार 200 से 300 पौंड प्रति एकड़ की दर से प्रयोग करना चाहिए।

तालिका 23 : खादों एवं उर्वरकों में पोषक तत्वों का प्रतिशत (प्रांगारिक एवं रसायनिक खादें)

क्र.सं.	*खाद का नाम*	*नत्रजन*	*फॉस्फोरिक एसिड*	*पोटैशियम ऑक्साइड*
1	*2*	*3*	*4*	*5*
1.	गोबर की खाद	04–0.5	0.25	0.5
2.	फार्म कम्पोस्ट	0.5–0.6	1.5	2–3
3.	म्यूनिसिपल कम्पोस्ट	1.0	1.5	2–3
4.	ताजा गोबर	0.3	1.5	0.2
5.	पशु मूत्र	0.8	0.01	1.4
6.	गोबर व मूत्र का मिश्रण	0.5	0.2	0.4
7.	हरी खाद (औसत)	0.5–0.7	0.1–0.2	0.6–0.8
8.	मछली की खाद	7.6	6.3	0.7
9.	विष्ठा	0.6	0.1	0.3
10.	ग्वेनो	11–13	8–16	2–3
11.	शीरा	0.3	0.5	2.1
12.	प्रेस मड (मैली)	0.8–1.0	2.5–3.0	0.8–1.0
13.	शुष्क रक्त	8–14	0.9	0.1
14.	खुर व सींग की खाद	15–16	0	0
15.	तालाब की मिट्टी	8	6	0
16.	अंडों की खली	4–5	1.8	1.3
17.	मूंगफली की खली (बिना छिलके वाली)	7.3	1.5	1.3
18.	मूंगफली की खली (छिलके वाली)	4.5	1.7	1.5
19.	अलसी की खली	5.5	1.4	1.3
20.	महुवे की खली	2–3	0.9	1.5
21.	नीम की खली	5–6	1.8	1.5
22.	रेप की खली	5.2	1.8	1.2
23.	तिल की खली	6.2	2.0	1.2
		नाइट्रोजन उर्वरक		
24.	अमोनियम सल्फेट	20.6	0	0
25.	अमोनियम सल्फेट नाइट्रेट	26.0	0	0
26.	अमोनियम नाइट्रेट	33.0	0	0
27.	अमोनियम क्लोराइड	26.0	0	0
28.	अमोनियम (एनहाइड्रस)	82.0	0	0
29.	सोडियम नाइट्रेट	16.0	0	0
30.	कैल्सियम नाइट्रेट	15–16	0	0

क्रमशः

1	2	3	4	5
31.	कैल्सियम साइनेमाइड	20–21	0	0
32.	कैल्सियम अमोनियम नाइट्रेट	20.5	0	0
33.	यूरिया	44–46	0	0
		फॉस्फोरिक उर्वरक		
34.	हड्डी की राख	0	30–40	0
35.	एपेटाइड	0	30–60	0
36.	रॉक फॉस्फेट	0	25–35	0
37.	बेसिक स्लेग	0	12–20	0
38.	सुपर फॉस्फेट (सिंगल)	0	16–20	0
39.	सुपर फॉस्फेट (डबल)	0	35–40	0
40.	सुपर फॉस्फेट (ट्रिपिल)	0	45–50	0
41.	मोनो कैल्सियम फॉस्फेट	0	50.0	0
42.	कैल्सियम मेटा फॉस्फेट	0	62.0	0
		पोटैशिक उर्वरक		
43.	केनाइट	0	0	12–16
44.	पोटैशियम क्लोराइड	0	0	50–60
45.	पोटैशियम सल्फेट	0	0	47–52
46.	लकड़ी का राख	0	0	3–7
		मिश्रित उर्वरक		
47.	बोन चार	1–2	30–35	0
48.	बोन मील	3–4	20–22	0
49.	बोन रॉ	2–4	22–25	0
50.	बोन स्टीमड	1–2	22–30	0
51.	एमोफास ए	11	45–48	0
52.	एमोफास बी	16.5	20.0	0
53.	अमोनियम सुपरफॉस्फेट	4.0	18.0	0
54.	मोनो अमोनियम फॉस्फेट	12.0	60.0	0
55.	डाइ अमोनियम फॉस्फेट	21.0	53.0	0
56.	मौनो फॉस्फेट	18–20	49.0	0
57.	निसी फॉस्फेट	13	48.0	0
58.	नाइट्रोफॉस्फेट	20.0	48.0	0
59.	सुपरफॉस्फेट नाइट्रेट	5–6	16–17	0
60.	यू.पी. मिश्रण नं. 1	16.0	9.0	0

1	*2*	*3*	*4*	*5*
61.	यू.पी. मिश्रण नं. 2	12.0	6.0	0
62.	यू.पी. मिश्रण नं. 3	12.0	6.0	6.0
63.	पोटैशियम अमोनियम नाइट्रेट	16.0	0	28.0
64.	पोटैशियम फॉस्फेट	0	32.0	30–50
65.	पोटैशियम मेटा फॉस्फेट	0	60.0	40.0
66.	पोटैशियम अमोनियम फॉस्फेट	12.0	24.0	12.0
67.	पोटैशियम नाइट्रोफॉस्फेट	15.0	30.0	15.0

विभिन्न फसलों के लिए विभिन्न परिस्थितियों में खादों की विभिन्न मान्यताएँ ही कारगर होती हैं–

ये मान्यताएँ लम्बे समय तक किए गए परीक्षणों के आधार पर प्राप्त परिणामों का फल होती हैं। कोई भी खाद क्यों न हो उसके ऊपर अनेक कारक प्रभाव डालते हैं जिनका अन्त में उपज के द्वारा ही आभास किया जाता है। ये कारक इस प्रकार हैं जिनको कि उर्वरण के लिए सामान्य सिद्धान्तों की तरह लिया जाना चाहिए।

1. फसल : ऐसी फसलें जो भूमि में नत्रजन का संस्थापन करने की क्षमता रखती हैं, कम खाद देने पर भी अच्छी उपज दे देती हैं जैसे सभी दाल वाली फसलें। इनके विपरीत गन्ने जैसी फसल से बिना पूर्ण खाद दिए सन्तोषजनक उपज नहीं ली जा सकती।

2. फसल की खेत में रहने की अवधि : अधिक दिनों में तैयार होने वाली फसल को शीघ्र कट जाने वाली फसल की अपेक्षा अधिक खाद की आवश्यकता होती है। इसीलिए एक ही फसल की विभिन्न जातियों की खाद सम्बन्धी मान्यताओं में भी अन्तर पाया जाता है।

3. फसल की प्रकृति व उसके पैदा करने का उद्देश्य : जिस फसल में अधिक शाखाएं व पत्तियाँ हों, तने लम्बे व मोटे हों, अधिक व्यान्त (फुटान) करने वाली हो, रोग बीमारियाँ एवं कीट-पतंगों से कम प्रभावित होती हों, अपेक्षाकृत खादों सम्बन्धी मान्यताएं कुछ और होती हैं और जब वही फसल दाने के लिए उगाई जाती है तो कुछ और। इसका कारण है कि चारे के लिए वानस्पतिक वृद्धि तथा कोमलता को दाने वाली फसल की अपेक्ष अधिक महत्त्व दिया जाता है।

4. भूमि की उर्वरा शक्ति : उपजाऊ भूमियों में अवशेष खाद्य तत्वों का थोड़ी अथवा अधिक मात्रा में भंडार होता है, परन्तु अनुपजाऊ भूमियों में इनका बिल्कुल अभाव होता है। साधारण रूप से बलुई भूमियों में दोमट भूमियों की अपेक्षा अधिक खाद देना पड़ता है। इसका मुख्य कारण है कि ऐसी भूमियों में काफी मात्रा में खाद तत्व सिंचाई अथवा वर्षा के पानी के साथ घुलकर नीचे की सतहों में बह जाते हैं।

5. खाद का भूमि के गुणों पर प्रभाव : जैविक तथा अजैविक खाद भूमि पर अपना कोई विशिष्ट प्रभाव अवश्य छोड़ते हैं। रसायनिक उर्वरक इस दृष्टि से अधिक महत्त्वपूर्ण हैं। कुछ उर्वरक भूमि में अम्लीयपन तथा दूसरे क्षारीयपन पैदा करते हैं। किसी भी एक प्रकार के खाद का निरन्तर व अधिक मात्रा में प्रयोग करने पर भूमि क्षारीय अथवा अम्लीय हो सकती है। सस्य उत्पादन अधिक अम्लीय अथवा क्षारीय होना ठीक नहीं रहता क्योंकि इन अवस्थाओं में डाले गये खाद के तत्वों का जटिल संस्थापन हो जाता है। उदाहरण के लिए, अम्लीय भूमि में लोहा तथा ऐलुमिनियम आदि मृदा घोल में विद्यमान रहते हैं। ऐसी अवस्था में खेत में डाला गया फॉस्फोरस

इन तत्वों के साथ अप्राप्य यौगिक बना लेता है और फसल तथा फॉस्फोरस की केवल उतनी ही मात्रा प्राप्त हो पाती है, जो ऐसे यौगिक में सम्मिलित नहीं हो पाती है।

6. खाद और फसल की गुणवत्ता : किसी फसल में वांछित गुण प्राप्त करने के लिए खाद का विभिन्न मात्राओं में प्रयोग किया जाता है। जैसे अधिक विषैला और तीक्ष्ण तम्बाकू प्राप्त करने के लिए नत्रजन की मात्रा अधिक डालनी पड़ती है। बीड़ी तम्बाकू में जो सब जातियों में तीक्ष्णतम है 600 किलो नत्रजन प्रति हेक्टर डाली जाती है जबकि सिगरेट तम्बाकू (बहुत कम निकोटीन होता है) में केवल 70 किलो प्रति एकड़ ही पर्याप्त होती है। यदि सिगरेट तम्बाकू में अधिक नत्रजन डाल दी जाए तो किसान को दोहरी हानि का सामना करना पड़ता है। एक तो अधिक खाद का अधिक व्यय तथा दूसरे अधिक निकोटीन वाला तम्बाकू प्राप्त होता है, जिसकी बाजार में माँग व भाव बहुत कम होता है।

7. जलवायु : जलवायु का खाद की मात्रा से घनिष्ठ सम्बन्ध होता है। विभिन्न दशाओं में एक ही सस्य की खाद सम्बन्धी माँग विभिन्न होती है। संक्षेप में यह कहा जा सकता है कि जिस जलवायु में सस्य जल्दी तैयार हो जाती है वहाँ अपेक्षाकृत कम खाद की आवश्यकता होती है। उदाहरण के लिए, भारत के विभिन्न भागों में गन्ने की फसल को 60 से 200 किलो प्रति एकड़ की दर से खाद देने पर सन्तोषप्रद उपज प्राप्त की जा सकती है। इसका कारण है कि उत्तरी भारत की जलवायु में चीनी के लिए उत्पादित गन्ना 10 से 12 महीने में पक जाता है, जबकि दक्षिणी भारत में डेढ़ से दो साल में पकता है।

ऐसा देखा गया है कि जिन क्षेत्रों में अधिकतम व न्यूनतम तापक्रम का अन्तर अधिक होता है वहाँ पर औसत तापक्रम वाले क्षेत्रों की अपेक्षा अधिक खाद की आवश्यकता होती है। अधिक ऊँचे तापक्रम होने पर भूमि के जैविक पदार्थ अधिक मात्रा में नष्ट होते हैं। जीवांशहीन भूमियों में अधिक उपज अधिक खाद से ही सम्भव होती है।

वर्षापात और उसके वितरण का भी सस्य की खाद-माँग से गहरा सम्बन्ध होता है। जब वर्षा की मात्रा और वितरण इस प्रकार का हो कि उसमें फसल की अधिकतम बढ़वार जो तो अपेक्षाकृत अधिक खाद की आवश्यकता होती है। इसके विपरीत जब वर्षा की एक निश्चित मात्रा थोड़ी अवधि में ही समाप्त हो जाती है, तब भी अधिक खाद देना पड़ता है। क्योंकि ऐसी वर्षा में भूमि से पोषक तत्वों की कई प्रकार से अधिक क्षति होती है। यह स्थिति जीवांशहीन भूमियों में बहुत शीघ्र हो जाती है, क्योंकि ऐसी भूमियों में जल धारण की क्षमता कम होती है।

8. भूमि में नमी की मात्रा : परिस्थितियों के अनुसार मृदा में न्यून, औसत अथवा अधिक नमी हो सकती है। न्यूनतम नमी वाली शुष्क भूमियों में उर्वरक की अधिक मात्रा प्रयोग नहीं की जा सकती। इसका मृदा घोल की गाढ़ेपन का तत्त्व शोषण के प्रभाव से सम्बन्धित है। जब मृदा-घोल जड़ों के आन्तरिक रस के घोल से अधिक गाढ़ा होता है तो पौधे ऐसे मृदा-घोल से अपना पोषण ठीक प्रकार नहीं कर पाते। यह स्थिति दो दशाओं में उत्पन्न होती है–1. जब भूमि में नमी का अभाव हो तथा 2. उर्वरक अधिक मात्रा में प्रयोग किए गए हों। शुष्क भूमियों में नमी का तो अभाव होता ही है परिणामत: अधिक उर्वरक का प्रयोग लाभकारी होने के बजाय हानिकारक हो जाएगा। ऐसी स्थितियों में औसत दशाओं की अपेक्षा कम उर्वरक डालना चाहिए ताकि घोल का उचित गाढ़ापन बना रहे। इन दशाओं में खाद की न्यून मात्राओं का ही प्रयोग करना चाहिए। इन परिस्थितियों में अधिक खाद डालना कई कारणों की वजह से व्यर्थ होगा - (क) मृदा घोल अधिक गाढ़ा हो जाता है।

(ख) नमी के अभाव में फसल का जमाव व उसकी वृद्धि कम होती है। इसलिए थोड़े और छोटे दुर्बल पौधे थोड़ा खाद प्रयोग कर सकते हैं। (ग) अधिक खाद में अधिक खर्चा होता है। सिंचाई की सुविधा होने पर खाद की औसत अथवा अधिकतम मात्राओं का प्रयोग किया जा सकता है।

9. खाद देने की विधि : जिस प्रकार पंक्तियों में बोने पर छिटकवां बुवाई की अपेक्षा कम बीज खर्च होता है, इसी प्रकार पंक्तियों में देकर अथवा सीमित क्षेत्र प्रयोग द्वारा खाद की मात्रा में भी किफायत की जा सकती है।

10. खरपतवारों का प्रकोप : जिन भूमियों में खरपतवार अधिक होते हैं, वहाँ फसल की अच्छी वृद्धि के लिए अधिक खाद डालना पड़ता है। बहुत बड़ी मात्रा में खरपतवार भूमि से पोषक तत्वों का ह्रास करते हैं। कम उपजाऊ खेतों में तो खरपतवार और सस्य का संघर्ष और भी अधिक हो जाता है जिसके परिणामस्वरूप सस्य की उपज बड़े परिणाम में घट जाती है। इस स्थिति का सामना करने के लिए तो खरपतवारों को नष्ट करना ही आर्थिक दृष्टि से लाभप्रद होता है।

11. सस्य गहनता : किसी क्षेत्र में एक वर्ष में उत्पन्न की जाने वाली फसलों की संख्या सस्य गहनता कहलाती है। जब तक एक वर्ष में एक ही फसल पैदा की जाती है तो सस्य गहनता 100 प्रतिशत होती है। एक वर्ष में दो व तीन फसलें एक ही खेत में उगाने पर सस्य गहनता 200 से 300 प्रतिशत हो जाती है। जब किसी निश्चित भूक्षेत्र पर प्रतिवर्ष अधिक फसलें उगाई जाती हैं तो भूमि से पोषक तत्वों का अधिक ह्रास होता है और इस कमी को पूरा करने के लिए अधिक खाद की आवश्यकता होती है।

12. फसल चक्र तथा कृषि प्रणाली : जब फसल चक्र की कोई फसल किसी दलहनी फसल के बाद ली जाती है तो उसे बाहरी खाद की कम आवश्यकता होती है। इसी प्रकार यदि कोई फसल किसी ऐसी फसल के बाद जो पौष्टिक तत्वों का भारी शोषण करती है तो ऐसी फसल के बाद फसल को उसे अधिक खाद की आवश्यकता होती है। इसी प्रकार दलहन तथा अदलहन फसलों के मिश्रण बोने पर भी अदलहन की शुद्ध फसल की अपेक्षा कम खाद की आवश्यकता होती है। उदाहरण के लिए, जब हरी खाद, मूंग अथवा उर्द के बाद गेहूँ बोया जाता है तो नत्रजन की कम मात्रा पर्याप्त होती है परन्तु जब हरी खाद, मूंग अथवा उर्द के स्थान पर ज्वार, मक्का, बाजरा आदि की फसलें ली जाती है तो गेहूँ को बड़ी मात्रा की जरूरत होती है। जब फसल चक्र में दो ऐसी फसलें उगाई जाती हैं, जिनकी जड़ें एक ही गहराई से खाद का शोषण करती हैं तब भी अधिक खाद डालना पड़ता है।

13. विभिन्न स्थानों पर बुवाई का समय : पंजाब में, राजकीय कृषि विद्यालय लुधियाना में किए गए प्रयोगों के आधार पर यह सिद्ध हुआ है कि देर से बोई जाने वाली पौधों की जड़ें पूर्ण क्षमता के साथ फॉस्फोरस का उपयोग नहीं कर पाती हैं। इसलिए हम देखते हैं कि अम्लीय भूमि में फॉस्फोरस की आवश्यकता पूर्ण करने के लिए उच्चतर या उच्चतम मान्यता प्रयोग में लानी पड़ेगी। इसके साथ हमें खाद को भूमि के भौतिक गुणों पर प्रभाव देखना होगा। भूमि संरचना व संगठन को बिगाड़ने वाले खाद की अधिक मात्रा प्रयोग में नहीं लाई जा सकती।

14. भू-क्षरण : भू-क्षरण से बहुत बड़ी मात्रा में पोषक तत्वों की हानि होती है। इसलिए क्षरित भूमियों में अधिकतम उपज लेने के हेतु अधिक खाद प्रयोग करना चाहिए।

खाद देने का समय

खाद की मात्रा निर्धारित करने के पश्चात् यह प्रश्न होता है कि किस समय यह खाद खेत में डाला जाए ताकि इससे अधिकतम लाभ प्राप्त हो सके। विभिन्न कारक देने के समय पर प्रभाव डालते हैं, जैसे–1. खाद में उपस्थित तत्व–उपलब्ध अथवा अनउपलब्ध किस रूप में है, 2. खाद की पानी में घुलनशीलता, 3. भूमि के रसायनिक गुण, 4. खाद की भूमि के अन्दर प्रतिक्रिया, 5. भूमि की प्रकार, 6. फसल एवं उसके बीज के गुण तथा भूमि में नमी, 7. जलवायु, 8. सिंचाई के साधन, 9. खाद का मूल्य, 10. श्रमिकों की उपलब्धता, 11. फसल की वृद्धि का समय और उसकी खाद सम्बन्धी समसामयिक आवश्यकता, 12. खरपतवारों का प्रकोप, 13. मृदा–क्षरण आदि। इन कारकों को ध्यान में रखते हुए खाद देने के निम्नलिखित मुख्य समय हैं–

1. बुवाई से पूर्व खाद देना : गोबर, कम्पोस्ट, खलियों, शीरे तथा अन्य प्रांगारिक खादों (जैसे-हरी खाद, जलकुम्भी की खाद आदि) का प्रयोग फसल बोने से पहले किया जाता है, क्योंकि पौधों के लिए आवश्यक पोषक तत्वों के परिवर्तित अंश इन खादों में तुरन्त प्राप्य रूप में नहीं होते हैं। कुछ समय भूमि में विवंधन के पश्चात् ये परिवर्तित अंश प्राप्य रूप में आते हैं और पौधे घोल के रूप में इनका प्रयोग करते हैं। खाद के जटिल पदार्थों का इन साधारण रूपों में परिवर्तन भूमि में उपस्थित हमारे मित्र शाकाणुओं तथा अन्य जीवों द्वारा किया जाता है। विभिन्न दशाओं में यह क्रिया एक से दो माह तक ले लेती है। किन्हीं खादों के सड़ने में तो इससे भी अधिक लम्बा समय लग जाता है। इसलिए यदि इन खादों को हम बुवाई के समय अथवा बोने के बाद जब फसल को पोषक तत्वों की आवश्यकता होती है, खेत में डालेंगे तो फसल को कोई लाभ नहीं होगा। ऐसा करने से कभी-कभी लाभ के स्थान पर हानि की अधिक सम्भावना रहती है, क्योंकि ऐसी अवस्था में खाद को सड़ाने-गलाने वाले शाकाणु, जीवाणु एवं जीव-जन्तु भूमि के अतिरिक्त पोषक तत्वों को प्रयोग कर लेते हैं और इस प्रकार फसल को प्राप्त हो सकने वाले पोषक तत्वों की वह मात्रा भी नहीं मिल पाती। साधारण अवस्था में खलियाँ बुवाई के दो सप्ताह पूर्व, गोबर अथवा हरी खाद 1 से 2 महीने पूर्व, शीरा तथा प्रेसमड बुवाई से 3 से 4 माह पूर्व खेत में डालनी चाहिए। खाद के विवंधन पर तापक्रम, वायु संचार, मृदा में नमी की मात्रा तथा भूमि की प्रकार का प्रभाव पड़ता है। दोमट भूमियों में जिनमें जल धारण की काफी क्षमता होती है और वायु संचार सुचारु रूप से होता है, खाद का विवंधन शीघ्रता से होता है। इसके विपरीत की दशओं में यह क्रिया धीरे-धीरे होती है। नमी के अभाव में खाद देर से सड़ता है या सड़ता ही नहीं है। अधिक वर्षा वाले क्षेत्रों में बुवाई से पूर्व खाद डालना अधिक हितकर नहीं होता क्योंकि वर्षा के जल के साथ खाद के एक बड़े भाग की हानि हो जाती है। यह बात उन भूमियों में विशेष महत्त्व की होती है, जिनमें अधिक गहरे ढाल हों या वर्षा के जल को रोकने का कोई प्रबन्ध न किया गया हो। पानी में घुलनशील खादों का भी प्रयोग बुवाई से अधिक पूर्व नहीं करना चाहिए। इसका मुख्य कारण यह है कि वर्षा अथवा सिंचाई के जल के साथ ये खाद भूमि की निचली सतहों में अथवा खेत से बाहर निकल जाते हैं। जिन खादों की भूमि के अन्दर चाल बहुत कम हो अथवा बिल्कुल न हो उनको बुवाई के पूर्व खेत में डाला जा सकता है।

2. बुवाई के समय खाद का प्रयोग : अधिक वर्षा वाले क्षेत्रों में खाद का प्रयोग बुवाई के समय करना चाहिए। यह बात ढालू तथा रेतीली भूमियों में विशेष महत्व रखती है। ऐसी भूमियों से वर्षा के जल द्वारा खाद ही हानि अधिक होती है। इसलिए इन अवस्थाओं में पानी में घुलनशील खादों का प्रयोग बुवाई से पहले नहीं करना चाहिए। फॉस्फेटिक खाद जो भूमि में एक ही स्थान पर पड़े रहते हैं, ऐसे खादों को कूड़ों में बुवाई के साथ अथवा खेत की अन्तिम जुताइयों के समय भूमि में मिला दिया जाता है। इन खादों को बीज से 2 इंच गहरे

तथा 2 से 2.5 इंच की पार्श्व दूरी पर डालना चाहिए। अम्लीय भूमियों में इन खादों को बुवाई के समय ही प्रयोग किया जाता है। पहले डालने पर खाद की अधिकतर मात्रा का मृदा घोल में उपस्थित लोहा तथा ऐलुमिनियम के साथ संस्थापन हो जाता है। फॉस्फोरस का यह रूप पौधों को प्राप्त नहीं होता है। अच्छा तो यह रहता है कि ऐसी भूमियों में पहले चूना डालकर उसका तेजाबीपन समाप्त कर लिया जाए और इसके बाद फॉस्फेरिक खाद दिया जाए। बुवाई के समय खाद देने का एक यह भी उद्देश्य होता है कि कमजोर भूमियों में जहाँ खरपतवारों का अधिक प्रकोप हो, फसल को प्रारम्भिक अवस्थाओं में अच्छी वृद्धि करने के लिए पर्याप्त खुराक मिल जाती है। बीज के साथ खाद की बुवाई करने पर श्रम व धन की काफी बचत हो जाती है। कुछ विद्वानों की धारणा है कि कुछ फसलों में यदि उनके बीज के साथ उर्वरक भी बोया जाए तो फसल का जमाव शीघ्र तथा अधिक हो जाता है। बीज पर बुरा प्रभाव डालने वाले खादों को बीज से बचाकर दूरी पर देना चाहिए।

3. बुवाई के पश्चात् खाद देना : उपजाऊ भूमियों में बुवाई के समय अथवा बुवाई से पूर्व खाद देने की विशेष आवश्यकता नहीं होती है क्योंकि इस समय पर फसल की प्रारम्भिक बढ़वार के लिए भूमि में काफी पोषक तत्व मौजूद होते हैं। बाद की अवस्थाओं में जब फसल को आवश्यकता पड़े तब ही खाद दिया जा सकता है। अधिक बलुई किस्म की भूमियों में भी खाद अधिकतर उसी समय देना चाहिए जब फसल को इसकी आवश्यकता हो। यह बात अधिक वर्षा वाले क्षेत्रों में विशेष महत्व की होती है। इन भूमियों में वर्षा के जल के साथ काफी मात्रा में खाद-तत्व भूमि की निचली सतह में पहुंच जाते हैं, जिनका फसल उपयोग नहीं कर पाती है। जिन भूमियों में बुवाई के समय अथवा बुवाई के पूर्व खेत में नमी का अभाव होता है, वहाँ भी खाद बुवाई के पश्चात् ही देना चाहिए। खादों का उपयोग भी तभी लाभप्रद रहता है जबकि भूमि में पर्याप्त नमी मौजूद हो।

4. खाद की मात्रा विपत्ति में विभिन्न समय पर देना : उपरोक्त सिद्धान्तों को दृष्टि में रखकर फसल की आवश्यकतानुसार कई बार में खाद थोड़ी-थोड़ी मात्रा में दिया जाता है। इस प्रकार खाद देना निश्चित ही लाभप्रद है। इसके कई कारण हैं जैसे- 1. खाद की हानि कम होती है। 2. खाद का स्थिर संस्थापन अधिक मात्रा में नहीं होता। 3. खाद की मात्रा में किफायत हो जाती है। 4. भूमि में बुरे रसायनिक परिवर्तनों की सम्भावना नहीं रहती। 5. दिए गए खाद के अधिक-से-अधिक भाग का उपयोग हो जाता है। 6. नमी के अभाव में अधिक उर्वरक द्वारा होने वाली सम्भावित हानियाँ नहीं होती। 7. फसल की बढ़वार में सन्तुलन रहता है। साथ ही यह न भूलना चाहिए कि ऐसे समय में खाद देने में व्यय अधिक होता है।

खाद देने की विधियाँ

खाद देने का समय निश्चित करने के पश्चात् किसान के सामने यह समस्या होती है कि किस विधि से खाद दिया जाए? इसका उत्तर कई कारणों से है, जैसेकि निश्चित लाभ प्राप्त करने के लिये कम-से-कम खर्च खाद पर करना, थोड़े-से-थोड़ा खाद प्रयोग करने से निश्चित लाभ प्राप्त हो जाए तथा खाद का पूर्णरूप से सदुपयोग हो जाए। किसान के इन आवश्यकताओं पर अनेक कारक प्रभाव डालते हैं, जिनको दृष्टिगत करते हुए हमें खाद देने की उचित विधि निश्चित कर सकते है। इन बिन्दुओं का उल्लेख विस्तार से निम्न प्रकार है :

छिटकवाँ विधि : गोबर, कम्पोस्ट इत्यादि खादें जो सस्ते मूल्य के होती हैं तथा खेत के हर भाग को इनसे लाभ पहुँचता है, छिटकवाँ विधि से खेत में बिखेर दिए जाते हैं और जुताई करके भूमि में अच्छी प्रकार मिला दिए जाते हैं। इस विधि से खाद लगाने में श्रम व धन दोनों की बचत होती है। बलुई भूमियों में खादों का इस विधि से प्रयोग करने पर विशेष लाभ पहुँचता है। सिंचाई की सुविधा के अभाव में भी खाद प्रयोग करने की

यह विधि अपनानी चाहिए, क्योंकि इस प्रकार उतना ही खाद अधिक भूमि पर फैलाया जाता है जितना उपयुक्त होता है। इस प्रकार मृदा घोल का गाढ़ापन उचित रहता है। दुर्बल भूमियों में यह विधि प्रयोग में नहीं लानी चाहिए, क्योंकि फसल द्वारा घेरी हुई भूमि के अलावा खाली जगह में बिखरी हुई खाद का खरपतवार भी पूरा लाभ उठाते हैं। जिन फसलों को अधिक पौष्टिक तत्वों की आवश्यकता होती है, उनमें यह विधि नहीं अपनाई जाती है, क्योंकि ऐसे में खाद की अधिक मात्रा खर्च होती है। यदि खाद पर्याप्त मात्रा में उपलब्ध है तो इस विधि से खाद डाला जा सकता है। गोबर व कम्पोस्ट खाद के अलावा खलियाँ तथा अन्य ऐसे उर्वरकों का छिटकवाँ विधि से प्रयोग नहीं करना चाहिए। इसका कारण है कि सिंचाई अथवा वर्षा के जल के साथ खाद पानी में घुलकर नीचे की ओर बह जाते हैं। खाद का यह असमान वितरण फसल के लिए लाभकारी नहीं होता है। एक स्थान पर उर्वरक के अभाव में तथा दूसरे स्थान पर उर्वरक की अधिकता में फसल को क्षति की सम्भावना रहती है। समतल खेतों में छिटकवाँ विधि से उर्वरकों का सफलतापूर्वक प्रयोग किया जा सकता है। ऐसे नत्रजनिक उर्वरक जो पानी में घुलनशील हैं और शीघ्रता से भूमि में चारों ओर पहुँच सकते हैं, उनसे उर्वरण इस विधि से नहीं करना चाहिए। इसके दो मुख्य कारण हैं, जैसे– 1. इनकी चलिष्णुता बहुत कम होती है (बहुत धीरे-धीरे एक स्थान से दूसरे स्थान पर पहुँच सकते हैं), 2. अधिक भूमि की मात्रा के सम्पर्क में आने पर इनका अधिक संस्थापन होता है। इन दोनों ही दशाओं में ये खाद यदि जड़ों के समीप न डाली जाए तो फसल को इनके प्रयोग का उतना लाभ नहीं हो सकता।

छिटकवाँ विधि से बोई गई फसलों में भी उर्वरक (नत्रजनिक) छिटकवाँ विधि से ही दिए जाते हैं। इस विधि से बुवाई के समय आधी मात्रा के रूप में अथवा खड़ी फसल में ऊपर से खाद दिया जा सकता है। बुवाई के समय उर्वरक का छिटकवाँ विधि से प्रयोग निम्नलिखित दशाओं में करते हैं–

1. जब भूमि में नत्रजन की अत्यधिक कमी हो तो नत्रजनिक खाद देना चाहिए।
2. पहली फसल चलगर रही हो। जैसे गेहूँ से पहले चारे के लिए ज्वार अथवा मक्का चलगर फसले हैं, जो भूमि से बहुत बड़े परिमाण में नत्रजन समाप्त कर देती है। अमोनियम सल्फेट, अमोनियम नाइट्रेट, यूरिया, अमोनियम क्लोराइड, खलियां आदि बुवाई के समय खेत में छिड़के जा सकते हैं।
3. जब औसत अथवा अधिक अम्लीय भूमियों में सिट्रेट घुलित फॉस्फेटिक उर्वरकों (जैसे- बेसिक स्लैग, डाइकैल्शियम फॉस्फेट) और अघुलनशील फॉस्फेटिक उर्वरक (जैसे- बोनमील, पिसा हुआ रॉक फॉस्फेट) का प्रयोग करना हो।
4. जब भूमि में पोटाश की अत्यधिक कमी हो तब पोटैशियम सल्फेट का प्रयोग इस विधि से करना चाहिए।
5. खड़ी फसल में खाद देने का उद्देश्य यही होता है कि जब फसल को तत्व की आवश्यकता हो तभी वह उसे तत्काल प्रदान किया जाएं। यह विधि अधिकतर नत्रजन तत्व के अभाव की पूर्ति के लिए प्रयोग की जाती है। इस विधि में अधिकतर नाइट्रेटयुक्त खादों का प्रयोग करते हैं, क्योंकि इन खादों का पौधों के ऊपर प्रभाव बहुत शीघ्र ही हो जाता है। सोडियम नाइट्रेट, कैल्सियम अमोनियम नाइट्रेट, अमोनियम सल्फेट नाइट्रेट आदि इसके लिए उचित उर्वरक हैं। इस विधि से खाद प्रयोग करने में यह सावधानी रखनी चाहिए कि खाद का प्रयोग तब किया जाए तब पौधों की पत्तियाँ सूखी हों। भीगी पत्तियों पर खाद चिपक जाता है जो पत्तियों को जला देता है। फॉस्फेटिक उर्वरक की अपेक्षा

नत्रजनिक व पोटैशिक उर्वरकों से यह हानि अधिक होती है। फॉस्फोरस व पोटैश का इस विधि से प्रयोग केवल चरागाहों आदि (जहाँ एक बार लगाई गई वनस्पति कई वर्ष तक रहती है) में किया जाता है। पहाड़ी क्षेत्रों में जब बड़े स्तर पर खाद का प्रयोग करना होता है तो वायुयानों का अन्य सुविधाजनक विधियों से प्रयोग किया जाता है।

यथास्थान खाद देना : इस विधि में खाद भूमि में किसी निश्चित गहराई पर डाला जाता है परन्तु यह आवश्यक नहीं है कि यह बीज अथवा पौधों के बिल्कुल समीप ही डाला जाए। खाद का प्लेसमेंट कई प्रकार से होता है, जैसे–

कूंडों में खाद डालना : इस विधि में जुताई के साथ खाद कूड़ों में बोया जाता है। जिन क्षेत्रों में ऊपर की कुछ इन्च खाद प्रयोग करने से मृदा घोल अत्यधिक गाढ़ा हो जाता है, जो पौधों के लिए हानिकारक होता है। अधिक गम्भीर अवस्थाओं में फसल के जमाव पर भी बुरा प्रभाव पड़ता है। नत्रजनिक व पोटैशिक खादों से इस प्रकार की हानि की अधिक सम्भावना रहती है। दलहनी फसलों (मटर, अरहर, सेम, उर्द, मूंग, चना) में इस विधि से खाद प्रयोग नहीं करना चाहिए क्योंकि इनके अंकुरण पर बहुत शीघ्र ही बुरा प्रभाव पड़ जाता है।

पट्टी से खाद देना: इस विधि के दो रूप हैं।

ऊँची जगह पर खाद देना: जब फसल के पौधों में तीन फुट अथवा इससे अधिक दूरी होती है तो इस विधि से खाद देते हैं। खाद पौधों के समीप एक अथवा दोनों ओर दिया जाता है। भारत में फल वृक्षों जैसे- सेब, नाशपाती, पपीता, केला, सन्तरें, नींबू आदि के बगीचों में अधिकतर इसी विधि से खाद दिया जाता है। दूसरी विधि में फैलने वाली सस्यों जिनमें पौधों की आपसी दूरी 3 फुट से अधिक होती है, इस विधि से खाद दिया जा सकता है। गुजरात तथा महाराष्ट्र में अमेरिकन कपास में इसी विधि से खाद दिया जाता है। सब्जियों की ऐसी फसलें जैसे–तरबूज, खरबूजा, तोरई, लौकी, काशीफल, मिर्च आदि में इसी विधि से खाद देते हैं। इस विधि का मुख्य उद्देश्य खाद की मात्रा में बचत करना होता है। इस विधि का एक लाभ यह भी है कि खाद पौधे के समीप दिया जाता है इसलिए फसल को खाद का अभाव नहीं हो पाता है और खेत के रिक्त स्थान में खाद न डाले जाने के कारण खपरपतवार अधिक प्रकोप नहीं कर पाते हैं। इस प्रकार सस्य खपरपतवारों से सफलतापूर्वक संघर्ष करती है। बैंड की लम्बाई व गहराई फसल व खाद के गुणों के अनुसार बदलती है। अधिक फैलने वाले पौधों में सीधे बढ़ने वाले पौधों की अपेक्षा लम्बी बेन्ड रहती है। फॉस्फेटिक उर्वरकों का नत्रजनित उर्वरकों की अपेक्षा अधिक गहराई पर प्रयोग किया जाता है।

पंक्ति से खाद देना : जब पंक्ति में पौधों के बीच की दूरी बहुत कम होती है तो इस विधि से खाद दिया जाता है। गन्ना, आलू, मक्का, कपास, तम्बाकू तथा अनेक तरकारियों में इस विधि से खाद दिया जाता है। खाद पंक्ति के एक अथवा दोनों ओर दिया जा सकता है। कभी–कभी कई कारणों की वजह से पंक्ति के काफी पौधे मर जाते हैं और बहुत दूर तक पंक्ति में कोई पौधा नहीं रहता। इन दशाओं में इस खाली जगह में खाद नहीं दिया जाता। बल्कि जहाँ–जहाँ पौधे होते हैं वहीं पर खाद दिया जाता है।

गोलियों की खाद देना : अधिकतर धान के खेतों में नत्रजनिक उर्वरक प्रयोग करने के लिए यह विधि अपनाई जाती है। आवश्यकतानुसार मिट्टी के 10 से 12 भाग में 1 भाग खाद मिलाकर छोटी–छोटी गालियाँ बना ली जाती है। गोलियों को खेत में एक से दो इंच की गहराई पर पंक्तियों में, भूमि की सतह पर नमी के अभाव में शुष्क हो जाती है वहाँ पर यह विधि प्रयोग की जाती है। यदि खाद को भूमि की शुष्क सतह पर डाल दिया

जाए तो बढ़ती हुई फसल के लिए यह काम नहीं आ सकता। इस विधि का यही मुख्य उद्देश्य है कि खाद भूमि की नम सतह में डाला जा सके, जो फसलों के प्रयोग में आ सकता है। पोटैश तथा फॉस्फेटिक उरर्वक का इस विधि से प्रयोग करने पर उनका संस्थापन भी कम होता है।

खाद को गहराई में डालना : खाद देने की यह विधि धान की फसल में नत्रजन देने के लिए प्रयोग की जाती है। इस विधि से खाद देने के दो प्रमुख उद्देश्य होते हैं, जैसे–(क) खाद की पानी द्वारा बहने वाली मात्रा की हानि कम हो जाती है, तथा (ख) खाद की अमोनिया की हानि कम होती है।

उपभूमि में खाद डालना : इस विधि में गहरे हलों द्वारा गहराई पर खाद डाला जाता है। अधिक नम स्थानों की भूमियों के लिए जिनकी अधोसतह अम्लीय होती है, यह विधि प्रयोग की जाती है। अधो–मृदा अधिक अम्लीय होने के कारण उसमें प्राप्त पोषक तत्वों का अभाव होता है। जिसके कारण पौधों की जड़ों की समुचित बढ़वार नहीं हो पाती। इस अभाव की पूर्ति के लिए खाद का अधोसतह में प्रयोग किया जाता है। फॉस्फेटिक तथा पोटैश वाले खादों में यह विधि अधिक सफल सिद्ध होती है।

स्थान सीमित पर खाद देना : इस विधि में बीज अथवा पौधों के समीप भूमि में खाद दिया जाता है। जब खाद थोड़ी मात्रा में देना हो अथवा खाद कम मात्रा में उपलब्ध हो तो यह विधि प्रयोग की जाती है।

सम्पर्क विधि से खाद डालना : इस विधि में खाद और बीज एक साथ ही बोये जाते हैं। इस विधि का उद्देश्य यही होता है कि खाद बीज के पास डाला जा सके। गेहूँ, ज्वार, बाजरा, जौ, कपास आदि की फसलों में फॉस्फेटिक तथा पोटैशिक खादों का प्रयोग इस विधि से सफलतापूर्वक किया जा सकता है। जब खाद थोड़ी मात्रा में देना हो, खेत में प्रचुर मात्रा में नमी हो तथा भूमि दुर्बल हो, इस विधि से खाद देना बहुत ही लाभदायक रहता है।

खाद व उर्वरकों का वर्गीकरण

खाद की उत्पत्ति के रूप, प्राप्ति के साधन, निर्माण आदि के आधार पर खादों के विभिन्न वर्गीकरण किए गये हैं।

प्रथम वर्गीकरण

1. *फार्म का खाद :* फार्म से उत्पन्न पदार्थों की सहायता से तैयार किए गए खाद इस श्रेणी में आते हैं, जैसे गोबर की खाद, कम्पोस्ट, हरी खाद आदि।
2. *रसायनिक उर्वरक :* विभिन्न रसायनिक विधियों की सहायता से ये खाद तैयार किए जाते हैं। अमोनियम सल्फेट, अमोनियम सल्फेट नाइट्रेट, पोटैशियम सल्फेट, पोटैशियम क्लोराइड सुपर फॉस्फेट आदि।

द्वितीय वर्गीकरण

1. *पाशविक खाद :* पशुओं से प्राप्त पदार्थों की सहायता से तैयार किए गए खादों को इस समुदाय में गिना जा सकता है, जैसे–ऊन की खाद, रक्त की खाद, हड्डी की खाद, गोबर व मूत्र की खाद आदि।

2. *वानस्पतिक खाद :* पेड़-पौधों के विभिन्न अंगों की सहायता से तैयार किए जाने वाले खाद इस समुदाय के अन्तर्गत आते हैं। इनमें हरी खाद का विशेष स्थान है। इसके अलावा पेड़ों व पौधों की पत्तियाँ, शाखाएं, जड़ें आदि भी खाद के रूप में प्रयोग की जाती हैं।
3. *खनिज खाद :* अधिकतर रसायनिक उर्वरक खनिज खाद हैं।

तृतीय वर्गीकरण

1. *पूर्ण खाद :* सभी जैविक खाद जैसे–गोबर, कम्पोस्ट, हरी खाद आदि पौधों की तत्व सम्बन्धी प्राय: सभी आवश्यकताओं की पूर्ति करते हैं। इसलिये इन्हें पूर्ण खाद कहा जाता है।
2. *अपूर्ण खाद :* इस श्रेणी के खाद केवल एक अथवा दो पोषक तत्व प्रदान करते हैं। अधिकतर रसायनिक उर्वरक इस श्रेणी के अन्दर आते हैं।

चतुर्थ वर्गीकरण

1. *जैविक खाद :* इस श्रेणी में वे सभी खाद जो पशु व वनस्पति से प्राप्त पदार्थों की सहायता से तैयार किए जाते हैं, आते हैं। हरी खाद, गोबर की खाद ,कम्पोस्ट, ऊन व खून की खाद, खलियाँ आदि।
2. *अजैविक खाद :* सभी जीवांश रहित पदार्थ इस समुदाय के सदस्य है। साधारणत: प्रयोग में आने वाले सभी उर्वरक अजैविक खाद हैं।

सामान्य कार्बनिक खादों के स्त्रोत, रचना, परिरक्षण एवं उपयोग

भारतीय कृषि में जो पदार्थ कार्बनिक उर्वरकों की तरह उपयोग में लिए जाते हैं, उनमें सबसे महत्त्वपूर्ण हैं–

1. पशुओं तथा जानवरों का मलमूत्र।
2. खेती का कूड़ा-करकट।
3. अन्य जानवरों के शारीरिक अवशिष्ट पदार्थ इत्यादि।

सबसे पहले जिन खादों का यहाँ पर उल्लेख किया जाएगा यह वह खाद है जिसे फार्म यार्ड मैन्यूअर या **क्षेत्रीय उर्वरक** भी कहा जाता है। इसका विस्तार से विवरण किया जाएगा। यह इसलिए कि इसका उपयोग और इसके बनाने की विधियाँ वैज्ञानिक ढंग से अति आवश्यक हैं। यह इसलिए आवश्यक है कि हमारी कृषि व्यवस्था में तथा हमारी जलवायु तथा पर्यावरण की दशाओं के लिए यह अतिउपयुक्त पदार्थ है। इसलिए इस प्रकार का उर्वरण हमारी कृषि व्यवस्था तथा सस्यों के उत्पादन में इसका चिरकालीन उपयोग होता रहा हैं। हमारे यहाँ औद्योगिक विस्तार की अनुपस्थिति में यही पद्धति इसलिए भी अपनायी गई है क्योंकि इसके उत्पादन में कोई लागत नहीं लगती है और इसके लिए आवश्यक पदार्थ खेती में ही मिल जाते हैं। यही हमारी प्रारम्भिक परम्पराओं से जुड़ी विधि भी है।

कृषक इसकी अच्छाइयों से भली-भाँति परिचित होता है, परन्तु इसको बनाने की वैज्ञानिक विधि एवं उसके पौष्टिक तत्वों को सुरक्षित भण्डारण के तरीकों से अनभिज्ञ है। इस प्रकार की खाद ऐसे स्थानों पर बनायी जाती है, जो स्थान वर्षा तथा धूप से वंचित हों। यह इसलिए कि ये ऐसी अनुकूल दशाओं में निर्मित होते हैं, ताकि

तालिका 24 : भौतिक मूल की तथा रासायनिक खादों में उपयोगात्मक अन्तर

प्रांगारिक खाद	*रासायनिक खाद*
1. इन खादों में सभी आवश्यक पोषक तत्व मौजूद रहते हैं। पोषक तत्वों की मात्रा अधिक सघन नहीं होती।	1. ये पौधों के एक अथवा दो आवश्यक पौषक तत्वों को प्रदान करते हैं। इनमें पोषक तत्वों की मात्रा काफी सघन होती है।
2. ये खादें मिट्टी में जलधारण की शक्ति को बढ़ाती हैं। भूमि में इनकी प्रचुर मात्रा होने पर फसलें काफी समय तक पानी के अभाव को सहन कर सकती है।	2. ये खादें जल सोखने की शक्ति नहीं बढ़ाती।
3. इनमें पौधों की खुराक धीरे–धीरे प्राप्त होती है। इसीलिए इनका खेत में प्रभाव कई वर्ष तक बना रहता है। गोबर की खाद का प्रभाव 2 से 3 साल तक भूमि में रहता है।	3. इनसे पोषक तत्व बहुत जल्दी उपलब्ध होते हैं तथा इनका प्रभाव भूमि में अधिक दिनों तक नहीं रहता।
4. ये भूमि की भौतिक दशा को सुधारते हैं। इनके प्रयोग से चिकनी मिट्टी भुरभुरी तथा बलुई भूमि सघन हो जाती है, क्योंकि यह ह्यूमस कणों को बांधता है। इस प्रकार रेतीली भूमियों में जलधारण की शक्ति बढ़ती है और चिकनी मिट्टियों की जलनिकासी अच्छी हो जाती है।	4. रासायनिक खाद का अधिक लम्बे समय तक प्रयोग करने से भूमि की भौतिक दशा बिगड़ने का भय रहता है। जैसे अमोनियम सल्फेट के लगातार प्रयोग से भूमि में तेजाबीपन बढ़ने लगता है। इसी प्रकार सोडियम नाइट्रेट के लगातार प्रयोग से भूमि में क्षारीयपन बढ़ जाता है। इन दोनों ही अवस्थाओं में भूमि की रासायनिक अवस्था खराब होने के साथ–साथ भूमि की भौतिक अवस्था भी बहुत खराब हो जाती है।
5. जैविक पदार्थों के सड़ने से कार्बनिक अम्ल निकलता है जो भूमि के बहुत से अघुलनशील मूल्यवान पोषक तत्वों को घुलनशील अवस्था में परिवर्तित करने में सहायक होता है।	5. इनके प्रयोग से ऐसे लाभ की आशा नहीं होती। कभी–कभी तो हानि की ही अधिक सम्भावना हो जाती है। जैसे अमोनियम सल्फेट के लगातार प्रयोग से भूमि में तेजाबीपन बढ़ जाता है। ऐसी दशा में फॉस्फोरस लोहे तथा ऐलुमिनियम के साथ मिलकर अघुलनशील रूप में परिवर्तित हो जाता है।
6. रेतीली भूमियों में जीवांश की प्रचुर मात्रा होने पर वायु द्वारा कटाव की कम आशंका रहती है।	6. ऐसा कोई प्रभाव नहीं रखते।
7. जीवांश की उपस्थिति में भूमि के अनेक लाभदायक जीवाणुओं की संख्या में वृद्धि होती है।	7. इनके लगातार प्रयोग से भूमि के जीवाणुओं पर अच्छा प्रभाव नहीं पड़ता।
8. जैविक खादें भूमि में उचित वायु संचार की व्यवस्था करती हैं जो पौधों, जीवाणुओं तथा अनेक भूगर्भ के जीवों के लिए अति आवश्यक है।	8. इनके प्रयोग से ऐसी आशा नहीं होती।
9. पौधों की वृद्धि के लिए सहायक पदार्थ ऑक्सीमोन्स, इन खादों में मौजूद होते हैं।	9. इसमें ऑक्सीमोन्स नहीं होते हैं।
10. इन खादों के पौषक तत्व खेत में डालने के काफी समय बाद पौधों को प्राप्त होते हैं। इसी कारण से इनको बुवाई से काफी समय पूर्व खेत में मिलाया जाता है।	10. इन खादों में मौजूद पोषक तत्व खेत में डालने के बहुत थोड़े समय के बाद ही पौधों को प्राप्त होने लगते हैं।

क्रमशः

प्रांगारिक खाद	रासायनिक खाद
11. इनके प्रयोग से पौधों की संतुलित वृद्धि होती है।	11. इनके प्रयोग से पौधे की वृद्धि में सन्तुलन नहीं रहता। जैसे नत्रजनित खादों के अधिक प्रयोग से पौधों की वानस्पतिक वृद्धि अधिक होती है और वह देर से पकते हैं। इनके विपरीत फॉस्फोरस के खाद इस दोष को काफी सीमा तक कम करते हैं। इनके प्रयोग से पौधों को शक्ति मिलती है। उनकी जड़ें अधिक वृद्धि करती है और पौधे अधिक फूल-फल पैदा करते हैं।
12. मृदा-ताप पर इन खादों का अच्छा प्रभाव पड़ता है।	12. ऐसा कोई लाभ इनसे नहीं होता।
13. इनके प्रयोग से सस्यों की जल माँग घटती है।	13. इनके प्रयोग से सस्यों की जल मांग बढ़ती है।
14. इनके अधिक प्रयोग से भूमि की उर्वरा शक्ति बढ़ती चली जाती है।	14. इनके अधिक प्रयोग से भूमि की उर्वरा शक्ति घटती चली जाती है। कभी-कभी तो भूमि की उर्वरा शक्ति इस परिमाण तक घट जाती है कि वह सस्य उत्पादन के योग्य ही नहीं रहती।
15. इनके प्रयोग से भूमि में कार्बन नत्रजन का अनुपात संतुलित रहता है।	15. इनके प्रयोग से ऐसा प्रभाव नहीं होता है।

जो खाद बनेगा, उसमें धूप एवं वर्षा के विपरीत प्रभाव से इसके पौष्टिक तत्वों का ह्रसन न हो। वर्षा के बाद जब जमीन में पानी बहता है तो वह मटमैला या काले रंग का होता है। यह वह पानी होता है, जो अव्यवस्थित पशुओं के मलमूत्र आकर इन पदार्थों को बहाकर ले जाता है और उनको बेकार कर देता है। यह वह पदार्थ है जो पशुओं के मलमूत्र को बहाकर बनता है और उसे खेती के उपयोग से हटाकर अन्य किसी भी अन्य उपयोगी कार्य में नहीं लाया जा सकता है। इसमें उर्वरकों की दृष्टि से उपयोगी तत्व विद्यमान होते हैं और उनका संरक्षण एवं लाभप्रद उपयोग ही इस विधि को अपनाने का अभिप्राय होता है। गोबर तथा मूत्र का वर्षा के पानी से ह्रासित होना तभी सम्भव है, जब इनके बचाव के लिए उचित उपाय न किया जाए। खुली धूप में भी इन पदार्थों का ह्रास होता है क्योंकि इनमें विद्यमान अमोनियम जैसे पदार्थ सूर्य के अधिक ताप से वायुमण्डल में विसर्जित हो जाते हैं। ऐसा देखा गया है कि खुले स्थान पर इन उर्वरक पदार्थों को एकत्रित करने से कालान्तर में इनके 30 से 40 प्रतिशत पौष्टिक तत्व नष्ट हो जाते हैं। इसलिए कह सकते हैं कि उर्वरक पदार्थों को ठेरों में एकत्र करना नितान्त हानिकारक है। इस विधि से काफी पौष्टिक तत्वों की हानि हो जाती है।

यह सर्वविदित है कि भूमि में विद्यमान श्लेषीय पदार्थ (धरण पदार्थ) की मात्रा का आभास भूमि में विद्यमान प्रांगारिक नाइट्रोजन की मात्रा से होता है। फसलों के द्वारा भी त्याज्य पदार्थ मिलते हैं। ये ही इस घटक को प्रस्तुत करते हैं। यह इस बात पर निर्भर करता है कि भूमि को कितना प्रांगारिक नाइट्रोजन बाहर से आने वाले पदार्थों से आता है। इसके परिणामतः क्षेत्रीय उर्वरक इसलिए भी अत्यधिक मूल्यवान होता है, क्योंकि इसके द्वारा भी भूमि में नाइट्रोजन का आदाय होता है। इस वास्तविकता के अतिरिक्त क्षेत्रीय उर्वरक के द्वारा भूमि में ऊर्जा का आगमन होता है और निःसन्देह इसका भूमि की भौतिक दशा पर काफी गहन प्रभाव पड़ता है। इसके साथ भूमि में विद्यमान जीवाणुओं तथा सभी अन्य उदभिद्जात जन्तुओं का पोषण भी करता है। फिर भी इसे एक नाइट्रोजन एवं पोटैश देने वाला उर्वरक ही माना जाना चाहिए।

यह भी सही है कि सस्य पौधों के द्वारा जो कि कुल मात्रा का आधा भाग नाइट्रोजन फॉस्फोरिक अम्ल तथा पोटैश का भूमि में से हटाया जाता है यह सस्यों का वह भाग है जो पशुओं को खिलाया जाता है। सस्यों की सभी छोड़े गए भागों को जानवरों को खिलाया भी नहीं जाता है। यह भी जरूरी नहीं है कि भूमि की उर्वरता के संधारण के लिए केवल क्षेत्रीय उर्वरक ही पर्याप्त होता है। इसलिये अन्य साधनों को भी इस अभिप्राय की पूर्ति के लिये अन्य आयोजन को भी शामिल करना पड़ता है।

जैविक या प्रांगारिक खाद

गोबर की खाद

संसार की सर्वश्रेष्ठ तथा सबसे अधिक मात्रा में प्रयोग होने वाली खाद गोबर की है। किसान इसकी अच्छाइयों को भली-भांति समझता है, परन्तु इसको बनाने व सुरक्षित रखने के नियम ठीक प्रकार से नहीं जानता है। वह यह नहीं जानता कि खुले स्थान पर जहाँ धूप व वर्षा के पानी से कोई बचाव न हो खाद एकत्र करना हानिकारक होता है। ऐसी दशाओं में खाद के आवश्यक पोषक तत्व धूप व पानी द्वारा नष्ट किए जाते हैं। ऐसा देखा जाता है कि बरसात के दिनों में गाँव की गलियों से काला पानी आकर तालाबों में एकत्रित होता है। अब प्रश्न होता है कि क्या यह काला पानी आसमान से आया है? इसका उत्तर है कि पानी भूमि पर ही आकर काला हुआ है। पर क्यो? क्या भूमि में काला रंग होता है, जो पानी को काला बनाता है? अधिकांशतः ऐसा भी नहीं है। इसका मूल उत्तर यही है कि गाँव के किसान अपने कूड़े करकट व गोबर को खुले ढेरों में एकत्र करते हैं। पौधों की खुराक गोबर नहीं है बल्कि वह काला पदार्थ है जो पानी में घुलकर दूर से दूर बहा जा रहा है। यही खादों का मुख्य अवयव है और फसलों की मुख्य खुराक है। इस प्रकार बची हुई खाद पौधों के लिए अधिक लाभकारी नहीं रहती। दूसरी हानि जो घूर लगाने से होती है वह यह कि जब धूप होती है तो खाद में उत्पन्न हुई अमोनिया उसी प्रकार वायु में उड़ जाती है, जैसे पेड़ से तोड़ने के बाद पुष्प की सुगन्ध। ऐसा देखा गया है कि खुले स्थानों में खाद एकत्र करने से धूप व वर्षा के द्वारा खाद के घुलनशील पोषक तत्वों का 30-40 प्रतिशत भाग नष्ट हो जाता है। इस प्रकार हम देखते हैं कि खाद का घूरों में एकत्र करना बहुत ही हानिकारक है। इसके पोषक तत्वों की सुरक्षा करनी आवश्यक हैं।

जैविक उर्वरकों में कुछ नये उर्वरकों का प्रयोग करने से पैदावार में वृद्धि होती है। ये उर्वरक संहतित पौष्टिक तत्वों के संवर्धन में एक अहं भूमिका उर्वरक संवर्धन में प्रस्तुत करते हैं ये हैं-

1. एजेटोबैक्टर एक पूर्णतया स्वतन्त्र रहने वाला नाइट्रोजन के स्थीरीकरण के लिए उपयोगी शाकाणु है। इनमें से एजेटोबैक्टर कोकम एक ऐसी प्रजाति है जो भारत की मृदाओं में सामान्यतया पाई जाती है। मृदा के अन्दर जो भी सहायक एवं विरोधी कार्य इन सूक्ष्म पादपों के द्वारा और मृदा में उपस्थित जैविक पदार्थ की प्रतिक्रियाएँ ही प्रस्तुत करती है। वे ही इस शाकाणुओं की वृद्धि एवं इसकी नाइट्रोजन स्थीरिकरण की क्षमता को प्रभावित करती है। मृदा से जैविक पदार्थ की कमी एक परिसीमित कारक होता है। मृदा में उपस्थित थोड़ा-सा भी धरण पदार्थ किस प्रकार से एजोटोबैक्टर की वृद्धि को प्रेरित करता है, यह तथ्य सर्वविदित है। प्रयोगों में देखा गया है कि एजेटोबैक्टर से बीज के ऊपर अन्तःक्राकण से मृदा को अतिरिक्त 35 किलोग्राम/हैक्टर नाइट्रोजन मिल जाती है।

2. एजोस्प्रीलियम का घासों के साथ सहजीव का तथ्य सर्वविदित है। एजोस्प्रीलियम की लघु उद्भिदोभिद की उपस्थिति में नाइट्रोजन स्थीरीकरण की क्षमता अपार होती है। भिन्न विदेशों के मुल्कों में किए गए प्रयोगों से सिद्ध हुआ है कि स्प्रीलियम लिपोफेरम शाकाणु एक सामान्य जड़ों तथा मृदा में वास करने वाला शाकाणु

है। इस शाकाणु के अन्तःक्राकण से खाद्यान्नों मे नाइटोजन की कम मात्रा देने पर भी, ज्वार के दाने इसके काफी प्रोत्साही परिणाम प्राप्त हुए हैं।

वर्मीकम्पोस्ट के उत्पादन में केचुओं की एक अहं भागीदारी होती है। साथ ही यह जीव मृदा की उर्वरता तथा मृदा की भौतिक दशा को सुधारने के लिए भी प्रसिद्ध है। हाल के कुछ वर्षो में वर्मीकल्चर एवं वर्मीकम्पोस्ट ने व्यापारीय एंव आर्थिक ख्याति प्राप्त की है। आजकल इसका विस्तृत उपयोग उद्यानीय सस्यों (फलों की सस्यों) के उत्पादन में काफी किया जाता है। जो भी कम्पोस्ट केंचुएँ की सहायता से बनाई जाती है उसे वर्मीकम्पोस्ट कहते हैं। जैविक कृषि कार्य में इसका बड़ा महत्व है। प्रयोगों से सिद्ध हो चुका है कि यदि खाद को गड्ढों में डालकर मिट्टी से इस प्रकार ढक दिया जाए कि उस पर धूप व पानी का प्रभाव न हो तो उसमें से नत्रजन जैसे मूल्यवान पोषक तत्व की हानि नहीं होती है।

खाद प्रयोग के लिए कुछ मुख्य सूचनाएं यहां पर दी जा रही हैं– भारत की सभी भूमियों मे नत्रजन की मात्रा बहुत कम है। खाद प्रदान करने वाले पशु अधिक स्वस्थ नहीं है। बीमार एवं दुर्बल पशुओं का गोबर अपोक्षाकृत कम शक्तिशाली एवं कम पौष्टिक पदार्थ युक्त होता है। भारत में ऐसे ही पशु अधिकता से मिलते हैं। गोबर को जलाने के लिए प्रयोग किया जाता है। खाद को घूरों में एकत्र करते हैं। भारत की गर्म जलवायु के कारण खाद का खेत में अधिक दिनों तक प्रभाव नहीं रहता। किसान सही रूप से खाद का प्रयोग भी नहीं जानते हैं।

इस सूचना को देखने से पता चलता है कि भारत में खाद की समस्या बड़ी जटिल है। भूमि की भूख दो प्रकार से मिटाई जा सकती है। एक तो गोबर के कन्डों को जलाने से बचाया जाए। परन्तु इसके लिए अतिरिक्त ईंधन का प्रबन्ध करना होगा। यह भी सम्भव नहीं है क्योंकि भारत में वैसे ही अन्य देशों की अपेक्षा कम वन–क्षेत्र हैं। हालांकि आजकल ईंधन की समस्या को हल करने के लिए गोबर गैस, सौर ऊर्जा आदि की खोज हुई है परन्तु यह भी अधिक प्रयोग में नहीं लाए जाते। इनकी कीमत अधिक पड़ती है तथा घरेलू धन्धों की आवश्यकताएँ उतनी अच्छी प्रकार पूरी नहीं दे सकती हैं। अब केवल एक ही उपाय सामने रहता है और वह है खाद को कैसे भी सुरक्षित रखा जाए ताकि उसके पोषक तत्वों की मात्रा नष्ट न हो।

प्रयोगों से सिद्ध हुआ है कि खाद की टेरियों को 6 महीने वायुमंडल में खुला रहने पर खाद से 41% नत्रजन में तथा 8% पोटाश की हानि होती है। इसके अलावा कुछ फॉस्फोरिक एसिड तथा पोटाश का भी नष्ट होने का अनुमान लगाया गया। अब खाद की रक्षा करने का एक ही उपाय है कि इसे उचित स्थान पर गड्ढों मे एकत्र करने के बाद किया जाए। जब गड्ढों में एकत्र किया जाए। जब गड्ढे भर जाएं तो उनको उचित आवरण से ढक दिया जाएं।

खाद के गड्ढे बनाते समय उनकी लम्बाई–चौड़ाई तथा गहराई का विशेष ध्यान रखना चाहिए। खाद का गड्ढा ऐसे स्थान पर बनाना चाहिए जहाँ वर्षा का पानी एकत्र न होता हो तथा तेज आंधियों से सुरक्षा का प्रबन्ध हो। बरसात के पानी को गड्ढों मे जाने से रोकने के लिए 1.5 फीट ऊँची तथा 2 फीट चौड़ी मजबूत मेंड गड्ढों के चारों तरफ बना देनी चाहिए। गड्ढे की गहराई 3 से 4 फीट रखनी चाहिए। 4 फीट से अधिक गहराई रखने पर गड्ढों की निचली तहों की खाद में वायु–संचार सुचारू रूप से नहीं हो पता जिससे खाद को सड़ाने वाले जीवाणु क्रियाशील नहीं रह पाते और खाद का सड़ाव दोषपूर्ण तथा अपूर्ण रहता है। गड्ढे की लम्बाई व चौड़ाई किसान अपनी आवश्यकतानुसार भी तय कर सकता है। 6 फीट चौड़ा गड्ढा अच्छा सिद्ध होता है। आवश्यकतानुसार $12 \times 8 \times 4$ अथवा $8 \times 6 \times 4$ आकार के दो या तीन गड्ढे बनाने चाहिए। जब एक गड्ढा

तालिका-25 : खादों का वर्गीकरण

जैविक खाद		*रासायनिक खाद*			
जैविक खाद	*हरी खाद*	*नत्रजनिक खाद*	*फास्फोरिक खाद*	*पोटैशिक खाद*	*विविध खाद*
1. गोबर की खाद	शिम्बा कुल तथा अन्य किस्म के पौधों के द्वारा	अमोनियम सल्फेट	सुपर फास्फेट	केनाइट	मिश्रण नं. 1
2. कम्पोस्ट		अमोनियम नाइट्रेट	मौनी के. फास्फेट	पोटैशियम क्लोराइड	मिश्रण नं. 2
3. मलमूलत्र की खाद		अमोनियम क्लोराइड	के. मेटाफास्फेट	पो. सल्फेट	मिश्रण नं. 3
4. शीरे की खाद		सोडियम नाइट्रेट	एपेटाइट	लकड़ी की राख	अमो. फासका.
5. जलकुम्भी की खाद		कैल्शियम नाइट्रेट	राकफास्फेट		नाइट्रोफासका.
6. प्रेसमड की खाद		यूरिया	बेसिक स्लेग		निसीफौस
7. खलियों की खाद		कैल्शियम साइनमाइड	हड्डी की राख		नाइट्रोफौस
8. ऊन व खून की खाद					अमोफौस ए
9. कपड़े व कागजों की खाद					अमोफौस बी
10.कई तृणकों से बनी खाद					
11.क्षेत्र के कचरे की खाद					

पूर्णरूप से भर जाए तो इसे 6" मोटी मिट्टी की तह से ढक देना चाहिए। यह मिट्टी गड्ढे में सुरक्षित खाद की धूप व पानी से रक्षा करती है तथा गड्ढे में बनी हुई गैस को वायु में उड़ने से रोकती है और स्वयं उसे सोख लेती है। इसलिए यह मिट्टी भी खाद के लिए प्रयोग की जा सकती है। जब पहला गड्ढा भर जाए तो फिर दूसरे गड्ढे को भरना आरम्भ करना चाहिए और इसी प्रकार तीसरा भी भरना चाहिए। लगभग 9 महीने में खाद सड़ गल कर खेत में डालने योग्य हो जाती है। 4–5 पशु रखने वाले किसानों को छोटे आकार वाले तथा अधिक संख्यायें पशु रखने वाले किसानों को बड़े आकार वाले तीन गड्ढे बनाने चाहिए। गर्मियों में खाद बनाते समय खाद में आवश्यक नमी बनाए रखने के लिए समय-समय पर पानी छिड़कना चाहिए। यदि ऐसा न किया गया तो गर्मी की वजह से खाद जलने लगती है और उसके जीवाणु तथा पोषक तत्व इस आग में नष्ट हो जाएंगे। इस हानि को खाद के ऊपर छान-छप्पर का साया करके रोका जा सकता है। यदि सम्भव हो तो गड्ढा पेड़ के नीचे भी बनाया जा सकता है।

गोबर की खाद प्रयोग करने की विधि : गोबर की खाद का प्रयोग करते समय यह सावधानी बरतने की आवश्यकता है कि खेत में कच्ची खाद न डाली जाए। कच्ची खाद के प्रयोग से दीमक का प्रकोप हो जाता है। दूसरी हानि यह है कि गोबर को खाद में परिणत होने के लिए काफी समय लगता है, इसलिए सूखे मौसम में पोषक तत्वों का अधिक ह्रास होता है। भारत में किसान दो विधियों से खाद का प्रयोग करते हैं–

1. खेत में खाद की ढेरी लगाकर।
2. गाड़ी द्वारा फैलाकर।

गोबर की खाद प्राय: बुवाई के 1 से 1.5 महीने पहले खेत में दी जाती है। उपरोक्त दोनों विधियाँ वैज्ञानिक दृष्टिकोण से दोषपूर्ण है क्योंकि इन विधियों में किसान खाद को खेत में खुला छोड़ देता है और इस प्रकार गड्ढों

के बजाय खेत में पोषक तत्वों का ह्रास होने लगता है। इसलिए खाद का उचित उपयोग करने के लिये यह आवश्यक है कि खेत में डालने के पश्चात् इसको जुताई द्वारा तुरन्त मिट्टी में मिला देना चाहिए। यदि भूमि अधिक सूखी तथा सख्त हो तो सिंचाई कर उसे मुलायम तथा जुताई करने योग्य बना लेना चाहिए। इस प्रकार प्रयोग करने से खाद का समुचित उपयोग होता है। आजकल अच्छी सड़ी गली खाद को लम्बी अवधि वाली फसलों (जैसे गन्ना) में बुवाई अथवा प्रथम सिंचाई के साथ भी देने लगे हैं। अच्छी प्रकार सड़ी हुई खाद की पहचान है कि काले रंग की भुरभुरी होती है तथा उसमें दुर्गन्ध नहीं आती। खाद डालने के बाद खेत में उचित मात्रा में नमी अवश्य रहनी चाहिए।

गोबर की खाद के लाभ : भूमि में पौधे के सभी आवश्यक तत्वों की मात्रा बढ़ाता है। इसके प्रयोग से भूमि की भौतिक, रासायनिक तथा जैविक दशा में सुधार होता है। इसकी उपस्थिति में रासायनिक खादों का प्रयोग भी अधिक लाभदायक सिद्ध होता है। भूमि की जलधार शक्ति बढ़ती है। वायु संचार उचित होता है। फसल की उपज बढ़ती है। भूमि का कटाव कम होता है। मृदा ताप पर अच्छा प्रभाव पड़ता है।

कम्पोस्ट निर्माण एवं उपयोग

कृत्रिम प्रांगारिक खादों में कम्पोस्ट का महत्वपूर्ण स्थान है। यह सभी वानस्पतिक तथा पाश्विक पदार्थों को सड़ाकर बनाई जाती है। कम्पोस्ट बनाने के लिए खरपतवार, पेड़ों की पत्तियाँ, फसलों के अवशेष तथा भूसा, जानवरों से बचा हुआ चारा, जानवरों का गोबर व मल-मूत्र, धान की पूवाल, कूड़ा, करकट व राख आदि का प्रयोग किया जाता है। गांव में ये सभी पदार्थ बेकार नष्ट हो जाते हैं तथा इनका सदुपयोग नहीं हो पाता। इन पदार्थों के अतिरिक्त सड़ी खाद अथवा मूत्र की मिट्टी आदि चालू करने वाले आरंभिक पदार्थ की आवश्यकता होती है। जिस प्रकार दूध को जमाने के लिए उसमें थोड़ी छाछ डाली जाती है ठीक उसी प्रकार कम्पोस्ट बनाने के लिए भी चालू करने वाले पदार्थों की उपयोगिता है। कीटाणुओं का कार्य संचालन सुचारू रूप से होने के लिए नमी तथा वायु का भी उचित प्रबन्ध रहना चाहिए।

गड्ढों का भरना

गड्ढे भरने के लिए विभिन्न पदार्थों को तहों में भरा जाता है। सबसे पहले पत्तियों व घासफूंस के मिश्रण की 6 इंच मोटी तह लगाई जाती है। उसके ऊपर 2 इंच गोबर की तह बिछानी चाहिए। यदि पदार्थों में नमी की कमी हो तो हल्का पानी भी छिड़क देना चाहिए। इसी प्रकार तहें लगाते रहो जब तक कि तहों की ऊचाई 5 फीट न हो जाए। खाद के सड़ने गलने के बाद यह ऊँचाई 3 से 4 फीट रह जाती है। अन्त में सब तहों की ऊपर एक मोटी तह मिट्टी की बिछा देनी चाहिए। गड्ढों को भरते समय यह ध्यान रखा ज़ाए कि पदार्थ अधिक न दब जाए। क्योंकि खूब दबी हुई तहों में वायु संचार भली-भाँति नहीं होता है। इसके लिये गड्ढों को भरते समय उनमें लकड़ियाँ खड़ी कर देते हैं। जिनको बाद में निकाल लेते हैं। इस प्रकार इन छेदों से वायु संचार भी होता है और खाद की दशा का ज्ञान भी हो जाता है। तह लग जाने के 20-25 दिन पश्चात खाद को फावड़े की मदद से उलट-पलट कर देना चाहिए। इस प्रकार नीचे का खाद ऊपर तथा ऊपर का खाद नीचे पहुंच जाएगा। इस पहली पलटाई के समय भी बांस के टुकड़ों से छेद बनाना चाहिये। कम्पोस्ट बनाने के लिए पदार्थ प्रचुर मात्रा में उपलब्ध हों तो दो बैल रखने वाला कृषक एक वर्ष में 40 गाड़ी कम्पोस्ट तैयार कर सकता है।

कम्पोस्ट बनाने की विधियों की ओर समय-समय पर विभिन्न वैज्ञानिकों के प्रयत्न चलते रहे हैं। उन्होंने बताया कि बैक्टीरिया व फफूंदी द्वारा सड़ाए हुए पौधों व उनके अवशेष पदार्थों से प्राप्त पदार्थ को कम्पोस्ट कहते

हैं और इसका रंग गहरा भूरा होता है। कम्पोस्ट बनाने की क्रिया कम्पोस्टिंग कहलाती है। विद्वानों ने कम्पोस्ट के लिए निम्नलिखित आवश्यकताएँ बताईं हैं –

1. **पर्याप्त मात्रा में कार्बनिक अवशेष पदार्थ :** इस श्रेणी के पदार्थों में भूसा, ज्वार, मक्का, बाजरा, खरपतवार, घास, पत्तियाँ, पशुओं का बिछावन, बाड़ी के डंठल व तने, अंडी, तम्बाकू, सरसों, सनई, गन्ने की पत्तियाँ, पेड़ों की शाख, जल कुम्भी, मूंगफली का छिलका, ढैंचा, गलियों का कूड़ा करकट, सब्जीमंडियों से एकत्रित बेकार पदार्थ तथा अन्य इसी प्रकार के पदार्थ मुख्य हैं। किसानों को चाहिए कि वह उन पदार्थों को बेकार नष्ट होने से बचाएँ और इन पदार्थों को पर्याप्त मात्रा में एकत्र करके कम्पोस्ट बनाने के लिए प्रयोग करें।

2. **उचित चालू करने वाला पदार्थ :** कम्पोस्ट बनाने के लिए इन पदार्थों का विशेष महत्त्व होता है। ढेर का कार्बनः नत्रजन अनुपात उचित बनाने के लिए इनको मिलाना आवश्यक होता है। इसका महत्त्व इस कारण से है कि अनुचित कार्बनः नत्रजन अनुपात चाहे ढेर की कार्बनः नत्रजन अनुपात 30:1 से विस्तृत हो अर्थात् नत्रजन की कमी हो तो उस अवस्था में किसी चालू करने वाले नत्रजनिक पदार्थ को ढेर में अवश्य ही मिलाना होगा अन्यथा खाद का सड़ाव अच्छी प्रकार नहीं हो पाएगा। इसका स्पष्ट कारण यह है कि जिस ढेर में नत्रजन की कमी होती हैं वहाँ पर शाकाणु बहुत कम संख्या में होते हैं तथा उनकी कार्यक्षमता बहुत क्षीण हो जाती है। पशुओं का गोबर, पशुओं का मूत्र, विष्ठा, सीवेज, स्लज, एक्टीवेटिड स्लज, कैल्सियम सायनामाइड, अमोनियम–सल्फेट, सोडियम नाइट्रेट तथा एडको आदि अच्छे चालू करने वाले पदार्थ हैं।

3. **नमी :** सड़न गलन की क्रिया का सुचारु रूप से चलता रहना ढेर की नमी पर आधारित होता है। ढेर में जैविक साधनों द्वारा होने वाली सभी क्रियाओं के लिए उचित नमी होनी आवश्यक है। कम्पोस्ट के ढेर में 50 प्रतिशत के लगभग नमी होनी चाहिए। कम नमी में शाकाणुओं की कार्यक्षमता का पतन होता है तथा उनकी संख्या में काफी ह्रास हो सकता है। गर्मी के महीनों मे विशेषकर जब तेज धूप रहती है, तापक्रम ऊंचा होता है और शुष्क हवा चलती है नमी कम होने का विशेष अन्देशा रहता है। खुले हुए कम्पोस्ट के गड्ढों में नमी का ह्रास और भी तीव्र गति से होता है। सूखे की इन दशाओं में बाहर से पानी मिलाकर नमी की उचित मात्रा स्थिर रखनी चाहिए। खाद के गड्ढे की हानि रोकने के लिए गारा मिट्टी का लेप करना लाभकारी रहता है।

4. **वायुसंचार :** विवंधन की प्रारम्भिक अवस्थाओं में वायुसंचार का विशेष महत्त्व रहता है। ऐसा देखा गया है कि वायुसंचार की अधिक आवश्यकता उस दशा में होती है, जबकि कम्पोस्ट की सामग्री देर से सड़ने वाली हो। ऐसे पदार्थ जिनमें नाइट्रोजन कम मात्रा में होती है अपेक्षाकृत धीरे–धीरे सड़ते–गलते हैं। इन पदार्थो का तेजी के साथ अपघटन तभी सम्भव है जब ढेर में वायुसंचार प्रचुर मात्रा में हो। इसके विपरीत जो पदार्थ नत्रजन में धनी होते हैं, उनके लिए अत्यधिक वायुसंचार लाभप्रद नहीं होता है। क्योंकि ऐसा होने पर कार्बनिक पदार्थ तथा नत्रजन की हानि होने पर कार्बनिक पदार्थ तथा नत्रजन की हानि होने की सम्भावना रहती है। ऐसा देखा गया है कि मिले–जुले पदार्थों के ढेर में यदि प्रारम्भ के 3, 4 महीनों तक वायवीय दशा चलती रहे तो कार्बनिक पदार्थ व नत्रजन की 50 प्रतिशत तक हानि हो जाती है।

उपरोक्त बातों को ध्यान में रखकर विभिन्न वैज्ञानिकों ने कमपोस्ट बनाने की विभिन्न विधियों का आविष्कार किया। इन विधियों से कम्पोस्ट बनाने के अनेक लाभ हैं, जैसे- 1. नत्रजन की हानि का बचाव, 2. कार्बनिक पदार्थों की हानि का बचाव, 3. खाद का अल्प समय में तैयार होना, 4. खाद के तैयार करने में परिश्रम व खर्च की कमी, 5. पौष्टिक खाद तैयार होना आदि। कम्पोस्ट बनाने की अन्य मुख्य बातें इस प्रकार हैं-

पहली पलटाई के 20-25 दिन बाद दूसरी पलटाई करनी चाहिए। इस पलटाई में छेद बनाने की खास आवश्कता नहीं रहती। दूसरी पलटाई से दो महीने पश्चात् कम्पोस्ट तैयार हो जाती है। अब इस कम्पोस्ट को खेतों में प्रयोग करना चाहिए।

किसान को कम्पोस्ट बनाते समय उसकी समय-समय पर जाँच करते रहना चाहिए। जब कम्पोस्ट ठीक प्रकार से बनती है तो बनाए गए छिद्रों से भाप निकलती है और खाद के ढेर पर अनेक कुकुरमुत्ते निकल आते हैं। पहली पलटाई के समय ढेर में सफेद रंग की फफूंद लगी हुई दिखाई देती है। दूसरी पलटाई के बाद ढेर में केंचुएं प्रवेश कर जाते हैं तथा ढेर में किसी प्रकार की दुर्गन्ध नहीं रहती है।

जब कम्पोस्ट ठीक प्रकार नहीं बनती तो उपरोक्त सभी लक्षणों का अभाव होता है तथा ढेर से दुर्गन्ध आती है और अमोनिया निकलती है। ढेर पर मक्खियाँ अधिक बैठने लगती है और कभी-कभी नमी की कमी से खाद नीचे नहीं बैठ पाता।

कम्पोस्ट बनाने की एक दूसरी विधि भी है जिनमें तह लगाने वाली कठिनाई समाप्त हो जाती है। इसमें किसान को चाहिए कि कचरा आदि पशुओं के नीचे बिछा दिया जाएं। इसी में उनका गोबर और मूत्र भी मिलता रहेगा। आवश्यकतानुसार सूखी मिट्टी भी डालनी चाहिए। अन्दाज से जब एक गड्ढा भरने लायक सामग्री हो जाए तो इसमें थोड़ी राख व चूना मिलाकर इस पूरे मिश्रण को गड्ढों मे भर देना चाहिए। गड्ढों मे भर कर इसे एक मोटी मिट्टी की तह से ढक देना चाहिए। यह खाद 4-6 महीने में बिना पलटे ही तैयार ही जाएगी। जिन स्थानों में पानी की कमी हो वहाँ बरसात के मौसम में खाद तैयार की जाती है।

बरसाती कम्पोस्ट बनाने की विधि : बरसात में कम्पोस्ट बनाने के लिए 8-10 फुट लम्बा, 6 फुट चौड़ा तथा 3 फुट ऊँचा चबूतरे की आवश्यकता होती है। चबूतरे की लम्बाई-चौड़ाई आवश्यकतानुसार बढ़ाई जा सकती है। अब इस चबूतरे को 2 से 2.5 फीट के भागों में लम्बाई की ओर से विभाजित किया जाना है। इस प्रकार प्रत्येक भाग को भरते रहते हैं। खाद की ऊँचाई 3-4 फुट से अधिक नहीं रखनी चाहिए। जब पहली वर्षा हो तो खाद को फावड़े की सहायता से भली-भाँति कुचलनी चाहिए, दूसरी पलटाई पहली के 30 से 35 दिन पश्चात् तथा तीसरी पलटाई इसके आगे के 30-35 दिन पश्चात् करनी चाहिए। पलटाई करने से खाद जल्दी सड़ता है तथा उसमें पानी का प्रवेश ठीक प्रकार हो जाता है। पहली पलटाई के पश्चात् प्रति 80 वर्ग फुट पर 1 छटांक की दर से सनई के बीज बो देने चाहिए। इस प्रकार उगे हुए पौधों को दूसरी पलटाई के समय खाद में भली-भाँति कुचल देना चाहिए। ढेर को बरसात वाले दिन कभी नहीं पलटना चाहिए। ऐसा करने से खाद्य पदार्थ अधिक मात्रा में नष्ट होते हैं। इस प्रकार लगभग 4 महीने में खाद बनकर तैयार हो जाती है। कम्पोस्ट बनाने के लिए प्राप्त पदार्थ यदि सख्त हैं तो इन्हें पशुओं के नीचे बिछा देना चाहिए, ताकि ये अच्छी प्रकार कुचले जा सकें। कुछ समय पश्चात् जब ये पशुओं के पैरों से अच्छी प्रकार कुचलें जाए इन्हें गड्ढों में डाल देना चाहिए। पटसन, ढैंचे, कपास आदि के डंठल भी इस तरह मुलायम हो जाते हैं।

इस बात की भी सावधानी रखनी चाहिए कि अधिक मात्रा में बिल्कुल हरे पौधे गड्ढों में न भरे जाएं। ऐसा करने पर कम्पोस्ट की जगह साइलेज बन जाता है। यदि हरे पौधे उचित अनुपात में हों तो सड़ने की क्रिया शीघ्र ही प्रारम्भ हो जाती है। खाद के गड्ढों में राख अथवा चूने का प्रयोग करना बड़ा लाभदायक रहता है। सड़ने के समय कम्पोस्ट के गड्ढों में तेजाब निकलते हैं जो अधिक मात्रा में इकट्ठा होने पर जीवाणुओं के लिए हानिकारक होते हैं। इसलिए चूने का प्रयोग अवश्य करना चाहिए।

गर्मी तथा जाड़े में गड्ढों के अन्दर तथा बरसात में किसी ऊँचे स्थान पर जहाँ पानी न रुकता हो कम्पोस्ट तैयार करना चाहिए। गड्ढों की संख्या व आकार कम्पोस्ट के लिए प्राप्त सामग्री की मात्रा पर निर्भर होती है। गड्ढों की गहराई तीन-चार फीट से अधिक नहीं होनी चाहिए।

साधारण: 30×10×3 फुट के गड्ढे अधिक सुविधाजनक रहते हैं। लम्बाई की तरफ गड्ढे को 5.5 फीट के भागों में विभाजित कर लिया जाए। प्रयत्न यह रहे कि 5 फीट का गड्ढा एक सप्ताह में भर जाए।

1. एडको विधि : इस विधि का आविष्कार हुचिन्सन तथा रिचार्ड नामक विद्वानों ने इंग्लैंड में सन् 1921 ई. में किया। उन स्थानों में जहाँ पशुओं की संख्या बहुत कम हो और खेती मशीनों द्वारा की जाती हो, इस विधि का विशेष उपयोग है। यांत्रिक कृषि में भूसा, शुष्क घास मक्का के शुष्क पौधे, धान की पुवाल, ज्वार के पौधे, गन्ने की पत्ती तथा अन्य उगाई जाने वाली फसलों के अवशेष पदार्थ कम्पोस्ट बनाने के लिए उपलब्ध होते हैं। इस प्रकार इस विधि में गोबर व मूत्र की सहायता के बिना ही पौधों के अवशेष पदार्थों से ही कम्पोस्ट तैयार की जाती है। इस विधि में चालू करने वाला पदार्थ एडको पाउडर प्रयोग किया जाता है। इस चूर्ण का नाम इसको बनाने वाली कम्पनी के नाम पर पड़ा। इंग्लैंड के हारपेन्डेन नामक स्थान पर एग्रीकल्चरल डेवलपमेंट कम्पनी एडको मिश्रण तैयार करती है। इस मिश्रण की बनावट का सही रूप का तो ज्ञान नहीं है। कुछ लोगों का ऐसा मत है कि इसमें 12 भाग अमोनियम सल्फेट: 6 भाग सुपरफॉस्फेट: 5 भाग पोटैशियम क्लोराइड: 10 भाग पिसा हुआ चूना पत्थर होता है।

खाद बनाने के लिए 10 वर्गगज स्थान लेते हैं। सबसे पहले पौधों के अवशेष पदार्थों की एक फुट ऊँची तह बिछाई जाती है। इस पर पानी छिड़ककर पूरी तरह तर कर दिया जाता है। अब इसके ऊपर उचित परिमाण में एडको मिश्रण छिड़क दिया जाता है। पौधों के शुष्क भार का 7 प्रतिशत भार एडको मिश्रण का रखते हैं। तह लगाने, पानी छिड़कने व पाउडर बखेरने की यह क्रिया 6 बार दोहराई जाती है। इस प्रकार एक ढेर में लगभग एक टन खाद एकत्र हो जाता है। हर सतह में पौधों के शुष्क भार का 7 प्रतिशत एडको मिश्रण मिलाया जाता है।

खाद का ढेर लगाते समय इस बात का विशेष ध्यान रखते हैं कि ढेर 6 फुट से ऊँचा न होने पाए। अधिक ऊँचे ढेरों में वायु संचार सुचारु रूप से नहीं हो पाता जिसकी वजह से सड़ने-गलने की क्रिया बहुत धीमी हो जाती है अथवा बंद हो जाती है। ढेर लगाने के पहले तीन सप्ताह की अवधि में दो हजार पौंड पानी प्रति एक टन शुष्क पदार्थ की दर से तीन बार छिड़का जाए तो फिर खाद को 4-6 महीने तक नमी की कोई कमी नहीं रहती। पहले तीन सप्ताह की अवधि तक ढेर को उलट-पलट दिया जाता है। जब ढेर में कोमल पदार्थ एकत्र किए गए हों तो इसे पलटने की आवश्यकता नहीं रहती।

एडको मिश्रण में एक भारी दोष है कि कम्पोस्टिंग की प्रारम्भिक अवस्थाओं में यह नमी का शोषण करने में सहायक नहीं होता। भारत की गर्म जलवायु में और विशेषकर गर्मी के मौसम में एडकोयुक्त ढेरों से नमी इतनी तेजी के साथ नष्ट होती है कि फरमेन्टेशन की क्रिया ही बन्द हो जाती है।

2. एक्टीवेटिड कम्पोस्ट विधि : कम्पोस्टिंग की यह विधि फाउलर तथा रीगे द्वारा निकाली गई है। इन्होंने सन् 1922 ई. में इण्डियन इन्स्टीट्यूट ऑफ साइंस, बंगलौर में अपना कार्य प्रारम्भ किया। बाद में यह कार्य हार्कोट बटलर टेक्नीकल इन्स्टीट्यूट कानुपर में चला तथा विधिवत् समाप्त हुआ। फाउलर का कहना है कि चालू करने वाले पदार्थ में भारी संख्या में वे जीवाणु होने चाहिए जो खाद का अपघटन करते हैं। गोबर, मूत्र, विष्ठा, सीवेज, एक्टीवेटिड स्लज आदि पदार्थों को उसने श्रेष्ठ चालक पदार्थों की श्रेणी में रखा। ये पदार्थ ढेर में फरमेन्टेशन की क्रिया को सुचारु रूप से तीव्र गति पर संयत रखते हैं।

इस विधि में ढेर से वह खाद जिसका अपघटन हो चुका है, हटाकर उसके स्थान पर ताजा खाद भर देते हैं। खरपतवार, घास, पत्तियाँ, शाखाएँ तथा घर का अन्य कूड़ा करकट एक गड्ढे में भर लिया जाता है। ढेर 6 फीट लम्बा तथा 2 फीट ऊँचा बनाया जाता है। ढेर को नम करने के लिए एक मन ताजे गोबर का घोल छिड़का जाता है। घोल छिड़कने की यह क्रिया तब तक जारी रखी जाती है, जब तक कि ढेर का तापक्रम एकबार अधिकतम होकर नीचे ने गिरने लगे। इस बीच में कभी-कभी ढेर को पलटते भी हैं। इस प्रकार इस ढेर की अन्तिम दशा यह होती है कि सम्पूर्ण पदार्थ का रंग भूरा हो जाता है तथा इससे मिट्टी जैसी गन्ध आने लगती है और भुरभुरा हो जाता है। यह पदार्थ कम्पोस्टिंग के लिए स्टारटर का काम देता है। आवश्यकता पड़ने पर इस विधि से स्टारटर तैयार किया जा सकता है।

स्टारटर का एक-तिहाई भाग ताजे खाद के ढेर में मिलाना चाहिए और गोबर का घोल छिड़क कर नम रखना चाहिए। इसके अलावा गऊ-मूत्र, विष्ठा, हड्डी का चूरा आदि भी चालू करने वाले पदार्थ हैं। यदि ये पदार्थ न मिल सकें तो अमोनियम सल्फेट का घोल प्रयोग किया जा सकता है। इस घोल में थोड़ा सा पिसा हुआ कंकर मिला लेना चाहिए। इससे अम्लीयपन दूर हो जाता है। एडको मिश्रण का प्रयोग भी चालू करने के लिए किया जा सकता है।

प्रत्येक परिस्थिति में ढेर में शुष्क भार की दो प्रतिशत नत्रजन रहनी चाहिए। जैसे ही फरमेन्टेशन समाप्त हो ढेर का 1/3 भागा हटाकर अलग गड्ढे में संचित कर लेना चाहिए और उसके स्थान पर इतनी ही ताजी खाद सामग्री भर देनी चाहिए। यह क्रिया इसी प्रकार शनै:शनै: करनी चाहिए।

3. इन्दौर विधि : कम्पोस्टिंग की विख्यात विधि हावार्ड तथा वाड़ द्वारा निकाली गई। इन व्यक्तियों ने इन्स्टीट्यूट ऑफ प्लान्ट इन्डस्ट्री, इन्दौर में कार्य किया। इस विधि में स्टारटर गऊ का गोबर रखा जाता है। इन्दौर में इस पर परीक्षण किए गए। 33 गड्ढे बनाए गए। हर गड्ढे का आकार 30 फीट × 14 फीट × 2 फीट रखा गया। गड्ढों में पानी की आवश्यकता पूरी करने लिए भूमि की सतह से 4 फीट ऊँची धरातल पर तालाब बनाया गया जिसमें लगभग 32000 गैलन पानी एकत्र रहता है। इस तालाब से डेढ़ इंची पाइप द्वारा पानी बाहर निकलता है । इस पाइप में 8 टैप हैं। प्रत्येक टैप 6 गड्ढ़ो को पानी पहुँचा सकता है।

इस विधि से कम्पोस्ट बनाने के लिए निम्नलिखित पदार्थों का प्रयोग किया जा सकता है-

अ. पौधों के अवशेष : खरपतवार, हरी खाद, ईख की पत्ती, खोई, वृक्षों से झड़ी हुई पत्तियाँ, काटी हुई शाखाएँ, जलकुम्भी, झाड़ियाँ तथा उनकी शाखाएँ, भूसा, पशुओं से बचा हुआ चारा, लकड़ी का बुरादा, कागज, फटे पुराने बोरी व टाट के टुकड़े, लकड़ी के छोटे-छोटे टुकड़े तथा फार्म पर पैदा होने वाली अन्य फसलों के अवशेष आदि इस श्रेणी के मुख्य पदार्थ हैं। सावधानी यह रखनी चाहिए कि सभी हरे पदार्थों को गड्ढे में डालने से पूर्व सुखा लिया जाए। तत्पश्चात् इनको सीधे गड्ढे में

डाल दिया जाए या पशुओं के नीचे बिछा दिया जाए। सख्त पदार्थों को गड्ढे में डालने से पूर्व पशुओं के नीचे बिछाना चाहिए ताकि वे अच्छी प्रकार कुचले जा सके। यदि पदार्थ अधिक सख्त हैं तो उन्हें पहले किसी हथौड़े अथवा रोलर की सहायता से कुचल कर तब पशुओं के नीचे बिछाना चाहिए।

ब. पशुओं का गोबर व बिछावन।

स. **मूत्रयुक्त मिट्टी :** हर तीन महीने पश्चात् पशुओं के नीचे से 6" मिट्टी उठा लेनी चाहिए। इसको महीन पीसकर साये के प्रबन्ध में गड्ढों के पास एकत्र कर लिया जाता है।

द. **लकड़ी की राख :** खाद का अम्लीयपन घटाने तथा कम्पोस्ट में पोटाश का अंश बनाने के लिए इसका प्रयोग किया जाता है।

इन पदार्थों के अतिरिक्त उचित नमी व वायु संचार डिकम्पोजीशन के लिए अति आवश्यक होते हैं।

इस विधि में गड्ढे निम्नलिखित ढंग से भरे जाते हैं–

गड्ढे के धरातल पर सबसे पहले मिले–जुले वनस्पति अवशेष की एक सतह बिछाई जाती है। यह सतह लगभग 3 इंच मोटी रखी जाती है। इसके ऊपर मूत्र की मिट्टी तथा लकड़ी की राख का मिश्रण अच्छी प्रकार छिड़क दिया जाता है। अब इसके ऊपर गोबर तथा बिछावन की एक सतह बिछाई जाती है। यह सतह 2 इंच मोटी होती है। इस पर पानी छिड़क कर पदार्थों को नम किया जाता है। ये सभी क्रियाएँ तब तक दोहराई जाती हैं, जब तक कि ढेर की ऊँचाई 2.5 फीट न हो जाए। ढेर की ऊपरी सतह पर गोबर बिछाकर उसके ऊपर राख व मूत्र की मिट्टी का छिड़काव किया जाता है। पानी छिड़क कर आवश्यकतानुसार पर्याप्त नमी दी जाती है। ढेर पर शाम व सुबह दोनों समय पानी का छिड़काव किया जाता है। पहली बार के छिड़काव में अधिक पानी खर्च होता है, क्योंकि खाद पानी सोखता है। नमी के अभाव में फरमेन्टेशन की क्रिया तीव्र गति से नहीं हो पाती। अब यह नम ढेर दबना आरम्भ करता है और भूमि की सतह के बराबर आ जाता है। अब गड्ढे में एक सप्ताह में एक बार पानी छिड़का जाता है। गड्ढों की प्रत्येक पलटाई के समय भी पानी छिड़का जाता है।

समान मिश्रण, समान सड़ाव तथा बैक्टीरिया के लिए उचित वायु व नमी की सुविधा देने के लिए खाद को तीन बार पलटा जाता है। पहली पलटाई गड्ढा भरने के दो सप्ताह पश्चात् की जाती है। सुविधानुसार कोई विधि अपनाकर गड्ढे की पूरी खाद को इस पलटाई के समय फिर नम बनाया जाता है और आधे गड्ढे की खाद दूसरे आधे भाग पर चढ़ा दी जाती है। इस प्रकार इस पलटाई में आधा गड्ढा खाली होता रहता है। पहली पलटाई के पश्चात् दूसरी बार खाद को पलटना पड़ता है। यह पलटाई पहली के दो सप्ताह पश्चात् की जाती है। खाद को अच्छी प्रकार कुचलकर पानी छिड़का जाता है तथा गड्ढे की खाली आधे भाग में खाद फैला दी जाती है। तीसरी पलटाई के समय खाद का रंग गहरा हो जाता है और यह भुरभुरा हो जाता है। यह पलटाई दूसरी के एक महीने पश्चात् की जाती है। इस बार खाद को गड्ढे से बाहर निकाल लिया जाता है और ढेर में एकत्र किया जाता है। ये ढेर नीचे 10 फीट लम्बे तथा 10 फीट चौड़े और ऊपर 9 फीट लम्बे तथा इतने ही चौड़े रखे जाते हैं। ढेर की ऊँचाई 3.5 फीट रखते हैं। इस प्रकार इन ढेरों में खाद को एक महीना एकत्र रखते हैं। इसके बाद यह खाद खेतों में डालने योग्य जो जाता है। इस एक महीने की अवधि में वायुमण्डल से काफी नत्रजन ढेर से प्रवेश करती है। यदि ढेर को उचित विधि से एकत्र किया जाए तो इससे 25 प्रतिशत तक नत्रजन वायुमण्डल से आती है।

वर्षा ऋतु में जब गड्ढे पानी से भरे होते हैं खाद को भूमि की सतह पर एकत्र किया जाता है।

औसत वर्षा वाले क्षेत्रों में निम्नलिखित आकार के ढेर लगाने चाहिए-

भूमि की सतह पर ढेर की लम्बाई × चौड़ाई = 8′ × 8′

ढेर की ऊपरी सतह की लम्बाई × चौड़ाई =7′ × 7′

ढेर की ऊँचाई = 2′

घनी वर्षा वाले क्षेत्रों में खाद के ऊपर छप्पर आदि का प्रबन्ध होना आवश्यक है। यदि इस प्रकार का प्रबन्ध सम्भव न हो सके तो वर्षा के इन महीनों में कम्पोस्टिंग स्थगित कर देना चाहिए।

4. बंगलौर विधि–यह विधि आचार्य ने इण्डियन इन्स्टीट्यूट ऑफ साइंस, बंगलौर में निकाली । इस विधि में खाद की पलटाई नहीं की जाती और इस प्रकार खाद की पलटाई में होने वाले विभिन्न खर्चो में कटौती हो जाती है। इस विधि में ताजे खाद की कार्बन नत्रजन अनुपात पर विशेष ध्यान रखा जाता है। खाद में नमी का भी विशेष रूप से ध्यान रखा जाता है। कम्पोस्ट खाइयों में बनाया जाता है। नमी तथा नत्रजन की हानि से बचाव करने के लिए खाद के ऊपर मिट्टी की तह फैलाई जाती है। खाइयाँ लम्बाई की तरफ से समानान्तर बनाई जाती है। दो खाइयों के बीच में 5 फीट का रास्ता छोड़ दिया जाता है। खाद पदार्थों की उपलब्धता को देखते हुए विभिन्न आकार की ट्रेन्च बनाई जा सकती हैं।

किसी भी अवस्था में 40′ × 9′ × 4′ से अधिक बड़े आकार की ट्रेन्च नहीं बनानी चाहिए। वे अधिक असुविधाजनक रहती है। ट्रेन्च निम्नलिखित विधि से भरी जाती हैं-

सबसे नीचे कूड़ा-करकट तथा अन्य अवशेषों की 9-10 इन्च मोटी तह बिछाई जाती है। इसके ऊपर 3 इन्च मोटी तह विष्ठा की बिछाते हैं। यह कार्य तब तक दोहराया जाता है, जब तक कि खाद की ऊँचाई भूमि की सतह से 1 फीट ऊपर न निकल आवे। तह लगाने का कार्य शीघ्रता के साथ करना चाहिए। यदि मिट्टी पर्याप्त मात्रा में अपलब्ध हो तो प्रत्येक दिन तह लगाने के पश्चात् उसके ऊपर मिट्टी की यह तह आधा इंच से एक इंच मोटी रखनी चाहिए। मिट्टी के इस ढकाव से ढेर पर मक्खियों का आना व उनका वहाँ पर प्रजनन बन्द हो जाता है तथा ढेर से दुर्गन्ध नहीं आती।

उपरोक्त दशाओं मे विष्ठा तथा अन्य खाद पदार्थ भार के अनुसार बराबर-बराबर होने चाहिए। यदि विष्ठा कम मात्रा में उपलब्ध हो तो एक भाग भार विष्ठा का तथा 2 भाग भार अन्य खाद पदार्थों का अवश्य होना चाहिए। जब विष्ठा और अन्य खाद पदार्थ उचित अनुपात में होते हैं तो आदमी का पैर खाद में नहीं धंसता। यदि पैर धंस जाए तो समझना चाहिए कि विष्ठा अधिक है। इसमें और अधिक खाद पदार्थ डालना चाहिए।

ट्रेन्च भरने के 4-5 दिन बाद खाद का तापक्रम लगभग 70 डिग्री सैल्सियस हो जाता है। यह तापक्रम 3-4 सप्ताह तक रहना चाहिए। इस तापक्रम पर खाद का डिकम्पोजीशन (विवंधन) तीव्रता से होता है। इसके अलावा खाद में उपस्थित बीमारी फैलाने वाले कीड़ों तथ खरपतवार व उनके बीजों का भी इस तापक्रम पर विनाश हो जाता है।

शुष्क मौसम में कम्पोस्ट खाद तैयार करना

खाद भरने के लिए आवश्यकतानुसार 20 फीट × 4 फीट × 3 फीट से लेकर 30 फीट × 6 फीट × 3.5 फीट तक के आकार की ट्रेन्च बना लेनी चाहिए। ट्रेन्च में सबसे नीचे फार्म से प्राप्त मिश्रित अवशेष पदार्थों

की 6 इंच मोटी तह बिछाई जाती है। नमी का अभाव हो तो 20 से 30 गैलन पानी का छिड़काव करना चाहिए। इसके ऊपर गोबर अथवा बिछावन+मूत्र की मिट्टी के मिश्रण की 2 इंच मोटी तह बिछानी चाहिए। इसको आधा इंच मोटी मिट्टी की तह से ढक देना चाहिए और अधिक पौष्टिक खाद प्राप्त करने के लिए मिट्टी की सतह में उचित मात्रा में खली तथा बोनमील का मिश्रण अथवा कार्बनिक रासायनिक खादों का मिश्रण मिला देना चाहिए। तह लगाने की क्रियाएँ तब तक दोहराई जाती हैं जब तक कि ढेर भूमि की सतह से डेढ़ फीट से दो फीट ऊपर न निकल जाए। अन्त में ढेर को मिट्टी की एक इंच मोटी तह से ढक दिया जाता है। इस प्रकार 8–9 महीने की अवधि में खाद तैयार हो जाता है। वर्षाऋतु में खाद गड्ढों में न बनाकर भूमि के ऊपर ढेरों में बनाया जाता है। 10 फीट × 10 फीट × 4 फीट आकार के ढेर लगाए जाते हैं। खाद की ऊपरी सतह पर 1–2 इंच मोटी मिट्टी की तह लगाई जाती है। यदि खाद बनाने के लिए सख्त पदार्थों का प्रयोग किया गया हों तो 2 महीने पश्चात् ढेर की एक पलटाई कर देनी चाहिए। इस पलटाई का उद्देश्य डिकम्पोजीशन की गति को तीव्र करना होता है।

प्रांगारिक खाद या जैविक खाद का भारतीय अर्थव्यवस्था पूर्णतया खेती पर निर्भर है। पिछले कुछ वर्षों से रसायनों का खाद के रूप में उपयोग करने से खेती पर अच्छा प्रभाव नहीं पड़ा है। इसलिए ऑर्गेनिक फार्मिंग की जागरूकता पर विशेष ध्यान दिया जा रहा है। इस प्रौद्योगिकी में जैविक खादों का इस्तेमाल किया जाता है।

ऑर्गेनिक खाद : केंचुए द्वारा तैयार की जाती है। यह (वर्मीकल्चर) एक ऐसी विधि है, जिसके माध्यम से केंचुए की एक खास प्रजाति को संभाला जाता है। उसे खाना देकर केंचुए की संख्या में बढ़ोतरी हो जाती है। वर्मीकम्पोस्टिंग वह प्रौद्योगिकी है जिसके माध्यम से केंचुए बचे-खुचे खाद्य पदार्थों को उपयोगी खाद में परिवर्तित कर लेते हैं।

यदि इस प्रकार से खाद तैयार करनी हो तो कुछ बातों का विशेष ध्यान रखना होता है। केंचुओं की देखभाल के लिए सबसे पहले इसे सीधी धूप से बचाना होता है। इनको छाया में ही रखें। इसके अतिरिक्त हवा का भी सही प्रबन्ध होना चाहिए। 60–100 प्रतिशत नमी रखनी चाहिए तथा तापमान 20 डिग्री से 30 डिग्री के अन्दर संधारित करना चाहिए। शाकाणुओं की पर्याप्त संख्या भी उपलब्ध होनी चाहिए। इसके अलावा बचा-खुचा खाद पदार्थ भी इस ढेर में डाल सकते हैं। केंचुओं को अम्लीय पदार्थों से बचाकर रखना चाहिये।

इस प्रकार के रोजगार को अपनाने में खर्च नाममात्र ही चाहिए। केंचुएं की विशेष प्रजाति से ही यह कार्य किया जा सकता है। इस प्रजाति के एक किलो की कीमत 400–500 रुपये मात्र होती है। स्थान के अनुसार मिट्टी का प्रबन्ध किया जाता है। कई संस्थाएँ केंचुए मुफ्त भी उपलब्ध करवाती हैं।

देश के सभी प्रमुख कॉलेजों और कृषि विश्वविद्यालयों में इस प्रौद्योगिकी को पढ़ाते हैं तथा शिक्षण भी करवाते हैं। इस प्रकार की प्राकृतिक खाद बाजार में 10–15 रुपये प्रति किलोग्राम के हिसाब से मिलती है।

खाद बनाने के लिए प्रयोग किए जाने वाले पदार्थों की रासायनिक रचना : फार्म के विभिन्न पशुओं के ताजा गोबर व मूत्र का रासायनिक विश्लेषण समय-समय पर विभिन्न वैज्ञानिको ने किया। यद्यपि इन सभी विश्लेषणों में थोड़ा अथवा अधिक अन्तर पाया जाता है। इस अन्तर के अनेक कारण हैं- जैसे पशु की जाति, उसकी आयु, उसका भोजन तथा उसका उपयोग मुख्य है। फिर भी इस तालिका से यह ज्ञान हो जाएगा कि विभिन्न पशुओं के गोबर व मूत्र की रासायनिक रचना औसतन क्या होती है?

तालिका-26 : खाद बनाने के लिए प्रयोग किए जाने वाले पदार्थों की रासायनिक रचना

तत्व (प्रतिशत)	घोड़ा		गाय		भेड़		सुअर	
	गोबर%	मूत्र%	गोबर%	मूत्र%	गोबर%	मूत्र%	गोबर%	मूत्र%
1.	2.	3.	4.	5.	6.	7.	8.	9.
पानी	76	89	84	92	58	86.5	80	97.5
-कार्बनिक ठोस पदार्थ	21	8	13.6	6	36	10.0	17	1.5
-अकार्बनिक	3	3	2.4	2	6	3.5	3	1.0
नत्रजन	0.5	1.35	0.4	1.0	0.75	1.35	0.5	0.4
फॉस्फोरस पैन्टाक्साइड	0.3	बहुत कम	0.2	बहुत कम	0.50	0.05	0.5	0.1
पोटैशियम ऑक्साइड	0.4	1.25	0.1	1.35	0.45	2.10	0.40	0.45
एल्कलीज	0.3	1.5	0.1	1.4	0.3	2.0	0.5	0.1
चूना तथा मैग्नीशिया	0.3	0.8	0.4	0.15	1.5	0.6	0.3	0.05
सल्फर ट्राइऑक्साइड	0.05	0.15	0.05	0.15	0.15	0.4	0.05	0.05
साल्ट	बहुत कम	0.2	0.005	0.1	0.025	0.25	0.05	0.5
सिलिका	2.0	0.025	1.6	0.01	3.2	कम	1.3	कम

जानवरों के मूत्र की खाद

भोजन के रूप में पशु को खिलाई गई नत्रजन का 30 प्रतिशत गोबर द्वारा तथा 50 प्रतिशत मूत्र द्वारा विसर्जित होता है। 5% हड्डी, माँस व रक्त के बनने में प्रयोग हो जाती है और 15% वायु में उड़ जाती है। इस प्रकार ज्ञात होता है कि मूत्र नत्रजन का एक प्रबल साधन है। मूत्र की खाद बनाने के तीन उपाय हैं-

1. इस विधि में 4″ मिट्टी पशुशाला में बिछा दी जाती है। इस पर जो मूत्र गिरता है यह उसे सोख लेती है। जब यह भली-भाँति मूत्र से तर हो जाए तो इसे हटाकर दूसरी मिट्टी की इतनी ही मोटी तह बिछा देनी चाहिए। इस प्रकार तैयार तर मिट्टी तुरन्त खाद के काम में लाई जा सकती है। यह खाद सब प्रकार की फसलों के लिए उपयोगी है।
2. इस विधि में पशुशाला की मिट्टी को 6″ गहरा खोदा जाता है। फिर 2.5 इंच भुरभुरी मिट्टी की तह महीने में एक बार डाल दी जाए। इस प्रकार 4 महीने तक लगातार 2.5 इंच मोटी नई तह बिछाते हैं और 4 महीने बाद 8 इंच मोटी तह एक साथ उठा लेते हैं। यह उपाय अक्टूबर से मई तक काम में लाया जा सकता है।
3. जहाँ पर पेड़ों की पत्तियाँ तथा घास-फूँस पर्याप्त मात्रा में उपलब्ध हो वहाँ मिट्टी के स्थान पर पशुओं के नीचे इन्हें बिछा देना चाहिए। जब यह पदार्थ काफी तर हो जाए तो फिर नया पदार्थ इसकी जगह बिछा देना चाहिए। यह विधि जाड़ों के लिए सर्वोत्तम होती है।

तालाब की मिट्टी की खाद

प्रयोगों द्वारा सिद्ध हो चुका है कि जिन तालाबों में गाँव व शहर का गन्दा पानी एकत्र होता है तथा अनेक खरपतवार सड़ते हैं उनकी मिट्टी बहुत ही अधिक शक्तिशाली होती है। बड़ी-बड़ी झीलों तथा तालाबों में जहाँ जलकुम्भी जैसे खरपतवार सड़ते हैं, उनकी मिट्टी बहुत ही धनी होती है। जब गर्मियो में ये तालाब सूख जाएं

तो इनकी मिट्टी उठाकर खेतों में डाल देनी चाहिए। इससे उपज में अत्यधिक वृद्धि होती है। तालाब की इतनी मात्रा अच्छी-से-अच्छी कम्पोस्ट से प्राप्त नहीं होती। इन आँकड़ों से स्पष्ट होता है कि खाद दी जाने वाली तथा बिना खाद दी जाने वाली खेती की पैदावार में तीन से चार गुने तक का अन्तर हो जाता है। इस खाद के प्रयोग से प्रति एकड़ उपज बढ़ने के साथ-साथ खेत इतने शक्तिशाली तथा उपजाऊ बन गए कि वे एक फसली से दो फसली हो गए।

खलियाँ

वानस्पतिक खादों मे खलियों का भारी मात्रा में इस्तेमाल किया जा रहा है। गोबर व कम्पोस्ट की अपेक्षा ये अपना प्रभाव शीघ्र ही करती हैं, क्योंकि इनके सड़ने में अधिक समय नहीं लगता। खलियों का लगभग 75% नत्रजन उसी फसल द्वारा प्रयोग कर लिया जाता है जिसमें यह दी गई है। शुष्क क्षेत्रों में जहाँ न तो सिंचाई के साधन हो और न वर्षा ही होती हो; खलियों का प्रयोग कम करना चाहिए। इनके सड़ने के लिए नमी की आवश्यकता होती है। अच्छे परिणाम प्राप्त करने के लिए यह आवश्यक है कि खलियों को पीस कर खेत में दिया जाए। सबसे अच्छा तो यह रहेगा कि खलियों को खेत में प्रयोग करने से पूर्व ही सड़ा लिया जाए। खेत में डालकर इनको अच्छी प्रकार भूमि में मिला देना चाहिए। यदि बिना सड़ी हुई खली खेत में प्रयोग करनी हो तो इसे बुवाई से 20 से 30 दिन पूर्व ही खेत में मिला देना चाहिए। अच्छी प्रकार सड़ी हुई खली को बुवाई के पश्चात् भी दिया जा सकता है। खेती में निम्नलिखित खलियों का मुख्य रूप से प्रयोग किया जाता है-

तालिका-27 : खाद्य तेलों की खलियों में नाइट्रोजन, फॉस्फोरस एवं पोटैश की विद्यमान मात्राएँ

	खलियाँ	*नत्रजन%*	*फास्फोरस%*	*पोटाश%*
1.	मूगंफली का खली	7.6	2.3	2.2
2.	सरसों का खली	6.5	1.0	1.4
3.	कुसुम की खली	5.8	1.3	1.2
4.	अलसी की खली	5.7	1.6	1.6
5.	तिल की खली	5.0	1.1	1.0
6.	रामतिल की खली	4.5	2.0	1.9
7.	नारियल की खली	3.7	1.9	1.8
8.	रेंडी की खली	5.0	1.8	1.6
9.	नीम की खली	4.4	1.0	1.4
10.	करंज की खली	3.5	0.7	1.6
11.	महुआ की खली	2.6	0.8	2.8

शीरे की खाद

प्रयोगों द्वारा सिद्ध हुआ कि 12 टन शीरे के प्रयोग से गन्ने की उपज में 30 से 33% तक की वृद्धि हुई है। इसको बुवाई के 3-4 महीने पूर्व ही खेत में डाल देना चाहिए ताकि यह अच्छी प्रकार सड़ गल जाए। ऊसर भूमियों के सुधार के लिए इसका प्रयोग डॉ. धर ने बहुत ही उत्तम बतलाया है।

प्रैस मड : चीनी मिलों से पर्याप्त मात्रा में मैली प्राप्त होती है। इसमें गोबर की अपेक्षा अधिक नत्रजन होती है। फसल बोने के 3-4 महीने पूर्व इसका प्रयोग करना चाहिए। 100 मन प्रति एकड़ की दर से अधिक इसका प्रयोग नहीं करना चाहिए।

5. उर्वरकों का व्यावहारिक उपयोग

उर्वरकों के विषय में हमने अब तक उनके मिट्टी के ऊपर रासायनिक, भौतिक प्रभाव एवं फसलों के उत्पादन में उनकी अहम् भूमिका इत्यादि की चर्चा की। क्योंकि इनके उपयोग में उपरोक्त दशाओं के अतिरिक्त उत्पादन एवं उत्पादन में लगे व्यय के बाबत एवं इनका वैज्ञानिक ढंग से उपयोग, दोनों ही उत्पादन को आर्थिक दृष्टि से प्रभावित करते हैं, इसलिए यह आवश्यक है कि उर्वरकों के ऊपर किए गए व्यय का भी लेखा-जोखा किया जाना यह उचित ही नहीं अपितु आवश्यक भी है, क्योंकि इससे फसल उत्पादन की आर्थिकी पर प्रभाव पड़ता है।

दिन-प्रतिदिन काम में आने वाले ज्ञान को हम यहाँ पर उदाहरण के रूप में प्रस्तुत करते हैं। इससे कृषकों को इस ज्ञान का खेती में इस्तेमाल करने में सुविधा होगी। एक बात ध्यान मे रखने योग्य यह है कि जब भी उर्वरक अनुपात में दर्शाया जाता है तो पहला स्थान नाइट्रोजन, दूसरा स्थान फॉस्फोरिक अम्ल का तथा तीसरा स्थान पोटैशियम ऑक्साइड का होता है। जैसे अनुपात 4 : 2 : 5 है। यह अनुपात मिश्रित उर्वरक में 4 प्रतिशत नाइट्रोजन 2 प्रतिशत फॉस्फोरिक अम्ल तथा 5 प्रतिशत पोटैशियम ऑक्साइड का माना जाना चाहिए।

उदाहरण 1. एक 4 : 2 : 5 अनुपात वाली खाद में नाइट्रोजन, फॉस्फोरस तथा पोटाश की विद्यमान मात्रा बताइए।

हल: 1 क्विंटल = 1000 किलोग्राम

इस प्रकार 100 किलो मिश्रण में 4 किलो नाइट्रोजन विद्यमान है।

इस प्रकार 100 किलो में नाइट्रोजन $\frac{1000 \times 4}{100} = 400$ किलो नाइट्रोजन है।

इसी प्रकार 20 किलो फॉस्फोरस तथा 50 किलो पोटाश की मात्रायें विद्यमान हैं।

उदाहरण 2. एक 6 : 10 : 6 प्रतिशत अनुपात की खाद के 1 क्विंटल मिश्रण में नाइट्रोजन फॉस्फोरिक अम्ल तथा पोटैशियम ऑक्साइड की विद्यमान मात्राएं:

60 किलो नाइट्रोजन

100 किलो फॉस्फोरिक अम्ल

60 किलो पोटैशियम ऑक्साइड हैं।

उदाहरण 3. 1 क्विंटल खाद के मिश्रण में यदि 400 किलो नाइट्रोजन, 200 किलो फॉस्फोरिक अम्ल और 40 किलो पोटाश मिलती है तो उस मिश्रित खाद में नाइट्रोजन, फॉस्फोरिक अम्ल तथा पोटैशियम ऑक्साइड का अनुपात क्या होगा?

1000 किलो उर्वरक में 400 किलो नाइट्रोजन

100 किलो उर्वरक में = 40 प्रतिशत नाइट्रोजन

20 प्रतिशत फॉस्फोरिक अम्ल

40 प्रतिशत पोटैशियम ऑक्साइड होगा।

इस प्रकार की मिश्रित खाद में अनुपात 4 : 2 : 4 का होगा।

उदाहरण 4. किसी 2 क्विंटल खाद के मिश्रण में यदि 120 किलो नाइट्रोजन, 200 किलो फॉस्फोरिक अम्ल तथा 40 किलो पोटाश मिलती है, तो ऐसे मिश्रण में तीनों तत्वों का प्रतिशत अनुपात होगा।

200 किलो में नाइट्रोजन की मात्रा 120 किलो इसलिए 100 किलो में नाइट्रोजन की मात्रा = 6 प्रतिशत

इस प्रकार इस मिश्रण में तत्वों का प्रतिशत अनुपात होगा : 6 नाइट्रोजन, 10 फॉस्फोरिक, 2 पोटाश का होगा।

उदाहरण 5. यदि एक 4 : 10 : 4 प्रतिशत अनुपात वाली खाद के मिश्रण में नाइट्रोजन की वांछित मात्रा अरंड की खली से देनी हो तो दस क्विंटल मिश्रण बनाने के लिए कितनी खली की आवश्यकता होगी?

हलः नाइट्रोजन की कुल मात्रा– 100 किलो खाद बनाने के लिए 4 किलो नाइट्रोजन चाहिए।

इसलिए 1000 किलो खाद बनाने के लिए 40 किलो

खली की मात्रा की गणना खाद बनाने के लिए 4 किलो नाइट्रोजन मिलती है 100 किलो खली से।

इसलिए 40 किलो नत्रजन मिलेगी – 40 × 25 = 1000 किलो खली से मिलेगी

= 10 क्विंटल खली चाहिए।

उदाहरण 6. 8 : 6 : 5 प्रतिशत अनुपात वाली खाद का 10 क्विंटल मिश्रण बनाने के लिए 'नाइट्रोफौस के' का प्रयोग मिश्रण के कुल फॉस्फोरस की पूर्ति करने के लिए किया गया है। इस उदाहरण में 'नाइट्रोफॉस के' की मात्रा ज्ञात कीजिए तथा खाद की इस मात्रा से प्राप्त होने वाली नाइट्रोजन तथा पोटाश की मात्राएं क्या होगी? अनुपात को संतुलित करने के लिए शेष नाइट्रोजन तथा पोटाश की मात्रायें क्या होगी?

'नाइट्रोफौस के' में 12% नाइट्रोजन, 24% फॉस्फोरस तथा 12% पोटाश होता है।

खाद के 10 क्विंटल मिश्रण में नाइट्रोजन की मात्रा = $\frac{8 \times 1000}{100} = 80$ किलो

खाद के 10 क्विंटल मिश्रण में फॉस्फोरस की मात्रा = $\frac{6 \times 1000}{100} = 60$ किलो

खाद के 10 क्विंटल मिश्रण में पोटाश की मात्रा = $\frac{5 \times 1000}{100} = 50$ किलो

∴ 24 किलो फॉस्फोरस प्राप्त हो सकता है। 100 किलो 'नाइट्रोफॉस के' से इसलिए

60 किलो फॉस्फोरस मिलेगा = $\frac{5 \times 100}{100} = 250$ किलो 'नाइट्रोफॉस के' से इसी प्रकार 100 किलो 'नाइट्रोफॉस के' से मिलता है 12 किलो पोटाश।

इसलिए 200 किलो 'नाइट्रोफॉस के' से मिलता है = $\frac{6 \times 5}{5} = 30$ किलो पोटाश 100 किलो नाइट्रोफॉस देता है 12 किलो नाइट्रोजन।

इसलिए 250 किलो 'नाइट्रोफॉस के' देगा = $\frac{12 \times 250}{100} = 30$ किलो नाइट्रोजन

शेष नाइट्रोजन की मात्रा = 80 − 30 = 50 किलो

शेष पोटाश की मात्रा = 50 − 30 = 20 किलो

1. 'नाइट्रोफॉस के' की मात्रा 250 किलो
2. नाइट्रोफॉस से प्राप्त होने वाले वाली नत्रजन = 50 किलो
3. नाइट्रोजनफॉस से प्राप्त होने वाली पोटाश = 20 किलो
4. अनुपात को संतुलित करने के लिए नाइट्रोजन की शेष मात्रा = 50 किलो
5. अनुपात को संतुलित करने के लिए पोटाश की शेष मात्रा = 20 किलो

उदाहरण 7. 8 : 7 : 7 प्रतिशत अनुपात वाली 10 क्विंटल खाद तैयार करने के लिए निम्नलिखित खादों की मात्राएं ज्ञात करें–

अ. सोडियम नाइट्रेट

ब. रॉक फॉस्फेट

स. पोटैशियम सल्फेट

10 क्विंटल खाद = 1000 किलो खाद

उपरोक्त खाद के 10 क्विंटल में नाइट्रोजन की मात्रा ज्ञात करनी है, जिसकी विधि निम्नलिखित है–

100 किलो खाद में नाइट्रोजन की मात्रा = 8 किलो

$\therefore$ 1000 किलो खाद में नाइट्रोजन की मात्रा = $\frac{8 \times 1000}{100} = 80$ किलो

इसी प्रकार फॉस्फोरस की मात्रा

100 किलो खाद में फॉस्फोरस की मात्रा = 7 किलो

$\therefore$ 1000 किलो खाद में फॉस्फोरस की मात्रा = $\frac{7 \times 1000}{100} = 70$ किलो

इसी प्रकार पोटाश की मात्रा ज्ञात होगी–

100 किलो खाद में पोटाश की मात्रा = 7 किलो

∴ 1000 किलो खाद में पोटाश की मात्रा = $\frac{7 \times 1000}{100}$ = 70 किलो

अब तक इतना ज्ञात हो गया है कि 8 : 7 : 7 अनुपात वाले 10 क्विंटल खाद को तैयार करने के लिए 80 किलो नाइट्रोजन, 70 किलो फॉस्फोरिक अम्ल तथा 70 किलो पोटाश देनी होगी। अब ज्ञात करना होगा कि 80 किलो नाइट्रोजन के लिए कितना सोडियम नाइट्रेट, 70 किलो फॉस्फोरस के लिए कितना रॉक फॉस्फेट तथा 70 किलो पोटाश के लिए कितना पोटैशियम सल्फेट की आवश्यकता होगी।

16 किलो नाइट्रोजन प्राप्त होती है 100 किलो सोडियम नाइट्रेट से।

∴ 80 किलो नाइट्रोजन प्राप्त होगी 5×100 = 500 किलो सोडियम नाइट्रेट से।

इसी प्रकार यदि 30 किलो फॉस्फोरस प्राप्त होती है 100 किलो रॉक फॉस्फेट से।

इसलिए 70 किलो फॉस्फोरस प्राप्त होगी = $\frac{7 \times 100}{100}$ = 233.33 किलो रॉक फॉस्फेट से अब पोटैशियम सल्फेट की मात्रा ज्ञात कीजिए–

50 किलो पोटैशियम 100 किलो पोटैशियम सल्फेट से प्राप्त होती है।

70 किलो पोटैशियम प्राप्त होगी = 20 × 7 = 140 किलो पोटैशियम सल्फेट से इस प्रकार इस तरह की 10 क्विंटल खाद के निर्माण के लिए हमें चाहिए–

500 किलोग्राम सोडियम नाइट्रेट

233.33 किलोग्राम पोटैशियम रॉक फॉस्फेट

140 किलोग्राम पोटैशियम सल्फेट

127 किलोग्राम पूरक पदार्थ (मिट्टी) इत्यादि।

योग 1000 किलोग्राम

उदाहरण 8. 7 : 10 : 4 प्रतिशत अनुपात वाली खाद का 10 क्विंटल मिश्रण तैयार करना है। इसके लिए अमोनियम सल्फेट - सुपर फॉस्फेट - सिंगल तथा पोटैशियम क्लोराइड की मात्राओं की गणना करना–

मिश्रण में नाइट्रोजन की कुल मात्रा = $\frac{1000 \times 7}{100}$ = 70 किलो नाइट्रोजन

मिश्रण में फॉस्फोरस की कुल मात्रा = $\frac{1000 \times 100}{100}$ = 100 किलो फॉस्फोरस

मिश्रण में पोटाश की कुल मात्रा = $\frac{1000 \times 4}{100}$ = 40 किलो पोटाश

20 किलो नाइट्रोजन प्राप्त होती है 100 किलो अमोनियम सल्फेट से।

∴ 70 किलो नाइट्रोजन प्राप्त होती है = $\frac{70 \times 100}{20}$ = 350 किलो अमोनियम सल्फेट से और 16 किलो फॉस्फोरस प्राप्त होती है 100 किलो सुपर फॉस्फेट सिगंल से

∴ 100 किलो फॉस्फोरस प्राप्त होगी = $\mathbf{\frac{1000 \times 100}{16}}$ **= 625** किलो सुपर फॉस्फेट सिगंल से

50 किलो पोटाश प्राप्त होती है 100 किलो पोटैशियम क्लोराइड से

∴ 40 किलो पोटाश प्राप्त होती है = $\frac{100 \times 4}{50}$ = 80 किलो पोटैशियम क्लोराइड से

इस तरह 10 क्विंटल मिश्रण में 350 किलो अमोनियम सल्फेट

10 क्विंटल मिश्रण में 625 किलो सुपर फॉसफेट सिंगल तथा

10 क्विंटल मिश्रण में 80 किलो पोटाशियम क्लोराइड विद्यमान होगा।

उदाहरण 9. एक 12 **:** 10 **:** 8 प्रतिशत अनुपात वाली खाद का 5 क्विंटल मिश्रण तैयार करना है। इसमें नाइट्रोजन की 40 प्रतिशत मात्रा अमोनियम सल्फेट से तथा 40 प्रतिशत सोडियम नाइट्रेट से और 20 प्रतिशत अमोनियम क्लोराइड से देनी है। फॉस्फोरस की कुल मात्रा मोनोकैल्सियम फॉस्फेट द्वारा देनी है। पोटाश की 95 प्रतिशत मात्रा पोटैशियम क्लोराइड तथा 5 प्रतिशत लकड़ी की राख से देनी है। इसमें विभिन्न खाद पदार्थों की मात्राएं ज्ञात करनी है।

5 क्विंटल में नाइट्रोजन की कुल मात्रा = $\frac{12 \times 1000}{100} \times 5 = 600$ किलो

5 क्विंटल में फॉस्फोरस की कुल मात्रा = $\frac{10 \times 1000}{100} \times 5 = 500$ किलो

5 क्विंटल में पोटाश की कुल मात्रा = $\frac{8 \times 1000}{100} \times 5 = 400$ किलो

कुल नाइट्रोजन की 40 प्रतिशत मात्रा = $\frac{600 \times 40}{100} = 240$ किलो जो अमोनियम सल्फेट से देनी है।

क्योंकि 20 किलो नाइट्रोजन प्राप्त होती है 100 किलो अमोनियम सल्फेट से।

∴ 40 किलो नाइट्रोजन प्राप्त होती है = $\frac{24 \times 100}{20} = 1200$ किलो

कुल नाइट्रोजन की 40 प्रतिशत मात्रा –

∴ 16 किलो नाइट्रोजन प्राप्त होती है 100 किलो सोडियम नाइट्रेट से।

∴ 240 किलो नाइट्रोजन प्राप्त होती है = 100 × 24 = 1500 किलो सोडियम नाइट्रेट से कुल नाइट्रोजन की 20 प्रतिशत मात्रा जो अमोनियम क्लोराइड से देनी है–

$$= \frac{600 \times 20}{100} = 120$$ किलो अमोनियम क्लोराइड

26 किलो अमानियम क्लोराइड प्राप्त होती है 100 किलो अमोनियम क्लोराइड से

120 किलो अमोनियम क्लोराइड प्राप्त होगी = $\frac{120 \times 100}{26} = 462$ किलो अमोनियम क्लोराइड से

∴ 50 किलो फॉस्फोरिक अम्ल प्राप्त होता है 100 किलो कैल्सियम मोनोफॉस्फेट से

∴ 500 किलो फॉस्फोरिक एसिड प्राप्त होगा = $\frac{100 \times 500}{50} = 1000$ किलो कैल्सियम मोनोफॉस्फेट से

कुल पोटाश की 95 प्रतिशत मात्रा = $\frac{495 \times 95}{100} = 380$ किलो जो कि पोटैशियम क्लोराइड से देनी है। 50 किलो पोटैशियम मिलती है 100 किलो पोटैशियम क्लोराइड से

∴ 380 किलो पोटैशियम = $\frac{100 \times 380}{16} = 760$ किलो पोटैशियम क्लोराइड से

कुल पोटाश की 5 प्रतिशत मात्रा = $\frac{400 \times 5}{100} = 20$ किलो

∴ 5 किलो पोटाश मिलती है 100 किलो लकड़ी की राख से

∴ 20 किलो पोटाश मिलेगी = $\frac{100 \times 20}{5} = 400$ किलो राख से

इसलिए इस मिश्रण से विभिन्न उर्वरक/पदार्थों की मात्रा होगी (लगभग) –

1200 किलो अमोनियम सल्फेट

1500 किलो सोडियम नाइट्रेट

462 किलो अमोनियम क्लोराइड

1000 किलो कैल्सियम मोनोफॉस्फेट से

760 किलो पोटैशियम क्लोराइड

400 किलो लकड़ी की राख।

उदहारण 10. निम्नलिखित खादों की सहायता से 10 : 8 : 6 प्रतिशत अनुपात वाली 1 क्विंटल खाद का मिश्रण तैयार करना। इसमें नाइट्रोजन के 60% मात्रा यूरिया से तथा 40% मात्रा कैल्सियम नाइट्रेट से देना है। अन्य खादें अपेटाइट तथा केनाइट है।

उदाहरण 11. एक 6 : 10 : 4 प्रतिशत अनुपात वाली खाद का 2 क्विंटल मिश्रण इन खादों की सहायता से तैयार करना है: अमोनियम सल्फेट, सुपर फॉस्फेट सिगंल, पोटैशियम नाइट्रेट।

उदाहरण 12. 4 : 10 : 4 प्रतिशत अनुपात की खाद का एक क्विंटल मिश्रण बनाना है, जिसमें निम्नलिखित खादों का प्रयोग करना है: अमोनियम सल्फेट, सुपर फॉस्फेट सिंगल, केनाइट तथा पोटैशियम क्लोराइड। केनाइट तथा पोटैशियम क्लोराइड की मात्रा संतुलित करनी है कि मिश्रण में पूरक पदार्थों की आवश्यकता न हो।

खाद के एक क्विंटल मिश्रण में नाइट्रोजन की मात्रा = $\frac{4 \times 1000}{100} = 40$ किलो

खाद के एक क्विंटल मिश्रण में फॉस्फोरस की मात्रा = $\frac{10 \times 1000}{100} = 100$ किलो

खाद के एक क्विंटल मिश्रण में पोटाश की मात्रा = $\frac{4 \times 1000}{100} = 40$ किलो

20 किलो नाइट्रोजन प्राप्त होती है 100 किलो अमोनियम सल्फेट से

40 किलो नाइट्रोजन प्राप्त होती है = $\frac{100 \times 40}{20} = 200$ किलो अमोनियम सल्फेट से

16 किलो फॉस्फोरस प्राप्त होता है 100 किलो सुपर फॉस्फेट सिगंल से

$\therefore$ 100 किलो फॉस्फोरस प्राप्त होगी = $\frac{100 \times 100}{16} = 625$ किलो सुपर फॉस्फेट सिंगल से

दोनों खादों की मात्राओं का योग = 200 + 625 = 825 किलो

शेष उर्वरक की मात्रा जो पोटाशयुक्त खाद से देनी है = 1000 − 825 = 175 किलो

मान लिया कि केनाइट की मात्रा क मिली है इसलिए पोटैशियम क्लोराइड की मात्रा हुई 175 क किलो 100 पौंड केइनाइट से पोटाश की मात्रा मिलती है 12 किलो

$\therefore$ क किलो केइनाइट से पोटाश की मात्रा मिलती है = $\frac{12\text{क}}{100}$ किलो पोटाश

100 किलो पोटैशियम क्लोराइड से मिलती है 50 किलो पोटाश

$\therefore$ (175−क) किलो पोटैशियम क्लोराइड से मिलती है $\frac{(175 - \text{क}) \times 50}{100}$

$\therefore \frac{12\text{क}}{100} + \frac{(175 - \text{क}) \times 50}{100}$ = 0.12 क +(87.5 − 0.5 क) =80 किलो

अथवा 0.12 क − 0.5 क = 80 − 87.5 किलो

अथवा 0.38 क = 7.5 किलो केनाइट क = 281 किलो केनाइट

$\therefore$ पोटैशियम क्लोराइड की मात्रा 281 किलो।

इस प्रकार विभिन्न उर्वरकों की मात्राएं इस प्रकार हुई–

अमोनियम सल्फेट	200 किलो
सुपर फॉस्फेट सिगंल	625 किलो
केनाईट	185 किलो
पोटैशियम क्लोराइड	....

उदाहरण 13. 6 : 8 : 6 प्रतिशत अनुपात वाली खाद के मिश्रण के 250 किलो से प्राप्त होने वाली नाइट्रोजन तथा फॉस्फोरस की 'एमोफॉस-ए' तथा 'एमोफॉस- बी' द्वारा देना है। इनकी मात्राएँ ज्ञात करनी है-

एमोफॉस-ए में 11% नाइट्रोजन तथा 46% फॉस्फोरस मिलता है।

एमोफॉस-बी में 16% नाइट्रोजन तथा 20% फॉस्फोरस मिलता है।

100 किलो मिश्रण से 6 किलो नाइट्रोजन प्राप्त होता है।

$\therefore$ 250 किलो मिश्रण किलो मिश्रण से = $\frac{6 \times 250}{100} = 15$ किलो नाइट्रोजन प्राप्त होगी।

100 किलो मिश्रण से 8 किलो फॉस्फोरस प्राप्त होती है।

$\therefore$ 250 किलो मिश्रण से = $\frac{8 \times 250}{100} = 20$ किलो फॉस्फोरस प्राप्त होगी।

मान लिया कि एमाफॉस-ए की मात्रा क किलो है और मान लिया कि एमाफॉस बी की मात्रा ख किलो है।

100 किलो एमोफॉस-ए में 11 किलो नत्रजन होती है।

$\therefore$ क किलो एमोफॉस-ए में = $\frac{11\text{क}}{100}$ = किलो नत्रजन होती है।

100 किलो एमोफॉस-बी में 16 किलो नाइट्रोजन प्राप्त होती है।

$\therefore$ ख किलो एमोफॉस-बी में = $\frac{16 \times \text{ख}}{100} = \frac{4}{25}$ किलो नत्रजन

$\therefore$ 100 किलो एमोफॉस-बी में 20% फॉस्फोरस प्राप्त होता है।

$\therefore$ ख किलो एमोफॉस-बी से = $\frac{20\text{ख}}{100}$ किलो फॉस्फोरस प्राप्त होगा।

$\therefore$ 100 किलो एमोफॉस-ए से 46% फॉस्फोरस प्राप्त होता है।

$\therefore$ क किलो एमोफॉस ए से = $\frac{46\text{क}}{100}$ किलो फॉस्फोरस प्राप्त होगा।

अब क और ख का मान ज्ञात करना है।

$\frac{11\text{क}}{100} + \frac{16\text{ख}}{100} = 15$ और

$\frac{46\text{क}}{100} + \frac{20\text{ख}}{100} = 20$ अथवा

(*i*) 11क + 16ख = 1500

(*ii*) 46क + 20ख = 2000

(*iii*) 506क + 220ख = 69000

(*iv*) 506क + 220ख = 2000 (11 से गुणा करने पर)

1. 539ख = 47 (पप को प में से घटाने से)

अब ख का मान (i) अथवा (ii) में रखने पर क का मान ज्ञात किया जा सकता है।

2. में ख का मान रखने पर

46क + 20ख × 47 = 2000 किलो

या 46क + 940 = 2000 किलो

46क = 2000 किलो

= 1060

कुछ अन्य प्रश्न उर्वरक गणना की समस्याएँ इस प्रकार से हो सकते हैं, जो क विभिन्न परिस्थितियों में काम आ सकते हैं।

उदाहरण 14. 6 : 8 : 6 प्रतिशत अनुपात वाली खाद के मिश्रण के 300 किलोग्राम से प्राप्त होने वाली नाइट्रोजन तथा फॉस्फोरस को एमोफॉस-ए तथा एमोफॉस-ब द्वारा देना जाना है। इनकी मात्राएँ ज्ञात कीजिए-

उत्तर : एमोफॉस-ए = 6.7 किलो

एमोफॉस-बी = 104.6 किलो

उदाहरण 15. 6 : 8 : 6 प्रतिशत अनुपात वाली खाद के मिश्रण के एक क्विंटल से प्राप्त होने वाली नाइट्रोजन तथा फॉस्फोरस को एमोफॉस-ए तथा एमोफॉस-बी द्वारा दिया जाएगा।

उदाहरण 16. एक किसान को 5 एकड़ गन्ने के खेत के लिए 0.5 प्रतिशत नाइट्रोजन रखने वाली कितनी किलो फार्म कम्पोस्ट की आवश्यकता होगी।

उदाहरण 17. पाँच हजार किलो तिल की खली से जिसमें 6.2% नाइट्रोजन, 2.0% फॉस्फोरस तथा 1.2% पोटैशियम ऑक्साइड होता है, प्राप्त होने वाले तीनों तत्वों की कुल मात्राएँ ज्ञात कीजिए।

उदाहरण 18. दो क्विंटल मछली की खाद से जिसमें 7.6% नाइट्रोजन, 6.3% फॉस्फोरस तथा 0.7 पोटैशियम ऑक्साइड है, तीनों तत्वों की कितनी मात्राएँ प्राप्त होगी?

उदाहरण 19. गन्ने के 5 एकड़ खेत में 120 किलो प्रति एकड़ की दर से नाइट्रोजन देनी है। किसान 30% नाइट्रोजन अमोनियम क्लोराइड से, 20% सोडियम नाइट्रेट से, 10% अमोनियम सल्फेट से, 5% यूरिया से, 10% अमोनियम सल्फेट से, 5% यूरिया से, 10% अरंडी की खली तथा 25% गोबर की खाद से देना चाहता है। उसे इन खादों की कितनी विभिन्न मात्राएँ देनी होगी?

उदाहरण 20. 5 क्विटल फॉस्फोरिक अम्ल प्राप्त करने के लिए निम्नलिखित खादों का उपयोग किया जाना है-1. कैल्सियम मेटाफॉस्फेट 2. मोनो कैल्सियम फॉस्फेट 3. ऐपेटाइट 4. रॉक फॉस्फेट 5. बेसिक स्लैग 6. पोटैशियम सल्फेट। यदि इनको क्रमशः 2 : 3 : 3 : 2 : 4 : 6 के अनुपात में रखा जाए तो इनकी अलग-अलग मात्राएँ ज्ञात करनी है।

उदाहरण 21. गन्ने के एक एकड़ खेत में 50 किलो नाइट्रोजन बोने के पहले 25 किलो नाइट्रोजन बोने के 2 महीने बाद तथा 25 किलो नाइट्रोजन इसके 15 दिन बाद देनी है। नाइट्रोजन की ये मात्राएँ अमोनियम सल्फेट के द्वारा दी जानी है। यह निश्चय करना है कि तीनों समय पर कितनी-कितनी खाद की आवश्यकता होगी?

उदाहरण 22. आलू के एक एकड़ खेत में 25 किलो नाइट्रोजन बोने के पहले, 25 किलो नाइट्रोजन बुआई के दो महीने बाद तथा 25 किलो नाइट्रोजन इसके 15 दिन बाद देनी है। नाइट्रोजन की ये मात्राएँ सोडियम नाइट्रेट के द्वारा दी जानी है। यह देखना होगा कि तीनों समय पर कितने-कितने खाद की आवश्यकता होगी?

उदाहरण 23. एक बैलगाड़ी में 4 क्विंटल गोबर का खाद आता है। इस गाड़ी के कुल खाद से 2 किलो नाइट्रोजन मिलती है। यह पता लगाना है कि 4 क्विंटल वाली 20 गाड़ियों, 120 किलो वाली 35 ठेलों के खाद से कितनी नाइट्रोजन प्राप्त होगी? यह भी ज्ञात कीजिए कि 40 किलो प्रति एकड़ के हिसाब से प्राप्त हुई कुल नाइट्रोजन की मात्रा कितने एकड़ भूमि क्षेत्र के लिए काफी होगी?

उदाहरण 24. एक बैलगाड़ी में 6 क्विंटल गोबर की खाद आती है। इस गाड़ी को कुल खाद से 3 किलो नाइट्रोजन मिलती है। यह ज्ञात करना है कि 3 क्विंटल वाली 20 गाड़ियों तथा 80 क्विंटल वाले 30 ठेलों के खाद से कितनी नाइट्रोजन प्राप्त होगी? यह भी बताइये कि 30 किलो प्रति एकड़ के हिसाब से प्राप्त हुई कुल नाइट्रोजन कितनी एकड़ भूमि क्षेत्र के लिए पर्याप्त होगी?

उदाहरण 25. एक बैलगाडी में 8 क्विंटल गोबर की खाद आती है। इस गाड़ी के कुल खाद से 4 किलो नाइट्रोजन मिलती है। यह ज्ञात करना है कि 5 क्विंटल वाली 18 गाड़ियों, 60 क्विंटल वाले 25 ठेलों के खाद से कितनी नाइट्रोजन प्राप्त होगी?

सारांश में यह कह सकते हैं कि भूमि उर्वरता संवर्धन की रूप रेखा इस प्रकार से है-

यदि वैज्ञानिक दृष्टि से देखा जाए तो भूमि के सफल उर्वरता के संधारण हेतु कुल 6 अंशदायी कारक होते हैं। ये हैं :

1. भूमि में प्रांगारिक पदार्थ को देना जिसके कि स्त्रोत हैं। फसलों के अवशेष भाग क्षेत्रीय उर्वरक, दलहनी पौधे-सामान्य सस्य/हरित उर्वरक नाइट्रोजन उर्वरक।
2. नाइट्रोजन का पर्याप्त उदाय जिसके स्त्रोत हैं। फसलों के अवशेष भाग क्षेत्रीय उर्वरक दलहनी पौधे-सामान्य सस्य/हरित उर्वरक नाइट्रोजन उर्वरक।
3. चूने का आवश्यकतानुसार प्रयोग के लिए स्त्रोत हैं। कार्बोनेट (सामान्यतया लाइमस्टोन) या चूने का हाइड्रोक्साइड या चूने का ऑक्साइड।
4. उपयौगिक पोटैशियम जिसके स्त्रोत हैं-क्षेत्रीय खाद एवं सस्यों के अवशेष, प्रांगारिक पदार्थों का सड़ना, पोटाशयुक्त उर्वरक।
5. फॉस्फोरस का देना जिसके स्त्रोत है-सुपर फॉस्फेट एवं अन्य फॉस्फोरिक उर्वरक।
6. लेशमात्रा तत्वों को भूमि में देना अलग लवणों से या मिश्रणों से।

खादों का मूल्यांकन

मूल्याकंन दो विधियों से किया जाता है-

1. **प्रति किलोग्राम विधि :** इस विधि में खाद के मूल्य की उसमें उपस्थित तत्व की कुल मात्रा से भाग दिया जाता है। इस प्रकार खाद की प्रति किलोग्राम कीमत ज्ञात की जाती है।

$$\textbf{उदाहरण :}\ \text{किलोग्राम मूल्य} = \frac{\text{1 क्विंटल का मूल्य}}{\text{1 क्विंटल में तत्व की किलोग्राम संरचना}}$$

2. **इकाई मूल्य विधि :** 1 क्विंटल के एक प्रतिशत भाग को या 10 किलोग्राम को एक इकाई माना जाता है। इस प्रकार खाद के प्रतिशत भाग में उपस्थित तत्व का मूल्य उसका इकाई मूल्य कहलाता है। यदि क्विंटल के मूल्य को खाद में पाए जाने वाले तत्व की प्रतिशत से भाग दे दें तो तत्व का इकाई मूल्य ज्ञात हो जाएगा।

$$\text{इस प्रकार इकाई मूल्य} = \frac{\text{1 क्विंटल खाद का मूल्य}}{\text{खाद के तत्व की प्रतिशत}}\ \text{अथवा किलो मूल्य} \times 10$$

उदाहरण 1. 20 प्रतिशत नाइट्रोजन वाली खाद का प्रति 10 क्विंटल मूल्य 790 रुपये है। नाइट्रोजन की प्रति किलो मूल्य ज्ञात कीजिये-

हलः 100 किलोग्राम खाद में नाइट्रोजन की मात्रा 20 किलो है।

इसलिए 1000 किलो में नाइट्रोजन की मात्रा = $\frac{20 \times 1000}{100} = 200$ किलो

200 किलो नाइट्रोजन की कीमत 790 रुपये है।

1 किलो नाइट्रोजन की कीमत = $\frac{790}{200} = 3.90$ रुपये प्रति किलो हुई। इस प्रकार नाइट्रोजन की कीमत 3.90 रुपये प्रति किलो हुई।

उदाहरण 2. 20 प्रतिशत नाइट्रोजन रखने से खाद का प्रति क्विंटल मूल्य 7.90 रुपये है। नाइट्रोजन का प्रति इकाई मूल्य ज्ञात कीजिए।

हलः इकाई मूल्य = $\frac{\text{प्रति क्विंटल खाद का मूल्य}}{\text{तत्व की प्रतिशत}} = \frac{790}{20}$ = 39.50 रुपये। कुछ अन्य उदाहरण जो कि परिस्थिति के अनुसार हल किए जा सकते हैं :

1. अमोनियम नाइट्रेट (26 प्रतिशत नाइट्रोजन) के एक क्विंटल का मूल्य 1300 रुपये है, नाइट्रोजन का इकाई मूल्य तथा किलो मूल्य ज्ञात कीजिए।
2. 45% नाइट्रोजन वाले खाद का प्रति क्विटल मूल्य 2500 रुपये है। नाइट्रोजन का इकाई मूल्य ज्ञात कीजिए।
3. बेसिक स्लैग के एक क्विटल का मूल्य 300 रुपये है। फॉस्फोरस का किलो मूल्य व इकाई मूल्य ज्ञात करना है।

4. 16 प्रतिशत फॉस्फोरस वाले खाद का इकाई मूल्य 15 रुपये है। खाद का प्रति क्विटल मूल्य ज्ञात करना है।

5. एक 4 : 8 : 5 अनुपात वाले खाद में नाइट्रोजन का इकाई मूल्य 10 रुपये, फॉस्फोरस का इकाई मूल्य 5 रुपये तथा पोटाश का इकाई मूल्य 2 रुपये है। इस खाद के 1 क्विंटल का मूल्य ज्ञात करना है।

6. एक 5 : 8 : 5 अनुपात वाले खाद में नाइट्रोजन का इकाई मूल्य 8 रुपये, फॉस्फोरस का 2 रुपये है। खाद का प्रति क्विंटल मूल्य 90 रुपये है। इसमें पोटाश का इकाई मूल्य ज्ञात करना है।

दिनों की मजदूरी की तालिका

रुपये प्रति माह	*28 दिन के महीने में रु.पै.*	*29 दिन के महीने में रु.पै.*	*30 दिन के महीने में रु.पै.*	*31 दिन के महीन में रु.पै.*
1.	*2.*	*3.*	*4.*	*5.*
1	0.04	0.03	0.03	.0.03
2	0.07	0.07	0.07	0.06
3	0.11	0.10	0.10	0.10
4	0.14	0.14	0.13	0.13
5	0.18	0.17	0.17	0.16
6	0.21	0.21	0.20	0.19
7	0.25	0.24	0.23	0.23
8	0.29	0.28	0.27	0.26
9	0.32	0.31	0.30	0.29
10	0.36	0.34	0.33	0.32
20	0.71	0.69	0.67	0.65
30	1.07	1.03	1.00	0.97
40	1.43	1.38	1.33	1.29
50	1.79	1.72	1.67	1.61
60	2.14	2.07	2.00	1.94
70	2.50	2.41	2.33	2.26
75	2.68	2.59	2.50	2.42
80	2.86	2.76	2.67	2.58
90	3.21	3.10	3.00	2.90
100	3.57	3.45	3.33	3.23
200	7.14	6.90	6.66	6.46
300	10.71	10.35	10.99	9.69

क्रमशः

1.	2.	3.	4.	5.
400	14.28	13.80	13.32	12.42
500	17.85	17.25	16.15	16.15
600	21.42	21.00	19.98	19.38
700	24.99	24.50	23.31	22.61
800	28.56	27.60	26.64	25.84
900	32.13	31.65	30.00	29.03
1000	35.70	34.50	33.30	32.20

परिवर्तन तालिका

में परिवर्तन करने के लिए		गुणन करिये	में परिवर्तन के लिए		गुणन करिए
मीट्रिक से अंग्रेजी			अंग्रेजी से मीट्रिक		
मिलीमिटर	इंच	0.03937	इंच	मिलीमीटर	25.4
सेंटीमीटर	इंच	0.3937	इंच	सेंटीमीटर	2.54
मीटर	फीट	3.2808	फीट	मीटर	0.3048
मीटर	गज	1.0936	गज	मीटर	0.9144
किलोमीटर	मील	0.62137	मील	किलोमीटर	1.60934
वर्ग मिलिमीटर	वर्गइच	0.00155	वर्ग इंच	वर्ग मिलिमीटर	645.16
वर्ग सेंटीमीटर	वर्ग इंच	0.1550	वर्ग इंच	वर्ग सेंटीमीटर	6.4516
वर्ग मीटर	वर्ग फीट	10.7639	वर्ग फीट	वर्ग मीटर	0.0929
वर्ग मीटर	वर्ग गज	1.19599	वर्ग गज	वर्ग मीटर	0.8362
वर्ग किलोमीटर	वर्ग मील	0.3861	वर्ग मील	वर्ग किलोमीटर	2.5899
घन सेंटीमीटर	घन इंच	0.06102	घन इंच	घन सेंटीमीटर	16.3871
लीटर	घन इंच	61.014	पिन्ट (अंग्रेजी)	लीटर	0.568
लीटर	गैलन (अंग्रेजी)	0.22	गैलन (अंग्रेजी)	लीटर	4.546
लीटर	घन फीट	0.0353			
घन मीटर	घन फीट	35.3147	घन फीट	लीटर	28.317
हेक्टोलिटर	बुशल (अंग्रेजी)	2.750			
ग्राम	आउन्स	0.03527	घन फीट	घन मीटर	0.02831
किलोग्राम	पाउन्ड	2.20462	बुशल(अंग्रेजी)	हेक्टोलिटर	0.3637
टन	छोटा टन	1.1023	आउंस	ग्राम	28.3495
			पाउंड	ग्राम	453.5923
टन	लम्बा टन	0.09842	पाउंड	किलोग्राम	0.45359
			छोटा टन	टन	0.90718
			बड़ा टन	टन	1.01605

6. फसलों की उत्पादन वृद्धि में बीज का महत्त्व

फसलों के उत्पादन में बीज एक बड़े महत्त्व का विषय है। यह सस्य उत्पादन के कार्य में मुख्य आदायों में से एक अति महत्त्वपूर्ण कड़ी है। देखा जाए तो कृषि के प्रारम्भिक समय से हुई प्रगति में बीज का बहुत बड़ा अंशदान रहा है। खाद एवं सिंचाई के साथ यह एकमात्र प्रमुख आदाय है। कृषि के इतिहास के प्रारम्भिक अवस्था में प्रकृति से उन पौधों का चयन किया गया था जो कि मनुष्य के लिए उपयोगी थे। बाद में इन्हीं पौधों से वांछित आवश्यकतानुसार सुधार किए गए थे। इस ध्येय को दृष्टिगत करते हुए बीज का सुधार ही कृषि सुधार का आधार बना। अनेकानेक पौध–प्रजनन की विधियों को व्यवहार में लाकर नई–नई किस्म के बीज जिनमें मनुष्य के लिए वांछित गुण विद्यमान थे या हैं, उच्च उत्पादन की क्षमता करने वाले बीजों का उद्भव हुआ।

कृषि व्यवसाय की प्रारम्भिक दशाओं में बीज प्रमाणीकरण के नियम कुछ सीमा तक बीज गुणन के कार्यों के साथ अपनाए जाते थे। परन्तु वे अधिक प्रभावी नहीं थे। इसमें सुधार की न तो तब कोई आवश्यकता थी और न ही इस प्रक्रिया का वैज्ञानिक तरह से यह कार्य सम्पन्न होता था। कुछ वर्षों पूर्व ही इस दिशा में वैज्ञानिक दृष्टिकोण अपनाए गए तथा एक सुनियोजित ढंग से कार्य करने की बहुत अधिक आवश्यकता की मांग प्रबल हुई। निश्चय ही देश को खाद्यान्नों के उत्पादन में स्वतः यह निर्भर होने की जरूरत न ही कृषि प्रौद्योगिकी की वैज्ञानिक अनुपालना में ही देश का हित समझा गया बल्कि इस आवश्यकता की पूर्ति के लिए केन्द्रीय राष्ट्रीय बीज निगम का उद्भव हुआ। इस निगम के अन्तर्गत ही बीज प्रमाणीकरण के तरीके तथा उसके सही वैज्ञानिक माणक इस निगम के द्वारा स्थापित किये गए। शासन ने भी इस निगम को मान्यता दी और इससे बीजों के माणक भारतीय न्यूनतम बीज प्रमाणीकरण माणकों के अन्तर्गत समावेशित किये गए। इस कानून से बीज कानून एवं बीज उत्पाद नियमों को राज्य सरकारों को भी अपनी–अपनी बीज प्रमाणीकरण अधिकारों को स्थापित करने के लिए केन्द्र सरकार द्वारा प्रेरित किया गया। आज तो यह भारत सरकार का एक संवैधानिक केन्द्रीय बीज प्रमाणीकरण परिषद् के रूप में स्थापित हो गया है। सभी राज्य सरकारों की प्रमाणीकरण अभिकरण इसके साथ मिलकर कार्यरत हैं (तालिका 28)।

बीज उत्पादन कार्यक्रम को गठित किया जाए उसका यहाँ पर दिया हुआ खाका देना होगा। इस कार्यक्रम का गठन शासकीय, अर्धशासकीय निजी सभी स्तरों पर किया गया है। हमारे देश में ऐसे कार्यक्रमों के गठन पर ज्यादा जोर दिया जाता है। बीज निगमों का बनाना जो कि हर दशा में स्वतन्त्र कार्य कर सकें या अर्धशासकीय जिनका कम्पनी कानून के अन्तर्गत पंजीकरण हो। इस प्रकार का एक आदर्श चार्ट यह नमूना हो सकता है।

तालिका- 28 : फसलवार प्रमाणित/गुणवत्ता बीज की मात्रा का खाद्यान्नों एवं सस्यों का वितरण 1991 से 2004

फसल खाद्यान्न	1991-92	1992-93	1993-94	1994-95	1995-96	1996-97	1997-98	1998-99	1999-2000	2000-01	2001-02	2002-03 (पूर्वानुमानित)	2003-04 लक्षित
गेहूँ	14.04	15.15	18.23	20.21	22.41	23.22	24.42	26.14	29.52	27.04	32.59	32.70	32.70
धान	14.47	14.28	13.63	14.63	15.37	16.57	20.22	24.05	23.71	24.41	25.58	25.70	25.50
मक्का	1.50	1.50	1.35	1.35	1.55	1.88	2.36	2.26	2.72	3.11	2.75	2.80	3.20
ज्वार	3.46	3.91	3.69	3.25	2.73	2.73	2.83	2.57	2.67	2.39	2.20	2.25	3.20
बाजरा	1.68	1.69	1.68	1.61	1.66	1.71	1.63	1.87	2.00	1.94	1.80	1.90	2.00
रागी	0.15	0.14	0.15	0.24	0.23	0.19	0.19	0.19	0.20	0.19	0.14	0.15	0.20
जौ	0.05	0.05	0.06	0.06	0.08	0.13	0.13	0.19	0.32	0.39	0.50	0.50	0.50
खाद्यान्नों का योग	**35.35**	**36.72**	**38.74**	**41.35**	**44.03**	**46.43**	**51.78**	**57.27**	**61.14**	**59.47**	**65.56**	**66.00**	**67.30**
दालें													
चना	1.03	1.02	1.11	1.14	1.22	1.44	1.06	1.10	1.19	1.09	1.53	1.55	2.60
मसूर	0.80	0.07	0.08	0.05	0.05	0.08	0.11	0.13	0.07	0.13	0.29	0.30	0.30
मटर	0.31	0.27	0.23	0.27	0.27	0.25	0.30	0.25	0.29	0.26	0.31	0.32	0.70
उडद	0.65	0.79	0.79	0.75	0.69	1.07	0.96	1.02	0.86	0.88	0.97	1.00	1.20
मूंग	0.62	0.63	0.77	0.68	0.63	0.65	0.69	0.86	0.80	0.78	0.83	0.85	1.20
अरहर	0.49	0.48	0.49	0.56	0.57	0.58	0.59	0.64	0.56	0.58	0.64	0.65	1.00
लोबिया	0.08	0.09	0	0.15	0.15	0.12	0	0	0.06	0.06	0.05	0.05	0
अन्य	0.03	0.05	0.15	0	0	0	0.18	0.06	0.04	0.07	0.07	0.08	0
दालों का योग	**3.29**	**3.40**	**3.62**	**3.60**	**3.58**	**4.19**	**3.89**	**4.06**	**3.87**	**3.85**	**4.69**	**4.80**	**7.00**

बीज प्रमाणीकरण संस्थाओं के लिए अनुमोदित शासकीय व्यवस्था का चार्ट

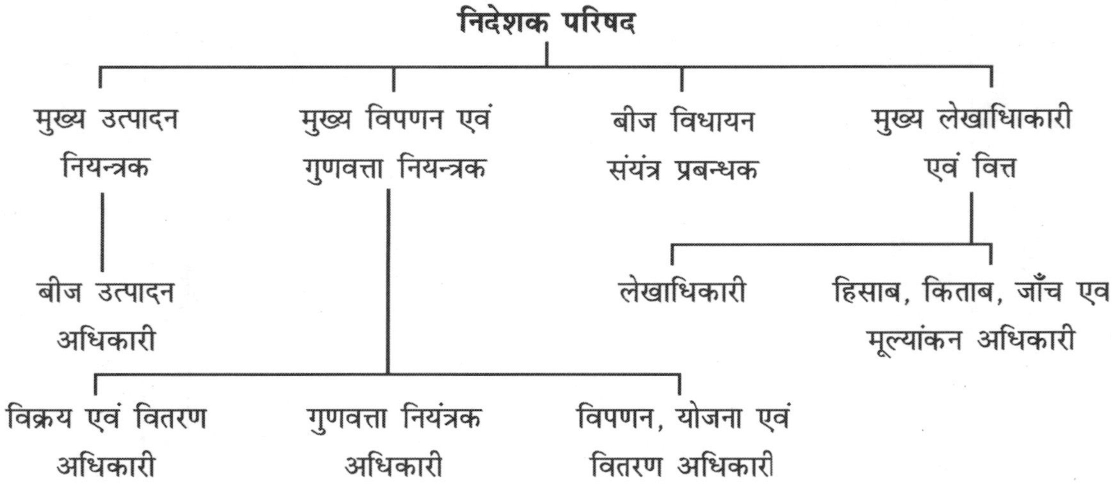

कृषि उत्पादन की उन्नति में सस्य बीजों का महत्त्व उनके उत्पादन के लिए सामान्य सिद्धान्तों का अनुसरण एवं पालन करने से ही सम्भव होता है। किसी बीज उत्पादन कार्यक्रम को सफल बनाने के लिए पहले यह देखना होता है कि इस प्रकार के आयोजन का क्या कार्य क्षेत्र तथा संभावनाएँ क्या हैं। यदि आरम्भ में ही इस कार्य के उद्देश्य एवं अपेक्षाएं भली–भांति स्थापित हो जाए तो इसके पश्चात् बीज उत्पादन का आयोजन सफलता से किया जा सकता है। इसके बाद ही यह आयोजन नीचे लिखें सामान्य दिशा–निर्देश के अनुसार ऐसा कोई कार्यक्रम सावधानी तथा सुविधापूर्वक लिया जा सकता है। ये पथ–प्रदर्शक सामान्य सिद्धान्त हैं और इनके अलावा कोई भी अन्य पक्का सूत्र इस प्रकार के कार्य के लिए निर्धारित नहीं किया जाता है, भले ही इनमें कहीं–कहीं वांछित परिवर्तन एवं सुधार कहीं–कहीं पर सुविधानुसार किए जा सकते हैं।

1. पहला बिन्दु यह है कि पहले आरम्भिक व्यूह रचना कैसी हो और विभिन्न अभिकरणों का क्या–क्या निश्चित पात्रता को देखा जाना चाहिए। इसे ध्यान में रखकर ही उत्पादन के लक्ष्य उचित आकड़ों के मुताबिक तथा काश्तकारों की मांग को देखकर ही उत्पादन का कार्य शुरू करना चाहिए।

2. प्रत्येक किस्म के लिए उत्पादन के लक्ष्य निश्चित कर लेना चाहिए। ये उद्देश्य प्रजनक के लिए, बुनियादी बीज एवं प्रमाणित बीजों की मात्राओं के लिए निश्चित करने होते हैं। यह इसलिए आवश्यक है, क्योंकि इनके उत्पादन के लिए सबसे पहले खेत का क्षेत्र तथा आवश्यक क्षेत्रफल का इन्तजाम करना होता है। इस प्रकार का अनुमान उक्त बीज दर, बीज की उत्पादित मात्रा प्रति हेक्टर तथा कुल प्रति हेक्टर उत्पादित मात्रा का अनुमान लगाना होता है। यदि बीज गुणन का अनुपात 1 : 25 हो तो प्रजनक बीज, आधार बीज तथा प्रमाणित बीज का अनुपात 1 : 25 : 625 क्रमशः होगा। इसके लिए नियत उत्पादन की मात्रा का क्षेत्र केवल 4 प्रतिशत कुल उत्पादन का होना चाहिए। उदाहरण के लिए मान लीजिए, कि यदि बीज का नियत उत्पादन लक्ष्य 25,000 क्विंटल है, तो इस क्षेत्र के लिये की 1000 हेक्टर की आवश्यकता होती है।

3. अब आधारभूत लक्ष्य तथा अनेक अभिकरण को ध्यान में रखकर, बीज के लिए उचित बांटने की गतिशीलता का एक सामान्य चार्ट बना लीजिए। यह चार्ट सामान्य उत्पादन तंत्र को ध्यान में रखकर कहां पर किस जगह पर, किसके द्वारा उत्पादित किया गया है। किसके द्वारा इस बीज क्षेत्र का

निरीक्षण किया गया है और कहाँ पर इसका प्रमाणीकरण किया गया है, ये सब कार्य करना होता है।

4. एक न्यायसंगत अच्छे उत्पादित बीज के लिए क्या-क्या सुविधाएँ तथा यंत्र-संयंत्रों को भी ध्यान में रखना चाहिए। बीज के उत्पादन में बीज के सुखाने, विधायन, भण्डारण तथा विपणन का भी खास ध्यान रखना चाहिए। सुविधाओं तथा उपकरण की गणना करते समय यदि यह काम कई भिन्न अभिकरणों के द्वारा सम्पन्न होता है तो उसके लिए एक चार्ट अलग से बना लीजिए। इसके लिए एक ऐसे चार्ट की रचना कीजिए। यह हर एक अभिकरण का अलग चार्ट के साथ-साथ इनकी गणना भी अलग-अलग होनी चाहिए।

5. उपकरण की कीमत तथा निर्माण की खर्च की गणना करिए।

6. काम करने वाले व्यक्तियों जैसे क्षेत्र में काम करने वाले व्यक्तियों से संयत्र के साथ कार्य करने वाले व्यक्तियों, प्रशासनिक व्यक्तियों का भी अनुमानित खर्च ध्यान में रखकर इन सबकी व्यवस्था करनी चाहिए।

7. उत्पादित बीज के लिए उपलब्ध या अनुपलब्ध मात्रा के लिए विपणन तथा मूल्य का भी पहले ही अनुमान लगा लीजिए। यह इसलिए क्योंकि बीज का उपभोक्ता सें उनकी आर्थिक स्थिति पर प्रभाव पड़ता है।

8. एक साफ-सुधरे बीज के उत्पादन के लिए एक चार वर्षीय योजना बनाइए।

9. इसके अन्तर्गत जो भी कार्य होते हैं, उनका भी एक विस्तृत चार्ट बना लीजिए।

10. कोई भी अन्य आगामी संभावित समस्या के लिए एक अलग चार्ट बनाना चाहिए।

ऊपर दिए गए वर्णन से प्रतीत होता है कि अच्छे बीज का क्या आशय है और इसकी खेती से फसलों के उत्पादन बढ़ाने में कितना गूढ़ महत्त्व है। कहा जाए तो सचमुच ही कृषि के उत्थान तथा उन्नति में सदैव बीज का स्थान हमेशा सर्वोपरि रहा है। यह इतिहास फसलों की नित्य नयी किस्मों के उद्‌भव एवं उपयोग का ही इतिहास रहा है। पहले पहल जब फसल उत्पादन का कार्य मनुष्य के द्वारा प्रतिस्थापित किया गया था तो तभी से ही यह प्रश्न उठाया गया कि भिन्न फसलों की किस्मों को किस प्रकार से उन्नत किया जाए जिससे भली प्रकार से अच्छा अत्पादन लेकर मनुष्य का फसलों के द्वारा स्वत: ही भरण-पोषण होता रहे। इसके लिए सबसे पहले यह पता चला कि स्थानीय पौधों मे से ही छांटकर कुछ ऐसे पौधे निकाले जाएं ताकि उनसे उत्पादन में तत्काल बढ़ोतरी हो जाए। जब यह कार्य यानी स्थानीय चयन के द्वारा मिले पौधों के कार्य की अन्तिम सीमा आ गई तो फिर यह सोचा गया कि अपने पास के या दूरस्थ स्थानों से ऐसे पौधों को लिया जाए और उनके अनुकूलन की दशा प्राप्त होते ही उनके बीज ही बोये जांए। इस विधि से भी कई नये फसलों के पौधों का कृषि के लिए आगमन हुआ और इससे भी काफी मनुष्य की खाद्यान्नों की अधिक तथा विविध फसलों के उत्पादन से मनुष्य के लिये खान-पान की पूर्ति हुई थी। इस प्रकार के लाभदायक तथा वांछित योजनाओं के द्वारा काफी उत्पादन में वृद्धि होती रही। बाद में इन्ही विधाओं के अपनाए जाने के बाद यही तय हुआ कि उत्पादन बढ़ाने के लिए तीन निश्चित प्रक्रियाओं को अपनाने से ही कार्य मे काफी निश्चितता आ जाएगी। इस स्थिति में तीन मुख्य विधियों का चयन, संकरण एवं पौलीप्लोयडेसन की विधियों के द्वारा फसलों के बीजों की उत्तरोतर उनकी उत्पादन शक्ति की दृष्टि से सुधार किया गया। फिर भी इतनी जानकारी के होते हुए भी इस कार्य में प्रगति बहुत

ही धीमी रही। पिछले करीब तीस वर्षों के दौरान ही एक ऐसी क्रान्ति इस विषय में आई कि इससे फसली–पौधों के उपज की संभावित क्षमता की ओर वैज्ञानिकों का ध्यान आकर्षित हुआ। मुख्यतया हमारे खाद्यान्नों एवं छोटे अनाजों के ऊपर किए गए अनुसंधानों से पता चला कि इन मुख्य फसलों के आकारीय अध्ययन को ध्यान में रखकर कैसे इनसे उन्नत किस्में निरंतर पैदा की जा सकती हैं।

इस प्रकार के आकारीय कारक जैसे पौधों का बौना होने का लक्षण के द्वारा आये प्रभाव और स्वयंपरागित फसलों जैसे धान, गेहूँ का उर्वरकों के अधिक मात्रा में इस्तेमाल करके उत्पादन बढ़ाने की नई सोच का पक्की तरह से इस्तेमाल होने लगा। इसी प्रकार परम्परागित फसलों में संकरण के द्वारा जो संतति में आगे वृद्धि होने के नियम का भी वैज्ञानिक ढंग से समुपयोजन करके भी उत्पादन में वृद्धि की गई। इस प्रकार से बौनी किस्मों के प्रवेषण, विकास और मोचन के द्वारा गेहूँ तथा धान की नई किस्मों का तथा मक्का, ज्वार तथा बाजरा के संकर किस्मों के द्वारा उत्पादन वृद्धि में काफी उन्नति हुई है। इस प्रकार से मिली उत्पादन की दृष्टि से किस्मों में भी काफी प्रोत्साहन की आवृत्ति हुई है।

फिर भी एक किस्म के लिए इन सभी उद्देश्यों की जो वैज्ञानिक तरक्की हुई है, उसका कोई मतलब नहीं था जब तक कि यह निश्चित न हो जाए कि अब मुझे अच्छी गुणवत्ता के पक्की तरह शुद्ध किस्म के बीज उपलब्ध न हो जाए। ऐसे बीजों की शुद्ध आनुवांशिकी होना भी आवश्यक होता है क्योंकि तभी उनमे किसी उत्पादन की वृद्धि के लिए इस प्रकार का गुण होना जरूरी होता है। ऐसे गुणों वाली बीज की किस्में जो कि अपने पूर्व में बोये जाने वाले बीजों के पूर्णतया समान हो, ऐसे बीजों का निरन्तर उपलब्ध होना अत्यावश्यक होता है। ऐसी सुधरी किस्मों के फसलों के बीजो में वांछित गुणवत्ता जैसे–उच्च अंकुरण प्रतिशतता, ओज, उच्च गुणवत्ता, वांछित स्वास्थ्य इत्यादि का समावेश होना चाहिए। यदि किसानों को ऐसे बीज जिनमें ये अच्छे लक्षण नहीं पाए जाते हो तो वास्तव में किसान कभी बीजों के प्रति प्रोत्साहित नहीं होगा। क्योंकि ऐसे अच्छे गुणों के बीजों की अनुपलब्धता होने के कारण किसान को अच्छी उपज मिल ही नहीं सकेगी। केवल ऐसे ही बीज जिनकी उच्च गुणवत्ता निश्चित है, उनमें ही उर्वरकों के प्रति उच्च प्रकार की संवेदनशीलता अवश्य पाई जाती है। फिर उनकी सिंचाई की विभिन्न दशाओं का भी उनके ऊपर वांछित प्रभाव पड़ता है। इस प्रकार जैसे–कहा गया है कि 'जिन बीजों से किसान की उम्मीदें काफी हद तक जागृत नहीं होती है, इस स्थिति में सामान्य बीज उसमें भरपूर कुण्ठा का आभास पैदा कर सकते हैं।'

अच्छे बीजों का एक और भी पहलू है। किसानों के फसल उत्पादन के लिए जितने भी कारक निवेशित किए जाते हैं, उनमें से बीज ही सबसे सस्ता कारक होता है। यह फसल उत्पादन में एक आधारभूत आदाय होने के साथ–साथ बीज में होने वाले कुल खर्च का सबसे छोटा भाग होता है। फिर भी एक अच्छे बीज की अनुपस्थिति में पानी, उर्वरक, रोग एवं कीटनाशकों के ऊपर किए गए कुल खर्च से कोई भी अच्छे परिणाम नहीं निकल सकते हैं। अच्छे बीज के प्रति जो भी कभी कोई उदासीनता रही हो और आज भी है, यह कोई आश्चर्य की बात नहीं है। यह कृषि का वैज्ञानिक उत्थान के प्रति जो उदासीनता या अज्ञान फैलता है, यह उसी सारे विषय का एक संक्षिप्त रूप है। क्योंकि कृषि तथा फसल उत्पादन एक जैविक उद्योग है, इसके उत्थान के लिए एक अच्छे बीज का उपलब्ध होना उतना ही महत्त्व का विषय हो जाता है। इस लिए अच्छे उत्पादन के लिए एक अच्छी गति से बीजों का गुणन करना चाहिए और साथ ही उसका किसान तक पहुँचाने की सुव्यवस्था करना भी जरूरी है।

बीज उत्पादन की प्रौद्योगिकी की धारणा

कृषि के लिए बीज और सामान्य दाने का जो यौगिक अन्तर है, वह एक प्रौद्योगिकी के उद्भव का विषय है। इससे बीज प्रौद्योगिकी का जन्म हुआ है। वैज्ञानिक दृष्टि से बीज एक 'भ्रूण' है जिसमें कि एक जीव एक प्रकार की अवलम्बित दशा में बीज के अन्दर निवास करता है। यह निवास विभिन्न प्रकार के ऊतकों से घिरा होने के कारण इस प्रकार खाद्य भण्डारण के अवलम्ब के अन्दर बीज के रूप में सुरक्षित रहता है। बीज प्रौद्योगिकी का सबसे मुख्य कार्य इस जीवित इकाई (भ्रूण) को सुरक्षित रखना और उसके समृद्धि एवं कल्याण के प्रति कार्य करना होता है। खाद्य का मतलब केवल बाहर के ऊतकों जो कि खाद्यान्न की श्रेणी में आते हैं, उनकी रक्षा करना है। इस प्रकार से बीज-प्रौद्योगिकी की मुख्य धारणा के अन्तर्गत वह विषय आता है, जिसमें कि बीज उत्पादन, उसकी गुणवत्ता का संधारण एवं प्रतिरक्षण सम्मिलित होते हैं। यह भी कह सकते हैं कि बीज-प्रौद्योगिकी के विषयान्तर्गत वे सब विधाएँ आती हैं, जिससे कि बीज के आनुवांशिक एवं कायीय गुणों को सुधारा जाता है। इसके अन्तर्गत ऐसे कार्यों का संपादन किया जाता है जिसमें बीजों का विकास, मूल्याकंन तथा मुक्त करने के साथ-साथ, बीज उत्पादन, विधायन, भण्डारण एवं प्रमाणीकरण तथा सामान्य कृषि के लिए मोचन करने के बाद बीज का विवरण के लिए किसानों के उपयोग के लिए प्रस्तुत करना होता है। बीज प्रौद्योगिकी एक इस प्रकार का विज्ञान है, जिसके अन्तर्गत उच्च स्तर के फसलों के बीजों की सुधरी किस्मों का विकास किया जाता है, उनका मूल्यांकन, रिलीज (कृषि के लिए मुक्त करना) बीज उत्पादन, विधायन, बीज भण्डारण, बीज परीक्षण, बीज का प्रमाणीकरण, बीज की गुणवत्ता नियन्त्रण, बीज का विपणन तथा बीज की मात्रा का हस्थन वैज्ञानिक पादप-विज्ञान एंव कृषि विज्ञान के व्यवहारिक आधार पर किया जाता है।

बीज प्रौद्योगिकी की कृषि उत्पादन में भागीदारी

1. **सुधरे बीजः** इसके द्वारा नयी प्रौद्योगिकी का जन्म होता है। नई सुधरी बीजों की किस्मों से अन्य आदायों के साथ मिलाने से उत्पादन के स्तर में बढ़त होती है। वैज्ञानिकों द्वारा किए गए प्रयोगों से पता चलता है कि उत्पादन के स्तर खाद्यान्नों में 112 प्रतिशत, आलू में 124 प्रतिशत तथा 142 प्रतिशत शक्कर-चुकन्दर की मध्य यूरोप में बढ़ोतरी हुई है। संयुक्त राष्ट्र अमेरिका में तो यह उत्पादन में हुई वृद्धि और भी अधिक है। उदाहरणार्थ भारत में गेहूँ की सुधरी किस्मों के उत्पादन में इस खाद्यान्न में 12 मिलियन टन से बढ़कर 31.3 मिलियन टन तक पहुँच गयी। केवल 10 साल के अन्तराल में यह प्रगति हुई है। इसलिए यह स्पष्ट है कि बीज की नई किस्मों के सिर्फ प्रवेशन के द्वारा पारम्परिक बीजों की तुलना में अन्य सभी पारम्परिक आदायों के इस्तेमाल की बढ़त के लिए यह एक उत्तम साधन भी है।

2. **सुधरे बीजः खाद्यान्नों के प्रतिभूत आदायों के लिए एक सुनिश्चित आधारभूत उपायः** उच्च उपज देने वाली बीजों की किस्मों के कृषि में उत्पादन करने से भारत के अनेकानेक योजनाओं के अन्दर से बीजों (अन्नों) के उत्पादन में भारी आश्चर्यजनक वृद्धि हुई है। इसके साथ ही वृद्धि में उत्तरोत्तर होने वाली सामान्य क्षमताओं का भी अनुमान लगता रहता है। इसके फलस्वरुप विदेशों से खाद्यान्नों के मंगाए जाने वाली मात्राओं में भी कमी आई है यद्यपि हमारी जनसंख्या में निरन्तर वृद्धि भी हो रही है।

3. **सुधरे बीजः** इनके द्वारा कम अनुकूल दशाओं में जैसे प्राकृतिक विपदाओं की दशा में अच्छी उपज लेने से आई सफल उत्पादन में आई वृद्धि के द्वारा कम मुसीबतों का सामना करना पड़ता है। अच्छी

गुणवत्ता वाले बीजों के ऐसे क्षेत्रों में आदाय करने से इन क्षेत्रों में भी उत्पादन में वृद्धि हुई है। यह एक ऐसा बीज प्रौद्योगिकी का प्रभाव है जिससे कि एक तुरन्त होने वाली उपज की प्रगति में अहं अंशदान जिम्मेवार है। इस प्रकार से बीज प्रौद्योगिकी की अधिक-अधिक उपयोग से फसलों की उपज में काफी वृद्धि हुई है।

सुधरे बीज यह एक ऐसा माध्यम है, जिसके द्वारा प्राकृतिक आपदाओं के द्वारा त्रस्त कृषि का जल्दी पुनर्स्थापन करना भी एक लाभप्रद एवं आवश्यक प्रतिस्थापन किया जा सकता है। कई प्रान्तों मे विस्तृत बाढ़ एवं सूखा पड़ने के कारण जो नुकसान होता है और इस प्रकार की आपदाएँ जो बार-बार होती रहती हैं और भूख और बीमारी की स्थिति पैदा करते हैं, इनका भी अच्छे सुधरे बीजों के द्वारा सामान्य स्थिति तथा शान्तिप्रिय जीवनयापन में मदद मिलती है। सहायता कार्यक्रमों के अन्तर्गत किए गए कार्यों से पता चला है कि जब भी और जहाँ भी शासन के पास खाद्यान्नों की काफी मात्रा भंडारण में विद्यमान रहती है, उन स्थानों पर प्राकृतिक आपदाओं से हुई हानि के प्रति जल्दी ही पहले जैसी सामान्य स्थिति को अधिक जल्दी लाने में सहायता मिलती है। जो भी बीज सरकारी गोदामों में भण्डारित होता है, उससे दो फायदे होते है-1. प्रभावित क्षेत्रों को यह बीज कृषि की स्थापना के लिए किसानों को जल्दी दिया जा सकता है, जिससे वे जल्दी पुनर्स्थापित हो जाते हैं और कृषि उत्पादन कार्यो को जल्दी ही सामान्य स्थिति में ला सकते हैं। 2. ऐसे भण्डारित बीज को जल्दी ही प्रभावित क्षेत्रों में बीज की तरह इस्तेमाल करने से किसान का पुनर्स्थापन्न तो होगा ही साथ ही उत्पादन वृद्धि भी जल्दी की जा सकती है।

बीज प्रौद्योगिकी के मुख्य उद्देश्य

बीज प्रौद्योगिकी के मुख्य उद्देश्य सुधरे अच्छी किस्मों की अच्छी गुणवत्ता के बीजों को प्रसारित करने के द्वारा फसलों के उत्पादन में वृद्धि करने का है।

1. **जल्दी से बीजों को कृषि में प्रौद्योगिकी के द्वारा गुणन और विस्तार:** ये वे बीज होते हैं, जिनको पौध प्रजनकों द्वारा प्रयोगों के द्वारा विकसित किया जाता है। किसानों के पास फसलों के प्रमाणित बीजों को उचित समय तक पहुँचाना होता है। जिससे उनके बीजारोपाण के कार्यक्रम में कोई अनुचित बाधा न पड़े। यह कार्य बीज प्रौद्योगिकी की कुशलता से कार्य करने का एकमात्र उद्देश्य है और उत्पादन बढ़ाने का आवश्यक साधन भी है।

2. **किसानों के पास उत्तम गुणवत्ता वाले बीजों को ठीक समय पर पहुँचाना जरुरी है,** अन्यथा उत्पादन में कमी भी आ सकती है।

3. किसान जो फसल पैदा करता है, उसके लिए उसे **विश्वसनीय उच्च्च गुणवत्ता वाले बीजों का उपलब्ध** होना जरूरी है। यही बीज प्रौद्योगिकी का कृषि उत्पादन बढ़ाने के लिए एक अहं योगदान है।

4. **किसान को एक सही कीमत से बीज उपलब्ध हो** यह भी बीज प्रौद्योगिकी का मुख्य बिन्दु है। वांछित कीमत पर एक उच्च्च गुणवत्ता का बीज मिलना केवल बीज प्रौद्योगिकी के कार्यकलापों के द्वारा ही सम्भव होता है।

उत्पादन के सामान्य सिद्धान्त

पित्रागत शोधित एवं शुद्ध तथा अच्छी गुणवत्ता लिए वंशावलीय बीज का उत्पादन करना एक ऐसा कार्यक्रम है, जिसमें कार्यकर्त्ताओं को एक उच्च कोटि की प्रौद्योगिकी की प्रवीणता के साथ-साथ एक उच्च वित्तीय नियोजन की आवश्यकता होती है। बीज उत्पादन के लिये बीज की वंशागत शुद्धता के संधारण हेतु सबसे अधिक ध्यान देने की आवश्यकता होती है। साथ ही बीजों की अन्य गुणवत्ताओं को भी ध्यान देना आवश्यक है, क्योंकि इस प्रकार से ही हम नई किस्मों के बीजों की विश्वसनीयता के द्वारा ही इस कार्य को पूर्णतया समुपयोजन कर सकतें हैं। इससे सफलतापूर्वक करने से हम अधिक लाभांश भी कमा सकते हैं। इसका तात्पर्य यह भी है कि बीज उत्पादन का कार्य विशेष मानकों के आधार पर एक सुनियोजित दशाओं के अन्तर्गत ही करना लाभप्रद होता है।

बीज के गुणों का अवह्रसन

बीज की किसी भी किस्म की वंशागत शुद्धता (किस्म की सत्यता या प्ररूपानुकूलन) का ह्रसन उत्पादन चक्र के कई कारकों के कारण होता है। बीज की प्रारूपिता की सत्यता को निरन्तर बनाये रखने के लिए यह आवश्यक होता है कि इस ह्रसन के कारकों पर अधिक-से-अधिक पकड़ रखनी चाहिए ताकि बीज की गुणवत्ता में किसी भी प्रकार की कमी न आए। महत्त्वपूर्ण कारक जो कि स्पष्टतया दीखते हैं या कार्यक्रम के समय वास्तव में होते हैं, ऐसे समसामयिक कारकों के निम्नलिखित समय हो सकते हैं।

1. किस्मों के विकास के अन्तर्गत
2. यांत्रिक मिश्रण
3. उत्परिर्वन
4. प्राकृतिक संकरण
5. छोटी वंशागत भिन्नताएँ
6. व्याधियों का चयनित प्रभाव
7. प्रजनक का प्रावैधिक एवं विशेषज्ञ क्षमता

इनमें यांत्रिक मिश्रण, प्राकृतिक संकरण तथा व्याधियों के चयनन प्रभाव ही सबसे अधिक वंशागत ह्रसन के कारण होते हैं। इनका बीज उत्पादन में विशेष कार्य भाग होता है। साथ ही फसल की किस्मों का ह्रसन किस्मों को उनकी अनुकूलन के क्षेत्रों के बाहर उगाने के कारण कुछ ऐसे विकास सम्बन्धित कारण पैदा हो सकते हैं जो कि उनमें वंशागतीय भिन्नताएँ तथा विवर्तन पैदा कर सकते हैं।

जब बीज की फसलों को भिन्न-भिन्न मृदाओं की अवस्थाएं तथा उर्वरकों के कारण सम्मिलित होते हैं, या भिन्न जलवायु की दशाओं में या कई वर्षों तक निरन्तर भिन्न ऊंचाइयों पर पैदा की गई हों, तो इनके कारण कभी वंशागत भिन्नताएं इस प्रकार से विकास के कार्यों में वृद्धि की भिन्नताओं को प्रतिचारित करते हैं। इस प्रकार से आने वाली संभावित भिन्नताओं को दूर रखने के लिए यभी एक मात्र उपाय यह है कि बीज की किस्मों का फसलों के अनुकूलन क्षेत्रों में ही उत्पादन लिया जाए।

यांत्रिक मिश्रण बीज उत्पादन के अन्तर्गत बीज की शुद्धता में आने वाले ह्रसन का सबसे मुख्य स्रोत होता है। यांत्रिक मिश्रण बीज में बोते समय तब हो सकती है जब एक से अधिक किस्मों को एक बीज बोआई की मशीन से बोना हो, इससे बोई जाने वाली बीज की फसल में उसी फसल के स्वेच्छिक संभावित पौधे उग आते हैं। उसी फसल की भिन्न किस्म को बगल के खेत में बोने से भी बीज की फसल में मिश्रण के पौधे उग जाते हैं। दो किस्मों को बगल में बोने के कारण इनमें बीजों को मिश्रण कटाई के समय या मड़ाई के समय हो सकते हैं। देखने में आता है कि भिन्न किस्मों के बीज एक ही मंड़ाई के क्षेत्र में अलग-अलग रखे जाते हैं। इससे भी काफी मात्रा में बीजों के मिश्रण बन जाते हैं। दूसरे जो भी मंड़ाई के संयंत्र होते हैं, उनके द्वारा भी दो या तीन किस्मों में मिश्रण होने से शुद्ध बीज की किस्म का दूषण हो जाता है। इस प्रकार का दूषण किस्मों में औजार या कल्टीवेटर के द्वारा हो जाता है। आगे चलकर बोरों, बीज की विन्स से भी अन्य किस्म के बीजों के द्वारा दूषण हो जाता है। इस प्रकार के बीज के मिश्रणों को बनने से रोकने के लिए यह आवश्यक है कि खेती में ही अवांछित पौधों को अधिक-से-अधिक ध्यान देकर हटा दिया जाए और जितने भी इस प्रकार के कार्य हो उनको अत्यधिक ध्यान देकर किया जाए।

पौधों में उत्परिवर्तन से हुए प्राकृतिक तौर पर उत्पन्न पौधों की अधिक सख्ती से छटनी करनी चाहिए। आमतौर पर यह कोई विशेष कारक बीज के दूषण का नहीं होता है। अधिकांश में छोटे-छोटे उत्परिर्वतनों का खेत में पता लगाना या भांपना अति कठिन होता है। फिर भी ऐसे उत्परिवर्तन जैसे जई के बीज खेत में पाए जाने वाले 'फटुआइड्स' या 'खरगोश के जैसे कानों वाली मटर' के बीज के खेत से इस प्रकार के पौधों में पाए जाने वाले उत्परिवर्तनों के खल-पौधों को दीखने पर तुरन्त उखाड़ फेंकना चाहिए। वर्धी प्रजनन वाली सस्यों में खेत में यदा-कदा निगरानी से उसमें पाए जाने वाले प्रदूषणों को नियमित तौर पर निकालने से बीज की शुद्धता का संधारण हो सकता है।

किसी भी बीज के लिए उत्पादित सस्य में, जिनका लैंगिक प्रजनन होता है, उनमें प्राकृतिक संकरण से बीज की फसल में काफी दूषण हो जाता है। किसी भी बीज की फसल में काफी दूषण हो जाता है। किसी भी बीज की फसल का दूषण उसकी किस्म में होने वाले प्रसंकरणा की मात्रा पर निर्भर करता है। प्राकृतिक प्रसंकरण के द्वारा होने वाले दूषण निम्नलिखित तीन प्रकार से होते है-

1. अवांछित किस्मों के साथ संकरण से
2. व्याधि संग्रसित पौधों के साथ संकरण से
3. भिन्न गुणों युक्त पौधों के साथ स्वाभाविक संकरण से

प्रधानतः स्वयं-निषेचित फसलों के पौधों में बीज दूषण का विशेष खतरा सामान्यतया नहीं होता है। यदि बीज की किस्म पु:बन्ध्या है और यदि उसे अन्य किस्मों के अधिक निकट न उगाया गया हो तो दूसरी ओर प्राकृतिक संकरण पैत्रागत दूषण एवं किस्म के ह्रासन का मुख्य कारण होते हैं। उन किस्मों का भी गुणवत्ता का ह्रसन यदा-कदा संकरण होने वाली किस्मों में भी हो जाता है। बीज उत्पादन वाले खेत में पैत्रागत दूषण संकरित किस्मों के लिए ये मुख्य कारण होते हैं।

1. उस फसल में प्रयोग में आने वाला प्रजनन क्षेत्र
2. पृथ्थकरण की दूरी

3. किस्म की मात्रा
4. दूषण कारक पौधे की किस्म

जब भी जातियों के बीज पृथ्थकरण की दूरी ज्यादा होगी, दूषण उतना ही कम होगा इसलिए पृथ्थकरण ही मुख्य मुद्दा होने वाली बीज की फसलों में अति संवेदनशील कारण होता है। यहां परपरागण हवा तथा कीट-पतंगों के द्वारा होता है। कितनी मात्रा में परपरागण या अपर-निषेचन किसी बीज की फसल के पौधों में हो सकता है, यह वायु की दिशा तथा खेत में विद्यमान कीट-पतंगो एवं उनकी क्रियाशीलता आदि के ऊपर निर्भर करता है। इसके अतिरिक्त सम्मिलित होने वाली जातियों की संख्या का भी प्रभाव पड़ता है।

छोटी-छोटी भिन्नताएँ फिर भी दिखाई दे सकती हैं। उस समय भी जिस अवस्था में किस्म को सार्वजनिक मोचन (रिलीज) के लिए प्रस्तावित किया जाए। इनमें जो कुछ एक समरूप दृश्यरूपीय तथा एकसम गुणों वाली हैं उनकी अनदेखी की जा सकती है। उत्पाद चक्र की भविष्य में आने वाली अवस्था में यह भी हो सकता है कि ये ऐसे लक्षण भविष्य में पर्यावरण के चयन प्रभाव से स्वयं ही लुप्त हो जाएं। इनमें से कुछ किस्मों में आगामी नफा या नुकसान से उपज पर प्रभाव पड़ सकता है। इस दुविधा के ऊपर नियंत्रण के लिए यह सुझाया जाता है कि ऐसी पंक्तियों (लाइनों) में जो कि प्रजनक की लाइनों से मिलती हैं, उनकी उपज के परीक्षण किए जाए जहां ऐसी पंक्तियों का संधारण किया जा रहा हो विशेषकर स्वयं निषेचित पौधों की किस्मों का छोटी-छोटी वंशागत भिन्नताएँ हमेशा ही कभी-कभी परपरागित पौधों की जातियों में मिल जाती हैं।

केन्द्रक एवं प्रजनक की अवस्था में संधारण के कार्य में बहुत चौकसी करनी पड़ती है, विशेषकर इस प्रकार की स्थितियों में जहाँ तक वंशागत भिन्नताओं का प्रश्न होता है।

किसी भी किस्म की गुणवत्ता के ऊपर व्याधियों के द्वारा किया गया चयनित प्रभाव भी बीज के ह्रसन का एक मुख्य करण है। फसलों की नई किस्में अक्सर व्याधियों की नई उत्पन्न की गई जातीय पित्र्यगुणी वाली व्याधियों के द्वारा ग्रसित हो जाती हैं। यह बात मुख्यतया परजीवितिक परपोषी व्याधियों के कारण निश्चय ही होता है। इसी प्रकार वर्धीप्रजनन द्वारा उत्पादित बीजों की फसल का जल्दी ही ह्रास होता है, यदि वे जीवाणुओं, कवक एवं विषाणु जनित व्याधियों से ग्रसित होती हैं। इसलिए बीज उत्पादन के कार्यों में व्याधि रहित वर्धी बीजों तथा स्कन्धों का व्याधिमुक्त होना अति आवश्यक होता है। निःसंदेह एक अच्छा सुव्यवस्थित प्रयत्न आवश्यक होता है अगर एक अच्छा व्याधिमुक्त उत्पादन तथा बीज को व्याधिमुक्त जलवायु में ही उत्पादित किया जाए।

पौध-प्रजनक के द्वारा अपनाई गई प्राविधि का भी बीज के उत्पादन पर काफी असर पड़ता है। कुछ उदाहरण ऐसे भी होते हैं, जिनमें कुछ गम्भीर कोशाजनन वैज्ञानिक कारणों के द्वारा उत्पन्न गुणों की अस्थिरता का पहले से गूढ़ अध्ययन किया जाता है। इससे उत्पन्न विकारों को बीज की किस्म को मुक्त करने से पहले ही गूढ़ अध्ययन किया जाना उचित होगा। यदि यह काम नहीं किया गया तो हो सकता है कि भविष्य में बीज की नई उत्पन्न किस्म में गुणों/लक्षणों की स्थिरता आ ही न सके।

यदि बीज-किस्मों का पहले ही कोशाजनन विज्ञान की दृष्टि से निश्चित आंकलन नहीं किया गया तो आगे चलकर इन किस्मों में कई गुण (लक्षण) फसल में पृथ्थक रूपों के पौधों में ऐसे बीज की फसल में सदा दिखाई दे सकते हैं जैसे व्याधि के लिए रोधिता का गुण एवं व्याधि के लिए ग्राह्यता का गुण। जल्दी में मुक्त की गई बीज की किस्मों की फसलों में रोग-रोधिता एवं अन्य कारकों के विभिन्न रूप सदैव पौधों में दिखाई देते हैं।

इसलिए इस प्रकार से पैदा किए बीज से कभी भी फसल के उत्पादन में वृद्धि नहीं हो सकती है। यह समस्या किस्म की परीक्षण के अन्तर्गत आई कमियों की वजह से होती है।

ऊपर दिए गए वृतान्त के अतिरिक्त किसी बीज की किस्म का ह्रसन अन्य वंशागत भिन्नताओं जैसे गुणों का पुनः संयोजन या पौधों का बहुगुणी हो जाना मुख्य कारक हैं। ऐसी अवांछित भिन्नताओं का शुद्ध बीज के उत्पादन के बीज के खेत में इस प्रकार की विषम भिन्नताओं को पैदा होने से रोकने के लिए बीज का समय-समय पर निरीक्षण करना आवश्यक होता है।

बीज उत्पादन के अन्तर्गत बीज के पैत्रागतीय शुद्धता का संधारण

इस विषय के ऊपर वैज्ञानिकों का विचार है कि उच्च कोटि की पैत्रागतिक शुद्धता को बीज में संधारण करने के लिए निम्नलिखित बिन्दुओं का अनुसरण करना काफी सीमा तक इस समस्या का समाधान कर लेते हैं :

अ. बीज गुणन के लिए अन्तर्गत कार्यक्रम में केवल अनुमोदित किस्मों का ही गुणन करना चाहिए।

ब. बीज गुणन के सर्वप्रथम खेत का निरीक्षण एवं अनुमोदन करना चाहिए।

स. बीज गुणन के खेत में जिन बिन्दुओं पर निरीक्षण करना चाहिए वे हैं-

1. मिश्रणों की दिशा
2. खरपतवार
3. आपत्तिजनक खरपतवारों से वंचित तथा बीज के अन्दर परजीवी मृतरोगों की दशा इत्यादि।

द. शुद्ध किए गए बीज के बोरों का नमूना लेना एवं उनको सीलबद्ध करना।

य. संभावी अनुमोदित बीज के ढेरी में से नमूनों का तुलनात्मक उगाने के लिए अनुमोदित किस्मों के नमूनों के साथ खेत में परीक्षण के लिए देखना।

कुछ वैज्ञानिकों का मत है कि पैत्रिकता शुद्धि की विश्वसनीयता के लिए अपनाए गए तरीके में ये बातें भी ध्यान में रखने योग्य हैं।

अ. बीज शुद्धता को दूषण से मुक्त रखने के लिए यह आवश्यक है कि इस कार्य के दौरान पर्याप्त पृथ्थकीकरण को ध्यान में रखा जाए।

ब. खेत के अन्दर से अवांछित पौधों को निकालना, वह भी इस अवस्था में जिससे ऐसे पौधे बीज की फसल का दूषण न कर सकें।

स. बीज की किस्मों का उनकी पैत्रिवांशिक शुद्धता को देखने के लिए उनका समय-समय पर परीक्षण करना।

द. जिन क्षेत्रों में बीज उत्पादन करना हो उनमें ऐसी फसलों को न उगाया जाए, जिनमें पैत्रियागत परीक्षण किए जा रहे हों।

य. बीज परीक्षण के कार्य को पूरी तरह से करना चाहिए ताकि किस्मों की पैत्रागत शुद्धता बनी रहे।

र. संतति पद्धति को ही अपनाना चाहिए।

पैत्रिगत शुद्धता के संधारण के हेतु जो भी प्राविधि अपनाई जाती है उससे संतति पद्धति के द्वारा उत्पादन करने से और भी बल मिलता है। इस पद्धति के अनुसार बीज उत्पादन केवल 4 संततियों तक ही सीमित रहता है। प्रजनक बीज से शुरू करके बीज केवल 3 अगली पीढ़ियों तक ही गुणित किया जाता है यानी आधार बीज, पंजीकृत बीज और प्रमाणित बीज। इसलिए पैत्रिक शुद्धता के संधारण के लिए मुख्य रक्षाकवच यहाँ दिए जा रहे हैं–

1. बीज के स्त्रोत पर नियन्त्रण एवं निगरानी रखना

बीज के लिए उत्पादन हेतु कोई भी फसल के लिए यह आवश्यक है कि बीज को एक उचित वर्ग तथा अनुमोदित स्रोत से ही लिया जाए। बीज के चार वर्ग–प्रजनन–बीज, आधार–बीज, पंजीकृत–बीज तथा प्रमाणित–बीज को ही बीज प्रमाणीकरण विधि में ही मान्यता प्राप्त है। ये वर्ग जिनको कि ऐसोशियेशन ऑफ सीड़ सर्टिफिकेशन ऐजेन्सीज के द्वारा मान्यता प्राप्त है और ऐजेन्सी द्वारा परिभाषित किए जाते हैं, उनका विवरण नीचे दिया जाता है।

प्रजनक बीज

यह वह बीज या वर्धी तौर पर जनित पौधों का भाग होता है, जिस पर प्रारम्भ करने वाले या कुछ दशाओं में उत्तरदायी पूर्ण स्त्रोत द्वारा अनुमोदित करने वालों का या किसी संस्था का परोक्ष में नियन्त्रण होता है। यह बीज बार–बार आधार बीज के उत्पादन तथा बार–बार बीज की मात्रा बढ़ाने में काम में लिया जाता है।

आधार बीज

इस वर्ग का बीज जिसे इलाइट (उच्च वर्ग का) बीज भी कहते हैं, का हस्थन इस प्रकार किया जाता है कि जिससे उसकी प्रजाति पैत्रागत पहचान एवं शुद्धता का भली प्रकार संधारण हुआ हो या जिसका नामांकन किसी कृषि प्रयोग स्टेशन द्वारा वितरित किया जाए।

इस प्रकार के बीज के उत्पादन की ध्यानपूर्वक देखरेख हो तथा साथ–साथ प्रयोग करने वाले स्टेशन के भिन्न विषय विशेषज्ञों द्वारा निरन्तर देखरेख में हो। ये स्टेशन के प्रतिनिधि द्वारा इसका अनुमोदन भी किया जाना जरूरी होता है। यह आधार बीज ही सभी अन्य प्रमाणीकृत बीज वर्गों का स्त्रोत होता है, जिसका हस्थन परोक्ष में किया जाता है या पंजीकृत बीज की तरह भी किया जाता है।

पंजीकृत बीज

इस वर्ग का बीज आधार बीज की ही संतति होता है या फिर यह वह पंजीकृत बीज होता है, जिसका हस्थन इस प्रकार से किया गया हो कि उसकी पैत्रिगत पहचान एवं शुद्धता, और जिसका किसी प्रमाणीकरण केन्द्र के द्वारा अनुमोदन किया गया हो। इस प्रकार के बीज में काफी गुणवत्ता विद्यमान होनी चाहिए। जिससे इसका उपयोग प्रमाणित बीज के उत्पादन में निःसंकोच किया जा सके।

प्रमाणित बीज

यह बीज आधार–बीज की ही संतति होता है तथा यह पंजीकृत एवं प्रमाणित बीज भी हो सकता है। यह बीज वह होता है जिसकी पैत्रिक शुद्धता एवं पहचान के लिए संतोषप्रद ढंग से हस्थन हुआ हो। इसका भी उपयोग करने से पहले प्रमाणीकरण अभिकरण के द्वारा प्रमाणीकरण होना आवश्यक होता है।

2. बीज की सस्य उगाने के पहले क्षेत्र की अपेक्षाएँ

इनका निर्धारण बीज में आने वाले दूषणों को रोकना होता है। यह दूषण मुख्यतया स्वैछिक पौधों के खेत में उगने के द्वारा होते हैं।

तालिका-29 : बीज प्रमाणीकरण हेतु विभिन्न बीज फसलों के लिए आवश्यक क्षेत्र अपेक्षाएँ

फसलों का नाम	*ऋतुओं/वर्षों की संख्या*	*खेत की आवश्कताएँ*
1.	*2.*	*3.*
धान, गेहूँ, जौ, जई	एक ऋतु	ऐसी किस्म की सस्य का उत्पादन 2 स्तम्भ में दिए गए समय के अन्तर्गत नहीं होना चाहिए। यदि ऐसी सस्य उसी किस्म की हो और उसका अनुमोदन बीज प्रमाणीकरण के मानको का किस्म की शुद्धता के लिए जांच हो गया हो तो उसे उगाया जा सकता है।
ज्वार, बाजरा	एक ऋतु	इसी प्रकार की सस्य पिछली ऋतु में नहीं उगाई गई हो। फिर भी, यद्यपि इसी प्रकार की सस्य उगाई गई है तो, ऐसे खेत की बुआई के कम-से-कम तीन सप्ताह पहले सिंचाई कर देनी चाहिए और उस पर हल चलाकर ही बोना चाहिए ताकि अंकुरित होने वाले तृणक नष्ट हो जाए। ज्वार के लिए जोनसन-ग्रास को खेत में या अनुमोदित पृथ्थकरण दूरी से दूर हर हालत में रखना चाहिए।
मक्का	–	इसको बोने के लिए खेत को स्वैच्छिक पौधों से मुक्त होना चाहिए।
मूंगफली, मसूर, खेसारी, उड़द, मूंग, सोयाबीन, सनई, अरण्ड, तिल, जूट, मेस्टा, सरसों, तारामीरा, सूरजमुखी, चना, अरहर	दो ऋतु	उसी प्रकार की फसल को स्तम्भ 2 में इंगित समय के तहत नहीं उगाना चाहिए। यदि किसी फसल को बोने के हेतु वांछित किस्म का प्रमाणित बीज उस खेत में उगाया गया हो तो फिर यह फसल बीज तथा उत्पादन के लिए उगाई जा सकती है।
सोयाबीन, सनई, अरण्ड, जूट, सरसों, तारामीरा, सूरजमुखी, चना, अरहर	एक ऋतु	यदि वही फसल स्तम्भ 2 में दिखाई गई समय मेस्टा, के अन्तर्गत न बोई गई हो। यदि इस फसल को बोई जाने वाली किस्म के प्रमाणित बीज को लेकर बोया गया हो तो।
	एक ऋतु	बोई जाने वाली फसल को नहीं बोना चाहिए उस समय के अन्दर जिसे स्तम्भ 2 में दिखाया गया है। परन्तु यदि इस फसल की बोई जाने वाली किस्म को बोया गया हो तो फिर आज भी फसल की उसी किस्म के प्रमाणित बीज को बोया जा सकता है। तारामीरा, सरसों, यूरेका सैटाइभा, ब्रेसिका जन्सिया की कोई भी किस्म यदि पिछले वर्ष न बोई गई हो।
ल्यूर्सन और बरसीम	दो वर्ष	इस प्रकार की कोई फसल नहीं बोई गई हो उस समय के अन्तर्गत जो कि स्तम्भ 2 में दिखायी गयी है। यदि इस फसल के बराबर और उच्चतर वर्ग के प्रमाणित बीज उसी किस्म का बोया जा सकता है।
कपास	–	खेत वह जो स्वैछिक उगने वाले पौधों से मुक्त हों।
आलू	एक वर्ष	आलू के बीज का उत्पादन ऐसे खेत में नहीं किया जाना चाहिए जिसमें आलू की फसल को एक वर्ष पहले की फसल की ब्राउन-रोट वार्ट या नीमैटोड से ग्रसित होना पड़ा हो। ऐसे क्षेत्र जिनको पौध-संरक्षण मन्त्रणाकार सरकार के द्वारा अनुपयुक्त घोषित कर दिया गया हो, ऐसे क्षेत्र आलू के बीज उत्पादन के प्रमाणीकरण के लिए अयोग्य होते हैं।

3. पृथक्कीकरण

बीज की फसलों को अन्यान्य दूषण के श्रोतों से बचाना भी ऐसी फसलों को उगाने के लिए एक मुख्य कार्य होता है- पृथक्कीकरण का प्राथमिक दूषण अन्य किस्मों को साथ-साथ नजदीक उगाने से होता है। साथ ही खेत में उगने वाले अवांछित विकृत पौधों के बीजों का खेत में विद्यमान होने से काफी दूषण होता है। बोआई के समय यांत्रिक मिश्रण होने के कारण संलवन के समय, विधायन क्रिया काल में एवं बीज के हस्थन से, तथा बीज का बीज-जनित व्याधियों का निकटस्थ खेत से बीज के अन्दर आने से भी दूषण हो जाता है। इन्हीं स्त्रोंतों से बीज को व्याधियों तथा अन्यान दूषण के बचाने के लिए जिससे बीज की प्रैत्रागतिक शुद्धता तथा बीज की उत्तम गुणवत्ता का निश्चय से संधारण हो सके। विभिन्न फसलों के शुद्ध बीजों को उगाने के लिए नीचे एक पृथ्थकरण तालिका दी जा रही है, जिसे अध्ययन तथा अनुकरण करने से हम नया शुद्ध एवं स्वस्थ बीज पैदा कर सकते हैं।

तालिका-30 : न्यूनतम पृथक्करण आवश्यकताएँ।

न्यूनतम पृथक्करण दूरी मीटर में			*उन फसलों के खेतों से जिनको स्तम्भ 2 और 3 में दिया गया उनसे पृथक्करण की दूरी*
फसल का नाम	*आधार बीज*	*प्रमाणित बीज*	
1	*2*	*3*	*4*
धान, गेहूँ,	3	3	अन्य किस्में जो कि वांछित किस्म के लिए किस्म की शुद्धता जो कि बीज प्रमाणीकरण के मानको पर खरी उतर सके।
	150	150	अनावृत्त कण्डुआ, ऐसे खेतों से जिनसे इस बीमारी का प्रकोप हो जो कि 0.1 प्रतिशत से ज्यादा हो या 0.5 प्रतिशत आधार तथा प्रमाणित बीज वर्गों के लिए।
अ. संकर	300	200	अनाज की अन्य किस्मों से या द्विप्रयोजन प्रभेद (किस्म)।
ज्वार	300	25	वही किस्म जो कि किस्म की प्रमाणीकरण के तहत शुद्धता की आवश्यकताओं के अनुरूप न हो।
	400	400	जौन्सन ग्रास तथा चारे के लिए उगाए जाने वाली ज्वार की किस्म।
	400	200 या 400 मी.	घास वाली ज्वार जिसमें अधिक कल्ले निकलते हों तथा जिसका पुष्प-गुच्छ घास की तरह हों और ऐसी ज्वार की फसल से जो कि दोनों दाने एवं चारे के लिए उगाई गई हो उससे 20 मीटर की दूरी पर।
ब. स्वतन्त्र परागित	200	100	अन्य ज्वार की किस्में एवं द्विप्रयोजन की किस्में।
किस्म	400	400	जौन्सन ग्रास (सौरगम हेलीपीन्स)।
	400	200 या 400 मी.	अधिक घास की किस्मों, जिनमें अधिक 400 फुटान हो और पुष्प-गुच्छ घास की तरह हो तथा 200 मीटर ऐसी ज्वार से जो दानों तथा चारे के लिए परन्तु पहले चारे कि लिए बोई गई हो।
वाजरा	1000	200	अन्य किस्में।
	1000	25	वही किस्में जो कि किस्म की शुद्धता की प्रमाणीकरण के अनुरूप न हो।
मक्का	400		कोई भी मक्का की किस्म जिसका कि दाने का रंग तथा वयन एक सा हो।
अ. स्वयं परागित लाइन, एकल संकर		-	वह स्वंय परागित एकल संकर जो कि किस्म की शुद्धता के लिए प्रमाणीकरण के मापदंडों के अनुरूप न हो।

1	2	3	4
	600	–	कोई भी किस्म जिसका कि रंग तथा वयन भिन्न हो। भिन्न पुष्पन की समय वाली किस्में अनुचित हैं, लेकिन इनका पृथक्कीकरण की दूरी में कुछ सुधार करना होगा। लेकिन 5 प्रतिशत या इससे अधिक बीज के खेत में पित्रों में भुट्टे में बाल न हो ; जबकि अन्य मक्का के खेतों में अनुमोदित पृथ्थकरण दूरी पर के पौधे पराग छोड़ रहे हों।
ब. संकर मक्का	–	200	किसी भी मक्का की किस्म जिसका दाने का रंग तथा वयन बीज-पितृ के अनुरूप हो। एक ही संकरण को मक्का जो कि किस्मों की आवश्यक शुद्धता जोकि प्रमाणीकरण के लिए चाहिए।
	–	300	कोई भी मक्का की किस्म जिसका कि दाने का रंग और वयन पित्र-मक्का से भिन्न हो। ऐसी स्थिति में दूरी को 200 मीटर से अपरिवर्तित करने के लिए किनारे की पंक्तियों को पु. बीज से बो देना चाहिए। यदि दूषण करने वाली मक्का का दाने का रंग और वयन वही है जो कि पित्र-मक्का का हो तो इनमें पृथक्कीकरण की दूरी 300 मीटर ही रखी जाती है। यदि दाने का रंग या वयन दूषित करने वाली मक्का का पित्र-बीज से भिन्न है या यदि प्रदूषण खेत में स्वीट या पौपकोर्न की किस्मों से बोया गया हो तो भिन्न पुष्पन के समय के कारण आने वाली दशा में परिवर्तन करना पृथक्कीरण की दूरी अनुज्ञति है। यदि 5 या 5 से अधिक प्रतिशत के पौधों मे भिन्न पौधों के सिल्क विद्यमान न हो या 0.5 प्रतिशत मक्का के पौधे पृथक्कीकरण की दूरी के अन्तर्गत खड़े पौधे पराग त्याग कर रहे हों।
स. मक्का कम्पोजिट	400	200	अन्य किस्में : ऐसी किस्म जो कि शुद्धता में प्रमाणीकरण स्वंतत्र परागित किस्में को आवश्यकताओं की पूर्ति करती हों।
सोयाबीन	3	3	भिन्न किस्में जो कि एक ही प्रजाति की हों और किस्म की शुद्धता के लिए प्रमाणीकरण की मान्यताओं के अनुरूप न हों।
तारामीरा और सरसों	400	200	एक ही प्रजाति की अन्यान्य किस्में, जो कि किस्म की शुद्धता के लिए पामाणीकरण की आवश्यक मानकों के अनुरूप न हों। तारामीरा तथा सरसों की निम्नलिखित (भारतीय सरसों, राई या बंगला सरसों) ब्रेसिका-जन्सिया किस्म क्यूनिफोलिया (साक-सरसों या राई) : ब्रे. जन्सिया किस्म रूगोसा (पहाड़ी राई) ब्रे. कम्पेसट्रिस किस्म डाइकोटोमा (भूरी या काली सरसों) ब्रे. कम्पेसट्रिस किस्म तोरिया (तोरिया) ब्रे. कम्पेसट्रिस किस्म पीली सरसों ब्रे. टोर्नोफोंटी (पंजाबी राई या जंगली राई) ब्रे. नाइग्रा (काली सरसों या बनारसी राई) ब्रे. एल्बा (सफेद सरसों) ब्रे. पेकिनेन्सिस (चीनी बन्दगोभी शीर्षण) ब्रे. चाइनेन्सिस (चीनी बंदगोभी आशीर्षन) ब्रे. रापा (शलजम)

1	*2*	*3*	*4*
मूंगफली	3	3	अन्य किस्में, ऐसी किस्म जो कि किस्म की प्रमाणीकरण के लिए शुद्ध मानको लिए उचित न हो।
अरंड	300	150	ऊपर जैसे
तिल	100	150	ऊपर जैसे
कपास	50	30	अन्य प्रजाति, अन्य किस्में एक ही प्रजाति की अथवा एक ही किस्म जो कि प्रमाणीकरण के लिए वांछित किस्म की शुद्धता के अनुरूप न हो।
जूट	50	30	एक ही प्रजाति की अन्य किस्में, एक ऐसी किस्म जो कि किस्म की शुद्धता प्रमाणीकरण के लिए उचित न हो,
	3	3	अन्य प्रजातियां।
मेस्टा–हिबिस्कस कैनेविस्कस	200	100	एक ही स्पेसीज की अन्य किस्में।
हिबिस्कस सवदरीफा	100	50	एक ऐसी किस्म जो कि किस्म की शुद्धता के लिए प्रमाणीकरण की वांछित आवश्यकताओं के अनुरूप न हो।
सनई	10	10	अन्य प्रजातियाँ।
	200	100	अन्य किस्में; एक किस्म जो कि किस्म की शुद्धता के लिए प्रमाणीकरण की वांछित आवश्यकताओं के अनुरूप न हो।
वर्सीम, ल्यूसर्न	400	100	अन्य किस्में; एक किस्म जो कि किस्म की शुद्धता के लिए प्रमाणीकरण की वांछित आवश्यकताओं के अनुरूप न हो।
आलू	5	5	अन्य किस्में; एक ऐसी किस्म जो कि शुद्धता के लिए प्रमाणीकरण की वांछित आवश्यकताओं के अनुरूप न हो।

बीज के लिए विभिन्न समय पर फसलों का निरीक्षण करना जरूरी होता है, इसको विभिन्न दूषणों के प्रभावों, उगाये जा रहे बीज का पैत्रिगत गुणों का एनालिटिकल शुद्धता जानने के लिए फसलों का उनकी वृद्धि की विभिन्न दशाओं में निरीक्षण करना जरूरी होता है। इसलिए बीज फसलों का विभिन्न समयों पर निरीक्षण करने के लिए न्यूनतम निरीक्षणों की संख्या को बताया गया है।

तालिका–31 : न्यूनतम निरीक्षण संख्या तथा निरीक्षणों की दशाओं का विवरण

फसलें	*निरीक्षणों की न्यूनतम संख्या*	*निरीक्षण के लिए आवश्यक समय और फसल की दशा*
1.	*2.*	*3.*
धान, गेहूँ, जौ, जई, ज्वार	2	पुष्पन से लेकर संलवन तक
1. ज्वार के संकर	1	पुष्पन के पहले
	2	पुष्पन काल में
	1	पकने पर
2. स्वतन्त्र परागित किस्म	1	पुष्पन के पहले
	1	पुष्पन के समय

1.	2.	3.
	1	पकने पर
बाजरा	1	पुष्पन के पहले
	2	पुष्पन काल में
	1	पकने पर
मक्का		
1. स्वप्रजनित एक संकरित तथा संकर	1	पुष्पन के पहले
	3	पुष्पन काल में
2. कम्पोजिट स्वंतत्र परागित किस्में	1	पुष्पन के पहले
	1	पुष्पन काल में
चना, उड़द, मूंग, अरहर	2	पुष्पन से कटाई तक
मटर	2	पुष्पन से संलवन तक
अरण्ड	2	पुष्पन से संलवन तक
तारामीरा, सरसों	1	पुष्पन से पहले
	1	पुष्पन काल में
	1	पकने पर
मूंगफली	2	पुष्पन से संलवन तक
सोयाबीन	1	पुष्पन काल में
	2	पतझड़ के बाद
बरसीम	2	पुष्पन से लेकर संलवन तक
कपास	2	पुष्पन से संलवन तक
ल्यूसर्न	2	पुष्पन से संलवन तक
सनई	1	वृद्धि के समय
	1	वृद्धि के समय
	1	जब सबसे अधिक पुष्पन हो रहा हो।
	1	फसल पकने पर
जूट	1	पुष्पन के पहले
	1	कुड्म दशा से अधिकतम पुष्पन तक
	1	फसल पकने पर
मेस्टा	1	आखिरी विरलन के पश्चात
	1	आरम्भिक कुड्म अवस्था पर
	1	पुष्पन से फल आने तक
आलू	1	बोने के 45 दिन बाद

बीज की फसल में से विकृत पौधों को निकालने का बीज की पैत्रिक शुद्धता के संधारण के लिए एक मुख्य कार्य है। इसे रोगिंग कहते हैं। ये ऐसे पौधे होते हैं, जो बीज की फसल के पौधों के लक्षणों से भिन्न होते हैं। ये

विकृत पौधे भी बीज फसल की शुद्धता को घटाने में एक अहं भूमिका अदा करते हैं। ऐसे पौधे बीज की फसल के अन्दर पैत्रिक गुणों को दूषित करने के लिए एक बहुत ही अधिक संभाव्य स्त्रोत होते हैं। इनकी बीज के खेत में निरन्तर विद्यमानता के कारण पैत्रिक गुणों के ह्रसन में बहुत ही घटिया किस्म के बीजों का उत्पादन होता है।

ऐसी विकृत किस्मों के पौधे दो प्रकार से पैदा होते हैं – 1. बीज की किस्म की मोचन के समय यदि बीजों को जल्दी मोचन किया जाए तो बीजों की किस्मों में कुछ परचापसारी जीन बीजों में विद्यमान हों तो उनकी निरन्तर विद्यमानता बीजों की शुद्धता का ह्रसन कर देते हैं। ऐसे पौधों को ही विकृत पौधे कहते हैं। दो प्रकार के विकृत पौधे होते हैं-जिनमें एक तो वह है जिसका उल्लेख पहले कर चुके हैं और दूसरे जो कि पौधों में प्राकृतिक उत्परिवर्तनों के द्वारा परचापसारी जीन को पैदा करते हैं। एक और विकृत पौधों का स्त्रोत वह है जो कि खेत में स्वैच्छिक उगने वाले पौधों के कारण पैदा हो जाते हैं। ये या तो अक्समात बोये जाने वाले बीज में मिल जाने से या उन फसलों में से जो पहले बोई गई थी, उससे आते हैं। इस कारण खेतों में जिनमें बीज की खास किस्म बोनी हो उसमें यह देखना चाहिए कि पहले के वर्षों/ऋतुओं में वहां पर कोई भी ऐसी फसल की किस्म का बीज बोया हो जिससे सम्भवत: विद्यमान बीज की फसल में दूषण हो जाए।

भिन्न विकृत पौधों को बीज उत्पादन खेत में से प्रशिक्षित व्यक्तियों के द्वारा समय-समय पर खेत के निरीक्षण के दौरान उखाड़ कर खेत से अलग कर देना चाहिए।

बीज का प्रमाणीकरण फसलों के बीजों की पैत्रिकीय शुद्धता के संधारण के लिए किया जाता है। ये उन फसलों के बीजों का किया जाता है, जिनकी बीज बनाने की अधिक शक्ति होने के साथ अपनी किस्म के सत्यापित गुणों को लिए हुए हों यानी प्ररूपानुकूल हो। इस कार्य की सिद्धि के लिए अच्छी पात्रता के अनुभवी व्यक्तियों के द्वारा यह कार्य किया जाता है। इसके लिए निरीक्षक खेतों का उचित समय पर खेतों का निरीक्षण फसल के उत्पादन में बार-बार करते रहते हैं। ये निरीक्षण इसलिए भी किए जाते हैं, ताकि यह पता चल सके कि क्या फसल/बीज की ढेरी वांछित पैत्रिक शुद्धता का तथा गुणवत्ता का है या नहीं। संलवन के पश्चात् गुणवत्ता का सत्यापन करना और बीज विधायन केन्द्रों पर बीज के नमूने लेकर बीज परीक्षण प्रयोगशालाओं में भेजना होता है तथा कभी-कभी बीज के नमूने को खेत में उगाकर देखना आदि भी कार्य इसके मुख्य भाग है। बीज प्रमाणीकरण के अतिरिक्त ये अभीकरण कभी-कभी खेत के तथा बीज के नये मानक भी निर्धारित करते हैं। जिनके अन्तर्गत ये मानक प्रमाणीकरण संस्था के द्वारा अनुमोदित हो सकें, जिनमें कि खेत की आवश्यकताएं भी शामिल है। साथ ही पृथ्थक्कीकरण, अधिक-से-अधिक विकृत पौधों की संख्या, झड़ते हुए मक्का के फूल (हाइब्रिड मक्का के) आदि। इनका भी ध्यान रखना होता है।

बीज की पित्रागत शुद्धता तभी निश्चित होती है, जब बीज प्रमाणीकरण अभिकरण इसके विद्यमान मानकों का अनुमोदन करे। बीज प्रमाणीकरण के कार्य से यह भी उपलक्षित होता है कि फसल तथा उसके बीज की ढेरियां दोनों का ही निरीक्षण हो चुका है और वे एक अभिजात बीज तथा एक अच्छी गुणवत्ता वाले बीज की वांछित शर्तों को पूरी करते हैं।

खेत में उगाने के परीक्षण करने के लिए उन बीज की किस्मों को लिया जाता है जिनको कई पीढ़ियों से बीज के काम में लिया जाता रहा हो। यह कार्य दर्शाता है कि ऐसे बीज की किस्म का एवं समय के अन्दर सही तरह से संधारण किया जा रहा है। अन्य उदाहरण यह भी हो सकते हैं कि बीज-जनित रोगों पर पूर्णतया नियन्त्रण निश्चित तौर पर हो चुका है। ये वे बीमारियाँ हैं, जिनमें प्रमाणित बीज को नियन्त्रण करने का कोई तरीका या उपचार उपलब्ध

नहीं है।

बीज की फसल को उगाने के लिए कुछ पित्रागत सिद्धान्तों के अतिरिक्त क्षैत्रिकी कृषि कार्यों से सम्बन्धित कार्यों का अनुसरण भी करना पड़ता है। इनमें से वे क्षैत्रिकी सिद्धान्त मुख्य है जिससे अच्छी गुणवत्ता वाला बीज मिल सकेगा और साथ ही ऐसे बीज के उत्पादन करने में अच्छी उपज भी मिल सकेगी।

किसी भी फसल का जिसका कि बीज उत्पादन करना हो उसमें विद्यमान प्रकाशावधि तथा तापमान की दशाओं का इस फसल के लिए अनुकूलन होना चाहिए। ऐसी फसल की किस्में जो कि प्रकाशावधि एवं तापमान की दशाओं के लिए अति संवेदनशील हों उनको केवल ऐसे चयनित क्षेत्रों मे उगाना चाहिए जहाँ पर उनसे आर्थिकता की दृष्टि से अच्छा उत्पादन हो सके। सत्य तो यह है कि जिन क्षेत्रों में मध्यम वर्षा तथा आर्द्रता होती है, वे ही बीज उत्पादन के प्रयोजन के लिए अधिक उपयुक्त होते हैं। उच्च बारिश तथा आर्द्रता की दशाएँ इस प्रकार के कार्य के लिये उचित नहीं होती है। अधिकांश में सभी फसलों के लिए पुष्पनकाल में तथा परागण की स्थिति में शुष्क साफ सूर्य की रोशनी तथा मध्यम तापमान ही उचित होते हैं। अधिक ओस एवं वर्षा पौधों के परागण को बाधित करते हैं। इनके कारण बीज बहुत कम मात्रा में बन पाता है। इसी प्रकार उच्च तापमान की दशा में पराग के कण सूख जाते हैं जिससे कि बीज कम ही बन पाता है। जिन फसलों मे हवा से परागण होता है, उनके लिए साफ सूर्य की रोशनी और धीमी गति की हवाएं, जिससे फसलों के ऊपर पराग धीरे-धीरे बहता चला जाता है, ये ही दशाएं परागण तथा बीज की उत्पत्ति के लिए सहायक कारक होते हैं। कुछ फसलों जैसे अदाहरणार्थ कुछ फल उत्पादन की फसलें होती हैं। जिनमें यद्यपि पुष्पनकाल में काफी उच्च तापमान के प्रति ये सहनीय होती हैं, परन्तु उच्च तापमान के कारण उनमें समयपूर्व पुष्पन होने लगता है। इसी प्रकार बहुत न्यून तापमान से भी बीज की गुणवत्ता में कमी आ जाती है उदाहरणतः बीज की परिपक्वता के पहली प्रावस्था में। सारांश में ऐसे क्षेत्रों में जहाँ गर्मी अपनी चरमसीमा पर रहती हो और अति शीत जलवायु की दशाओं में बीज उत्पादन का कार्य नहीं लेना चाहिए। यदि कोई अन्य फसल इन दशाओं में बीज उत्पादन के लिए उचित हो तो सिर्फ उसकी ही बीज उत्पादन के लिए फसल उगाई जा सकती है।

अधिक वर्षा से व्याधियों का अतिक्रमण भी बढ़ जाता है, बीज के परिपक्व होने में बाधा आती है, संलवन के पहले ही खड़ी फसल में अंकुरण हो सकता है, कुछ फसलों में बीज भी झड़ने लगते हैं, इत्यादि।

बीज उत्पादन के लिए खेतों का चुनाव, बीज की फसल का पृथक्करण, खेत की तैयारी, किस्म का चयन, बीज उपचार, बोने का समय, बीज की दर बोने की विधि, बीज बोने की गहराई, विंकृत पौधों की छटाई, तृणकों पर नियन्त्रण, व्याधियों एवं कीट-पतंगों पर नियन्त्रण, खेत में बोई जाने वाली फसल का पोषण एवं उर्वरण आदि ऐसे सामान्य कार्य हैं जिसके ऊपर बीज उत्पादन की फसल में विशेष ध्यान दिया जाना चाहिए।

सभी खेत में कार्यों की समाप्ति पर और खेत जब प्रमाणीकरण के लिए अनुमोदित हो गया हो तो आखिरी खेत में करने कार्य हैं- फसल की कटाई (संलवन) करने के लिए मुख्य बात जो विचाराधीन होनी चाहिए वह है अधिकतम उत्पादन एवं बीज की अच्छी गुणवत्ता। कई अध्ययनों से साबित हुआ है कि फसल की कटाई के लिए सबसे उत्तम समय वह होता है जब बीज पूर्णतया परिपक्व हो गया हो और जब जलवायु की दशा काफी अनुकूल हो जब फसल का संलवन सरलता से हो सके, उसको साफ करने का कार्य भी सुगमता से हो जाए और जिसमें संलवन के समय कम-से-कम हानि हो। बीजों में विद्यमान नमी की मात्रा एक अति उत्तम द्योतक बीज की फसल को काटने के लिए होता है। यह भिन्न फसलों में भिन्न होता है।

अधिकतर बीज की फसलों में फसल को एक उच्च आर्द्रता की दशा में संलवन किया जाता है। बीज की अंकुरण शक्ति को या जीवक्षमता तथा ओज के प्रतिरक्षण के प्रति जागरूक होना जरूरी है। इस प्रकार से बीज को सुरक्षित रखा जा सकता है। इसके लिए मुख्य सावधानियाँ हैं- 1. बीज को सुरक्षित आर्द्रता की सीमा तक सुखाया जाए। बाद में बीज के हस्थन भी सावधानी से किया जाना चाहिए। 2. इस बात का निश्चय होना चाहिए कि बीज विधायन के समय बीजों की यांत्रिक मिश्रण से दूर रखा जाए। 3. बीज की ढेरियों की पहचान का निरन्तर संधारण होना चाहिए।

शुरू में बीज का भण्डारण थोड़े समय के लिए थैलों या बोरों में सामान्य मकानों में किया जा सकता है। धूप में सुखाने के पश्चात् बीज को साफ-सुथरे थैलों में भर दिया जाता है। यदि पुराने थैलों का इस्तेमाल करना हो तो, थैलों को भरने से पहले 2 प्रतिशत डी.डी.टी. के घोल में डुबोकर तथा सूखाकर ही बीज को इनमें भरना चाहिए। हर एक थैले को सही तरह से चिन्हित करना चाहिए। बीज के गोदामों को पूर्णतया सूखा, ठंडा एवं साफ-सुथरा होना चाहिए। गोदाम के अन्दर रखे थैलों पर एक बार या समय-समय पर मैलेथियोन का छिड़काव करना चाहिए।

बोने से पहले बीजोपचार

बीज सुखाना : बीज सुखाने से बीज में एक कठोरता उत्पन्न होती है जिससे उसकी व्यापारीय परिवर्तन तथा जैव रासायनिक सुधारों से उसकी गुणवत्ता बढ़ जाती है। दूसरे उनमे उच्च कोटि का अंकुरण निश्चित होता है। बीज को बोने से पहले उसका व्याधियों एवं कीट शत्रुओं के प्रति उपचार करना चाहिए। इससे खेत में पौधों की वांछित संख्या बनी रहेगी।

7. कृषि सस्यों के उत्पादन में जल एक वरदान

भारत की कृषि व्यवस्था में सस्य उत्पादन के लिए जल संबंधी कई दशाएँ दृष्टिगत होती हैं।

1. जहाँ एक सस्य को उगाने के लिए पर्याप्त वर्षा-जल उपलब्ध होता है, परन्तु दो फसलों को उगाने के लिए काफी नहीं होता है।
2. जहाँ सिंचाई के द्वारा मुख्य फसल चारे के लिए ली जाती है और बाद में गर्मियों में एक अल्पकालीन फसल ली जाती है।
3. ऐसी भी स्थिति आती है जब मुख्य फसल को चारे के लिए पेडी से लेकर केवल ऐसी जगहों पर जहाँ पर चारे की अधिक भारी मांग हो।

ऐसी अन्तरसस्यन जिसमें 2 या ज्यादा सस्यों का उत्पादन साथ-साथ किया जाता है तथा एक ही खेत में, पंक्तियों में तथा रेखांकित ढंग से किया जाता है। अन्तरसस्यन न केवल सस्यों की उपज को स्थिर रखता है, अपितु कुल उपज की मात्रा को अधिकतम वृद्धि देता है। यह वृद्धि प्रति इकाई क्षेत्रफल में सामान्य जलवायु में देखी जा सकती है।

ऐसी व्यवस्था में जिसे अन्तरसस्यन कहते हैं, वह एक प्रकार का सस्य उत्पादन की दृष्टि से उत्पादन के लिए आवश्यक बीमा प्रदान करती है। अन्तरसस्यन की आधारीय धारणा यही है कि 2 या 2 से अधिक प्रजातियों को एक ही पर्यावरण में उगाकर इस स्थिति का पूर्णतया दोहन किया जाय-एक ही सस्य उत्पादन की तुलना में।

यों तो बीज बोने से लेकर उसका अंकुरण तथा आगे चलकर भी फसल के पौधों को पानी की सदैव आवश्यकता होती है। फिर भी फसलों की सिंचाई करने में कुछ वैज्ञानिक तथ्यों का ध्यान रखना जरूरी है। इनसे पानी की ठीक मात्रा में उपयोग हो जाता है। इनमें कुछ वैज्ञानिक तौर पर विचार इस प्रकार से आंके जाते हैं।

1. **सिंचाई जल:** उस जल को कहा जाता है जो कि जल की वह मात्रा होती है जो किसी भी फसल को पूर्णतया सफलतापूर्वक उगाने की कुल मात्रा होती है।
2. **संकलित खुले तल में कुल वाष्पीकरण की मात्रा:** यह खेत के ऊपरी सतह पर कुल पित्रागत पानी होता है जो कि स्वभावत: विभिन्न सस्यों के लिए भिन्न होता है। इस कारक में मृदा तथा जलवायु का भी गहन प्रभाव पड़ता है।
3. **जल उपयोग की कुशलता:** यह वह अनुपात होता है जो कि आर्थिक उपज प्रति इकाई पानी की प्रति इकाई क्षेत्रफल में इस्तेमाल की जाती है। इसे किलोग्राम/हेक्टर मिलीमीटर मृदा-जल जो या तो

खेत में दिया गया हो या संचित किया गया हो। फसल उत्पादन के अन्तर्गत दिए उर्वरक इस संख्या को काफी प्रभावित करते हैं और साथ ही फसल की पैत्रिकजाति भी इस पर प्रभाव डालती है।

4. **फसल के लिए सिंचाई को सूचीबद्ध करना :** (अ). मृदा में विद्यमान नमी, (ब). फसल के पौधों में पानी के लिए संभावित कष्टमय, चिंताजनक अवस्था कब होती है एवं (स). सिंचाई पानी की कुल मात्रा का संकलित सतह पर हुए वाष्पीकरण की मात्राओं के अनुपात से पता लगता है। साथ ही सिंचाई के पानी का ह्रास विभिन्न मृदाओं में भिन्न-भिन्न ऋतुओं में किस तरह से होता है, यह भी विचारणीय विषय है।

सस्य पौधों की पानी की आवश्यकताओं के लिए कौन-कौन सी भिन्न अवस्थाएँ भिन्न-भिन्न सस्यों के लिए होती हैं, यह भी सिंचाई के अन्तर्गत सबसे अधिक मुख्य चिंता का विषय होता है। ये अवस्थाएं सामान्य तथा पुष्पन के प्रथमजात दशा के आरम्भ होने पर पताका पत्ती के दीखने पर एवं दानों में भराव आने की दशा में मुख्य होती हैं।

फसलों के सिंचाई सम्बन्धित तन्त्रों के प्रयोगों से पता चलता है कि यदि वर्षा पर आधारित सस्यों में वर्षा विलम्ब से होती है तो तुरन्त ही एक प्रारम्भिक सिंचाई की आवश्यकता होती है। इससे उपज में संभाव्य हानि बच सकती है या काफी सीमा तक रोकी जा सकती है।

जल के अभाव में या कमी की दशा में सस्य पौधों में मुरझाने के लक्षण दिखाई देते हैं। अधिक जटिल अवस्था में पौधे सूखकर मर जाते हैं। यह एक भयानक स्थिति है, जिसे सफलतापूर्वक सस्य उत्पादन कार्य के अन्तर्गत रोकना चाहिए।

कृषि उत्पादन के लिए सिंचाई का प्रबन्धन एक मुख्य आदाय होता है। परम्परागत तरीकों से तो नहरों, गूलों, नालियों तथा अन्य कीमती उपकरणों से नदी, कुओं तथा पहाड़ी नदियों के द्वारा फसलों की सिंचाई भारत में होती रहती है। हमारे देश के भूमि के कुल संसाधन 329 मिलियन हैक्टर के भौगोलिक क्षेत्र में फैले हैं। इनमें से अन्यान्य कृषि के उपयोग में लायी जाने वाली भूमि का क्षेत्रफल 142 मिलियन हैक्टर है। इसमें जो जमीन सिंचाई के अन्तर्गत उपलब्ध होती है, उसका क्षेत्रफल 52 मिलियन हैक्टर है। 90 मिलियन हैक्टर असिंचित एवं वर्षा पर आधारित फसलों के उत्पादन के लिए आती है। एक विरोधाभास की स्थिति यह है कि अपने यहाँ जो 55 प्रतिशत खाद्यान्नों का उत्पादन होता है वह केवल 35 प्रतिशत सिंचाईयुक्त क्षेत्रफल से होता है। बाकी का 45 प्रतिशत खाद्यान्न का उत्पादन सिर्फ वर्षा पर आधारित क्षेत्र से होता है।

हमारे देश में भू-अपक्षरण की गति 5.3×109 टन प्रतिवर्ष की दर से होता है, जो कि सिर्फ अन्यान्य कृषि कार्यों के कारण होते हैं। इस प्रकार का मलबा सतह से जलाशयों में साद के रूप में जमा होता रहता है। इसके साथ-साथ बाकी 1.6×109 टन प्रतिवर्ष समुद्र में समा जाता है।

वर्षा रहित क्षेत्रों एवं भूमियों में वर्षापात आमतौर पर अपोढ़, अनिश्चित और कम होता है। जो होता भी है उसका अधिकतर भाग पानी के रूप में ऊपर से बहकर निकल जाता है। कुछ इसकी मात्रा आश्मचावन से भी जमीन के अन्दर से निकल जाती है। इस प्रकार की शुष्क कृषि भूमियों को ही अपरम्परागत एवं नवपरिवर्तित तरीकों को अपनाने की आवश्यकता होती है, ताकि उनसे कमोबेश उत्पादन के सम्भाव्य क्षमता का भी उपयोग हो जाएगा। इस प्रकार की क्षमता का विकास केवल ऐसी विधियाँ तथा विचारों को अपनाकर ही किया जा सकता है, जो कि ऐसे शुष्क क्षेत्रों के लिए परम उपयुक्त होती हैं।

पानी ही सभी वर्षा पर निर्भर कृषि की जीवन रेखा होती है। पानी पर ही वहां की प्रगति निर्भर करती है। वहां की पानी की कमी की स्थिति को समझने के लिए हमें यथास्थान कुल विद्यमान होने वाली नमी जो भूमि में संग्रहित होती हो, फसल के पौधों के लिए उपलब्ध नमी की मात्रा, पानी की हानि कैसे होती है और उसके नियन्त्रण के लिए क्या–क्या उपाय किए जा सकते हैं, कैसे हम पानी का कुशलतापूर्वक इस्तेमाल कर सकते हैं। इस सभी करकों को विचाराधीन रखना होता है। वर्षा के पानी का संलवन की विधियाँ तथा सिंचाई के सिद्धान्तों की प्रक्रिया या कार्यविधि इन सभी विषयों के ऊपर हमें गहनता से ध्यान देना होगा। क्योंकि हम निश्चित रूप से जानते हैं कि बारानी कृषि से ही इक्कीसवीं सदी की भूख या खाद्यान्नों की कमी मिट सकती है और केवल इस प्रकार की कृषि से ही हमारी थोड़ी बहुत तरक्की सम्भव हो सकती है।

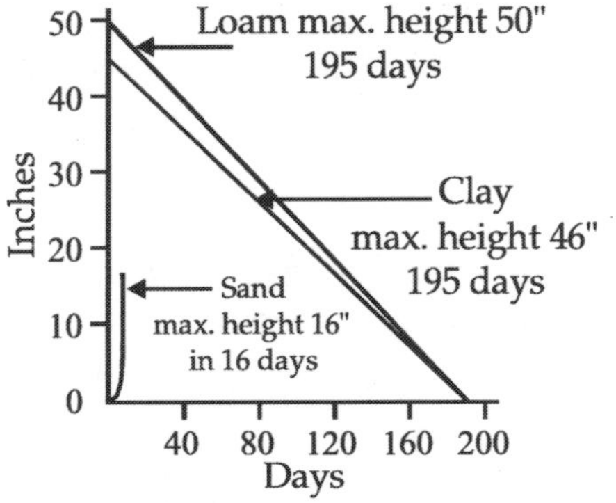

एक जल पटल से विभिन्न वयन तथा बनावट की मृदाओं में जल की आरोही (ऊपर की ओर) गति का अनुमान

आज भी भारत की पूरी आजीविका में कोई सार्थक परिवर्तन नहीं आया है, यद्यपि हमें आजादी प्राप्त होने के 65 वर्ष हो गए हैं। आज भी देश की पूरी जनसंख्या खेती पर ही निर्भर करती है। यथास्थिति को ध्यान में रखकर हमें इसी जमीन से उतना खाद्यान्न पैदा करना होगा कि जिससे लगातार बढ़ती हुई आबादी को भूख से बचाया जा सके। इक्कीसवीं सदी में हमारी जनसंख्या एक अरब को पार कर गई है। पहले हम खाद्यान्न की आपूर्ति के लिये आयात पर निर्भर करते थे और आज हम 20 करोड़ टन से भी अधिक खाद्यान्न पैदा करके आत्मनिर्भर हुए हैं। अब देखने में आया है कि पिछले कुछ वर्षों से हमारे यहाँ जो हरित क्रांति के फलस्वरूप खाद्यान्नों की पूर्ति को चिंता से मुक्ति हुई थी उसका प्रभाव भी अब घटता नजर आ रहा है। अब प्रश्न यह उठता है कि हमने जो आत्मनिर्भरता प्राप्त की थी उसे कैसे सक्षुण रखा जाए।

तालिका 32 : जलोदय के संवर्धन रणनीति के अन्तर्गत भारत के कुछ भागों में भूजल का किया गया पुनःभरण

जलोदय का नाम	*ऊपरी तल की उत्पादित क्षमता (हैक्टर/मी.)*	*जल पटल का भूमि के अन्दर बढोत्तरी (मी.)***
बाजार गनियार (हरियाणा)	79.00	2.00
वेहडाला (हिमाचल प्रदेश)	18.00	1.00
बुंगा (हरियाणा)	60.00	1.80
छाजवा (राजस्थान)	20.00	2.00
चिन्नाटेकुर (आन्ध्र प्रदेश)	5.60	0.80
जी.आर.हाली (कर्नाटक)	6.80	1.50
जोलादरासी (कर्नाटक)	4.00	0.20
सिहा (हरियाणा)	42.20	2.00

***योजना के पहले तथा बाद में आए भूजल स्तर की भिन्नता*

भारत की 143 मिलियन हैक्टर भूमि में से सिर्फ 65 मिलियन हैक्टर भूमि ही सिंचित है, बाकि 78 मिलियन हैक्टर भूमि यानि कृषि योग्य भूमि की 54.5 प्रतिशत भूमि बारानी है। बारानी यानि वर्षा पर आधारित वह भूमि है जो पूरी तरह से वर्षा पर निर्भर करती है, जिसमें किसी भी अवस्था में फसल की अलग से सिंचाई नहीं की जा सकती है। इसके बावजूद कुल आजकल उन जलोदय आयोजनों के अन्तर्गत भूजल का वर्षा के जल के संलवन के द्वारा स्तर ऊँचा करने में काफी प्रोत्साहन देने वाले परिणाम प्राप्त हुए हैं। भू-जल का स्तर ऊपर उठाने से पानी की अन्यान्य कृषि कार्यों के लिए उपलब्धता बढ़ जाती है। इस प्रकार के प्राप्त परिणाम तालिका 32 से विदित होते हैं।

भूमि प्रबन्ध

सिंचाई के लिए यदि हम जल का वैज्ञानिक ढंग से उपयोग करें तो सस्य उत्पादन में काफी लाभ मिलता है। इसके लिए कुछ बातों पर ध्यान देना होता है, जैसे-प्रति सिंचाई में वांछित जल की मात्रा, इसके लिए एक अनुपात संचयी जैसे पात्र का वाष्पीकरण तथा कुल फसल के लिए दी गई पानी की कुल मात्रा का अनुपात जानना अति आवश्यक होता है। यह इस प्रकार से है-

भूमि प्रबन्ध का मतलब है भूमि की उर्वरा शक्ति को बढ़ाया या बनाये रखना तथा भूमि कटाव को रोकना क्योंकि भूमि कटाव से खेतों की ऊपरी उपजाऊ मिट्टी बह जाती है, कड़ी परत ऊपर आ जाती है जिससे भूमि की उर्वरा शाक्ति नष्ट हो जाती है। भूमि प्रबन्ध में शामिल वर्षा के पानी का पूरे खेत में ठहरने के लिए खेतों को समतल करके मेंडबन्दी करना, मेंड़ों पर घास तथा झाड़ीनुमा पौधे, अरन्डी, वैटीवर तथा स्टाइलों घासें आदि लगाएं, जिससे भूमि कटाव तो रुकता हो और साथ ही पशुओं को चारा भी मिले।

ढालू जमीन में लगी कृषि क्रियाएं ढाल के विपरीत दिशा में करें जैसे यदि ढाल पूरब-पश्चिम है तो कृषि क्रियाएं, जोताई, बोआई, निकाई, गोड़ाई आदि उत्तर-दक्षिण करें। यदि ढाल बहुत ज्यादा हो तो सीढ़ीनुमा खेती करें।

हमारे देश में 30 प्रतिशत क्षेत्रों में केवल 0-750 मिमी. औसत वर्षा होती है और सिर्फ 6 प्रतिशत क्षेत्रों में 2000 मिमी. से अधिक वर्षा होती है। अब जरूरत है इसी वर्षा से प्राप्त पानी को संरक्षित करके पूरे फसल समय के लिए उपयोग किया जाए। बारानी में जल प्रबन्ध दो प्रकार से करते हैं-एक तो वर्षा के अतिरिक्त जल को इकट्ठा करे, दूसरे वर्षा का पानी जहाँ गिरे वहीं विभिन्न कृषि क्रियाओं द्वारा संरक्षित करके।

कुल सिंचित पानी की मात्रा/संचयी मात्रा (ऊपरी सतह का वाष्पीकरण से ह्रसित मात्रा)

यह अनुपात ऋतु तथा सस्य के अनुसार बदलता रहता है।

दूसरा कारक जल के उपयोग की कुशलता को दृष्टिगत करने से यह भी एक ऐसा कारक है, जिससे फसल की उत्पादन क्षमता का आंकलन किया जाता है। इस प्रकार की कुशलता का आंकलन प्रति इकाई फसल के आर्थिक उत्पादन में पानी की प्रति इकाई उपयोग जो प्रति इकाई क्षेत्र में हुआ हो, इन दोनों का अनुपात दिखाता है। इसे किलो दाना/प्रति हैक्टर से नापा जाता है। इसका गूढ़ संबन्ध उर्वरक के प्रकार तथा पौधों के पित्रैकों से निर्धारित होता है।

1. एकत्रित जल का दोबारा उपयोग कर

हमारे देश में लगभग 50 प्रतिशत इलाकों में औसत वर्षा होती है, जिसका पानी अच्छे फसल उत्पादन के लिए काफी है, बशर्ते इसका बंटवारा पूरे साल समान रूप से फसलों की जरूरत के मुताबिक हो। वर्षा का 20–50 प्रतिशत पानी बह कर फसलों की पहुँच से दूर चला जाता है। वर्षा के इस पानी को इकट्ठा करना बारानी खेती के लिए बेहद जरूरी है ताकि फसलों की जरूरत के हिसाब से उन्हें उपलब्ध कराया जा सके। इसे फसल के लिए जीवन रक्षक सिंचाई के रूप में पुनः इस्तेमाल किया जा सकता है।

2. नमी संरक्षण

नमी संरक्षण बारानी खेती का एक आधारभूत सिद्धान्त है। इसमें वर्षा के पानी को उन्हीं खेतों में नमी के रूप में इकट्ठा करना होता है। इसके लिए निम्नलिखित कृषि क्रियाएं अपनाते हैं–

गहरी जोताई

बार–बार एक ही गहराई पर उथली जोताई करते–करते नीचे एक कड़ी परत बन जाती है, जिससे वर्षा का पानी नीचे नहीं जा पाता तथा मिट्टी की जलधारण क्षमता कम हो जाती है और भूमि कटाव की संभावना बढ़ जाती है। रबी की फसल कटते ही खेती की एक जोताई मिट्टी पलटने वाले हल (मोल्ड बोल्ड हल) से कर देनी चाहिए। गहरी जोताई से मृदा की संरचना में सुधार होता है, और कार्बन तथा नाइट्रोजन अनुपात में सुधार होता है। पौधों की जड़ों का अच्छा विकास होता है। गर्मियों में गहरी जोताई से मिट्टी में छुपे कीड़े–मकोड़े तथा उनके अण्डे और बीमारियों के जीवाणु तथा खरपतवारों के बीज गर्मी की तेज धूप से नष्ट हो जाते हैं।

मेंडबन्दी तथा नाली विधि द्वारा खेती

बारानी क्षेत्रों में जहाँ वर्षा सीमित यानि लगभग फसल की जरूरत के ही बराबर होती है वहाँ खेती की इस विधि को अपनाते हैं। इसके लिए फसल बोआई से पहले खेतों में नाली तथा डोली बनाई जाती है। इसमें खरीफ फसलों जैसे ज्वार, बाजरा, मक्का, लोबिया आदि की बोआई डोलों पर की जाती हैं तथा नालियों में जल इकट्ठा किया जाता है। रबी की फसल जैसे सरसों आदि की बोआई नालियों में 30 : 60 के अनुपात में जुड़वां कतारों में करते हैं, इस तरह पानी का सही इस्तेमाल होता है।

आच्छादन (मल्चिंग)

यह एक ऐसी कृषि क्रिया है, जिसमें फसल उगने के बाद दो कूंड़ों के बीच की जगह को ढक देते हैं ताकि पानी–वाष्पीकरण को रोका जा सके। आमतौर पर फसलों के अवशेष जैसे :– ज्वार, बाजरा, मक्का आदि की कड़बी, सूखी घास या गन्ने की पत्तियाँ, गेहूँ का भूसा या धान के पुआल का इस्तेमाल किया जाता है। कभी–कभी प्लास्टिक मल्च, पोलीथीन की पट्टियों का प्रयोग भी करते हैं। इसके अलावा गोड़ाई करके तथा मिट्टी को पलट कर भू–मल्च भी करते हैं। मल्चिंग करने से पानी के बहाव की गति रुकती है, जिससे भूमि कटाव को रोकने में मदद मिलती है। पानी का वाष्पीकरण कम होता है, खेत में अधिक समय तक नमी बनी रहती है तथा फसल के लिए पानी की उपलब्धता बढ़ जाती है और खरपतवार भी कम उगते हैं।

जल उपयोग

बारानी खेती की इस विधि में वर्षा के पानी को खेत के निचले भाग में गड्ढा खोद कर इकट्ठा कर लेते हैं और सूखे की स्थिति में फसल को मरने से बचाव के लिए इस पानी का प्रयोग जीवन रक्षक सिंचाई के रूप में करते हैं। जिन क्षेत्रों में हल्की मिट्टी होती है वहाँ पानी को मिट्टी के नीचे जाने से होने वाले नुकसान से बचाने के लिए गड्ढे में पोलीथीन की पर्त बिछा देते हैं।

3. खाद प्रबन्ध

किसानों में यह गलत धारणा अक्सर देखी गई है कि बरानी कृषि में रासायनिक खादों के प्रयोग से कोई लाभ नहीं। बारानी खेतों में भी खाद तथा उर्वरकों का प्रयोग करने से खाद्यान्न उत्पादन को 60–80 प्रतिशत तक बढ़ाया जा सकता है। उर्वरकों का प्रयोग करने की तकनीकों को अपनाने की जरूरत है। 4 से 6 टन अच्छी सड़ी हुई गोबर की खाद या कम्पोस्ट खाद प्रति हैक्टर के हिसाब से पोटाश वाली खादों को बोआई के साथ कूड़ में बीज के नीचे डालें तथा नाइट्रोजन वाली खादों की आधी मात्रा बोआई के समय अन्य खादों के साथ दें। बाकी आधी मात्रा को एक माह बाद खेत में काफी नमी होने पर दें।

उर्वरक देने की विधि तथा गहराई

बारानी कृषि में उर्वरकों को कूड़ों में बीज के नीचे डालना चाहिए जहाँ पर काफी मात्र में नमी मौजूद हो। इसके लिए ऐसी ड्रिल (बीज बोले की मशीन) का इस्तेमाल करना चाहिए जिससे बीज तथा उर्वरक एक साथ डाल सकें। खाद बीज से कम-से-कम 25–30 सें.मी. यूरिया द्वारा नाइट्रोजन की बाकी आधी मात्रा 6 सें.मी. से 15 सें.मी. की गहराई पर डालना चाहिए। 12 सें.मी. की गहराई में उर्वरक डालना पैदावार के लिए सर्वोत्तम रहता है।

तालिका-33 : मुख्य बारानी फसलें तथा उनकी उन्नत किस्में

फसल	*उन्नत किस्में*
गेहूँ	के 78, सी 306, पीबीडब्ल्यू 175, राज 3077, यूपी 2113, यूपी 1109, एचएस, 1186, एचएस. 295
जौ	पीएल. 56 पी. 142, आरएस 6, मंजुला, ज्योति, जागृति, आजाद
मक्का	गंगा 5, कंचन, नवीन, विक्रम, सीओ 01, सीओएच 03
बाजरा	वीजे 104, डब्ल्यूसीसी. 75, राज. 171, एमएच 179, एक्स 6, एक्स 7, सीओ. 6, सीओ. 7, पीएसवी. 14
ज्वार	स्वर्ण, सीएसएच. 5, के. 8, के. 10, सीओ. 25, सीओ. 26, सीएसएच. 13, सीएसएच. 9
चना	अवरोधी, राधे, टी. 3, सी. 235, पंत जी-114
उर्द	बी. 77, टाइप 9, पंत यू 19, पंत यू 35
मूंग	नरेन्द्र मूंग 1, टाइप 44, के. 851, एस 9, एस 8, जवाहर 45, वर्षा, आशा
सरसों	क्रांति, के 850, वैभव, वरदान, पीआर 8988, पूसा बारानी
अरहर	आईसीपीएल 85010, यूपीएएस 220
मूगंफली	टाइप 64, टाइप 28, एम 13, चन्द्रा, चित्रा, खोशल, कादरी-1
अलसी	नीलम, गरिमा, सुभ्रा, स्वेता
तोरिया	टाइप 9, पीटी 303, बागवानी

स्त्रोत : खाद पत्रिका, नवम्बर 1999

4. फसल प्रबन्ध

बारानी क्षेत्रों मे अधिक उपज प्राप्त करने के लिए फसल प्रबन्ध एक महत्त्वपूर्ण पहलू है। इसमें निम्नलिखित बातें शामिल हैं–

1. **फसल चक्र तथा उपयुक्त फसल का चुनाव:** बारानी इलाकों में होने वाली वर्षा की मात्रा तथा समय के अनुसार फसल चक्र का चुनाव वर्ष के शुरू में ही कर लें। फसल चक्र में एक दलहनी फसल को जरूर शामिल करें। प्राय: उन्हीं फसलों तथा किस्मों का चुनाव करें जो बारानी क्षेत्र में अच्छी उपज देने वाली कम समय में पकती हों।

2. **बोआई का समय :** हर फसल की बोआई के लिए एक सही समय होता है। इसलिए फसलों को उनके लिए बताये गये समय पर ही लगाएँ। पौधों को हमेशा पंक्तियों में बोयें ताकि उनकी प्रति हैक्टर पौधों की संख्या सुनिश्चित की जा सके। फसल की स्थिति, पौधों की बनावट तथा ऊँचाई के हिसाब से पौधों से पौधों की दूरी तथा पंक्ति से पंक्ति की उचित दूरी रखें। इससे पौधों का विकास अच्छा होता है।

3. **अन्त: फसलीकरण :** वैसे तो खेती का यह परम्परागत तरीका है जो बारानी खेती के लिए बहुत उपयोगी है। इसे थोड़ा आधुनिक बना दिया गया है। इसमें 2 या 3 फसलों को 1: 2 या 2 : 2 के अनुपात में पंक्तियों में लगाते हैं। इसमें फसलों का चुनाव इस तरह करते हैं कि एक फसल अधिक पानी चाहने वाली हो तो दूसरी को कम पानी की जरूरत हो।

   एक की जड़ें उथली हों तो दूसरी की गहरी होनी चाहिए। एक फसल अधिक बढ़ने वाली हो तो दूसरी कम बढ़ने वाली हो। एक अधिक पोषक तत्व लेने वाली हो तो दूसरी कम पोषक तत्वों से भी अच्छी पैदावार दे दे। ऐसा करने से विषम परिस्थितियों में यानि एक फसल खराब हो जाए तो दूसरी फसल कामयाब हो जाती है और भारी नुकसान होने से बचा जा सकता है।

4. **खरपतवार नियन्त्रण:** खरपतवारों का फसल के साथ गहरा सम्बन्ध होता है। फसलों के साथ खरपतवार उगते ही हैं तथा ये फसल के साथ नमी तथा पोषक तत्वों के लिए स्पर्धा भी करते हैं। इससे बारानी इलाकों में फसल की उपज को 77–79 प्रतिशत तक हानि पहुँचती है।

5. **इन्टरफ्लोट विधि :** पानी इकट्ठा करने के उपायों में खेती की यह विधि हरियाणा आदि राज्यों में जहाँ वर्षा कम होती है, बारानी फसलों से अच्छी पैदावार कभी–कभी ही मिल पाती है। इस विधि में खेत के केवल आधे भाग में ही फसल बोते हैं तथा आधे खेत को खाली रख कर उनमें ऐसी ढलान बनाते हैं कि वर्षा का पानी खेत से बह कर फसल वाले स्थान में आ जाए। इस तरह खेत के आधे भाग में सफलतापूर्वक खेती की जा सकती है। बारानी कृषि के लिए पानी का उचित प्रयोग आगे के विवरण में फसल विशेष के साथ दिया जाएगा।

धान में पानी का प्रबन्धन

सर्वविदित है कि **धान** ही एक ऐसी फसल है, जिसको पानी की सबसे ज्यादा आवश्यकता होती है। अनुसन्धान से पता चला है कि 1 किलोग्राम धान के उत्पादन में करीब 5000 लीटर पानी की आवश्यकता होती है। धान के लिए आवश्यक पानी की मात्रा 1190 से 2650 हैक्टर/मि.मी. की आवश्यकता होती है। यह मात्रा

कई कारकों जैसे जलवायु की दशाएं, किस्मों के गुण, मिट्टी, पौधे की किस्म एवं किस्म के उगने की अवधि (बोने से लेकर संलवन तक) पर निर्भर करती है। निश्चय ही धान की जो भी सिंचित बोई जाने वाली किस्में होती है उनका प्रति रोपण ही किया जाता है।

धान की फसल उगाने में जो विभिन्न कार्यों मे पानी की आवश्यकता होती है वह है नर्सरी में पौधे तैयार करना, भूमि की तैयारी तथा फसल को शिशु पौधों के प्रतिरोपण से उगाना। इस प्रकार पानी की कुल मात्रा का आंकलन कई कारकों के साथ किया जाता है, जैसे-भूमि स्तर, सिंचाई की नालियों से खेत की दूरी, जल स्तर की गहराई, धान के खेतों का एक बड़े-छोटे समूहों में होना, बन्ध या पानी रोकने के लिए खेत में प्रावधान, ऊपर तथा नीचे की मृदा में उर्वरता की दशा और समयानुसार ऋतुओं की वाष्पन करने की स्थिति। यह बात भी यहाँ पर बतानी होगी कि धान की फसल उगाने के दौरान सबसे अधिक पानी की क्षति परिच्चवन से ही होती है। साथ ही जो पानी ऊपर होकर बह जाता है, उसे भी पानी की आवश्यकता में ही सुधार कर दिया जाता है। फिर निचले स्तर की भूमि में धान की फसल उगाने के लिए करीब 200-300 है./मि.मी. पानी प्रति हैक्टर की आवश्यकता होती है।

शिशु पौधे तैयार करने के लिए अनुमानतः 15-20 है./मि.मी. पानी की आवश्यकता होती है, जिसमें कि नर्सरी की भूमि तैयार करना, तथा 25-40 है./मि.मी. शिशु पौधों को 30-40 दिन तक 0.10 हैक्टर क्षेत्र में उगाने के लिए चाहिए। हैक्टर क्षेत्र के लिए नर्सरी उगाने के लिए 40 से 60 हैक्टर/मि.मी. पानी प्रति हैक्टर की आवश्यकता होती है।

तालिका-34 : भारत के विभिन्न धान उत्पादन वाले क्षेत्रों में आवश्यक पानी की मात्रा का आंकलन

राज्य	*स्थान*	*ऋतु*	*आवश्यक जल की मात्रा (मि.मी.)*
प. बंगाल	खड़गपुर	औस (मार्च-अप्रैल से जून-जुलाई)	1850
		अमन (जुलाई-अगस्त)	1890
		बोरो (दिसम्बर-जनवरी से मार्च-अप्रैल)	2150
ओडिशा	कटक	खरीफ (जून-सितम्बर)	1300
		बोरो (जनवरी-दिसम्बर)	1190
	भुवनेश्वर	खरीफ (जून-सितम्बर)	1440
		रबी (सितम्बर-दिसम्बर)	1650
उत्तर प्रदेश	रुड़की	खरीफ (जून-अक्टूबर)	1620
	धनौरा	खरीफ (जून-अक्टूबर)	1630
कर्नाटक	सिरुगुप्पा	खरीफ (जून-अक्टूबर)	1520
तमिलनाडु	कोयम्बटूर	सांभा (जुलाई-अगस्त, दिसम्बर-जनवरी)	1680
	पुट्टुकोटाई	सांभा (जून-सितम्बर)	2650
		कुरुभाई (जून-सितम्बर)	2000
दिल्ली		खरीफ (जून-अक्टूबर)	2400

फसल की वृद्धि के हेतु आवश्यक पानी की मात्रा इस बात पर निर्भर करती है कि खेत में पानी कितनी गहराई लिए खड़ा रहता है, कृषि की विधियाँ, मिट्टी का प्रकार, वाष्पीकरण से हुआ पानी का नाश तथा धान की किस्म के उगने की अवधि। सामान्यतया रोपण लगाने से लेकर फसल की कटाई (संलवन) तक लगभग 800

से 1200 हैं./मि.मी. की आवश्यकता होती है। इसके साथ फसल की वास्तविक आवश्यकता के साथ बहुत सा पानी खेत में अनावश्यक तौर पर नष्ट हो जाता है। जिसमें मुख्य कारक है–1. अपधावन 2. परिच्यवन 3. आश्च्यवन 4. वाष्पीयन–उत्स्वेदन की क्रियाओं तथा उपभौमिक जल की मात्रा इत्यादि।

अधिकतर ऊष्ण कटिबन्धीय देशों में धान के लिए पानी से सम्बन्धित वाष्पी–उत्स्वेदन मात्रा लगभग 4–5 मि.मी. प्रतिदिन नमी वाले दिनों में रहती है और शुष्क ऋतु से यह मात्रा 7–17 मि.मी. प्रतिदिन हो जाती है। यह बड़े सिंचित क्षेत्रों में देखा गया है। छोटे–छोटे सिंचित क्षेत्रों में शुष्क ऋतु में वाष्पी–उत्स्वेदन से प्रयोग की गई मात्रा और अधिक हो सकती है।

हर पौधे की सामान्य अच्छी वृद्धि के लिए कभी–कभी कुछ **अधिक संकटकालीन समय** होता है, जबकि उनसे अच्छे उत्पादन लेने की दृष्टि से यह समय अति महत्त्वपूर्ण होता है। इस प्रकार धान के लिए यह समय पौधें में फुटान आने से दाने के भराव तक का होता है। फुटान से नई शाखाओं का उत्पन्न होना, इसके लिए आद्यजाल की प्रारम्भिक शुरुआत से लेकर पुष्पनकाल तक का समय अति मार्मिक होता है। प्रति स्थान पर शाखाओं की संख्या एवं बालियों की संख्या और इसके साथ भरे हुए दानों की संख्या प्रति बाल के ऊपर ही पौधे के ऐसे अति संवेदनशील गुण होते हैं जो कि उपज को गहनता से प्रभावित करते हैं। इन समयों पर यदि पानी पूर्णतया उपलब्ध नहीं है तो इस स्थिति में उपज की 50 प्रतिशत तक की हानि हो सकती है।

धान की सिंचाई के लिए कुछ बातें अति महत्त्वपूर्ण होती है–जैसे खेत में यदि पानी 2–5 सें.मी. तक निरन्तर खड़ा रहता है तो इससे फसल को पूर्ण क्षमता के साथ उपज देना संभव होता है। परन्तु कभी–कभी यह भी आवश्यक नहीं है कि खेत में पानी को 2–5 सें.मी. की ऊंचाई पर निरन्तर रखा जाए, विशेषकर खरीफ ऋतु में जबकि आर्द्रता का मान काफी उच्च रहता है और वाष्पीयन से पानी की कम हानि होती है। यही स्थिति उथले पानी के पटल की अवस्था के लिए भी सत्य है। इन स्थितियों में खेत को 2–5 सें.मी. खड़े पानी में रखने की स्थिति को देखकर कभी–कभी पानी संविराम के साथ भी दिया जा सकता है। इस प्रकार का समय खेत में पानी भरने का जरूरी समय आपतकालीन दशा जब पौधों में शाखाएँ बनती हैं (फुटान के समय) तथा पुष्पन काल में तथा बाकी समय खेत में पूरा पानी से भरा रखने से काफी अच्छे परिणाम प्राप्त हुए हैं। निरन्तर खेत को पानी से नियंत्रित (डूबे हुए) की अवस्था में रखना आवश्यक नहीं होता है। संविराम खेत को पानी से भरने से करीब 30–50 प्रतिशत पानी का बचाव हो जाता है।

धान की कृषि के लिए सिंचाई से संबन्धित एक अति मुख्य विषय है खेत में पानी का **जलोत्सारण**। ऐसा माना जाता है कि देश में करीब 60 लाख हैक्टर धान की फसल बाढ़ के द्वारा उत्पन्न पानी से जलायुविद्ध दशाओं में खड़ी रहती है। कई स्थानों पर अत्यधिक पानी की उपलब्धता वहां की मिट्टी में विद्यमान मृदा-क्षार से भी संबन्धित रहती है। इससे स्थिति और भी जटिल हो जाती है।

जलोत्सारण का प्रभाव कई कारकों पर निर्भर करता है, जिसमें प्रमुख हैं–1. मिट्टी 2. सस्य 3. जलवायु 4. स्थान में वायुमंडल में नमी इत्यादि। इतना जरूर देखा गया है कि जल्दी पुष्पन की अवस्था पर खेत जलानुविद्ध की अवस्था पौधों के फुटान एवं पुष्पन के साथ मिलता होना चाहिए। बलुई भूमि में यह समय करीब 3 दिन का होता है जबकि चिकनी मिट्टी में यह समय 5–7 दिन का होता है।

तालिका-35 : देश में विद्यमान विभिन्न जल-प्रबन्धन का धान की फसल की उपज पर प्रभाव (टन/हैक्टर में)

स्थान	*प्रदेश*	*ऋतु*	*जल प्रबन्धन की विधियाँ*		
			उथला शुरू में (5+2 से.मी.) बाद में निरन्तर जलमग्न स्थिति	*संविराम जलमग्न करने से*	*सभी दशाओं में (5 से.मी.) जलमग्न से क्षेत्र ग्राह्यता पूर्णया की स्थिति में*
ओडिशा	कटक	खरीफ	5.56	5.83	5.63
	चाकुली	रबी	5.90	5.03	5.90
		खरीफ	3.82	3.65	3.22
प. बंगाल	खड़गपुर	खरीफ	3.95	3.62	3.65
		रबी	5.18	–	3.38
आन्ध्र प्रदेश	हैदराबाद	खरीफ	6.88	6.94	6.97
	तिरूपति	खरीफ	6.11	6.63	6.05
		रबी	8.07	6.92	7.01
कनार्टक	सिरूगुप्पा	खरीफ	4.99	–	4.91
दिल्ली		खरीफ	4.91	4.92	–
हरियाणा	हिसार	खरीफ	3.72	–	3.79
उत्तर प्रदेश	कानपुर	खरीफ	3.94	3.87	2.82
तमिलनाडु	फामनीसागर	खरीफ	7.96	7.50	6.10

तालिका-36 : स्वस्थिस्थान प्राप्त जल की मात्रा में विभिन्न उपचारों से ज्वार की उपज पर प्रभाव (तीन वर्ष का औसत 1992)

उपचार	*दाने की उपज किलोग्राम/हैक्टर में*
सामान्य तरीके से चौरस खेत में बोने से	3,705
खूड् एवं मेड़ में बोने से	3,592
चौरस खेत में बोने तथा बाद में मिट्टी चढ़ाने से	3,885
प्रति तीन पंक्तियों के बाद मेड़ रखने पर	3,656
प्रति तीन पंक्तियों के बाद एक खूड़ खोलने पर	3,407
किनारियों पर बोने की विधि से	3,535
द्वि-पंक्ति कुलक में बोने से	4,173
द्वि-पंक्ति कुलक मेड़ और खूड़ के साथ	3,947

पानी और मिट्टी का संरक्षण फसलों के उत्पादन में एक बहुत ही अंह कड़ी है। मुख्यतया मिट्टी के कटाव को रोकना। इन दोनो भू-सम्बन्धित क्रियाओं का फसल उत्पादन से गहरा सम्बन्ध है। इसके लिए यह आवश्यक है कि हम मृदा द्वारा प्राप्त पानी की मात्रा को किसी न किसी प्रकार कुछ नये वैज्ञानिक ढंगों का उपयोग करके सम्भावित पानी की हानि को रोकें। इसके लिए यह भी आवश्यक है कि मिट्टी द्वारा जो सम्भावित

जल की प्राप्त होने वाली मात्रा है, उस मात्रा को बढ़ाने के लिए निरन्तर प्रयास किए जाने चाहिए। कई अध्ययनों से यह देखने में आया है और इस बात को पूर्णतया प्रमाणित भी किया जा चुका है कि काफी लवण मृदा जिनका कि सतह का प्रवणक (ढाल) भिन्न-भिन्न होता है, उनमें जितनी भी जल प्राप्ति की मात्रा को बढ़ाने के सुधरे तरीके प्रयोग में लाये जाय, यानी जल प्राप्ति का जितना भी अवसर काल को बढाने के प्रयास किये जांय, ये सब असफल सिद्ध हुए हैं। परन्तु पानी की ग्रहण शक्ति को बढ़ाने से ही इस ओर कोई सफलता मिल सकती है। इसके लिए कार्बनीय छादियां ही प्रभावकारी सिद्ध हुई है। इस विधि को अपनाने में 15-20 सें.मी. चौड़ी और इन नालियों (खाइयों) की मेड़ों की ढीली-ढाली मिट्टी को छोड़ने पर तथा रोपण योग्य फसल के पौधों को इन नालियों में उगाने के बाद काफी सफलता इस दिशा में मिली है। इस तरह से जल संरक्षण में बहुत मदद मिलती है और पैदावार भी बढ़ जाती है। जल संरक्षण के उपरोक्त तरीकों को अपनाने के फलस्वरूप ज्वार की खरीफ की सस्य में आश्चर्यजनक अच्छी उत्पादन के परिणाम मिले हैं।

विभिन्न किस्म की मृदाओं में फसल के दौरान भण्डारण किए गए जल की मात्रा भिन्न-भिन्न होती है। उदाहरण: रबी ज्वार की कृषि में लगभग 90 से 100 प्रतिशत भूजल की उपयोगिता हो जाती है। कितना जल भूमि में भण्डारित हुआ है, यह मृदा की गहराई एवं वर्षापात पर निर्भर करता है। जाड़ों की ऋतु में तो जो भी वर्षापात होता है, इसमें कम भण्डारण की क्षमता वाली मिट्टियों में भी अच्छी फसलें मिल जाती है। उपलब्ध जल की सीमा तथा मिट्टी की गहराई का अनुपात नीचे दिए गए वैज्ञानिक परिक्षणों से विदित होता है।

तालिका-37 : विभिन्न प्रकार की मृदाओं में उपलब्ध जल

मृदा प्रकार	*मृदा की गहराई (से.मी.)*	*उपलब्ध मृदा जल (मि.मी.)*
बहुत उथली	7.5	15-20
उथली	22.5	30-35
सामान्य गहरी	45.0	60-65
गहरी	90.0	140-150
बहुत गहरी	120.0	160-180

विभिन्न किस्म की भिन्न गहराई की मृदाओं में उपलब्ध जल का अध्ययन वैज्ञानिकों ने फसलों के उत्पादन काल के लिए प्राप्त किया है। यहाँ पर हम ज्वार की फसल का उदाहरण लेते हुए भिन्न-भिन्न मृदाओं में उगाए जाने पर ज्वार की फसल पर हुए प्रभाव को देखेंगे।

इसी प्रकार के अध्ययन अन्य फसलों पर भी लागू होते हैं।

तालिका-38 : विभिन्न खाद्यान्नों की जल की आवश्यकता एवं उसे उपयोग करने की कुशलता

सस्य	*प्रभावी जड़ों का भाग*	*जल आवश्यकता (मि.मी.)*	*जल उपयोगिता में कुशलता किलो/हैक्टर (मि.मी)*
धान	उथली (60 से.मी.)	1,200	3,7
मक्का	गहरी (120 से.मी.)	625	8.0
ज्वार	गहरी (120 से.मी)	500	9.0
बाजरा	गहरी (120 से.मी)	500	8.0

जहां भी सिंचाई की सुविधाएँ राज्यों मे उपलब्ध है, वहाँ पर सिंचाई का खर्चा वहां ली जाने वाली फसलों के द्वारा आवश्यक पानी की मात्रा का आंकलन वहां के सिंचाई विभाग द्वारा एक वैज्ञानिक ढंग से किया गया है। लेकिन यह मात्रा एक वास्तविक तौर पर पानी की ली जाने वाली मात्रा से बहुत भिन्न होती है। क्योंकि ये सिंचाई परियोजनाएं अभी हाल के कुछ वर्षों में ही आरम्भ की गई है, तो इस इलाके के काश्तकारों का जो कि आज तक शुष्क खेती ही करते आए थे, उनका यह स्पष्ट मत है कि अधिक पानी के उपलब्ध होने से फसलों की उपज में काफी बढ़ोतरी हुई है। परन्तु खेद इस बात का है कि पानी की स्वच्छ उपलब्धता के कारण जिसका खर्च भी बहुत कम आता है, पानी के उपयोग में सरासर लापरवाही बरती जाती है। जिससे पानी का दुरुपयोग ही नहीं अपितु काफी हद तक फिजूल खर्ची भी होती है। इसी अतिरिक्त पानी की मात्रा के कारण मिट्टी में क्षार का पैदा होना स्वाभाविक हो गया है। इससे जलोत्सारण समस्याओं का भी मिट्टियों में नितान्त प्रादुर्भाव होता रहता है। इससे न केवल मिट्टियों में उत्पादन की क्षमता में कमी आई है, बल्कि साथ ही ऐसी स्थिति उत्पन्न हो गई है कि कई स्थानों पर संभावित सिंचाई के पानी से वंचित रहना पड़ता है।

जल के पानी का अत्यधिक इस्तेमाल करने से लगभग 9.0 मिलियन हैक्टर उपजाऊ भूमि का नाश हुआ है, जिससे वे क्षारीय ऊसर भूमि में बदल गई है। वहीं दूसरी तरफ शुष्क कृषि के इलाकों में जहाँ असिंचित/वर्षा पर आधारित खेती की जाती है, वहाँ वर्षा से प्राप्त पानी की शत–प्रतिशत हानि होती है। आज लगभग कुल कृषि सस्यों के उत्पादन हेतु लिए गए क्षेत्रफल में से 73 प्रतिशत ऐसा क्षेत्र है जो सस्य उत्पादन के वांछित पानी की मात्रा केवल वर्षा से ही प्राप्त करता है। ऐसे क्षेत्र में से भी करीब आधा क्षेत्र ऐसा है, जहाँ वर्षा भी बहुत कम होती है। इन क्षेत्रों में भी लगभग वर्षा के पानी का 65 प्रतिशत सतही अपधावन से बह जाता है। इससे ऐसी स्थिति उत्पन्न होती है कि भूमि का कटाव भी बढ़ जाता है और साथ ही खनिज तत्वों का भी ह्रास होता रहता है। ऐसे क्षेत्रों मे जहाँ वर्षा की कमी होती है, वहाँ कृषक भी कोई अच्छे सुधरी किस्मों के बीजों को बोने तथा उनके लिए आवश्यक उर्वरक की मात्रा का कृषि में पानी के अनुपलब्ध के कारण उपयोग नहीं कर पाता है। वह एक अनुपात के रूप में होता है। यह अनुपात फसल की आर्थिक उपज के प्रति जल–इकाई तथा प्रति क्षेत्र इकाई के बीच से सम्बधित होता है। इसको सामान्यतया किलोग्राम दाने की प्रति हैक्टर उपज/हैक्टर मिलिमीटर भूजल जिसका की इकाई क्षेत्र में उपयोग किया गया हो। यह पानी की मात्रा किसी भी फसल के लिए भण्डारित मात्रा का खेत में उपयोग किया होता है। जल की उपयोगिता मात्रा की नैपुण्यता पर इस्तेमाल किये गए उर्वरकों एवं पौधों के समपित्रैक्य पर निर्भर करता है। मृदा में भण्डारित जल की मात्रा का कुशल उपयोग कई फसलों जैसे रबी, ज्वार में भली प्रकार से निश्चित तौर पर देखा गया है। इसलिए ऐसी उत्तम पैत्रिकों का विकास के साथ–साथ कुशल फसलों के संवर्धन दोनों ही एक प्रवीण जल–प्रयोग के लिए आवश्यक कारक होते हैं। फसल उत्पादन के लिए ऐसी प्रतिकृतियां वांछनीय होती हैं।

कहीं–कहीं **'ब्यूशरिंग' पद्धति** भी सिंचाई के लिए अपनाई जाती है। इस पद्धति के अन्तर्गत जब पौधे छोटे रहते हैं, उस (4–6 हफ्तों बाद) समय खेत को आर–पार जोता जाता है। यह कार्य देशी हल से ही किया जाता है। इस समय खेत में पानी 5–10 से.मी. तक खड़ा रह सकता है। यह कार्य स्थितिनुसार 1 या 2 बार किया जाता है। यदि खरपतवार अधिक हो तो हल के ऊपर पाटा फेर देना चाहिए। इस विधि को उड़ीसा में ब्यूसेन तथा मध्य प्रदेश बियासी में कहते है। ऐसा कार्य करने के पश्चात फसल में से तृणक निकाले जाते हैं, विरलन किया जाता है तथा खाली स्थानों को भर दिया जाता है। कुछ अन्य क्षेत्रों में इस क्रिया को **'स्वेलुआ'** भी कहते हैं। प्रयोगों से देखा गया है ब्यूशरिंग से धान के तने की उपज कम हो जाती है, परन्तु दाने की उपज में बढोतरी होती है।

मक्का की वर्षा पर आधारित कृषि के अन्तर्गत कुछ जल्दी पकने वाली किस्मों का उद्भव किया गया है। जिनमें से हाइब्रिड गंगा सफेद-2 ही एक ऐसी उपयुक्त किस्म निकाली गई जो ऐसे क्षेत्रों के लिए जहाँ सिंचाई के साधन उपलब्ध नही थे, एक अच्छी किस्म सिद्ध हुई है। यह किस्म 77 दिन में तैयार होकर 2 टन/हैक्टर की उपज दे देती है।

ज्वार की नई किस्में/हाइब्रिड आने से कई नई समस्याएं भी उत्पन्न हुई हैं। उदाहरण के तौर पर शिशु पौधों के ऊपर प्ररोह मक्खी का बढ़ता आक्रमण। बारानी कृषि के लिए सबसे उत्तम समय वह है, जिसके फलस्वरूप इस मक्खी के प्रकोप से बचा जा सके। प्रयोगों में देखा गया है कि वर्षा पर आधारित सस्य के लिए बोआई का समय **खरीफ ज्वार** के लिए मानसून की पहली बौछार पर यदि बोआई की जाए तो कीटों की विशेषकर प्ररोह मक्खी का आक्रमण कम होता है।

रबी ज्वार की कृषि एक और जटिल समस्या है। शुष्क कृषि **अधित्यका भूमि** में की जाती है। अधित्यका उन भूमियों को कहते हैं, जो जारकजीवी होती हैं, जिनमें पानी को अवरूद्ध कर जमीन में सोखा जाता है। **अधित्यका में उगाया जाने वाला धान** दोनों ही स्थितियों में, समतल तथा प्रवणित भूमि में, ऐसा ही कार्य करके उगाया जाता है, परन्तु खेतों में मेड़ बनाकर पानी नहीं रोका जाता है। ऐसी स्थिति में खेत भी तैयार किया जाता है और बीज की बोआई इसी शुष्क भूमि में ही की जाती है। इस प्रकार की सस्य को अपने जल की आवश्यकता की पूर्ति केवल वर्षा के पानी से ही होती है। यह पद्धति बहुधा सही धान उत्पादन राज्यों में अपनाई जाती है। विशेषकर उन स्थानों पर जहां कि सिंचाई की सुविधा उपलब्ध नहीं है। इस प्रकार की कृषि में खेत को गर्मी के मौसम में कई बार जोता जाता है जिससे खेत भली-भांति तैयार हो जाए और इसके पश्चात धान मई-जून के महीनों में जहाँ भविष्य में फसल को उत्तरी-पश्चिमी मानसून की वर्षा पर निर्भर करना पड़ता है, वहां पर बो दिया जाता है। पश्चिमी बंगाल में धान की इस फसल को **'औस'** की फसल कहते है। **औस या औशु** आसाम में **वियाली** ओडिशा से **मदाई** या उत्तर प्रदेश में **कुआरी** नामों से इस समय की फसल का नाम दिया जाता है।

तालिका-39: भारत में मुख्य सस्यों के अन्तर्गत सिंचित एवं असिंचित क्षेत्रफल 1990-91 कृषि क्षेत्रों के आकार के वर्गीकरण के अनुसार (,000 हैक्टर में)

सस्य	*सिंचित*						*असिंचित*					
	सीमान्त	*लघु*	*लघु मध्यम*	*मध्यम*	*बड़ा*	*योग*	*सीमान्त*	*लघु*	*लघु मध्यम*	*मध्यम*	*बड़ा*	*योग*
1. धान	5433	4447	4731	3856	1433	19901	6075	5444	6007	4534	1641	23701
2. गेहूँ	4190	3748	4496	4847	2276	19556	782	851	1163	1414	886	5096
3. खाद्यान्न योग	10344	8982	10252	9717	4095	43390	10660	12228	15837	16321	8761	63808
4. दाले	298	376	538	721	396	2329	2311	2852	4104	5324	3445	18037
5. गन्ना	721	754	874	753	187	3288	146	95	103	83	40	466
6. तिलहन	640	762	1130	1480	655	4666	1810	2664	4062	5427	2942	16905
7. रेशा	219	277	474	872	597	2440	659	1311	1850	2225	853	6897
8. चारा एवं हरी खाद	178	199	323	337	150	1187	298	488	791	1458	1965	5000
सभी सस्य	13282	12174	14627	14691	6615	61659	17432	20857	28001	32021	19328	117639

**भारत सरकार के कृषि सांख्यिकी से उद्धृत*

शुष्क दशा में इस प्रकार से सस्य उत्पादन के लिए यह आवश्यक है कि बोआई सही समय पर की जाए जिससे इन दशाओं में उच्चतम उपज प्राप्त हो सके। देर से बोए जाने पर निश्चित ही उत्पादन में भारी कमी आ जाती है। तीन प्रकार से - 1. छिटकती विधि 2. डिब्लिंग तथा कूड़ में देशी हल के पीछे बीज डालकर धान के लिये बीज की दर 30-50 किलो प्रति हैक्टर तक हो सकती है।

अधित्यका (शुष्क) भूमि में धान की शुष्क खेती के अन्तर्गत इस दशा में भी समय पर बोने की समस्या काफी महत्वपूर्ण कार्य है। यदि जल्दी सस्य की बोआई की जाती है तो प्ररोह मक्खी का आक्रमण बहुत बढ़ जाता है और यदि बोआई में विलम्ब हुआ तो उपज में काफी हानि होती है। यह इसलिए कि जब दाने का निर्माण होता है, उस समय खेत में पानी की कमी होती है। इसलिए बोने के समय को एक सिंचाई के साथ यदि समायोजित किया जाए तो उपज की अधिक कमी नहीं होगी। दक्षिणी क्षेत्र के अनुसंधान केन्द्रों के प्राप्त परिणामों से पता चला है कि शुष्क कृषि में **ज्वार उत्पादन का उत्तम बोने का समय** सितम्बर के आखिरी सप्ताह से लेकर अक्टूबर के पहले सप्ताह के बीच होता है।

बाजरे की सस्य के लिए पानी की आवश्यकता 250-350 मि.मी. है। मक्का तथा ज्वार की तुलना में (500-600 मि.मी.)। ऐसा अनुमान लगता है कि बाजरे की पानी की आवश्यकता इतनी है कि औसत 14-15 मि.मी. पानी से 100 किलोग्राम दाना प्राप्त हो जाता है। वर्षा ऋतु में बाजरे की सस्य को यदि 500 मि.मी. जल प्राप्त हो जाए तो इससे दाने की उपज 2 से 3.5 टन के बीच में मिल जाती है। औसतन यह 2.5 टन/हैक्टर मिल जाती है। बाजरा यद्यपि एक वर्ष पर आधारित सस्य के रूप में लिया जाता है फिर भी नमी की कमी होते यदि पुष्पन काल के समय एक सिंचाई दी जा सके तो काफी अच्छा उत्पादन मिल जाता है।

जौ एक कम पानी में उगाया जाने वाला रबी ऋतु का पौधा होता है। फिर भी इसकी पानी की पूर्ति यदि उर्वरकों को मध्य नजर रखते की जाए तो इसकी उपज में काफी वृद्धि होती है। गेहूँ की तुलना में यह कम पानी की स्थिति में अच्छी प्रतिक्रिया देता है।

कृषि उत्पादन के दौरान जितनी भी कठिनाइयाँ पानी की समस्याओं के कारण उत्पन्न होती हैं, उनके समाधान के लिए तथा आर्थिक दृष्टि से जो हानि होती है उनका समाधान **छोटे खाद्यान्नों को उगाने** से यदि पूर्णयता न हो तब भी आंशिक रूप से प्राप्त हो जाता है। ये सस्य पौधे ऐसी प्रकृति के होते हैं कि ये कम समय में पकने वाले, मृदा एवं जलवायु की विपरीत दशाओं में उगने वाले होते हैं। इनकी बहुत सी किस्में तो ऐसी भी होती है, जो 60-80 दिन में ही तैयार पक जाती हैं और इनसे लगभग आधा टन दाना प्रति हैक्टर के हिसाब से प्राप्त हो जाता है। यह मात्रा उससे बढ़िया है जो कि कहीं पर मुख्य फसल के असफल होने के कारण उत्पन्न होती है। इसलिए ये पौधे विपरीत संभाव्यताओं का सामना करने में सक्षम होते हैं। ये हैं- पहली फसल की असफलता, वर्षा का देर से होना या कम होना, लम्बे समय तक सूखा पड़ने के कारण या बाढ़ की घटने की अवस्था में। इन सभी स्थितियों में ये पौधें बहुत लाभकारी सिद्ध होते हैं।

अरहर भी एक ऐसी सस्य है जो कि काफी हद तक सूखा रोधी है। यह ऐसे सभी स्थानों पर उगाई जा सकती है, जहाँ पर केवल 65 से.मी. वार्षिक वर्षापात प्राप्त होता है। क्योंकि फसल जल्दी पकती है इसलिए इसमें हानिकारक कीट शत्रुओं एवं व्याधियों से हानि कम होती है। खरीफ ऋतु में उगाई जाने वाली लगभग सभी दलहनी फसलें वर्षा पर आधारित सस्यों की श्रेणी की सस्यों जैसी उगाई जाती हैं।

सूरजममुखी एक ऐसा पौधा है कि जो कि लंबे शुष्क काल को उसकी विस्तृत जड़ होने के कारण सहन कर सकता है। इसकी जल्दी पकने की दशा के कारण यह अपना जीवन-चक्र नमी की सीमित उपलब्धता के साथ ही पूरा कर सकती है। इसलिए यह सीमित वर्षा वाले क्षेत्रों के लिए एक उत्तम सस्य हो सकती है।

अरण्डी की कुछ किस्में ऐसी हैं, जिसको बिना सिंचाई के वर्षा पर आधारित उगाया जा सकता है। परन्तु सिंचाई से फायदा रहता है।

अलसी की सस्य भी बहुधा वर्षा पर आधारित ही उगाई जाती है, यद्यपि समय पर 1 या 2 सिंचाई देने से इसकी उत्पादन क्षमता काफी बढ़ जाती है। यहाँ तक कि कभी-कभी तो उपज में दुगुनी वृद्धि प्राप्त सिंचाई देने से हुई है।

वर्षा पर आधारित गेहूँ की फसल पर पूर्वगामी वर्षा ऋतु की फसलों का भी भिन्न-भिन्न प्रभाव दीखता है।

तालिका-40 : वर्षा ऋतु की फसलों तथा उनसे अवशेष नमी का असिंचित गेहूँ की फसल पर प्रभाव (टन/हैक्टर)

वर्षा ऋतु की सस्य	*पहला वर्ष*	*दूसरा वर्ष*
ज्वार (चारा)	5.36	5.10
मूंग	5.86	5.39
मूंग (अवशेष मृदा में सम्मिलित)	6.04	6.87
उड़द	5.94	5.33
उड़द (अवशेष मृदा में सम्मिलित)	6.33	5.85

इस प्रयोग से यह सिद्ध हुआ है कि फॉस्फेट के घोल बनाने वाले शाकाणु स्थानीय फॉस्फेट की मात्रा को गेहूँ की फसल के लिए अधिक उपलब्ध बनाते हैं।

सिंचित कृषि से निश्चित तौर पर अधिक उपज किसी भी फसल में मिलती ही है। सिंचाई (पानी) एक ऐसा सीमान्त कारक साधन है कि इसके बिना किसी भी फसल से हम वांछनीय संभाव्य अधिक से अधिक उपज ले ही नहीं सकते यद्यपि इस इच्छा की पूर्ति के लिए स्थानीय जलवायु एंव मृदा का भी मुख्य अंशदान होता है।

तालिका-41 : गेहूँ के लिए आवश्यक सिंचाई के लिए कष्टमय समय के अन्तर्गत सिंचाई की संख्या

सिंचाई की उपलब्ध संख्या	*पौधों का कष्टमय समय*
1.	(बोने के 21 दिन बाद) जड़ों के छत्र के आरम्भ होने पर।
2.	जड़ों के छत्र आरम्भिक काल में + देरी से जोड़ बनने पर (बोने के 60 दिन बाद)।
3.	जड़ों के छत्र के आरम्भ होने पर + बूट के निर्माण के समय।
4.	जड़ों के छत्र के प्रारम्भ होने पर + देरी से निकलने वाली शाखाओं से + पुष्पन के समय।
5.	जड़ों के छत्र के आरम्भ होने पर + देरी से निकलने वाली शाखाओं के लिए (42 दिन बोने के बाद) + देर के जोड़ों के लिए (बोने के 60 दिन बाद) + पुष्पन + दाने की दूधिया दशा पर।
6.	जड़ों के छत्र के प्रारम्भ में + देर से आने वाली शाखाओं के लिए (42 दिन बोआई के पश्चात्) + देर से बनने वाली गाठों के लिए (बोआई के 60 दिन बाद) + देर से आने वाली शाखाओं के लिए (42 दिन के बोने के पश्चात्) + पुष्पन के समय + दाने की दूधिया दशा (बोने के 90 दिन के बाद) + डफ दशा (बोने से 115 दिन होने पर)

गेहूँ की फसल के सिंचाई के कार्य को क्रमबद्ध तरीके से किया जाता है, जिसमें पौधें की विशेष आवश्यकता (कष्टमय स्थिति) को ध्यान में रखा जाता है।

गेहूँ में सिंचाई की विधि के बाबत यह बात सबसे अच्छी है कि सिंचाई की **किनारा विधि** ही सबसे उत्तम है। इस विधि से पानी फसल को भरपूर मिलता है और पानी का उपयोग भी पूरी कुशलता से होता है। कई क्षेत्रों में स्प्रिंक्लर मशीन से सिंचाई से लाभ होता है। विशेष कर जहाँ पर भूमि-सतह ऊँची नीची है।

सभी सस्यों का अपना-अपना पानी के उपयोग का लाक्षणिक गुण होता है जब तक वे खेत में खड़ी रहती हैं। पानी के उपयोग का सस्य-गुणक भी जैसे-जैसे सस्य बढ़ती जाती है, वैसे ही बदलता जाता है। जैसे-जैसे पौधा विकसित होता जाता हैं उसका वैसे ही मिट्टी का गुणक तथा वाष्पीकरण की दशा भी बदलती जाती है। इसलिए वाष्पीकरण की कुल मात्रा वह है जो मिट्टी तथा पौधे से हुई वाष्पीकरण तथा पौधों से हुआ उत्स्वेदन की मात्राओं का योग होता है। जैसे पत्ती का क्षेत्रफल का सूचक बढ़ता है वैसे ही सस्य का गुणक बढ़ता है और यहाँ तक बढ़ता जाता है जब तक कि सस्य पुष्पन की दशा में पहुँचती है। जैसे ही सस्य पकने लगती है, वैसे ही उसका गुणक भी घटना प्रारम्भ हो जाता है। यह गिरावट हरी पत्ती के सूचकांक की गिरावाट से काफी तीव्र होती है। एक मक्का का पौधा अपने जीवनकाल में कई किलोग्राम पानी का उत्स्वेदन करता है।

यदि हम पानी की कमी के कारण हुए प्रत्यावल की तरफ ध्यान दें तो पता चलता है कि पानी के कारण हुआ पौधों में प्रत्यावल तभी उत्पन्न होता है, जब वास्तविक वाष्पी उत्स्वेदन की मात्र संभाव्य वाष्पी उत्स्वेदन की मात्रा से कम हो। इसकी भी कई सीमाएँ होती हैं। प्रत्यावल की कितनी मात्रा का उपयोग होता है और कहाँ तक उर्वरता की फसलों में संधारण होता है- ये दो ऐसे कारक हैं, जो कि इस प्रकार की भिन्नताओं पर प्रभाव डालतें है। **मक्का में** यदि पानी के प्रत्यावल के कारण पत्तियों के क्षेत्रफल के सूचकांक में बोने के 50 दिन पश्चात् भारी कमी आती है तो इस स्थिति में उपज में 3 प्रतिशत प्रतिदिन से अधिक कमी होनी निश्चित है। मक्का में ही पुष्प निकलने तथा रेशम के निकलने के समय प्रयोगों में देखा गया कि उपज में 13 प्रतिशत उपज की कमी प्रतिदिन प्रत्यावल के कारण हुई है, यद्यपि 6-7 प्रतिशत की कमी तो आमतौर पर हो ही जाती है। यदि प्रत्यावल अधिक है तो निश्चय ही फसल के पूर्णतया नष्ट होने में कोई शक नहीं होना चाहिए। उपज की प्रतिदिन 3-4 प्रतिशत की क्षति से बचने के लिए उच्च उर्वरक मात्राओं से सम्भव है। इस दशा में नमी को बचाने के लिए ऊपरी सतह पर की 1 फुट के लगभग की मृदा को शुष्क होना चाहिए और यह वही मृदा का स्तर होता है, जिसमें सभी मुख्य पौष्टिक तत्व स्थित रहते हैं। इसलिए ऐसी स्थिति में एक ऐसी दशा उत्पन्न हो जाती है जिसमें दोनों ही किस्म के प्रत्यावल-उर्वरक सम्बन्धी और नमी सम्बन्धी प्रत्यावल उत्पन्न हो जाते हैं, जो कि सस्य के लिए अति आवश्यक दशा है। बहुसंख्यक सिट्टे के संकर नमी से उत्पन्न प्रत्यावल के प्रति कम सहिष्णु होते हैं एक सिट्टे के सामान्य मक्का के पौधों की तुलना में।

अधिक नमी के कारण भी मक्का की फसल को काफी हानि हो जाती है। इस स्थिति में जड़ों के लिए ऑक्सीजन की उपलब्धता कम होने से फसल की वृद्धि में व्यवधान होता है और तदुपरान्त उपज में भी कमी हो जाती है। प्रयोगों से सिद्ध हुआ है कि जब मक्का के खेत को पौधों की 76 से.मी. ऊँचाई पर पूर विधि से 24 घंटे तक सींचा गया तो इससे उपज में 14% की कमी हो गई और जब 96 घंटे तक सस्य को बाढ़ के पानी में रखा गाया तो इस हानि में 30% की वृद्धि हो गई। पूर से जब एक बार मक्का के पौधों की हानि हो जाती है तो उनका अपनी पूर्ववत् दशा में लाना अति कठिन कार्य होता है।

क्योंकि मक्का की सस्य को दोनों ही दशाओं-कम पानी तथा अधिक पानी से फसल लेने के लिए यह आवश्यक है कि किसी सिंचाई के इस प्रकार के सूचीबद्ध कार्य से किया जाए ताकि वह उपलब्ध पानी के साधन के साथ पौधों की आवश्यकता को भी पूरी कर सके। विभिन्न स्थानों के लिए यह सूचीबद्ध सिंचाई का कार्य इस प्रकार हो सकता है- 5 सिंचाइयाँ छः पत्ती, घुटने के ऊपर की ऊँचाई पर, टैसल या नरपुष्प निकलने पर, 50 प्रतिशत रेशम के निकलने पर, तथा दाने की भराव की दशा तक। यदि तीन सिंचाइयाँ ही उपलब्ध हो तो उसको उस समय करें, जब पौधे घुटने की ऊँचाई पर हों, पु.पुष्प निकलने पर तथा 50% रेशम के निकलते समय।

शीतकाल की मक्का की फसल के लिए सिंचाई का अलग मापदण्ड होता हैं। शिशु पौधें जब 3-4 सप्ताह के हो जांए तभी उनको पहली सिंचाई देनी चाहिए। इसके पश्चात् हर 4-5 सप्ताह के अन्तराल में सिंचाई करनी चाहिए। मार्च के महीने तक तथा इसके बाद जलवायु की दशा देखकर 1 या 2 सप्ताह में सिंचाई करनी ही चाहिए।

ज्वार की सूचीबद्ध सिंचाई का आधार है-

1. मृदा और पानी के प्रचालित तंत्र
2. सस्य की कष्टमय स्थिति
3. मुरझाने के लक्षणों का आना एवं
4. आई. डब्ल्यू/सी.पी.ई. अनुपात

खरीफ ऋतु में सिंचाई पानी के 75% ह्रसन 0-30 सें.मी. की मृदा की गहराई पर ही अनुकूलतम स्थित होती है। रबी तथा ग्रीष्म ऋतु में पानी का ह्रासन 50% उपलब्ध जल की मात्रा 0-30 से.मी. की भूमि की गहराई तक की स्थिति में करना चाहिए। प्रयोगों से पता चलता है कि जब भी कम उपलब्ध नमी की स्थिति हो और वर्षा का अभाव है तो सस्य को जल की उपलब्धता शीघ्र करवानी चाहिए।

ज्वार की महत्त्वपूर्ण कष्टमय वृद्धि की अवस्थाओं जल की आपूर्ति के लिए पुष्पन के प्रथमजात काल का आरम्भ (लगभग 25-30 दिन बाद बोने के), पताका पर्ण अवस्था आने पर (50-55 दिन बाद), पुष्पन (60-70 दिन पश्चात्) तथा दाना भराव की अवस्था (80-90 दिन पश्चात् बोने के) होती है। यदि जल की उपलब्धता (सिंचाई के लिए) कम हो तो ऐसी स्थिति में प्राथमिकताएँ निश्चित करनी होती हैं। ऐसे में जब जल की कमी हो तो सिंचाई पुष्पन के प्रथमजात काल ही में सबसे अधिक कष्टमय समय होता है और इसके बाद पुष्पन काल ही सिंचाई के लिए अति महत्त्वपूर्ण समय होता है।

बाजरे की फसल की पानी की आवश्यकता (250-350 मि.मी.) होती है, जबकि मक्का, ज्वार एंव रागी की आवश्यकता 500-600 मि.मी. होती है। ऐसा आंकलन किया जाता है कि बाजरे के 100 किलोग्राम दाने प्रति हैक्टर के निर्माण के लिये सामान्यतया 14-15 मि.मी. पानी की आवश्यकता होती है। यह अनुमान उस दशा का किया जाता है, जबकि बाजरे की फसल व्याधि तथा कीट शत्रुओं से पूर्णतया मुक्त हो, मृदाजल का सही उपयोग हो और फसल में किसी प्रकार की पौष्टिक कमी न हो। साथ ही जो पराग कण हों वे वर्षा से धुल न जाए। सस्य ऋतु में 500 मि.मी. वर्षापात पर्याप्त होता है। इससे दाने की उपज 0.7-3.5 टन/हैक्टर तक मिल सकती है। इसका औसत लगभग 2.5 टन/हैक्टर होता है। यद्यपि बाजरा बहुधा एक वर्षा पर आधारित सस्य के रूप में ही उगाई जाती है, फिर भी प्रफुल्लावधि तथा पुष्पनकाल में एक सिंचाई काफी लाभप्रद होती है। क्योंकि यह एक वर्षा पर आधारित सस्य है, इसलिए जल के संरक्षण के जितने भी प्रचलित उपाय हों उनको इस खेत में अपनाने चाहिए।

सामान्यतया **जौ** एक शीत-ऋतु की शुष्क सहिष्णु जिसे कम पानी की आवश्यकता होती है। वह ऐसी सस्य है जिसे कि जौ की आरम्भ में ही वृद्धि काफी ओजवान होती है, जिससे कि उसकी जड़ें मिट्टी में अधिक गहराई

से पानी खींचने में सक्षम होती हैं। यदि जौ को सिंचाई की दशा में बोना है तो बोने के पहले उसे यदि एक सिंचाई मिल जाए तो, इससे अंकुरण में वृद्धि होने से उसके खेतों में शिशु पौधों की संख्या अधिक होगी। प्रयोगों में सिद्ध हुआ है कि 50% उपलब्ध मृदा के जल से काफी अच्छी संख्या में पौधों की पैदाइश होती है और 25% उपलब्ध मृदा जल जो कि भूमि में 15–30 सें.मी. की गहराई तक रहे तो इससे उपज में वृद्धि निश्चित होती है। **सिंचाई का समय** जो कि फसल की कष्टमय स्थितियों पर आधारित है– यदि सिंचाई निम्नलिखित समयानुसार दिया जाए तो ऐसा करने से सिंचाई न केवल प्रभावकारी होगी अपितु उससे आर्थिक दृष्टि से उपज भी अच्छी मिलेगी। निम्नलिखित सस्य की दशाओं की सिंचाई की दृष्टि से अति चिंताजनक बताया गया है–

सक्रिय शाखाएं निकलने पर	30 से 35 दिन बोआई के बाद
पताका–पत्ति/पुष्पन पर	60 से 65 दिन पर बोआई के बाद
दाने में दूध बनने तथा भराव के समय	लगभग 80–85 दिन पर बोने के बाद

यदि केवल एक सिंचाई की सुविधा उपलब्ध है तो उसे सक्रिय शाखाएं निकलने पर दिया जाना चाहिए। यदि दो सिंचाई उपलब्ध हो तो उन्हें 1. सक्रिय शाखाएं निकलने पर तथा 2. दाने के दूधिया अवस्था पर देना लाभदायक होता है।

यह भी देखा गया है कि 0.45–0.50 के वायु–दबाव की मृदा के जल के ऊपर प्रत्यावल की दशा में जौ में पानी देने से देर से बोये जाने वाली फसल में उपज बढ़ जाती है।

छिलका रहित जौ : क्योंकि छिलकों के जौ की अपेक्षा 10–12 दिन पकने में अधिक लेता है क्योंकि इस समय गरम हवाओं का मैदानी भागों में चलना आरम्भ हो जाता है, जिसके कारण दाने के भराव में कमी हो जाती है, विशेषकर बाल के ऊपरी सिरे पर। इससे उपज में कमी हो जाती है। इसलिए यह आवश्यक है कि ऐसी फसल को दाने के बनने की अवस्था में एक और सिंचाई दी जाए। इससे पौधें के ऊपर गरम हवाओं का प्रभाव नहीं पड़ेगा।

यदि **जौ** को चारे के लिए उगाना है तो उसकी पहली कटाई बोने से 60–65 दिन के बाद करनी चाहिए। काटना जमीन से 2.5 से 3.0 से.मी. की ऊँचाई पर करना चाहिए। साथ ही 20 किलोग्राम नाइट्रोजन 1 हैक्टर की मात्रा तथा एक सिंचाई इस समय अवश्य दे जिससे कि पौधों की पुनर्जागृति अच्छी और जल्दी हो सके।

माल्ट जौ जहाँ तक की कृषि का सवाल है इस फसल को एक और सिंचाई दाने के भराव की अवस्था में दी जाए तो अच्छा रहता है।

सामान्यतया सभी **खरीफ की दलहनी फसलें** बिना सिंचाई के ही उगाई जाती हैं। यद्यपि इसके विपरीत अधिक वर्षा की दशाओं में यदि उचित जलोत्सारण की मृदा में सुगमता हो तो अति उत्तम होता है। ये सभी सस्य जलानुविद्ध दशाओं के प्रति अति संवेदनशील होती है। यदि इन सस्यों को बसन्त, ग्रीष्म एवं शीत ऋतुओं में उगाना हो तो इन्हें सिंचाई की आवश्यकता होती है। इन ऋतुओं में मृदा–जल एक प्रकार से सीमा कारक होता है। खरीफ की दलहनी फसलों में सिंचाई उस समय अवश्य उत्तराकृत दीखती है, जब कभी लम्बी अवधि तक सूखा पड़ गया हो विशेषकर फसल की वृद्धि की उस दशा में जब वह संकटमय हो।

अरहर की सस्य मूलत: अर्ध–शुष्क कटिबन्धों की सस्य है जिसमें कि शुष्क दशाओं को सहने की क्षमता होती है। इसकी गहरी तथा सुविकसित जड़ों में पानी को मृदा की काफी गहराई से खींचने की क्षमता होती है

विशेषकर जब पानी के प्रत्यावल की दशा उपस्थित हो जिससे यह सस्य ऐसी कठिनाइयों को झेल लेती है। शाखायन, पुष्पन एवं फली के भराव के ऐसे समय होते हैं, जबकि जल-प्रत्यावल की दशा में पौधों पर विपरीत प्रभाव पड़ता है। यदि हम इन तीन दशाओं पर जल-प्रत्यावल पर नियन्त्रण कर सकें तो निश्चय ही एक अच्छी फसल पैदा कर सकते हैं।

तालिका-42: अरहर की फसल पर जल-प्रत्यावल का विभिन्न दशाओं पर उपज पर प्रभाव

सिंचाई की दशा	*उपज किलोग्राम/हैक्टर में*
फसल की पूर्ण अवधि में जल प्रत्यावल	2005
शाखायन की अवस्था में प्रत्यावल नहीं	2422
पुष्पन की अवस्था पर प्रत्यावल नहीं	2468
फली निर्माण की अवस्था में प्रत्यावल नहीं	2429
फसल की सम्पूर्ण काल में प्रत्यावल नहीं	2943

अरहर में यह देखा गया है कि पहली सिंचाई बोने के 2 सप्ताह बाद तथा एक सिंचाई सी.पी.ई. 100 मि. मी. से सबसे अधिक उपज मिली है। वर्षा के बाद इसकी सस्य आई.डब्ल्यू/सी.पी.ई. अनुपात 0.6 पर उच्चतर उपज देती है। यह भी देखा गया है कि विभिन्न किस्में जल की आवश्यकता में भिन्नता दर्शाती है।

मूंग और उड़द की कृषि में यदि एक सिंचाई बोने से पहले दी जाए तो उससे अच्छे परिणाम मिलते हैं। यह सिंचाई भूमि की तैयारी के समय तथा 3-4 सिंचाइयाँ अंकुरण के बाद देने से काफी अच्छी उपज मिल जाती है। फिर भी यह कह सकते हैं कि सिंचाई का समय, सिंचाई की गहराई एव सिंचाइयों की संख्या मूंग की किस्म एवं कृषि-जलवायु की दशाओं पर निर्भर करती है। सिंचाई (गहराई 6 से.मी./प्रति सिंचाई 0.6 आई डब्यलू/ सी.पी.ई. अनुपात पर, 2-3 सिंचाई तदनुरूप सिंचाई 2-3, सिंचाई या जिससे कि एक बोने से पहले की सिंचाई सम्मिलित है से आई. डब्ल्यू/ सी.पी.ई. 0.8 या 0.4 के अनुपातों की तुलना में, एवं एक पूर्व बोआई की सिंचाई तथा बोने के 30 दिन बाद सिंचाई तथा 45 दिन बाद सिंचाई से ग्रीष्मकालीन फसल में सबसे अधिक उपज मिली है। 80 प्रतिशत की सक्षम वाष्पीत्स्वेदना की दशा में फसल ने सबसे अधिक उपज दी है। 20 प्रतिशत एवं 40% की तुलना में उड़द की फसल के लिए 2 सिंचाइयाँ (एक शाखायन पर तथा दूसरा पुष्पन के समय) काफी उत्तम साबित हुई हैं।

लोबिया की कृषि के लिए यदि मानसून की कमी हो गई हो तो फसल के आपत्तिजनक अवस्था में 1 या 2 सिंचाइयों की आवश्यकता पड़ सकती है। फिर भी इस फसल के लिए नमी का उच्चतम मान मिट्टी में होने से पौधों में अधिक वृद्धि होती है, जो कि लम्बे समय तक होती ही रहती है। इसलिए इस फसल के लिए यह आवश्यक है कि इसके लिए एक मध्यम नमी का प्रत्यावल बनाये रखा जाए जिससे कि इसके पौधों में प्रजनन के अंग समय से उत्पन्न तथा विकसित हो सकें। गर्मी में इस सस्य को उगाने में अधिक पानी की मात्रा की आवश्यकता होती है। जिससे कि सम्भावित हानिकारक जल-प्रत्यावल पर नियन्त्रण किया जा सके। यहाँ भी सस्य की कष्टदायक अवधियों जैसे- वर्धी वृद्धि के अन्तर्गत आने वाले पुष्पन एवं फली के भराव की दशाओं में पौधे को उचित मात्रा पानी का मिलना ही चाहिए।

रबी की दलहनी फसलों के लिए पानी का संवर्धन करना एक महत्त्वपूर्ण विषय है। इन सस्यों में सबके सफल उत्पादन के लिए सिवाय राजमा (फरासबीन) को छोड़कर ये सभी सस्यें वर्षा ऋतु के अवशेष मृदा-जल

के ऊपर उगाई जाती हैं। इस अवस्था में स्वभावतः इन सस्यों को अपनी प्रारम्भिक वृद्धि के लिए गहन जल-प्रत्यावल का अपने अन्त के वृद्धि को प्रावस्था काल में झेलना पड़ता है। इसलिए जहाँ भी और जब भी इन फसलों को उगाने का कार्यक्रम हो, उन खेतों में वर्षापात से आये पानी के संरक्षण पर पर्याप्त ध्यान देना चाहिए। यह कार्य प्रचलित जल-संरक्षण की विधियों जैसे कौन्ट्रर बन्डिंग (समोच्चरेखित बन्धन), गहरी खेत की जुताई, तथा भूमि को खुरच कर उसे जल के पतन के प्रति क्षम्य बनाना, छादि का उपयोग एंव जल-संलवन आदि विधियों से करना चाहिए। जल संलवन विधि में तालाबों को भरना चाहिए ताकि यह पानी आवश्यकता के अनुसार भविष्य में फसल की सिंचाई के काम आ सके। साधारणतया एक बोने से पहले की सिंचाई या बोने के तत्काल पश्चात् की सिंचाई इन सस्यों की पौधों की उचित संख्या का खेत में संधारण करने का उत्तम उपाय है। ऐसा समय पौधों की वृद्धिकाल एवं पौधों की संख्या को खेत में रखने के लिए बोने के समय मृदा के पार्श्वचित्र में पानी की भारी कमी हो। मेर्टीसपेल किस्म की मिट्टी में यदि एक अच्छी गहरी सिंचाई बोने के समय पर की जाए तो आगे के दिनों में सस्य को सिंचाई की आवश्यकता ही नहीं होगी। फिर भी हल्के वयन की मिट्टियों में 1-2 सिंचाई (शाखायन तथा फली निर्माण के समय) कर दी जाए तो यह कार्य सभी जाड़े की फसलों के लिए काफी उत्पादकता पूर्ण सिद्ध होती है। अति क्रियाशील पुष्पनकाल में कभी पानी न दें, क्योंकि इस प्रकार से पौधे अपनी पूर्व वृद्धि की ओर अग्रसर होने लगेगें और साथ ही फूल भी झड़ने लगेंगे। लगभग सभी रबी ऋतु की दलहनी फसलों में फली निर्माण की प्रारम्भिक अवस्था ही पानी की आवश्यकता के सम्बन्ध में सबसे अधिक चिंताजनक होती है। फसल की अन्य अवस्थाओं पर आवश्यक जल की मात्रा का वांछित अनुमान मृदा में उपस्थित जल की मात्रा आरम्भिक काल में, मृदा का प्रकार एवं जलवायु की अवस्थाओं के ऊपर निर्भर करता है।

चने के पौधे में मृदा के अन्दर से 150 से.मी. से अधिक गहराई से जलशोषण की क्षमता होती है, परन्तु इसमें से अधिकतम जल की मात्रा का शोषण पौधे द्वारा मिट्टी के पार्श्वचित्र के ऊपर के 60 से.मी. से ही होती है। इसी भाग में सबसे अधिक क्रियाशील जड़े विद्यमान रहती हैं।

कई स्थानों पर किए गए अध्ययनों से पता चला है कि फसल में 2 सिंचाई (एक शाखायन के समय और दूसरा फली निर्माण के समय) देने से उत्पादन में 25 से 32% की वृद्धि हुई है।

तालिका-43 : मध्य प्रदेश में चने एवं मटर की फसलों पर सिंचाई का प्रभाव

क्रियाएं	*दाने का उत्पादन (किलो/हैक्टर)*			
	चना		*मटर*	
	नवसारी	*दीहाद*	*नवगांव*	*जबलपुर*
1. असिंचित	1378	2107	1344	850
2. शाखायन के समय सिंचाई	1462	2296	1758	1660
3. फली निर्माण के समय सिंचाई	1410	2502	1874	1420
4. दो सिंचाई 2+3 अवस्थाओं पर	1724	2786	2103	1770

मटर को सामान्यतया अधिक जल से सिंचाई की आवश्यकता होती है। एक सिंचाई पुष्पों के आरम्भ होने पर (बोने से 50 दिन बाद) देने से भारी लाभ हुआ है। मध्य भारत में 2 तथा उत्तरी प्रदेश में 3 सिंचाई आवश्यक होती हैं।

राजमाह ही एक ऐसी शीत ऋतु की सस्य है, जो कि सिंचाई के प्रति काफी उतरकृत होती है। यह इसलिए कि इसकी मूल प्रणाली मृदा में काफी ऊपर की सतह तक होती है और इसकी पौष्टिक तत्वों की आवश्यकता अधिक होती है। अध्ययनों से पता चला है कि राजमाह को उत्तरी-पूर्वी मैदानी प्रदेश में 2-3 सिंचाई तथा मध्य प्रदेश में 3-4 सिंचाई की आवश्यकता होती है। बोआई के बाद 25 दिन की फसल ही सिंचाई के इसकी अधिक चिंताजनक अवस्था होती है।

मसूर की फसल के लिए सिंचाई सम्बन्धी सबसे अधिक चिंताजनक अवस्था फली निर्माण के समय की होती है यद्यपि पुष्पन काल भी काफी चिंताजनक होता है। यदि शीतकाल की वर्षा का अभाव रहता है तो उस समय के पश्चात् 1 या 2 सिंचाई देना आवश्यक होता है। यदि फसल देर से बोई जाती है तो सिंचाई का महत्त्व बढ़ जाता है। यह इसलिए कि इस दशा में बोने से पौधे की जड़ो का विकास काफी अच्छा नहीं हो पाता है।

खेसारी दाल की फसल सामान्यतया धान की फसल के बाद पुनः प्रचारण सस्य के रूप में उगाई जाती है। फिर भी ऐसा देखा गया है कि उच्च जल-प्रत्यावल की अवस्था में बोने के 60-70 दिन बाद एक सिंचाई देने से उपज में बढ़ोतरी होती है।

तालिका-44 : देश के विभिन्न स्थानों पर मूंगफली में सिंचाई की आवश्यकता

स्थान	*मृदा प्रकार*	*ऋतु*	*सिंचाई के पानी की आवश्यकता (मि.मी. में)*
मदुराई	बालुई चिकनी दुमट	केवल सतही छिड़काव रबी	387
धारवाड़	चिकनी दुमट	ग्रीष्म ऋतु	600
धपोली	चिकनी मिट्टी	रबी	550-700
जूनागढ़	चिकनी दुमट	खरीफ	550
लुधियाना	बालुई दुमट	खरीफ	300
उदयपुर	बालुई दुमट	ग्रीष्म ऋतु	530

सोयाबीन का एक मात्र सबसे कठोर पर्यावर्णीय सीमाकर सस्य है जिसमें दाना पैदा करने में पानी की उपलब्धता एंव मृदा में उचित जलोत्सारण की समस्याएं हैं। इस सस्य को बहुधा केवल वर्षा ऋतु में ही उगाया जाता है, परन्तु लम्बे समय तक यदि कभी सस्य काल में वर्षा का अभाव रहे तो ऐसी स्थिति में पानी की चिन्ताजनक कमी की सिंचाई के द्वारा ही अनुपूर्ति करनी पड़ती है। मृदा में जल-प्रत्यावल की अवस्था बीज के अंकुरण के समय फली के भराव के समय ही इस सस्य के प्रमुख चिंताजनक समय होते हैं। जब पानी की आवश्यकता चरम सीमा पर होती हैं। अक्सर बोने के लिए ऐसी किस्म का चयन किया जाता है जिसमें कि पूरी वर्षा ऋतु में प्राप्त वर्षा से ही अच्छा उत्पादन देने की क्षमता अधिक हो। सोयाबीन के खेत को कभी भी पानी से परित नहीं करना चाहिए। ऐसा करने पर सस्य में कम-से-कम पुष्पन काल में ग्रन्थियों का निर्माण रुक जाता है और साथ ही सभी जड़ो की क्रियाशीलता भी बन्द हो जाती है। इस अवस्था पर यह इस सस्य के लिए एक महत्त्वपूर्ण चिंताजनक समय होता है। प्रयोगों में देखा गया है कि दाने की उपज में सबसे अधिक चिंता तब आती है जब फली के विकास तथा फली के भराव का समय होता है और यदि उस समय पौधें में पानी की कमी होती है। इस सम्बन्ध में किए गए अध्ययनों से यह भी पता चला है कि पुष्पनकाल के अन्त में एवं फली निर्माण की प्रारम्भिक अवस्था में जल-प्रत्यावल यदि होता है तो उपज में भारी कमी आ सकती है। यदि प्रत्यावल दाने के भराव के समय होता है तो इस स्थिति में दानें का आकार अधिक छोटा हो जाता है।

आज **मूंगफली** का 19% क्षेत्रफल देश में सिंचित लिया जाता है। इससे कुल उत्पादन का 30% ही प्राप्त होता है। यदि रबी/खरीफ मूंगफली की कृषि को ध्यान में रखा जाए तो उत्पादन 1.0 से 2.5 टन हैक्टर बढ़ाया जा सकता है। देश में सिंचाई की अधिक उपलब्धता के आधार पर यह कह सकते हैं कि भविष्य में इस फसल के कुल उत्पादन में बढ़ोतरी की जा सकती है। यह संभव भी है कि निकट भविष्य में ग्रीष्म ऋतु का मूंगफली का क्षेत्रफल आज के 12.3 लाख हैक्टर से आगे के दिनों में 20.0 लाख हैक्टर तक बढ़ सकता है।

मूंगफली के लिए सूचीबद्ध तरीके से अनुकूल प्रचलित तंत्रः जब इस सस्य को बालुई दुमट के ऊपर उगाना हो तो जब भी ऐसी मृदा के कुल उपलब्ध नमी (जल) का 25 प्रतिशत ह्रसित हो जाए तभी इसे सिंचाई देनी चाहिए। यदि सिंचाई जल का स्त्रोत सीमित है तो सिंचाई 50% मृदा जल ह्रसन पर दी जा सकती है। जो कि सस्य की काफी आरम्भिक दशा 50 दिन बोने के बाद तथा इसके बाद 25% जल ह्रसन की दशा के पश्चात् ऐसे समय पर जब फलियों का विकास हो रहा हो। चिन्ताजनक वृद्धि की दशाएं मूंगफली के लिए निम्नलिखित है–

स्थापित होना	10–20 दिन
वर्धी	25–30 दिन
पुष्पन एवं पेग निर्माण	35–50 दिन
फली निर्माण	50–75 दिन
फली का विकास	75–90 दिन

मूंगफली में उपज की आई कमी का अनुपात कम होता है, जब इसकी तुलना पानी की कमी के साथ उगाई फसल के साथ की जाती है। यह बात वर्धी काल तथा पकने के समय के लिए सत्य है। परन्तु पैग बनने की दशा एवं फली निर्माण सस्य में पुष्पन एवं पेग अवस्थाएं जल के प्रति बहुत असहिष्णु होती हैं। फली निर्माण सस्य में पुष्पन एवं पेग अवस्थायें जल के प्रति बहुत असहिष्णु होती है। फली निर्माण का आरम्भिक समय तो अवश्य जल के प्रति अधिक असहिष्णु होता है। यदि सिंचाई जल की उपलब्धता कम हो तो पानी की बचत पुष्पन एवं आरम्भिक फली निर्माण के अतिरिक्त समयों पर करनी चाहिए। इसके लिए यदि सिंचाई स्प्रिंकलर (संचनयंत्र) मशीन से की जाए तो लगभग 25% सिंचाई जल की बचत हो सकती है।

सरसों का जल उपभोगीय उपयोग 200–300 मि.मी. तक होता है। सरसों को सिंचाई करने से फायदा होता है यदि सिंचाई के लिए जल उपलब्ध हो तो। सामान्यतया पुष्पनकाल के पहले एक सिंचाई तोरिया और पीली सरसों के लिए लाभदायक होती है। इससे उपज में 10 से 30% की वृद्धि हो जाती है। सरसों के लिए 2 सिंचाइयों का अनुमोदन किया जाता है– पहला प्रगुच्छन की अवस्था पर (बोने के 20–30 दिन बाद) तथा दूसरा फली के निर्माण काल में (50 से 60 दिन के बाद)। राजस्थान के श्रीगंगानगर में 3 सिंचाइयाँ दी जाती हैं – एक अच्छी सिंचाई बोने से पहले तथा अन्य दो फसल के भविष्य के किसी भी समय पर। सबसे अच्छे उत्पादन के परिणाम तब मिलते हैं जब सिंचाई ऐसे समय की जाए जब सिंचाई के पानी की मात्रा पात्र के कुल संचयित जल के वाष्पीकरण अनुपात 0.6 के बराबर होता है। प्रयोगों से यह भी देखा गया है कि दो पंक्तियों के बाद एक नाली में सिंचाई की नाली से सिंचाई करने से सिंचाई जल की काफी बचत हो जाती है। इसके लिये हर दो पंक्तियों का आपस की दूरी 15 सें.मी. रखी जानी चाहिए।

सूरजमुखी की मूल संहति काफी गहरी तथा विस्तृत होती है। इसलिए यह मिट्टी में से जल काफी बड़े क्षेत्र से ले सकती है। इसी कारण यह सस्य लम्बे समय की शुष्क स्थिति (जल अभाव) के प्रति काफी सहिष्णु होती है। इसकी अन्य सभी सस्यों की तुलना में पानी के प्रत्यावल को सहने की अधिक क्षमता होती है। इसके अतिरिक्त सस्य उतपादन का समय कम होने के करण यह वृद्धि-चक्र को सीमित समय में ही पूरा कर लेती है जबकि जल भी काफी कम उपलब्ध होता है। सूरजमुखी उत्पादन का अधिक क्षेत्र वर्षा पर आधारित होता है। सूरजमुखी सिंचाई के जल के प्रति काफी प्रतिकूल होती है।

प्रयोगों से सिद्ध हुआ है कि सूरजमुखी की सस्य में लगभग 70-80% वर्षा ऋतु के पानी का प्रफुल्लन की अवधि तक उपभोग हो जाता है। यदि फसल की आरम्भिक अवस्था में जल प्रत्यावल रहता है तो पौधों की ओज में कमी एवं वृद्धि दर में कमी हो जाती है। सस्य की मध्य अवस्था पर यदि जल-प्रत्यावल रहता है तो इस दशा से प्रति मुण्डक में भरे बीज की कमी हो जाती है। बाद की अवस्थाओं मे जल प्रत्यावल के विद्यमान होने से बीज के विकास में कमी आती है। जिससे बीज हल्का पड़ जाता है और छिलके की मात्रा अधिक होती है।

अधिकतर प्रयोगों से सिद्ध हुआ है कि सूरजमुखी की सिंचाई के बाबत काफी भिन्न धारणाएं हैं। ये धारणाएं जलवायु की भिन्नताएं, वर्षापात, वाष्पीकरण की दशा, मृदा की पानी ग्रहण करने की क्षमता एवं मृदा में पानी के संधारण की समस्या आदि है। वैसे प्रयोगों में पता चला है कि 700 ग्राम/किलोग्राम के बराबर पानी की मात्रा के संधारण करने से अच्छा उत्पादन मिल जाता है। ऐसा भी देखा गया है कि रबी ऋतु की फसल के लिए सिंचाई के पानी संचयित पात्र वाष्पीकरण के अनुपात 0.75 की अवस्था सबसे अनुकूल होती है।

तालिका-45 : सूरजमुखी के बीज का उत्पादन विभिन्न दशाओं में सिंचाई देने से

निर्दिष्ट अवस्थाओं पर सिंचाई	*बीज उत्पादन/प्रति हैक्टर किलोग्राम*			*प्रतिशत*
	अकोला	*दिग्राज*	*औसत*	*वृद्धि*
नियन्त्रित, स्थापन के पश्चात कोई सिंचाई नहीं	438	1159	799	–
अंकुरण के समय	621	1524	1073	34
कुड्म प्रारम्भ होने पर	588	1598	1093	37
पुष्पन अवस्था पर	613	1420	1017	27
बीज विकास के समय	525	1329	927	16
2-5 की किसी 2 अवस्थाओं पर सिंचाई	703	1649	1176	47
2-5 की किन्हीं अवस्थाओं पर 3 सिंचाई	804	1871	1338	67
2-5 की किसी अवस्थाओं पर 4 सिंचाई	941	2070	1506	88

कुसुम्भ का पौधा सूखा रोधी गुणों से भरपूर शुष्क खेती के लिए एक उत्तम पौधे के रूप में विख्यात है। परन्तु यह एक आंशिक सत्य है क्योंकि इसकी कृषि में देखा गया है कि फसल के आरम्भिक काल में यदि मृदा में काफी जल की मात्रा विद्यमान है तो फिर इसकी सस्य बिना वर्षा के ही उगाई जा सकती है। यदि कुसुम्भ के खेत की सिंचाई करने की जरूरत पड़ ही जाए तो दो मुख्य कारकों को ध्यान में रखना चाहिए : (1) पौधे की जड़ों की व्याधियों के प्रति ग्राह्यक्षमता होना तथा : (2) इसके पौधों की जल की मृदा से काफी गहराई से जल शोषण करने की क्षमता। अधिकतम वृद्धि काल में जल की न्यूनता प्रगुच्छन के समय से लेकर पुष्पन

तक एवं फसल के पकने तक उपज में काफी हानि ला सकते हैं। ऐसी दशा में न केवल बीज की उपज तथा बीज के अन्दर तेल की मात्रा में भारी कमी हो जाती है। सिंचित सस्य लेने के लिए ये सावधानियाँ लेनी चाहिए- 1. यदि मृदा सूखने पर फटती है तो सिंचाई को ऐसे तरेड पड़ने से पहले ही कर देनी चाहिए, 2. यदि केवल एक ही सिंचाई के लिए पानी उपलब्ध है तो उसे इसके पहले कि मृदा में नमी चिंताजनक स्थिति में पहुचें पौधें की वृद्धि के लिए ही इससे पहले ही दे देना चाहिए, 3. सिंचाई के पानी से पौधें के ऊपरी हिस्सों का स्पर्श पानी से न हो जिससे फसल को बीमारियों से बचाया जा सके।

तिल की कृषि रबी/ग्रीष्म ऋतुओं में सिंचित ली जाती है। परन्तु खरीफ की फसल को पानी देने की आवश्यकता नहीं होती है। फिर भी यदि जलवायु का शुष्ककाल काफी लम्बा हो तो फसल को सिंचाई मिलने से काफी लाभ होता है, जिसमें उपज में काफी बढ़ोतरी हो सकती है। तिल की सस्य से सबसे अच्छा फल उन दशाओं में मिलता है जहाँ पर सिंचाई की सुविधा उपलब्ध हो, स्थान में शुष्क जलवायु हो और सूर्य प्रकाश काफी हो। तिल की फसल को शुष्क जलवायु की विभिन्न अवस्थाओं पर वृद्धि की हानि होती है। मृदा की जलमग्न अवस्था भी पौधों के लिए घातक होती है, क्योंकि ऐसी अवस्था को पौधें अधिक बर्दाश्त नहीं कर पाते हैं, इससे उनकी जल्दी ही मृत्यु हो जाती है। यदि सिंचित कृषि करनी हो तो एक भरपूर सिंचाई खेत को बोआई से पहले करनी चाहिए। यदि बीज को सूखे खेत में बोया जाए और इसके ऊपर सिंचाई दी जाए तो इस तरह से बोआई का कार्य अधिक सुविधाजनक हो जाएगा। गीले खेत में बीज को बोना काफी कठिन कार्य होता है। बाद में खेत की सिंचाई को 4–5 पत्तियों की अवस्था आने पर, पुष्पन के आरम्भ होते ही एवं फली निर्माण के समय अवश्य दें जिससे उपज की हानि न हो। इस फसल की सिंचाई के आवश्यकताओं में वहाँ की मृदा तथा जलवायु की दशाओं पर निर्भर करता है। जल्दी-जल्दी हल्की सिंचाई करने की दशा की तुलना में अधिक गहन सिंचाई, वह भी लम्बे अन्तराल में, देने पर उपज में कमी आती है। कुल पानी की सिंचित फसल के लिए वाँछित मात्रा 1200 से 2500 मि.मी./हैक्टर की आवश्यकता होती है। किनारे की पट्टी की सिंचाई की पद्धति इस सस्य को सिंचित करने में आर्थिक दृष्टि से अच्छी रहती है, यद्यपि कभी-कभी पूर पद्धति का भी उपयोग किया जाता है।

अरण्ड एक अति सूखारोधी किस्म का पौधा होता है। सिंचाई के प्रति संकर किस्मों की प्रतिक्रिया उर्वरक के लिए अधिक होती है। सामान्य किस्मों की तुलना में सिंचित कृषि में अरण्ड की अधिक जड़ें भूमि के ऊपरी स्तर पर ही रहती हैं। जबकि वर्षा पर आधारित सस्य में जड़ें काफी नीचे गहराई तक प्रवेश कर जाती हैं। अरण्ड के लिए एक आदर्श सिंचाई का क्रमबद्ध तरीका यों है:-

1. वर्धीकाल के पहले आधे समय में विशेषकर जब पुष्पन अपनी चरमसीमा पर हो।
2. क्रियाशील मूल-प्रदेश में पानी की निरन्तर उपलब्धता विशेषकर 70% वर्धी वृद्धि में एव परिपक्वता के समय तथा 80% एफ.सी.पुष्पन के समय।
3. परिपक्वता काल में पानी देने से पौधे में नई पत्तियाँ उत्पन्न होती हैं, साथ ही नये प्ररोह निकलने के कारण फसल पकने में विलम्ब होता है।

रामतिल की सस्य सतत् वर्षा ऋतु में ही उगाई जाती है। इसकी कभी-कभी सिंचाई भी कर सकते हैं। जल का प्रत्यावल इस सस्य के शिशु अवस्था के पौधों को सबसे अधिक नुकसानदेय होता है किसी अन्य अवस्था की तुलना में। अधिक मृदा की नमी के प्रति ये पौधें अति सहिष्णु होते हैं और ऐसी अवस्था के बीत जाने पर काफी उत्पादन देते हैं। सिंचाई का कार्यक्रम जलवायु एवं मृदा की अवस्थाओं को ध्यान में रखकर करना

चाहिए। पौधों की शिशु अवस्था में सिंचाई अवश्य देनी चाहिए और तदुपरान्त जब कभी आवश्यक हो, रोक, पात्री तथा किनारी पर पट्टी से सिंचाई की विधियाँ सामान्यतया उपयोगी होती हैं।

अलसी की सस्य को सिंचाई की कम आवश्यकता होती है। परन्तु सिंचित अवस्था में इससे उपज में काफी वृद्धि होती है। यद्यपि देश में 90% क्षेत्रफल में इसकी कृषि वर्षा पर आधारित होती है, परन्तु प्रयोगों से सिद्ध होता है कि एक या दो सिंचाइयों से (35 और 75 दिन बोने के बाद) उपज में दुगुनी बढ़ोतरी हो जाती है। हल्की मिट्टियों में 3–4 सिंचाइयों से अधिक बीज की मात्रा तथा डण्ठल प्राप्त होते हैं। पुष्पन काल में तथा उसके उपरान्त पानी की कमी से यदि स्तम्भ की वृद्धि के समय पानी की कमी होती है तो उपज में काफी कमी हो जाती है। इसलिए सावधानी यदि बरती जाए तो इसको 3–4 सिंचाइयों की आवश्यकता होती है–1. शिशु पौधों की अवस्था पर 2. पौधे में शाखायन के समय 3. पुष्पन एवं 4. बीज की पकने की अवस्थाएं ही इस सस्य की पानी के लिए चिंताजनक जल प्रत्यावल की अवस्थायें होती हैं। अलसी की पानी की उपभोग करने की क्षमता अधिक सिंचाई करने से घट जाती है। अधिक सिंचाई से इस फसल में तेल की मात्रा (लाइनोलिक एवं लाइलोलीनिक अम्लों की मात्राएं) घट जाती है।

कपास उगाने वाले क्षेत्र देश के कुल क्षेत्र का 70% है, जो कि वर्षा पर आधारित है। परन्तु इन क्षेत्रों में उपज बहुत कम होती है। वर्षा पर आधारित फसल बहुधा शुष्क दशाओं तथा कभी–कभी अधिक वर्षापात के कारण कुप्रभावित होती है। नागपुर में कपास के लिए वांछित पानी की मात्रा 939.8 मि.मी. है और इसके अधिक भाग (628.7 मि.मी) की प्राप्ति मृदा के आरक्षित जल से होती है। इससे पता चलता है कि इसके ऊपर 350 मि.मी. अतिरिक्त पानी की फसल को उगाने के लिए चाहिए। इस कमी की पूर्ति अनुपूरक सिंचाई से की जा सकती है। जो अधिक वर्षापात होता है, इस पानी को खेत में बनाए गए तालाबों आदि में एकत्र किया जा सकता है, ताकि इससे समयानुसार सिंचाई के काम में लिया जा सके।

उत्तरी प्रदेश में लगभग 97% एवं 43% दक्षिणी प्रदेश में सिंचाई से कपास की फसल ली जाती है। नहरों के पानी से ही अधिकतर सिंचाई की जाती है। उत्तरी क्षेत्र में जहाँ गेहूँ के बाद कपास का सस्य चक्र अपनाया जाता है, वहाँ एक सिंचाई बोने से पहले की जाती है। इस सिंचाई से खेत की तैयारी अच्छी हो जाती है, क्योंकि कृषण कार्य के लिए समय कम होता है बोने के पहले की सिंचाई के कारण मृदा का तापमान भी कम हो जाता है जिससे कि अंकुरण तथा शिशु पौधों की वृद्धि के लिए एक अनुकूलतम वातावरण बन जाता है। परन्तु यह सस्य अधिक नमी के लिए असहिष्णु होती है।

तालिका–46: कपास में सिंचाई को क्रमबद्ध सिंचाई देने के लिए मृदा तथा वायुमडल के प्राचलों के लिए माने गए मापदण्ड

स्थान	*सूचीबद्धता का प्रकार*
श्री गंगानगर (राजस्थान)	100 मि.मी. सी.पी.ई.
हिसार (हरियाना)	25% ए.एस.एम.डी.
राहुड़ी (महाराष्ट्र)	0.75% आई.डब्ल्यू.सी.पी.ई.
अकोला (महाराष्ट्र)	75 मि.मी. सी.पी.ई.
कोयम्बटूर (तमिलनाडू)	75% मि.मी. सी.पी.ई.
सिटिगुप्पा (कर्नाटक)	75% ए.एस.एम.डी.

कपास की कृषि के लिए सबसे अनुकूल क्रमबद्ध सिंचाई वह होती है, जो कि पौधे और मृदा के सम्बन्धों के मूल नियमों पर आधारित हों। इनमें से उदाहरण के लिए कुछ पद्धतिया निम्नलिखित हैं–

पहली कपास की सिंचाई कब की जाय, यह एक महत्त्वपूर्ण विषय है, विशेषकर ऐसे सिंचित क्षेत्रों में जहाँ वर्षा का नितान्त अभाव रहता हो। अनुसन्धानों में इस बात पर बल दिया गया है कि पौधे का आकार पहली पुष्पन अवस्था पर एवं अन्तिम उपज के सम्बन्धित सहसम्बन्ध के उच्च मान की अवस्था पर निर्भर करता है।

फसल की मध्यावधि में सिंचाई का प्रभाव महत्त्वपूर्ण विषय है। फल आते समय पानी की कमी से फल झड़ने लगते हैं जिससे उपज में भारी कमी आती है। अधिक सिंचाई से वर्धी वृद्धि अधिक होती है। सबसे अनुकूलतम उत्पादन तब होता है जब मृदा में जल की मात्रा इतनी हो कि ज्यादा से ज्यादा फल पेड़ों पर लग सकें और वर्धी वृद्धि भी अधिक न हो। आखिरी वृद्धिकाल में पानी बन्द करना होता हैं। नहरी क्षेत्रों में सिंचाई खड्डों में की जाती है, जिससे पानी की 30–50% की पानी की बचत हो जाती है।

जूट यद्यपि एक वर्षा पर आधारित सस्य के रुप में उगाई जाती है, फिर भी यदि मानसून के आगमन में देरी होती है तो एक सिंचाई बोने से पहले खेत की तैयारी के लिए की जा सकती है। यदि एक और सिंचाई अंकुरण के समय एवं मानसून के बीच के समय में दिया जा सकता है। इससे शिशु पौधों के विकास में सहायता मिलेगी।

गन्ने की फसल की सिंचाई विश्व के औसत के हिसाब से 12000–13000 मी.^{3} पानी प्रति हेक्टर प्रति वर्ष गन्ने के पौधे के अन्दर से गुजरती है। पानी की उपभोगीय कुशलता 45–70% यानी 20000–30000 मी.^{3} होती है। (200–300 से.मी./हैक्टर) पानी की मात्रा के द्वारा सन्तोषप्रद गन्ने का उत्पादन मिल सकता है।

सिंचाई को गन्ने की कृषि में ऐसा क्रमबद्ध करना चाहिए ताकि उसके मूल–प्रदेश में पानी की कभी भी कम न हो। यदि किसी भी अवस्था पर जल–प्रत्यावल आता है तो ऐसे में पौधे की वृद्धि में एक प्रगतिरोध पैदा हो जाता है और इसके फलस्वरूप उत्पादन में कमी होती है, और गन्ने के रस की गुणवत्ता खराब होती है। यदि वृद्धि के उच्चकाल में पानी की अधिकता होती है तो गन्ने के मूल–पद्धति के विकास पर विपरीत प्रभाव पड़ता है, जिससे कि पोधे के अन्दर एक आपत्तिजनक दैहिकीय अवस्था की दशा पैदा हो जाती है। इसलिए अच्छा उत्पादन लेने हेतु गन्ने की फसल को अनुकूलतम पानी की मात्रा मिलनी ही चाहिए। कोयम्बटूर के प्रयोगों से पता चला है कि पानी की बचत उस दशा में हो सकती है, यदि सिंचाई खेत के पानी की 50% ह्रसन के समय शाखायें निकलने पर एवं वृद्धि की दशाओं में देने के पश्चात् 75% परिपक्वता के समय देने से गन्ने की उपज में काफी बढ़ोतरी हो सकती है। सामान्यतया गन्ने की सस्य को सिंचाई 10 दिन के अन्तराल में गर्मी की ऋतु में एवं 15–20 दिन के अन्तराल पर जाड़े की ऋतु में गुणवतायुक्त फसल संलवन के लिए अवश्य चाहिए। एक महीना पहले ही सस्य की सिंचाई बंद कर देनी चाहिए। सिंचाई की विधि स्थानीय उपलब्ध विधियों पर निर्भर करती है।

गन्ने की फसल बहुधा देश में जल के प्रत्यावल के कारण ही कम पैदावार देती है। इस दशा की गर्मी के महीनों में बढ़ोतरी हो जाती है। इन दिनों पानी काफी कम मात्रा में उपलब्ध होता है। पानी का ह्रसन उत्स्वेदन एवं मृदा के तल पर से वाष्पीकरण के कारण पौधों की वृद्धि बौनी हो जाती है और इसके कारण उपज भी कम हो जाती है। जल के प्रत्यावल के कारण आई स्थिति को सुधारने के लिए कुछ विशेष विधियाँ अपनाई जाती हैं। ये हैं– कठोरता पैदा करने के लिए तथा अच्छे मूल पद्धति के निर्माण में कैल्शियम का महत्त्वपूर्ण योग होता है। गन्ने के बीज के टुकड़ों को संतृप्त चूने के घोल में, 80 किलो चूना + 400 लीटर पानी में 2 घंटे तक आचूषण करने से काफी फायदा होता है।

तालिका-47 : गन्ने के ऊपर चूषण क्रियाओं को करने से गन्ने की उपज तथा रस की गुणवत्ता पर प्रभाव

उपचार	*गन्ना उत्पादन टन/हैक्टर*	*रस में चीनी प्रतिशत*
1	*2*	*3*
सामान्य	75.2	15.80
सामान्य शुष्क अवस्था में	66.1	–
यूरिया का 60,90,120 दिन बाद छिडकाव	71.2	–
2.5% यूरिया+पोटेशियम क्लोराइड 60,90, तथा 120 दिन पर	78.4	–
घास फूस की छादि का प्रयोग 60 दिन बाद करने से	72.0	–

प्रयोगों से पता चला है कि सूखारोधी किस्म 740 की कृषि से सूखा प्रभावित क्षेत्रों में उत्पादन संतोषजनक मिल जाता है।

1	*2*	*3*
गन्ने के टुकड़ो को (बीज के) चूने के संपृक्त घोल में 2 घंटे के चूषण से	81.2	16.52
बीज के टुकड़ों को 299 पी.पी.एम. ईथरिल के घोल में चूषण से	72.2	16.09
बीज के टुकड़ों को 200 पी.पी.एम. सी.ई.सी. में चूषण से	84.2	16.10

उत्स्वेदनरोधी वस्तुओं को उपयोग में लाकर भी अच्छे परिणाम मिलते हैं। काइओलिन के छिड़काव से शुष्ककाल में उत्पादन में बढ़ोतरी होती है।

तालिका-48 : गन्ने की फसल की उत्पादन पर उत्स्वेदन रोधी रसायनों का प्रभाव

उपचार	*गन्ने की उपज (टन/हैक्टर)*	
	बालुई मिट्टी में	*दोमट मिट्टी में*
सामान्य	63.3	87.2
काइओलिन 6% छिड़काव	79.6	92.9
ऐट्राजीन का छिड़काव (0.62%)	55.9	92.1
पी.एम.ऐ. का छिड़काव (0.03%)	69.6	95.3

पोटाश की काफी मात्रा भी सस्य को जल-प्रत्यावल से बचाने के लिए सक्षम होती है। पोटाश की 60 किलो/हैक्टर को खूड़ों में देने से तथा खूड़ों को घास फूस से ढकने से भी तथा अवांछित पत्तियों को निकाल देने से भी गन्ने की उपज बढ़ाने की दृष्टि से लाभदायक होती है। यूरिया का पत्तियों के ऊपर छिड़काव से भी काफी उपज की वृद्धि होती है।

आलू का उत्पादन देश में तीन भिन्न कृषि-जलवायु की दशाओं में किया जाता है-(1) पहाड़ी क्षेत्र में वर्षा पर आधारित (2) पठारी भागों में मानसून की वर्षा पर आधारित एवं (3) मैदानी क्षेत्रों में सिंचित दशा में।

पहाड़ी क्षेत्रों में आलू की फसल ग्रीष्म ऋतु में उगाई जाती है। यहाँ उसकी बोआई फरवरी से अप्रेल के महीनों में की जाती है। इस समय मृदा में नमी पौधे के स्थापन्न के लिए पर्याप्त रहती है। फिर भी फसल अप्रैल-मई के महीनों में जल-प्रत्यावल से पीड़ित रहती है। विशेषकर उत्तरी-पूर्वी क्षेत्रों में और मई-जून में उत्तरी-पश्चिमी पहाड़ी क्षेत्रों (हिमालय क्षेत्र) में। यह समय मानसून आने के पहले महीनों का होता है। यही वह समय होता है जब कि फसल में सकन्द निर्माण प्रारम्भ होता है, जिससे फसल को ऐसे में जल की अधिक आवश्यकता होती है। यद्यपि मानसून के आते ही पानी के बाहुल्य की समस्या भी आरम्भ हो जाती है। शिमला के पहाड़ों पर चीड़ और पत्तियों की छादि के लिए उपयोग करने से भूमि में पानी का पतन काफी सफलता से रोका जा सकता है। ऐसा करने से उत्पादन में 35% की वृद्धि देखी गई है। छादि पदार्थ के इस्तेमाल से न केवल नमी का ही संरक्षण होता है, अपितु उच्च तापमान में भी 2-3 डिग्री सैल्सियस की भी कमी हो जाती है। खूड़ और मेड़ प्रकार की बोआई के लिए बर्फ पड़ने से पहले मृदा के संरक्षण में काफी सहायता मृदा के पानी के संरक्षण को मिलती है और इस कार्य को छादि पदार्थ के इस्तेमाल करके काफी लाभ मिल सकता है।

पहाड़ों पर बारिश भी अधिक होती है जिससे वहाँ पानी की बरसात में काफी मात्रा, जरूरत से अधिक वर्षापात से प्राप्त होती है। यदि इस पानी को वर्षा के पानी को संलवन से फार्म में किसी प्रकार तालाब बनाकर एकत्र किया जा सके तो यही पानी आगे के समय पर सिंचाई के काम आ सकता है। यदि इस पानी का कठिन समय पर सकन्द निर्माण के समय उपयोग किया जाए तो इससे काफी लाभ हो जायगा। यह भी ध्यान में रखना चाहिए कि खेत में पानी काफी देर तक रूका नहीं रहना चाहिए क्यों कि इससे संकदों का सड़ना शरू हो जाएगा।

नीलगिरी के पर्वतीय क्षेत्रों में आलू की कृषि भिन्न होती है। यहाँ पर ग्रीष्मकालीन एवं शीतकालीन (2 फसलें) उगाई जाती हैं। ये दोनों ही सस्यें वर्षा पर आधारित उगाई जाती हैं। इसलिए यहाँ इस सस्य की इस क्षेत्र में सिंचाई की मांग भिन्न है। सामान्यतया नीलगिरी में आलू की कृषि के लिए इतनी बारिश प्राप्त हो जाती है कि वहाँ पर सिंचाई का प्रावधान करने की आवश्यकता नहीं होती है।

प्रायद्वीप के पठारी भाग में केवल मानसून के अन्तर्गत ही आलू की कृषि की जाती है। यहाँ यदि कभी लम्बे सूखे का काल आता है तो फसल के उत्पादन में भारी कमी हो जाती है। मैदानी क्षेत्रों में आलू की कृषि सिंचित ही की जाती है यहाँ पर खूड़ विधि, स्प्रींक्लर एवं टपका विधि से सिंचाई की जाती है।

तालिका-49: आलू में सिंचाई में विभिन्न संकलित तल पर वाष्पीकरण (सीपीई) के कारण उत्पादन पर प्रभाव (टन/हैक्टर)

सी.पी.ई. पर सिंचाई (मि0मी0)	*जालन्धर*	*पटना*	*कानपुर*	*राजगुरुनगर*
10	36.2	–	38.7	–
15	35.7	–	41.1	–
20	29.9	23.3	39.8	22.0
25	28.3	20.3	36.2	22.6
30	24.3	20.6	–	21.3
35	20.2	21.0	–	19.9
40	–	17.5	–	20.6
45	–	19.0	–	18.4

टपका विधि ही सबसे उत्तम मानी जाती है, क्योंकि इससे सिंचाई के पानी की लगभग 50% बचत हो जाती है।

तालिका-50 : नाइट्रोजन की दर का जल के स्तर से विभिन्न सिंचाई की विधियों से सम्बन्ध तथा आलू की उपज (टन/हैक्टर) पर प्रभाव

नाइट्रोजन दर किलो/हेक्टर	*खूड सिंचाई (आई. ई.डब्ल्यू/ सी.पी.ई)*	*स्प्रिंकलर सिंचाई सी.पी.ई%*			*टपका सिंचाई (%सी.पी.ई. का)*		
	2.5	100	150	औसत	100	150	औसत
0	1.44	16.20	17.8	17.00	25.20	17.20	16.2
60	2.34	22.20	25.4	23.80	25.20	27.30	26.3
120	2.81	26.40	29.3	27.90	29.90	32.10	31.0
180	2.94	28.40	32.1	30.30	32.70	34.70	33.70

तम्बाकू के लिए सिंचाई खूड़ पद्धति के द्वारा आमतौर पर की जाती है। परन्तु इस विधि से सिंचाई करने में काफी जल की मात्रा की आवश्कता होती है साथ ही मजदूरी भी अधिक लगती है। इसके साथ-साथ नाइट्रोजन तथा पोटाश का इस विधि से अधिक परिच्यवन होता है। इसलिए इसका विकल्प जो एकान्तरिक खूड़ों को छोड़कर सिंचाई करने की विधि अधिक अच्छी है। इससे सिंचाई के पानी की बरबादी नहीं होती है तथा समय की बचत भी हो जाती है। इससे पत्ती की गुणवत्ता भी सुधरती है और 10 से 20% तक उत्पादन में वृद्धि भी हो सकती जाती है। सभी खूड़ों को सिंचित करने की तुलना में उत्तरी प्रदेश की हल्की मृदा में तम्बाकू उत्पादन के लिए सूचीबद्ध सिंचाई निम्नलिखित तरह से फ्लूरचित भर्जीनिया तम्बाकू के लिए करनी चाहिए।

तालिका-51 : सूचीबद्ध सिंचाई उत्तरी प्रदेश की हल्की मिट्टियों के लिए फ्लूरचित भर्जीनिया तम्बाकू में

सूचीबन्धन	*सिंचाई (मि.मी.)*
रोपण के समय हल की खूड़ में	15
पहली सिंचाई रोपण के 15-20 दिन बाद मृदा की तह के ऊपर	24
दूसरी सिंचाई 30-35 दिन रोपण के बाद मृदा की सतह के ऊपर	24
तीसरी सिंचाई 40-45 दिन बाद रोपण के बाद एवं मेड़ बनाने के तुरन्त बाद	46
चौथी सिंचाई रोपण के 50-55 दिन बाद सभी खूड़ों सिंचाई करना	48
पांचवी सिंचाई रोपाई के 65-70 दिन बाद केवल एकान्तरित खूड़ों का	24
छठी सिंचाई रोपाई के 80-85 दिन बाद केवल एकान्तरित खूड़ों का	24
सातवीं सिंचाई रोपण के 95-100 दिन बाद केवल एकान्तरित खूड़ों का	24
आठवी सिंचाई रोपण के 115-120 दिन बाद केवल एकान्तरिक खूड़ों का	24

एक छोड़कर दूसरी खूड़ सिंचाई की पद्धति में खेत के पहली बार सींची गई खूड़ो की दूसरी बार सिंचाई न करके पहली बार छोड़ी गयी खूड़ों की दूसरी भी सिंचाई करनी चाहिए। भविष्य में भी यही क्रम अपनाना चाहिए।

8. सस्य चक्र एवं अन्य सम्बन्धित पद्धतियाँ

भूमि के निश्चित भाग में नियत समय से सस्यों का इस क्रम में बोया जाना कि भूमि की उर्वरा शक्ति क्षीण न हो और उपज भी अच्छी मिले। इस उद्देश्य की प्राप्ति के लिए फसलों के हेर-फेर से बोने को ही सस्य-चक्र कहते हैं।

भारत में जो जलवायु आमतौर पर सारे देश में साल के अन्तर्गत मिलता है, उसे तीन भागों में बंटा कह सकते है। इन्हीं के अनुसार तीन किस्म की फसलें भी उगाई जाती है-1. खरीफ 2. रबी, 3. जायद।

खरीफ की फसलों के लिए गर्म तथा नम जलवायु अनुकूल होती है। इसके अतिरिक्त अन्य फसलें भी उगाई जा सकती हैं, परन्तु भूमि की उर्वरा शक्ति तथा उसका संधारण पानी की सुविधा तथा काश्तकार अपनी जरूरतें इन सबको ध्यान में रखकर वह सुविधानुसार अपनी फसलों का उत्पादन करना है। यदि आवश्यक हो तो इस ऋतु में अगेती बुआई पलेवा देकर भी की जा सकती है और इसमें ज्वार, बाजरा, कपास, धान, मक्का मूंगफली, उड़द, मूंग लोबिया, तिल, अरण्ड, अरहर, सावां, कोंदो, काकुन, राज्मा आदि फसलों का उत्पादन किया जाता है। जिन भूमियों में सिंचाई की सुविधा नहीं है, उनमें ये फसलें वर्षा पर आधारित ही उगाई जाती है। ऐसी भूमि को एक-फसली भूमि कहते हैं।

रबी की फसलें बोने तथा पौधों की वृद्धि के लिए नम तथा ठंडा जलवायु चाहिए। इनके पकने के समय शुष्क तथा गरम जलवायु की आवश्यकता होती है। ऐसे क्षेत्रों में जहाँ पानी झीलों में जमा होता हो, बाद में अत्यधिक वर्षा के कारण भूमि खरीफ फसलों को उगाने के लिए उपलब्ध नहीं हो सके, वहां पर केवल रबी अथवा जायद की फसलें उगाई जाती हैं। शुष्क क्षेत्रों में भी केवल एक ही फसल लेना आर्थिक दृष्टि से उत्तम रहता है। ऐसे क्षेत्रों को भी एक फसली क्षेत्र कहते हैं। गेहूँ, जौ, जई, मटर, आलू, चना, गोभी, सरसों, शलजम, मूली, मसूर, अलसी, बरसीम आदि इस मौसम की मुख्य फसलें होती हैं।

जायद की फसलों के लिए सूखा मौसम चाहिए, कृत्रिम साधनों के द्वारा सिंचाई उपलब्ध होने पर या नदी के तटों के ऊपर जहाँ नदी का पानी तटों के ऊपर जनवरी-फरवरी तक धीरे-धीरे घटता है, वहाँ इन फसलों के उगाने के लिए जमीन के अन्दर काफी पानी उपलब्ध रहता है। वहाँ पर ऐसी फसलें उगाई जा सकती हैं। जैसे तरबूज, खरबूजा, लौकी, ककड़ी, भिंडी, बैंगन, टमाटर, चना, खीरा तथा अन्य सब्जियाँ उगाई जाती हैं। इनका उत्पादन काल छोटा होता है और ग्रीष्म ऋतु के आरम्भ में समाप्त हो जाता है।

कुछ क्षेत्रों में वर्ष में दो फसलें ली जाती हैं। इन क्षेत्रों में उपयुक्त वर्षा के अतिरिक्त सिंचाई के पर्याप्त साधन उपलब्ध होते हैं। वहाँ पर दो या तीन फसलें ली जा सकती हैं। यह भी आवश्यक है कि भूमि अधिक उर्वर हो और व्याधि तथा कीट शत्रुओं का कम प्रकोप हो।

कुछ क्षेत्रों में अनुकूल जलवायु की दशाओं के विद्यमान होते, खाद व पानी की आवश्यक मात्रायें उपलब्ध होने पर दो से अधिक फसले भी ली जा सकती हैं। शहरों के नजदीक जहाँ पर किसान की पैदावार के अच्छे दाम प्राप्त हो जाते हैं, वहाँ पर वह अच्छा खाद, पानी देकर काफी धन कमा लेते हैं, क्यों कि किसी भी कृषि उपज का अधिकतर भाग का बाजार शहरों में ही इस्तेमाल होता है। किसान का एक खेत में दो-तीन फसलें लेना काफी बुद्धिमत्ता का कार्य होता है। विभिन्न फसलों को उगाने का क्रम इस तरह से होना चाहिए ताकि भूमि की भौतिक तथा रसायनिक दशा का कोई ह्रास न हो और उसकी उर्वरा शक्ति अच्छी बनी रहें और फसलों की उपज भी आर्थिक दृष्टि से अच्छी हो। इसके लिए आवश्यक है कि किसान को सस्य-चक्र तथा उसके खेत में लिए जाने के क्रम का अच्छा ज्ञान और अनुभव दोनों अनिवार्य हैं। ऐसे ज्ञान प्राप्त करने से किसान को काफी लाभ मिलता है। भूमि के किसी निश्चित भाग पर नियत समय में फसलों का इस प्रकार के क्रम में बोया जाना ताकि भूमि की उर्वरा शक्ति भी कम न होने पावे और उपज भी आर्थिक दृष्टि से अच्छी हो। इसको फसलों को हेर-फेर कर बोने को ही फसल चक्र अथवा सस्य-चक्र कहते हैं। इसको कार्यान्वित करने के लिए हमें कुछ मौलिक बातों को ध्यान में रखना होता है। सस्य चक्रों के सफल संचालन के लिए कुछ विशेष बातों एवं स्थितियों का ध्यान रखना पड़ता है। अन्ततः यह कह सकते हैं कि हमारा अभिप्राय सदैव किसी भी फसल की कृषि करने में अधिक उत्पादन लेना होता है। इसलिए अच्छी पैदावार लेने के साथ-साथ हमें भूमि की उर्वरा शक्ति को बनाये रखने की तरफ भी ध्यान देना चाहिए। अन्य उपायों के अलावा इस अभिप्राय की पूर्ति के लिए फसल चक्र के तरीकों एवं कार्य प्रणाली को इस प्रकार अपनाना होगा ताकि किसी भी चक्र से अन्ततः हमें फसलों की अच्छी पैदावार मिल सके और कृषि उत्पादन एक लाभकारी उद्योग सिद्ध हो। गलत फसल-चक्र को अपनाने से लाभ की जगह हानि हो सकती है। निम्नलिखित सिद्धान्तों के आधार पर ही फसल चक्र बनाने चाहिए। ये कुछ ऐसे मूल सिद्धान्त हैं, जिनकी हम अनदेखी नहीं कर सकते अन्यथा फसल उत्पादन के कार्य में बजाए लाभ के हानि होना निश्चित है।

सस्य-चक्रों के अपनानें के नियम

फसलों से अच्छी पैदावार लेने के साथ-साथ भूमि की उर्वरा शक्ति को सुरक्षित बनाये रखने के लिए और अधिकतम आर्थिक लाभ प्राप्त करने के लिए किसान को यह ध्यान रखना चाहिए कि उसे सस्य-चक्र के विभिन्न आवश्यक नियमों का समुचित ज्ञान हो। इन नियमों की अच्छी जानकारी के बिना कृषि उद्योग को भारी हानि होने की प्रबल सम्भावना होती है। निम्नलिखित नियमों के आधार पर सस्य-चक्र बनाने चाहिए:-

अ. अधिक पानी चाहने वाली फसलों के बाद कम पानी चाहने वाली फसलें बोनी चाहिए। लगातार पानी चाहने वाली फसलों को उगाने से भूगर्भ में अधिक पानी लगाना पड़ेगा, जिसके फलस्वरुप भूमि में वायु संचार रूक जाने की सम्भावना रहती है। वायु संचार के कम होने अथवा बन्द हो जाने पर भूगर्भ में बहुत से आवश्यक रासायनिक परिवर्तन बन्द हो जाते हैं तथा भूमि के लाभदायक शाकाणु अपनी क्रियाशीलता खो बैठते हैं। ऐसी भूमियों में फसलों की पैदावार भी बहुत कम हो जाती है। बहुत सी हानिकारक कवक इत्यादि भूमि में बढ़ना प्रारम्भ कर देती है। इस प्रकार यदि अधिक जल मांगने वाली सस्य के पश्चात् कम जल मांग वाली सस्य उगाई जावे तो इन सब कठिनाइयों तथा दोषों से मुक्ति हो सकती है। उदाहरण के लिए धान के पश्चात् चना लगाना चाहिए।

ब. अधिक निकाई-गुड़ाई चाहने वाली फसलों के बाद कम निकाई-गुड़ाई चाहने वाली फसलें बोनी चाहिए। फसल चक्र में अधिक निकाई-गुड़ाई चाहने वाली फसलों को लगातार उगाने के लिए कृषि में अधिक निकाई-गुड़ाई करनी पड़ती है। बहुत से प्रयोगों द्वारा यह सिद्ध हो चुका है कि यदि जैविक

कृषि विधि अथवा रासायनिक विधियों द्वारा खरपतवार नष्ट कर लिए जावें तो भूमि में भूपरिष्करण तथा निकाई-गुड़ाई की बहुत कम आवश्यकता पड़ती है। आधुनिक कृषि विशेषज्ञों की खोज के अनुसार अधिक जुताई-गुड़ाई से भूमि की संरचना पर बुरा प्रभाव डालती है जिसके परिणामस्वरूप फसलों की उपज धीरे-धीरे घटती रहती है। इसलिए अधिक निकाई-गुड़ाई चाहने वाली फसलों के पश्चात् कम निकाई-गुड़ाई चाहने वाली फसल उगानी चाहिए। उदाहरणतः आलू के बाद तम्बाकू, मक्का के बाद चना अथवा मटर इत्यादि लेने चाहिए।

स. **निश्शेषक फसलों के पूर्व खेत को परती रखना** अथवा उसका पहले हरी खाद से उर्वरण करना चाहिए। यह सर्वमान्य है कि मिट्टी से फसलों द्वारा लिए गए खाद्य पदार्थों के न लौटने पर मिट्टी कमजोर हो जाती है और भूमि अच्छी उपज पैदा करने में असमर्थ हो जाती है। इसलिए भूमि को उपजाऊ बनाने के लिए उसे एक या दो मौसमों में खाली छोड़ देना चाहिए। परती की दशा में खेत में जुताई करते रहना चाहिए अन्यथा खेत में खरपतवार का भयंकर प्रकोप हो जायगा और परती छोड़ने का उद्देश्य समाप्त हो जायगा। जुताई करने से खरपतवार तो नष्ट होते ही हैं साथ ही साथ भूमि में वायु संचार भी बढ़ता है।

कभी-कभी खेत को परती छोड़ने के बजाए हरी खाद की फसल बोई जा सकती है। मूंग नं. 1, सनई, ढैंचा, कुल्थी आदि हरी खाद की फसलें भूमि की उर्वरा शक्ति को बढ़ाती हैं। इसके अतिरिक्त कभी-कभी किसान लोग इन फसलों के द्वारा भूमि की उर्वरा शक्ति को बढ़ाते है। इसके अतिरिक्त कभी-कभी किसान लोग इन फसलों से रेशा तथा फलियां भी प्राप्त करते हैं। इसलिए अच्छी पैदावार लेने के लिए चलगर (निश्शेषक) फसलों को हरी खाद अथवा परती के बाद ही लेना चाहिए।

द. **घरेलू आवश्यकताओं** को ध्यान में रखते हुये फसलें समुचित अनुपात में बोनी चाहिए। किसान को खाने के लिए अनाज की आवश्यकता होती है। इसके लिए उसे गेहूँ, जौ, मक्का, बाजरा आदि फसलों की शरण लेनी पड़ती है। दाल व तरकारी के लिए मूंग, मसूर, अरहर, उड़द व अनेक सब्जियाँ उगानी पड़ती हैं। पहनने के लिए वस्त्र की आवश्यकता होती है। जिसके लिए किसान को बाड़ी बोना अनिवार्य होता है। सन व सनई रेशे वाली फसल रेशा प्रदान करती है, जिनका किसान की अनेक वस्तुओं के निर्माण में प्रयोग किया जाता है। पशुओं के चारे के लिए ज्वार, जई, बरसीम, लूसर्न, लोबिया, ग्वार आदि फसलों का उगाना आवश्यक है। तेल व खली प्राप्त करने के लिए तिलहन की फसलें उगानी चाहिए। इसके अतिरिक्त किसान को अपनी अनेक अन्य आवश्यकतायें पूर्ण करने के लिए धन की आवश्यकता होती है। इसके लिए वह गन्ना, आलू, तम्बाकू, कपास आदि फसलें मुख्य रुप से उगाता है। एक चतुर किसान इन सब फसलों को समुचित अनुपात में उगाकर आवश्यकताओं की पूर्ति के साथ-साथ अच्छा धन उपार्जन भी कर लेता है। फसलों का समुचित अनुपात में न रहने पर किसान को अनेक कठिनाइयों का सामना करना पड़ता है।

य. **गहरी जड़ वाली फसलों के बाद उथली जड़ों वाली फसलें** बोयी जानी चाहिए। जैसे- अरहर, कपास, आदि अपना भोजन भूमि को काफी गहराई से लेती हैं। यदि एक गहरी जड़ वाली फसल के बाद भी दूसरी गहरी जड़ वाली उगाई जायगी तो इस दूसरी फसल की उपज बहुत कम होगी। इसका कारण यह कि जिस सतह से यह फसल भोजन प्राप्त करेगी उस सतह के भोज्य पदार्थ पहली इसी सतह से भोजन लेने वाली फसल, ने ले लिए और इस फसल के लिए या तो भोजन तत्व बिल्कुल

ही नहीं रह जाते अथवा यदि रहते भी हैं तो बहुत कम मात्रा में। इसके विपरीत यदि गहरी जड़ वाली फसल के बाद उथली जड़ वाली फसल बोई जायेगी तो दोनों फसलों की पैदावार अच्छी होगी। इसका कारण यह है कि दोनों फसलें भूमि की एक ही सतह से भोजन न लेकर विभिन्न सतहों से अपना भोजन प्राप्त करती हैं। इस प्रकार दोनों फसलों को काफी भोज्य प्रदार्थ मिल जाते हैं तथा भूमि की सतह पर विशेष उर्वरा शक्ति भी अधिक कम नहीं हो पाती। उदाहरणतः कपास के बाद मटर, मेथी, अरहर के बाद गन्ना या कोदों इत्यादि लेना चाहिए।

र. **फलीदार फसलों के बाद फलीहीन फसलें** बोनी चाहिए। अपनी बनावट तथा विशेषताओं के कारण फलीदार फसलें भूमि की उर्वरा-शक्ति को बढ़ाती है, जबकि फलीहीन फसलें भूमि को कमजोर करती है। इसलिए भूमि को कमजोर करने वाली सस्यों के बाद भूमि को उर्वर बनाने वाली फसलों का उगाना अत्यन्त आवश्यक है उन्यथा भूमि की उर्वरा शक्ति का बड़ी तीव्रता के साथ ह्रास होगा। फलीदार फसलों की जड़ों में छोटी-छोटी ग्रन्थियां होती हैं, जिन्हें नोडयूल कहते हैं। इन गांठों में नत्रजन संग्रहित करने वाले बेसीलस रेडीसिकोला नाम के शाकाणु होते हैं। ये शाकाणु वातावरण से नत्रजन प्राप्त करते हैं। फसल के कटने के बाद ये जड़ों के ऊपर खेत में रह जाते हैं और खेत को काफी उपजाऊ बना देते है। उदाहरणतः मूंग, लोबिया, सनई, ढैंचा, ग्वार आदि के बाद गेहूँ, ज्वार के बाद बरसीम, मटर तथा कपास के बाद मटर, मेथी इत्यादि फसलें बोनी चाहिए।

न. **अधिक खाद चाहने वाली फसलों के बाद कम खाद चाहने वाली फसलें** बोनी चाहिए। लगातार अधिक खाद चाहने वाली फसलें बोने से खाद की आवश्यकता की पूर्ति करना कठिन हो जाता है। तथा साथ ही साथ यह भी होता है कि समस्त खाद का समुचित उपयोग भी नहीं हो पाता। यह बात असिंचित क्षेत्रों में विशेष महत्व की है। पानी के अभाव में खादों का प्रयोग लाभकारी होने के बजाए हानिकारक भी सिद्ध हो जाता है। यदि अधिक खाद वाली फसल के पश्चात् कम खाद वाली फसल बोई जायेगी तो किसान का खाद संकट आने की भी सम्भावना न रहेगी तथा पहली फसल के बचे हुए अवशेष का भी समुचित उपयोग हो जायगा। उदाहरणार्थ- गन्ने के बाद गेहूँ, आलू के बाद प्याज, गेहूँ के बाद कपास बोना।

व. **आर्थिक अवस्था** को ध्यान में रखकर फसलें बोनी चाहिए। ऐसी फसलें लगातार लेना जिनमें अधिक खर्चा करना पड़ता है, गरीब किसान के लिए एक समस्या हो जाती है। मान लीजिए एक किसान 50 एकड़ के फार्म पर 20 एकड़ आलू बोना चाहता है, तो उसे लगभग 500 से 1000 मन बीज की आवश्यकता हो सकती है। इसके लिए उसे काफी धन की आवश्यकता होगी। यदि किसान धन के अभाव में फसल को बोने में देरी कर देता है अथवा अच्छा बीज नहीं प्राप्त कर पाता तो फसल की उपज घट जाती है। इसलिए चतुर किसान फसल-चक्र में ऐसी फसलों को उसी अनुपात तक रखते हैं, जहाँ तक कि उनका आर्थिक बजट आसानी से आवश्यकताओं की पूर्ति कर सकता है।

त. **फसलों का हेर-फेर** इस प्रकार करना चाहिए कि दो ऐसी फसलें **जिनमें हानि करने वाले कीट-पंतग व बीमारियाँ** एक ही हों कभी लगातार नहीं लेनी चाहिए। विभिन्न प्रकृति की फसलें उगाने से यह भय कम हो जाता है। जैसे सनई के बाद गेहूँ। ऐसा फसल-चक्र अपनाने से फसलों पर रोग व कीटों का आक्रमण भी कम होता है तथा भूमि की उर्वरा शक्ति भी बढ़ती है, जिसके

परिणामस्वरूप फसलों की अच्छी पैदावार मिलती है।

य. **फसलों का हेर-फेर इस प्रकार करना चाहिए जिससे कि भूमि में विषैले पदार्थ** न बढ़ने पावें। विद्वानों का मत है कि पौधा अपनी जड़ों से कुछ ऐसे पदार्थ निकालता है जो कि उसे अगली फसल को उगने में बाधक होते हैं, परन्तु दूसरी फसल के उगाने में कोई बाधा नहीं पड़ती। इसलिए इस विश्वास को ध्यान में रखकर उचित हेर-फेर को अपनाना उपयुक्त होगा।

द. **फसलों का हेर-फेर इस प्रकार करना चाहिए कि मजदूर व बैलों को वर्ष भर आधिक से अधिक काम** मिले। जैसे मूंगफली+अरहर-गन्ना ऐसा फसल-चक्र है, जिसमें कि पशु-शक्ति व श्रमिकों को वर्ष भर काम मिला रहता है तथा उसकी शक्ति का अधिक से अधिक मात्रा में प्रयोग होता है।

ध. **भूमि कटाव** को प्रोत्साहन देने वाली फसलों के बाद भूमि कटाव रोकने वाली फसलें बोनी चाहिएं। उदाहरण के लिए कपास, मक्का आदि ऐसी फसलें हैं, जिनमें भूमि में कटाव रोकने की अधिक क्षमता नहीं होती और ऐसे स्थानों में जहाँ कटाव अधिक होता है लगातार ऐसी फसलें लगाने से भूमि का अधिक कटाव हो जाता है, जिसके परिणामस्वरूप भूमि की उर्वरा शक्ति क्षीण हो जाती है। इसलिए भूमि के कटाव को रोकने वाली फसलों का हरे-फेर में स्थान होना आवश्यक है। भूमि कटाव रोकने वाली फसलों में बरसीम, लूसर्न, जौ, गेहूँ, कुदजू वेल, लोबिया आदि फसलें मुख्य हैं। ईख जैसी फसलें जो पंक्तियों में बोई जाती है ढाल के विरूद्ध दिशा में बोनी चाहिए।

भ. **फसलों का चयन, भूमि तथा जलवायु तथा आर्थिक अवस्था** को ध्यान में रखकर करना चाहिए। उदाहरणतः यदि रेतीली भूमि में गन्ने की फसल उगानी है और किसान खाद, पानी का प्रबन्ध करने में असमर्थ है तो गन्ने की उपज कम होगी। ऐसी भूमियों को गन्ने के लिए उपयुक्त बनाने के लिए काफी पूंजी की आवश्यकता होती है। इसके अतिरिक्त फसलों की छाँट में जलवायु का भी मुख्य ध्यान रखना चाहिए। उदाहरणतः जिन क्षेत्रों में वार्षिक वर्षा 20 से.मी. से भी कम होती है एवं सिंचाई के कृत्रिम साधनों का अभाव होता है, किसान को गन्ने जैसी फसलें कभी फसल-चक्र में नहीं रखनी चाहिए। ऐसी अवस्थाओं में शीघ्र पकने वाली तथा कम पानी चाहने वाली फसलें उगाना लाभकारी होता है।

प. **किसान को वे ही फसलें हेर-फेर में रखनी चाहिए, जिनकी खेती में व्याधियों एवं कीटों के प्रबन्ध के बारे में समुचित ज्ञान हो।** एक कहावत है कि जिस प्रकार एक मूर्ख डॉक्टर एक बीमार को मार सकता है, उसी प्रकार मूर्ख किसान देश को भूखा मार सकता है। फसलों के उत्पादन के बहुत से पहलुओं का समुचित ज्ञान न होने पर विशेषकर व्याधियों तथा कीटों से होने वाली हानि का फसलों की अच्छी पैदावार नहीं मिल पाती है।

फसल चक्र में फसलों के **चयन पर प्रभाव डालने वाले कारक** भी एक अहं विषय है। ये हैं-

1. **जलवायु** - तापक्रम, वातावरण की आपेक्षिक आर्द्रता, वायु तथा वर्षा जलवायु के मुख्य तत्व होते हैं। कृषि पर इन सभी तत्वों का प्रभाव होता है। जलवायु के अनुसार ही रबी, खरीफ व जायद की फसलें ली जाती हैं। फसलों के जमने, वृद्धि करने तथा पकने के लिए विभिन्न जलवायु की आवश्यकता होती हैं, जिनके न मिलने पर फसल को पैदा करना जोखिम सिद्ध होता है। उदाहरणार्थ

ठंडी जलवायु वाली फसलों जैसे–गोभी, शलजम, गाजर आदि को खरीफ के गर्म व नम मौसम में नहीं उगाया जा सकता। जिन स्थानों में पाला अधिक पड़ता हो वहाँ अरहर तथा टमाटर जैसी फसलों को नहीं उगाया जा सकता। इसलिए फसलों का चुनाव इस प्रकार करना चाहिए कि उनके जीवन–चक्र की प्रत्येक आवश्यकता प्राकृतिक रूप से उपलब्ध हो जाती है। प्रतिकूल जलवायु में सफलतापूर्वक सस्य उगाने के लिए अनेक मानवी साधनों का प्रयोग करना पड़ता है। ऐसा करने से फसल का उत्पादन खर्च बहुत अधिक बढ़ जाता है। यह ठीक कहावत है कि 'सस्य उत्पादन जलवायु से बंधा होता है।'

2. **भूमि** – भूमि के भौतिक व रासायनिक गुणों का फसल की उपज पर काफी गहरा प्रभाव पड़ता है। उदाहरण के लिए चिकनी मिट्टियों में आलू तथा अन्य जड़ों वाली जमीन के अन्दर की फसलें नहीं उगाई जा सकती, जबकि कपास व अरहर जैसी फसलें आसानी से उगाई जा सकती हैं और उनकी उपज भी काफी अच्छी मिल जाती है। भूमि की क्षारीयता तथा अम्लीयता का भी सस्य उत्पादन पर काफी प्रभाव पड़ता है। आलू जैसी फसलों को क्षारीय भूमियों में उगाने पर स्कैब (कोढ़) नामक बीमारी लग जाती है। तबकि धान की फसल ऐसी भूमियों में सफलतापूर्वक उगाई जा सकती हैं। उथली भूमियों में गन्ना आदि की फसलें नहीं लेनी चाहिए, क्योंकि इनमें जल व खाद्य पदार्थ जमा रखने की अधिक सामर्थ्य नहीं होती हैं। इसलिए भूमि के अनुकूल ही फसलों का प्रवरण करना चाहिए। यदि भूमि की उपयुक्तता के अनुसार फसलों की छांट न की गई तो फसल का उत्पादन खर्च अनिश्चित सीमा तक बढ़ सकता है। बलुई भूमियों में मूंगफली, बाजरा, मटियार भूमियों में धान, चना तथा दोमट भूमियों में हर प्रकार की फसलें ली जा सकती है।

3. **सिंचाई** – असिंचित क्षेत्रों में गहन खेती करना सम्भव नहीं होता। इसके विपरीत सिंचित क्षेत्रों के साल में कई फसलें उगाई जा सकती है। अधिक जल माँगने वाली फसलों को असिंचित क्षेत्रों में कभी नहीं उगाना चाहिए। गन्ना तथा आलू जैसी फसलें जिनकी जलमाँग अधिक होती है, असिंचित क्षेत्रों में नहीं उगाई जा सकती। ऐसे क्षेत्रों के लिए तो कपास, ज्वार, बाजरा, जौ, कोदों, सावां आदि उपयुक्त फसलें हैं।

4. **श्रमिक व पशु शक्ति की उपलब्धता**– श्रमिक व पशु भारत के साधारण किसान की मुख्य पूंजी है। इनके अभाव में उसकी खेती बर्बाद हो जाती है। कुछ फसलों के उत्पादन के लिए किसान को वर्ष भर श्रमिक व पशु शक्ति का प्रयोग करना पड़ता है। यदि किसान के पास इस पूंजी का अभाव रहता है तो वह ऐसी फसलें नहीं उगाता। ऐसे किसान जिनके पास रखवाली करने को आदमी उपलब्ध नहीं हो पाते उनकी मक्का व ईखों के खेत मनुष्यों, चिड़ियों तथा जंगली जानवरों द्वारा उजाड़ दिये जाते हैं। आदमियों के अभाव में किसान ऐसी अवस्थाओं में या तों इन फसलों को बहुत थोड़े क्षेत्रफल में उगाता है अथवा उगाता ही नहीं और यदि उगाता भी है तो उसे बटाई पर देता है। इस प्रकार फसल का कुछ भाग रखवाली करने वाले ले लेते हैं। यदि किसान ऐसा न करें तो उसको इतना भी मिलने की सम्भावना नहीं रहती।

5. **घरेलू आवश्यकताएं** – किसान की अनेक घरेलू आवश्यकताएं होती है, जैसे– भोजन के लिए अनाज, दाल, तरकारी, तेल, मसाला, शरीर ढकने के लिए कपड़ा, पशुओं के लिए चारा तथा अन्य आवश्यक सामग्रियों के लिए जिन्हें वह खुद नहीं पैदा कर पाता– कुछ अतिरिक्त धन की आवश्यकता होती है। इन सब आवश्कताओं की पूर्ति के लिए किसान को सभी प्रकार की फसलें उगानी चाहिऐं, ताकि उसे कम से कम सामान बाहर से खरीदना पड़े। अन्य खर्चे बढ़ जाने के कारण बाहर से खरीदी हुई वस्तु

घर पर पैदा की हुई वस्तु की अपेक्षा मंहगी पड़ती हैं।

6. **बाजार की मांग तथा फार्म की शहर से दूरी**– शहरों के समीप किसान लोग अधिकतर तरकारियों की खेती करते हैं, क्योंकि शहर में तरकारियों की मांग अधिक होती है और पैदावार शीघ्रता के साथ बाजार में सुगमता से भेजी जा सकती है। इसके विपरीत गांवों में जहाँ बहुत से कारणों से तरकारियों की इतनी अधिक मांग नहीं होती और मण्डियाँ दूरी पर स्थित होती हैं किसान सब्जियों के बजाए दूसरी फसलों को ही हेर–फेर में लाते हैं। मंडी से दूर होने पर सब्जियाँ बाजार में देर से पहुँच पाती है, जिनकी वजह से उसके गुण खराब हो जाते हैं और व अच्छे दामों पर नहीं बिकती। इसलिए शहरों से दूर वाले स्थानों में तरकारियों का उत्पादन अधिक लाभदायक नहीं होता है। इसलिये जब तक कि किसान के पास उसे बाजार में पहुंचाने के तीव्र साधन न हों उसे तरकारियां पैदा नहीं करनी चाहिये।

7. **पैदावार की निकासी का उचित प्रबन्ध**–यह देखा गया है कि गन्ना मिलों के पास वाले क्षेत्रों में जहां कि किसान सुविधापूर्वक गन्ना मिल पर पहुँचा सकता है किसान लोग अधिक क्षेत्रफल गन्ने के अन्तर्गत रखते हैं। इसी प्रकार कपास मिल के पास कपास तथा जूट मिल के पास जूट के अन्तर्गत अधिक क्षेत्रफल रखते हैं। इसका मुख्य कारण यही है कि पैदावार की उचित समय पर सरलता से निकासी एवं विपणन हो जाते हैं।

8. **खेती की प्रकार**– दूध की डेयरी पर जहां पशुपालन उद्योग मुख्य होता है, फार्म का अधिकतर क्षेत्रफल चारे की फसलों के अन्तर्गत रखा जाता है और फसल चक्र चारे की फसलों के ही बनाये जाते हैं।

9. **सामाजिक रीति रिवाज** – फसलों की छाँट पर किसान के सामाजिक विचारों का भी प्रभाव पड़ता है, जैसे कि कुछ किसान जो तम्बाकू, लहसुन, प्याज आदि के सेवन से घृणा करते हैं, इनको उगाना भी पसन्द नहीं करते। ऐसी अवस्थाओं में इस प्रकार की फसलों को हेर–फेर में नहीं लिया जाता है।

10. **किसान की फसल को उगाने से प्राप्त क्षमता**– एक चतुर किसान फसल–चक्रों में उन्हीं फसलों को रखेगा, जिनकी खेती बाड़ी के विषय में उसे पूर्ण ज्ञान हों। जैसे माली लोग साग–सब्जियों के विशेषज्ञ माने जाते हैं। परन्तु एक साधारण किसान के लिए सब्जियों का उगाना एक समस्या हो सकती है।

सस्य-चक्रों के अपनाने के लाभ

फसलों की पैदावार अधिक मिलती है। भूमि की उर्वरा शक्ति का ह्रास नहीं होने पाता। फसलों के उत्पादन में कम खर्च होता है। पशु व मानव शक्ति का समुचित प्रयोग होता रहता है। रोग व कीड़ों के आक्रमण से फसलें बची रहती हैं। खरपतवारों की वृद्धि में कमी आ जाती है। खाद व पानी की कम उपलब्धता में भी फसलें सफलतापूर्वक उगाई जा सकती हैं। भूमि की भौतिक रासायनिक व जैविक दशा में नुकसान नहीं आने पाता। दूसरी फसल के लिए खेत की तैयारी में सहायता मिलती है। शीघ्र पकने वाली फसलों से लाभ उठाया जा सकता है। घरेलू आवश्यकताओं की अधिकतम सम्भव पूर्ति की जा सकती है। भूमि का कटाव रोका जा सकता है। कृषि उद्यम से धीरे–धीरे वर्ष में कई बार धन प्राप्त होता है। किसान की आमदनी बढ़ती है। जिसके फलस्वरुप उसका रहन–सहन का दर्जा ऊँचा होता है। बाजार की माँग की पूर्ति की जा सकती है। विभिन्न फसलों का समुचित रुप से प्रबन्ध किया जा सकता है।

मिश्रित फसलों की खेती

साधारणत: फसलें दो विधियों से बोई जाती है–

1. खेत में केवल एक फसल का बोना और 2. खेत में एक से अधिक फसलों का मिश्रण बोना।

यहाँ पर हम केवल दूसरी विधि का ही उल्लेख करेंगे। सस्य मिश्रण प्राय: 3 विधि से बोये जाते हैं–

1. **मिश्रित सस्यें**– इस वर्ग की मिश्रित सस्यों के बोने, पकने तथा संलवन के समय लगभग एक ही होते हैं। इनको पंक्तियों या छिटकवाँ विधि, दोनों ही प्रकार से बोया जाता है। बोने से पूर्व बीजों को आपस में मिश्रित किया जाता है। इस विधि से फसलों को बोने से श्रम की बचत, भूमि का समुचित उपयोग, पौधों की जड़ों का अपने भोज्य पदार्थों के लिए कम से कम संघर्ष जैसे फायदे होते हैं। गेहूँ+ चना तथा ज्वार+ लोबिया इसके उदाहरण है।
2. **बीज मिश्रण की पंक्तियों में बुवाई**– मिश्रण में रखी जाने वाली फसलों के बीज इच्छित अनुपात में बोने से पहले आपस में मिला लिए जाते हैं और इन मिश्रण को पंक्तियों में बोया जाता है।
3. **बीज मिश्रण की छिडकवाँ विधि से बुवाई**– दूसरी विधि से मिश्रण में रखी जाने वाली फसलों के बीज उपयुक्त अनुपात में बोने से पूर्व मिला लिए जाते है तथा फिर बीज के मिश्रण को छिड़कवाँ विधि से बो दिया जाता है।
4. **विभिन्न फसलों के बीज की अलग-अलग पंक्तियों में बुवाई**– इस विधि में फसलों के बीज बुवाई के पूर्व आपस में नही मिलाये जाते, बल्कि विभिन्न फसलों के बीजों को उपयुक्त दूरी पर निश्चित पंक्तियों में अलग-अलग बोया जाता है। यह विधि ऐसी फसलों में आवश्यक रूप से अपनानी पड़ती है, जिनकी बुवाई व कटाई का समय समान न हो। जैसे- अरहर, मूंगफली, गन्ना।

इसके अतिरिक्त अन्य मिश्रित सस्यें **निम्नलिखित वर्गो** में बांटी जा सकती हैं–

1. **सहचर सस्यें**– इस श्रेणी के मिश्रणों के बीज बोने के पूर्व आपस में नहीं मिलाये जाते हैं बल्कि अलग-अलग पंक्तियों में बोये जाते हैं। उदाहरणार्थ सरसों की दो पंक्तियों के बीच गेहूँ की पांच पंक्तियाँ बोना, तारामिरा की दो पंक्तियों के बीच चने की 5 पंक्तियाँ बोना, अरहर की दो पंक्तियों के बीच मूगंफली की 6 पंक्तियाँ बोना, कपास की दो पंक्तियों के बीच एक पंक्ति लोबिया की बोना आदि। ये इस श्रेणी के मुख्य सस्य मिश्रण है। इस प्रकार फसलें बोने से उनमें निराई-गुडाई सरलता से कि जा सकती है तथा काटते समय फसलों को पृथक-पृथक एकत्र किया जा सकता है। उचित दूरी होने के कारण पौधों की बढ़वार अच्छी होती है। विभिन्न फसलों की उपज भी अच्छी मिलती है।
2. **रक्षक सस्यें**– इस श्रेणी के मिश्रण की फसलों को भी अलग-अलग पंक्तियों में ही बोते हैं। मिश्रण में एक मुख्य फसल होती है, जिसकी रक्षा हेतु दूसरी गौण फसल बोई जाती है। उदाहरणार्थ गन्ने के खेतों के चारों ओर 10-15 पंक्तियाँ पटसन की बोते हैं। कहीं-कहीं पर पटसन के स्थान पर ढैंचा, अरहर व थोर आदि को भी बोते हैं।
3. **सहायक सस्यें**– इस श्रेणी के मिश्रण में मुख्य फसल की कम उपज को सहारा देने के लिए गौण फसल बोई जाती है, जिसे सहायक सस्य कहते हैं। उदाहरणार्थ बरसीम में सरसों मिलाकर बोई जाती है। इस मिश्रण में सरसों मिलाने का उद्देश्य यह होता है कि बरसीम की पहली कटाई से मिलने वाली

कम उपज को सहारा मिले। पहली कटाई के समय तक बरसीम बहुत छोटी होती है। जबकि सरसों के पौधे काफी बड़े हो जाते हैं। इस प्रकार सरसों बरसीम की पहली कटाई के समय उपज में वृद्धि करने में काफी सहायक होती है।

सस्य मिश्रण के सिद्धान्त

फसलों की सहचारिता निर्धारित करते समय निम्नलिखित मुख्य सिद्धान्तों को ध्यान मे रखना चाहिए-

1. **फलीदार व फलीहीन फसलों को साथ लीजिये**- लेग्यूमिनस फसलों की जडों में छोटी-छोटी अनेक ग्रन्थियां होती हैं, जिनमें वातावरण से नत्रजन एकत्र करने वाले शाकाणु निवास करते हैं। ये शाकाणु भूमि में नत्रजन की काफी मात्रा बढ़ा देते हैं। इस प्रकार यह नत्रजन फलीहीन फसलों द्वारा ले ली जाती है। इसलिए ऐसे मिश्रण को बाहरी खाद की आवश्यकता कम होती है तथा फसलों की पैदावार अच्छी मिलती है। साथ ही साथ फसलों के उत्पादन में खर्च भी कम होता है और भूमि की उर्वरा शक्ति का भी ह्रास नहीं होता। गेहूँ+चना, ग्वार+ज्वार, ज्वार+अरहर, जौ+चना आदि फलीदार तथा फलीहीन सस्यों के अच्छे मिश्रण है।

2. **ऊँची बढ़ने वाली फसल के साथ भूमि की सतह पर फैलने वाली फसल को मिलाइये**- ऐसे मिश्रणों में यह सुविधा रहती है कि एक फसल दूसरी फसल की बढ़वार में बाधक नहीं होती। जैसे- मक्का+उड़द, बाजरा,+मूंग आदि ऐसे मिश्रण हैं, जिनमें मक्का, बाजरा आदि फसलें तो ऊँची बढ़ जाती हैं तथा उर्द व मूंग भूमि पर नीचे फैलती हैं तथा उनकी वृद्धि में किसी प्रकार से बाधक सिद्ध नहीं होती। ऐसे सस्य मिश्रण उन स्थानों के लिए विशेष उपयोगी सिद्ध होते हैं, जहाँ पानी द्वारा भूमि कटाव की समस्या गम्भीर होती है। भूमि की सतह पर फैलने वाली फसलें भूमि को वर्षा के बूँदों की तेज चोट से बचाती हैं, जिसके फलस्वरूप कटाव कम होता है।

3. **विभिन्न गहराई की जड़ों वाली सस्यों का मिश्रण कीजिये**- मिश्रण की यदि एक फसल मुसला जड़ वाली हो तो दूसरी झकड़ा जड़ो वाली होनी चाहिए। ऐसा करने से भूमि की ऊपरी तथा अधोसतह के खाद्य पदार्थों का उचित उपयोग हो जाता है और खाद्य पदार्थों के लिए दोनों फसलों में संघर्ष नहीं होता। जैसे-गेहूँ+चना, ज्वार+अरहर के मिश्रण।

4. **झाड़ीदार फसलों के साथ सीधी बढ़ने वाली बिना झाड़ीदार फसलों का मिश्रण कीजिये**- यदि किसी मिश्रण में दोनों फसलें झाड़ीदार प्रकृति की होंगी तो उन की शाखाओं में बढ़ने के लिए काफी संघर्ष होगा। दोनों ही फसलें एक दूसरी की बढ़वार में बाधक होगी। इसलिए झाड़ीदार फसल के साथ बिना झाड़ीदार फसलों का मेल करना चाहिए। जैसे-बाड़ी में सनई।

5. **समान जल मांग वाली फसलों को मिश्रित कीजिये**– यदि मिश्रण की दोनों फसलों की जल सम्बन्धी आवश्यकताऐं समान नहीं है तो एक फसल की आवश्क जल आवश्यकता भी दूसरी फसल के लिए अति हानिकारक सिद्ध हो सकती है। उदाहरण के तौर पर यदि धान के साथ लोबिये का मिश्रण कर लिया जाए तो लोबिया बिल्कुल नष्ट हो जायगा क्योंकि धान की फसल में खड़े हुए पानी को लोबिया सहन नहीं कर सकता। इसलिए धान व अरहर का मिश्रण प्रयोग करते हैं।
6. **एक से कीट व्याधियों तथा बीमारियों को शरण देने वाली सस्यों को मिश्रित नहीं करना चाहिए**– मिश्रण में एक साथ उगाई गई फसलों का समस्वभाविक होना इस प्रथा की सफलता की कुंजी है। कभी–कभी फसलों का योग हानिकारक होता पाया गया है, जिसका कारण अनुपयुक्त सहचारिता का निर्धारण करना है। क्रूसीफेरी (सरसों) कुल के पौधे जैसे सरसों, राई, मूली, गोभी आदि को कभी मिश्रित रूप में नहीं उगाना चाहिए क्योंकि इन सब पर व्हाइट रस्ट का प्रभाव होता है। आलू, मिर्च, टमाटर, बैंगन आदि सोलोनेसी कुल के पौधों पर रिंग बीमारी लगती है। इसी प्रकार कुकरबिटेसी कुल के पौधों पर डाऊनी मिल्डयू की बीमारी लगती है।
7. **समान खाद चाहने वाली फसलों को मिश्रित कीजिये**– ऐसा करने से दोनों फसलों को बराबर लाभ पहुँचता है। यदि एक फसल अधिक खाद चाहने वाली हो और दूसरी कम तो अधिक देने पर कम खाद चाहने वाली फसल के गुणों का बुरा प्रभाव हो सकता है। गेहूँ+जौ, चना+तारामिरा, ज्वार+बाजरा, समान खाद चाहने वाली मिश्रणों के अच्छे उदाहरण है।
8. कमजोर भूमियों के मिश्रण में दलहन सस्य अवश्य रखनी चाहिए।

मिश्रित सस्य उत्पादन के लाभ

सस्य मिश्रण की प्रणाली भारत में युगों से प्रचलित है। भारत में सस्य मिश्रण का प्रादुर्भाव सस्यों के हेर–फेर व खाद की आवश्यकता को स्वीकार करने के साथ–साथ ही हुआ। यहाँ पर ईसा से लगभग 2000 वर्ष पूर्व से यह प्रथा प्रचलित है। चीन में इसका प्रचार ईसा से कुछ ही वर्ष पूर्व हुआ। यूनान में आज से केवल 300 वर्ष पहले इसका प्रचलन प्रारम्भ हुआ। पूर्वी एशिया, मेक्सिकों एवं अमेरिका में यह प्रथा 18वीं शताब्दी में अपनाई गई। सस्य मिश्रण से निम्नलिखित लाभ है–

भूमि का उचित उपयोग : बहुत कम भूमि क्षेत्र आती है तथा प्राय: सभी जोत बहुत ही छोटी है। अत: पैदावार में वृद्धि करने के लिए भूमि का समुचित उपयोग होना आवश्यक है। सस्य मिश्रण में ऐसी दो फसले एक साथ उगाई जाती है, जिनमें से एक दूसरी की उपज को बढ़ाती है। पंक्तियों में बोई गई फसलों में उनके बीच की दूरी का समुचित उपयोग किया जा सकता है। जैसे उदाहरणत: कपास की दो पंक्तियों के बीच लोबिया बोने की प्रथा है। अन्य देशों में गन्ने की दो पंक्तियों के बीच एक पंक्ति चुकन्दर की बो दी जाती है। इस प्रकार हम देखते हैं कि भूमि का हर भाग फसल का उत्पादन करता है।

अधिक उपज मिलती है : प्रयोगों द्वारा यह सिद्ध हुआ है कि मिश्रित फसलों की पैदावार अच्छी होती है। यदि एक अरहर के खेत में ज्वार बोई जाती है तो ज्वार की उपज अरहर की उपज को बढ़ाती है। यही गेहूँ+अलसी के मिश्रण कि लिए भी सत्य है।

हानि का खतरा कम हो जाता है : मौसम की विषमताओं के कारण कई बार कोई फसल विशेष नष्ट हो जाती है। इस प्रकार यदि एक फसल मर भी जाती है तो किसान को दूसरी फसल की पैदावार मिल जाती है।

यदि गेहूँ+सरसों के मिश्रण में फूलने के समय वर्षा तथा आँधी वाला मौसम बन जाये तो सरसों को भारी हानि होती है, परन्तु गेहूँ की फसल बच जाती है और किसान को उत्पादन में खर्च की गई मेहनत व मजदूरी का कुछ भाग अवश्य लौट आता है। इसके विपरीत यदि मौसम ठीक रहता है तो दोनों फसलों से अच्छी पैदावार मिलती है।

खरपतवारों का संघर्ष कम हो जाता है : पंक्तियों में बोई जाने वाली फसलों जैसे- कपास, मक्का, ईख आदि में यदि दूसरी फसल न बोई जाए तो खरपतवारों का अधिक प्रकोप होता है, क्योंकि इनको बढ़ने के लिए पर्याप्त मात्रा में प्रकाश, जल, भोजन तत्व तथा जगह मिलती है। यदि इस खाली स्थान में कोई अन्य फसल बो दी जाए तो फालतू पानी, भोजन तत्वों तथा जगह का उपयोग फसल द्वारा कर लिया जाएगा। इस प्रकार खरपतवार अधिक प्रबल नहीं हो सकते।

भूमि कटाव में कमी : ऐसा देखा गया है कि कपास, ईख, मक्का आदि के खेतों से काफी उपजाऊ भूमि पानी द्वारा बहा ली जाती है। इसका मुख्य कारण पंक्तियों के बीच के स्थान का नंगा होना है। यदि इस स्थान पर फसलें उगाई जायें तो भूमि का कटाव बहुत कम हो सकता है। जैसे बाड़ी में लोबिया, मक्का में उर्द व मूँग, ईख में चना इत्यादि बोने से उपज भी बढ़ती है तथा कटाव भी नहीं हो पाता।

भूमि की उर्वरा-शक्ति कायम रखी जा सकती है : फलीदार+फलीहीन फसलें एक साथ उगाने से भूमि की उर्वरा-शक्ति में कमी नहीं आती। फलीदार फसलें भूमि में नत्रजन एकत्र किया करती है, जिनको अन्य फसलें उपयोग कर लेती हैं।

फसलों के उत्पादन में कम लागत लगती है : जब सस्य मिश्रण में फलीदार सस्यों का मिश्रण होता है तो बाहर से अधिक खाद डालने की आवश्यता कम हो जाती है। मिश्रित फसलें बोने पर फसलों को सिंचाई की भी कम आवश्यता होती है। क्योंकि भूमि का अधिकतर भाग वनस्पति से आच्छादित रहता है, जिसके फलस्वरुप भूमि से बहुत कम पानी उड़ पाता है।

घरेलू आवश्यकताओं की अधिक से अधिक पूर्ति हो जाती है : विभिन्न उपयोगों की कई फसलें एक साथ मिलाकर बोने से किसान की कई आवश्यकताओं की पूर्ति एक साथ हो जाती है। जैसे मूँगफली, अरहर व गन्ने चने के मिश्रण से चार प्रकार की आवश्यकताओं की पूर्ति एक साथ होती है।

श्रमिक तथा पशु-शक्ति का समुचित प्रयोग होता है। उदाहरणार्थ मूँगफली+अरहर व गन्ने के हेर-फेर में किसान को वर्ष भर काम मिला रहता है।

पशुओं तथा मनुष्यों द्वारा हानि से बचाव होता है। उदाहरणार्थ गन्ने के खेत के चारों तरफ पटसन की पंक्तियाँ होने पर गन्ने में कम नुकसान होता है। इसके अलावा किसान को वर्ष में अधिक आमदनी मिलती है। कीट व्याधियों तथा कवक जनित बीमारियों का प्रकोप घट जाता है। भूमि की संरचना तथा मिट्टी की संरचना में सुधार होता है। कुछ सस्यें मुख्य फसल को तीव्र गर्मी तथा सर्दी से बचाती हैं। मिश्रित सस्यों के चारे अधिक पौष्टिक होते हैं। उदाहरणार्थ अकेली ज्वार से ज्वार+ग्वार का चारा अधिक स्वादिष्ट व पौष्टिक होते हैं, जिससे पशुओं का स्वास्थ्य, उनके काम करने की क्षमता तथा उत्पादन में वृद्धि होती है। थोड़े क्षेत्रफल पर किसान अधिक से अधिक आवश्यक फसलें उगा सकता है।

कुछ मुख्य सस्य मिश्रणों के उदाहरण

1. गेहूँ+चना-इस मिश्रण को देहाती भाषा में गोचनी कहते हैं। इस मिश्रण में गेहूँ, चने द्वारा एकत्रित की हुई नत्रजन का उपयोग कर सकता है। यह मिश्रण देश के लगभग सभी भागों में प्रचलित है। भूमि की उर्वरा-शक्ति बढ़ाने के साथ-साथ मिश्रण से फसलों की पैदावार भी अच्छी मिल जाती है।
2. गेहूँ+मटर- जहाँ चना अकेला अथवा गेहूँ के साथ सफलतापूर्वक नहीं उगाया जा सकता वहाँ चने के स्थान पर मटर को स्थान दिया जाता है। देश के खादर क्षेत्रों में यह मिश्रण अधिक प्रचलित है। शहरों के समीप जहाँ पर हरी मटर अच्छे दामों पर बिक जाती है, वहां पर यह मिश्रण अधिक प्रचलित है।
3. गेहूँ+सरसों- इस मिश्रण में सरसों की दो पंक्तियों के बीच गेहूँ की 5 अथवा 10 पंक्तियाँ बोई जाती हैं। कभी-कभी मिश्रण का बीज बुआई के पहले भी मिला लिया जाता है और मिश्रण को पंक्तियों में अथवा छिटकवाँ विधि से बो दिया जाता है। यह विधियाँ उन स्थानों में अधिक प्रचलित है, जहाँ सरसों को हरे चारे के रूप में खिलाया जाता है।
4. चना+तारामिरा- इस मिश्रण में दोनों फसलों की उपस्थिति उन पर लगने वाले कीट-पतंगो को काफी कम करती है। तारामिरा पर चेपा कीट को चने की तथा चने के कीटों को तारामिरा व सरसों की सहचारिता सह्य नहीं होती।
5. गेहूँ+जौ- इस मिश्रण को गोजरा कहते हैं। यह मिश्रण उन क्षेत्रों में अधिक प्रचलित है जहाँ पर फलीदार सस्यें सफलतापूर्वक नहीं उगाई जा सकती। पहाड़ी तथा खादर क्षेत्रों में यह मिश्रण अधिक प्रचलित है।

सस्य मिश्रण लेते समय इन सावधानियों का सामना करना पड़ता है-

1. अलग-अलग सस्यों के बीजों की पृथक करने में कठिनाई होती है।
2. बड़े क्षेत्रफल पर मशीनों के प्रयोग में कठिनाई होती है।
3. रोग या कीटों को नष्ट करने के लिए दवा इत्यादि में छिड़कने में बाधा होती है।
4. खरपतवार को नष्ट करने के लिए खरपतवारनाशक तथा कीटनाशक के छिडकने में बाधा आती है।

सस्य योजनायें

भूमि की उर्वरा शक्ति को नष्ट किये बिना योजना में निहित हर फसल से अधिकतम लाभ लेने के लिए फसलों को फार्म के व्यक्तिगत खेतों पर निश्चित अवधि तक उगाने की योजना ही सस्य योजना कहलाती है। सस्यों का चुनाव करना, उनसे सस्य चक्र बनाना तथा चक्रों का फार्म पर लागू करना ही सस्य योजना की क्रियात्मक समस्यायें होती हैं।

आदर्श फसल योजना के गुण

एक आदर्श फसल योजना में निम्नलिखित गुण होते हैं-

1. प्रत्येक वर्ष हर फसल का क्षेत्रफल समान रहता है।

2. बुरे मौसम, रोग तथा अन्य प्राकृतिक प्रकोपों से होने वाली हानियों से बचने की गुंजाइश रहती है।
3. प्रत्येक सस्य चक्र के लिए उतने ही खेत सुरक्षित होते हैं, जितने वर्ष का सस्य-चक्र होता है।
4. सस्य चक्र के प्रत्येक खेत का क्षेत्रफल समान होता है।
5. क्षेत्र में पैदा की जाने वाली अधिक से अधिक धन उपार्जन करने वाली फसलों के अच्छे सस्य चक्र बनाये जाते हैं।
6. सस्य चक्रों में भूमि को उर्वर बनाने वाली फसलों को प्राथमिकता दी जाती है।
7. भूमि का अधिक से अधिक उपयोग होता है।
8. पूँजी की उपलब्धता के अनुसार सस्यें चुनी जाती हैं।
9. श्रम की उपलब्धता के अनुसार सस्यें चुनी जाती हैं।
10. भूमि की उपयुक्तता के अनुसार सस्यें चुनी जाती हैं।
11. जलवायु की उपयुक्तता के अनुसार फसलें चुनी जाती हैं।

तालिका-52 : आलू के आधारित अन्तरासस्य योजनाओं के लिए और उनसे भारत में वांछित उर्वरण पद्धति

		उपज टन/हैक्टर	
स्थान	*सस्यन पद्धतियाँ*	*आलू*	*अन्तरसस्य*
शिमला	लहसुन+आलू	30.9	13.8
पटना	आलू+रबी मक्का (ना.फौ.पो. 100-60-40)	28.9	2.6
	आलू+राजमाश (ना.फौ.पो. 80-50-60)	23.2	1.1
	आलू+प्याज (ना.फौ.पो) (ना.फौस.पो.) अनुमोदित मात्रा में।	35.0	0.9
पन्तनगर	आलू+गन्ना (भा.फौ.पो) (ना.फौ.पो.) अनुमोदित मात्रा में।	8.4	118.9
राजगुरुनगर	गन्ना+आलू (300-53-100) (120-60-60)	14.9	124.1
हिसार	आलू+सौंफ (120-26-50) (50-20-10)	28.7	3.1
	आलू+प्याज (बीज) (120-26-50) (120-60-60)	28.7	1.4
रांची	आलू+गेहूँ (भा.फौ.पो) (ना.फौ.पो.) अनुमोदित मात्रा में।	26.2	4.5
कानपुर	आलू+अलसी (ना.फौ.पो.) (0-0-0)	38.4	2.9
फैजाबाद	आलू+सरसों (ना.फौ.पो) (0-0-0)	27.6	2.9
छिंदवाडा	आलू+प्याज (कंद) (ना.फौ.पो) (50-60-60)	26.6	29.6
धारवाड़	आलू+कपास (ना.फौ.पो) (150-75-75)	13.3	2.0

**ना.फौ.पो. की असली फसल को देय मात्रा, ना.फौ.पो. का मतलब कोई मात्रा उर्वरक की नहीं दी जाती है।*

12. बोवाई व खाद की उपयुक्तता के अनुसार फसलें चुनी जाती हैं।
13. योजना में निहित फसलों के विषय में किसान को आवश्यक ज्ञान हों।
14. फसलों का चुनाव घरेलू आवश्यकताओं की पूर्ति को ध्यान में रखकर किया जाता हैं।
15. पैदावार की निकासी का ध्यान रखकर फसलें चुनी जाती हैं।
16. बाजार की माँग का ध्यान रखकर फसलें चुनी जाती हैं।
17. मानव तथा पशु शक्ति का अधिकतम उपयोग ध्यान में रखकर सस्यें चुनी जाती हैं।
18. क्षेत्र में बोई गई अन्य फसलों का चुनाव किया जाता है।
19. योजना की सस्यों तथा उनके क्षेत्रफल में परिर्वतन की गुँजाइश रखी जाती है।

गुजरात में आलू-मूंगफली बोने के चक्र को अपनाने से अधिक धन लाभ होता है, आलू-बाजरा-मूंगफली के सस्य चक्र की तुलना में। महाराष्ट्र के पठारी प्रदेश आलू (खरीफ), ज्वार/गेहूँ या ज्वार-आलू (रबी) काफी आशाजनक सस्य-चक्र है। धारवाड़ में आलू (खरीफ)-गन्ना का सस्य चक्र भी प्रचलित है।

आलू की अल्पकालीन किस्मों के विकास से जैसे कुफरी चन्द्रमुखी एवं कुफरी अशोक है, इनसे यह सम्भव हुआ है कि धान और गेहूँ के सस्य चक्र में आलू को बीच में लिया जा सकता है, जिससे क्षेत्र में सस्य गहनता बढ़ाई जा सकती है।

तालिका-53 : धान/गेहूँ की किस्मों का आलू-गेहूँ-धान के सस्य चक्र में पहचान (चिन्हित)

स्थान	*सस्यों की किस्में*			*उपज (टन/हैक्टर)*		
	आलू	*गेहूँ*	*धान*	*आलू*	*गेहूँ*	*धान*
जालन्धर	कुफरी चन्द्रमुखी	पी.पी.डब्ल्यू.372	पी.आर.103	14.6(60)*	5.0	6.6
मोदीपुरम	कु.अशोक	पी.पी.डब्ल्यू.226	गोविन्द	19.3(70)*	4.4	6.5
पटना	कु.अशोक	पी.पी.डब्ल्यू.226	संकर 6201	18.8(67)*	4.1	5.7
फैजाबाद	कु.अशोक	मालवीय 34	साकेत 4	24.7(85)*	3.7	3.0
हिसार	कु.अशोक	पी.पी.डब्ल्यू.27 डब्ल्यू.एच.291	गोविंद	26.0(80)*	4.7	7.7

**कोष्ठों में दिखाई गई संख्या आलू की फसल के तैयार होने के दिनों की है।*

लौकी-उड़द तथा आलू+लोबिया-भिंडी (ओकरा)पद्धति अन्य सभी पद्धतियों से सर्वश्रेष्ठ है। पन्तनगर (उत्तराखंड) में आलू+लोबिया-मक्का की पद्धति सबसे अच्छी मानी गई है। कल्याणी (प0बंगाल) आलू-तिल-मूंगफली-धान की पद्धति से सबसे अधिक धन लाभ हुआ है आलू-जूट-चने की तुलना में क्यों कि इस बाद की पद्धति में प्रारम्भिक व्यय अधिक होता है।

हरित उर्वरक ने भी आलू के सस्य-चक्रों में अपना एक उत्तम स्थान बना लिया है। हिसार (हरियाणा) में ह.उ.-आलू-लौकी की पद्धति ह.उ.-आलू-सूरजमुखी की पद्धति की तुलना में अधिक लाभकारी है। पटना (बिहार) में भी ह.उ. आलू-सूरजमुखी पद्धति से अधिक धन लाभ होता है। जालन्धर में दीर्घकालीन अध्ययनों

से पता चला है कि उन सभी सस्यों का जिन्हें 2 वर्ष के सस्य चक्र में उगाया गया था उनकी उपज की शक्यता 2 वर्ष के सस्य चक्र के अन्तर्गत आलू (पतझड़ ऋतु) आलू (बसन्त ऋतु) मक्का-गेहूँ हरित उर्वरक की उपजाऊ क्षमता, आलू-मक्का या आलू गेहूँ-मक्का/धान (एक वर्ष) अधिक थी। पहली दी गई पद्धति में सस्य गहनता 300% थी। पहले वर्ष में और 100% दूसरे वर्ष में औसतन 200% जब दो वर्ष का औसत निकाला जाए। जब कि आलू-आलू-मक्का सस्य गहनता 300% थी। क्षेत्रीय उर्वरक का प्रयोग 30 टन/हैक्टर ढैंचा से हरित उर्वरक से आलू-गेहूँ-मक्का की पद्धति पंजाब के मैदानी भागों में मृदा की उत्पादकता को अधिक देर तक संधारण करने में अधिक सक्षम है।

तालिका-54 : आलू के लिए भारत में सबसे अधिक प्रचलित सस्य चक्र

क्षेत्र	*सस्य चक्र*
उत्तरी पश्चिमी मैदानी क्षेत्र	आलू-गेहूँ-धान/मक्का
(पंजाब, हरियाणा, उत्तरी राजस्थान)	आलू-धान/मक्का
	आलू-मूँग/सब्जियाँ
	सूरजमूखी-धान-मक्का
पश्चिमी एवं मध्य सिन्ध-गंगा का मैदानी क्षेत्र (पश्चिमी उत्तर प्रदेश, मध्यप्रदेश एवं राजस्थान)	आलू-धान/मक्का
पूर्वी गंगा के मैदान	आलू-मूंग, धान/मक्का
(पूर्वी उत्तर प्रदेश, बिहार, पश्चिमी बंगाल एवं उडीसा)	आलू-मक्का/धान
	आलू-तिल-मूंगफली-धान
	आलू-सब्जियाँ-मक्का
पठारी प्रदेश	आलू-धान
(मध्य भाग, तथा उत्तरी पेनिन्शुला प्रदेश)	आलू-मूंगफली-ज्वार
	आलू-धान
उत्तरी-पश्चिमी पहाड़ी क्षेत्र	आलू-गेहूँ/मटर
उत्तरी-पूर्वी पहाड़ी क्षेत्र	आलू-मक्का
	आलू-आलू
निलगिरी पहाड़ी क्षेत्र	आलू-आलू
	आलू-बंदगोभी
प्रचलित अन्तरासस्य तन्त्र आलू के साथ	आलू+सरसों
	आलू+गेहूँ
	आलू+गन्ना

ग्वालियर (मध्यप्रदेश) में सोयाबीन पद्धति ह.उ. आलू-ओकरा-सोयाबीन की सस्य पद्धति अधिक प्रचलित है।

उत्तरी-पश्चिमी / मध्य / पूर्वी मैदानी भागों में सस्यन गहनता बहुत ज्यादा होती है। यहाँ सिंचाई की निश्चित उपलब्धता के साथ नई-नई पद्धतियों का विकास हो रहा है। सूरजमुखी ने बसन्त ऋतु के गेहूँ को स्थानच्युत कर दिया है। इसका उदाहरण है-पंजाब एवं हरियाणा में आलू के पश्चात बसन्त ऋतु के गेहूँ का

प्रतिस्थापन होना। परन्तु समय के बीतने पर यह पता चला कि सूरजमुखी की फसल भी लाभकारी नहीं है, क्योंकि इसके सस्य चक्र से उत्तरवर्ती धान तथा आलू के उत्पादन क्षमता पर विपरीत प्रभाव पड़ता है। जालन्धर के प्रयोगों में देखा गया है कि आलू, प्याज, मूंगफली एवं आलू, मूली, उड़द का चक्र आलू–सूरजमुखी धान पद्धति की तुलना से उत्तम रहा है। पंजाब के ही कुछ स्थानों पर आलू–मेन्था–धान का सस्य चक्र से अधिक लाभ मिलता है, जब इसे आलू–गेहूँ–धान का आलू–सूरजमुखी–धान की पद्धतियों से तुलना की जाए। पटना में आलू–धान पद्धति ही सामान्यतया अपनायी जाती है, परन्तु आलू–लौकी–प्याज–मेन्था–धान पद्धति आर्थिक दृष्टि से उच्चतर है। उच्चभूमि की दशा में आलू–मूंग–कद्दू प्रजाति की सब्जियाँ, मक्का–चारा की फसलों का अधिक प्रचलन है।

सामान्यतया आलू–गन्ना की पद्धति सबसे अधिक लाभदायक रहती है। इस कारण इसका मैदानी और पठारी क्षेत्रों में प्रचलन अधिक है। इस पद्धति में गन्ने की उपज क्षमता में काफी वृद्धि होती है। मध्यप्रदेश के आलू+ रबी मक्का के अन्तर्सस्यन भी काफी लाभप्रद सिद्ध हुए हैं।

धान–गेहूँ के फसल–चक्र में हाल ही में आलू की जल्दी तैयार होने वाली किस्में जैसे- कुफरी–चन्द्रमुखी तथा कुफरी–अशोक का महत्त्वपूर्ण स्थान है। इन किस्मों के कम समय पर तैयार होने के कारण इनको धान और गेहूँ की मुख्य फसलों के बीच में लिया जा सकता है। आलू को 70–80 दिन में निकाल कर उस खेत में गेहूँ की मुख्य फसल को बोया जा सकता है।

आलू के अन्तरसस्य योजना में भी प्रयोगों से सिद्ध हुआ है कि सभी सम्बद्ध फसलों से अच्छे आर्थिक परिणाम प्राप्त होते हैं।

तालिका–55 : भारत में आलू पर आधारित अन्तर्सस्यन पद्धतियाँ (उर्वरक देने के साथ)

स्थान	*सस्यन पद्धतियाँ*	*उपज (टन/हैक्टर)*	
		आलू	*अन्तर्सस्य*
शिमला	लहसुन+आलू	30.9	13.8
पटना	आलू+रबी मक्का (एन.पी.के.100–60–40)	28.9	2.6
	आलू+राजमाह (एन.पी.के.80–50–60)	23.2	1.1
	आलू+ प्याज (अनुमोदित मात्रायें)	35.0	0.9
पन्तनगर	आलू+गन्ना (अनुमोतिद मात्रायें)	8.4	118.9
राजगुरुनगर	गन्ना+आलू(300–53–100 और 120–60–60)	14.9	124.1
हिसार	आलू+सौंफ (120–26–50 और 50–20–10)	28.7	3.1
	आलू+प्याज (बीज) (120–26–50)(120–60–60)	–	–
रांची	आलू+गेहूँ (अनुमोदित मात्रायें)	26.2	4.5
कानपुर	आलू+अलसी (0–0–0)	38.4	2.9
फैजाबाद	आलू+सरसों (0–0–0)	27.6	2.9
छिंदवाडा	आलू+प्याजकन्द	26.6	29.6
धारवाड़	आलू+कपास (एन.पी.के. 150–75–75)	13.3	2.0

*ना.फौ.पो. की असली फसल को देय मात्रा, ना.फौ.पो. का मतलब कोई मात्रा उर्वरक की नहीं दी जाती है।

देश के अन्याय जलवायु के आधार पर आलू पर आधारित सस्य-चक्र निम्नलिखित अपनाये जाते हैं। इन सस्य-चक्रों को ही अनुसन्धान से प्राप्त परिणामों को अध्ययन करने से सबसे श्रेष्ठ एवं उत्तम माना गया है (तालिका 56)।

गन्ना - कुछ वर्षो पूर्व तक एक एकल सस्य के रुप में उगाया जाता था। परन्तु जनसंख्या की तीव्र गति से बढ़ने के कारण जो खाद्यान्नों में कमी आई है, इसके कारण कहीं-कहीं पर गन्ने की मिश्रिम खेती भी की जाती है, परन्तु एक सीमित ढंग से। गन्ने की पंक्तियों के बीच पहले 100-120 दिन तक काफी जगह खाली पड़ी रहती है। इस जगह का सदुपयोग करने के लिए सह-सस्यों को उगाना लाभप्रद समझा जाता है। इस प्रकार की पद्धति के लिए जिन सस्यों का उपयोग करना हो उसके लिए निम्नलिखित बिन्दु ध्यान में रखने चाहिए।

1. गन्ने की फसल के साथ प्रतिस्पर्धा को रोकने के लिए अन्तर सस्य को 4 माह के समय तक ही उगाया जा सकता है।
2. अन्तर्सस्य की गन्ने की फसल के लिए सूर्य प्रकाश, वायु, जल एवं पौष्टिक तत्वों के प्रति कोई प्रतिस्पर्धा नहीं होनी चाहिए।
3. सहसस्य की वृद्धि सीधी खड़ी होनी चाहिए और इसकी मूल-पद्धति भिन्न होनी चाहिए।
4. सहसस्यों को ऐसी व्याधियों एवं कीट शत्रुओं को आश्रय नहीं देना चाहिए जो कि गन्ने की मुख्य फसल को हानि पहुँचाते हैं। गन्ने की अन्तर्सस्यन के लिए आलू-प्याज का अन्तरसस्यन बसन्त ऋतु में लगाये गए गन्ने के साथ अच्छा और लाभप्रद पाया गया है। मूंग, उड़द, सूरजमूखी, सोयाबीन का गन्ने के साथ अन्तर्सस्यन भी लाभकारी सिद्ध हुये हैं।

तालिका-56 : आलू की कृषि में लिए जाने वाले सस्य उत्पादन की कुछ मुख्य पद्धतियाँ

स्थान	*सस्य-चक्र*
शिमला	आलू-मूली, शलजम, बंदगोभी
पालमपुर	मक्का-मूली, मटर-आलू (बसंत)
शिलौंग	आलू-मूली
उटकामंड	आलू-बंदगोभी, गाजर
जालन्धर	मूंगफली-आलू-प्याज, मेन्था, मूंग-आलू-मूली
पन्तनगर	धान-आलू-मेन्था, मक्का-आलू-लोबिया, लोबिया-आलू-मक्का
मोदीपुरम (उ0प्र0)	लोबिया-चना-आलू-लौकी-तरबूज
हिसार	हरित खाद-आलू-लौकी, मक्का-आलू-लौकी
पटना	धान-आलू- लौकी-प्याज-सूरजमुखी
ग्वालियर	पटनी-हरी खाद-आलू-प्याज-गेहूँ
कल्याणी (प0ब0)	धान-आलू-भिंडी-तिल-मूंगफली
जोरहाट	धान-आलू-धान, मूंग
उड़ीसा	तिल-आलू-मूंगफली, मक्का-आलू-मूंग
छिंदवाड़ा	सोयाबीन-आलू-भिंडी

कपास सम्बधित सस्य पद्धतियों निम्नलिखित प्रकार की है:-

तालिका-57 : कपास आधारित सस्य पद्धतियाँ

राज्य	*सस्यन पद्धतियाँ*
पंजाब, हरियाणा, राजस्थान	कपास-गेहूँ (सिंचित), कपास-सरसों (सिंचित)
गुजरात, मध्यप्रदेश	कपास की एकल सस्य (असिंचित)
महाराष्ट्र	कपास/उड़द/मूंग/अरहर/सोयाबीन (असिंचित)
	कपास-ज्वार (2 वर्ष चक्र)
आन्ध्रप्रदेश	कपास एकल सस्य (असिंचित/सिंचित)
	कपास-धान (सिंचित), कपास-मिर्च (द्विवर्षीय चक्र)
	कपास-तम्बाकू (द्विवर्षीय चक्र, सिंचित)
तमिलनाडु	कपास एकल सस्य (असिंचित/सिंचित)
	धान-कपास (सिंचित), धान-धान-कपास (सिंचित)
	कपास-दलहनी सस्य-कपास (सिंचित)
कर्नाटक	कपास एकल सस्य (असिंचित/सिंचित)
	कपास-गेहूँ (सिंचित), कपास-मिर्च/मूंगफली/उड़द/मूंग(असिंचित)

जूट का यदि धान के साथ सस्य-चक्र लेना हो तो जूट का संलवन 90-100 दिन में कर देना चाहिए, जिससे कि धान की बोआई के लिए आरम्भिक कार्य में सुविधा मिल सके।

क्रमबद्ध सस्यन में **अलसी** का सस्य चक्र आमतौर पर हाइब्रिड मक्का, ज्वार, बाजरा, मूंगफली, सोयाबीन एवं लोबिया के साथ लिया जाता है। सामान्य चक्र है- संकर मक्का-अलसी+गेहूँ-ज्वार ; संकर मक्का-अलसी+चना; संकर बाजरा-अलसी-लोबिया-गेहूँ; मूंगफली-अलसी+ गेहूँ; सोयाबीन-अलसी, चारा ज्वार-मिश्र की क्लोवर-संकर मक्का -अलसी; चारे की ज्वार-ग्वार- अलसी-लोबिया-जौ; मक्का-मटर-बाजरा-अलसी; जल्दी का धान-अलसी आदि।

सामान्यतया ऐसे फसल चक्र में जिसमें पहले शिम्बी जाति की दलहनी फसल रामतिल के पहले उगाई गयी हो उसे रामतिल की सस्य से अधिक धनलाभ प्राप्त होता है। इसलिए जहाँ भी रामतिल की एकल फसल ही उगानी हो उससे पहले दलहनी फसल उस खेत में उगानी चाहिए, जिससे रामतिल से अच्छी उपज मिल सकें।

अलसी की पैदावार अक्सर कम होती है, क्योंकि यह फसल निम्न उगाये जाने की दशाओं में इसकी कृषि की जाती है।। यह एक प्रकार से उपेक्षित सस्य की भांति देखी जाती है। यह इसलिए कि यह कई प्रकार के खतरों से पीड़ित रहती है जैसे-नमी की कमी, पौधों की कम संख्या की स्थिति होने की कठिनाइयाँ, व्याधियों एवं कीट-शत्रुओं के आक्रमण से और इसके उत्पादन को कम समय लगना।

तालिका-58 : अलसी के साथ अन्तर्सस्यन की अनुमोदित पद्धतियाँ

प्रदेश/राज्य	*अन्तर्सस्यन पद्धतियाँ*
1	*2*
बिहार	अलसी+चना (2:1 या 3:1)
मध्यप्रदेश	अलसी+चना (1:3 या 1:4)

1	2
	अलसी+गेहूँ (1:3 या 1:4)
महाराष्ट्र	अलसी+चना+कुसुम्भ+डयूरम गेहूँ विभिन्न अनुपातों में
कर्नाटक	अलसी+चना+कुसुम्भ+डयूरम गेहूँ विभिन्न अनुपातों में
पंजाब	अलसी+चना+मसूर (1:3 या 1:4)
उत्तरप्रदेश बुन्देलखण्ड सहित	अलसी+चना (3:1 या 1:3)
	अलसी + गेहूँ, जौ (1: 3 या 1: 4)
	अलसी+आलू (पंक्ति 3:3 आलू 60. से.मी. तथा अलसी 2. से.मी. तथा दूरी अनुपात 1:3)
बुंदेलखण्ड	अलसी+मसूर/चना (1:3 या 3:1)
	अलसी + गेहूँ (1: 3 या 3: 1)
	रामतिल+मूंग (1:1); रामतिल+मूंगफली (4:2 या 6:3); रामतिल+ज्वार
महाराष्ट्र	रामतिल+उड़द (3:3); रामतिल+मूंग (2:2);
	रामतिल+रागी (2:2) ; रामतिल+ मूंगफली (6:3);
	रामतिल+बाजरा (3:3)
उडीसा	रामतिल+सोयाबीन (1:1, 2:2); रामतिल+अरहर (2:2);
	रामतिल+मूंगफली, रामतिल+अरण्ड

रामतिल की खेती या तो एकल सस्य या मिश्रित कृषि के रुप में की जाती है। इसका मिश्रण भिन्न-भिन्न दलहनी फसलों या खाद्यान्नों के साथ किया जाता है। खासकर छोटे खाद्यान्नों के साथ इसे मिश्रित फसल के रूप में उगाया जाता है। एकल सस्य के रूप में इसे एक वर्षीय फसल की तरह ही उगाया जाता है। कुछ स्थितियों में इसे सांबा, जल्दी उगने वाली रागी अथवा काकून के साथ उगाया जाता है। इसके चक्र नीचे दिये जा रहे हैं-

क्रमबद्ध सस्यन	*सस्यों के नाम*
बिहार	छोटा खाद्यान्न, रामतिल
महाराष्ट्र	जल्दी की रागी, रामतिल, चना-रामतिल
उडीसा	छोटा खाद्यान्न-रामतिल, सामान्य छोटा खाद्यान्न-रामतिल, रागी-रामतिल
अन्तरसस्यन	
बिहार	रामतिल+रागी (2:2); रामतिल+अरहर (3:2); रामतिल+मूंगफली (3:2); रामतिल+सोयाबीन (2:1); रामतिल+ मूंगफली (2:2)
कर्नाटक	रामतिल+सूरजमुखी (4:2)+ रामतिल+मूंगफली (6:3); रामतिल+रागी (1:1)
मध्यप्रदेश	रामतिल+सोयाबीन (1:1) या (2:2)

गुजरात के सौराष्ट्र प्रदेश में तथा आन्ध्रप्रदेश के अनन्तपुरम जिलों में मूंगफली+अरण्ड का अन्तर्सस्यन (3:1 अनुपात में) बहुत ही फायदेमंद साबित हुआ है, राजस्थान में अरण्ड को मोठ दाल के साथ सस्यन से काफी फायदा रहता है। बाजरा के साथ भी ऐसे ही परिणाम मिले हैं। ऐसे में अरण्ड के बीज की उपज का एक अतिरिक्त लाभ मिल जाता है।

तालिका-59 : अरण्ड पर आधारित संख्या-रेखागणित का अन्तर सस्यन पद्धति के प्रभाव

अन्तर्सस्यन पद्धति	बीज उपज किलो/हैक्टर				सकल लाभ रु0/हैक्टर	
	मुख्य सस्य		अन्तर्सस्य		सिंचित	असिंचित
	सिंचित	असिंचित	सिंचित	असिंचित		
एकल सस्य 90 से.मी.पर	1770	849	–	–	11535	7647
अरण्ड+मूंग (1:2)	1811	892	304	425	14090	9360
अरण्ड+ग्वार (1:2)	1841	895	308	413	14095	8955
अरण्ड+तिल (1:2)	1602	793	240	374	12465	8172
अरण्ड दोहरी पंक्तियों में (60/120 से.मी.)	1814	1213	–	–	11837	7301
अरण्ड+मूंग (1:3)	1841	870	307	436	14341	9354
अरण्ड+ग्वार (1:3)	1856	878	312	414	14256	8926
अरण्ड+तिल (1:3)	1633	794	239	341	12629	8645
अरण्ड 60से.मी.(3पंक्ति छोडकर)	1515	768	–	–	9789	6846
अरण्ड+मूंग (1:6)	1642	818	307	467	12397	8627
अरण्ड+ग्वार (1:6)	1679	836	331	473	13267	8312
अरण्ड+ तिल (1:6)	1470	724	247	424	11704	7958

उच्चमान वाली भूमि में तुल्य अनुपात 1.85 प्राप्त हुआ है। इसमें अरण्ड की सबसे अधिक उपज मिली थी। तिल का अरण्ड के साथ अन्तर्सस्यन से अरण्ड की उपज में काफी कमी आई थी। अरण्ड की कृषि से उपज में स्थिरता आती है, जैसे राजकोट में शुष्क कृषि में। यहाँ पर अरण्ड की घटक सस्य के रूप में मूगफली या बाजरा के साथ उगाने से इसकी उपज प्रति हैक्टर 9 टन/हैक्टर लगभग मिली है। यह उपज अरण्ड की दोनों दशाओं में, उच्च वर्षापात या कम वर्षापात में, एक सी रही है, जब कि साथ की फसल पर कम वर्षा का प्रभाव साफ दिखाई देता था। अरण्ड की मुख्य फसल के साथ लेने के साथ अरहर, काकुन, लोबिया, मूंग एंव ज्वार के परिणाम भी इसी प्रकार से मिले थे हैदराबाद में। अरण्ड की फसल जहाँ पर भी एकल फसल के रूप में उगाई जाए वहाँ पर इसमें पंक्ति की दूरी 150 सें.मी. तक रखी जा सकती है उपज को प्रभावित किये बिना। लघु दिवसीय तिलहन या दलहन की फसल इस खाली स्थान पर सुविधापूर्वक बिना अरण्ड की फसल की उपज में कमी आये उगाई जा सकती है। अरण्ड+लोबिया, अरण्ड+काकुन, अरण्ड+मूंग एवं अरण्ड+ग्वार (सब्जी) पंक्ति अनुपात 1:1 या 1:2 में उगाना काफी लाभदायक रहा है। अरण्ड+बाजरा के अन्तर्सस्यन आनन्द, बीजापुर एवं शोलापुर में काफी अच्छे साबित हुये थे, चाहे वर्षापात कम हो या अधिक। अरण्ड+ग्वार का अन्तर्सस्यन वर्षा के आते ही बोआई 1:1 अनुपात में करने से सबसे अधिक धन लाभ हुआ है। तेलंगाना के वर्षा पर आधारित क्षेत्रों में अरण्ड+अरहर (1:1) की पद्धति से बोने से इस क्षेत्र में अच्छे परिणाम प्राप्त हुये हैं, निरन्तर की जाने वाली अरण्ड की कृषि से तुलना की जाए तो। एक परीक्षण गौ-1 एवं जी.सी.यन. 4 संकर को लेकर किया गया था। पुनः प्रचारण सस्य की पद्धति में कृषि करने के लिए इस फसल को ग्वार, बाजरा एवं लोबिया, खरीफ सस्य के संलवन के तुरन्त बाद (10:15 दिन बाद) में अरण्ड की सबसे अधिक उपज मिली। यह इसलिए कि जमीन में जो पहली सस्य से छोड़ी गई नमी को अरण्ड की फसल ने पूर्णतया उपयोग कर लिया।

तालिका-60 : अरण्ड के साथ लिए जाने वाले लाभकारी अन्तर्सस्यन

अन्तर्सस्यन पद्धति	*पंक्ति अनुपात*	*राज्य*
अरण्ड+अरहर	1:1	आन्ध्रप्रदेश, गुजरात
अरण्ड+लोबिया	1:2	आन्ध्रप्रदेश
अरण्ड+उड़द	–	–
अरण्ड+मूंग	–	–
अरण्ड+ग्वार	–	–
अरण्ड+मूंगफली	1:5/1:7	आन्ध्रप्रदेश
अरण्ड+मूंगफली	1:3	गुजरात
अरण्ड+सूरजमुखी	1:1	गुजरात (सिंचित)
अरण्ड+सोयाबीन	1:1	बिहार
अरण्ड+खेसारी	1:5	बिहार
अरण्ड+हल्दी	1:5	बिहार

टिन्डीभिनम में ली गई सस्यों का अरण्ड के साथ अन्तर्सस्यन जैसे–उड़द, मूंग, मूंगफली, सूरजमुखी एवं रागी के साथ संगतता काफी लाभकारी सिद्ध हुई है। इनका पंक्ति अनुपात 6:1 एवं 10:1 की फसल भूमि तुल्य अनुपात 1.50 से अधिक रहा है। उड़द+अरण्ड पद्धति पंक्ति अनुपात 6:1 में सबसे अच्छा रहा है।

प्रदेश	*अन्तर्सस्यन पद्धतियाँ*
मध्यप्रदेश	तिल+मूंग (1:1), तिल+सोयाबीन (2:1 या 3:1) तिल+अरहर; तिल+मक्का
उड़ीसा	तिल+बसन्त/ग्रीष्मकालीन मूंगफली
पश्चिमी बंगाल	तिल+बसन्त/ग्रीष्मकालीन मूंगफली

अरण्ड की कृषि में हाल ही में हुये विकास कार्यो का सबसे अधिक महत्त्व अरण्ड के ऐसे समपित्रैकों को विकसित करने का है, जो जल्दी पकने वाली कम समय में तैयार होने वाली किस्में हैं। ये किस्में 4–5 महीने में ही तैयार हो जाती है। कुछ मुख्य प्रदेशों से मिश्रित एवं अन्तर्सस्यन जो तिल की कृषि में अपनाये जाते हैं वे इस प्रकार हैं :

तालिका-61 : तिल की मिश्रित तथा अन्तर्सस्यन पद्धतियाँ

राज्य	*मिश्रित/अन्तर्सस्यन पद्धतियाँ*
1	*2*
बिहार	तिल+मक्का (2:1), तिल+अरहर (2:1)
कर्नाटक	तिल+मूंगफली (1:1), तिल+अरहर; तिल+अरण्ड; तिल+बाजरा; तिल+मूंग(8:2),
गुजरात	तिल+सोयाबीन (3:1); तिल+बाजरा/कोदों (3:1); तिल+अरहर; तिल+अरण्ड (3:1), तिल+कपास; तिल+सूरजमुखी
पंजाब	तिल+मक्का; तिल+मूंगफली; तिल+अरण्ड; तिल+कपास
राजस्थान	तिल+बाजरा (1:1); तिल+मोठ(1:1), तिल+मूंग

1	2
तमिलनाडु	तिल+मूंग (8:2); तिल+लोबिया(8:2); तिल+कपास; तिल+अरण्ड; तिल+अरहर; तिल+बाजरा
उत्तरप्रदेश	तिल+मूंग (1:1); तिल+अरहर (2:1); तिल+मक्का; तिल+बाजरा; तिल+अरहर; तिल+ज्वार
गुजरात	तिल, गेहूँ/सरसों; कपास-तिल; छोटे खाद्यान्न- तिल; मक्का-तिल
हरियाणा	तिल-गेहूँ/सरसों; तिल-सफेद चना; तिल-चना
कर्नाटक	तिल-चना, तिल-गेहूँ/सरसों; कपास-तिल; बाजरा-तिल; मक्का-तिल
केरल	धान-धान-तिल, धान-तिल।
मध्यप्रदेश	तिल-गेहूँ; तिल-सफेद-चना; कपास-तिल-गेहूँ-धान-तिल।
महाराष्ट्र	कपास-तिल; धान-तिल; अरहर-तिल; ज्वार-तिल; तिल-कुसुम्भ; तिल-ज्वार/रागी; कपास-तिल-गेहूँ।
उड़ीसा	धान-तिल; आलू-तिल
पंजाब	तिल-मूंगफली/मक्का/कपास/बाजरा; तिल-सफेद चना/तारामीर/मसूर/जौ
राजस्थान	तिल-गेहूँ; मूंगफली-तिल; तिल-ज्वार/रागी
तमिलनाडू	तिल+मूंग(8:2), तिल+ लोबिया(8:2), तिल+कपास, तिल+अरण्ड, तिल+अरहर, तिल+बाजरा
उत्तर प्रदेश	तिल-सफेद चना/तारामीरा/सरसों/मसूर/बाजरा/जौ
पश्चिमी बंगाल	आलू-तिल; धान-आलू-तिल; धान(अमन)-तिल; सरसों तिल।

अरण्ड के अनुक्रमिक सस्यन ऐसे क्षेत्रों में जहाँ यह एकल सस्य के रूप में जैसे- गुजरात तथा आन्ध्रप्रदेश के कुछ भागों में किया जाता है, अरण्ड की सस्य का निष्पादन उससे पहले बोई जाने वाली सस्य पर निर्भर करता है। परती-अरण्ड सबसे अच्छा उत्पादन देता है। इसके बाद क्रम में गेहूँ-अरण्ड; मटर-अरण्ड या अलसी-अरण्ड अच्छे हैं। सूरजमुखी, मक्का को दाने की फसल के रूप में अरण्ड की फसल के पहले लेने से ये सस्यें मिट्टी में से पानी का भारी उपयोग कर लेती हैं, जिसके फलस्वरूप इनके बाद अरण्ड के उत्पादन में काफी कमी हो जाती है। किसी भी खेत में निरन्तर अरण्ड की कृषि करने से इस सस्य में उकठा रोग अधिक होता है। जिसके फलस्वरूप उपज में भारी कमी हो जाती है।

सरदार कृषिनगर, गुजरात में किये गए परीक्षणों से पता चला है कि सरसों-अरण्ड के सस्यचक्र में अरण्ड की उपज अधिक थी, जब इसकी तुलना **तिल की एकल फसल** से की गई तो अच्छी आमदनी हो उसे मिश्रित या अन्तर्सस्यन के रूप में बोने से ही होता है। फिर भी भारत के एक बड़े भाग में **तिल को एक मिश्रित** या अन्तर्सस्यन के रूप में ज्यादा उगाया जाता है।

एकल सस्यन के क्षेत्रों में **कुसुम्भ** के सस्य चक्र में ऐसे क्षेत्रों में कवक जनित व्याधियों का काफी विकास होता है। वैसे यह देखा गया है कि कुसुम्भ के बाद उगाई जाने वाली सस्यों के उत्पादन में वृद्धि हुई है। परन्तु कपास के बाद कुसुम्भ या इसके विपरीत कुसुम्भ के बाद कपास का सस्य चक्र नहीं होना चाहिए, क्यों कि इनकी जड़ें एक ही गहराई की होने के कारण मिट्टी की उर्वरा शक्ति काफी क्षीण हो जाती है।

तिल एक लघुदिवसीय सस्य होने के कारण कई **क्रमबद्ध सस्य** पद्धतियों के लिये यह भली-भांति मेल खाती है। साथ ही अन्तरसस्यन की पद्धति में भी इसका भारत के अन्यान्य क्षेत्रों में काफी उपयोग होता है।

1	2
आन्ध्रप्रदेश	धान–तिल; मूंगफली–तिल; तिल–उच्चभूमि का धान; तिल–चना; तिल–रागी/ज्वार; गन्ना–तिल
बिहार	धान–आलू–तिल; तिल–मक्का/अरहर/चना; तिल/मूंग; धान–गेहूँ–तिल;
	मक्का–गेहूँ–तिल; मक्का–सरसों–तिल–परती–सरसों/गेहूँ/आलू–तिल (डियारा भूमि में)
पठारी भाग बिहार का	उच्च भूमि का धान–कुसुम्भ; संकर बाजरा–कुसुम्भ, मूंग–कुसुम्भ; उड़द–कुसुम्भ; तिल–कुसुम्भ
मध्य उड़ीसा और उच्च भूमि	उच्चभूमि का धान–कुसुम्भ
दक्षिणी पूर्वी राजस्थान	मूंग–कुसुम्भ
(उदयपुर तथा	मूंग–कुसुम्भ; मक्का (चारा) कुसुम्भ, लोबिया (चारा)/सब्जी–कुसुम्भ;
निकटवर्ती क्षेत्र)	ज्वार(चारा)–कुसुम्भ

*सम्भावित कृषि कार्य जो कि वर्षा की समय पर उपलब्धि या मृदा में नमी की उचित मात्रा की उपस्थिति के कारण।

तिल तथा कुसुम्भ की शुष्क कृषि की सफलता के लिए इन बिन्दुओं को ध्यान में रखा जाना चाहिए 1. अन्य अवधि में पकने वाली संकर खाद्यान्नों को ही इस क्रमबद्ध पद्धति में लें, जिससे अपने उद्देश्य की पूर्ति सुनिश्चित हो सके, 2. खरीफ की सस्य के बाद खेत में गहरी जुताई न करें, क्योंकि इससे भूमि की नमी का ह्रास हो जायगा, 3. मानसून के आरम्भ होते ही खरीफ की सस्य की बोआई तुरन्त कर दें, 4. पारम्परिक खरीफ की सस्य उगाने वाले क्षेत्रों में कोई रबी की फसल न लें, 5. जहाँ सम्भव हो वहाँ पर पुनःप्रचारण की कृषि अवश्य करें, 6. बीज बोने की मात्रा की दर उच्च रखें, जिससे आगे आने वाली कठिनाइयों से हुई क्षति कि पूर्ति हो सके। कुसम्भ की खेती की सम्भावनायें एक क्रमबद्ध कृषि की तौर पर भी काफी दिख रही हैं।

कुसुम्भ की कृषि के कई किस्म के क्रमबद्ध सस्यन किये जाते हैं। कृषक शुष्क खेत में कभी भी एक से अधिक सस्यें नहीं उगाते हैं। कुसुम्भ की जड़ें काफी गहराई तक जाने वाली तथा विस्तृत होती है। इस कारण इसकी जड़ें काफी गहराई से नमी शोषण करने की क्षमता रखती है जो कि अन्य किसी सस्य में सम्भव नहीं होता है। इस स्थिति में इस कारण से कुसुम्भ उगाने वाले क्षेत्रों में दोहरी फसलें उगाने की संभावनायें भी बढ़ जाती हैं। इसलिए ऐसे एकल फसलें उगाने वाले फलीदार पौधे- कुसुम्भ के लिए/क्रमबद्ध पद्धतियों की कृषि की पहचान की गई है। इनको कई जलवायु-कृषि क्षेत्रों में अपनाया भी गया है।

तालिका-62 : विभिन्न प्रदेशों में सुझाये गए कुसुम्भ के साथ अपनाये जाने वाली क्रमबद्ध पद्धतियाँ

प्रदेश	*क्रमबद्ध सस्यन*
कर्नाटक के परिवर्त्ती भाग (धारवाड़, बेलगांव एवं निकटस्थ क्षेत्र)	मूंग–कुसम्भ मूंगफली–कुसुम्भ
कर्नाटक के अल्पवृष्टि के क्षेत्र (मध्यम गहरी काली मिट्टी वाले क्षेत्र बीजापुर और विलारी के पश्चिमी भाग)	मूंग–कुसुम्भ संकर ज्वार–कुसुम्भ, काकुन–कुसुम्भ
आन्ध्रप्रदेश का उत्तरी तेलंगाना क्षेत्र (रंगारेड्डी के भाग, महबूबनगर जिला, अदीलाबाद, मेठक और निजामाबाद)	मूंग–कुसुम्भ, मक्का–कुसुम्भ, छोटा खाद्यान्न–कुसुम्भ, संकर ज्वार–कुसुम्भ, तिल–कुसुम्भ

प्रदेश	क्रमबद्ध सस्यन
महाराष्ट्र के वर्षा के लिए आश्वासित क्षेत्र (खानदेश प्रदेश, मराठवाड़ा के कुछ भाग एवं विदर्भ)	मूंग-कुसुम्भ, उडद-कुसुम्भ, संकर ज्वार-कुसुम्भ, मूंगफली-कुसुम्भ, तिल-कुसुम्भ, सूरजमुखी-कुसुम्भ, सोयाबीन-कुसुम्भ
महाराष्ट्र के शुष्क प्रभावित क्षेत्र	मूंग-कुसुम्भ, मूंग-कुसुम्भ, उड़द-कुसुम्भ
मध्य प्रदेश का मालवा पठारी भाग	सोयाबीन-कुसुम्भ, मक्का- कुसुम्भ, मूंगफली-कुसुम्भ, मूंगफली-कुसुम्भ
मध्य प्रदेश का छत्तीसगढ प्रदेश	उच्च-भूमि का धान-कुसुम्भ, सोयाबीन-कुसुम्भ
उत्तर प्रदेश का बुन्देलखण्ड क्षेत्र	लोबिया (चारा)-कुसुम्भ, मूंग-कुसुम्भ, संकर ज्वार-कुसुम्भ उच्चभूमि का धान-कुसुम्भ,
पूर्वी उत्तर प्रदेश	संकर बाजरा-कुसुम्भ, मूंग-कुसुम्भ, उड़द-कुसुम्भ, तिल-कुसुम्भ

कुसुम्भ का पारम्परिक अन्तर्सस्यन सामान्यतया ज्वार, गेहूँ, अलसी, चना, धनिया आदि के साथ किया जाता है। इसमें कोई संदेह नहीं कि कुसुम्भ की एकल फसल उगाने से अधिक लाभ हो सकता है अन्तर्सस्यन की तुलना में। फिर भी ऐसा माना जाता है कि यदि कुसुम्भ की कृषि उसके पारम्परिक कृषि क्षेत्रों में एकल फसल की तरह उगाने की अपेक्षा, इसके अन्तर्सस्यन से क्षेत्र विशेष के लिए कुछ फसलों का उत्पादन बढाने में अधिक वृद्धि हो सकती है। इसकी अन्तर्सस्यन के समय ये देखना चाहिए कि इसे ठीक समय पर बोया जाए। यह समय हर क्षेत्र के लिए भिन्न होता है। जो मुख्य फसल है, उसकी बीज की दर सामान्य ही होनी चाहिए। कुसुम्भ के लिए उसकी बीज की दर का समान्वयन फसल की ली जाने वाली पंक्ति के अनुपात से निश्चित होता है। इन सब बातों को ध्यान में रखकर यदि कुसुम्भ का अन्तर्सस्यन किया जाए तो लाभ अधिक हो जायेगा।

तालिका-63 : देश के विभिन्न प्रदेशों में कुसुम्भ का सुझाया गया अन्तर्सस्यन

प्रदेश	*सुझाया गया नया अन्तर्सस्यन पद्धति*	*पंक्ति अनुपात (अन्तर्सस्यन : कुसुम्भ)*
1	*2*	*3*
आन्ध्रप्रदेश	चना+कुसुम्भ	3:1 या 2:1
	गेहूँ+कुसुम्भ	3:1 या 2:1
	धनिया+कुसुम्भ	3:1 या 2:1
	अलसी+कुसुम्भ	3:1 या 2:1
कर्नाटक	चना+कुसुम्भ	3:1
	धनिया+कुसुम्भ	3:1 या 2:1
	गेहूँ+कुसुम्भ	3:1 या 5:1
मध्यप्रदेश	चना+कुसुम्भ	6:2 या 4:2 या 2:1
	अलसी+कुसुम्भ	6:2 या 2:1
	चौलाई+कुसुम्भ	6:2
	सरसों+कुसुम्भ	6:2
महाराष्ट्र	चना+कुसुम्भ	3:1 या 2:1
	गेहूँ+कुसुम्भ	3:1 या 2:1

1	*2*	*3*
	अलसी+कुसुम्भ	3:1 या 2:1
	धनिया+कुसुम्भ	3:1
उत्तर प्रदेश (पूर्वी एवं	अलसी+कुसुम्भ	3:1
बुंदेलखण्ड प्रदेश)	चना+कुसुम्भ	3:1
	जौ+कुसुम्भ	6:2
	तोरिया+कुसुम्भ	1:2

कुसुम्भ की कृषि वर्षा पर आधारित क्षेत्रों के लिए एक बहुत ही लाभदायक कृषि हो सकती है। अखिल भारतीय समन्वित अनुसंधान के अन्तर्गत किये गए प्रयोगों से तथा व्यक्तिगत काश्तकारों के द्वारा ली गई फसलों से यह साफ जाहिर होता है कि कुसुम्भ की एकल कृषि से उत्पादन में बहुत लाभ है बजाए इसे रबी ऋतु में उगाई जाने वाली परम्परागत अन्य फसलों की तुलना है। इतना ही नहीं इसकी मुख्य मृदा-पट्टी में ही इसकी बहुत अच्छी सम्भावनायें हैं, अपितु देश की विभिन्न कृषि-जलवायु के क्षेत्रों में भी इसकी सफलतापूर्वक लाभप्रद कृषि ली जा सकती है। इस बात के लिए इस सस्य में काफी शक्यता उपलब्ध है।

सूरजमुखी की कृषि बसन्त ऋतु की खेती के लिए भी ली जा सकती है।, ऐसी पारम्परिक सस्यों के बाद जैसे आलू, लोबिया, कपास और धान जहाँ सूरजमुखी की कृषि का आरम्भ करना हो केवल उत्तरी भारत के कुछ भागों में तीन सस्यों का अनुक्रम जैस- मक्का-आलू-सूरजमुखी से अधिक उत्पादन क्षमता प्राप्त होती है।

तालिका-64 : शुष्क जलवायु वाले क्षेत्रों में उगाई जाने वाली सस्यें जिनके साथ कुसुम्भ के साथ कृषि से लाभप्रद प्रतिस्थापन्न लिया जा सकता है:-

स्थान	*सस्य उपज (टन/हैक्टर)*							
	ज्वार	*कुसुम्भ*	*कपास*	*चना*	*गेहूँ*	*अलसी*	*सरसों*	*जौ*
कर्नाटक	2.67	1.29	0.49	0.29	–	–	–	–
बीजापुर	2.03	1.79	1.05	0.94	0.80	–	–	–
अनीगेरी	2.02	1.69	0.74	2.46	1.36	–	–	–
महाराष्ट्र सोलापुर	1.56	1.38	1.40	–	0.90	–	–	–
म0प्रदेश इन्दौर	–	2.21	–	1.53	1.59	0.56	–	–
राजस्थान उदयपुर	–	1.71	–	1.29	1.53	0.95	1.03	2.75
उ0प्रदेश वाराणसी	–	1.94	–	2.56	2.20	1.29	1.26	2.68
झांसी	–	1.35	–	0.79	–	0.72	1.12	1.01

तालिका-65 : शुष्क जलवायु में उगाई जाने वाली सस्ये जिनका कुसुम्भ से लाभप्रद प्रविस्थापन्न किया जा सकता है।

प्रदेश	*सस्यें*
महाराष्ट्र एवं आन्ध्रप्रदेश के कुछ भागों में	शुष्क कृषि का गेहूँ, अलसी तथा चना
कर्नाटक-विलारी, रायपुर एवं चित्रदूर्ग जिले	शुष्क खेती गेहूँ तथा धनिया
धारवाड, बीजापुर तथा बेलगांव जिल	गेहूँ की शुष्क खेती एवं अलसी
म.प्रदेश-मालवा का पठार	गेहूँ शुष्क कृषि एवं चना, अलसी
छत्तीसगढ प्रदेश	चना, अलसी और उड़द
गुजरात का तटीय इलाका (भाल)	असिंचित गेहूँ
उत्तरप्रदेश-पूर्वी क्षेत्र के कुछ भाग	असिंचित गेहूँ, अलसी, चना
बुंदेलखण्ड प्रदेश	रामतिल एवं चना
दक्षिणी पूर्वी राजस्थान-उदयपुर के नजदीकी भाग	अलसी, सरसों, असिंचित गेहूँ एवं जौ
बिहार (पठारी भाग)	अलसी, मसूर
उड़ीसा की परती मध्यम मृदायें	उड़द, चना

यदि सूरजमुखी के बाद सूरजमुखी की ही सस्य को चक्र में लिया जाए तो इससे खेत में तुलासिता बीमारी का प्रकोप बढ़ जाता है सूरजमुखी के बीज का ऐप्रौन 35 एस.डी./6 ग्राम/किलोग्राम बीज तथा इस व्याधि से रोधी किस्मों जैसे एल.डी.एम.आर.एस.एच.1 एवं 3 को बोने से खासकर स्थानिक दशा में से उत्पादन में काफी वृद्धि संभव है।

धान के बाद परती खेतों में सूरजमुखी की खेती करने से इसकी उत्पादन में काफी वृद्धि की सम्भावना है। इस फसल की कृषि हल्की मिट्टी तथा उच्च जल-तल के साथ काफी सरल होता है, जैसे कि तटीय मृदाओं में संभव है।

सूरजमुखी की सस्य कई **अनुक्रमिक सस्य** शैलियों मे भली-भांति योग्यता के साथ उगाई जा सकती है, क्योंकि इस सस्य की तुलनात्मक प्रकाश और तापमान के प्रति इसकी सहिष्णुता के कारण लघु दिवसीय किस्मों को उत्तरवर्ती सस्यों की पद्धति से भली-भांति लिया जा सकता है।

तालिका-66 : विभिन्न राज्यों के लिए अनुमोदित सस्य अनुक्रम सूरजमुखी के साथ

प्रदेश		*सस्य की किस्म*	*अनुक्रमित सस्यें*
1		*2*	*3*
कर्नाटक	दक्षिणी प्रदेश	वर्षा पर आधारित	सूरजमुखी-रागी, लोबिया-सूरजमूखी
		सिंचित कृषि	धान-सूरजमुखी, लोबिया-सूरजमुखी-मक्का, मूंगफली-सूरजमुखी-रागी, ज्वार-सोयाबीन-सूरजमुखी, कपास-सूरजमुखी, अरहर+लोबिया-सूरजमुखी मक्का-सूरजमुखी-मूंगफली, सूरजमुखी-मूंगफली
	उत्तरी प्रदेश	वर्षा पर आधारित	सूरजमुखी-गेहूँ/चना/कुसुम्भ, मूंगफली-सूरजमुखी

1		2	3
		सिंचित कृषि	कपास–सूरजमूखी, कपास+उड़द/मूंग+सूरजमुखी धान–सूरजमुखी, सोयाबीन–सूरजमूखी, मक्मा–सूरजमुखी, सूरजमुखी–चना, सूरजमुखी मूंगफली
तमिलनाडु		वर्षा पर आधारित	मूंगफली–सूरजमुखी
		सिंचित कृषि	सूरजमुखी–धान–तिल/उड़द/तरबूज मूंग–धान–सूरजमुखी–धान
आन्ध्र प्रदेश	(तेलंगाना और रायलसीमा)	वर्षा पर आधारित	खरीफ दाले–सूरजमुखी, छोटे खाद्यान्न–सूरजमुखी मूंगफली–सूरजमूखी, ज्वार–सूरजमुखी
		सिंचित कृषि	धान–सूरजमुखी–मूंग, धान–सूरजमुखी, तिल–सूरजमुखी–मूंगफली

सूरजमुखी कई सस्य पद्धतियों के अन्तर्गत एक महत्त्वपूर्ण घटक के रूप में लिया जाता है। इस सस्य का विभिन्न कृषि जलवायु क्षेत्रों के लिए इसकी भिन्न-भिन्न जातियों का अनुकूलन ही इसकी विशेषता है। जल्दी पकने वाली किस्में जिनमें शाखायें नहीं निकलती हैं और सस्य की लचीली प्रकृति इसे इस लायक बनाती हैं कि इसकी अन्तर्सस्यन की पौष्टिक आवश्यकतायें एकल सस्य की तुलना में अधिक होती हैं। बंगलोर की लाल बालुई दुमट मृदा में प्रयोगों में देखा गया है कि यहाँ पर उच्च उत्पादन एवं शुद्ध लाभ अरहर और सूरजमुखी के अन्तर्सस्यन में तभी मिली जब उनके एकल सस्य के लिए अनुमोदित उर्वरक की मात्राओं को दिया गया, दोनों घटक सस्यों के अलग-अलग देय उर्वरक के बराबर। धारवाड़ में अनुमोदित उर्वरक को मूंगफली+सूरजमुखी के अन्तर्सस्य में मूंगफली की एकल सस्य में दी गई 100% उर्वरक मात्रा पर देने से ही सबसे उच्च उत्पादन प्राप्त हुआ था। लाटूर (महाराष्ट्र) की मध्यम काली मृदा में मूंगफली में फॉस्फोरस की दी जाने वाली कुल अनुमोदित मात्रा (एकल सस्य में), और सूरजमुखी की एकल सस्य में सभी उर्वरकों की अनुमोदित मात्राओं को मूंगफली+सूरजमुखी के अन्तर्सस्यन में देने से सबसे अधिक उपज तथा सबसे अधिक धन लाभ प्राप्त हुआ है।

अन्तर्सस्यन की पौष्टिक आवश्यकतायें एकल सस्य की तुलना में अधिक होती हैं। बंगलोर की लाल बालुई दुमट मृदा में प्रयोगों में देखा गया है कि यहाँ पर उच्च उत्पादन एवं शुद्ध लाभ अरहर और सूरजमुखी के अन्तर्सरस्यन में तभी मिली जब उनके एकल सस्य के लिए अनुमोदित उर्वरक की मात्राओं को दोनों घटक सस्यों के अलग-अलग देय उर्वरक के बराबर दिया गया। धारवाड़ में अनुमोदित उर्वरक को मूंगफली+सूरजमुखी के अन्तर्सस्यन में मूंगफली की एकल सस्य में दी गई 100% उर्वरक मात्रा पर देने से ही सबसे उच्च उत्पादन प्राप्त हुआ था। प्रयोगो से सिद्ध हुआ है कि लाटूर (महाराष्ट्र) की मध्यम काली मृदा में मूंगफली की फसल में फौस्फोरस की दी जाने वाली कुल अनुमोदित मात्रा (एकल सस्य में) और सूरजमुखी की एकल सस्य में सभी उर्वरकों की अनुमोदित मात्राओं की मूंगफली + सूरजमुखी के अन्तर्सस्थन में देने से सबसे अधिक उपज तथा सबसे अधिक धन लाभ प्राप्त हुआ है।

क्रमबद्ध सस्य पद्धतियों के लिए एक आदर्श सस्य के रूप में माना जाता है। सूरजमुखी का अन्तर्सस्यन इसलिए किया जाता है, क्योंकि ऐसा करने से साथ ही जो सस्य के विभिन्न कारणों से हानि होने से (विशेषकर शुष्क खेती की दशा में) आर्थिक हानि अधिक न हो। यह दशा जलवायु की विभिन्न दशाओं के आने से होती

है। भारत में लगभग 70% भूमि असिंचित खेती की है। जिससे इस दशा में सस्य उत्पादन एक प्रकार का जुआ ही रहता है। अधिकतर ऐसी सस्यों और किस्मों जिनका संलवन 120–140 दिनों के अन्दर हो जाता है। इनके लिये सत्य है। उनमें सूरजमुखी की 75–100 दिन में पकने वाली सस्य एक ऐसा अच्छा आधार प्राप्त हो सकता है। इससे सस्य की उत्पादन पद्धति से सबसे अधिक लाभकारी परिणाम प्राप्त हो सकते हैं। इस प्रकार के सस्यन में कम से कम किन्हीं दो अन्तरर्सस्यन सस्यों के बीच में कम प्रतिस्पर्धा होती है। सूरजमुखी+अरहर एवं सूरजमुखी+ मूंगफली का तो दक्षिणी राज्यों में आम अन्तरसस्यन लिया जाता है। इनमें पंक्तियों की दूरी पहले ही निश्चित करने से अच्छा धन लाभ होता है। सूरजमुखी+अरण्ड का आन्ध्रप्रदेश तथा गुजरात में अन्तरसस्यन, सूरजमुखी+सोयाबीन का महाराष्ट्र एंव विदर्भ प्रदेशों में अन्तर्सस्यन सूरजमुखी+ उड़द की अन्तरसस्यन तमिलनाडु में एक आम बात है। औसतन प्रयोगों में सिद्ध हुआ है कि मूंगफली+सूरजमुखी से 36% अधिक उपज का फायदा होता है, जबकि अरहर+सूरजमुखी से 24% उपज का फायदा होता है एकल सस्य उगाने की तुलना में। छोटी ऊँचाई एवं कम समय में पकने वाली सूरजमुखी की किस्में अन्तर्सस्यन के लिए लाभकारी होती हैं ऐसी किस्मों को यदि लम्बी अवधि की अरहर की जातियों के साथ उगाया जाए। इस प्रकार से लम्बे अवधि की अरहर की किस्मों को अल्प अवधि की सूरजमुखी की जातियों के साथ उगाने से (4 : 2 पंक्ति अनुपात) अधिक अच्छे परिणाम प्राप्त हुये हैं, बजाए पंक्ति अनुपात को 2 : 4 रखने की तुलना में। प्रयोगों में यह भी देखा गया है कि 1 : 4 का भूमि तुल्य अनुपात सूरजमुखी+अरहर 1 : 2 के अनुपात में दोनों ही सस्यों का उत्पादन बढ़ा है। उच्च उत्पादन तथा भूमि तुल्य अनुपात उस दशा में प्राप्त हुआ जब अरहर की पौध संख्या 100% तथा सूरजमुखी की पौधे–संख्या 50% की संख्या रखी गई थी जब सूरजमुखी की बोआई देर से अन्तर्सस्यन के लिए की गई। जब अरहर के पौधें पूर्णतया स्थापित हो चुके थे (45 दिन बाद 1 : 1 अनुपात में), 120 से.मी. पंक्ति–दूरी पर बोने से भी उच्च उत्पादन एवं उच्च भूमि –तुल्य अनुपात मिला। इसमें 50% पौध संख्या अरहर की थी तथा 100% पौध संख्या सूरजमुखी की थी। ऐसा बैंगलोर में किये गए प्रयोगों से सिद्ध हुआ है।

तालिका–67 : भारत में विभिन्न कृषि जलवायु वाले क्षेत्रों में सूरजमुखी की लिए जाने वाले उत्तम अन्तर्सस्य पद्धतियाँ

राज्य	*भूमि प्रकार*	*कुशल अन्तर्सस्यन*	*पंक्ति*	*भूमि तुल्य अनुपात*
1	*2*	*3*	*4*	*5*
कर्नाटक	अल्फीसौल्स	मूंगफली+सूरजमुखी	4:2	1.60
	अल्फीसौल्स	मूंगफली+सूरजमुखी	3:1	1.46
	अल्फीसौल्स	अरहर+सूरजमुखी	1:2/1:1	1.46
	अल्फीसौल्स	रागी+सूरजमुखी	4:2	1.25
	मर्टीसोल्स (सामान्य गहरी)	अरहर+सूरजमुखी	3:1	1.29
महाराष्ट्र	मर्टीसौल्स	अरहर+सूरजमुखी	3:2	1.30
	मर्टीसौल्स	सोयाबीन+सूरजमुखी	2:1	1.60
	मर्टीसौल्स	मूंगफली+सूरजमुखी	6:2	1.40
आन्ध्रप्रदेश	अल्फीसौल्स	मूंगफली+सूरजमुखी	6:2	1.20
	अल्फीसौल्स	अरहर+सूरजमुखी	1:2	1.00
	अल्फीसौल्स	अरण्ड+सूरजमुखी	1:2	1.02
तमिलनाडु	अल्फीसौल्स	मूंगफली+सूरजमुखी	3:1	1.20
	अल्फीसौल्स	अरण्ड+सूरजमुखी	1:1	1.02

1	2	3	4	5
गुजरात	मर्टीसौल्स	मूंगफली+सूरजमुखी	1:1	1.30
	मर्टीसौल्स (सिंचित)	मूंगफली+सूरजमुखी	1:1	1.30
अपारंपरिक क्षेत्र	इन्सेप्टोसौल्स	उड़द/मूंग+सूरजमुखी	4:2/3:1	1.20

सरसों और तारामीरा की कृषि एकल फसल के रूप में तथा मिश्रित सस्य दोनों ही तरह से की जाती है। कुछ किस्में ब्रेसिका जन्सिया (सरसों) जैसे पी.आर.आर.43, आर.एच.30, वरदान, आर. एच.781, लाहा-101, पूसा बोल्ड, संयुक्ता, आशेश ये सभी किस्में अन्तर्सस्यन के लिए उत्तम सिद्ध हुई हैं। फसलें जो कि काफी धन अर्जित करती है, उनकी सूची भिन्न-भिन्न प्रदेशों के लिए यहाँ पर दी जा रही है:-

तालिका-68 : विभिन्न प्रदेशों/राज्यों में अपनाये जाने वाले सरसों के अन्तर्सस्यन की पद्धतियाँ

गेहूँ+सरसों	(9:1)	सभी सरसों उत्पादन राज्यों में
चना+सरसों	(3:1)	उत्तरप्रदेश, हरियाणा, राजस्थान
आलू+सरसों	(3:1)	उत्तरप्रदेश
आलू+पीली सरसों	(1:1)	उत्तरप्रदेश
गन्ना+सरसों	(1:1)	उत्तरप्रदेश
गन्ना+तोरिया	(1:1)	उत्तरप्रदेश, हरियाणा, राजस्थान
तोरिया+गोभी सरसों	(1:1)	पंजाब
तोरिया+मसूर	(1:1)	उत्तरप्रदेश

देश के कई प्रदेशों में किये गए सस्य अनुक्रम पद्धतियों के अन्तर्गत अनुसंधान से निम्नलिखित सबसे अधिक धन लाभ के लिए गए अनुक्रमों को पाया गया है।

राज्य/प्रदेश	*सस्यों का अनुक्रम*
बिहार	मक्का-सरसों
दिल्ली	परती-सरसों
हरियाणा	बाजरा-सरसों
मध्यप्रदेश	परती-सरसों
पंजाब	परती-सरसों; बाजरा-सरसों
राजस्थान	परती-सरसों; ज्वार-सरसों; मक्का-सरसों बाजरा+लोबिया-सरसों; मूंग/उड़द/लोबिया-सरसों ज्वार(चारा)-सरसों
पूर्वी उत्तर प्रदेश (बनारस खण्ड)	मूंग/उड़द-सरसों; मक्का/बाजरा-सरसों; धान-सरसों; तिल-सरसों
मध्य उत्तरप्रदेश	मक्का-सरसों
पश्चिमी उत्तरप्रदेश (आगरा खण्ड़)	ज्वार-सरसों

कई प्रदेशों में सिंचित अनुक्रमिक पद्धति से लिए गए उच्च धन लाभ की पद्धतियां इस प्रकार है:-

राज्य/प्रदेश	*सिंचित अनुक्रमिक पद्धति*
1	*2*
बिहार	मक्का-तोरिया-गेहूँ; मक्का-सरसों/पीली सरसों मक्का-तोरिया-गेहूँ-मूंग

1	2
गुजरात	बाजरा-सरसों; मूंगफली/तिल-सरसों; मूंग-उड़द-सरसों
हरियाणा	बाजरा/मूंगफली-सरसों जल्दी की चारा फसल-सरसों
हिमाचल प्रदेश	मक्का/धान-सरसों
मध्यप्रदेश	परती/मूंग+सरसों
पंजाब	चारा/मंगू-सरसों; मक्का- तोरिया-गेहूँ/गन्ना; कपास-गेहूँ/सरसों/गोभी/सरसों
उड़ीसा	जल्दी की धान-तोरिया-तिल; जूट-तोरिया/सरसों-तिल
राजस्थान	मक्का/तोरिया/मूंग/लोबिया-सरसों
उत्तरप्रदेश	मक्का/चारा-सरसों-मूंग; उड़द/मूंग/लाबिया-सरसों; उच्चभूमि का धान/मक्का-सरसों; मक्का-पतझड़ ऋतु का गन्ना-सरसों; मक्का-आलू+सरसों
पश्चिमी बंगाल	उच्चभूमि का धान-सरसों; जूट-सरसों
आसाम	धान-तोरिया-जूट/मूंग; जूट-गर्मियों का धान-तोरिया
जम्मू एवं कश्मीर	धान-भूरी सरसों

तालिका-69 : भिन्न-भिन्न प्रदेशों में मूंगफली के साथ अपनाये जाने वाले अन्तर्सस्यन

प्रदेश	*क्षेत्र*	*अन्तर्सस्यन*	*मुख्य सस्य का अनुपात (मूंगफली का अन्तर्सस्य के साथ)*
1	2	3	4
कर्नाटक	धारवाड़	मूंगफली : संकर ज्वार	3:1
	बंगलौर	मूंगफली : रागी	6:1
	बीजापुर	मूंगफली : अरहर	4:1
	धारवाड़	मूंगफली : मिर्च या कपास	3:1
	बीजापुर	मूंगफली : सूरजमुखी	4:2
तमिलनाडु		मूंगफली : सूरजमुखी	3:1
		मूंगफली : बाजरा	6:1
		मूंगफली : अरण्ड	7:1
		मूंगफली : तिल	4:1
		मूंगफली : उड़द	6:1
		मूंगफली : कपास	5:1
आन्ध्रप्रदेश		मूंगफली : अरहर	4:1
		मूंगफली : बाजरा	3:1
		मूंगफली : ज्वार	3:1
		मूंगफली : अरण्ड	6:1
		मूंगफली : बाजरा	6:1

1	*2*	*3*	*4*
महाराष्ट्र	राहुरी	मूंगफली : अरहर	3:1
	जलगांव	मूंगफली : कुसुम्भ	4:2
		मूंगफली : ज्वार	4:1
		मूंगफली : बाजरा	4:1या 6:2
		मूंगफली : अरहर	6:1या 8:1
गुजरात	सौराष्ट्र	मूंगफली : बाजरा	1:1
		मूंगफली : सूरजमुखी	1:1
		मूंगफली : तिल	1:1
		मूंगफली : अरण्ड	3:1या 5:1
		मूंगफली : अरहर	5:1 या 8:1

मध्य भारत में **सोयाबीन** की अन्तर्सस्य को लेने अरहर, कपास तथा ज्वार के साथ लेने का एक बड़ा इच्छित क्षेत्र है। बंगलौर में लिए गए एक सोयाबीन और अरहर के मिश्रित कृषि के प्रयोग में (1:2) से पता चला है कि इस प्रयोग से 1.7 टन/हैक्टर सोयाबीन तथा 0.5 टन/ हैक्टर अरहर की उपज प्राप्त हुई। मध्यभारत में तो परती भूमि में सोयाबीन की खेती से बहुत अधिक लाभ होता है। भारत में सामान्यतया पाये जाने वाले सस्यचक्र इस प्रकार से है–सोयाबीन–गेहूँ, सोयाबीन–आलू, सोयाबीन–मसूर, सोयाबीन–तम्बाकू तथा सोयाबीन–आलू–गेहूँ।

इस बात के काफी प्रमाण हैं कि मूंगफली के साथ कई सस्यों का जैसे सूरजमुखी, अरहर, मिर्च, कपास, बाजरा, मक्का तथा काकुन के साथ **अन्तर्सस्यन** लिया जा सकता है।

प्रयोगों में यह देखा गया है कि **मूंगफली–खाद्यान्न** के **अन्तर्सस्यन** में मूंगफली की उपज काफी कम हुई, तथा मूंगफली–दलहनी फसल के **अन्तर्सस्यन** में इसकी उपज पर कोई प्रभाव नहीं पड़ा।

सरसों, अलसी तथा कुसुम्भ के चने और **मसूर के मिश्रण** काफी प्रचलित हैं। प्रयोगों से देखा गया है कि चना+सरसों एवं मसूर+सरसों; चना+उड़द मध्य क्षेत्र में तथा चना+कुसुम्भ प्रायद्विपीय प्रदेश में सबसे अधिक लाभकारी मिश्रित सरसों का मेल है। इस पद्धति के अनुसार दलहनी फसल की पूरी संख्या का संधारण किया जाता है और तिलहनी फसल को बोनस सस्य की तरह उगाया जाता है। इस प्रकार की कृषि से उच्च उत्पादन और धन का अधिक लाभ होता है। प्रयोगों से यह भी सिद्ध हुआ है कि ऐसी सस्य की प्रजातियाँ जो कि एकल सस्यन में सबसे उच्च उत्पादन देती है, वे मिश्रित सस्य के रूप में भी ऐसा ही करती हैं।

ऐसा भी देखा गया है कि इन्सेप्टीसौल (कानपुर, उ.प्र.) की मिट्टी में ऐसा भी देखा गया कि विभिन्न चने के समपित्र्यैक भी आपस में उत्पादन में काफी भिन्नतायें दिखाते हैं। एकल सस्य में अर्ध–खड़ी किस्म बी.जी. 256 ने सबसे अधिक उत्पादन दिया (2.72 टन/हैक्टर) जबकि और जल्दी पकने वाली किस्म पी.डी.जी.84–16 ने उच्च उत्पादन देने के साथ–2 कुल उपज को भी बढ़ाया है जहाँ तक कि इस पद्धति का प्रश्न है

समपित्र्यैक	*चने का उत्पादन (टन/हैक्टर)*		*सरसों की उपज (टन/हैक्टर)*	*एकल सस्य की तुलना में मिश्रण पर प्रतिशत कमी*
	एकल	*अन्तर्सस्यन*		
बी.जी.256	2.72	1.58	1.07	41.9
बी.जी.261	2.18	1.47	1.40	35.5
बी.जी.267	2.44	1.38	1.40	43.4
पी.डी.जी.8416	2.53	1.51	1.38	40.3

बोने की शैली एवं पौधों की दूरी का काफी हद तक मिश्रणों में ली गई सस्यों का आपस की प्रतिस्पर्धा का भी सस्यों की उपज पर मिश्रित खेती के अन्तर्गत काफी प्रभाव पड़ता है। इसलिए यह आवयश्क होता है कि अच्छी उपज के लिए सस्य पौधों की रोपण की रेखागणित पर भी ध्यान दिया जाए। पिछले वर्षों के कुछ अध्ययनों से पता चला है कि पंक्ति में बोआई करने से बीज को मिश्रित पद्धति में छिटकवां बोने की तुलना में कहीं अच्छे परिणाम मिले हैं। क्यों कि पंक्ति में बोने से पौधों की उचित संख्या प्राप्त हो जाती है और कृषि कार्य करने की सुविधा के अतिरिक्त पौधों का एक सार वितरण भी हो जाता है।

राजमाश का अन्तर्सस्यन आलू के साथ बहुत अच्छा रहता है। यह इसलिए कि इसकी नाइट्रोजन की आवश्यकता की पूर्ति आलू में दी गई नाइट्रोजन से हो जाती है और फिर इसकी फसल जल्दी भी तैयार हो जाती है। आलू की चन्द्रमुखी किस्म की पंक्ति में बोने से (2:2 के अनुपात में) सबसे अच्छे परिणाम प्राप्त हुये हैं।

तालिका-70 : बोआई की पद्धतियों का उपज (किलो/हैक्टर)चने की फसल का अन्तर्सस्यन पर वर्षा पर आधारित क्षेत्रों में प्रभाव

सस्य	*अन्तर्सस्यन मिश्रित सस्यन बीज का मिश्रण की छिटकवाँ विधि से बोने पर*			*बोने की पद्धति अन्तर्सस्यन (2:1) पक्तियों की दूरी*		
	चना	*अन्तर्सस्यन*	*चने का समतुल्य*	*चना*	*अन्तर्सस्यन*	चने का समतुल्य
चना+जौ	660	1933	1384	1398	1279	1878
चना+सरसों	459	983	1935	1328	794	2520
चना+गेहूँ	811	1244	1514	1368	852	1749

सोयाबीन की मिश्रित खेती से यह फायदा होता है कि इससे सोयाबीन की उपज स्थिर हो जाती है। यह इस तरह से सम्भव होता है कि एक सस्य के उत्पादन में जो भी हानि हो उसकी दूसरी सस्य के उत्पादन द्वारा क्षतिपूर्ति हो जाती है। भारत में सोयाबीन की मिश्रित खेती रागी या तिल के साथ की जाती है। यदि काफी धन लाभ की कि फसलों के साथ भी लिया जाता है, जैसे-अरहर, ज्वार, बाजरा, मूंगफली, कपास इत्यादि, तो इससे अधिक लाभ होगा।

सोयाबीन और मक्का की मिश्रित कृषि में मक्का की उपज में कोई फर्क नहीं आता है, साथ ही सोयाबीन से 1.0-1.2 क्विंटल/हैक्टर सोयाबीन प्राप्त हो जाता है। सोयाबीन से खनिज नाइट्रोजन समतुल्य की मात्रा 41 तथा 82 किलो नाइट्रोजन/हैक्टर अग्रन्थीय सोयबीन के लिए तथा 43 और 78 किलो/हैक्टर सभी के लिए क्रमशः यह उस दशा के परिणाम हैं जब सोयाबीन की एक या दो पंक्तियों में बोआई की गई थी।

पुनः प्रचारित सस्य की पद्धति के परिणामों से पता चला है कि पूर्वी भारत में मसूर तथा खेसारी का इस पद्धति का बहुत प्रचलन है। यही बात छत्तीसगढ़ के इलाके के लिए भी सत्य है। इस पद्धति के अनुसार धान की फसल की कटाई के कुछ दिन पहले (7-10) दिन पहले ही सोयाबीन बोया जाता है। इस प्रकार की पद्धति का मुख्य उद्देश्य पौधों की अच्छी संख्या शीतऋतु की दलहनी फसलों की खेत में प्राप्त करना है। साथ ही पिछले फसल से अवशिष्ट मृदा में नमी का सदुपयोग करना है। मध्यम पकने की धान की किस्में ही इस प्रकार की पद्धति में ली जाती है। यह पुनः प्रचारण की विधि पिछली फसल के संलवन के पश्चात बोआई करने की तुलना में आधिक उत्पादक सिद्ध हुई हैं। यह इसलिए कि पुनः प्रचारण की फसल को पिछली सस्य से अवशिष्ट नमी की ज्यादा मात्रा मिलती है, जिससे वह अपने को भली-भांति स्थापित कर पाती है और पौधों की प्रति हैक्टर संख्या भी अधिक होती है।

रबी ऋतु की दलहनी फसलें पारम्परिक तौर पर (चना, मसूर, मटर आदि) गेहूँ या जौ के साथ मिश्रित फसलों के रूप में उगायी जाती है। परन्तु हाल के वर्षो में जब से बौने गेहूँ तथा जौ का विकास हुआ है तभी से रबी की दलहनी फसलों का मिश्रित कृषि का क्षेत्रफल निरन्तर घटता ही रहा है।

शीत ऋतु में आजकल इस ऋतु के तिलहनी फसलों (सरसों, अलसी) का मध्यप्रदेश के प्रायद्वीपीय क्षेत्र में काफी प्रचलन है। फसलों की अन्तर्सस्यन प्रयोगों से पता चला है कि उत्तरी मैदानी क्षेत्र में कुछ नये सस्य-चक्रों की उत्पत्ति हुई है, जिसमें कई प्रदेशों में इनका अच्छा विकास हुआ है। उत्तरी-पश्चिमी क्षेत्रों में यह देखा जाता है कि वहाँ पर धान और मसूर के सस्यचक्र को अपनाया जाता है। धान-चना/मसूर, मक्का-राजमाह/मटर का सस्यचक्र उत्तरीपूर्वी प्रायद्वीपीय प्रदेश में; कपास-चना उत्तरी पश्चिमी प्रायद्वीपीय प्रदेश में; तथा सोयाबीन-चना केन्द्रीय प्रदेश में अपनाये जाने के ये कुछ उदाहरण हैं।

तालिका-71 : विभिन्न शिम्बी पौधों के द्वारा ऊर्जा की बचत नाइट्रोजन की आर्थिक की दृष्टि से

पहले शिम्बी पौधों की फसल	*उत्तरोत्तरी खाद्यान्न की फसल*	*नाइट्रोजन की बचत मात्रा (किलो/हैक्टर)*	*ऊर्जा की बचत (10^3 जूल/है0)*
चना	मक्का	55–68	45–54
चना	बाजरा	40	32
मसूर	मक्का	18–30	14–24
मसूर	बाजरा	40	32
मटर	मक्का	20–32	16–25
मटर	बाजरा	40	32
खेसारी	मक्का	36–48	29–38

जिन क्षेत्रों की मृदायें समान्यतया भारी वयन की होती है, जिससे कि जब भी मिट्टी का पार्श्वचित्र का जब मानसून की वर्षा से एक बार पूर्णयता प्रभरण हो जाता है तो इसमें इतना पानी समाया रहता है कि इससे एक पूरी चने तथा मसूर की फसल की पूर्णतया आवश्यकता पूरी हो जाती है।

1. एकल सस्य पूर-प्रभावित एवं लाल (डियारा भूमि) क्षेत्रों में भी अपनाई जाती है। ये भूमियाँ पूर्वी उत्तरप्रदेश, बिहार, पश्चिमी बंगाल एवं उड़ीसा प्रदेशों में पाई जाती है। इस स्थिति में इन स्थानों पर चना, मसूर एवं मटर पूर के निर्वतन के बाद उगाई जाती हैं। इन ताल क्षेत्रों की मृदायें काफी उर्वरक होती हैं क्यों कि इनमें अच्छे उर्वरक खाद की मात्रा काफी मात्रा स्वभावत: में विद्यमान होती है।

2. द्विगुण सस्यन पद्धति ऐसे क्षेत्रों मे अपनाई जाती है, जहाँ पर काफी वर्षा निश्चितता से होती है। ऐसे क्षेत्र है-पूर्वी उत्तरप्रदेश, बिहार, पश्चिमी बंगाल या जिनमें सिंचाई की काफी सुविधा उपलब्ध हो, जैसे- पंजाब, हरियाणा, पश्चिमी उत्तरप्रदेश में। रबी ऋतु की दलहनी फसलें द्विगुणित सस्यन पद्धति के अन्दर उगाई जाती हैं (200% सस्यन गहनता)। व्याधियों का चक्र ध्वस्त होता है, एवं उत्पादन क्षमता का सर्वोत्तम परिणाम प्राप्त होता है। शीतकालीन दलहनी फसलें जैसे-चना, मसूर एवं मटर खरीफ का ज्वार, बाजरा, लघुदिवसीय कपास, मक्का एवं जल्दी पकने वाले धान की कृषि में इस पद्धति का उपयोग किया जाता है। पिछले कुछ वर्षो में शिम्बीकुल की फसल एंव खाद्यान्न के सस्यचक्र को ध्यान दिया जाने लगा है, जिसके परिणामस्वरूप मक्का+मूंग, बाजरा+मूंग आदि के सस्यचक्र भी सफलतापूर्वक अपनाये जाते हैं।

उड़द एक अल्पकालिक एवं छोटे कद की सस्य तथा जल्दी वृद्धि करने वाली सस्य होने के कारण इसे भिन्न-2 ऋतुओं में तथा जलवायु में उगाया जाता है।

अन्तर्सस्यन में इसे इस प्रकार से उगाया जाता है-1. अरहर+उड़द, 2. ज्वार+उड़द, 3. मक्का+उड़द, 4. बाजरा+उड़द, 5. मूंगफली+उड़द, 6. तिल+उड़द, 7. कपास+उड़द, 8. सूरजमुखी+उड़द, 9. सोयाबीन+उड़द, 10. गन्ना+उड़द, 11. अरण्ड+उड़द। पंक्तियों का अनुपात विभिन्न स्थानों पर भिन्न रखा जाता है, जो कि कृषक पर निर्भर करता है।

रबी ऋतु की दलहनी फसलें अन्यान्य **कृषि की सस्यन पद्धतियों** के अन्तर्गत अकेली उगाई जाती है। ये पद्धतियाँ ये हैं-

1. एकल सस्यन (100% सस्य गहनता) का चलन अधिकतर वर्षा पर आधारित क्षेत्रों में किया जाता है। इस प्रकार के क्षेत्र मध्य एवं प्रायद्वीपीय क्षेत्रों में पाये जाते हैं। इन क्षेत्रों में मानसून की वर्षा काफी कम होती है जिससे कि दो फसलें नहीं ली जा सकती हैं। साथ ही ऐसे क्षेत्रों की मृदा काफी चिकनी प्रकार की होती है, जिससे कि वर्षा ऋतु में इनके अन्दर कृषि कार्य करना कठिन होता है। ऐसी पद्धति के अन्तर्गत चना/मसूर का रबी ज्वार के साथ सस्यचक्र लिया जाता है या कहीं-कहीं पर डयूरम किस्म का गेहूँ भी साथ में लिया जाता है, जो कि द्विवर्षीय सस्यचक्र के अन्तर्गत लिया जाता है। मूंग का अन्तर्सस्य, अनुक्रमिक संस्यन इस प्रकार किया जाता है:-

वसन्त ऋतु का अन्तर्सस्यन	*अनुक्रमिक सस्यन*	
	खरीफ ऋतु	*रबी की ऋतु*
धान-धान-मूंग	मूंग-गेहूँ	अरहर+मूंग
धान-गेहूँ-मूंग	मूंग-सरसों	ज्वार-मूंग
आलू-गेहूँ-मूंग	मूंग-आलू	धान-मूंग
मक्का-गेहूँ-मूंग	मूंग-जौ	मक्का-मूंग

उन्तेरा कृषि पद्धति में मूंग के उगाने से भूमि का उत्तम प्रयोग हो जाता है और कृषक को सुस्त बैठने के बजाए कुछ काम के साथ-साथ आमदनी भी हो जाती है। वायुमंडल की नाइट्रोजन स्थीरीकरण से मिट्टी की उर्वरता भी बढ़ जाती है और प्रोटीन की मात्रा की उपज भी खाद से मिल जाती है।

कई क्षेत्रों में मूंग को अन्तर्सस्य की मिश्रित कृषि के रूप में भी उगाया जाता है। इसकी एक अल्पकालिक फसल होने के कारण और इसकी वृद्धि का तरीके के कारण इसे कई खाद्यान्नों के साथ अन्तर्सस्यन के रूप में भी उगाया जाता है, जैसे-1. अरहर-मूंग, 2. ज्वार+मूंग, 3. मक्का-मूंग।

मूंग की अल्पकालिक, किस्मों के विकसित होने से ये वे किस्में हैं, जिनका अल्प प्रकाशावधि के प्रति असहिष्णु या बिल्कुल ही प्रकाशावधि के प्रति उदासीन हैं, उनका विभिन्न सस्य पद्धतियों में बड़ा महत्त्वपूर्ण स्थान है। तीन महत्त्वपूर्ण बहु सस्यन पद्धतियों में जहाँ मूंग का अधिक महत्त्व है, वह है- पुनः प्रचारण सस्य, अन्तर्सस्यन एवं मिश्रित सस्य की पद्धतियाँ हैं। पुनः प्रचारण सस्यन के अन्तर्गत मूंग को अन्य सस्यों के साथ सस्य-चक्र में एक द्वयं सस्य की भांति उगाया जाता है। ये दोनों सस्य एक ही वर्ष में उगाई जाती है।

तालिका-72 : दलहनी फसलों के प्रचालित अन्तर्सस्यन पद्धतियाँ

अन्तर्सस्यन	*राज्यों के नाम जो अन्तर्सस्यन की पद्धतियाँ अपनाते हैं (दालों की किस्में)*
1.	*2.*
अरहर का अन्तरसस्यन	
बाजरा+अरहर	उत्तर प्रदेश (टी.7, बहार)
ज्वार+अरहर	मध्य प्रदेश (टी 7, ग्वालियर 3, सी.11, एन.पी. (प0क्षेत्र)15
	उत्तर प्रदेश (टी.7+बहार, टी.17)
	मध्य प्रदेश (टी.7, ग्वालियर-3, टी.17 एन.पी (प0क्षे0)15, सी-11)
	महाराष्ट्र (सी.11, बी.डी.एन. 2, नं. 148, एन.पी. 15 (प0प्र0)
मक्का+अरहर	बिहार (बहार, शरद, बसन्त, वी.आर.65)
	उत्तरप्रदेश (टी.7, बहार)
मूंगफली+अरहर	गुजरात (तूर 15-15, एन.पी. (प0क्षे0)15, वी.डी.एन.2)
(दोहरी पंक्तियों में)	आन्ध्रप्रदेश (सी.11, हा.3 सी, एल.आर.जी. 36, बी.डी.एन.1)
कपास+अरहर	मध्यप्रदेश (टी.7, ग्वालियर 3, (प0क्षे0) एन.पी. 15, सी.11
(दोहरी पंक्तियाँ)	महाराष्ट्र (सी.11, बी.डी.एन. 2, नं. 148, एन.पी.(प0प्र0)15,सी.11)
	मध्यप्रदेश (टी.7, ग्वालियर-3, एन.पी. प0क्षे015, सी-11)
	महाराष्ट्र (सी.11, बी.डी.एन. 1, बी.डी.एन. 2, नं. 148, एन.पी. प0प्र015)
	आन्ध्रप्रदेश (सी.11, हा.3 सी, एल.आर.जी.36, बी.डी.एन.1)
	कर्नाटक (सी.11, हा.3 सी, बी.डी.एन.1)
अरण्ड+अरहर	आन्ध्रप्रदेश (सी.11, हा.3 सी, एल.आर.जी.36, बी.डी.एन.1,एस.टी.1)
	गुजरात (तूर 15-15, एन.पी. प0क्षे0 15, बी.डी.एन.2)
	उत्तरप्रदेश (टी.7, ग्वालियर-3, एन.पी. प0क्षे015, सी-11)
छोटे खाद्यान्न+अरहर	बिहार (बहार, शरद, बसन्त, वी.आर.65)
	कर्नाटक (सी.11, हा.3 सी, बी.डी.एन.2)
हल्दी+अरहर	बिहार(बहार, शरद, बसन्त, वी.आर.65)
	राजस्थान (कृष्णा, पन्त यू.19, पी.डी.यू.।)
ज्वार+उड़द	मध्यप्रदेश (टी.9 पन्त यू.19, पन्त यू.30, के-3, पी.डी.यू.1, के-31)
कपास+उड़द	महाराष्ट्र (टी.9, टी.पी.एच. 1, पन्त यू.30, के-3, पी.डी.एच.1, सिन्धखेड़ा 1-1)
अरहर+उड़द	उत्तरप्रदेश (टी.9, पन्त यू.19, पन्त यू.30, के-3, पी.डी.यू.1, यू.जी.18)
	मध्यप्रदेश (टी.9, पन्त यू. 19, पन्त यू. 30, के-3, पी.एस 1, पी.डी.यू.1)
	बिहार (टी.9, नवीन, बी.आर.68, पन्त यू.19, पी.एस.1, पी.डी.यू.1)
गन्ना+उड़द	उत्तरप्रदेश (टी.9, पन्त यू.19, पी.डी.यू.1)
सूरजमुखी	उत्तर प्रदेश (टी.9, पन्त यू. 19, पी.डी.यू. 1)

क्रमशः

क्रमशः

1.	2.
लोबिया का अन्तर्सस्यन	
बाजरा+लोबिया	राजस्थान (सी152, जे.सी.5, आर.सी.19)
अरहर+लोबिया	कर्नाटक (सी.156, एस 488, भी-16, भी.24)
मूंग का अन्तर्सस्यन	
अरहर+मूंग	उत्तरप्रदेश (टी.44, पी.डी.एम.11, पी.डी.एम.54, पन्त मूंग 2, एम.एल. 267, पी.एस.16, पूसा 105)
	मध्यप्रदेश (टी 44, पी.डी.एम.11, पी.डी.एम.54, एम.एल.267, पी.एस.16, पूसा 105)
	राजस्थान (टी.44, पी.डी.एम.11, पी.एस.16, एम.एल.337, एस 8)
ज्वार+मूंग	मध्यप्रदेश (टी 44, पी.डी.एम.11, पी.डी.एम.54, एम.एल.267, पी.एस.16, पूसा 105)
कपास+मूंग	महाराष्ट्र (जलगांव781, पी.डी.एम 11, पी.डी.एम.54, एम.एल.267, पी.एस.16, पूसा 105)
	कर्नाटक (पूसा बसन्ती, एम.एल.131, पी.एस.16)
गन्ना+मूंग	उत्तरप्रदेश (टी 44, पन्त मूंग 2, पी.डी.एम.11, पी.डी.एम.54)
सूरजमूखी+मूंग	पश्चिमी बंगाल (टी 44, पी.डी.एम.11, बी.1)
उड़द का अन्तर्सस्य	
बाजरा+उड़द	उत्तरप्रदेश (टी.9, पन्त यू.19, पी.डी.यू.1, पी.एस.1, के-3)

बाजरे की कृषि में उत्तर भारत में कई **अनुक्रमिक चक्र** अपनाये जाते हैं। राजस्थान एवं गुजरात में जहाँ वर्षा बहुत कम होती है, सभी बाजरा उगाने वाले क्षेत्रों में इन क्षेत्रों को 100% सस्य गहनता के लिए इस फसल की खेती की जाती है। इसका अर्थ यह हुआ कि इन क्षेत्रों में वर्ष भर में एक ही फसल ली जाती है (बाजरे की) जिससे कि यहां एकल-सस्यन की पद्धति अपनाई जाती है। प्रयोगों में यह देखा गया है कि बाजरे को यदि मूंफगली की फसल के बाद लिया जाए तो इससे बाजरे की उपज 23% बढ़ जाती है, लोबिया के बाद बोने से उपज 24% बढ़ती है तथा 12% उपज की बढ़ोतरी तब होती है, यदि इस सस्य को अरहर की सस्य के बाद बोया जाए। इतनी उपज की बढ़ोतरी तब होती है, जब मृदा में 60 किलो नाइट्रोजन प्रति एकड़ की मात्रा दी जाए। इन प्रदेशों के काश्तकार दो वर्ष में इसलिए बाजरा एक बार उगाते हैं और बीच में (वर्ष में) कोई शिम्बी कुल की फसल उगाते हैं।

जहाँ वर्षापात सुनिश्चित होता है, वहाँ बाजरा के साथ सस्य-चक्रों में उगाया जाता है- 1. बाजरा-जौ 2. बाजरा-गेहूँ, बाजरा-तोरिया आदि। इन सभी सस्य-चक्रों में बाजरा तो पूर्णतया वर्षा ऋतु की सस्य के रूप में उगाया जाता है और इसके बाद की रबी की सस्य को पूर्णयता संरक्षित नमी के ऊपर उगाया जाता है। रबी की फसल को यदि एक या दो सिंचाई मिल जाए तो अच्छा परिणाम मिलता है। इस प्रकार की पद्धति पश्चिमी उत्तरप्रदेश में अपनाई जाती है।

छोटे खाद्यान्नों में रागी ही सबसे अधिक कृषि के लिए अपनाई जाती है। इसे वर्षा पर आधारित क्षेत्रों में मिश्रित सस्य की तरह उगाया जाता है। उत्तरी पहाड़ी क्षेत्रों में यह एकल फसल के रूप में वर्षा पर आधारित सस्य के रूप में उगाई जाती है। साथ ही अन्य छोटे खाद्यान्नों की भी इस ऋतु में कृषि की जाती है।

उत्तरी भारत में **मक्का के ये सस्यचक्र** अपनाये जाते हैं-

1. मक्का-आलू-तम्बाकू, 2. मक्का-आलू-गन्ना, 3. मक्का-गेहूँ+चना-मक्का-बरसीम, 4. मक्का-सरसों-कपास-मटर, 5. मक्का-अलसी, 6. मक्का-चना। मिश्रित सस्यों में इसे ज्वार, बाजरा, उड़द, मूंग, लोबिया, ग्वार एवं छोटे खाद्यान्नों के साथ भी उगाया जाता है।

अरहर को कई सस्य चक्रों के साथ मिलाया जाता है, इस पौधे की वृद्धि की प्रतिकृत ऐसी है कि इसे कई कृषि-जलवायु क्षेत्रों में सहजता से मिलाया जा सकता है। आरम्भ की मन्दगति की वृद्धि, गहरी जड़ों का होना, सूखे के प्रति सहिष्णुता आदि कुछ ऐसे गुण है, जिससे इस पौधे को अन्यान्य सस्य-चक्रों एवं मिश्रणों के लिए स्वीकारा जाता है। अल्प विकसीय किस्में जिनमें कम सहिष्णुता नमी एवं भा-प्रभाव के प्रति होती है-ऐसी किस्मों का विकास किया गया है, जो कि पारम्परिक किस्मों की जगह ले चुकी है। नई विकसित किस्मे, अति अल्प दिवसीय किस्में है (110 दिन से कम में पकने वाली) एवं अल्प दिवसीय किस्मों (110-130 दिन में पकने वाली) श्रेणी की है। ये किस्में एक बहुत बड़े भौगोलिक प्रदेश के लिए अनुकूल है और इनको कई प्रकार के सस्य पद्धतियों में अपनाया जाता है।

1. अन्तर्सस्य पद्धतियाँ जिनमें अरहर को खाद्यान्नों के साथ उगाया जाता है-

ज्वार+अरहर

रागी+अरहर

मक्का+अरहर

बाजरा+अरहर

धान+अरहर

शिम्बी जाति के पौधों के साथ-

अरहर+मूंग

अरहर+उड़द

अरहर+सोयाबीन

अरहर+सेम

अरहर+लोबिया

अन्य सस्यों के साथ-

अरहर+मूंगफली

अरहर+तिल

अरहर+अरण्ड

अरहर+कपास

अरहर+गन्ना

अरहर+सूरजमुखी

2. अनुक्रमिक अरहर का सस्यन

अरहर–गेहूँ/सरसों–मूंग

अरहर+मूंग–गेहूँ/सरसों

अरहर+उड़द–गेहूँ/सरसों

अरहर+सोयाबीन–गेहूँ/सरसों

अरहर+लोबिया–गेहूँ/सरसों

मक्का–अरहर

अरहर–गन्ना

अरहर–आलू–उड़द/मूंग

इस अनुक्रमिक सस्यन में अरहर की उपयोगिता इस बात पर निर्भर करती है कि क्या सस्य को समयानुसार या देर से बोया जाना है, क्या सिंचित बोना है, या निश्चित वर्षापात की अवस्था में बोना है, या अल्पकालिक किस्मों का बीज उपलब्ध है या नहीं। इसके साथ ही यह भी देखना होता है कि अरहर की फसल के क्या–क्या पूरक प्रभाव मृदा की उर्वरता के ऊपर होते हैं। पौष्टिक तत्वों के पुनर्निमाण पर क्या प्रभाव होता है, तृणकों के छादन का प्रभाव एवं भूमि में विद्यमान नमी का किस तरह कुशलतापूर्वक उपयोग होता है, भिन्न–भिन्न सस्यन विधियों में आदि। देश में अरहर का वास्तव में विभिन्न सस्यन पद्धतियों के अन्तर्गत अधिक क्षेत्रफल नहीं है एकल सस्य के क्षेत्रफल की तुलना में।

इन फसलों के साथ पंक्तियों का अनुपात भिन्न–भिन्न होता है। अधिकतर खाद्यान्न 3:1, 6:1, या 6:2 के अनुपात में रखी जाती है। अल्प दिवसीय अरहर की किस्मों को अधिक पंक्ति की दूरी दिये बिना ही बोया जाता है। क्योंकि इन सस्यों का संलवन जल्दी हो जाता है इसलिए बाद में पकने वाली अरहर की सस्य से बिना हानि के उचित उपज सहित उगाया जाता है।

सस्य गहनता का आंकलन

खेती की गहनता ज्ञात करने के लिए विभिन्न सस्यों के अन्तर्गत क्षेत्रफल पहले ज्ञात करना होता है। उदाहरण की तौर पर यह योजना इस प्रकार से देखी जा सकती है, परती व हरी खाद को सम्मिलित नहीं किया जाता है। मिश्रित फसलों का आधा क्षेत्रफल ही जोड़ते हैं।

खेती की गहनता ज्ञात करने के लिए विभिन्न सस्यों के अन्तर्गत क्षेत्रफल ज्ञात करना आवश्यक है। उदाहरण में यह क्षेत्रफल निम्नलिखित है–

तालिका-73 : कृषि सस्यों के क्षेत्र की गहनता का आंकलन

खरीफ में बोई गई फसलें	*क्षेत्रफल हैक्टर में*	*रबी में बोई गई फसलें*	*क्षेत्रफल हैक्टर में*
कपास	9	मेथी	9
गन्ना	15	गेहूँ	19
पेडी	15	बरसीम	17
चरी	10	चना	7
मक्का	17	आलू	6
ज्वार	9	मटर	4
ग्वार	2	फूलगोभी	1.5
भिंडी	1.5	टमाटर	1.5
बैंगन	1.5	–	–
योग	**80**	**योग**	**65**

कुल योग 80 + 65 = 145 एकड़

सस्य गहनता = $\frac{145}{65} \times 100$ =152.6% उत्तर = 152.6%

उदाहरण: एक 50 एकड़ के कृषि लिए सस्य योजना तैयार कीजिए। फार्म पर नहर द्वारा सिंचाई की जाती है। फार्म की भूमि दोमट है। इस क्षेत्र में औसत वर्षा लगभग 30 इंच होती है। फार्म पर अग्रलिखित फसलचक्र प्रचलित है–

1.	धान–मटर, धान–चना	2 वर्ष
2.	धान–मटर, गन्ना–पेड़ी, परती गेहूँ	3 वर्ष
3.	मक्का–बरसीम, चरी–बरसीम	2 वर्ष
4.	मक्का, आलू, गन्ना	2 वर्ष
5.	धान–चना, ज्वार+ग्वार–जौ	2 वर्ष
6.	हरी खाद–गेहूँ	1 वर्ष

सस्य चक्र में कुल सस्यों की संख्या फसल–चक्र की गहनता सस्य चक्र के वर्षो की संख्या सस्य उत्पादन की गहनता सस्यों के अन्दर कुल क्षेत्रफल, फार्म का वास्तविक क्षेत्रफल, संस्यों का उत्पादन किया गया हो।

तालिका-74 : एक क्षेत्र के चार वर्ष के उत्पादन कार्यक्रम

फसलचक्र की क्रम संख्या	खेत की क्रम संख्या	खेत का क्षेत्रफल हैक्टर में	प्रथम वर्ष		दूसरे वर्ष		तीसरे वर्ष		चौथे वर्ष	
			खरीफ	रबी	खरीफ	रबी	खरीफ	रबी	खरीफ	रबी
1.	अ1	3.6	कपास	मेथी	गन्ना	–	पेडी	–	परती	गेहूँ
	अ2	3.6	गन्ना		पेडी		परती	गेहूँ	कपास	मेथी
	अ3	3.6	पेडी		परती	गेहूँ	कपास	मेथा	गन्ना	
	अ4	3.6	परती	गेहूँ	कपास	मेथी	गन्ना		पेडी	
2.	ब1	4	चरी	बरसीम	चरी	बरसीम	चरी	बरसीम	चरी	बरसीम
3.	स1	5	मक्का	बरसीम	ज्वार	चना				
	स2	5	ज्वार	चना	मक्का	बरसीम				
4.	द1	4	मक्का	आलू	गन्ना		पेडी		हरी खाद	गेहूँ
	द2	4	गन्ना		पेडी		हरीखाद	गेहूँ	मक्का	आलू
	द3	4	पेडी		हरीखाद	गेहूँ	मक्का	आलू	गन्ना	
	द4	4	हरीखाद	गेहूँ	मक्का	आलू	गन्ना		पेडी	
5.	य1	1.6	ग्वार+ज्वार	मटर	मक्का	गेहूँ				
	य2	1.6	मक्का	गेहूँ	ग्वार+ज्वार	मटर				
6.	र1	0.6	भिंडी	फूलगोभी	बैंगन	टमाटर				
	र2	0.6	बैंगन	टमाटर	भिंडी	फूलगोभी				
	योग	**38.6**								

9. खरपतवार या तृणक

खरपतवारों के द्वारा की जाने वाली फसल उत्पादन की हानि एक आम और जटिल समस्या है। यदि कोई खेत खरपतवारों से भरा है तो उस खेत से किसान की मेहनत मजदूरी के व्यय का पूरा लाभ नहीं मिल सकेगा। खरपतवार अनेकानेक विधियों से फसलों को कभी कम कभी अत्यधिक हानि पहुँचाते हैं। रोग तथ कीट व्याधियों को आश्रय देने के साथ-साथ खरपतवार सस्यों के सबसे बड़े शत्रु होतें हैं। इसलिये यह आवश्यक है कि इनकी रोकथाम की जाय ताकि कृषक को अपनी मेहनत का पूरा फल मिल सके अन्यथा वह एक सामान्य उत्पादन भी नहीं ले सकेगा। खेती की संवर्धन विधियों का इस तरह से कुशल प्रबन्धन करना होता है कि ताकि वे क्रियायें सस्य के लिये अनुकूलतम तथा तृणकों के लिये घातक या हानिप्रद हों।

यदि इस श्रेणी में आने वाले पौधों को परिभाषित किया जाय तो, कह सकते हैं कि खरपतवार खेत में उगने वाले वे अंवाछित पौधे होते हैं, जो किसी खेत में बिना बोये जाने पर भी स्वयं उग आते हैं और जिनकी उपस्थिति कृषक को कई प्रकार से हानि पहुँचाती है। इन पौधों में कई ऐसी विशेषतायें पाई जाती हैं जिनकी वजह से ये पौधे फसलों के पौधों की अपेक्षा उगने, बढ़ने एवं फैलने में अधिक ओजस्वी तथा सफल होते हैं। इनके कई विशेष अवगुण इस प्रकार से हैं:-

1. इनमें जड़ों का विकास काफी बड़ी मात्रा में होता है, जिससे इनकी भूमि में प्रति पौधा क्षेत्रफल अधिक होने के साथ-साथ इनकी जड़ें काफी गहराई तक जाती हैं। इनकी जड़ों में फसलों की जड़ों की तुलना में वृद्धि अधिक जल्दी होती है। ऐसा देखा गया है कि मिट्टी में हिरनखुरी की जड़ें 20 फीट, जवासे की जड़े 13 फीट, वायसुरी तथा कांस की जड़े 20 फीट तक की गहराई तक चली जाती हैं।

2. इनकी पत्तियों पर क्रियाशील पर्ण मुखी की संख्या अधिक होती है।

3. अधिकतर खरपतवारों की पत्तियों पर चिपचिपे दुर्गन्ध वाले पदार्थ पाये जाते हैं, अथवा छोटे कांटे या रोंयें होते हैं जिनसे पशु इनको खाते भी नहीं है। बिच्छू घास में तो पत्तियों के ऊपर जहरीले छोटे-छोटे कांटे होते हैं जिससे इनको कोई जीव-जन्तु छेड़ भी नहीं सकता है। इस प्रकार ये अपने शत्रुओं के प्रति सदैव सुरक्षित रहते हैं।

4. खरपतवार फसलों के पौधों की अपेक्षा अधिक बीज पैदा कर सकते हैं। चौलाई का एक पौधा लगभग 180000 बीज प्रति वर्ष पैदा कर लेता है। मकोय का एक पौधा 178000 बीज प्रतिवर्ष पैदा कर लेता है।

तालिका 75 : तृणकों के द्वारा विभिन्न फसलों में किये गये प्रयोगों से हुई उपज में हुई हानि

सस्य का नाम	*अनियमित खरपतवार के खेत में प्राप्त उपज किलो/हैक्टर*	*नियन्त्रित खरपतवारों के खेत से प्राप्त उपज कि./है.*
धान	उपज में 20–50% तक हानि	20 टन/हैक्टर
उच्च भूमि असिंचित	20–30% तक हानि	21–26 टन/हैक्टर
अधरभूमि असिंचित	10–40 प्रतिशत तक	21–22 टन/हैक्टर
गेहूँ	40 प्रतिशत तक	17–18 क्विंटल/हैक्टर
मक्का	20–30 प्रतिशत तक	769 किलो/हैक्टर
ज्वार	20–50 प्रतिशत	8 क्विंटल/हैक्टर
बाजरा	40%	1950 किलो/हैक्टर
जौ	25–30%	20–22 टन/हैक्टर
अरहर	20–60%	6–7 क्विंटल/हैक्टर
लोबिया	20–22%	6–8 क्विंटल/हैक्टर
मूंग	50–60%	8–10 क्विंटल/हैक्टर
उड़द	30–40%	6–7 क्विंटल/हैक्टर
मटर	30–40%	8–10 क्विंटल/हैक्टर
मसूर	30–35%	4–6 क्विंटल/हैक्टर
राजमाश	30–50%	4–6 क्विंटल/हैक्टर
चना	20–30%	4–6 क्विंटल/हैक्टर
सोयाबीन	50–70%	43–50%
मूंगफली	30–70%	43.8%
सरसों	10–20%	41–78% राई
सूरजमुखी	10–20%	800–1000 किलो/हैक्टर
कुसुम्भ	10–20%	800–1200 किलो/हैक्टर
तिल	20–30%	375–500 किलो/हैक्टर
गन्ना	25–30%	500–700 किलो/हैक्टर
आलू	30–35%	–
तम्बाकू	20–25%	–

5. खरपतवारों के बीजों की अंकुरण क्षमता लम्बे समय की होती है। उदाहरण के तौर पर ऐसा देखा गया है कि बथुये के बीज 25–30 वर्ष तक भूमि में सुरक्षित रहकर कभी भी अनुकूल समय आने पर उग आते हैं।
6. कई खरपतवारों, विशेषकर कम्पोजिटी कुल के बीजों पर हल्के बाल होते हैं जिनकी सहायता से बीज वायु के द्वारा सुगमता से कई मील इधर–उधर उड़ सकते हैं।

7. कुछ खरपतवारों के बीज मनुष्य के कपड़ों पर या पशुओं के शरीर पर चिपक जाते हैं। इस प्रकार इनका प्रसार होता रहता है। मनुष्य तथा पशुओं के देशाटन में इस बात का काफी महत्त्व है क्यों कि हमारे कई इस प्रकार के बीज मनुष्यों द्वारा जाने-अनजाने विदेशों से लाये गये हैं।
8. कुछ खरपतवारों के बीजों का आकार व रंग लगभग फसलों के बीजों की ही भांति का होता है जिसके कारण इसके बीजों को फसल के बीजों से अलग करना कठिन होता है। इसका उदाहरण है सरसों के बीजों में सत्यानाशी के बीज इसी प्रकार मिले रहते हैं कि उनको पहचानना एवं अलग करना बहुत मुश्किल होता है।
9. कुछ खरपतवार साथ में उगी फसल के साथ ही पक जाते हैं। इस स्थिति में उनके बीज फसल कटने के पहले ही भूमि में गिर जाते हैं या फसल के साथ ही काट लिये जाते हैं।
10. कई खरपतवार ऐसे भी होते हैं, जिनको यदि बीज बनाने से रोका जाय तो फिर भी वे अपने अन्य वनस्पतीय भागों द्वारा सुगमता से अपना प्रसारण करने में सक्षम होते हैं। जैसे-हिरनखुरी के जड़ों का भाग तथा मोथे के गाठें कई वर्षो तक भूमि में जीवित रहते हैं।
11. खरपतवार बीमारी तथा कीट-व्याधियों के आक्रमण को फसलों की तुलना में अधिक सरलता से सहन कर जाते हैं तथा इनको इनसे कम हानि होती है।
12. खरपतवार जलवायु की विषमताओं को अधिक कुशलता से सहन कर ले जाते हैं।
13. एक ही खरपतवार विभिन्न प्रकार की मिट्टियों में सफलता से उग सकती है।
14. खरपतवारों की जल-सम्बन्धी आवश्यकतायें स्वभावतः बहुत कम होती है। ये जल का काफी अंश फसल के जल से ही खींच लेती हैं।
15. खरपतवारों की अनुकूलन क्षमता इतनी अधिक होती है कि ये ऊसर, पथरीली, कंकरीली, दलदली, क्षारीय तथा अम्लीय भूमियों में अच्छी तरह उग सकती है।
16. खरपतवारों में अपने कठिन समय से हुई क्षति की पूर्ति करने की क्षमता अधिक होती है।
17. ये खरपतवार केवल उन्हीं कारकों के लिये फसल के पौधों से संघर्ष करते हैं, जिसकी उस वातावरण में कमी होती है।

खरपतवारों का वर्गीकरण

इस वर्गीकरण को करने में उनके उगने, बढ़ने, पकने का समय, उनकी आयु, उनकी वृद्धि के तरीके, उनकी भौतिकी तथा दैहिकी, उसकी भूमि तथा जलवायु सम्बन्धी आवश्यकतायें सस्यों के साथ सम्पर्क आदि कारकों को मुख्यतया आधार माना जाता है।

1. प्रथम वर्गीकरण

अ. **एक वर्षीय खरपतवार :** ये सामान्यतया बीजों द्वारा पैदा हाते हैं और उगने से पकने तक के जीवन चक्र को एक ही वर्ष में पूरा कर लेते हैं। मौसम के आधार पर इनको दो वर्गो में विभाजित किया जाता है।

1. मानसून के खरपतवार वे होते हैं, जो वर्षा ऋतु के आरम्भ होने पर उगते हैं। इनको खरीफ के खरपतवार भी कहते है। कामेलिना न्यूडिफ्लोरा (कैना), बोहरहेबिया डिफ्यूजा (विसरवपरा) तथा ट्रायेन्थमा मौनोगाइना (पत्थरचट्टा) इस श्रेणी के खरपतवार हैं।

2. **शरद् ऋतु के खरपतवार**–ये वर्षा के समाप्त होने पर सितम्बर–अक्टूबर में उगना आरम्भ कर देते हैं। रबी की फसलों के साथ इनमें वृद्धि होती है तथा उन्हीं के साथ पक कर तैयार भी हो जाते हैं। चीनोपोडियम एल्बम (बथुआ), चीनोपोडियम मूरेल (खर बथुआ), लैथाइरस ऐफैका (पिपारी) आर्जीमोन मैक्सीकाना (सत्यानाशी) आदि इस श्रेणी के खरपतवार हैं।

ब. द्विवर्षजीवी खरपतवार : वे होते हैं, जो अपना जीवन चक्र दो वर्षो में पूर्ण करते हैं। प्रथम वर्ष में ये अपनी वनस्पतिक वृद्धि करते हैं, जिस दौरान ये खाद्य पदार्थ संचित करते हैं। दूसरे वर्ष इन पर बीज पैदा होते हैं। बीज आने के बाद ये मर जाते हैं। इनका उदाहरण है–जंगली गाजर।

स. बहुवर्षीय खरपतवार : ये खरपतवार एक बार उगने के बाद कई वर्षो तक हरे–भरे रहकर अपना जीवन चक्र चलाते रहते हैं। इनकी वृद्धि तथा विस्तार अधिकतर इनके अधोभूमिगत वनस्पतीय भागों के द्वारा सम्पन्न होते हैं। ये भाग हैं नट, राइजोम, ट्यूवर, वल्ब आदि। यद्यपि ये बीज उत्पादन द्वारा भी अपना प्रसार कर सकते हैं, परन्तु प्रजनन की यह विधि इनके लिये अधिक महत्त्व की नहीं होती है। इनकी जड़ें भूमि के अन्दर काफी दूर तक पहुँच जाती है। इस समुदाय के खरपतवारों को दो उपवर्गो में बांटा जाता है :–

1. **हरवेशियम खरपतवार**–इस किस्म के खरपतवार प्रायः उगने के दूसरे वर्ष से बीज पैदा करना आरम्भ करते हैं और फिर हर वर्ष फलते–फूलते हैं। इनमें से कुछ तो ऐसे भी होते हैं जो उगने वाले वर्ष से ही बीज पैदा करने लगते हैं। साइप्रस रोटन्डस (मोथा), कौनभौल्भ्यूलस आरमेन्सिस (हिरनखुरी) आदि इस वर्ग के मुख्य सदस्य है। ये पौधे अधिक कठोर वनस्पतिक भागों वाले नहीं होते हैं।

2. **सख्त वनस्पतिक भाग वाले खरपतवार**–इस समुदाय के खरपतवारों की छोटी–बड़ी झाड़ियाँ तथा जंगली पेड़ आते हैं। अंकुरण के कई वर्ष बाद ये बीज पैदा करना आरम्भ करते हैं। एक बार बीज पैदा करने के बाद हर वर्ष फल–फूला करते हैं। जिजिफस रोटण्डीफोलिया (झाड़), एकाइरेन्थस ऐस्पेरा (लटजीरा), सैकेरम स्पौन्टेनियम (कांस), सैकेरम अरुण्डीनेशियम (सरपटत) आदि इस उपवर्ग में आते हैं।

2. द्वितीय वर्गीकरण

खरपरतवारों के बीजों में कितने दल (कोटिलिडन) किस खरपतवार के बीज में होते हैं, इस आधार पर भी इन पौधों का विभाजन किया जा सकता है। ये हैं–

अ. एक दलीय या एक बीज पत्रीय : यदि इन खरपतवारों के बीजों को तोड़ा जाय तो ये दो दलों में विभाजित नहीं होते हैं। साइप्रस रोटन्डस (मोथा) साइनोडन डैक्टाइलौन (दूब), सैकेरम स्पौन्टेनियम (कांस) एस्फोडिलस टयूनिफोलियस (प्याजी), ऐम्पेलोफिस पर्टूसा (जनखरा), एकाईचीनीक्लोआ क्रुसगैली (साबां घास) मुख्य एक दलीय खरपतवार पौधे हैं।

ब. द्विदलीय या द्विबीजपत्रीय-बीज को तोड़ने पर इन खरपतवारों के बीज दो दलों में विभाजित हो जाते हैं। चीनोपोडियम एल्बम (बथुआ), चीनोपोडियम म्यूरेल (खर बथुआ), यूफोर्बिया हिर्टा (दुद्धी) ऐजेरेटम कौन्जॉइडिस (महकुआ) नाइकस आइलेन्सिस (कटैला), एकेलिप्टा एल्बा (भगरा), जैन्थियम स्ट्रोमेरियम (किटकिटिया) मेलीलोटस एल्बा (सफेद सेंजी) मेलीलोटस इन्डिका (पीली सेंजी), आरोविका इजीप्टिका (विल्ली), ऐनैगैलिस आर्भ्यन्सस (कृष्ण नील), कन्भौल्भुलस आर्भेन्सिस (हिरनखुरी) आर्जीमोन मैक्सीकाना (सत्यानाशी), सोलेनम नाइग्रम (मकोय), ट्रायन्थमा मोनोगाइना (पत्थरचट्टा), बोर्हेभिया डिफ्यूजा (बिसखपरा) आदि इस समुदाय के खरपतवार हैं।

3. तृतीय वर्गीकरण

अ. बीज के द्वारा प्रसारित होने वाले खरपतवार-इस वर्ग में सभी एकवर्षीय तथा अधिकतर द्विवर्षीय खरपतवार आते हैं। इनके ऊपर नियन्त्रण सरलता से तब हो सकता है, यदि इनके पौधों को फूल आने से पहले ही नष्ट कर दिया जाय। नष्ट किये जाने पर ये पौधे अपने वनस्पतीय अंगों से वृद्धि या पुनर्रुत्थान नहीं कर पाते हैं। इस वर्ग में बोर्हेभिया डिफ्यूजा (विसखपरा), ट्रायन्थमा मौनोगाइना (पत्थरचट्टा), ऐस्फोडिलस टयूनिफोलियस (प्याजी), चीनोपोडियम एल्बम (बथुआ), आर्जीमोन मैक्सीकाना (सत्यानाशी) आदि पौधे आते हैं।

ब. वनस्पतीय अंगो से प्रसारित पौधे-ये उन खरपतवारों के पौधे होते हैं जिनका प्रसारण उनके वनस्पतीय अंगो के प्रसारण द्वारा किया जाता है। यदि इन पौधों का ऊपरी भाग काट कर अलग फेंक भी दिया जाय तो इनके निचले भागों द्वारा इनका प्रसारण शूरु हो जाता है। ये अधिकतर बहुवर्षीय पौधे होते हैं। इनकी अपनी अनेक विशेषताओं के कारण जलवायु या कृषि कार्यो की विषमताओं को सहन करने की काफी शक्ति होती है। इस प्रकार के खरपतवारों को नियन्त्रण में रखना कठिन होता है। इनकी भी उपवर्ग इस प्रकार से होते हैं-

1. **तने से प्रसारण वाले पौधे**-इस श्रेणी के पौधों के तनों में अनेक कलिकायें (कुड्म) होती हैं, जो अनुकूल समय आने पर नये पौधों में अवतरित हो जाते हैं। एग्रोपाइरौन लूपेन्स (स्वेक घास) तथा कनभौल्भुलस सेपियम के तनों में कलिकायें पाई जाती है, जिनके द्वारा नये पौधों की उत्पत्ति हुआ करती है।

2. **जड़ों से उत्पन्न होने वाले पौधे**-ये खरपतवार पौधों की जड़ों से नये पौधों को जन्म देते है। बीज द्वारा इनकी उत्पत्ति महत्वपूर्ण नहीं होती है। कनभौल्बुलस आरभेन्सिस (हिरनखुरी के पौधे अधिकतर समय आने पर जड़ों से नये पौधों को जन्म देते हैं।

3. **पत्तियों से पैदा होने वाले पौधे**-कुछ खरपतवार के पौधे ऐसे होते हैं, जिनकी पत्तियों में किनारों पर या तल पर कुड्म होते हैं। जब पत्तियां झड़कर भूमि में गिरती हैं तो नमी, ताप तथा भूमि की अनुकूल दशा प्राप्त होने पर ये कलियाँ नये पौधों को पैदा करती हैं। बोगनबिलिया की कुछ किस्मों में नये पौधे इसी प्रकार उत्पन्न होते हैं।

4. **बीज व वनस्पतीय दोनों प्रकार के अंगों से पैदा होने वाले पौधे**-ये पौधे सुअवसर पाने पर दोनों प्रकार से बीज अथवा वनस्पतीय भागों द्वारा, दोनों प्रकार से उत्पन्न होते रहते हैं। इस

श्रेणी में अधिकतर बहुवर्षीय पौधे आते हैं। बीज, वायु, पानी तथा अन्य साधनों से इधर–उधर फैलकर उचित दशायें प्राप्त होने पर नये पौधों का रूप ले लेते हैं। सैकेरम स्पौन्टैनियम (कांस) सेकरम अरूण्डिनेशियम (सरपट), साइप्रस रोटन्डस (मोथा) आदि ऐसे ही खपतवार होते हैं।

4. चतुर्थ वर्गीकरण

इस वर्गीकरण के अनुसार खरपतवारों के अतिरिक्त वे सभी कृषि फसलों के पौधे जो किसी स्थान पर बिना बोये हुये उग रही हो खरपतवार की श्रेणी में रखी गई हैं। इस वर्ग के भाग हैं–

अ. अति हानिकारक सम्पूर्ण खरपतवार जिनसे किसी भी प्रकार का लेशमात्र भी फायदा नहीं हैं।

ब. तुलनात्मक सम्बन्धी तृणक वे पौधे होते हैं, जो बिना बोये ही खेत में मुख्य फसल के साथ उग आते हैं, जैसे–गेहूँ के खेत में जौ, चना, सरसों आदि।

स. शठ पौधे वाले तृणक जब किसी सस्य का दूसरी अवांछित अनुवांशित जाति का पौधा बिना बोये खेत में उग जाता है– तो ऐसे तृणक देखे जा सकते हैं। शुद्ध बीज उत्पादन के लिये इस प्रकार का वर्गीकरण अति महत्त्वपूर्ण होता है।

5. अन्य खरपतवार

विभिन्न परिस्थितियों में पाये जाने वाले तृणक होते हैं, जैसे–1. जलमग्न भूमि के खरपतवार, 2. रेगिस्तानी भूमि के खरपतवार, 3. क्षारीय भूमि के खरपतवार, 4 अम्लीय भूमि के खरपतवार, 5. दलदलों के खरपतवार, 6. चिकनी मिट्टी के खरपतवार, 7. शुष्क भूमियों के खरपतवार, 8. फसलों के खरपतवार।

6. एक अन्य वर्गीकरण के अनुसार खरपतवारों के उपयोगिता के अनुसार उनका वर्गीकरण किया जाता है। ये हैं–1. दवाइयों में प्रयोग किये जाने वाले, 2. पशुओं के चारे के लिये, 3. छप्पर आदि बनाने के लिये उपयुक्त, 4. औद्योगिक महत्व के खरपतवार, 5. खेतों की बाढ़ के लिये उपयोग में लाये जाने वाले पौधे, 6. सजावट के काम में आने वाले खरपतवार।

इस प्रकार खरपतवारों के जितने भी किस्म के पौधे होते हैं, उनका अन्यान्य रूपों में वर्गीकरण किया जाता है। वनस्पति शास्त्र की दृष्टि से उनमें वृद्धि की भिन्नतायें हो सकती हैं जैसे सीधे पौधे हो सकते हैं, फैलने वाले पौधे हो सकते हैं तथा कई अन्य गुणों के पौधे हो सकते हैं। रेंगने वाले पौधे, राइजोमिटिक पौधे, ट्रेलिंग पौधे, पेड़ों पर चढ़ने वाले पौधे इत्यादि भी हो सकतें हैं।

खरपतवारों द्वारा की जाने वाली क्षति

कृषक के खेतों में खरपतवारों का उगना तथा उनका आगे प्रसारण एक गहन समस्या है। खरपतवार के पौधें अनेक रुप में (प्रत्यक्ष या परोक्ष) कृषि व्यवसाय को बहुत नुकसान पहुँचाते हैं। सबसे पहले तो इनसे फसलों की उपज पर प्रत्यक्ष प्रभाव पड़ता है। ये खरपतवार के पौधे फसलों के पौधों के साथ खाद्य पदार्थो, पानी, प्रकाश तथा वायु के लिये घोर संघर्ष पैदा करते हैं। इस प्रकार का संघर्ष फसलों के पौधों की प्रारम्भिंक अवस्थाओं से ही शुरु हो जाता है। संघर्ष की गहनता सदैव एक सी नहीं रहती अपितु कई प्रभावशाली कारकों के द्वारा नियमित होती है, ये करक हैं:–

पहले तो सस्य को ही लीजिये। जो फसलें थोड़े समय में अपेक्षाकृत अधिक वृद्धि करती हैं, उनमें खरपतवारों की वृद्धि को नियन्त्रित करने की अधिक क्षमता होती है। खरपतवारों की दृष्टि से अच्छी फसल वही होती है, जो अल्पकाल में अधिक वृद्धि करती हो। उसकी मुख्य जड़ों का भूमि में काफी फैलाव हो तथा सहायक जड़े ऊपरी सतह से विद्यमान पौष्टिक तत्वों का शोषण भली भांति कर सकें। मौसम की विषमताओं जैसे- अति गर्मी, ठण्ड, वर्षा, पाला, ओले, शुष्कता आदि को सहन करने की भी क्षमता रखती हो कि इस प्रकार की क्षतिपूर्ति करने की भी क्षमता रखती हों और भूमि में होने वाले बुरे एवं हानिकारक परिवर्तनों से प्रभावित न हो। रोग था कीटरोधी हों, खाद व पानी की आवश्यकतायें सामान्य हो। इन गुणों के आधार पर हमारी कृषि व्यवस्था में बरसीम, सनई, ज्वार, ल्यूसर्न, ढैंचा आदि अच्छी प्रतियोगी फसलें सिद्ध हुई है।

यहाँ पर खरपतवारों से हुई हानि को इंगित करते हुये यह कह सकते हैं कि फसलों के तनों पर लिपटकर बढ़ने वाले खरपतवार के पौधे सबसे अधिक हानि पहुँचाते हैं। खेत में फसल के बीजों का जमाव या पौधों की संख्या का खरपतवारों की वृद्धि पर काफी प्रभाव पड़ता है। साधारणतया जब कहीं पर भी फसल के पौधे या तो उगे न हों या किसी कारणवश जल्दी ही नष्ट हो गये हों तो ऐसी स्थिति में खरपतवार अधिक स्वछन्दता से उगते हैं। उपजाऊ भूमि में फसलों की वृद्धि अधिक एवं तीव्र होने के कारण खरपतवार अधिक नहीं पनप पाते हैं। इसके विपरीत कमजोर भूमियों में फसल के पौधों की वृद्धि कम और धीमी गति से पनपने के कारण खरपतवार इस स्थिति का फायदा उठाकर अच्छी प्रकार बढ़ते हैं और फैलते हैं। फसलों के फसल-चक्र का भी खरपतवारों की संख्या पर प्रभाव पड़ता है। प्रयोगों में देखा गया है कि बरसीम के बाद दूसरे वर्ष में बोये गये गेहूँ के खेतों में बहुत कम खरपतवार उगते हैं। जलवायु के लिहाज से अनुपयुक्त जलवायु की दशाओं में फसलों की वृद्धि की गति कम हो जाती है और इसके विपरीत खरपतवार अधिक फल-फूल जाते हैं।

कुछ प्रयोगों के आधार पर खरपतवारों के द्वारा विभिन्न फसलों की उपज में हुई हानि कई बार बताई जाती रही है। कुछ उदाहरण हैं- 1. तम्बाकू की फसल में औरोवैंकी-जड़ के परजीवी पौधे के कारण मद्रास में 30 से 70 प्रतिशत उपज में कमी आई। मध्यप्रदेश में यह कमी 10-30 प्रतिशत, बम्बई में 15-20 प्रतिशत की कमी आई। खरपतवारों के कारण गेहूँ की उपज में 17 प्रतिशत क्षति होती है, मूंगफली जैसी छोटी ऊँचाई की फसल में तथा ज्वार जैसी ऊँची फसल में यदि दोनों की तुलना की जाय तो ज्वार की अपेक्षा मूंगफली में खरपतवारों से अधिक हानि होती है। मूंगफली की उपज में 80 प्रतिशत तथा ज्वार में 10 प्रतिशत उपज में कमी पाई गई। वैज्ञानिकों ने परीक्षणों के निरीक्षणों में पाया कि पोहली (कार्थेमस आग्जाकिन्था) भूमि से लगभग 60 पौंड नाइट्रोजन प्रति एकड ले लेता है। पंजाब में गन्ने की खेती के एक अध्ययन से पता चला कि स्ट्राइगा (एक जड़ों का परजीवी पौधा) नामक इस खरपतवार के पौधों से गन्ने की फसल बिल्कुल नष्ट हो गई। इससे उपज केवल 36 प्रतिशत ही कहीं-कहीं पर प्राप्त हुई। नीलकालामी (आइपोमिया)खरपतवार से गन्ने की फसल की उपज में 20-25 प्रतिशत की कमी हो गई। यह भी देखा गया कि यह खरपतवार भूमि में से 30 पौंड नाइट्रोजन प्रति एकड़ शोषण करती है। कटक में किये गये धान अनुसन्धानों से पता चला है कि धान की उपज में खरपतवारो के कारण 17.3 प्रतिशत की कमी हुई।

कई खरपतवार ऐसे होते हैं कि उनके सान्निध्य से सस्यों के गुणों में परिवर्तन आ जाता है। उदाहरणार्थ सरसों के बीजों के साथ मिलकर सत्यानाशी के बीज तेल निकालने पर तेल को जहरीला बना देते हैं तथा तेल में ज्यादा तीखापन आ जाता है। इसके अतिरिक्त चारे की फसल में खडे हुये खरपतवार जब फसल के साथ काटे जाते हैं और पशुओं को दिये जाते हैं तो पशु ऐसे चारे को नहीं खाते। बिहार में देखा गया है कि स्ट्रीगा

के कारण गन्ने में चीनी की मात्रा की 3.7 से 12 प्रतिशत तक कमी हो जाती है। यदि फसल के बीजों के साथ कटाई-मंडाई करने पर खरपतवार के बीज मिल जाते हैं तो उनको अलग करने में काफी समय और व्यय लगता है। कुछ खरपतवारों के बीजों को तो अलग करना ही असम्भव सा होता है क्योंकि उनका आकार फसल के बीजों से बहुत छोटा होता है। इसी वजह से किसान को अपनी उपज के अच्छे दाम नहीं मिल पाते हैं।

पशुओं से मिलने वाले पदार्थों को भी खरपतवार काफी प्रभावित करते हैं। इनमें दूध तथा दूध से बने अनेक पदार्थ, ऊन, मांस, हड्डियाँ तथा चमड़ा मुख्य है। कुछ खरपतवारों के खाने पर पशुओं के दूध में दुर्गन्ध आने लगती है, जो कि बाद में दूध से बनाये जाने वाले अन्य पदार्थो में ही निरन्तर बनी रहती है। ये पदार्थ है घी, मक्खन, क्रीम आदि। इस दुर्गन्ध से इन पदार्थों को या तो खाना मुश्किल हो जाता है और या इनकी अच्छी कीमत नहीं मिलती है। जिन खरपतवारों के बीज शरीर या कपड़ों पर चिपकने वाले होते हैं, वे बालों तथा ऊन के गुणों को काफी ह्रसित करते हैं। इस प्रकार के कुप्रभाव से बाल की शक्ति तथा आकार नष्ट हो जाते हैं। गोश्त के स्वाद तथा अन्य गुणों पर भी खरपतवार काफी कुप्रभाव डालते हैं।

सस्यों के बीज अंकुरण से लेकर भी अन्य कृषि कार्यो के अन्तर्गत किसान कभी-कभी तो फसलें उगाने के लिये इतना व्यय नहीं करता, जितना कि उसे खरपतवारों के नष्ट करने में करना पड़ता है। किसान को खरपतवारों को निकालने के लिये बार-बार निराई-गुड़ाई करनी पड़ती है तथा बार-बार जुताई करनी पड़ती है। इसके अतिरिक्त फसल को उचित दशा में रखने के लिये श्रमिक, खाद तथा पानी देना पड़ता है। जिन खेतों में गहरी जड़ों वाली बहुवर्षीय खरपतवार अधिक संख्या में होते हैं, उनकी रोकथाम के लिये किसान को अधिक साधन जुटाने पड़ते हैं। नहरों तथा सिंचाई की नालियों में खरपतवार पानी के बहाव को रोक देते हैं, जिससे कि पानी की अधिक क्षति होती है। खरपतवारों के नियन्त्रण में यंत्रों की आयु भी कम हो जाती है। जिस खेत में खरपतवार अधिक उगते हैं, भले ही प्राकृतिक तौर पर ही क्यों न उगें, उस भूमि की कीमत भी कम हो जाती है।

खरपतवार फसलों में लगने वाले रोगों तथा कीट व्याधियों को आश्रय देते हैं। फसलों में लगने वाले अनेक रोगों के कीटाणु, कीट तथा जीवाणु फसलों के कट जाने के बाद खेत में तथा खेतों के पास बेकार जमीन पर खड़े हुये खरपतवार पर अपना जीवन चक्र पूरा करते हैं तथा उचित मौसम आने पर फिर फसलों पर आक्रमण करते हैं। उदाहरणार्थ जंगली सरसों के ऊपर कैवेज रूट मैगेट, स्पान्च एफिस, मेलन एफिस, ओनियन थ्रिप कीट, गोभी, पालक, कद्‌दू जाति की फसलों तथा प्याज की फसलों पर आक्रमण करते हैं। चिक बीड एवं हिरनखुरी नामक खरपतवारों पर आश्रय पाकर मिलन एफिस कीट कद्‌दू जाति के पौधों को नुकसान पहुँचाते हैं। इसी प्रकार जंगली गाजर के ऊपर रहकर कैरट रस्ट फ्लाई गाजर और सेलेरी पर आक्रमण करते हैं। जहाँ तक सस्यों मे रोगों का सवाल है, सरसों के पौधे पर क्लव रूट के जीवाणु आश्रय पाकर गोभी जाति के पौधों को नुकसान पहुँचाते हैं। इसी प्रकार क्वेक ग्रास नामक खरपतवार पर व्याधि आश्रित होकर गेहूँ, जई, जौ के ऊपर अरगट का प्रकोप फैलाते हैं। जंगली जई भी जीवाणुओं की प्राश्रय देकर गेहूँ, जई, जौ के ऊपर स्टेम रस्ट पैदा करते हैं। जंगली गाजर भी कैरेट ब्लाइट फंफूदी व्याधि से ग्रसित हो जाती है। इससे अनुमान लगाया जा सकता है कि खरपतवार फसलों में रोगों तथा कीड़ों को फैलाने में कितने अधिक सहायक होते हैं।

कुछ खरपतवार ऐसे भी होते हैं, जिनसे पशुओं तथा मनुष्यों के स्वास्थ्य पर प्रत्यक्ष प्रभाव पड़ता है। यहाँ तक कि खरपतवार मनुष्य तथा पशुओं के रहन-सहन को भी प्रभावित करते हैं। कभी-कभी तो किसी खेत (खेतों) में खरपतवार का इतना सघन प्रकोप हो जाता है कि किसान को उस खेत को छोड़ना पड़ जाता है। इससे उसकी आमदनी प्रभावित होती है और रहन-सहन के स्तर में कमी आ जाती है। खरपतवार कई प्रकार

से देश की प्रगति में भी बाधक होते हैं, क्योंकि ये कृषिप्रधान हमारे देश के किसानों की भूमि, उपज तथा उत्पादन पर काफी कुप्रभाव डालते हैं।

खरपतवार की रोकथाम तथा नष्ट करने के उपाय

तृणकों के नियंत्रण की कई विधियां हैं जिनमें प्रमुख हैं (1) कृषि कार्यों द्वारा (2) यांत्रिक विधियों द्वारा (3) सौर्यीकरण द्वारा तथा (4) रासायनिक विधियों द्वारा इनका विस्तारपूर्वक वर्णन अगले पृष्ठों में दिया जा रहा है।

नई जोत की भूमियों में खरपतवारों को न आने देना ही रोकथाम कहलाता है। खरपतवार के बीज या पौधे एक स्थान से दूसरे स्थान पर कैसे जाते हैं, इस विधायन का ज्ञान होना आवश्यक है। इसके लिये खाद, फसलों के बीज, कृषि यन्त्र, पानी, हवा, मनुष्य तथा पशुओं के द्वारा इनके मुख्य साधन होते हैं। इसलिये इन साधनों पर कड़ी नजर रखनी चाहिये ताकि खरपतवार इनके द्वारा खेत में न पहुंचे।

खेत में जो खरपतवार उगते हैं और जो खेतों के बाहर उगते हैं, उनका महत्त्व रोकथाम के लिहाज से बराबर का है। क्योंकि खेत में उगने वाले खरपतवारों को उगती मुख्य फसल में से कृषि कार्यो के द्वारा नष्ट कर दिया जाता है। लेकिन खेत की मेड़ों पर या बाहर की सड़क पर या खाली जमीन पर जो खरपतवार उगते हैं, वे हमेशा अपना जीवन चक्र विविध गति से पूरी करते हैं। समय आने पर इनके ही बीज तथा अन्य पौधों के भाग समयानुसार उपलब्ध साधनों के द्वारा खेतों में चले जाते हैं और फसल के साथ अपना जीवन चक्र पूरा कर देते हैं। इसलिये यह भी आवश्यक हो जाता है कि खेत के बाहर पड़ी जमीन को भी खरपतवारों के पौधों से मुक्त रखा जाय ताकि ये पौधे खेत में घुस ही न सकें। इस प्रकार से खरपतवारों को खेत में घुसने का मौका मिलेगा ही नहीं। अपने निहित प्राकृतिक गुणों के कारण खरपतवार जब एक बार किसी खेत में अपनी जीवन क्रिया आरम्भ कर लेते हैं तो फिर उनको खेत से निर्मूल करना कठिन होता है। इसलिये बाहरी रोकथाम का महत्त्व काफी अधिक हो जाता है।

बाहर से खरपतवार को खेत में आने के रोकने की दूसरी विधि है कि किसान हमेशा शुद्ध प्रमाणित बीज का ही प्रयोग करें। सामान्यतया सस्य बीजों के साथ खरपतवार के काफी बीज मिले रहते हैं। विशेषकर जब किसान अपना बीज अपने आप बनाता है। परन्तु बीज के प्रमाणीकरण के विधायन में इस बात का खास खयाल रखा जाता है कि बोने योग्य बीज के साथ खरपतवारों के बीज मुख्य सस्य के बीजों से भौतिक तौर पर अलग किया जा सकता है। जैसे–गेहूँ के बीजों में से सत्यानाशी के बीज, क्योंकि इन बीजों के आकार तथा रूप और रंग में फर्क होता है। परन्तु इसके विपरीत कुछ खरपतवारों के बीज सस्य के बीजों के समान आकार तथा रूप–रंग में होते हैं। जैसे–सरसों के बीजों में सत्यानाशी के बीजों का होना। इनको अलग करना बड़ा कठिन कार्य है। इस दशा में उचित यह होगा कि खरपतवार के बीजों से पूर्णतया छुटकारा पाने के लिए शुद्ध सरसों का प्रमाणित बीज ही बोया जाय या सत्यानाशी के पौधों को खेत में फूल आने के पहले ही नष्ट कर दिया जाय, अन्यथा फसल की कटाई के समय सत्यानाशी के बीजयुक्त पौधे मुख्य फसल के साथ कट जायेंगे।

पशुओं के कारण निर्मित स्थिति में जो कि उनके चारे तथा चरागाह से सम्बन्धित है–इनको शुद्ध चारा ही खिलाना चाहिये। इनके खाने में तथा चारे के द्वारा भी खरपतवार के बीजों का अतिक्रमण हो जाता है। इसलिये उचित यह होगा कि राशन के पदार्थो को पीसकर या उबालकर ठंडा करके पशुओं को खिलाया चाहिये। यह देखा गया है कि दानों को उबाल कर खिलाना, पीसकर खिलाने की अपेक्षा अधिक लाभकारी होता है। क्योंकि

उबालने से बीज के अन्दर विद्यमान इन्जाइम अधिक ताप के कारण नष्ट हो जाते है, परन्तु इससे आहार की गुणवत्ता में कमी आ जाती है। सम्पूर्ण बीज खाने वाले पशु पक्षी भी सभी बीजों को पचा नहीं पाते हैं। इनमें से कुछ बीज पूर्ण रूप में तथा स्वस्थ दशा में मल के साथ बाहर निकल जाते हैं। इनमें से कुछ खरपतवारों के भी बीज हो सकते हैं। प्रयोगों से पता चला है कि मुर्गियों में मल के साथ सम्पूर्ण बीज 0.3 प्रतिशत निकलते हैं और इनमें से 0.2 प्रतिशत बीज उगने योग्य होते हैं। इसी प्रकार भेड़ के मल में सर्म्पूण बीज 10.7 प्रतिशत निकलते हैं और 6.4 प्रतिशत बीज उगने योग्य होते हैं। घोड़े के मल में 12.9 प्रतिशत पूरे बीज निकलते हैं और इनमें 8.7 प्रतिशत उगने लायक होते हैं। गाय के बछड़े में 23.1 प्रतिशत पूरे बीज निकलते हैं, जिनमें से 9.6 प्रतिशत उगने लायक होते हैं और सूअर के मल में से 24.1 प्रतिशत पूरे बीज निकलते हैं और इनमें से 8.6 प्रतिशत उगने लायक होते हैं।

उर्वरकों का भी खरपतवारों के प्रसारण में अहं स्थान होता है। गोबर तथा अन्य कम्पोस्ट अथवा कूड़ा-करकट से तैयार की गई खादों का खरपतवारों को खेतों में फैलाने में अहं भूमिका होती है। इस साधन से कभी-कभी खेत में ऐसे खरपतवारों का प्रवेश हो जाता है जो पहले खेत में थे ही नहीं। यह काम उन पशुओं के द्वारा हो जाता है, जिनको कभी दूर के क्षेत्रों से खरीद कर लाया गया हो।

कृषि में प्रयोग किये जाने वाले यन्त्रों/मशीनों को साफ करके भंडारण करना चाहिये। इनमें भी कई खरपतवारों के बीज चिपके रह सकते हैं जो समय आने पर दूसरे खेत में प्रवेश कर सकते हैं।

सिंचाई की नालियों तथा नहरों के किनारे खड़े खरपतवारों को भी नष्ट कर देना चाहिये। इस तरह सस्यों में उगने वाले खरपतवार अच्छी नमी पाने से खूब फलते-फूलते हैं और पकने पर उनके बीज नालियों में पडते हैं, जो कि पानी के साथ खेतों में पहुँच जाते हैं। सड़कों, रास्तों तथा बंजर भूमि के द्वारा भी खरपतवार के बीजों का उत्पादन तथा वितरण होता रहता है। औद्योनिक पौधे लगाते समय भी सावधानी बरतनी चाहियें, क्योंकि इन पौधों के साथ भी काफी खरपतवार के बीज आ जाते हैं, जिनमें कुछ तो नये भी हो सकते हैं। उगने पर इनको भी नष्ट कर देना चाहिये।

खरपतवारों की प्रत्युपाओं द्वारा रोकथाम की कई विधियां खेत में स्थापित खरपतवारों को नष्ट करने के लिये उपयोग में लाई जाती है। ये दो उद्देश्य से की जाती है-1. नियन्त्रण का अभिप्राय खेत में खरपतवारों को इतना कम कर देना होता है कि फसलें सफलतापूर्वक उगाई जा सकें। कृषक खरपतवारों के साथ फसलें इस तरह उगाते हैं कि उनको इतना सीमाबद्ध कर लेते हैं, ताकि फसलों की उपज उत्साहवर्द्धक रहे। 2. इस विधि में खरपतवार को पूर्णतः उन्मूलन करते हैं। इस प्रकार से खेत में से हटाये जाने पर खरपतवार फिर कभी नहीं उगते, कम से कम निकट भविष्य में कई वर्षो तक नहीं दिखाई देते। व्यय की दृष्टि से यह प्रथा थोड़ी खर्चीली है, परन्तु ऐसे कार्य उन क्षेत्रों के लिये आवश्यक ही होता हैं जहाँ खरपतवारों के रहते फसले उग ही नहीं सकती है। खरपतवारों को 4 प्रकार से नियन्त्रण में रखा जाता है-1. यांत्रिक विधियाँ, 2. कृषि की विधियाँ, 3. जैविक विधियाँ तथा 4. रासायनिक विधियाँ।

यांत्रिक विधि में खरपतवारों की रोकथाम के लिये मशीनों तथा यन्त्रों का प्रयोग किया जाता है। इस विधि के अन्तर्गत पौधों का हाथ से उखाड़ना, हाथ तथा खुरपी के प्रयोग से उखाड़ना, घास काटने की मशीन के प्रयोग से, पानी भरने से, पानी भरने से, जलाने से, छादि प्रयोग से, कृषण कार्यों के साथ आदि सम्मिलित हैं।

कृषि कार्यों में परिर्वतन तथा परिवर्धन करके भी कृषक खरपतवारों को नष्ट कर सकते हैं। इस विधि को कल्चरल विधि भी कहते हैं। इन विधियों में फसल चक्र का प्रयोग करना, बीज की मात्रा, बोने का समय, फसल की जाति, खाद, बोने की विधि (पंक्तियाँ या छिटकवाँ), पौधों की दूरी तथा फसलों की छंटाई आदि का विशेष रूप से ध्यान रखा जाता है।

फसलों की छंटाई का महत्त्व **सह-सस्य** के साथ उगाते समय खरपतवारों के नियन्त्रण में बहुत महत्त्वपूर्ण होता है। एक अच्छी सहसस्य में कई अच्छे गुण होने के लिये ही उनका चयन करना चाहिये ताकि फसलों के पौधों की जड़ें नीचे तथा ऊपर की भूमि सतहों पर अपना भोजन प्राप्त करें। बोने के पश्चात् इनका समान तथा एक साथ जमाव हो। सस्य की वृद्धि थोड़े समय तक अधिक होती है। सह सस्य के पौधों पर अधिक पत्तियाँ हों तथा क्रियाशील पर्णमुखों की संख्या काफी अधिक हो। हर कटाव के साथ जल्दी बढ़ने वाली हो। कम पानी में सफलतापूर्वक उगने वाली हो, कमजोर भूमि में सफलतापूर्वक उगाई जा सके और इसके साथ-साथ खाद, पानी देने पर उसकी बढ़वार में वाँछित वृद्धि हो सके। जल्दी तैयार होने वाली सस्य हो, भूमि व मौसम की विषमताओं से ज्यादा प्रभावित न हो और भूमि के निकट से ही पौधों की शाखायें निकलनी शुरु हो जाय। कवक तथा कीट जनित व्याधियों का उस पर प्रभाव न हो, भूमि में हानिकारक पदार्थो के अवशेष न छोड़ती हो, भूमि को उपजाऊ शक्ति को कम से कम नष्ट करती हो, यह सस्य किन्ही आवश्यक प्रयोगों में लाई जा सके तथा सस्य का बीज सस्ता हो। इन गुणों को ध्यान में रखकर यह कह सकते हैं कि बरसीम, सनई, ढैंचा, ग्वार, ज्वार, लोबिया आदि सस्यों को सहसस्य के रुप में उगाया जा सकता है।

फसल-चक्रों को खरपतवार की रोकथाम के लिये विशेष महत्त्व का माना जाता है। फसल चक्रों द्वारा भूमि की उर्वरा शक्ति बढ़ती है, जिसके कारण सस्यों के पौधों की अधिक व तीव्र गति से वृद्धि होती है। साथ ही सस्यों के किसी भी खेत में फसलों के हेर-फेर करने से उसमें खरपतवारों का जोर नहीं होने पाता है। देखा गया है कि यदि एक फसल एक ही खेत में हर वर्ष ली जाय तो एक विशेष समुदाय के खरपतवारों की संख्या उसमें बढ़ती जाती है। इसमें खरपतवार बिना किसी विघ्न-बाधा के अपना जीवन-चक्र पूरा कर लेते हैं। कांस के उन्मूलन के द्वारा सुधरे खेत में 'धान-बरसीम' का फसल चक्र काफी उत्तम सिद्ध हुआ है।

खादों के प्रयोग के समय ऐसा देखा गया है कि कुछ स्थितियों में खादों के अवशेष प्रभाव के कारण खरपतवार नष्ट हो जाते हैं। यह कदाचित इसलिये होता है कि खाद द्वारा (कम्पोस्ट) पैदा किये जाने वाले अम्लीय पदार्थ से उत्पन्न विषैला पदार्थ खरपतवार के जड़ों के निचले भागों को मार देता है।

सस्यों को बोने की विधि पर भी खरपतवारों के नियन्त्रण पर काफी प्रभाव पड़ता है। यदि सस्य ऐसे समय पर बोई जाय कि खरपतवारों से पूर्व ही वह खेत में भंली-भांति स्थापित हो जाय तो फिर सस्य और खरपतवारों के बीच घनिष्ट संघर्ष नहीं हो पाता है। इसके विपरीत सस्य को खरपतवारों की पहले ही जुताई द्वारा नष्ट करके बोने से भी संघर्ष समाप्त हो जाता है।

बीजों के पंक्तियों में बोने से तथा पौधों की आपस की दूरी का भी खरपतवारों की रोकभाम पर प्रभाव पड़ता है। जितनी कम दूरी रखी जायगी उतनी ही सायेदार फसल होगी। इससे भूमि में कम से कम प्रकाश पहुँच पायगा विशेषकर ऐसी सस्यों में जिनमें शाखायें व पत्तियाँ कम हों, उनको कम दूरी पर बोना अधिक लाभदायक होता है। देर से बोई गई फसलों में भी कम फासला रखना उपयुक्त होता है, क्योंकि मौसम की विषमताओं के कारण पौधों को क्षति होने की अधिक सम्भावना होती है।

एक शस्य की विभिन्न जातियाँ होती हैं और इन जातियों की पहिचान उनके कृषि आधारित गुणों से होती है। एक अच्छी जाति वह मानी जायगी जिसमें खाद और पानी की कमी के बावजूद उसके पौधों में अच्छी वृद्धि होती रहे। जो सस्य की जातियाँ मौसम-विरोधी तत्वों को भली-भांति मुकाबला कर सकती हैं वे ही सफल प्रतियोगी जातिंयाँ मानी जाती हैं।

खरपतवारों पर जैविक विधियों द्वारा भी नियन्त्रण किया जाता है। खरपतवारों को नष्ट करने की इस विधि में कीटों, रोगों के जीवाणुओं तथा अनेक प्रकार के पौधों का इस्तेमाल किया जाता है। इन सभी साधनों का प्रयोग करने से इनसे सम्बन्धित कुछ कष्टकारक बातों की तरफ ध्यान देना उचित होगा।

ऐसे कीड़ों का इस काम के लिये चयन करना चाहिये, जिनके शत्रु कीट न हों अथवा उस क्षेत्र में जहाँ खरपतवार नष्ट करने हों, वहाँ पर शत्रु कीट बहुत कम मात्रा में हो। इस सिद्धान्त को पूर्णत: न समझे जाने से क्या होगा कि जो कीट खरपतवारों के पौधे खाने के लिये छोड़े गये हों, उनको उनके शत्रु कीटों द्वारा एक जरा से समय में ही नष्ट कर दिया जायगा। इस स्थिति में खरपतवारों की कीटों द्वारा नष्ट करने का प्रयोग पूर्णतया असफल हो जायगा।

यदि खरपतवार की रोकथाम या नष्ट करने के लिये कीटों की सहायता ली जाती है तो यह निश्चय होना चाहिये कि चयनित कीट किसी पौधे विशेष (खरपतवार) का ही भक्षी हो। यदि ऐसा नहीं होगा तो ऐसे कीट आस-पास की वनस्पति का भी भक्षण करेंगे तो उनके द्वारा खरपतवारों को नष्ट करना मुश्किल होगा। इस काम में लाये जाने वाले कीट की जलवायु, मौसम तथा भूमि की विशेषताओं एव परिवर्तनों के प्रति सहिष्णु होना चाहिये अन्यथा वह यथास्थान ठीक तरह अपना कार्य सम्पन्न नहीं कर पायेगा।

यदि उपर्युक्त बातों को ध्यान में रखा जाय तो कीटों के द्वारा (जैविक साधन द्वारा) कीटों पर नियन्त्रण किया जा सकता है। विदेशों में इस प्रकार के सफल अनुभव सामने आये हैं। हवाई द्वीप में क्रोसीडोसेमा लेनटाना, एग्रोमाइजा लैन्टाना, थेक्लाइचियोन स्पे. तथा थेक्ला बेजोकाई आदि कीटों द्वारा लेन्टाना कैमरा नामक झाडियों को नष्ट किया जा सका है। ऑस्ट्रेलिया में कैक्टस नामक खरपतवार को जिसके लिये यांत्रिक और रासायनिक विधियाँ असफल हो गई थीं, वहाँ पर मोथबोर्ट कैक्टोब्लास्टिस कैक्टोरम द्वारा संतोषजनक परिणाम मिले हैं। ये कीट अर्जेन्टाइना से लाया गया था। केवल चार-पाँच वर्ष की अवधि में ही ऑस्ट्रेलिया के अनेक भागों में लाखों वर्ग मील पर छाया हुआ यह खरपतवार 95 प्रतिशत तक नष्ट हो गया। अन्य कई देशों में भी इस विधि से काफी उत्साहवर्धक परिणाम प्राप्त हुये हैं।

भारत में प्रिक्लीपियर (ओपेन्शिया डेलिनाई) नामक खरपतवार की रोकथाम के लिये इक्टाइलोपियस टोमेन्टोपास नामक कीट का प्रयोग किया गया। दक्षिणी भारत के एक बड़े क्षेत्र में इसी कीट द्वारा यह खरपतवार नष्ट कर दी गई।

चरागाह पद्धति के द्वारा जहाँ पशुओं को भोजन की पूर्ति की जाती है, ऐसी स्थिति भी कीटों की नियंत्रित करने में योग्यता मानी जाती है। कुछ वैज्ञानिकों के अनुसार यदि प्रभावित क्षेत्रों में सनई, जैसी सस्यों की छाया कर दी जाय तो कांस काफी परिमाण में नष्ट किया जा सकता है। अन्य उदाहरण के द्वारा यह कहा जाता है कि यदि कांस की गुत्थियाँ वास्केट घास (रोटलोइशिया माइटयूरस वेंथ) के द्वारा नष्ट की जा सकती है।

आज के औद्योगिक विकास के युग में खरपतवारों को नष्ट करने के लिये कुछ चुने हुये रसायनों का भी प्रयोग किया जाता है। रासायनिक विज्ञान के अनुसन्धान की इस विषय में यह एक बड़ी सफलता है। रासायनिक

विधियों द्वारा खरपतवारों पर नियन्त्रण का कार्य अधिक पुराना नहीं है, बल्कि यह एक हाल ही में किये गये अन्वेषणों के द्वारा प्राप्त किये गये परिणामों की देन है। पिछली तीन शताब्दियों से ही यह कार्य किया जा रहा है जिससे इस दिशा में काफी लाभप्रद फल प्राप्त हुये हैं। रसायन शास्त्र के अन्वेषणों में सबसे अधिक प्रगति मानव विकास के हेतु की है। खरपतवारों की रोकथाम के लिये विभिन्न रासानिक योगिकों का प्रयोग करना कृषि की उन्नति में एक मूल्यवान सोपान है। खरपतवारों पर रासायनिक विधियों द्वारा नियन्त्रण एवं उन्मूलन एक नया प्रयास है।

रासायनिक विधि से खरपतवार के नियन्त्रण में जो सिद्धान्त काम करते हैं, वे हैं कि कुछ रसायन केवल द्विपर्णपत्रीय पौधों पर ही कारगर होते हैं और कुछ विशेषकर एकपर्णपत्री पौधों पर ही प्रभाव डालते हैं। वैज्ञानिकों के ऐसे अन्वेषणों से जिनमें कि पौधों की वृद्धि को ध्यान में रखा गया था, यह पता चला कि कुछ विशेष रसायन पौधों की वृद्धि को प्रभावित करते हैं। इस प्रकार का अन्वेषण खरपतवार नियन्त्रण के लिये एक वरदान साबित हुआ। 1954 के इन अन्वेषणों ने खरपतवार के उन्मूलन तथा रोकने पर एक क्रान्ति ला दी थी। इस प्रकार के परिणामों में एम.सी.पी.ए. तथा 2,4-डी सरीखें महत्त्वपूर्ण रासायनिक यौगिकों का प्रयोग आरम्भ किया गया। आगामी वर्षो में इन दोनों रसायनों का दुनिया के कई देशों में व्यापक इस्तेमाल भी होने लगा और इनको 'हारमोनल हर्बिसाइड' का नाम दिया जाने लगा।

भारत में खरपतवारों का रासायनिक विधि से नियन्त्रण बहुत कम हुआ है। इसके लिए हमारी कृषि व्यवस्था के अन्तर्गत ही कई करण पाये जाते हैं। एक तो कृषि अनुसन्धान केन्द्रों पर जो भी अच्छे परिणाम उपलब्ध हुये हैं, उनकी जानकारी काश्तकार तक नहीं पहुँचाई जाती है। यदि कभी-कभी पहुँच भी जाती है तो उसका उसे प्रयोग में लाना मुश्किल होता है। उचित प्रकार से किसी भी रसायन को इस्तेमाल न करने से बजाय लाभ के हानि होना निश्चय है। ये रसायन अधिकांश में विदेश में ही बनते हैं, इसलिये इनकी यहाँ पर कीमत अधिक हो जाती है। इसके लिये शिक्षित तथा कुशल कार्यकर्ताओं को ही लगाना उचित होगा अन्यथा हानि हो सकती है। किसान को इनके इस्तेमाल करने का कोई ज्ञान नहीं है, क्योंकि ये अन्वेषण विदेशों में किये गये हैं। इसलिये इनका भारतीय जलवायु, भूमि तथा पौधों के ऊपर अध्ययन का अभाव है। यहाँ कृषि उद्योग में काफी श्रमिक काम करते हैं और उससे अपना जीवनयापन करते हैं। खेती की अनेक विधियों में भी इसका कहीं उचित स्थान नहीं दीखता है। मिश्रिम फसलों की कृषि में तो इनको उपयोग करना काफी कठिन हो सकता है क्योंकि भूमि तथा सस्यों के गुणों पर इनका प्रभाव संदेहास्पद होता है। यही सब बातें हैं जिससे हमारे देश में इनका ज्यादा प्रयोग नहीं किया जाता है। फिर भी इस पुस्तक में इन रसायनों के उपयोग तथा लाभ का उल्लेख किया गया हैं।

अब यह देखना होगा कि ये खरपतवारों के नष्ट करने वाले या रोकथाम में सहायक रसायन किस प्रकार से व्यावहारिक रूप में क्रियाशील होते हैं। इसके लिये इनके वर्गो में बांटने से यह ज्ञात हो जायगा कि इनका किस प्रकार से किन परिस्थितियों में उपयोग करना चाहिये, जिससे इनसे कृषक को निश्चित तौर पर लाभ प्राप्त हो सकें। इन रसायनों में पहली किस्म के रसायन को गुणों के आधार पर **विशेष क्षमता वाला या प्रवृत्य रसायन** होगा। इस समुदाय के रसायन वनस्पति की केवल किसी जाति विशेष को नष्ट करने की क्षमता रखते हैं। इनसे दूसरी प्रकार की वनस्पति को हानि नहीं होती है। उदाहरणत: 2,4-डी दालदार चौड़ी पत्तियों वाली वनस्पतियों को नष्ट करता है, परन्तु एक बीज पत्रीय पौधों जैसे- गेहूँ, जौ, जई तथा मक्का के ऊपर इसका कोई प्रभाव नहीं होता है। इस प्रकार के रसायनों को खड़ी फसल में उपयोग में लाया जा सकता है। इनमें कुछ ऐसे होते हैं, जो पत्तियों के सम्पर्क मे आते ही उन्हें नष्ट कर देते हैं। इनमें कैल्शियम साइनेमाइड, नीला थोथा, हरा

थोथा, गन्धक का तेजाब, पेट्रोलियम तेल, पोटैशियम साइनेट इत्यादि मुख्य है। इन्हें **सम्पर्क खरपतवार नाशक** कहते हैं।

दूसरी प्रकार के खरपतवार नाशक रसायन वे होते हैं, जो पत्तियों के कोष्ठों में घुस जाते हैं और उन्हें नष्ट कर देते हैं। ये रसायन तने तथा जड़ों द्वारा सम्पूर्ण पौधों में अपना विषैला प्रभाव दिखाते हैं-एक जाइलम के कोष्ठों द्वारा तथा दूसरा फ्लोइम के कोष्ठों के द्वारा। इन दोनों किस्म के रसायनों को **संक्रगणिक रसायन** कहते हैं। जाइलम के द्वारा इनका प्रभाव तब होता है, जब पौधों में पानी की अत्यधिक कमी होती है। पत्तियाँ काफी चौड़ी और खुली होती हैं। रात्रि के समय रसायन का प्रयोग करने से पौधों मे वाष्पीकरण कम होने से अधिक हानि होती है, विशेषकर घोल यदि ज्यादा गाढ़ा हो क्यों कि इससे तन्तुओं और कोष्ठों को अधिक हानि होगी। फ्लोइम द्वारा नियन्त्रित संक्रमित स्थानान्तरण की विधि तब काम करती है, जब घोल पतला हो ताकि वह क्यूटिकल स्तर को जल्दी से पार कर सके, रसायन अपना असर इसी समय दिखाये जब वह वृद्धि करने वाले कोष्ठों तथा तन्तुओं में इकट्ठा हो सके, पौधे पानी की कमी से त्रस्त न हो। इस वर्ग में 2,4-डी; 2-4, 5-टी; एम.सी.पी. मुख्य रसायन हैं।

किसी भी पौधे की जड़ों के ऊपर कोई रसायन तब डाला जाता है, जब भूमि को जीवाणु रहित तथा अधिक गहरी जड़ों वाले खरपतवारों की जड़ों को नष्ट करने की समस्या हो। इस विधि में रसायन को पत्तियों के ऊपर न छिड़क कर भूमि में ही दिया जाता है। 2,4-डी, एम. सी.पी.ए.आई.पी.सी., टी.सी.ए. क्रेग नं.1 इस तरह काम में लाये जाने वाले मुख्य रसायन हैं।

दूसरी प्रकार के खरपतवार नाशी सामान्य क्षमता वाले या अप्रवृत्य खरपतवारनाशी रसायन होते हैं। ये रासायनिक पदार्थ अपने सम्पर्क में आने वाले सभी प्रकार के पौधों को नष्ट करने वाले होते हैं। इसलिये इनको खड़ी फसलों में इस्तेमाल नहीं करते हैं। इनका उपयोग खेल के मैदानों, बंजर भूमि, सड़कों के किनारों, तालाबों, रेल की लाइनों तथा नहरों के किनारो आदि स्थानों पर ही किया जा सकता है। प्रवृत्य खरपतवार नाशी रसायनों की भांति इनको भी तीन वर्गों में विभाजित किया जा सकता है।

1. सम्पर्क प्रभावी नाशी वे रसायन हैं जो केवल पौधों के उन भागों को प्रभावित करते हैं जो उनके सम्पर्क में आते हैं।
2. इस किस्म के रसायन को संक्रमणिक रसायन कहते हैं।
3. इन्हें जड़ों के ऊपर प्रभावी रसायन कहते हैं।

पूर्व निर्गम अवस्था (बीज बोने के 8 दिन बाद) ही तृणनाशक का प्रयोग किया जा सकता है। इसके लिये रसायन ब्यूटाक्लोर 1 किलो/हैक्टर, थाइओवेनकार्ब 1 किलो/हैक्टर, ऑक्सीडिथासोन 0.5 किलो/हैक्टर एवं पेन्डीमिथैलिन 1 किलो/हैक्टर की दर से नर्सरी में देने से अच्छे संतोषप्रद परिणाम मिलते हैं।

पोटामेजेहोल स्पे., इलियाकैन्स इल्सिस, सल्मेनिया स्पे. चारा जिलैनिया कुछ ऐसे तृणक हैं जिनके नियन्त्रण के लिये निम्नलिखित उपाय किये जाते हैं-

1. हाथ से निकालना इस प्रकार की कृषि में सम्भव नहीं होता है, जिनमें खेत पानी से भरा रहता है, खासकर उस समय तृणकों को निकालने का चिंताजनक समय होता है।

2. यांत्रिक उपाय अधिकतर उपयोग में लिया जाता है। इस प्रकार के कार्य को व्यूश्निंग या वियासी कहते हैं। इस क्रिया में ऐसे खेत में जिसमें 5–10 से.मी. पानी खड़ा हो उसका आर–पार हल चलाकर बोने के एक महीने बाद (तृणकों की वृद्धि के अनुसार) फिर उसी दिन या दूसरे दिन पाटा फेर दिया जाता है, ऐसा करने के साथ ही धान का उत्पादन भी बढ़ जाता है। व्यूशनिंग के पश्चात दो बार हाथ से तृणक निकालने चाहिये, जिससे खेत बिल्कुल तृणक रहित हो जाय।
3. रासायनिक नियन्त्रण के अन्तर्गत किये जाने वाले उपायों के बाबत सूचना कम है। परन्तु फिर भी कुछ तृणक नाशी रसायनों जैसे–ऐनिलोफॉस, बेन्टाजोन, ब्यूटाक्लोर, 2,4–डी, बेन सल्फ्यूरौन आदि रसायनों का काफी उपयोग किया जाता है।

विभिन्न फसलों में तृणक नियंत्रण प्रबन्धन

धान की कृषि में तृणक काफी प्रतिस्पर्धा फसल के साथ करते हैं और फसल का एक बड़े भाग के ऊर्जा पानी एवं पौधों के पौष्टिक तत्वों का शोषण करते हैं। तृणकों का ज्यादा बाहुल्य ऊँची भूमि की धान की कृषि में होता है। कटक में किये गये प्रयोगों से पता चला है कि तृणक धान के खेत में से 24–37 किलो नाइट्रोजन 5 किलो फॉस्फोरस एवं 49 किलो पोटाश प्रति हेक्टर ले लेते हैं। केरल में किये गये प्रयोगों से पता चला है कि धान के खेत में से तृणक 93 किलो नाइट्रोजन, 25 किलो फॉस्फोरस एवं 90 किलो पोटाश/हैक्टर ले लेते हैं। बिहार में किये गये प्रयोगों से पता चला है कि तृणक धान की फसल में से 35 किलो नाइट्रोजन, 4 किलो फॉस्फोरस एवं 8 किलो पोटाश, 2.5 किलो अयस, 61 ग्राम जस्ता, 15 ग्राम तांबा और 168 ग्राम मैंगेनीज प्रति हैक्टर का शोषण कर लेते हैं।

तालिका 76 : आमतौर पर वर्षा पर आधारित अधोस्तरीय भूमि में उगने वाली धान की फसल में ये तृणक विभिन्न प्रदेशों में पाये जाते हैं

प्रदेश	*मुख्य तृणकों की प्रजातियाँ*
आसाम	सिरपस स्पे., फिम्ब्रिस्टाइलिया मिलिऐसी, मौनोकोरिया भैजिनैलिस, जूसिई, सफोरो- क्टीकोसा, लुडबिजिया, ऑक्टोमोल्मिस, इकाइनोक्लोआ क्रुसगैली
बिहार	चारा स्पे., स्पाइरोगाइरा स्पै., पैस्पेलम स्क्रोब्युकुलेटम, आइपोमिया रेप्टैन्स, इकाइनोक्लोआ कौल्यूनम (क्रुसगैली), साइप्रस डिफौर्मिस
तमिलनाडू	फिम्ब्रीस्टाइलिस मिलिएसिया, सिरपस म्यूक्रोनेटस, साइप्रस इरिया, सा.डिफौर्मिस, इक्लीप्टा ऐल्बा, मार्सीलिया क्वाड्रिफोलियेटा, अमैनिया मैसीफेरा, इकाइनोक्लोआ कौल्यूनम, स्फैरैमैलस इन्डिका
हिमाचल प्रदेश	इकाइनोक्लोआ कौलोनम, साइप्रस रोटन्डस, पैस्पेलम पार्पेलोडिस, पैनिकम स्पे, सिटेरिया ग्लाउका
उत्तर प्रदेश	साइप्रस इरिया,सा. डिफौर्मिस, साइनोडन डैक्टाइलौन, निम्फिया स्टीलेटा, हाइड्रिला मेर्टीसिलेटा, टाइफा स्पे.

खरपतवार धान की फसल को अत्यधिक हानि पहूँचाते हैं और फसल से एक बड़ी मात्रा में ऊर्जा का हनन करते हैं और साथ ही पानी एवं पौधों के पोषक तत्वों का भी ह्रास करते हैं। ये पौधे दोनों ऊपरी भूमि तथा अधोभूमि को बराबर ही नुकसान पहुँचाते हैं। ये खरपतवार दोनों ही घास की जाति तथा चौड़ी पत्तियों के पौधों के वर्ग के होते हैं। धान की जाति के पौधे के नियन्त्रण के लिये हाथ से निकालने, यांत्रिक तथा रसायनिक विधियों का प्रयोग किया जाता है। ऊपरी भूमि में धान पैदा करने का प्रचलन अब बढ़ रहा है, क्योकि इससे मनुष्य के मजदूरों का खर्च खत्म हो जाता है। रसायनिक पदार्थो के द्वारा नियन्त्रण के लिये इन्हें बीज के अंकुरण

के पहले याने बीज बोने के पहले ही मिट्टी में दिया जाता है। इसके उदाहरण है- ऐनिलोफॉस एक ऐसा रसायन है कि इससे दोनों एक बीजपत्रीय तथा द्विबीजपत्रीय तृणक पौधों का नियन्त्रण होता है। इसको खेत में देने की मात्रा 0.3 से 0.4 किलोग्राम/हेक्टर होती है। इससे यद्यपि शुरु में धान के पौधों की 5-7 प्रतिशत हानि हो जाती है, परन्तु फिर तुरन्त ही फसल का पुनर्उत्थान जल्दी ही हो जाता है। दूसरा खरपतवार निरोधक रसायन ऐमिरोसन है, जिसे 0. 75-1.0 किलोग्राम/हैक्टर की मात्रा में बीज अंकुरण के पहले ही मिट्टी में दिया जाता है। इसे बोआई के 2-4 दिन पहले दिया जाता है।

वर्षा पर आधारित निचली भूमि की धान की कृषि में कुछ भिन्नतायें होती हैं। इस पद्धति में फसल को सीधे ही खेत में मानसून के पहले या बाद में बोया जाता है। इसका आरम्भ तो वैसे ही होता है जैसे ऊपरिभूमि में सीधे ही बीज बोया जाता है। लगभग 25-35 दिन बाद ही वर्षा आ जाती है, जिससे कि आद्र-खेती की दशायें बन जाती हैं। कभी-कभी कुछ स्थानों पर निचली भूमि में धान की रोपणी भी लगाई जाती है। यहाँ भी खरपतवारों के आक्रमण से उपज में काफी कमी हो जाती है। यहाँ भी शुष्क जमीन, अर्ध-जलोत्पित्ति तथा पूर्णयता जलीय खरपतवार इस प्रकार की खेती को हानि पहुँचाते हैं और उपज में भारी कमी पैदा कर देते हैं। भिन्न-भिन्न प्रदेशों में इन खरपतवारों की भिन्न जातियाँ पाई जाती है।

तालिका 77: धान की फसल में देने के लिये उपयुक्त रसायन वर्षा पर आधारित कृषि के लिये खरपतवार की रोकथाम के लिये

रसायन	*देय मात्रा दर प्रति हैक्टर*	*खेत में देने का समय*
ऐनिलोफॉस	0.3-0.4 किलो/हैक्टर	बीज बोने से 2-4 दिन पहले
ऐभिरोसन	0.75-1.0 किलो/हैक्टर	बीज बोने के 2-4 दिन बाद परन्तु अंकुरण के पहले
ब्यूटाक्लोर	1.5-2.0 किलो/हैक्टर	बीज बोने के पहले
नाइट्रोफेन	2-4 किलो/हैक्टर ए.आई	बोने से पहले
ऑक्सेडियाजोन	0.5-1.0 किलो/हैक्टर	बोने से पहले
ऑक्सोफ्लूरोफेन	0.5 किलो/हैक्टर	बोने से पहले
पेन्डीमेथालिन	1-2 किलो/हैक्टर ए.आई.	बोने से पहले
फिनैक्सी हरबिसाइड		
1. 2.4 डी और एम.सी.पी.ए.	0.5-1.0 किलो/हैक्टर ए.आई	बोआई के बाद
2. 2.4 डी और एम.सी.पी.ए.	1.5 किलो/हैक्टर ए.आई.	बोआई के 7 दिन पहले
प्रापैनिल	2.0-4.5 किलो/हैक्टर	बोआई के 10-15 दिन बाद तक

सामान्यतया ऐसे स्थानों पर जहाँ पर पानी का स्तर 25-30 से.मी. के बीच परिवर्तित होता रहता है वहाँ पर 50 प्रतिशत घास प्रजाति, मुस्ता प्रजाति के 45% और द्विबीजपत्रीय 5 प्रतिशत की खरपतवारें पाई जाती हैं। जब खेत में पानी का स्तर 50 से.मी. से ऊपर, यहाँ तक कि 100 से.मी. तक होता है, उसमें चारा प्रजाति एवं स्पाइरोगाइरा प्रजाति तथा नैजस प्रजाति के पौधे प्रायः पाये जाते हैं। किस्मों की प्रजातियों से भी काफी भिन्नतायें प्रदर्शित होती है। इनकी रोकथाम के लिये भी वहीं विधियाँ अपनाई जाती हैं, जैसा कि ऊपरिभूमि की खेती में किया जाता है।

वर्षा पर आधारित धान की कृषि के लिये विभिन्न खरपतवार तथा उनका रसायनिक नियन्त्रण के लिये भी उपरोक्त तालिका को प्रयोग में लाया जाना चाहिये।

प्रतिरोपित धान की कृषि में क्यों कि खरपतवार के पौधों की किस्में भिन्न होती हैं और कृषि कार्यो की भिन्नताओं के कारण इनको नियन्त्रण करने के प्रयुक्त रसायन नियन्त्रण भी भिन्न हो जाता है। इनका उपयोग हर समय खरपतवारों के अंकुरित एवं निर्गम से पहले ही न्यून मात्राओं में मिट्टी में मिला दिया जाता है। ये रसायन दोनों ही स्थितियों 1. वर्षा पर आधारित ऊपरभूमि एवं 2. रोपण के धान की कृषि में काम में लाये जाते हैं। (तालिका 77) इस तालिका में दिये गये रसायनों के अतिरिक्त और रसायन 1. बाईफिनौक्स, क्लोरीम्यूरौन इथाइल एवं 3. प्रेटीलाक्लोर का भी इस्तेमाल किया जाता है जिनसे भी उपज बढ़ने की दिशा में अच्छे परिणाम मिले हैं। इनका प्रयोग भी अन्य तृणकमार रसायनों की ही तरह तृणक के निर्गम से पहले मिट्टी में मिलाकर ही किया जाता है।

धान की रोपण (नर्सरी) में भी खरपतवार (तृणक) समस्या काफी जटिल होती है। यहाँ पर तृणकों पर नियन्त्रण के लिये या तो इनको हाथ से क्यारी में से निकाला जाता है या काफी पहले रसायनों का प्रयोग करना पड़ता है।

यद्यपि ऐसे रसायन जिनमें तृणकघातक गुण पाये जाते हैं, वे उन्नीसवीं सदी के अन्त में उपलब्ध थे, परंतु एस–ट्राइजाइन तृणक की 1952 में हुये आविष्कार के बाद तो इस विषय में एक क्रान्ति सी आ गई। इसके द्वारा ज्वार, मक्का तथा गन्ने की सस्य को तो काफी लाभ मिला है। इसके पहले कई किस्मों के रसायनों का उपयोग फसल बोने के पहले, अंकुरण के पहले एवं जमने के बाद, छिड़काव के रुप मे किया गया था। ये रसायन केवल कुछ अंश में तृणकों के नियन्त्रण के लिये सफल माने गये थे। परन्तु इनके साथ पौधों के ऊपर जहरीला प्रभाव होने के कारण ये व्यवहारिक दृष्टि से उचित नहीं माने गये। 2,4डी (2,4 डाइक्लोरो फिनौक्सी ऐसेटिक ऐसिड) एंव एम.सी.पी.ए. (2मिथाइल 1–4 क्लोरो फिनौक्सी ऐसेटिक ऐसिड) का इस्तेमाल अंकुरण के बाद की अवस्था में किया जाता था। ये तो जो एस–ट्रायेजाइन के रुप है, इनमें से ऐट्राजीन ही काफी हद तक ज्वार के लिये प्रवृत्य होता है। इसका ज्वार, मक्का आदि में अंकुरण के पहले प्रयोग करने से तृणकों को नियन्त्रण में काफी लाभ हुआ है।

रोपणी धान के खेत में कई तृणक पाये जाते हैं, जैसे- ई.क्रुसगैली, ई.कौलोनम (ईकाइनोक्लोआ), डिजिटेलिया सैंगुनैलिस, पैस्पेलम डाइस्टिकम, साइप्रस रोटन्डस, सा. इरिया साइप्रस बाइफ्लोरस, फिल्मप्रिस्टाइलिस, डाइकोटैमा, सिरपस स्पे. और चौड़ी पत्तियों की तृणक में ऐमेनिया वैसीफेरा, एक्लीप्टा ऐल्वा, सीजूलिया ऑक्सीलैरिस, ल्यूडयूजिया पर्भीफ्लोरा, मौनीकोरिया, भैडीनौलिस मुख्य तृणक भी होते हैं। ये तृणक रोपणी धान में भी पाये जाते हैं।

तृणकों के नियन्त्रण में तीन विधियाँ अपनाई जाती है। 1. हस्तन से जो कि सबसे अधिक प्रभावशाली विधि है, परन्तु इसमें खर्च बहुत अधिक आता है। 2. यांत्रिक विधि यद्यपि यह विधि अधिक प्रचलित नहीं है फिर भी हल्की मिट्टियों में आगुलि–खुरपी का प्रयोग कर सकते हैं। 3. रसायनिक विधि सबसे अधिक मान्यता प्राप्त है और इसका ही अधिक प्रयोग किया जाता है। **रासायनिक विधि** से तृणकों पर नियन्त्रण पाने के लिये खर्चा कम आता है। कुछ तृणकमार रसायन इस प्रकार से हैं–

फिनौक्सी तृणकमार के दो संयोगों में दो 2.4डी के संविन्यास 1. आइसोप्रोपाइलईस्टर एवं 2. इथाइल ईस्टर कणों के रुप में प्रयोग किये जाते हैं। दोनों ही काफी प्रभावशाली होते हैं। इनकी मात्रा 0.5–0.8 किलो क्रियाशील पदार्थ प्रति हैक्टर काफी होती है। इसे खरपतवार के भूमि में से निकलने से पहले ही भूमि में प्रयोग किया जाता

है। इसमें चौड़ी पत्तियों के तृणक भी नष्ट होते हैं और साइप्रस रोटन्डस घास भी नष्ट होती है। साथ ही इससे घास प्रजाति के पौधे अंकुरण से पहले और बाद की वृद्धिकाल में भी आहत होते हैं। 2, 4–डी रसायन 0.5 किलो/हैक्टर के द्वारा चौड़ी पत्तियों वाले पौधे एवं मुस्ता पौधे दोनों ही नष्ट हो जाते हैं।

ऐनिलोफॉस तृणकमार रसायन एक कारगर, शक्तिशाली तृणकमार रसायन है। इससे घास और चौड़ी पत्ती के पौधों पर बड़ा नियन्त्रण होता है। इसकी मात्रा 0.4–0.5 किलो/हैक्टर की देनी होती है। इससे एक नया आया तृणक पौधा इस्चेइमम रोमोसम का पूर्णयता नियन्त्रण हो जाता है। इसे यदि 2.4–डी के साथ मिलाकर दिया जाय तो इसका प्रभाव और भी अधिक हो जाता है।

बाइफेनौक्स– इसकी मात्रा 3 किलो/हैक्टर देने से तृणकों को पूर्णतया नियन्त्रित किया जा सकता है। इसे मिट्टी में अंकुरण के पहले ही इस्तेमाल करना चाहिये।

ब्यूटाक्लोर रोपाई की गई धान में विस्तृत उपयोग किया जाता है। इसे अंकुरण के पहले ही उपयोग में 1–2 किलों/हैक्टर की दर से दिया जा सकता है।

क्लोरीम्यूरौन इथाइल एक नई किस्म का ऐसा तृणकमार है, जिसे बहुत कम मात्रा में दे सकते हैं– कुछ ही ग्राम की मात्रा में बजाय किलोग्राम में। इससे चौडी पत्तियों के तृणकों का बहुत अच्छा नियन्त्रण हो जाता है और घास जाति के तृणकों का भी संतोषजनक नियन्त्रण इससे हो जाता है। इसे अंकुरण के पहले या बाद भी उपयोग में लाया जा सकता है।

नाइट्रोफिन एक ऐसा तृणकमार रसायन है, जिसे 1–2 किलोग्राम/हैक्टर की मात्रा में पानी में भी दिया (धान के खेत में) जा सकता है।

ऑक्सेडियाजीन के 0.5–1.0 किलो/हैक्टर मात्रा में देने से उत्कृष्ट परिणाम मिलते हैं। इसके उपयोग से फसल की पैदावार में उतनी ही बढोतरी धान की फसल में होती है, जितनी तृणकों को हाथ से निकालने पर होती है।

ऑक्सीफ्लूरोफेन का उपयोग छोटी मात्रा में 0.075–0.3 किलो/हैक्टर तक किया जाने से अच्छे परिणाम प्राप्त होते हैं।

पेन्डीमेथाइलिन– इसे तृणकों के अंकुरण होने से पहले 1–2 किलो/हैक्टर की दर से उपयोग में लाया जा सकता है। चौड़ी पत्ती की तृणकों के लिये यह अति उत्तम है।

प्रेटीलाक्लोर का अंकुरण से पहले 0.75–1.00 किलो/हैक्टर की मात्रा में देने से अच्छा नियन्त्रण तृणाकों का हो जाता है, विशेषकर घास प्रजाति के तृणकों का। यह चौडी पत्तियों वाले तृणकों के लिये उपयुक्त नहीं है।

प्रोपेनिल का सबसे अधिक प्रयोग अंकुरण के पश्चात् तृणकों के नियन्त्रण में उपयोग किया जाता है। यह 3–3.5 किलो/हैक्टर की मात्रा देने से काफी प्रभावकारी होता है। यह घास प्रजाति के पौधों के नियन्त्रण के लिये उत्कृष्ट रसायन है, परन्तु चौड़ी पत्ती के तृणकों के लिये उचित नहीं है। यदि इसे तृणक की 3–4 पत्तियों की अवस्था पर उपयोग किया जाय तो यह निष्क्रिय रहता है।

थाइओबेनकार्व रसायन काफी उत्कृष्ट तथा काफी प्रभावशाली, सामान्यतया उपयोग में लाया जाने वाला रसायन है। ये दोनों ही किस्म के तृणकों घास जाति एवं चौड़ी पत्ती के तृणकों का पूर्णतया नियन्त्रण कर लेता

है। इसे 1-5 किलो क्रियाशील पदार्थ 1 हैक्टर की मात्रा में उपयोग करना चाहिये। इसकी क्षमता यदि 2.4-डी के साथ इस्तेमाल करें तो बढ़ जाती है।

गेहूँ में खरपतवार फसल के साथ ही उत्पन्न होते हैं और यदि उनको फसल के आरम्भिक काल में ही नियन्त्रित न किया जाय तो इससे गेहूं के उत्पादन में भारी कमी आ जाती है। वह कमी 10%-40% की हो सकती है जो कि खेत में विद्यमान खरपतवारों की गहनता एवं अवस्था पर निर्भर करती है। बौने गेहूँ की प्रजातियों के लिये पहले 30-40 दिन अति चिंताजनक होते हैं, क्यों कि इस अवस्था में सस्य-खरपतवारों की आपसी प्रतिस्पर्धा चरम सीमा पर रहती है। बौन गेहूँ की किस्में खरपतवारों के प्रति इतनी अधिक प्रतिस्पर्धा के लिये क्षम्य नहीं होती हैं जितनी कि ऊंचे गेहूँ की किस्में होती हैं।

दोनों ही प्रकार के पौधे (तृणक) गेहूँ की फसल में उगते हैं- एक बीज पत्रीय एवं द्विबीजपत्रीय। इनमें से मुख्य द्विबीजपत्रीय तृणाक हैं-चिनोपोडियम ऐल्बम (बथुआ), फ्यूमेरिया पर्वीफ्लिोरा, सर्सियम आर्भेन्स (कटेली), ऐनागेलिस आभेन्सिस (कृष्ण नील) भिसियासैटाइमो, (अंकेरी), मेलिलोटस ऐल्बा एवं मे. इन्डिका (सेंजी), भिसिया सैटाइमो (अंकेरी), लैथाइरस स्पे. (चटरीमटरी) आदि हैं। एक बीज पत्रीय तृणकों में मुख्य हैं- फैलेरिस माइनर (कनेरी ग्रास), ऐभिना फटूआ (जंगली जई), पौलीपोगन मौन्सपेन्सिस। इनके अतिरिक्त बहुवर्षीय साइनोडनडैक्साइलन (दूब घास) तथा मुस्ता पौधा साइप्रस रोटन्डस (मोथा) मुख्य है।

तालिका 78 : फैलेरिस माइनर, जंगली जई, जौ, गेहूँ के प्रभेदक गुण

	पौधे का नाम		
पौधों के भाग	*फैलेरिस माइनर*	*जंगली जई*	*गेहूँ*
तना	भरा हुआ, शाखित, गुलाबी या लाल आधार पर 50 दिन की आयू पर	थोथा और हरे रंगा का	थोथा, अशाखित गहरा हरा
पत्तियाँ	चिकनी, हरी लाल रंग के धब्बे लिये हुये, पर्ण एवं पत्ती के जोड़े पर	हरी, पत्ती के किनारों पर दांत एवं बाल नहीं, थोडा सा खुरदरा ।	गहरा, पत्ती के किनारा दंतीला बालदार एवं खुरदरा।
लिग्यूल	बहुत बड़ा	बड़ा एवं दंतीला	बहुत छोटा
औरिकल	अनुपस्थित पत्ती की आवरण एवं पत्ती के जोड़ पर बाल	अनुपस्थित, पत्ती के आवरण एवं पर्ण के जोड़ पर बाल नहीं	घने तथा रोमिल

इस सस्य में तृणकों का नियन्त्रण बहुधा तृणकों को हाथ से ही निकाल कर किया जाता है। इसमें खुरपी का उपयोग किया जाता है। पहली निराई खेत की तब की जाती है, जब खेत में काफी तृणक पौधें जमा हो गये हों-लगभग बोआई के 20-25 दिन बाद। इसके दो सप्ताह पश्चात् एक और निराई करनी चाहिये। हाथ से की गई निराई बौने किस्म के गेहूँ के खेत में करने से अधिक अच्छे परिणाम मिलते हैं। परन्तु आजकल हाथ की निराई काफी मंहगी होती है क्योंकि मजदूरों की कमी एवं अधिक खर्च की वजह से यह कार्य इस तरह से करना लगभग असम्भव सा हो गया है। इसलिये तृणकों का नियन्त्रण तृणकमार रसायनों से करना ही अनिवार्य हो गया

है। द्विबीजपत्रीय तृणकों का नियन्त्रण 2,4-डी (इथाइल ईस्टर) के उपयोग करने से किया जाता है। इसकी मात्रा 0.3-0.4 किलो क्रियाशील पदार्थ/हैक्टर की दर से दिया जा सकता है। इस मात्रा का घोल 700-800 लीटर पानी में बनाकर बोने के 35 दिन बाद दिया जाना उचित होगा। 2,4-डी को इससे जल्दी देने से (25-30 दिन पर) गेहूँ की बालियों का निर्माण विकृत हो जायगा। इसके विपरीत यदि रसायन का उपयोग 40 दिन बाद किया जाता है तो इसके परिणाम संतोषजनक नहीं होते हैं।

धान-गेहूँ के सस्य-चक्र में फैलेरिस माइनर तथा ऐंभिना फकुआ दोनों ही तृणक समस्या पैदा करते हैं, क्यों कि ये तृणक गेहूँ के साथ-साथ ही अंकुरित होते हैं। इनकी पहचान करना कठिन होता है, फसल के प्रारम्भिक अवस्था पर इसलिये इनकी पहचान के लिये निम्नलिखित तालिका 78 का उपयोग कर सकते हैं-

एक बीज पत्रीय तृणकों को इनके अंकुरण के पश्चात भी आइसोप्रीटयूरौन 1-1.5 किलो क्रियाशील पदार्थ या मेथाबेन्जथियाजरौन 1.5 किलों क्रियाशील पदार्थ या मेटौक्स्यूरौन 1.5 किलो क्रियाशील पदार्थ/हैक्टर 200-300 लिटर पानी का घोल बनाकर देने से बोने के 30-35 दिन के अन्दर देने से भी मुख्य तृणकों का नियन्त्रण संभव है। अंकुरण के पहले खेत में पेन्डीमेथाइलिन 1.0 किलो क्रियाशील पदार्थ 1 हैक्टर में 900-1000 लिटर पानी में घोल बनाकर देने से भी इनमें नियन्त्रण सम्भव है।

ज्वार की फसल में तृणक नियन्त्रण एक महत्त्वपूर्ण कृषि कार्य होता है, विशेषकर खरीफ की ऋतु में क्योंकि इस ऋतु में वर्षा एवं नमी दोनों का बाहुल्य होता है। खरीफ ऋतु में मुख्यतया कौमलीना स्पे. साइनोटिस स्पे. सीलोशिया अरजेन्शिया, डैक्टाइलौक्टीनियम एजिप्टिका, ऐमेरेन्थस स्पे., डाइजेरा आर्भेन्सिस तृणक बहुतायत में पाये जाते हैं। रबी की ऋतु में इस फसल में डेनेब्रा रेटनोफेक्सा, बेकेरिया आइसोकाइन एवं क्रोजोफोरा रौटलिन बहुतायत से पाये जाते हैं। बहुवर्षीय तृणक पौधों में साइप्रस रोटन्डस, साइनोडन डैक्टाइलौन एवं कौन्भोल्म्यूलस आर्भेन्सिस हैं। ज्वार की फसल के लिये यह आवश्यक है कि तृणकों का आरम्भिक काल में ही नियन्त्रण किया जाय विशेषतया इससे पहले कि ज्वार के पौधे अपने को भली भांति खेत में स्थापित कर सके।

तालिका 79 : विभिन्न अन्तर्सस्यन की ज्वार की खेती में तृणकों का खेत में शुष्क भार कि/हैक्टर)।

अन्तर्सस्य उपचार	*तृणकों का शुष्क भार*	
	50 दिन पर	*संलवन पर*
ज्वार 3/60 सें.मी. खुरपी गुड़ाई तथा हाथ से तृणक निकालना	31.0	52.0
ज्वार 30/90 सें.मी खुरपी गुड़ाई तथा हाथ से तृणक निकालना	41.5	63.3
ज्वार 30/90 सें.मी. + मूंगफली की तीन पक्तियाँ	88.5	205.2
ज्वार 30/60 सें मी. + लोबिया की एक पंक्ति	61.6	119.2
ज्वार 30/90 सें.मी. + लोबिया की दो पंक्तियाँ	31.6	104.6
ज्वार 30/90 सें.मी. + लोबिया की तीन पंक्तियाँ	37.4	93.4
ज्वार 30/90 सें.मी. + मूंग की तीन पंक्तियाँ	88.1	121.7
ज्वार बिना निराई की क्यारी	398.3	708.7
ज्वार ऐट्राजीन का अंकुरण पूर्व उपचार (किलो/हैक्टर)	61.8	61.8

ज्वार में खरपतवार के कृषि कार्यों के अन्तर्गत किये जाने वाले कार्यों में बोने का समय, बोने की रेखांकित विधि, अन्तर सस्यन, सस्य-चक्र अन्तरा सस्यन आदि की मुख्य भागीदारी होती है। फसल में तृणक नियन्त्रण हेतु आमतौर पर तृणकों को हाथ से निकालना (निराई करना) ही सबसे अधिक अच्छी विधि होती है।

विभिन्न परिस्थितयों में जब रासायनिक नियन्त्रण को मजबूरन यदि अपनाना पड़े तो ज्वार की फसल में तृणकों के नियन्त्रण के लिये चिरपरिचित रसायन यल-ट्राइजीन नामक तृणक नाशी रसायन का उपयोग किया जाता है। इस रसायन से तृणकों के नियन्त्रण में मक्का तथा गन्ने की फसलों में भी क्रान्तिकारी परिणाम प्राप्त हुये हैं।

स्ट्राइगा (बिच बीड)-यह एक पुष्प वाला पौधा होता है और फसलों की जड़ों का परजीवी होता है। सके प्रकोप से ज्वार की सस्य की उपज में भारी कमी हो जाती है। यह स्क्रोफुलेरिएसी कुटुम्ब का पौधा होता है। विश्व में इसकी 50 प्रजातियाँ पाई जाती हैं। ज्वार की फसल में इसकी तीन प्रजातियाँ मुख्यतया पाई जाती है जो कि पौधों को पुष्प को बहुत आघात पहुँचाती हैं, जिससे उपज में भारी कमी आ जाती है। इनकी विभिन्न प्रजातियाँ दुनिया भर में फैली हुई हैं। जो प्रजातियाँ फसलों को नुकसान पहुँचाती है। इनमें प्रजातियों के भिन्न पुष्प रंग होते हैं और इन्हीं रंगो के आधार पर ये भिन्न प्रजातियाँ मानी जाती है। तीन मुख्य प्रजातियाँ जो यहाँ पर महत्त्वपूर्ण हैं, वे हैं (जिनके फूलों के रंग अलग-अलग होते हैं) - स्ट्राइगा ऐसियाटिका, स्ट्राइगा डेन्सीफ्लोरा - सफेद फूलों की, स्ट्रा. कौक्सीनिया - लाल फूल वाली तथा स्ट्रा. लूटिया- पीले फूल वाली किस्में हैं। यह पौधा बीज बड़ी संख्या में पैदा करता है। भूमि में इन बीजों का जीवन 6 महीने से लेकर 20 वर्ष तक होता है। पानी की मृदा में विद्यमान मात्रा पर ही इसकी जीवन क्षमता अधिक होती है। मृदा की ऊपरी सतह पर इसकी जीवन क्षमता कम और गहराई बढ़ने के साथ यह बढ़ती जाती है। बीजों की सुसुप्तावस्था की भिन्नताओं के दृष्टिकोण से इनके नियन्त्रण के लिये भिन्न-भिन्न समय पर उपचार करने पड़ते हैं। पहले तो इसकी रोकथाम के लिये खेत में रसायन का उपचार फसल बोने के 4-5 हफ्ते पहले करना पड़ता है। इस अवस्था पर बीज अंकुरण के लिये तैयार रहता है। इस अवस्था में इससे अंकुरण को प्रोत्साहित करने के लिये एक सिंचाई की जा सकती है। इन बीजों के अंकुरण के लिये 30-32 से. का तापमान उचित रहता है। सस्य के ऊपर मिट्टी के ऊपर इसे बोने के 3-6 हफ्ते बाद देखा जा सकता है। इसका फसल के ऊपर प्रभाव उसके अंकुरण से पहले से ही जमीन के अन्दर ही होना शुरु हो जाता है। इसके परिणामस्वरुप सस्य पौधों में शुष्क दशा दीखती है, जल्दी मुरझाने लगते हैं तथा पौधों का आकार छोटा हो जाता है।

स्ट्राइगा जैसी भयानक खरपतवार के लिये रोकथाम के मामले में वैज्ञानिकों की चिंतायें बढ़ी हैं क्योंकि जो नई किस्मों के संकर बीज हैं, उनमें भी स्ट्राइगा के प्रति रोधिता नहीं पाई जाती है। इसलिये अन्य विकल्प इस दिशा में अपनाये जाते हैं।

1. स्ट्राइगा को हाथ से निराई करके फसल की प्रारम्भिक अवस्थाओं में।
2. स्ट्राइगा के खेत में पुष्पन से पहले ही उखाड़ फेंकना ताकि, उनमें से बीज बन ही न पाये और आगे की फसलों में इस पौधे की उत्तरोत्तर संख्या में कमी हो जाय।
3. 2,4-डी का छिड़काव कई स्थानों पर इस तृणक के लिये काफी घातक सिद्ध हुआ है। इसकी देय मात्रा 1.0 किलो क्रियाशील पदार्थ/हैक्टर के लगभग दी जा सकती है, जिससे इस हानिकारक तृणक की रोकथाम हो जायगी।

4. स्ट्राइगा की पत्तियों के पर्णमुख हमेशा खुले रहने के कारण मृदा में से पानी की हानि निरन्तर होती रहती है। इस प्रकार की हानिकारक क्रियाओं को रोकने के लिये वैज्ञानिकों ने ऐसे विपरीत उद्वाष्पीयन रसायनों को निकाला है, जिससे इस पौधे की ऐसी हानिकारक क्रिया पर रोक लगा ली जाय।

5. नाइट्रोजन (अकार्बनिक) की बड़ी मात्राओं में फसल के उत्पादन काल में देने से भी स्ट्राइगा की संख्या में कमी आ जाती है। यह इसलिये कि नाइट्रोजन उर्वरक को बड़ी मात्रा के प्रति यह पौधा अधिक असहिष्णु होता है।

तालिका 80 : विभिन्न रसायनिक तृणकमार का ज्वार की फसल की उपज का प्रभाव

उपचार	*तृणकों के जैविक पुंज (किलो/हैक्टर)*		*फसल से उपज (किलो/हैक्टर)*	
	1987	*1988*	*1987*	*1988*
अनियन्त्रित	6065	4025	3141	4281
दो बार हाथ से निकालना	2118	2758	3415	5163
प्रोमेट्राइन 0.5+2,4–डी 0.9	3650	3639	3271	4607
प्रोमेट्राइन 0.1+2,4–डी 0.9	2065	2530	3641	5261
प्रोमेट्राइन 0.5+1 हाथ से निकालना	3440	3462	3395	4658
प्रोमेट्राइन 0.5+2 बार हाथ से निकालना	3415	2826	3539	4658
प्रोमेट्राइन 1.0+1 बार हाथ से निकालना	1939	3633	3750	5589
प्रोमेट्राइन 1.0+2 बार हाथ से निकालना	1838	2166	3888	5657
ऐट्राजीप 1.0+2,4–डी 0.9	1818	2165	4053	5706
ऐट्राजीप 1.0+1 बार हाथ से निकालना	1800	1131	4083	5720
ऐट्राजीन 1.0+2, 4–डी 0.9 दो बार हाथ से निकालना	1733	745	4444	6160

6. मृदा में पड़ा स्ट्राइगा के अपार आरक्षित भण्डार को नष्ट करने से इस तृणक पर नियन्त्रण प्राप्त किया जा सकता है। पकड़ फसल या उत्तरवर्ती सस्य चक्र एवं अंकुरण में शक्ति पैदा करने वाले रसायनों के उपयोग से भी इस तृणक को नष्ट किया जा सकता है। ऐसी फसलें जैसे कपास, मूंगफली, अरहर, लोबिया, सोयाबीन, सेम तथा अन्य प्रकार की सेम की फसलों के साथ सस्य चक्र अपनाने से इस तृणक पर नियन्त्रण पाया जा सकता है, क्योंकि इन सस्यों में से कुछ ऐसे रसायन निकालते हैं, जो स्ट्राइगा के लिये हानिकारक होते हैं।

मक्का की फसल ये **लासो** नामक रसायन का उपयोग फसल बोने के दो दिन बाद देने से तृणक नियंत्रण हो जाता है।

सभी अन्य खरीफ फसलों की भांति **बाजरे** की फसल भी तृणकों के साथ एक गहन प्रतिस्पर्धा का सामना करती है। इससे दाने की उपज में भारी कमी हो जाती है। तृणकों की प्रतिस्पर्धा का के कारण उपज में 25 से 50% की कमी हो सकती है। बाजरे की सस्य के साथ जो खास–खास तृणक उगते हैं, उनमें से साथी (ट्राऐन्थमा पौर्चुलैक्सेट्रम) केवाई, (डाइजिटेरिया सैग्वीवनैलिस) मकड़ा, (डक्टाइलोक्टिनियम ऐजिप्टिका), अन्जन घास (इकाइनाक्लोआ कौलोनम), दूब (साइनोडन डक्टाइलन एवं मोथा (साइप्रस रोटन्डस) मुख्य हैं।

हस्तक क्रिया तृणकों को निकालने के लिये खेत की इस ऋतु की गीली दशा में काफी कठिन क्रिया होती है। इसलिये रासायनिक उपाय ही इस दशा में उपयुक्त तथा कम खर्चीले होते हैं। इसके लिये ऐट्रेजिन तृणकों के अंकुरण से पहले उपचार करने से 0.5 किलो क्रियाशील पदार्थ/हैक्टर से 71–95% चौड़ी पत्तियों के पौधे पर नियन्त्रण हो जाता है और उपज में 30–40% बढ़त ही जाती है। इसके अतिरिक्त एक हाथ से तृणकों को हटाने का काम करने से भी जो बहुवर्षीय पौधे जैसे दूब तथा मोथा होते हैं, उनके नियन्त्रण में काफी सफलता मिलती है।

जौ के पौधे आरम्भिक अवस्था में काफी ओजपूर्ण वृद्धि दर्शाते हैं, अन्य शीत ऋतु की फसलों की तुलना में। यह पौधा लगभग अपना पूरा क्षेत्र अपनी शाखाओं (कल्लों) से आच्छादित कर देता है। इस पौधे की इस प्रकृति के कारण इसे तृणक पौधों के साथ उगने में एक दृढ़ प्रतिस्पर्धा प्रदान कर सकता है। इससे इसकी वृद्धि पर तृणकों को कारण कम प्रभाव पड़ता है। फिर भी जौ की नई किस्मों को जिन्हें उच्च उर्वरक की मात्रा एवं अनुकूल सिंचाई के साथ उगाया जाता है, इससे तृणकों का फसल के साथ प्रतिस्पर्धा बढ़ जाती है। जौ में मुख्यतया पाई जाने वाली तृणाकों की प्रजातियाँ हैं- एभिना फटुआ (जंगली जई), फैलेरिस माइनर (कैनेरी घास), फ्युमेरिया पर्भीफ्लोरा, चीनापोडियम एल्बम (बथुआ) सर्सियम आर्गेन्सिस (कटेली), ऐजेरेटम कौन्ज्वाइडिस, कन्भौलभुलस आरभेन्सिस (हिरनखुरी), मेलिलोटस ऐल्वा और मे.इन्डिका (सेंजी), ऐनेगेलिस आर्भेन्सिस (कृष्ण नील) आदि हैं।

जौ के खेत में एक अच्छा सा कृषि कार्य जैसे एक गुड़ाई एवं एक हाथ से निराई पहली सिंचाई के 30–35 दिन बाद करने से तृणकों का काफी नियन्त्रण हो जाता है। फिर भी यदि तृणकों का जमाव अधिक हो तो रासायनिक विधि से इनका नियन्त्रण सम्भव है। इसके लिये सभी चौड़ी पत्तियों वाले तृणकों को 2,4–डी @0. 75 किलो क्रियाशील पदार्थ/हैक्टर को 750 लिटर पानी में घोल बनाकर 40–45 दिन बोआई के बाद यदि छिड़काव कर दें तो ये तृणक काफी नियन्त्रित हो जायेंगे। शुष्क खेती में इस मात्रा को कम 0.50 किलो/हैक्टर कर सकते हैं। इससे इस घोल का प्रभाव और बढ़िया हो जाता है, क्योंकि ऐसा करने से इसके प्रभाव में बढ़ोतरी हो जाती है।

आइसोप्रोटयूरौन 1–1.15 किलो/हैक्टर या मेथाबेन्जयूओज्यूरौन 1.5 किलो/हैक्टर या मेटाजुरौन @1.5 किलो/हैक्टर सभी क्रियाशील तत्व मात्रा में लगभग 750 लिटर पानी के घोल में मिलाकर छिड़काव करने से अन्य सभी तृणकों का नियन्त्रण हो जायगा। यह छिड़काव तृणकों को अंकुरण होने के बाद फसल को 30–35 दिन के बोने के बाद दिया जाना चाहिये।

छोटे खाद्यान्नों में तृणकों की समस्या काफी जटिल है। इन फसलों में बोने के 2–3 हफ्ते के बाद तृणकों की समस्या काफी चिन्ताजनक होती है। इनमें हाथ से निराई करने से ही काफी सन्तोषजनक परिणाम मिल जाते हैं। मेटौक्सूरौन एवं 2,4–डी 0.75 किलो क्रियाशील पदार्थ/हैक्टर से तृणकों के नियन्त्रण में काफी अच्छे उत्पादन के परिणाम मिले हैं, जैसा कि रागी में इस उद्देश्य से किये गये प्रयोगों से ऐसा प्रतीत होता है।

खरीफ की दलहनी फसलों पर तृणकों का नियन्त्रण एक आवश्यक कार्य होता है। अरहर की खेती में तृणक नियन्त्रण की एक अहं भूमिका रहती है। इस फसल में यह विशेष ध्यान रखा जाता है कि जब तक सस्य अपने को पूर्णयता स्थापित करती है, तब तक तृणकों के नियन्त्रण पर विशेष ध्यान रखना चाहिये। इसके लिये मुख्य उपाय हैं, 1. हाथ से निराई करना कम से कम बोआई के 8 सप्ताह के अन्दर करना, 2. प्रराम्भिक अवस्था

में फसल को विशेष उर्वरक की मात्रा दी जाती है जिससे पौधो की वृद्धि जल्दी हो। उत्पादन के आंकड़ों से पता चला है कि तृणकों के कारण फसल को 20 से 60% तक की हानि हो जाती है। एक प्रभावकारी तृणक नियन्त्रण तब प्राप्त हुआ जब तृणकों के अंकुरण से पहले ही खेत को पेन्डीमिथेलिन @1.4 किलो/हैक्टर, एक हाथ से तृणक निकालना 40–50 दिन बोआई के बाद तथा कुछ दिन तक बोने के पहले खेत को खाली रखना- ये कार्यक्रम काफी लाभप्रद साबित हुये हैं। तृणकों के अंकुरण से पहले यदि खेत को ऐलाक्लोर @ 2 किलो/हैक्टर से उपचारित किया जाय या फ्लूक्लोरोलिन 1 किलो/हैक्टर 25 दिन बोआई के बाद तो फसल में तृणकों पर अच्छा नियन्त्रण हो सकता है।

तालिका 81 : रागी की फसल में तृणक नियन्त्रण के अन्तर्गत किये गये उपचार से दाने की उपज पर प्रभाव

उपचार (किलो ऐ.इ./हैक्टर)	*कोई भी यांत्रिक उपाय नहीं*	*हाथ से निराई करके*	*अन्तर्सस्सीय कार्यक्रम के अन्तर्गत*
किसी भी तृणकमार का उपयोग नहीं	1.2	2.6	2.1
आइसोप्रोट्यरौन 0.50	1.8	2.4	2.2
मेटोज्यूरौन 0.75	3.2	3.3	2.1
आइसोप्रोटयूरौन 0.25+मेटाज्यूरौन 0.375	2.8	3.3	2.9

तालिका 82 : खरीफ की दलहनी फसलों में पाये जाने वाले तृणक

तृणकों के नाम	*फसल का नाम*
1. ऐमेरेन्थस रिडिस, 2. केमिलेना बैंगेलैसिस, 3. फाइलैन्थस निरुराई, 4. यूफोर्बिया हिरटा, 5. डाइजेरा आरभेन्सिस (सभी चौड़ी पत्तियों वाले), 6. साइप्रस रोटन्डस, 7. डैक्टाइलोक्टीनियम ऐजिप्टीकम, 8. सिटेरिया ग्लाउका, 9. डाइजिटेरिया सैन्वानैलिस, 10. इकाइनोक्लोआ स्पे.	**अरहर**
7, 10, 11 इराग्रोस्टिख रिपेरिया 12, इ.पाइलोसा, 13. ट्रायन्थमा पौर्चुलैक्सट्रम	**मूंग**
10, 9, 13, 1, 6, 2, 8, 4 कौकेरस ट्राइडेन्स, 15. डाइजेरा म्यूरिकेटा, 16. ऐक्लीफा इन्डिका, 17. सीजूलिया ऐक्सिलैरिस, 18. पोर्चुलाका ओलरेसिया, 19. साइनोडन डैक्टाइलौन, 3, 7, 20. ऐकलिफा इन्डिका, 21. सिजूलिया ऐक्सीलैरिस, 22. पौर्च्यूलाका ओलरेसिया, 23. साइनोडन डैक्टाइलन, 7, 24. इक्लीफा ऐल्वा, 25. ऐजेरेटम कौन्ज्वाइडिस, 26. सेलोशिया अर्जेन्टिया, 4, 27. पैनिकम स्पे., 28. एकाइरेन्थिस ऐस्पेरा, 29. जैन्थियम स्ट्रोमेरियम	**उड़द**
30. इल्यूसाइन इन्डिका, 31. इरेग्रोस्टिस जैपोनिका, 32. बोइहेर्भिया डिफ्यूजा, बोइहेर्भिया 33. ऐकाइरैन्थिस ऐस्पेरा, 34. वेरेरिया ओसीम्बाइडिस, 35. डिजिटोरिया हौरीजोन्टोलिस, 10, 36. ट्राइडेक्स प्रोकम्बेन्स, 2, 37. रौटबोइलिया कोचिनचाइनेन्सिस, 6, 19, 1, 26, क्रोटोलेरिया स्पे., 7,	**लोबिया**

* अंक 1, 2, 7, 8 इत्यादि पहले ही नम्बर वाले तृणक हैं।

मूंग के बोआई के बाद खरीफ की फसल में तृणकों की प्रतिस्पर्धा चरम सीमा पर होती है। पहले 4-5 हफ्ते में तो तृणकों से इसकी फसल को काफी हानि पहुँच सकती है, क्योंकि इस समय मूंग के पौधों में वृद्धि काफी धीमी रहती है। इसलिये यह जरुरी है कि फसल की 30 दिन बोआई के बाद हाथ से एक निराई का काम आवश्य करें। एक निराई फसल बोने के 20-30 दिन बाद तथा दूसरी निराई बोआई 40-45 दिन पश्चात् करने से काफी अच्छी दाने की उपज मिल जाती है। जहाँ तक रासायनिक विधि से मूंग के तृणक नियन्त्रण का प्रश्न है, फ्लूक्लोरोडिन @1 किलो/हैक्टर की मात्रा को बोने से पहले देने से या ट्राइफ्ल्यूरेलिन (बोने से पहले खेत के उपचार करने से काफी अच्छे उपज के परिणाम प्राप्त हुये हैं। प्रयोगों से यह भी साबित हुआ है कि पेन्डीमेथेलिन @ 1किलो/हैक्टर (खेत की बोआई से पहले देने से) तथा हेलौवन्सीफॉप मिथाइल @ 0.24 किलो/हैक्टर देने से तृणकों पर पूर्ण नियन्त्रण हो जाता है।

उड़द के खेत में तृणकों के नियन्त्रण के तरीके लगभग वही है, जो मूंग के लिये अपनाये जाते हैं और इनको इसकी खेती में उपयोग में भी लाया जाता है।

लोबिया की फसल में तृणकों का सबसे अधिक कुप्रभाव यह होता है कि खेत में तृणकों के बाहुल्य से लोबिया के पौधे अधिक ऊंचाई लेने लगते हैं, जिससे उत्पादन में कमी हो जाती है। इस फसल का सबसे अधिक संकटमय काल किसी भी तृणक से भरे पूरे फसल के काल में तृणकों से 75% तक की उपज में हानि हो सकती है। इसलिये तृणकों का नियन्त्रण बोने के 10 दिन बाद से ही शुरु कर देना चाहिये। अच्छे कृषि, जैसे- साफ सुथरा खेत, तृणक रहित खेत रखना तथा स्वच्छ एवं सुधरे बीज का उपयोग करना तथा पौधों की उचित संख्या का खेत में होना इस फसल के लिये अच्छी उपज लेने के उत्तम साधन है।

तालिका 83 : खरीफ ऋतु की दलहनी फसलों में तृणकमार उपायों का उपज पर प्रभाव

उपचार	*मात्रा/हैक्टर*	*दाने की उपज (टन/हैक्टर)*		
		मूंग	*उड़द*	*अरहर*
तृणकयुक्त खेत	–	0.87	0.87	0.88
एक निराई	1	0.97	1.27	1.60
दो निराई	2	1.04	1.51	1.42
तृणक रहित खेत-	–	1.15	1.43	1.76
ऐलाक्लोर	1 किलो/हैक्टर	0.99	1.17	1.32
ऐलाक्लोर	2 किलो/हैक्टर	1.04	1.20	1.21
ऐलाक्लोर	3 किलो/हैक्टर	0.87	1.16	1.36
नाइट्रोफेन	1 किलो/हैक्टर	0.91	1.00	1.33
नाइट्रोफेन	2 किलो/हैक्टर	0.91	1.15	1.12
ऐलाक्लोर+नाइट्रोफेन	1 किलो/हैक्टर	1.12	1.13	1.40
ऐलाक्लोर+निराई	1 किलो/हैक्टर	1.14	1.66	1.34
नाइट्रोफेन+निराई	1 किलो/हैक्टर	1.12	1.57	1.15

यह तो सर्वविदित है कि तृणक पौधे फसल के पौधों के साथ फसल पैदा करने में काम आने वाले विभिन्न स्त्रोतो के लिये प्रतिस्पर्धा रखते हैं। ये कारक हैं, पौष्टिक पदार्थ, जल, सूर्य प्रकाश एवं स्थान जिसके परिणाम

स्वरुप फसलों की उपज में कमी हो जाती है। दालें इस प्रकार की परिस्थिति में बहुत ही नाजुक प्रतिस्पर्धा रख पाती हैं विशेषकर अपनी वृद्धि की आरम्भिक अवस्था में, जिससे कि आखिर में उत्पादन में बहुत गिरावट आ जाती है। उत्पादन की कमी 18 से 90 प्रतिशत तक हो सकती है जो कि फसल की उत्पादन दशाओं, फसल की किस्म एवं प्रबन्धन की कार्य प्रणाली पर निर्भर करते हैं।

शीत-ऋतु की दलहनी फसलों में एकवर्षीय, बहुवर्षीय घास जाति के पौधों से पर्याक्रमित रहती है। इनमें मुख्य तृणक फैलेरिस माइनर, ऐभिना लूडोमिसियाना, लोलियम टेमूलेन्टिअम, ट्राइफोलियम स्पे., लैथाइरस अफाका, कनभौल्भुलस आरभ्यन्सिस, ऐनेगैलिस, आर्भेन्सिस, ऐस्फोडिलस टेन्युफोलियस, मेडिकागो डेन्टकुलेटा, रयूमेक्स डेन्टेटस, फ्यूमेरिया पर्भीफ्लोरा, सर्सीयम आर्भेन्स, साइप्रस रोटन्डस, साइनोडन डैक्टाइलन आदि।

एक कम खर्च वाला तथा पर्यावरण से सम्बन्धित सुरक्षित तृणकों का प्रबन्धन करने की पद्धति को विकसित करना ही तृणकों से छुटकारा पाना अति उत्तम कार्य होता है। इसके लिये सस्य-तृणकों का प्रतिस्पर्धा से संबन्धित कष्टाकारक समय के बाबत विचार करना अति उत्तम होता है। इससे उनके प्रति हम अधिक जागरूक होते हैं। ऐसा भी एक समय आता है जब तृणक सस्यों को अधिक से अधिक हानि पहुँचाते हैं। खेत में फसल का अंकुरण एवं तृणकों के बीजों का अंकुरण एक ही समय पर होता है। परन्तु तृणक अपने उत्तम अनुकूलन एवं जीवनोत्तर यंत्ररचना में इतने अग्रणी होते हैं कि तृणकों की तुलना में फसल के पौधे वृद्धि में पिछड़ जाते हैं एवं नष्ट हो जाते हैं। तृणकों के पौधे किसी भी विषमता के होते हुये भी अपनी वृद्धि में अन्य पौधों से आगे ही होते हैं। फसल में कितनी हानि इन तृणकों के पौधों के द्वारा होती है यह निर्भर करता है तृणकों की प्रकृति एवं वितरण पर। यह समय विभिन्न दलहनी फसलों के लिये भिन्न होता है। चने और मसूर में आरम्भिक 30-60 दिन अति कष्टदायक होते हैं। मटर एवं राजमाह में ये 40-60 दिन का समय होता है।

तृणकों की रोकथाम के लिये खेत में कृषि कार्य इस तरह की कुशलता से प्रबन्धित किये जाते हैं, ताकि खेत में ऐसा वातावरण पैदा हो सके जो कि सस्य पौधों की वृद्धि के लिये अधिक अनुकूल एवं तृणकों के लिये कम उत्साहवर्धक हो। इनमें सस्य-चक्र को बदलते रहना, उचित सस्य के उगाने की पद्धति को अपनाना, अच्छे समपित्रैक बीजों का उपयोग करना, बोने की विधि एवं पौधों की संरचना का समायोजन करना मुख्य कार्य करने चाहिये। ये कुछ ऐसे कारक हैं जो कि कृषि कार्य के रूप में खेत में तृणकों के आक्रमण को खेत में प्रभावित करते हैं। बोने का समय एक ऐसा कारक है जो कि खेत में तृणकों की उत्पति एवं उनकी व्यक्तता को गहनता से प्रभावित करता है। एक समय पर बोये जाने वाले चने के खेत में बोने के 40 दिन पर तृणकों की संख्या काफी अधिक होती है, जबकि देर से बोई जाने वाली चने की फसल में तृणकों का दीखना 45 दिन के बाद होता है। प्रयोगों में देखा गया है कि मसूर एवं चने की देर से बोई जाने वाली फसलों में औरावैंकी मूल-परजीवी तृणक का आक्रमण कम होता है।

यांत्रिक विधियों में हाथ से उखाड़ना (निराई) या किसी छोटे हाथ के यंत्र के प्रयोग के साथ तृणकों को साफ करना ही मुख्यतया व्यावहारिक कार्य होता है। सभी दलहनी सस्यों में यही कार्य सबसे अधिक प्रचलित है।

रासायनिक तृणकमार औषधियों का भारत में प्रचार एवं उपयोग कम होता है। यह इसलिये कि यहाँ के काश्तकार इसका मूल्य नहीं दे पाते हैं और साथ ही उनमें संभाव्य खतरा झेलने की शक्ति नहीं होती है। फिर भी प्रयोगों में देखा गया है कि ऐसे तृणकमार जैसे- ऐलाक्लोर, पेन्डीमिथैलिन तथा फ्ल्यूक्लोरेलिन नामक रसायन इस कार्य में काफी कुशल होते हैं। इनकी 0.75 किलो/हैक्टर की मात्रा का उपयोग करने से जो एक वर्षीय घासें

होती है, उनका पूर्णतया नियन्त्रण हो जाता है। मसूर में तो ये अन्य (घास-तृणकों के अतिरिक्त) सभी को नियन्त्रित कर लेते हैं।

भूमि का सौर्यीकरण

मृदा का सौर्यीकरण एक ऐसी विधा है, जिसमें कि मृदा के अन्दर तृणकों के विद्यमान बीजों को नष्ट किया जाता है। इस कार्य में मृदा के ऊपर एक पौलीथिन चादर को बिछाया जाता है, जिससे की मृदा का तापमान अधिक हो जाता है। यह इतना अधिक हो जाता है कि यह तृणाकों के बीजों के लिये घातक सिद्ध होता है। इस कार्य से मृदा का तापमान 8–12 डिग्री सें. तक बढ़ जाता है। प्रयोगों में देखा गया है कि कई एक वर्षीय तथा बहुवर्षीय तृणकों का इस विधि को अपनाने से कई तृणकों का संतोषजनक नियन्त्रण सम्भव हो सका है। इस विधि से जो तृणक बीजों को नष्ट करने में भिन्नतायें आती हैं, वे मृदा की प्रकार, तापमान, मृदा की नमी की मात्रा, मृदा की आकार एवं गहराई पर निर्भर करती हैं।

खेत की मिट्टी एक बड़े खरपतवार के बीजों का भण्डार का कार्य करती है। इस तथ्य को अब काफी मान्यता दी जाने लगी है। इस प्रक्रिया के लिये मिट्टी को एक पौलीथीन की चादर से ढक दिया जाता है। ताकि उससे मिट्टी का तापमान इस प्रकार तक बढ़ जाय कि वह तृणकों के लिए घातक दशा में आ जाय। यह तापमान 8–12 डिग्री से. तक काफी होता है। वैज्ञानिकों ने पाया है कि ऐसी छादि क्रिया करने से कई वार्षिक एवं बहुवर्षीय पौधों के बीज जैसे अमैरेन्थस (चौलाई) अनागैलिस, ऐर्मिनी, चीनोपोडियम (बथुआ) कन्भौल्बुलस (हिरनखुरी), डिजिटेरिया, इल्यूसाइन, फ्यूमेरिया, लैक्ट्रका, फैलैरिस, पोआ, पौर्चुलेका, सोलेनम एवं जैन्थियम आदि के बीजों पर सौर्यीकरण से इन तृणकों के नियन्त्रण में काफी सफलता मिली है।

सौर्यीकरण के द्वारा तृणक नियन्त्रण को मृदा कि किस्म, तापमान, बीजों में विद्यमान नमी, आकार और उनको मिट्टी में गहराई एवं वर्धी वृद्धि के तरीकों पर निर्भर करता है। देखा गया है कि काफी पौलीथीन के साथ-साथ नीम की पत्तियों की छादि से काफी अच्छे परिणाम सौर्यीकरण की दिशा में मिले हैं। इससे तृणकों की संख्या में कमी तथा वर्षा पर आधारित मिट्टी में नमी बढ़ी है।

मृदा के सौर्यीकरण की विधि ग्रीष्म ऋतु में तृणकों को खेत में नष्ट करने के लिए अपनाई जाती है। इस विधि के अंतर्गत सतह की मृदा को प्लास्टिक की चादरों से ढककर नम मिट्टी के ऊपर बिछाया जाता है। इसमें मृदा की ढकी सतह के ऊपर का तापमान 8°–12° सें. (आच्छादित मृदा की) बढ़ जाता है। ऐसा करने से कई एकवर्षीय एवं बहुवर्षीय तृणकों पर नियंत्रण पाया जाता है। कई प्रकार के नियंत्रणों के ऊपर नियंत्रण करने की सफलता प्राप्त हुई है। यह देखा गया है कि एक तृणक की प्रजाति दूसरे तृणक की प्रजाति में इस प्रकार के नियंत्रण से भिन्नता दिखाते हैं। 10 दिन के सौर्यीकरण से फैलेरिस माइनर एवं एमिया इन्डोभिसियाना का पूर्ण नियंत्रण पाया गया है। ऐजिप्टिका इन्डिका के 40 दिन के सौर्यीकरण से भी बहुत कम प्रभाव देखा गया है।

सोयाबीन में शुद्ध बीज उत्पादन के लिये कुछ तृणकों के लिये ऐसे रोकथाम के उपाय किये जाते हैं, जिससे इसके खेत में पहले से ही तृणक विद्यमान ही न हों। इनमें से मुख्य हैं-1. बीज किसी प्रमाणीकरण अभिकरण से लिया जाय, 2. स्वयं बनाये गये बीज का बोने से पहले शुद्धीकरण कर लिया जाय, 3. खेत में से सभी प्रकार के पौधों के अवशेषों का एकत्रण कर उन्हें जला दें, 4. सभी कृषि के उपकरणों को बीज बोने से पहले साफ कर लें और बाद में भी, 5. यदि खेत में बोते समय या इससे पहले कोई भी तृणक हो तो उन्हें

पुष्पन से पहले उखाड़ कर फेंक दें, 6. उचित सस्य चक्र को अपनाये, 7. पंक्तियों में तथा अच्छी दूरी देकर बीज को बोये जिससे कि मशीनों के उपयोग करने से असुविधा न हो विशेषकर अन्तरा सस्यन के कार्यो का निस्पादन करने में, 8. उर्वरकों को पौधों की पंक्तियों में ही दे। सामान्यतया ये तृणकों के नियन्त्रण के लिये सुझाये गये उपाय ही नियन्त्रण के लिये पर्याप्त होते हैं।

निम्नलिखित श्रेणियों के तृणकमार-रसायन ही सोयाबीन तृणकों के नियन्त्रण के काम में लाये जाते हैं:-

1. **बोने से पहले** मृदा में दिये जाने वाले तृणक रसायन का उपयोग इनमें से फ्लुक्लोरैलिन (यन-2 क्लोरोइथाइल)-2; 6-डाइनाइट्रो यन-प्रोपिल-4 (ट्राइफ्लूरो मिथाइल), ऐनिलाइन; ये बोने से पहले मिट्टी के अन्दर मिलाये जाते हैं। इससे कई एकवर्षीय चौड़ी पत्तियों के तृणक एवं घासें नियन्त्रित की जा सकती है। इसे @ 1.0 किलों क्रियाशील पदार्थ/हैक्टर 800-1000 लिटर पानी के घोल बनाकर छिड़काव करें। यह कार्य अखिरी बार भूमि की तैयारी करने के बाद करें। बोने से पहले इस कार्य को करें। इसे किसी शून्य-कट हैरो की मदद से भूमि के अन्दर 3-4 से.मी. पर स्थापित करें।

2. ये तृणक मार तृणकों को अंकुरण से पहले दिये जाते हैं। ऐलाक्लोर (2 क्लोरा 2, 6 डाइइथाइल-यन (मीथौक्सि मिथाइल) ऐसेटेनिलाइड से सभी एकवर्षीय घास जाति के तृणकों पर नियन्त्रण किया जा सकता है।

मेटालाक्लोर (2-क्लोरा-यन-(2-इथाइल-6, 2 मिथौडी-आइ मिथाइली इथाइल) ऐसीटौमाइड एक ऐसा तृणक घातक रसायन है जो कि एक वर्षीय एवं बहुवर्षीय घास जाति के तृणकों को पूर्णतया नियन्त्रित करता है। इसकी मात्रा @ 1.0 किलो/हैक्टर है।

क्लोमैक्सोन (2(2-फ्लोरोफिनाइल मिथाइल 1-4 डाइमिथाइल-3 आइजौक्सि जोलोडिनौम) घास जाति के पौधों के लिये घातक नियन्त्रक रसायन है। इसकी अनुमोदित देय मात्रा 1.0 किलो हैक्टर है।

मेट्रीब्यूजिन (4-ऐमिनो-6-टेरी-ल्यूटाइल-3(मेथिलथायो)-एस-ट्राइएक्सिन-5 (4-एच)-वन) इससे एकवर्षीय घास के पौधों तथा कई चौडी पत्तियों के तृणकों के ऊपर संतोषजनक नियन्त्रण किया जाता है। इसकी देय मात्रा @ 0.25-0.5 किलो/हैक्टर है।

कई बार ऐसा होता है कि तृणकों के अंकुरण के बाद नियन्त्रण के लिये कुछ रसायनों का प्रयोग करना आवश्यक हो जाता है। इस स्थिति के लिये ये रसायन काम में लाये जाते हैं।

1. क्विजोलोफॉस-इथाइल से कुछ ही घास प्रजाति के पौधों पर नियन्त्रण किया जाता है, ये पौधे है- इकाइनोक्लोआ स्पे. तथा डाइजीटेरिया स्पे. इसकी देय मात्रा 50 ग्राम/हैक्टर है, जिसे बोआई के 25 दिन बाद देना चाहिये।

2. इमजिथापिर रसायन को बोने के 15-20 दिन बाद 75 ग्राम/हैक्टर की मात्रा में देना चाहिये।

3. प्रोपेग्वीजिफॉस यह भी एक दैहिकी तृणकमार रसायन है, जिसे 50 ग्राम/हैक्टर की मात्रा में खेत में तृणकों को नष्ट करने दिया जा सकता है।

मूंगफली की सस्य अपनी छोटे कद तथा आरम्भिक मन्द वृद्धि के कारण तृणकों द्वारा काफी हताहत रहती है। यदि तृणकों की छादि 50% से अधिक होती है तो उपज में 70% से अधिक की कमी हो जाती है। तृणकों

के नियन्त्रण के लिये एवं मिट्टी को हल्की रखने के लिये एक बार हाथ से तृणकों को निकालना और 2-3 खुरपी से हल्की खुदाई करने से लाभ मिलता है। खुरपी की पहली खुदाई बीज बोने के 3 सप्ताह बाद तथा इसके पश्चात एक पखवाड़े के अन्तराल पर करनी चाहिये। साथ ही पौधों के ऊपर मिट्टी भी चढ़ानी चाहिये विशेषकर फैलने वाली तथा अर्ध फैलने वाली किस्मों में यह बात सही रहती है। इससे अधिक से अधिक पेगों का मिट्टी में जाना सुविधाजनक होता है। प्रयोगों में यह देखा गया है कि दैहिक एवं रासायनिक तरीकों को अपनाने से मूंगफली में अधिक से अधिक उपज ली जा सकती है।

तालिका 84 : तृणक सम्बन्धी रोकथाम के उपयों का मूंगफली की उपज पर प्रभाव।

उपचार	*फली की उपज (टन/हैक्टर)*	*तृणक संख्या मीटर में*	*तृणकों का शुष्क भार (किलो/है.)*
2 बार हाथ से निकालना बोने के 20 एवं 40 दिन बाद	2.49	36.0	231
पेन्डीमिथैलिन 1 किलो+बोने के 40 दिन बाद हाथ से निकालना	2.36	43.0	253
ब्यूटाक्लोर 1 किलो+ हाथ से 40 दिन बाद बोआई के निकालना	2.24	48.0	271
पेन्डीमिथैलिन 1 किलो+यांत्रिक विधि से 40 दिन बोआई के बाद निकालने पर	1.89	62.0	358
ब्यूटाक्लोर 1 किलो+ 40 दिन बोने के बाद यांत्रिक विधि से तृणकों को निकालना	1.77	69.5	375
खरपतवार युक्त क्यारी	0.71	215.0	1389

फलियों की सबसे अधिक उपज 2.49 टन हैक्टर तृणकों से मुक्त क्यारी से मिलती है। यह उपज लगभग उस उपज के बराबर है, जबकि पेन्डीमिथैलिर के उपचार के साथ 1 गुड़ाई (15-20 दिन बोआई के बाद) की जाय और एक हाथ से निराई बोने के 25-30 दिन बाद की जाय।

सरसों के खेतों को बुआई के 45-60 बाद तक तृणक मुक्त रखना चाहिये। इस सस्य में तृणकों के द्वारा की जाने वाली हानि 20 से 70% तक की जा सकती है। हाथ से एक गुड़ाई बोने के 25 दिन बाद वर्षा पर आधारित सस्य को तथा सिंचित सस्य के लिये पहली गुड़ाई 25 दिन बाद तथा दूसरी गुडाई 45 दिन बाद करना काफी अच्छा होता है। सिंचित दशा में ली गई फसल में दूसरी निराई पहले सिंचाई के बाद करनी चाहिये।

जहाँ खेतीहर मजदूर उपलब्ध न हों या अधिक मंहगे हो वहाँ पर अन्य सस्यों की भांति तृणकों की रोकथाम के लिये रसायन तृणकमार का प्रयोग किया जा सकता है। बोने से पहले मिट्टी में फ्लूक्लोरौलिन @ 1.25 किलो/हैक्टर या 0.73 किलो/हैक्टर तृणक के अंकुरण के पहले देने से काफी सहायता तृणक नियन्त्रण के कार्य को मिल जाती है। तृणकों के अंकुरण होने के बाद के नियन्त्रण के लिये आइसोप्रोटयूरौन @ 0.75 किलो/हैक्टर सस्य की बोआई के 25 दिन बाद देने से इन तृणकों को नियन्त्रण हो जाता है। यह रसायन गेहूँ-सरसों के मिश्रित कृषि के लिये भी उत्तम साबित हुआ है।

सूरजमुखी की सस्य में तृणक सस्य के पौधों के समक्ष नमी, पौष्टिक पदार्थ एवं सूर्य के प्रकाश (प्रजाति संबन्धित कारक) के लिये ही प्रतिस्पर्धा करते हैं। इस प्रकार की तृणकों के साथ प्रतिस्पर्धा से कम उपज एवं अन्य आदायों के उचित उपयोग न होने के कारण किसानों को भारी नुकसान उठाना पड़ता है। सामान्य कृषि भूमि में यद्यपि तृणकों के द्वारा अधिक नुकसान नहीं पहुँचाया जाता है, जिसमें ऐसी स्थिति नहीं आती है जिससे सस्य का पूर्णया नष्ट होने की नौबत आ जाय। कितना नुकसान सस्य को होता है, यह निर्भर करेगा तृणक की प्रजाति, तृणकों की सघनता, तृणक का एवं सस्य के बीजों का अंकुरण का समय, जलवायु की दशा एवं मृदा के प्रकार पर। प्रतिस्पर्धा दोनों ही स्थितियों में- तृणक जो सामान्यतया बिना किसी रोक-टोक के उग जाते हैं और दूसरे वे तृणक जिनमें शुष्क वातावरण को सहन करने की क्षमता अधिक होती है।

अंकुरण के बाद के पहले चार सप्ताह सूरजमुखी के पौधों के लिये काफी चिन्ताजनक होते हैं, जहाँ तक कि तृणकों द्वारा इस फसल को हानि पहुँचाने का प्रश्न है। खेत की बोआई के बाद 45 दिनों तक खेत को तृणक मुक्त रखना ही इस बात को दर्शाता है कि आगे चलकर सस्य को कितना फायदा होने वाला है। पहले 45 दिन ही सस्य के लिये काफी संकटमय होते हैं, जिन पर सूरजमुखी से प्राप्त होने वाली उपज का अनुमान लग सकता है।

सुरजमुखी की कृषि के लिये मुख्य कृषि कार्य अच्छे हल की जुताई तथा एक अच्छे प्रकार से खेत की तैयारी से काफी तृणक संख्या कम हो जाती है। बोने के बाद 15 एवं 30 दिन पर 2 बार गुड़ाई एवं निराई करने से काफी लाभ इस दिशा में हो जाता है।

तृणकों के अंकुरण से पहले तृणकनाशी रसायन का खेत में इस्तेमाल करना तृणकों की रोकथाम में एक महत्वपूर्ण साधन है विशेषकर सस्य की आरम्भिक अवस्था की वृद्धि के लिये। सूरजमुखी की कृषि में प्रयोगों में सबसे अधिक उपज तब मिली जब तृणक के अंकुरण के पूर्व खेत को प्रोमीट्राइन रसायन से उपचारित किया गया। ऐलाक्लोर एवं नाइट्रोफेन @2 किलो/हैक्टर या ब्यूटाक्लोर @1-2 किलो/हैक्टर से काफी तृणकों का नियन्त्रण हो जाता है और उपज में भी वृद्धि होती है।

तालिका 85 : सूरजमुखी के खेत में तृणक रहित समय का उपज पर प्रभाव

उपचार	*बीज का उत्पादन (किलो/हैक्टर)*	*तृणकों का शुष्क भार (ग्राम/क्यारी)*
तृणक रहित काल 0-15 दिन	604	61.0
तृणक रहित काल 0-30 दिन	848	21.5
तृणक रहित काल 0-45 दिन	1048	8.5
तृणक रहित काल 0-60 दिन	1030	1.7
तृणक सहित नियन्त्रित क्यारी	507	88.4

प्रयोगों में यह भी देखा गया है कि सूरजमुखी के पौधे के विभित्र अंग-तना, पत्तियाँ, जड़ों के निस्त्राव (लीचियेटस) जोकि पत्तियों और मृदा से मिलते हैं-इनसे कई तृणक प्रजातियों का अंकुरण बाधित हो जाता है।

तिल तृणकों के प्रति प्रतिस्पर्धा के लिये अपनी प्रारम्भिक वृद्धि की दशा में बहुत कमजोर पौधा होता है, विशेषकर सभी उष्ण कटिबन्धीय तृणकों के लिये। इसलिये तिल का पौधा बोने के 20-25 दिन तक यह पौधा

तृणकों के प्रति अति संवेदनशील रहता है। इसके लिये एक तृणक रहित खेत ही तिल की कृषि के लिये आवश्यक होता है, क्योंकि आगे चलकर इसकी पहली झकड़ा जड़ें इतनी कमजोर होती हैं कि तृणक उनको पहले ही दबाव में ले आते हैं और उनको नष्ट आसानी से कर देते हैं। इसलिये खेत में जो चिरलग्न एवं ओजस्वी तृणकों के पौधों को सबसे पहले खेत में से उखाड़ कर फेंक दें और पश्चात ही खेत की अन्य तैयारियाँ करें। इन तृणकों पर बाद में नियन्त्रण करना बहुत कठिन होता है क्यों कि इनकी वृद्धि की दर बहुत जल्दी की होती है। इससे ये छोटे तिल के शिशु पौधों को छादित कर देते हैं। तृणकों की शीघ्र वृद्धि से तृणक पौधे जमीन में से पौष्टिक तत्वों एव नमी का जल्दी शोषण कर लेते हैं। इसलिये यह आवश्यक है कि तिल के खेत में बोने के 15 दिन तथा दूसरे बाद दूसरी निराई 15-20 दिन के बाद तृणकों की निराई अवश्य कर दें। तिल के पौधों में वृद्धि में शीघ्रता तब होती है जब वे लगभग 10 से.मी. ऊँचे हो जाते हैं। तिल की कृषि में तृणकों का रासायनिक नियन्त्रण डाइयूरिन @400-600 ग्राम हैक्टर या बासालिन @ 1 किलो हैक्टर या ऐलाक्लोर @ 1.75 किलो क्रि.प./हैक्टर या फ्लूक्लोरोलिन @ 1 किलो क्रि.प./हैक्टर या पेन्डामिथेलिन @ 1किलो क्रि.प./हैक्टर अंकुरण के पहले इस्तेमाल करने से भली भांति हो जाता है।

अरण्ड का पौधा नमी के प्रत्यावल को भली भांति झेल लेता है, परन्तु पौष्टिक तत्वों की कमी वह कम सहन कर सकता है। आरम्भिक वृद्धि की अवस्था में यह पौधा तृणकों के प्रति अति असहिष्णु होता है। शुरू में अरण्ड के पौधे छोटे होने के कारण तृणकों का भली भांति सामना नहीं कर सकते हैं। इसलिये इनकी जल्दी वृद्धि के लिये जल्दी ही एक गुड़ाई हाथ से कर लेनी चाहिये।

रामतिल का पौधा जैसे ही अपने को जमीन में स्थापित करता है, वैसे ही उसमें वृद्धि जल्दी-जल्दी होती है। इस पौधे के इस गुण के कारण तृणकों से परस्पर की प्रतिस्पर्धा बहुत कम हो जाती है। इसके कारण फसल के बोने के पहले के कार्यक्रम अधिक महत्त्वपूर्ण हो जाते हैं क्योंकि ऐसा करने से अधिकतर तृणक स्वयं ही खत्म हो जाते हैं। दो निराई सामान्यतया पर्याप्त होती हैं। एक निराई बोने के 15 दिन बाद पौधों की छंटाई के साथ की जाती है और दूसरी यदि आवश्यकता पड़े तो नाइट्रोजन के टाप ड्रेसिंग उर्वरक देने के समय जब पहला कुडम दिखाई दे।

उड़ीसा में इसकी कृषि के लिये आकाश बेल (अमरबेल) जैसे परजीवी पौधे से बड़ी समस्या उत्पन्न होती है। इसके नियन्त्रण के लिये तृणकमार क्लोरप्रोफाम की गोलियाँ इस बेल के खेत में अंकुरण के पहले @4 किलो/हैक्टर के हिसाब से देना चाहिये। प्रोपाइजेमाइड तृणकमार रसायन बेल के जमने के बाद 20-25 दिन बोने के बाद देने से @1.5-2.0 किलो/हैक्टर उपचार करने से 90% तक इस तृणक पर नियन्त्रण हो पाया। प्रवृत्य तृणकमार जैसे प्रोनेमाइड @2 किलो क्रि.प./हैक्टर अंकुरण के पहले देने से मिट्टी के उपचार करने पर बोआई के दूसरे दिन पर करने से भी इस पर नियन्त्रण पाया जा सकता है।

अलसी की कृषि बहुधा सीमित नमी की उपलब्धता या परिरक्षित नमी की दशाओं में की जाती है। इससे इसकी कृषि में कृषि कार्यों की कमी रहती है। फिर भी अलसी के उत्पादन में परिरक्षित नमी का उचित उपयोग करके तथा साथ ही पौष्टिक तत्वों की सहज उपयोगिता के साथ बढ़ाया जा सकता है। इसकी कृषि में इसलिये तृणकों की अहं भागीदारी होती है, क्योंकि ये इन संरक्षित अवयवों का शोषण कर लेते हैं।

अलसी के खेत में बहुधा ऐनेगौलिस आर्भेन्सिस, भिशिया हिरर्सुटा, ऐस्फोडिलस टीनीफोलिस, फ्यूमेरिया पर्भीफ्लोरा, मेलीलोटस ऐल्वा, में.इन्डिका, चीनोपोडियम ऐल्बम, साइप्रस रोटन्डस, फैलेरिस माइनर, इल्यूसाइन इंडिका आदि नामक तृणक विद्यमान होते हैं।

अलसी की फसल एवं तृणकों के बीच जो प्रतिस्पर्धा होती है, उसके अध्ययन से प्रतीत होता है कि बोआई के बाद के पहले 20–45 दिन अहं चिंताजनक होते हैं। शुरु में ही तृणकमुक्त खेत में बोने से ही काफी फायदा रहता है। बोई जाने वाली सस्य के पहले ही सस्य के बाद अच्छी प्रकार से गहरी जुताई तथा खेत की अच्छी तैयारी करने मात्र से ही तृणकों पर काफी नियन्त्रण हो जाता है। बोने के 15–20 दिन बाद एक हाथ से निराई से तृणकों पर काफी नियन्त्रण हो जाता है। सिंचित दशाओं में जब उर्वरकों का अधिक इस्तेमाल होता है, दो हाथ से निराई (20 तथा 30–35 दिन के अन्तराल पर) आवश्यक होती है।

यदि कारणवश तृणकों की रोकथाम के लिये तृणकमार रसायनों का उपयोग करना हो तो फ्लूक्लोरोलिन, ऐलाक्लोर तथा ऑक्सी डियाजोन रसायन काफी प्रभावी सिद्ध हुये हैं। फसल को बोने से पहले फ्लूक्लोरोलिन 1.0 किलो क्रि.प./हैक्टर या अंकुरण से पहले ऐलाक्लोर या मेथाबेनज थियोजुरौन @ 1.0 किलों क्रि.प./हैक्टर या अंकुरण के बाद डाइक्लोफौप मिथाइल @ 0.70 किलो क्रि.प./हैक्टर बोआई के 30 दिन बाद देने से तृणक नियन्त्रण काफी संतोषप्रद हो जाता है।

अमरबेल जो एक वनस्पतीय परजीवी है, उसका भी अलसी के खेत में कई स्थानों पर प्रकोप देखा जाता है। इस परजीवी के नियन्त्रण के लिये ऐसी खाद्यान्न सस्यों के साथ इसका फसल–चक्र अपनाना चाहिये, जो इस परजीवी से बिल्कुल प्रभावित न हो। तृणकमार प्रोनोमाइड @ 1.5 किलों/हैक्टर इसकी रोक थाम के लिये काफी प्रभावकारी होता है और इसका उपचार तृणक के अंकुरण के बाद 2–3 सप्ताह की आयु पर करना चाहिये। फ्लूक्लोरेपिन या पेन्डिमिथैलिन प्रत्येक 1.0 किलो/हैक्टर के उपचार से क्रमशः फसल को बोने से पूर्व अथवा तृणक के निकलने के बाद देने से भी नियन्त्रण हो जाता है।

उत्तरी प्रदेश के कपास –गेहूँ की कृषि की प्रदेश में मुख्य तृणक है– ट्रायन्थमा स्पे., इकाइनोक्लोआ स्पे., डाइजेरा आरभेन्सिस एवं साइप्रस स्पे. दक्षिणी प्रदेश में प्रमुख तृणक हैं– ट्रायन्थमा पौर्चुलैकेस्ट्रम एवं साइनोडन डैक्टाइलौन। जल–प्रिय तृणक जैसे पौर्चुलाका ओलरेशिया अथवा इकाइनोक्लोआ क्रुसगैली मुख्य तृणक होते हैं। ये धान के बाद की अनुप्त भूमि के–मुख्य तृणक हैं। मध्यप्रदेश में सिलोशिया अर्जेन्शिया, सेनीटिस ऐक्सीलैरिस, डाइजिटेरिया सैन्गूलैलिस, डाइनेब्रा रेट्राफ्टोक्सा, यूफोर्बिया स्पे. सामान्यतया पाई जाती हैं।

हाथ से निराई करना ही भारतीय दशाओं में तृणकों को नियंत्रित करने के लिये सबसे अच्छा उपाय है। तृणकमारों का प्रयोग भारतीय दशाओं में सीमित उपाय है। तृणकमार काली मिट्टी के क्षेत्रों में सुविधाजनक हो सकता है क्यों कि इन परिस्थितियों में अन्य प्रकार से तृणकों का नियन्त्रण करने में विलम्ब हो जाता है। यहाँ पर मृदा की दशा ऐसी होती है कि उसमें से तृणकों को निकालना असुविधाजनक होता है। ये मिट्टियाँ चिकनी होने के कारण पानी से अधिक गीली रहती है या सूखने पर अधिक सख्त हो जाती हैं।

कपास की सस्य के बोने के बाद के आरम्भिक आठ सप्ताह बहुत ही अधिक तृणक प्रतिस्पर्धा के लिये असहिष्णु होते हैं। प्रतिस्पर्धा किस्मों के ऊपर निर्भर करती है, साथ ही पौधों की संख्या का भी काफी प्रभाव रहता है। पहले दो महीनों में तो तृणकमार रसायनों से तृणकों पर नियन्त्रण पाया जा सकता है, परन्तु इसके बाद हाथ से तृणकों को निकालना ही सुविधाजनक होता है। पेन्डिमिथैलिन, फ्लूक्लोरीलिन एवं ट्राइफ्लूरैलिन तृणकनाशी 1 किलो क्रि.प./हैक्टर की दर से उपयोग में इस कार्य के लिये जा सकते हैं। इसकी मात्रायें मृदा की प्रकार की भिन्नता पर भी निर्भर करते हैं। भारी चिकनी मिट्टियों में जिनमें कार्बनिक पदार्थ की अधिक मात्रा विद्यमान होती है, उनमें तृणकमार की मात्रा लगभग 1.25 किलो क्रि.प./हैक्टर पर्याप्त होती है। डिनाइट्रोऐनेलिन

वर्ग के तृणकमार घासीय पौधों को नियन्त्रण करने में एक अहं भूमिका निभाते हैं। कपास में लम्बे समय तक तृणकमारों का उपयोग करने से तृणक की प्रजातियों में रोधीपन उत्पन्न हो सकता है। इस प्रकार की प्रवृत्ति तृणकों में रोकने के लिये तृणकमार-चक्र तथा सस्य-चक्रों का उपयोग करना चाहिये।

जूट की कृषि में तृणकों की रोकथाम के लिये समय-समय पर किये जाने वाले कृषि कार्य (निराई, गुड़ाई आदि) पर्याप्त होते हैं। इस प्रकार के कार्यो से मिट्टी भुरभुरी बनी रहती है और उसमें वायु का संचार भी निरन्तर होता रहता है। क्यों कि इस सस्य को बोने के लिये बीज की मात्रा कुछ ऊँची ही रखी जाती है इसलिये उचित पौधों की संख्या खेत में रखने के लिये निराई, गुड़ाई के समय पौधों की वांछित संख्या ही उगाई जाती है। सामान्यतया 2 विरलन कार्य-पहला बोआई के 3-4 सप्ताह बाद तथा दूसरा इसके 5-6 सप्ताह बाद किया जाता है। आखिरी विरलन इस उद्देश्य से किया जाता है ताकि पौधों की आपस की दूरी 10 से.मी. रह जाय एक छिड़कवा तरह से बोई सस्य में। एक पंक्तियों में बोई सस्य में पौधें में पौधे की दूरी 5-7 से.मी. तथा पंक्तियो की दूरी 25-30 से.मी. तक रखी जाती है। इससे पौधों की संख्या प्रति हैक्टर लगभग 4-5 लाख तक रखी जाती है। जहाँ तक कृषि कार्यो का प्रश्न है, तृणक की वृद्धि रोकने के लिये इसमें रेकिंग, गुड़ाई एवं हैरो से गुड़ाई करना आदि तरीकों से सामान्यतया किया जाता है। चक्का-गुड़ाई भी एक प्रकार के पहियों के उपयोग से की जाती है।

जूट में पहली हाथ से गुड़ाई/निराई 3-4 सप्ताह की अवस्था पर की जाती है। दूसरी निराई 8 सप्ताह पर की जाती है। तृणक रोकथाम के लिये रासायनिक तृणकमारों का उपयोग अधिकतर नहीं किया जाता है। परन्तु आवश्यक हो तो ये रसायन हाथ की निराई के साथ-साथ उपयोग में लाये जा सकते हैं। टेट्रापियोन (टी-एफ-पी-एन-ए) @ 2-4 किलो/हैक्टर को बोने से पहले खेत में दिया जा सकता है या तृणक के अंकुरण के पहले एम.एस.एम.ए. @ 2-4 किलो/हैक्टर या डालाफौन @ 6 किलो/हैक्टर अंकुरण के बाद दिया जा सकता है। यह कार्य सस्य की 3 सप्ताह की आयु होने पर किया जाना चाहिये।

गन्ने का पौधा अपनी धीमी गति की वृद्धि होने के कारण आरम्भिक अवस्था में तृणकों के लिये एक अनुकूल दशाओं के खेत में विद्यमान होने से, जैसे अच्छी सिंचाई उत्तम उर्वरण तथा पौधों की अधिक दूरी के कारण तृणकों के उगने तथा फलने फूलने का अच्छा मौका मिल जाता है। गन्ने के उत्पादन में सबसे मुख्य समस्या पौधे में अच्छे फुटान की उपस्थिति होती है। इसलिये गन्ने से यदि हमें आर्थिक दृष्टि से उत्तम उपज लेनी है तो यह आवश्यक है कि तृणकों को किसी भी प्रकार की फसल की संकटमय स्थिति से उभारने के लिये, तृणकों को नष्ट करने का उचित समय पर उपाय किया जाय। इस सस्य के लिये सबसे अधिक संकटमय काल बोआई के 40 और 70 दिन की अवधि पर होता है।

जहाँ तक गन्ने में रासायनिक तौर से तृणक नियन्त्रण का कार्य करने की बात है, प्रयोगों मे देखा गया है कि तृणकों के अंकुरण के पहले तृणकमारों का उपयोग करने की विधि ही उत्तम रहती है। इससे तृणकों का अंकुरण से पहले ही नष्ट करने से गन्ने की फसल को आरम्भिक वृद्धि में अच्छा लाभ होता है। इस प्रकार का कार्य हाथ से तृणकों को निकालने से अधिक अच्छा होता है। ऐट्राजीन 1.75 किलो क्रि.प./हैक्टर सबसे अच्छे परिणाम देता है अंकुरण के पहले इस्तेमाल करने पर। इससे करीब-करीब सभी तृणकों का (मोथा को छोड़कर) नियन्त्रण हो जाता है। मेट्रोबुजाइन का अंकुरण के पहले उपयोग करने पर या बोने के जल्दी ही बाद भी काफी अच्छे परिणाम तृणकों के नियन्त्रण में प्राप्त होते हैं। प्रतिस्थापित यूरिया के तृणकमार रसायन जैसे इनाइयूरौन @ 2.5-3.5 किलो/हैक्टर को अंकुरण के पहले देने से उसकी देर तक कारगर रहने की प्रवृत्ति से काफी लाभ तृणकों के नियन्त्रण में होता है।

आलू की कृषि में तृणक नियन्त्रण की समस्या काफी जटिल है, क्यों कि इसमें जल्दी-जल्दी सिंचाई देने, अधिक मात्रा में उर्वरकों का उपयोग करने से तथा सस्य की छोटी अवधि में उत्पादन करने से तृणक नियन्त्रण की युद्धनीति को विशेष प्रकार से विकसित करना पड़ता है। इन कारकों को ध्यान में रखकर एवं तृणकों की प्रकृति को विचाराधीन करके यह क्रिया की जाती है। मुख्य तृणक जो विभिन्न क्षेत्रों में आलू की सस्य में पाये जाते हैं, वे इस प्रकार से हैं। ये वनस्पतियाँ मैदानी तथा पहाड़ी इलाकों में पाई जाती है।

तालिका 86 : भारत के विभिन्न जलवायु क्षेत्रों में आलू उत्पादन में पाये जाने वाले तृणक

तृणक का वैज्ञानिक नाम *मैदानी क्षेत्रों में सामान्यतया पाई जानेवाले तृणक*	*सामान्य अंग्रेजी नाम*	*स्थानीय नाम*
1	*2*	*3*
एनेगैलिस आर्भेन्सिस	पिम्पनेल	कृष्ण नील
ऐमेरैन्थस भिरिडिस	पिगवीड	जंगली चौलाई
ऐस्फोडिलस टिन्यूइफोलियस	प्याजी	पियाजी
ऐभिना फटुआ	वाइल्ड ओट	जंगली जई
बोइहेर्भिया डिफ्यूजा	स्प्रेडिंग हौग बीड	–
चीनोपोडियम म्यूरेल	नेटल लीफ, गूजफुट	बथुआ
ची. एल्बम	लैम्बस क्वार्टरल	,,
कोरोनोपस हाईडाइमस	स्विनकोरेस	जंगली वालों
साइप्रस इरिया	नटग्रास (येलो नटसेज)	मोथा या मोरफुला
साइप्रस रोटन्डस	नटग्रास (पर्पल नटसेज)	,,
फ्यूमेरिया पर्भिफ्लोरा	–	पिटपापड़ा
पोआ ऐनुआ	ऐनुअल मीडो ग्रास	ब्वीन
पो. प्रैटेन्सिस	कैन्चुकी ब्लू ग्रास	ब्वीन
फैलेरिस माइनर	स्मौल कैनेरी ग्रास	गुली-डन्डा
स्पर्गुला आर्भेन्सिस	कौम स्परी	मटकन
ट्रायन्थमा पौर्चुलेइकेस्ट्रस	कार्पेट बीड	पत्थर चटा
भिशिया सैटाइभा	कौमन भेच	चतरा/इतसित
कम पाये जाने वाले तृणक		
कन्भौल्म्युलस आर्भेन्सिस	डियरस फुटया, मौर्निंग ग्लौरी या फील्ड ब्लाइंड बीड	हिरनखुरी
साइनोडन डैक्टाइलौन	दूब ग्रास, वर्मुडा ग्रास	दूब
यूफोर्बिया हेली कौसर्बिया	सनु स्पर्ज	कन्मरगेन्डाल
मेलीलोटस ऐल्बा	ऐजुअल व्हाइट स्वीट क्लोभर	सफेद संजी
मे. इन्डिका	एनुअल येलो स्वीट क्लोभर	पीली संजी
पौलीपोगौन मोन्सपेलिऐन्सिस	रैपिट फुट-ग्रास	–
रोरीप्पा क्रैन्थना	–	जंगली सरसों

क्रमश:

क्रमश:

1	2	3
रूमेक्स स्पे.	–	जंगली पालक
सैन्कस आलरेसिअस	मिल्क थिसल	दुदकल
पर्वतीय क्षेत्रों के तृणक		
एमैरेन्थस स्पे.	पिगबीड	जंगली चौलाई
ब्रिडेन्स पाइलोसा	वैगर्स स्टिक्स	–
कैनेबिस सैटाइभा	ट्रू हेम्प	भांग
चीनोपोडियम एल्बम	लैम्बस क्वार्टरस	बथुआ
साइनोडन डैक्टाइलौन	दूब ग्रास, बरमुडा ग्रास	दूब
डेस्मोडियम ट्राइफ्लोरस	–	विनातिया
डाइजिटेरिया स्पे.	–	–
इल्यूसाइन स्पे.	क्रैब ग्रास	कोदों
इरेग्रौस्टिस स्पे.	–	फेल्फानी
मेलीलोटस इन्डिका	एनुअल येलो उडसोरल	पीली सेंजी
ऑक्जेलिस लेटिफोलिया	उड सोरल	खट्टी-मिठी
पनिसिटम क्लैन्डेस्टीयम	किकुआ ग्रास	किकुआ घास
पौली ओगोनम स्पे.	ब्लैक वर्ड बीड	–
रयूमेक्स स्पे.	–	जंगली पालक
स्पर्गुला आर्भेन्सिस	कौर्न-स्परी	वुन्धनिया, मटकन

कई प्रयोगिक अध्ययनों से एवं उनके साथ से जुड़े साक्ष्यों से यह पाया गया है कि विभिन्न आलू पैदा करने वाले क्षेत्रों में नीचे दी गई कुछ बिन्दुओं को विचाराधीन रखने से आलू की अच्छी फसल पैदा की जा सकती है।

1. मोथा (साइप्रस रोटन्डस) तृणक की रोकथाम के लिये गर्मियों में मोल्ड बोल्ड-हल से गहरी जुताई करनी चाहिये। इससे इस तृणक की सुपारी सूरज में सूख जायगी और मर जायगी।

2. यदि घास जाति के तृणक एवं साइप्रस रोटन्डस पतझड़ की ऋतु में दिखाई दे तो इनके नियन्त्रण के लिये ऐलाक्लोर और 2.4-डी की आमतौर पर दी जाने वाली मात्राओं की आधी मात्राऐं देने से इन पर नियन्त्रण हो जाता है।

3. जब तृणकों के उद्भिद दोनों किस्म के हों-घास प्रजातियां एवं चौड़ी पत्तियों की-ट्रायन्थमा पौर्चुलैकेस्ट्रम आदि तो इनके नियन्त्रण के लिये एक विस्तृत प्रभाव का तृणकमार जैसे ऐट्रेजीन है, इसे सामान्य मात्रा में तथा ऐल्क्लोर एवं या नाइट्रोफेन साथ मिलाकर देना चाहिये। मिश्रित तृणकमारों को देने से यह देखा गया है कि भावी बोई जाने वाली गेहूँ की फसल पर इनका विशेष प्रभाव नहीं होता है।

4. यदि मैदानी क्षेत्रों में आलू की सस्य के बाद कद्दू प्रजाति या जई की फसलें लेनी हों तो, क्यों कि ये ट्राइजीन के प्रति काफी असहिष्णु होती है, तों इसके बजाय इन दशा में पैराक्वाट/पोपैनिल का उपयोग अंकुरण के बाद करना चाहिये। तृणकों के साथ-साथ जब भी सम्भव हो हाथ से निराई करते रहना चाहिये।

5. यदि तृणक पोआ ऐनुवा से समस्या खड़ी की जाय तो (आखिरी समय में) सियाजीन को अंकुरण के पहले खेत में दे देना चाहिये।
6. बड़े आकार के आलुओं को बीज के लिये प्रयोग में लाना ही तृणकों को नियन्त्रिण करने का सबसे सस्ता तरीका है। इन्हें बोने के तुरन्त बाद मिट्टी चढ़ाकर ढक देना चाहिये। साथ ही यदि सिंचाई करनी हो तो खड्डों में करें और सियाजीन का छिड़काव करें।
7. ऐसी दशाओं में जब तृणकमार रसायन का प्रभाव केवल आंशिक हो तो, जो तृणक बच जाते हैं, उनको हाथ से उखाड़ने में ही फायदा है।
8. जल्दी ली जाने वाली आलू की सस्य में, मैदानों या पहाड़ों पर कही भी हो, वनस्पतीय छादि पदार्थो के इस्मेमाल से न केवल मृदा का तापमान कम रहता है, अपितु इससे तृणकों को भी उगने से रोक होती है।

तालिका 87 : अरहर की सस्य में खरपतवार प्रबन्धन का प्रभाव (उत्पादन किलो/हैक्टर)

उपचार	*स्थान*					
	कोयम्बटूर	*गुलबर्गा*	*हिसार*	*कांके*	*थ्रीसूर*	*पुदूकोटाई*
खरपतवार सहित	255	256	908 03	630	1075	294
खरपतवार रहित	738	800	1403	1720	2141	942
पुरानी क्यारी	686	755	1020	810	1363	848
1 बार हाथ से निकाली खरपतवार बोने के 25 दिन बाद	417	600	1056	1050	1380	388
2 बार हाथ से निराई और 25 और 30 दिन बोआई के बाद	673	778	1270	1380	2006	767
पेन्डीमिथैलिन 1.0 किलो/हैक्टर	469	711	1230	980	1663	441
पेन्डीमिथैजिन 1 किलो/हैक्टर	534	767	1208	860	1803	337
ऐलाक्लोर 1 किलो/हैक्टर की दर से	490	755	1190	840	–	493
ऐलाक्लोर 2 किलो/हैक्टर की दर से	527	633	1347	970	–	580
उपचार 4+6	680	811	1313	1530	1958	447
उपचार 4+8	653	722	1303	1140	–	755
उपचार 6+8	563	556	1243	960	–	649

तृणकमार रसायनों की सूची एवं विभिन्न फसलों में उपयोग विधियाँ

ऐनिलोफौस–उपरिभूमि एवं अधरभूमि धान की कृषि में इस रसायन का तृणकों के निर्गम के पहले खेत में उपयोग किया जाता जाये तो इससे दोनों किस्म की –एक बीज पत्रीय एवं द्विबीजपत्रीय तृणकों का उत्तम नियन्त्रण हो जाता है। इसकी देय मात्रा 0.3–0.4 किलो/हैक्टर होती है। रोपाई धान में भी इस प्रकार से उपयोग करने से उत्कृष्ट परिणाम प्राप्त हुये हैं। यद्यपि नर्सारी में शिशु पौधों की लगभग 5–7% तक इससे हानि हो जाती है फिर भी आगे चलकर इस स्थिति में एक हफ्ते में सुधार हो जाता है। रोपण धान के लिये भी यह एक लाभप्रद

तृणकनाशी है। तृणकों के निर्गम के पहले इसे भूमि में देने से इससे चौड़ी पत्ती तथा घासीय पौधों का नियन्त्रण हो जाता है, इसकी मात्रा 0.4–0.5 किलो/हैक्टर देनी चाहिये। 2, 4 के साथ इसे मिलाकर प्रयोग करने से उत्कृष्ट परिणाम प्राप्त हुये है।

ऐभीरोसन का उपयोग 2–4 दिन उपरिभूमि असिंचित धान की बोआई के 2–4 दिन बाद तृणकों के निर्गम के पहले 0.75–1.0 किलो/हैक्टर की दर से इस्तेमाल करने से अति लाभदायक परिणाम मिले हैं।

ब्यूटाक्लोर– असिंचित उपरिभूमि धान की कृषि में तृणक नियन्त्रण के लिये 1.5–2.0 किलो/हैक्टर की दर से तृणकों के निर्गम से पहले देने से तृणकों पर काफी नियन्त्रण हो जाता है। यह भी देखा गया है कि धान की फसल बोने से पहले 0.5 किलो प्रति हैक्टर की दर से देने तथा तृणक निर्गम अवस्था के बाद प्रोपेनिल तृणक को देने से तृणकों के नियन्त्रण में काफी सफलता मिल जाती है। इस तृणकमार से भी धान के शिशु पौधों में कुछ समय तक वृद्धि रुक जाती है परन्तु थोड़े समय बाद सब कुछ सामान्य हो जाता है। रोपित धान में भी तृणक नियन्त्रण में इसका बहुधा उपयोग किया जाता है। इसे तृणक निर्गम की अवस्था से पहले एक–दो किलो/हैक्टर की दर से खेत में देने से काफी अच्छे परिणाम प्राप्त हुये हैं जहाँ तक फसल की उपज का प्रश्न है। अधोभूमि धान की नर्सरी में भी इसे उपयोग में लिया जाता है। इसकी मात्रा 1 किलो/हैक्टर दी जाती है, जो फनौक्सी तृणकनाशी की दो रुप (1) आइसोप्रोपाइल ईस्टर तथा (2) ईथाइल ईस्टर तृणक नियन्त्रण के लिये अच्छे रसायन होते हैं। रोपण धान में इनकी बहुत उपयोगिता होती है। खेत में रोपणी से पहले इसकी 0.5–0.8 किलो/हैक्टर की मात्रा देने से यह चौड़ी पत्ती वाले तृणकों, मोथा एवं घास प्रजाति के तृणकों पर पूर्णयता नियन्त्रण कर लेता है। 2,4.डी रसायन 0.5 किलो/हैक्टर की मात्रा चौड़ी पत्ती के पौधों को नष्ट कर देता है। रोपणी धान में वृणक्ष नियंत्रण के लिये भी इसका 1–2 कि./हैक्टर की दर से कृषकों के निर्गम से पहले देने से अच्छे परिणाम प्राप्त हुये हैं। असिंचित अधर भूमि धान की कृषि में भी इसका उपयोग किया गया है।

बाइफिनोक्स– इसकी मात्रा 3 किलो/हैक्टर की दर से देने से रोपण धान के खेत में उपयोग करने से तृणकों का बहुत अच्छा नियन्त्रण हो जाता है। इसे तृणकों के खेत में निर्गम से पहले दिया जाता है।

क्लोरीम्यूरौन इथाइल–यह तृणकनाशी बहुत छोटी मात्रा में देने से भी धान की कृषि में प्रयोग करने से चौड़ी पत्तियों तथा घास प्रजाति के तृणकों पर पूर्ण नियन्त्रण कर लेता है। धान की रोपण कृषि में इसका तृणकों के निर्गम पूर्व एवं पश्चात दोनों ही दशाओं में कुछ ही ग्राम की मात्रा में देने से नियंत्रण के अच्छे परिणाम मिले हैं।

नाइट्रोफेन–धान (रोपणी) के खेत में इसे खड़े पानी में 1.5–2.0 किलो/हैक्टर की दर से प्रयोग में लाया जाता है। यह लगभग सभी प्रकार के तृणकों को नष्ट कर सकता है। जिसके फसलस्वरुप उपज में काफी वृद्धि होती है। आलू में तृणक नियन्त्रण हेतु 1.0–1.5 किलो/हैक्टर की मात्रा को तृणकों के निर्गम से पहले दिया जाता है। अधोभूमि असिंचित धान की खेती में भी तृणक नियन्त्रण के लिये काम में लाया जाता है। धारवाड़ की गहरी काली मिट्टी में मूंगफली की कृषि में इस रसायन के 2.5 किलो क्रि.त./हैक्टर तृणकों के निर्गत से पहले देने से उस पर पूर्ण नियन्त्रण हो जाता है। मूंग तथा उड़द की कृषि में भी इसकी 1.5 क्रि.त. किलो/हैक्टर तृणकों के निर्गम से पहले देने से उपज में काफी वृद्धि होती है।

औक्सीडियाजोन– इसकी 0.5–1.0 किलो/हैक्टर की मात्रा धान की रोपण तथा अधोभूमि प्रकार की कृषि में प्रयोग करने से तृणक नियन्त्रण कार्य सफलतापूर्वक किया जाता है। इस रसायन को तृणकों के निर्गम पूर्व खेत में देना चाहिये। बीज बोने से पहले इस रसायन से मूंगफली की खेती में देने से उपज में काफी बढ़ोतरी हुई है।

अधोभूमि असिंचित धान के लिये उगाई नर्सरी में भी इस रसायन को 1 किलो/हैक्टर की दर से देने से तृणक नियन्त्रण हो जाता है।

एस-ट्रायेजाइन-इसके तीन प्रकार के रसायन होते है जिनमें एक रुप ऐट्रेजाइन सबसे अधिक उपयोगी सिद्ध हुआ है। तृणकनाशी रसायन अपनी प्रारम्भिक काल में (सन् 1952 में) तृणक नियन्त्रण के लिये एक क्रान्तिकारी रसायन ज्वार, मक्का तथा गन्ना की कृषि में उत्पन्न हुआ था। इसका सभी प्रकार से-तृणक निर्गम पूर्व, बीज बोने के पहले तथा बाद में- सभी दशाओं में इस्तेमाल किया गया और तब इससे इस दिशा में तृणक नियन्त्रक के लिये नई आशाये जगी थी।

डाइक्लोफौपामिथिल- तृणकमार रसायन का अलसी की खेती में सफलतापूर्वक उपयोग किया गया है। इसकी मात्रा 0.70 किलो/हैक्टर की दर से देने से तृणकों पर काफी नियन्त्रण पाया गया है। फसल बोने के तीस दिन बाद देने से भी यह रसायन अच्छी सफलता तृणकों के नियन्त्रण में दिखाता है। हाथ कार्य करने तथा रसायन से तृणक नियन्त्रण करने, दानो से एक ही उपज के फल प्राप्त हुये हैं।

एम.सी.पी.ए./फिनोक्सी तृणकमार-तृणक निर्गम के पश्चात् इस तृणकनाशी रसायन का ज्वार की फसल में उचित मात्रा में छिड़काव करने से तृणकों पर काफी नियन्त्रण हो जाता है, इससे विशेषकर चौडे पत्तों के तृणक ही नियन्त्रित हो सकत हैं। इस तृणकमार को तृणको के निर्गम के बाद दिया जाता । इससे फसल के पौधों में पौद-विषादन से पीड़ित होना पाया गया है।

वाइफिनौक्स तृणकमार का उपयोग रोपणी धान की खेती में किया गया है। इसको 3 किलो/हैक्टर की मात्रा देने से काफी अच्छे परिणाम निकले हैं। इससे प्राप्त उपज तृणकों को हाथ से निकालने के बराबर ही रही है।

ऐभीरोसन का उपयोग तृणक नियन्त्रण के पारम्परिक एवं अपारम्परिक धान की कृषि के क्षेत्रों में काफी सफल पाया गया है। इसका उपयोग फसल बोने के 2-4 दिन बाद तृणकों के निर्गम से पूर्व उच्च भूमि में प्रत्यक्ष रुप में धान के बीज बोने के बाद उपयोग इससे काफी अच्छी उपज मिली है जबकि इसे रोपणी धान में ब्यूटाक्लोर के उपचार (2 किलो/हैक्टर) की तुलना में 1 इसकी देय मात्रा 0.75 किलो/हैक्टर बहुत लाभ दायक सिद्ध हुई है।

जाथापिर : इस तृणकनाशी रसायन को सूरजमुखी की कृषि में 75 ग्राम/हैक्टर की दर से फसल बोने के 15-20 दिन बाद खेत में दिया जाता है, 75 ग्राम/हैक्टर की दर से।

मीटोल्लाक्लोर : तृणकमार रसायन का उपयोग सोयाबीन की कृषि में एक वर्षीय एवं बहुतवर्षीक घासीय तृणकों के नियन्त्रण के लिये सफलतापूर्वक किया जाता है। इसकी मात्रा 1 किलो/हैक्टर की दर से इसे फसल में दिया जाता है।

मीट्रीब्यूजिन को सोयाबीन की कृषि में तृणकमार रसायन के तौर पर उपयोग करने पर घासीय-तृणकों एवं कई चौड़ी पत्ती के तृणक पौधों पर नियन्त्रण किया जा सकता है। गहरी जड़ों वाले तृणक पौधों को नष्ट करने में भी यह रसायन सक्षम है। इसकी देय मात्रा 0.25-0.5 किलो/हैक्टर है। गन्ने की फसल में तृणक नियन्त्रण के लिये या तो तृणकों के निर्गम से पहले या फसल बोने के तुरन्त बाद मिट्टी में दिया जाता है। इसकी देय मात्रा सोयाबीन की तरह ही होती है। आलू के खेत में इसे 0.75-1.0 किलो/हैक्टर की दर से तृणकों के निर्गम से पहले दिया जाता है।

प्रोमीट्राइन तृणकमार रसायन का तृणक नियन्त्रण के लिये सूरजमुखी की कृषि में किया जाता है। इस रसायन को खेत में तृणकों के निर्गम से पहले देने से बीज का सबसे अच्छा उत्पादन हुआ है।

बेनसल्फ्यूरौन मिथाइल इस रसायन का तृणक नियन्त्रण के लिये असिंचित अधोभूमि धान की खेती में किया जाता है। इससे तृणक नियन्त्रण में काफी सफलता मिली है।

क्विनक्लोरैक रसायन का भी अधोभूमि असिंचित धान की कृषि में उपयोग किया गया है। इसके काफी अच्छे परिणाम मिले हैं।

औक्सीफ्लूओरफेन : रोपणी धान में तृणकों के नियन्त्रण के लिये इसका कम मात्रा में प्रयोग किया जाता है।- 0.075 से 0.3 किलो/हैक्टर की मात्रा में। यह तृणकों के नियन्त्रण कर इससे बहुत अच्छी तरह से नियन्त्रण किया जाता है, अधरभूमि असिंचित धान की कृषि में भी यह वही कुशलतापूर्वक तृणकों को नष्ट कर देता है, आलू की कृषि में इसकी मात्रा 0.5 किलो/हैक्टर तृणकों के निर्गम पूर्व इस्तेमाल किया जाता है।

पेन्डीमिथैलिन : यह एक काफी प्रचलित रसायनिक तृणकमार है, जिसका कई फसलों के तृणक नियन्त्रण में काम में लिया जाता है। सामान्यतया इसे अधोभूमि असिंचित धान, रोपणी धान तथा सूरजमुखी (मात्रा 1-2 हैक्टर की दर से) अरहर, (मात्रा 1.0 किलो/हैक्टर), तिल (1किलो/हैक्टर) की दर से इस्तेमाल करने से फसलों की उपज में काफी बढोतरी हुई है। अरण्ड की कृषि में इसे फसल बोने से पहले नम मिट्टी में देने से (मात्रा 1किलो क्रि.त./हैक्टर की दर) से काफी लाभ हुआ है। कपास में भी इसे बोने से पहले 1.0 किलों क्रि.त./हैक्टर की दर से काफी तृणक नियन्त्रण में सहायता मिली है। अवश्य ही इसे तृणकों के निर्गम से पूर्व खेत में दिया जाना चाहिये। जिससे यह रसायन पूर्णतया अपना रसायन प्रभाव दिखा सके। अधोभूमि असिंचित धान के लिये उगाई नर्सरी में भी इसकी 1 किलो/हैक्टर की देर से तृणक नियन्त्रण के काम में लाया जाता है। गेहूँ की कृषि में इस रसायन की 1.0 क्रि.त. किलो/हैक्टर की मात्रा को 900-1000 लीटर पानी में घोल बनाकर देने से एक काफी विस्तृत तृणक नियन्त्रण किया जा सकता है।

प्रेटीलाक्लोर : रोपणी धान एवं अधरभूमि असिंचित धान के लिये तृणक नियन्त्रण के हेतु विशेषकर घास प्रजाति के तृणाकों के नियन्त्रण के लिये यह रसायन तृणकमार बहुत उपयोगी सिद्ध हुआ है। इसे तृणकों के निर्गम से पूर्व मिट्टी में 0.75-1.0 किलो/हैक्टर की दर से देना होता है। चौड़ी पत्ती के तृणकों के नियन्त्रण के लिये यह रसायन उपयोगी नहीं होता है।

प्रोपेनिल : यह एक अच्छा तृणकमार रसायन है जिसे कि खेत में तृणक निर्गम से पूर्व दिया जाता है। धान की कृषि में इसकी देय मात्रा 3-3,5 किलो/हैक्टर की दर से, जब तृणक पौधें 2-3 पर्णी दशा में हो, देने से काफी तृणकों का नियन्त्रण हो जाता है। घास प्रजाति के तृणकों के लिये यह काफी प्रभावकारी सिद्ध हुआ है जबकि चौड़ी पत्ती के तृणकों के लिये यह प्रभावकारी नहीं होता है। आलू की दो पत्ती दशा में इसकी मात्रा 1.0 किलो/हैक्टर देने से काफी लाभ मिलता है।

थाइयोबेनकार्ब : यह एक बहुप्रचलित रसायन तृणकमार है जो कि धान की कृषि में काफी प्रयोग में लिया जाता है, यह दोनों किस्म के तृणकों को-घास प्रजाति एवं चौडी पत्ती के-प्रभावकारी ढंग से नियन्त्रण करता है। इसकी मात्रा 1.5 किलो क्रि.त./हैक्टर का प्रयोग किया जाता है। 2,4 डी पी.ई के साथ मिलाकर देने से इसका प्रभाव अधिक होता है। अधोभूमि असिंचित धान में भी इस रसायन का तृणक नियन्त्रण में उपयोग किया जाता

है, इसकी मात्रा 1 किलो/हैक्टर की दर से होती है। अपराम्पगत क्षेत्रों में भी धान की कृषि करने में इस रसायन की तृणक नियन्त्रण में अच्छी भूमिका रही है।

2,4. डी (ईथाइल ईस्टर) : गेहूँ के द्विबीजपत्रीय तृणकों के नियन्त्रण के लिये 0.3–0. 4 किलो/हैक्टर की मात्र को पानी के घोल बनाकर (700–800 लीटर पानी) बोने के 35 दिन बाद देने से नियन्त्रण हो जाता है। 25–30 दिन बाद देने से गेहूँ की बालियों में विकृतियाँ आ जाती है। छोटे अनाज की खेतों में भी इस रसायन की 0.75 किलो क्रि.त./हैक्टर की दर से देने से तृणकों में संतोषप्रद नियन्त्रण हो जाता है। सांवा की कृषि में इस रसायन का तृणक नियन्त्रण के उपयोग करने से दाने की उपज में काफी बढ़ोतरी होती है। आलू की कृषि में इसे (20% सोडियम लवण रुप) में 0.5 किलो/हैक्टर तृणकों के निर्गम से पहले देने से तृणक नियन्त्रण में काफी संतोषप्रद परिणाम मिले हैं। ज्वार की फसल में स्ट्राइगा की रोकथाम के लिये इस रसायन का निर्गम पूर्व एवं निर्गम पश्चात भी इसका प्रयोग किया जाता है। यही बात मक्का तथा बाजरा के लिये भी सत्य है।

आइसोप्रोटयूरौन : तृणक नियन्त्रण के लिये गेहूँ की 1.0–1.5 क्रि.त. किलो/हैक्टर को एक बीजपत्रीय तृणकों का निर्गम के बाद देने से नियन्त्रण हो जाता है। इस 2,4 डी के साथ मिश्रित करने से अधिक लाभ होता है। राई और सरसों की कृषि में इस तृणकनाशी को तृणकों के निर्गम के बाद फसल बोने के 25 दिन बाद 0.75 किलो/हैक्टर की दर से देने से तृणक नियन्त्रित हो जाते हैं।

मीथाबेजथाइज्यूरौन : गेहूँ तथा जौ की पुसल के लिए इस रसायनिक तृणकनाशी की 1.5 क्रि.त. किलो/हैक्टर को बुआई के बाद देने से पी. माइनर जैसे तृणकों का नियन्त्रण हो जाता है। इसी फसल में अन्य तृणकों के ऊपर इसका उपयोग काफी संतोषप्रद रहा है। इससे दोनों प्रकार के एक बीजपत्रीय एवं द्विबीजपत्रीय तृणकों का नियन्त्रण हो जाता है। अलसी की कृषि में इसकी 1.0 किलो क्रि.त/हैक्टर देने से भी तृणकों के नियन्त्रण में काफी सफलता मिली है। इसे 2,4 डी के साथ मिश्रित करके अधिक लाभ होता है।

मीटौक्सीरौन की 1.5 क्रि.त. का किलो/हैक्टर दर से 700 से 800 लीटर पानी में घोल बनाकर देने से बोने के 35 दिन बाद गेहूँ की फसल में पी. माइनर पर नियन्त्रण हो जाता है। इस रसायन को रागी की खेती में तृणकों के नियन्त्रण के लिये 0.75 किलो/हैक्टर तृणकों को निर्गम से पहले खेत का उपचार करने से तृणकों का नियन्त्रण हो जाता है।

मेटोज्यूरौन इस रसायन से गेहूँ की खेती में उगने वाले एक बीजपत्रीय तथा द्विबीजपत्रीय तृणकों का फसल बोने के 30–35 दिन बाद देने से नियन्त्रण हो जाता है। आलु की कृषि में इसकी 1–1.5 किलो/हैक्टर बोने से पहले या बाद में जल्दी देने से तृणकों का नियन्त्रण हो जाता है।

ऐट्रेजाइन : खेती में यह तृणकनाशी रसायन बहुप्रचलित रसायन है। मक्का में तृणक नियन्त्रण करने हेतु इसे 1.0 किलो क्रि.त./हैक्टर पानी के 500 लीटर के साथ घोल बनाकर बोने के दो दिन बाद खेत में देने से सभी तृणकों का नाश हो जाता है। ज्वार, कुसुम्भ की अनुक्रमिक कृषि में इसे 0.75 किलो क्रि.त./हैक्टर ज्वार बोने से पहले खेत में डाला जाय तो इससे दोनों फसलों में तृणकों के उगने पर नियन्त्रण हो जाता है। आलू की कृषि में इसकी 0.30–0.50 किलो/हैक्टर की दर से तृणकों के निर्गम के पहले देने से तृणकों पर नियन्त्रण हो जाता है। गन्ने की कृषि में इस रसायन की 1.75 क्रि.त.किलो/हैक्टर दर से दोनों ही दशा में– बोने से पहले या बाद में, तृणकों पर काफी नियन्त्रण होता है। सिवाय मोथा तृणक के यह सभी अन्य तृणकों के नियन्त्रण के लिये काफी लाभदायक सिद्ध हुआ है। आलू तृणक नियन्त्रण हेतु इसकी 0.30–0.50 किलो/हैक्टर की दर से तृणकों

के निर्गम से पहले देने से काफी नियन्त्रण हो जाता है। ज्वार की कृषि में इसे बोने से पहले खेत में 71–90% चौड़ी पत्ती के तृणकों का उचित नियन्त्रण हो जाता है। 0.5–1.0 क्रि.त.किलो/हैक्टर की मात्रा को तृणकों के निर्गम से पूर्व देने से चौड़ी पत्तियों के तृणक पौधें नष्ट हो जाते हैं।

सिमाजीन : इस तृणकनाशी रसायन से मक्का की फसल में तृणक नियन्त्रण के लिये 1.0 किलो क्रि.त./हैक्टर की दर से 500 लीटर पानी में घोल बनाकर देने से काफी तृणकों का नियन्त्रण हो जाता है। रसायन के घोल को बोने के तुरन्त बाद (दो दिन बाद) देना चाहिये। यह भारी से लेकर हल्की वजन की मिट्‌टीयों के लिये लाभकारी सिद्ध हुआ है। हल्की मिट्टी में इसकी देय मात्रा 40% कम कर सकते हैं। आलू की कृषि में इस रसायन की मात्रा 0.30–0.50 किलो/हैक्टर की दर से तृणकों के निर्गम से पहले खेत में दिया जाना चाहिये।

फिनौक्सी तृणकनाशी रसायन इन संयोगों में 2,4.डी.आई.सी. प्रोपाइल ईस्टर एवं ईथाइल ईस्टर के दाने इस्तेमाल किये जाते हैं। दोनों ही 0.5–0.8 किलो क्रि.त./हैक्टर की मात्रा तृणकों का खेत में निर्गम होने से पहले चौड़ी पत्ती के तृणकों के नियन्त्रण में काफी प्रभावकारी सिद्ध हुए हैं। इनसे मुस्ता पौधों का भी नियन्त्रण किया जा सकता है।

प्रोनेमाइड : तृणकनाशी रसायन का उपयोग रामतिल की कृषि में तृणक नियन्त्रण के लिये किया जाता है। इसकी मात्रा 2 किलो क्रि.त./हैक्टर की दर तृणकों के निर्गम से पहले देना होता है। तृणक के जमने के बाद भी इसे पत्तियों के ऊपर घोल का छिडकाव करके देने से आकाशबेल नष्ट हो जाती है। अलसी की कृषि में इस रसायन का आकाशबेल के नियन्त्रण के काम में लाया जाता है। इसकी उपयुक्त मात्रा 1.5 किलो/हैक्टर देनी होती है। जो कि तृणक के उगने से पहले देनी होती है।

प्रोपाइजेमाइड : तृणकनाशी रसायन को रामतिल की कृषि में आकाशबेल की रोकथाम को नियन्त्रण के लिये उपयुक्त मात्रा तृणक के जमाव के 20–25 दिन बाद 1.5–2.0 किलो/हैक्टर देने से हो जाता है।

फ्लूक्लोरैलिन : तृणकनाशी रसायन से धान (अधोभूमि असिंचित) की खेत में तृणक नियन्त्रण में काफी सहायता मिलती है। वैसे यह रसायन सबसे अधिक प्रचलित तृणकमार रसायन है। रबी ऋतु की दलहनी फसलों में इसको तृणकों के निर्गम से पहले देने से 0.75 किलो/हैक्टर की दर से एक वर्षीय तृणकों पर नियन्त्रण हो जाता है। चने कृषि में भी इसके उपयोग से उपज में काफी वृद्धि होती है। इसकी उपयुक्ता मात्रा 1.5 किलो/हैक्टर देनी होती है। विशेषकर चना, जौ और सरसों के अन्तर्सस्यन में इसके उपयोग से काफी उपज में वृद्धि होती है। सोयाबीन के खेत में कई चौड़ी पत्ती के तृणकों एवं घासीय तृणकों पर यह नियन्त्रण करता है। इसे बीज बोने से पहले मिट्टी में दिया जाता हैं। इसकी मात्रा 1.0 क्रि.त. किलो/हैक्टर 800–1000 लीटर पानी के घोल में मिलाकर मिट्‌टी में दिया जाता है। मूंगफली की कृषि में इसका उपयोग बीज बोने से पहले मिट्टी में दिया जाता है। इसकी मात्रा 1.5–2.0 किलो/हैक्टर दी जाती है। राया और सरसों की कृषि में उगने वाले तृणकों के लिये भी यह रसायन काफी प्रभावकारी सिद्ध हुआ है। बीज बोने के पहले मिट्टी में 1.25 किलो/हैक्टर या 0.75 किलो/हैक्टर की दर से तृणकों के निर्गत से पहले देने से तृणकों पर नियन्त्रण हो जाता है। कुसुम्भ की खेती में तृणक नियन्त्रण के लिये इसका उपयोग काफी अच्छा सिद्ध हुआ है। इस फसल में इसकी मात्रा 1.5 क्रि. त. किलो/हैक्टर तृणकों के निर्गम से पूर्व करना चाहिये। अरण्ड की खेती में इस रसायन को बीज बोने से पहले मिट्टी में देने से अच्छे परिणाम निकलते हैं। अलसी की खेती में इसका उपयोग बीज बोने के पहले मिट्टी में देने से कई किस्म के तृणकों पर नियन्त्रण किया जा सकता है। कपास की कृषि में इस रसायन की 1.0 किलो क्रि.त./हैक्टर को तृणकों के निर्गम से पहले उपयोग करने से सभी तृणक नियन्त्रित हो जाते हैं। आलू की कृषि में इस रसायन की 0.7–1.0 किलो/हैक्टर की मात्रा तृणकों के निर्गम से पूर्व दी जाय तो अधिकतर तृणको पर नियन्त्रण

हो जाता है। जूट की कृषि में इस उद्देश्य की पूर्ति के लिये इसकी मात्रा 1 से 2 किलो/हैक्टर की दर से बोने से पहले देने से काफी संतोषजनक परिणाम प्राप्त हुये हैं।

फ्लुएजीफौप : 0.75–1.0 किलो/हैक्टर के साथ ट्राइफ्लूरैजिन के साथ मिलाकर 0.5 किलो/हैक्टर 20 दिन बोने के बाद देने से मूंग की फसल में तृणकों पर अच्छा नियन्त्रण होता है।

टेट्रापियोन : (टी.यफ.पी.–यनए) रसायन को तृणकों के नियन्त्रण के लिये जूट में इस्तेमाल किया जाता है। इस रसायन को इस उद्देश्य से बीज बोने से पहले 2–4 किलो/हैक्टर दर से मिट्टी में देने से तृणकों का सफतापूर्वक नियन्त्रण हो जाता है।

सीथौक्सीडिम का उड़द की कृषि में इस तृणकनाशी को 1 किलो/हैक्टर की मात्रा बीज बोने के 10 दिन बाद भूमि में देने से तृणकों पर काफी नियन्त्रण हो जाता है। इस उपचार से जो उपज प्राप्त होती है। वह तुणकहीन क्यारी तथा 3 और 5 सप्ताह बाद के तृणक निराई करने के बराबर ही थी।

डालापौन : तृणकमार रसायन का जूट की कृषि में तृणकों के निर्गम के पश्चात 6 किलो/हैक्टर देने से तृणकों पर नियन्त्रण किया जाता है।

ई.पी.टी.सी. : इस तृणकमार रसायन को तृणकों के निर्गम से पहले 1.5–2.0 किलो/हैक्टर की दर से आलू के खेत में तृणक नियन्त्रण के लिये दिया जाता है।

ऐलाक्लोर : सोयाबीन की कृषि में इस तृणकमार रसायन को खेत में तृणकों के निर्गम होने से पहले दिया जाता है। इस रसायन से एकवर्षीय घासीय तृणक एवं कुछ चौड़ी पत्ती के तृणकों पर नियन्त्रण पाया जाता है। इससे मोथा की जातियों पर भी नियंत्रण हो जाता है। मूंगफली की कृषि में तृणक नियंत्रण के लिये इस रसायन को 2.0 क्रि.त. किलो/हैक्टर की दर से देने से काफी अच्छा नियन्त्रण हो जाता है। इसका उपयोग तृणकों के निर्गत से पहले किया जाना चाहिये। मूंग, उड़द, तिल, आलू, अरहर, अलसी, कुसुम्भ की कृषि में भी इस रसायन का उपयोग किया जाता हैं। इनकी मात्रायें क्रमशः तृणकों के निर्गम से पहले मूंग, उड़द में, अरहर में, सूरजमुखी में 2.0 किलो/हैक्टर; तिल में 1.75 किलो क्रि.त./हैक्टर; आलू में 1.0 से 1.5 किलो/हैक्टर अलसी में 1.0 किलो क्रि.त./हैक्टर तथा कुसुम्भ में बोने से पहले 1.5 किलो/हैक्टर की दर से इस्तेमाल करने से इन फसलों में अच्छा तृणक नियंन्त्रण हो जाता है जिससे इनकी उपज में बढ़ोतरी होती है।

ऐमेट्रिन : आलू की कृषि के लिये इस रसायन का तृणक नियन्त्रण के लिये 1.0 किलो/हैक्टर की दर से खेत में तृणक नियन्त्रण के लिये 1.0 किलो/हैक्टर की दर से खेत में तृणकों के निर्गम से पहले देने से अच्छे परिणाम मिलते हैं।

क्लोगेप्रोफैम : इस तृणकमार रसायन को रामतिल की खेती में आकाशबेल के नियन्त्रण के लिये इस्तेमाल किया जाता है। आकाशबेल के बीजों के अंकुरण होते ही इसे 4 किलो/हैक्टर की दर से खेत में दिया जाता है।

क्लिजैलोफौप इथाइल : यह एक मुख्य तृणकमार रसायन है जिसे केवल घास जाति के पौधों पर नियन्त्रण पाया जा सकता है। सोयाबीन की फसल बोने के 25 दिन बाद 50 ग्रा/हैक्टर के हिसाब से खेत में डाला जाता है।

लाइन्यूरौन तृणकमार रसायन से आलू तथा गन्ना के उत्पादन कार्य में तृणकों के नियन्त्रण में अच्छी सफलता मिली है। इसकी देय मात्रा 0.5 हैक्टर तृणकों के निर्गम से पहले खेत में देनी चाहिये, गन्ने की कृषि में इसकी मात्रा 2.5–3.5 किलो/हैक्टर तृणकों के निर्गम पूर्व खेत में देने से तृणकों के नियन्त्रण में बहुत सफलता मिली है।

क्लोरप्रोफैम यह तृणक नाशी आकाशबेल के नियन्त्रण करने में रामतिल की कृषि में दोनों की तरह काम में आता है। इसके दानों को 4 किलो/हैक्टर की दर से आकाशबेल के जमने से पहले भूमि में दिया जाता है।

स्टौम्प 30 ई.सी. तृणकमार का आलू से तृणक नियन्त्रण के लिये किया जाता है। इसे 2.5 किलो/हैक्टर की दर से तृणक निर्गन से पहले खेत मे दिया जाता है।

बाइफिनौक्स तृणकमार की 3 किलो/हैक्टर की दर से तृणकों के निर्गम से पहले मृदा में देने से धान की कृषि में उपज में बढ़ोतरी हुई है। रोपणी धान में इसे इस्तेमाल करे।

क्लोमाजोन तृणकमार को सोयाबीन की कृषि में तृणकों के नियन्त्रण हेतु एक प्रवृत्य तृणकमार की तरह उपयोग में लाया जाता है। इससे दोनों ही किस्म के तृणकों का (घास जाति तथा चौड़ी पत्ती के) 1.0 किलो/हैक्टर की दर से देने से नियन्त्रण हो जाता है।

वेसालिन तृणकमार रसायन को तिल की कृषि में 1 किलों क्रि.त./हैक्टर की मात्रा में तृणकों के निर्गम से पूर्व देने से तृणकों का प्रभावशाली नियन्त्रण हो जाता है।

डाइयूरौन तृणकमार का उपयोग तिल की कृषि में तृणक नियन्त्रण के कार्य में किया जाता है। इसकी मात्रा को 400-600 ग्राम/हैक्टर की दर से तृणकों के निर्गम के पूर्व दिया जाना चाहिये। गन्ने की कृषि में तृणक नियन्त्रण में इससे काफी फायदा हुआ है। 2.5-3.5 किलो/हैक्टर की मात्रा फसल में तृणकों के निर्गम से पहले देने से काफी स्थायी परिणाम इस दिशा में मिले हैं। कपास में इसे चौडी पत्तियों के तृणकों के नियन्त्रण के काम भी लाया जाता है। इस रसायन की गन्ने की खेती में तृणकों के निर्गम से पहले देने से (2.5-3.5 किलो/हैक्टर) काफी तृणकों के नियन्त्रण में फायदा होता है।

डाइक्लोरमेट रसायन को आलू की कृषि में 1-2 किलो/हैक्टर की मात्रा तृणकों के निर्गम के पूर्व देने से तृणकों पर काफी नियन्त्रण हो जाता है।

एम.एस.एम.ऐ. तृणकमार रसायन का उपयोग 4-5 किलो/हैक्टर की दर से जूट की कृषि में तृणकों के लिये निकलने के बाद 4-5 किलो/हैक्टर देने से तृणक नष्ट हो जाते हैं।

ट्राइफ्लूरैलिन तृणकमार रसायन को कपास की कृषि में 1 किलो क्रि.त./हैक्टर की दर से तृण्कों के निर्गम से पहले देने से तृणकोंपर नियन्त्रण हो जाता है। मिट्टी की प्रकार के अनुसार देय मात्रा में फर्क होता है भारी मिट्टियों में जिनमें काफी प्रागारिक पदार्थ होता है उनमें इसकी मात्रा1-2.5 किलो क्रि.त./हैक्टर हो जायगी। इस डिनाइट्रोनाइन समूह से घासीय तृणकों का बहुत अच्छी तरह नियन्त्रण हो जायगा।

प्रापैग्विजैफौस तृणकमार रसायन को सोयाबीन के खेत में बोआई के 20-25 दिन बाद 50 ग्राम/हैक्टर की दर से तृणक नियन्त्रण के लिये उपयोग किया जाता है।

पाइपरफोस इस तृणकमार रसायन को धान की अधोभूमि असिंचित धान की कृषि को तृणकों के नियन्त्रण के काम में लाया जाता है।

प्रेटीलाक्लोर तृणकमार रसायन की रोपणी धान की कृषि में तृणकों के निर्गम से पूर्व 0.75-1.0 किलो/हैक्टर की दर से घासीय तृणकों के नियन्त्रण के लिये उपयोग किया जाता है। यह अधिकांश चौड़ी पत्तियों के तृणकों के लिये प्रभावकारी नहीं है।

प्रोमेट्रिन तृणकमार रसायन का उपयोग आलू की कृषि में तृणकों के नियन्त्रण हेतु किया जाता है। तृणकों के निर्गम पूर्व इसे खेत में देने से आलू की सबसे अधिक उपज मिली है अन्य उपचारों की तुलना में। आलू की

खेती में इस उद्देश्य की पूर्ति के लिये इस रसायन को 0.5 किलो/हैक्टर की दर से देने से अधिक नियन्त्रण हो जाता है। इसका उपयोग तृणकों के निर्गम के तुरन्त बाद किया जाना चाहिये।

प्रोनेमाइड तृणकमार रसायन रामतिल की कृषि में आकाशबेल (अमरबेल) के नियन्त्रण के लिये 2 किलो क्रि.त./हैक्टर की मात्रा को तृणक के निर्गम से पूर्व भूमि के उपचार करने से पूर्ण नियन्त्रण हो जाता है। आकाशबेल की पत्तियों के ऊपर घोल का छिड़काव करने से भी यह तृणक मर जाता है। इसे फसल बोने के 20 दिन बाद खेत में इसका उपयोग किया जाता है। अलसी में इसका उपयोग करें। 1.5 किलो/हैक्टर की दर से तृणकों के निर्गन के 2-3 हफ्ते बाद किया जाता है।

प्रोपइजेमाइड तृणकमार रसायन को रामतिल की कृषि में तृणक निर्गम के 20-25 दिन बोने के बाद देने से 1.5-2.0 किलो/हैक्टर देने से फसल को बिना हानि किये दिया जा सकता है इससे तृणक नियंत्रण अच्छी तरह हो जाता है।

मीथाब्रेन्जयियाजूरौन तृणकमार का प्रयोग गेहूँ की कृषि में इस रसायन के मिश्रण का आइसोप्रोटयूरौन रसायन के साथ मिलाकर देने से दोनो ही एकबीजपत्रीय एवं द्विबीजपत्रीय तृणकों का नियन्त्रण हो जाता है। इसकी देय मात्र 1.5 किलो क्रि.त./हैक्टर की होती है।

ग्लारफोसेट कपास में इसी फसल के बीज उगने के बाद तृणकों के नियत्रंण के लिये दिया जाता है। 4पत्ती की दशा में इसे फसल में देना चाहिए।

बोमैक्सीमिल कपास की कृषि में इस तृणकनाशी रसायन से तृणकों के एक बड़े समूह का नियंत्रण हो जाता है। 4 पत्ती दशा में इसे फसल के ऊपर दे सकते हैं।

लासो इस रसायन का मक्का की कृषि में तृणक नियंत्रण के लिये किया जाता है। 5 लिटर/हैक्टर की दर से 500 मि.लि. पानी के घोल में मिलाकर फसल बोने के दो दिन बाद खेत मे ऊपर से छिड़काव कर दें।

10. कृषि स्वास्थ्य एवं पौध संरक्षण

खेत की दुर्बलता कई कारणों पर निर्भर करती है। जलवायु की दशायें जो कि किसी सस्य विशेष के लिये उचित न हो, उससे सस्य उत्पादन में बड़ी बाधा आती है। यह भी कह सकते हैं कि मिट्टी का चयन सही न होने के कारण उसमें पौधें भली प्रकार नहीं उगते जिसके लिये उसकी उर्वराशक्ति जिम्मेदार होती है। कभी-कभी पहले कुछ वर्षो में किसी भूमि में फसलों का उत्पादन अच्छा होता है और फिर बाद में उसकी उर्वरता शनै:शनै: कम होती जाती है जो कि अक्सर देखने में आया है- जो कि भूमि में अनुचित लवणों के संग्रहण के कारण होता है विशेषकर। जब भूजल का स्तर ऊपर चढ़ने लगता है। साथ ही सस्य पौधों की वृद्धि भी एक ऐसा कारक हो सकता है। जिसके अन्तर्गत यह दिखाई दे कि पौधे की जाति या उपजाति ही ऐसी हैं जो कि स्थान विशेष के लिये उगाने के लिये अनुपयुक्त है। ये सब कारक ऐसे हैं, जिनको हम उचित कृषि कार्यो सिंचाई एवं उर्वरण के द्वारा सुधार सकते हैं। परन्तु अन्य कुछ कारक ऐसे होते हैं, जो कि किसी भी तरह के संशोधन या परिवर्तन या उपचार से समाधित नहीं हो सकते हैं।

इनमें मुख्य हैं वे कठिनाइयाँ जो कि विभिन्न जीव-जन्तुओं, जिनमें पौधे और जन्तु दोनों के ही द्वारा उत्पन्न विकारो से आते हैं और ये ही इस पुस्तक के इस अध्याय का विषय हैं। इनमें वे सभी वर्ग है, जिनको हम कवक, शाकाणु, बड़े परजीवी पौधे, कीट जगत, बड़े जानवर तथा चिड़ियाँ आती हैं। यहाँ पर विषाणु (भाइरस) का भी उल्लेख करना आवश्यक होगा, यद्यपि उनकी हम अतितीव्र सूक्ष्मदर्शी यंत्र से भी नहीं देख सकते और उनका ज्ञान अभी काफी विस्तृत भी नहीं है। फिर भी ये पौधों पर आक्रमण उसी तरह से करते हैं, जैसे शाकाणु करते हैं। सुविधा के लिये यहाँ पर हम यह कहेंगे कि जो भी क्षति फसल के पौधों को कवक, शाकाणु एंव विषाणु पहुँचाते हैं वे ही पौधों की व्याधि की श्रेणी में आते हैं। कीड़ों के द्वारा पहुँचाई जाने वाली हानि इससे भिन्न है। सामान्य पर्यावरण के परिवर्तन या सामान्य स्थिति में जो भी पौधों की बीमारियाँ होती हैं, उनको व्यापारीय व्याधियाँ कहा जाता है। कभी-कभी पौधों में व्याधि या उनकी क्षति के एक से अधिक कारण भी हो सकते हैं। कभी-कभी प्रतिकूल मृदा एवं जलवायु की दशाओं के कारण पौधे बीमारियों से अधिक ग्रसित हो जाते हैं। यही दशा अन्य बीमारियों को भी बढ़ावा दे सकती है। कुछ कीड़े तो परोक्ष रूप में ही पौधों को नुकसान पहुँचाते हैं तथा ये ही अपरोक्ष रूप में व्याधियों के लिये जिम्मेवार हैं, क्यों कि ये हानिकारक विधियों का फैलाने में मदद करते हैं।

यों तो पौधे बीमारियों तथा कीड़ों से बहुत पुराने इतिहास के समय से ग्रसित होते आये हैं, परन्तु इनके कारणों का बहुत बाद में पता चला। कुछ अंशो में तो यह तो पता चल गया कि कीड़े ही पौधों को नुकसान पहुँचाते हैं, परन्तु उनके जीवन-चक्र का ज्ञान बहुत बाद में पता चला। ऐसे ही कवक जनित बीमारियाँ तो एक अचम्भा ही था। यहाँ तक कि इनको होना एक ईश्वरीय प्रकोप माना जाता था। सूक्ष्मदर्शी यंत्र के अविष्कार के

बाद ही इन सब बातों का राज खुला परन्तु यह ज्ञान कई वर्ष बाद भी अधूरा रहा। धीरे-धीरे सूक्ष्मदर्शी यन्त्र द्वारा जीव-जन्तुओं के बाबत कुछ जानकारी प्राप्त हुई तो इसके साथ-साथ पौधों और जन्तुओं के ऊपर आक्रमण करने वाली बीमारियों का भी ज्ञानवर्धन होने लगा। आजकल हम इन व्याधियों को नियन्त्रण करने या मिटाने में जो प्रयास करते हैं, यह हमारी जानकारी बहुत पुरानी नहीं है, यह भी कुछ ही वर्षो पूर्व की है। अभी भी बहुत कुछ इस दिशा में करने की आवश्यकता होगी।

यदि पौधो के ऊपर ऐसा कुछ दिखाई पड़े कि उनका स्वास्थ्य ठीक नहीं है या उनकी वृद्धि ठीक से नहीं हो रही हो तो फौरन इसका कारण पता लगाना ही बुद्धिमानी होती है। इनके अन्तर्गत यह देखना चाहिये कि क्या पौधों के तनों के ऊपर कोई धब्बे इत्यादि तो नहीं हैं या पत्तियों का आकार कुछ असाधारण या पत्तियाँ खाई हुई या बीमारी की दशा तो नहीं दर्शाती हैं। यह दशा कारकों के कवकजाल या फलदाय कवकों के द्वारा उत्पन्न होती है। यदि कीड़ें फसल पर आक्रमण करते हैं तो उनके द्वारा की गई हानि का रूप यह होता है कि या तो पत्तियाँ खाई होगी, या उनके ऊपर छेद होंगे या उनकी आकार में फर्क हो जायगा इत्यादि। ऐसी समस्याओं के निवारण के लिये कृषि विभाग की सहायता हर जगह उपलब्ध होती है। फिर भी यह अच्छा होगाा कि जो कवक जनित बीमारियाँ अक्सर फसलों के ऊपर देखी जाती है, उनका कृषक को थोड़ा बहुत ज्ञान होना काफी लाभप्रद होता है। इससे यह फायदा होगा कि फसल को आगे आने वाले समय में गहन संक्रमण से बचाया जा सकेगा। इस दिशा में कई प्रयत्न किये जाते हैं, जिनका उल्लेख हम आगे आने वाले पृष्ठों में करेंगे।

आम तौर पर यही सुझाव वैज्ञानिकों द्वारा दिये जाते हैं कि जहाँ तक हो सके व्याधिरोधक प्रजातियों (किस्मों) की कृषि करनी चाहिए। ये किस्में इसी बात को ध्यान में रखकर फसलों की व्याधि रोधी किस्में विकसित की गई हैं। इनको उन खेतों में जरूर लगायें, जहाँ व्याधियाँ है-1. उफ्रा व्याधि जो कि सूम कृमि द्वारा पैदा होती है, 2. पत्ती का कण्डुआ, 3. बन्ट दिखाई देने वाला झूटा कण्डवा, 4. उडवेटा व्याधि इत्यादि। व्याधियों के नियन्त्रण के लिये उपयुक्त रसायन आम तौर पर चूर्ण रसायन जैसे, ऐग्रोसन जी.एन., सीरेसन क्यूप्रोसाइड, हरभेसन तथा आइलेक्स और छिड़कने वाले रसायन कौपरसन, पेरेनौक्स, वेटिऔल इत्यादि होते हैं।

उदाहरण के तौर पर धान उगाने कृषक सामान्य नियन्त्रण के तरीकों का तो इस्तेमाल करते ही हैं, जैसे- खेते में पड़े पौधों के अवशेषों को हटाना, उचित सिंचाई एवं जलोत्सारण का खेत में प्रबन्ध करना, आवश्यकता से अधिक उर्वरकों का इस्तेमाल न करना तथा व्याधिरोधक प्रजातियों की ही कृषि करना। परन्तु ध्यान इस बात का होना चाहिये जो भी इस प्रकार के कार्य हो उनको पूरी जानकारी तथा निष्ठा के साथ कार्यक्रमों मे समाहित किया जाना चाहिये।

I. फसलों की व्याधियाँ और उपचार

अधिकांश में सस्य पौधों की व्याधियाँ कवक, शाकाणु एवं विषाणु जनित होती हैं। ये पौधे सामान्य वनस्पति वर्ग के सामान्य थैलोफाइटा श्रृंखला के उद्‌भिद होते हैं। ये अनेकानेक रूपों में, दशाओं में एवं जलवायु के भिन्न-भिन्न क्षेत्रों में भूमि के ऊपर, पौधों के साथ और अन्दर, यहाँ तक कि पशुओं और मनुष्यों की कई बीमारियों के रूप में पाये जाते हैं। विभिन्न आदतों के साथ-साथ ये सूक्ष्मदर्शी पादप एक बड़े समूह के होते हैं और अनेकानेक पृथक गुण लिये होते हैं-1. ये बिना पर्णशाद (हरे रंग की कणिकाये) के पादप जात होते हैं, 2. इनमें प्रजनन की क्रिया बीजाणु के द्वारा होती है, 3. कवक जाति अन्य प्राणि जातियों से उनमें कोष्ठ-भिति की उपस्थिति से पहचानी जाती है।

जिस विज्ञान में इन सूक्ष्मदर्शी पौधों का जीवन-चक्र आपस का सम्बन्ध एवं उद्विकास का अध्ययन किया जाता है, उसे माइकोलौजी कहते हैं। पौधों की व्याधियाँ या पौध-व्याधि विज्ञान (व्याधिका) में अध्ययन किया जाता है। नीचे दी गई तालिका में यह दिखाया गया है कि सरसों फसल को केवल बोने की विधि की भिन्नता से किस हद तक उत्पादन प्रभावित होता है। प्रस्तुत अध्याय में पौध-व्याधिकी का ही वर्णन किया गया है। इस शाखा को पौध-व्याधि विज्ञान या प्लान्ट पैथोलौजी कहते हैं।

तालिका 88 : बोने की तिथि का सरसों की फसल के ऊपर व्याधि एवं कीट-शत्रुओं की उपस्थिति की भिन्नताओं

बोने की तिथियाँ	*प्रभावित पौधों की संख्या प्रतिशत में*		
	सफेद रतुआ	*माहू*	
	1982-83	*1982-83*	*1983-84*
15 अक्टूबर	1.0	2.5	0.5
25 नवम्बर	2.7	4.9	3.2
5 नवम्बर	3.8	3.7	5.0
15 नवम्बर	4.4	4.5	4.3
पौधों की प्रजातियाँ			
ब्रेसिका जन्सिया (पूसा बोल्ड)	5.7	8.1	4.3
ब्रे. जन्शिया (आर.एल.एम.198)	6.6	5.7	4.5
ब्रे. कम्पेस्ट्रिस (पूसा कल्याणी)	1.0	3.0	6.0
ब्रे. कैरीनेटा (आर.के.8)	0.2	1.1	0.0
ब्रे. नेपस (वी.ओ.15)	0.0	5.5	2.0
यूरेका सैटाइभा (आई.टी.एस.ए)	1.5	1.0	1.2

पौध संरक्षण के उपाय कहां तक उत्पादन बढ़ाने मे मदद दे सकते हैं, यह निम्नलिखित तालिका में दिखाया गया हैं।

तालिका 89 : पौध संरक्षण के उपायों का खरीफ की दलहनी फसलों पर प्रभाव

सस्य	*किस्म*	*उत्पादन किलो/हैक्टर*		*उत्पादन की*
		अनोपचारित	*उपचारित*	*हानि %*
अरहर	एस-8	1.108	2.042	48
मूंग	टी-2	560	1.180	53
	एस-9	144	522	72
	पूसा बैसाखी	27	870	97
	पी.एस.7	36	872	96
उड़द	एस-1	267	874	71

फसलों की मुख्य व्याधियाँ और उनके नियन्त्रण के उपाय

1. पत्ती का धब्बा-हेल्मिन्थौस्पोरियम जनित

इस रोग से पौधों की पत्तियों पर भूरे रंग के छोटे-2 धब्बे दिखाई देते हैं। इन धब्बों का बाहरी रंग फीका रहता है। ये फसल के पकने के पूर्व ही सूख जाते हैं। इसका प्रभाव दानों के आकार एवं गुणों पर पड़ता है। इसके प्रभाव से दाने विकास के दौरान छोटे पड़ने लगते हैं। यह कवक जनित व्याधि है। इससे अन्य जातियों से प्रभावित पौधे जो **हे.टेरिस** (नेट ब्लौच), **हे. सैटाइभम** (स्पौट ब्लौच), **हे.टौमिनियम** (धारी व्याधि) प्रजातियाँ मुख्य है। मक्का तथा ज्वार में पत्ती का ब्लाइट, **हे. टर्सिकम** कवक से पैदा होता है। यह पत्तियों को काफी नुकसान पहुँचा सकता है। इसके प्रभाव से सस्य के अच्छे उत्पादन में रुकावट पैदा होती है। ज्वार में भी यह कवक पाया जाता है।

इन बीमारियों के नियन्त्रण के लिए बीजों का बोने से पहले थाइरम या कैप्टन से उपचार करें। खड़ी सस्य के ऊपर डाइथेन-एम.45 के जल्दी छिड़काव करने से इन बीमारीयों पर काफी रोक लग सकती है। इस रसायन से तर करके छिडकाव करने से इन बीमारियों का निदान हो जाता है। दुष्टप्रभावित **हे. स्पीसिफेरम** व्याधि कपास को क्षति पहुँचाती है। इन व्याधियों के जीवाणु जमीन के अन्दर ही अपना सुसुप्त काल बिताते है। अनुकूल वातावरण तथा जलवायु की दशाओं के आगमन पर ये फिर सक्रिय हो जाते हैं। जमीन में स्थित कवकों के नियन्त्रण के लिए मिट्टी को बेभिस्टिन या ब्रेसीकौल के घोलों से तर करने से यह कवक नष्ट हो जाते हैं।

जूट के पौधे को कौलर, स्तम्भ तथा जड़ की सड़न हानि पहुँचाती है। ये व्याधि **मैक्रोफोमिना फैजियोलिना** के द्वारा पैदा होती है। आलू के कन्द की सड़न इसी प्रकार की बीमारी **स्क्लेरोशियम रौल्फशाई** कवक से पैदा होती है। चारकोल सड़न आलू की **भा.फैजिओजाई** से ही होती है। इससे ही तम्बाकू का पौधा भी ग्रसित होता है।

2. फौल्स स्मट या कूट कण्डुवा

यह रोग कवक द्वारा पौधे की बालियों के ऊपर प्रकट होता है। यह व्याधि **यूस्टीला जिनौइडिस** कवक से पैदा होती है। दाने जो बालियों में छिलके से ढंके रहते हैं, भीतर से काले रंग के बीजाणुओं से भरे रहते हैं। जब दाने फटते हैं तो इनके भीतर का चूर्ण पदार्थ बीच में सफेद और कुछ नारंगी पीले रंग के बीजाणुओं के रूप में होता है। इस रोग से बाली में स्थित सभी दाने प्रभावित न होकर कुछ ही दाने बीमारी से ग्रसित होते हैं। इससे फसल की काफी क्षति होती है। साथ ही उपज घट जाती है। यह धान की फसल को मुख्यतया प्रभावित करता है।

फसलों में इस व्याधि के नियन्त्रण के लिए सबसे अच्छा तरीका यह होगा कि ऐसा बीज बोने के लिए लिया जाय जो कि रोगमुक्त हो। कहीं कवक तथा शाकाणु जनित रोगों के नियन्त्रण के लिए बोने से पहले सिरेसन 2 ग्राम/प्रति किलो बीज का उपचार करे। ऐसी कवकनाशी रसायन जैस जाइनेब, सिरेसन इत्यादि को छिड़कने से भी इस बीमारी को नियन्त्रित किया जा सकता है।

3. बन्ट रोग

इस रोग का कारक **नियोभोसिया होरिडा** नामक कवक होता है। इसके कारण दाने काले काजल के चूर्ण

के रूप में भरे रहते हैं। इसमें भी कुछ ही दाने ग्रसित होते हैं। परन्तु यह बिमारी के आगे प्रसारण का काम करते हैं।

गेहूँ में लगने वाला करनाल बन्ट **नियोभोसिय इन्डिका** बन्ट का दूसरा रुप है। इस बीमारी के ऊपर नियन्त्रण केवल रोधी किस्मों को उगाने से किया जाता है। अति ग्रसित होने वाली गेहूँ की किस्में यच.डी.2009. यू.पी. 319, डबलू.यज. 711, तथा यच. डी.1982 को न उगाये, केवल रोग मुक्त बीज को रंगो तथा उसे भी बोने से पहले कवकनाशी रसायन ऐग्रोसन जो.यन, सिरेसने से उपचारित कर ले। इसका मात्रा 2.5 ग्राम प्रति किलो बीज की रहेगी।

4. विवर्णता ब्लास्ट, अंगमारी

कौलेटट्रौट्रिकम ग्रम्नीकोला कवक से पैदा होती है। रोकथाम के लिए बीज के दाने को बोने से पहले थाइरम या कैप्टान या सस्य के ऊपर डाइथेन–एम. 45 के छिड़काव करने से काफी नियन्त्रण सम्भव है।

सोयाबीन के ऊपर विवर्णता रोग **राइजोक्टोनिया सोलानी** के द्वारा उत्पन्न होता है। इसके लक्षण पत्तियों में, तने तथा फलियेां के ऊपर दिखाई देते हैं। जब पौधे 45 से 50 दिन के हो जाते हैं तो बीमारी का अतिक्रमण नीचे स्तर की पत्तियों से आरम्भ हो जाता है। पूरी पत्ती इससे प्रभावित होकर मर जाती है। इस बीमारी को रोकने के लिए गर्मियों की जुताई एवं उचित सस्यचक्र अपनाने चाहिये। उचित जलोत्सारण का प्रबन्ध खेतों में होना चाहिये। बोने से पहले बीज को थाइरम 4 ग्राम/प्रति किलो की दर से उपचारित कर लें। मैन्कोजेव (0.25%)का छिड़काव करना चाहिये। जैसे ही व्याधि के लक्षण पौधे के ऊपर दिखाई दें दूसरा छिड़काव पहले से 15 से 20 दिन के अन्तराल में कर दें। मूंग के पौधे भी इस कवक से ग्रसित होते हैं। इसे दालों का ऐन्थ्रैकनोज कहते हैं और यह **कौलिटौट्रिकम लिन्डीम्यूथियेनम** कवक से पैदा होती है।

सरसों में शिशु पौधों में अंगमारी रोग **स्केलेरोशियम रौल्फसाई** और **राइजोक्टोनिया सोलानी** कवकों के द्वारा पैदा होती है। सूरजमुखी में विवर्णता की व्याधि **औल्टरनेरिया हेलिमेन्थाई** कवक से पैदा होती है। साफ सुथरी कृषि, उचित सस्यचक्र अपनाना एवं रोधी किस्मों के लेने से व्याधि काफी सीमा तक रोकी जा सकती है।

यह व्याधि अलसी पर भी लगती है, जिसका कवक **औल्टरनेरिया लाइनी** होता है।

कपास की पत्ती की विवर्णता बीमारी शाकाणुओं से **(जैन्थोमोनस औक्सोनोपोडीस)** के द्वारा पैदा होती है।

धान में ब्लास्ट या अंगमारी व्याधि (आवरण की व्याधि) का कारक **पिरुकुलेरिया ओराइजी** कवक होता है। इससे प्रभावित पौधों की पत्तियों के ऊपर अण्डाकार धब्बे बन जाते हैं। ये धब्बे बीच में सलेटी भूरे रंग के और किनारों पर कत्थई रंग के होते हैं। पौधों के डंठल पर भी कत्थई व काले रंग की चित्तियाँ देखाई देती हैं जो कि डंठल को गलाना आरम्भ कर देती है। इसके कुप्रभाव से दाने के स्थान खोखले रह जाते हैं और साथ ही दाने गिरने भी लगते हैं। इसका प्रसार वर्षा ऋतु में होता है। धान इसका मुख्य पौधा होता है। यह कवक छोटे खाद्यान्नों को भी प्रभवित करता है। इसके नियन्त्रण के लिए प्रभावित बीजों की सफाई करदें, बोने के लिए बीजों को बोने से पहले सिरेसन या एग्रोसन जी. एन @2–2.5 ग्राम प्रति किलो से उपचारित करना चाहिये, रोधी किस्मों को उगाने से लाभ होता है।

5. तने की गलन, स्टेम रौट

इसकी व्याधि **लेप्टोसपेईप्रिसा सल्भिनी** कवक के द्वारा पैदा होती है। इसके कारण पत्तियों के उत्पति स्थान पर गलन पैदा होती है। इसी स्थान पर तने का गलना भी शुरु हो जाता है। दोनों का भराव भी कम हो जाता है।

एक अन्य तने की गलन जिसका कवक **स्क्लेरोटिनिया स्क्लेरोटियोरम** होता है का मुख्य पौधा धान होता है। यह चने की फसल का भी एक प्रमुख रोग होता है। यह कावक मिट्टी में जीवनयापन करता है। इसके प्रभाव से पत्तियाँ और उनके डण्ठल झुक जाते हैं और सूख जाते हैं। इसके नियन्त्रण के लिए जरूरी है कि चने की फसल में भी नमी की अधिकता नहीं होनी चाहिए। अधिक नमी तथा घनी पौधों की संख्या से इस व्याधि को बढ़ावा मिलता है।

एक व्याधि जिसे तने और जड़ों की सड़न कहते हैं, यह तिल में भी पाई जाती है। इस कवक को **राइजोक्टोनिया बटाटीकोला** कहते हैं। इसके साथ ही दूसरा कवक **मेक्रोफोमिना फैजियोलिना** भी पाया जाता है जो कि तिल में ही इसी प्रकार की बीमारी को पैदा करता है।

ऐसी व्याधियों से पौधे जल्दी ही मुरझाने लगते हैं। जैसे ही बीमारी का प्रकोप मिट्टी की सतह पर आता है, सड़ा भाग काला पड़ने लगता है और यह कोयले के रंग की कालिमा प्रस्तुत करता है। आखिर में पौधा नीचे गिर जाता है उसी जगह से जहाँ पर से पौधे के ऊपर अन्तःक्षेपण हुआ हो। फिर पौधा जल्दी ही नष्ट हो जाता है। **मेक्रोफोमिना बेट्रेटिकोला** कवक से रामतिल की जड़ों की सड़न भी पैदा होती है। कपास में भी इन प्रकार के कवकों के कारण जड़ों की सड़न पैदा होती है। **रा. बैटेटिकोला** इसका मुख्य कवक है। ज्वार का कोयले के रंग की सड़न भी **मैक्रोफोमिना फैजिओलाई** कवक से ही पैदा होती है। यह मुख्यतया जड़ों की सड़न होती है। यह ज्वार के सूखे मध्यक को तार-तार कर देता है और इसमें काले **स्क्लेरोशिया** का विद्यमान होना इसकी मुख्य पहचान होती है। इसके प्रभाव से दाने का भराव भी कम हो जाता है। सस्य चक्र अपनाने तथा मिश्रित कृषि करने से इस बीमारी का प्रभाव कम हो जाता है। खेत में इसके लक्षण पौधों का गिरना तथा बहुत कम दाने का भराव ही वास्तविक लक्षण होते हैं। इन व्याधियों के निवारण हेतु स्वच्छ खेती करनी चाहिये। फसलों की रोधी किस्मों की खेती करना भी एक अच्छा उपाय है।

6. शाकाणु जनित नीरंजा रोग (ब्लाइट)

इसके कारण एक **जैन्थोमोनस ओराइजी** नाम का शाकाणु होता है। धान की प्रभावित पत्तियाँ पीली से सफेद हो जाती हैं और बाद में सूखकर नीचे गिर जाती हैं। स्वच्छ खेती करना ही इस रोग से बचाव कर सकता है। कपास की पत्ती का नीरंजा रोग शाकाणुओं (जै.ऐक्सोनोपोडिस) जनित रोग होता है। कपास के बीज से भी इस व्याधि का प्रसार होता है।

7. रतुआ, रोली या गेरुई (रस्ट)

यह गेहूँ का सबसे अधिक आपत्तिजनक रोग होता है। विश्व के सभी गेहूँ उत्पादनकर्त्ता देशों में यह बड़ी समस्या होती है। इसक बीमारी का (रस्ट की) कई प्रजातियां और प्रत्येक जाति की कई दैहिकीय प्रजातियाँ होती हैं। इसके इस प्रकार के आचरण के कारण इन पर नियन्त्रण करना ही काफी कठिन होता है। इनके मुख्य रोग हैं-1. पत्ती का रतुआ जो **पक्सीनिया स्ट्रीरिफौर्मिस** कवक से पैदा होता है। यह पत्तियों को प्रभावित करता

है। इसके नारंगी रंग के कण सीधी पत्तियों के ऊपर देखे जा सकते हैं। यही फसल में सबसे पहले दिखाई देता है।, 2. रतुये का दूसरा रुप फसल में देर से दिखाई देता है। यह **पक्सीनिया रिकौन्डिटा** नामक कवक से पैदा होता है और पत्तियाँ तथा डण्ठलों को प्रभावित करता है।, 3. तीसरी जाति **पक्सीनिया ग्रैमिनिस ट्रिटीसाइ** के नाम से जाना जाता है। यह सबसे देर से दिखाई देता है। यह सबसे अधिक आपत्तिजनक रूप होता है, क्योंकि इससे सबसे अधिक हानि होती है। जौ का पौधा भी इससे ग्रसित होता है। रोधी किस्मों की कृषि करना ही इसकी रोकथाम का एकमात्र उपाय है।

जौ में पाई जाने वाली जातियाँ पीला रतुआ (**पक्सीनिया स्ट्रीरिफौर्मिस**), काला रतुआ (**प. ग्रैमिनिस ट्रिटिसाई**) पत्ती का सामान्य रतुआ (**प. होर्डियाई**) हैं।

इस रोग की रोकथाम के लिए निम्नलिखित उपाय करने चाहिये-

1. केवल उन्ही उन्नत किस्मों को उगाया जाये, जो उस क्षेत्र के लिये रोधी हों।
2. फसलों को देरी से बोने से ये गेरुई से अधिक ग्रसित होती है। इसलिये गेहूँ की फसल या जौ की फसलों को देर से ना बोये।
3. नाइट्रोजनीय उर्वरकों की उच्च मात्राऐं गेरुई को अधिक प्रोत्साहित करती हैं। इसलिये उचित मात्राओं का उचित समय पर प्रयोग करें।
4. 2% जाइनेव या डाइथेन एम.45 और 0.1% सैन्डोर्भिट (स्प्रेडर+स्टार्टर) को छिड़काव उस समय करें, जैसे ही गेरुई के दाने दिखाई देने लगें, उसी समय फौरन छिड़काव कर दें। ये गेरुई के छोटे-छोटे दाने साधारणतया जनवरी के आखरी सप्ताह में दिखाई देते हैं। दूसरा तथा तीसरा छिड़काव 10 से 15 दिन के अन्तराल में करें।

रतुआ का एक रोग जो **यूरोमाइसीज फैजिओलाई** कवक जनित व्याधि है, लोबिया की पत्तियों पर भी आक्रमण करता है। गोल, लाल या भूरे पूथिकाओं के रुप में पत्तियों, तने तथा फलियों के ऊपर दिखाई देते हैं। गन्धक के चूर्ण को 25 किलो प्रति हैक्टर भुरकाव करने से यह रोग रोका जा सकता है।

रतुआ का एक अन्य रूप जिसे **यूरोमाइसीज फेबी** कहते हैं, इसके हल्दी के रंग की पूथिकायें पत्तियों को भारी नुकसान पहुँचाती हैं। अन्तिम आक्रमण काल में ये पत्तियाँ पौधे से अलग होकर गिर जाती हैं। तने पर आक्रमण की स्थिति में तना फटने लगता है और उसमें दरारें भी आ सकती है। इससे फसल की उपज में काफी कमी आ जाती है।

एक अन्य रतुआ सफेद रंग का होता है, जो कि मक्का के पौधे को हानि पहुँचाता है। इसके नियन्त्रण के लिये रोधी किस्मों का उपयोग ही सबसे अच्छा उपाय है। खरीफ की फसल में कम तथा रबी-ज्वार के मिश्रण को इसका प्रकोप अधिक होता है।

एक रतुआ की प्रजाति का प्रकोप बाजरा पर भी होता देखा गया है। रतुआ (**पक्सीनिया पेनीसिटाई**) की यूरेडिनियल एवं टिलियल अवस्थायें इस पौधे के ऊपर देखी गई हैं। इसके नियन्त्रण के लिये रोधी किस्मों की कृषि करना ही उत्तम उपाय है। एक अन्य प्रजाति **प. पूरपूरिया** ज्वार के पौधों को भी नुकसान पहुँचाती हैं। इस बीमारी के छोटे-छोटे कतरे जिनका कि लाल रंग होता हैं। पत्तियों को नीचे के तल को प्रभावित करती है। साफ

बीज, उचित सस्य चक्र तथा रोधी किस्मों के उपयोग करने से इस बीमारी पर नियन्त्रण पाया जा सकता है। रतुआ व्याधि के अन्य रुप निम्नलिखित सस्यों को भी हानि पहुँचाते हैं:-

1. रतुआ व्याधि की एक प्रजाति **पक्सीनिया ऐरेकिओलिस** मूंगफली की व्याधि है।
2. एक प्रकार का सफेद रतुआ, **ऐल्ब्यूगो कैन्डिडस** सरसों की मुख्य व्याधि है।
3. एक रतुआ **पक्सीनिया कार्थेमी** का प्रकोप कुसुम्भ की पत्तियों पर भी पाया जाता है। रतुआ व्याधि को दो खाद्यान्न की पत्तियों को भी प्रभावित करती है।
4. रतुआ की एक प्रजाति सूरजमुखी को भी आक्रमित करती है। यह **पक्सीनिया हेलियन्थाई** है।
5. रतुआ की एक प्रजाति जिसे **यूरोमाइसीज फैजिओलाई** किस्म भिन्न होती है जो लोबिया को ग्रसित करती है। गोल, लाल, भूरे छिड़काव पत्तियों, तनों तथा फलियों के ऊपर दिखाई देते हैं। इसके नियन्त्रण के लिये गन्धक का बुरकाव @ 25 किलो प्रति हैक्टर की दर से या आर्द्र गन्धक का छिड़काव 2-4 किलो/हैक्टर करने से सम्भव होता है। रतुआ की सरसों में (सफेद रतुआ) नियन्त्रण के लिये इम्प्रोडियोन (रोभरल) और कैप्टाफौल के इस्तेमाल से भी इस व्याधि पर नियन्त्रण हो जाता है। पहला छिड़काव रिडोमिल एम.जेड. (0.25%) पुष्पन के समय तथा दूसरा छिड़काव रोमरला का (0.2%) फली निर्माण के समय पर छिड़काव करने से सफेद रतुआ+तुलासिता तथा फली के निर्माण के समय उत्पन्न आल्टरनेरिया का तुलासिता रोगों को प्रभावपूर्ण तरीके से रोक सकते हैं।

रतुआ की एक अन्य प्रजाति **मेलेम्पसोरा लाइनी** अलसी की व्याधि होती है। इसकी रोकथाम के लिये रोधी किस्मों को बोये। नियन्त्रण के लिये सल्फेक्स (0.25%) या कैलिक्सिन (0.005%) या कैलिक्सिन +डी.एम.45 का 15 दिन के अन्तराल में छिड़काव करें।

8. कण्डुआ (स्मट) खाद्यान्नों के दाने की बीमारी होती है और फसल उत्पादन में यह एक बड़ा हानिकारक मुद्दा होता है। इसका कवक दानों को ही प्रभावित करते हैं। आमतौर पर निम्नलिखित प्रकार के कण्डुवे फसलों को नुकसान पहुँचाते हैं।

संख्या	*कण्डवे का नाम*	*प्रभावित फसलें*
1.	अनावृत कण्डुवा (**यूस्टिलेगो न्यूडा**)	गेहूँ, छोटे खाद्यान्न, जौ
2.	आवृत कण्डुवा (**यूस्टिलेगो होर्डियाई**)	जौ, बाजरा
3.	शीर्ष का कण्डुआ (**स्पैसिलोथीई रिलाइयेना**)	प्रोसो मिलेट (सांबा)
4.	गन्ने का कण्डुआ (शीर्ष से एक लम्बी रस्सी)	गन्ना
5.	गेहुँ का पताका स्मट (**यूरोसिस्टिस ट्रिटिसाई**)	गेहूँ

कण्डवे के नियन्त्रण के लिये बीजों का उपचार बोने से पहले किया जाता है। इनके नियन्त्रण के लिये निम्नलिखित उपाय किये जाते हैं।

1. ऐसी किस्मों की कृषि करें जो इस व्याधि के लिये रोधी हों।
2. बोने से पहले बीज को भाइटेभेक्स @ 2.5 ग्राम/किलो से उपचारित करे।

3. जिन पौधों में इस बीमारी का आक्रमण हो गया हो उनको उखाड़ कर मिट्टी में दबा देना चाहिये।
4. बोने से पहले बीजों को गरम पानी से उपचार करने से ही बहुत फायदा रहता है। इसके बीज को पानी में 50 से 60 सैल्सियस के तापमान पर 12 से 15 मिनिट तक भिगोये और इसके बाद उसे सूखाकर बोयें।

ऐसी कृषि विधियाँ जिनमें अन्तर्सस्यन, जल्दी बोआई करना मिट्टी की उर्वरता का समायोजन, गहरी जुताई करना जिससे कि कवक के दृढ़ चोल मिट्टी में इतनी गहराई तक चले जाय कि जहाँ से ऊपर ही नहीं आ पाये ये कुछ उत्तम तरीके हैं इस व्याधि को नियन्त्रण में रखने के।

एक कण्डुआ की व्याधि बाजरे में भी पाई जाती है। इसका कवक दानों में काला चूर्ण भर देता है। इससे आक्रमित दाने हरे रंग के बड़े आकार के हो जाते हैं। यह बीमारी भूमि में पड़े जीवाणुओं से उत्पन्न होती है। इसलिये उचित फसलचक्र अपनाने से इससे काफी हद तक छुटकारा मिल सकता है। नियन्त्रण के लिये बीज को एग्रोसन जी.एन.5 ग्राम/प्रति किलो की दर से बोने से पहले उपचार करने से अच्छे परिणाम प्राप्त होते हैं। कई कवकनाशी रसायन जैसे लैन्टाभेक्स या भिटाभेक्स 0.25% का फूल निकलने से पहले छिड़काव करने से भी बीमारी पर काफी नियन्त्रण हो जाता है।

कण्डुआ की व्याधि से काकून की फसल को भी नुकसान होता है। यह बीमारी **यूस्टिलेगो क्रेमेन** कवक से पैदा होती है। इसके नियन्त्रण के लिये खेत में से प्रभावित पौधों को उखाड़कर जमीन में गाढ़ दीजिये। आमतौर पर बोने से पहले बीज को कवकनाशी रसायनों से उपचारित करने से बीमारी पर काफी नियन्त्रण हो जायेगा।

साबां की फसल पर भी यह कवक पाया जाता है। वहाँ पर यह कवक **टौलीपोस्पोरियम पेनिसिलेरिया** नामक कवक से पैदा होता है।

धान की एक बीमारी कूट-कण्डुआ भी होती है जो कि कवक **यूस्टिलैजिनौइडिस भाइरेन्स** के द्वारा पौधों को ग्रसित करती है। इसके उपचार के लिये कण्डुआ में दिये गये उपचार काफी होंगे।

कुछ कवकनाशी रसायन जैस लैन्टाभेक्स या **मिटामेक्स** (0.25%) का बाली के ऊपर, जब यह पत्ती के अन्दर से निकलने वाली होती है, छिड़काव से भी व्याधि का प्रभाव कम दिखाई देता है।

साबां खाद्यान्न के ऊपर भी शीर्ष का कण्डुआ, **स्पैसिलोथिई रिलायेना** कवक से पैदा होती है।

गेहूँ की ब्लैक मोल्ड व्याधि एक कवक जनित व्याधि है। यह कवक **कैडोस्पोरियम हरबेरियम** कहलाता है। इसके द्वारा पत्तियों, तने, फूलों के ग्लूम के ऊपर हरे काली मखमली आकृति पैदा होती है।

9. ईयर कौकल गेहूँ की पत्तियों की बीमारी है, जिसके आक्रमण से पत्तियाँ पीली पड़ने लगती हैं। इस स्थिति में बालियों में दाने भी ठीक से नहीं पड़ते हैं। इस बीमारी को **ऐन्डिवीना ट्रिटिसिना** कहते हैं। इससे ग्रसित बालियाँ छोटी हो जाती है। दाने के स्थान पर गोलियाँ बन जाती है, बालियों में हरापन काफी रहता है, बालियों के सीकुर अधिक फैल जाते हैं। प्रभावित दाने में गोलियाँ (गौल्स) बन जाते हैं। इन दानों को सावधानी से बीज से बिल्कुल साफ कर देना चाहिये ताकि अगली फसल में इसका प्रसारण न हो सके। बीज को साफ करने का काम चलनी से या बीजों को पानी में तैरा कर किया जा सकता है।

मूंग की पत्ती का धब्बा **सर्कोस्पोरा कैनेस** द्वारा पैदा होता है। पत्तियाँ भूरी होने लगती है और पत्तियों के किनारे लाल-भूरे रंग के होने लगते हैं। ऐसे ही धब्बे फलियों पर भी दिखाई देते हैं। कवकनाशी रसायनों जैसे

कैप्टान या जाइनेब 2 ग्राम/लीटर पानी के घोल से छिड़काव करने या बेभिस्टिन @0.5 किलोग्राम का 1000 लीटर पानी में घोल बनाकर छिड़काव करने से इन रोगों पर पूर्ण नियन्त्रण हो जाता है।

स्कोंस्पोरा सौर्गाई ज्वार के पौधे का कालवर्णा रोग (ऐन्थ्रैक्नोज) से पैदा होता है। डाइथेन एन.45 के छिड़काव से इसका प्रभाव काफी कम हो जाता है।

ज्वार में एक और पत्ती का धब्बा (सिलेटी रंग का) **ग्लीओसर्कोस्पोरा सौर्गाई** से पैदा होता है। जानेट पत्ती का धब्बा **ऐस्कोचीटा सौर्धिटा** से पैदा होता है। एक और खुर्दुरा पत्ती का धब्बा ज्वार में ही **रैपुलिस्पोरा सौर्गाई** से पैदा होता है।

तालिका 90 : कवक जनित पत्ती के धब्बे

पौधें का नाम	*कवक का नाम*	*विवरण एवं उपचार*
धान	ऐन्टाइलोमा ओराइजी	सिरेसन 2 ग्राम/किलो की दर से बोने से पहले बीजोपचार करें।
अरहर	सर्कोस्पोरा कजानी	सिलेटी रंग के नुकीले दाग जाइनव या कप्टान (0.2%) 10 से 12 दिनों के अन्तराल में छिड़काव करें।
मूंगफली	1. जल्दी लगने वाली बीमारी स्कोंस्पोरा ऐरैकैडिकोला	
	2. देर से आने वाला धब्बा फैरिओईसारिऔप्सिस परसोनेटा	पत्तियों के धब्बे के प्रतिरोधी किस्मों को ही बायें।
कुसुम्भ	सरकौस्पोरा जनित पत्ती का धब्बा सर्कोस्पोरा कार्थेमी जनित धब्बा होता है।	जहाँ शुद्ध सस्य उगाई जाती है, वहाँ पर यह बड़ी समस्या बन कर उभरती है।
तिल	सर्कोस्पोरा सीरोगी जनित पत्ती का धब्बा	धीरे-धीरे ये धब्बे सारे पेड़ की पत्तियों को ऊपर आच्छादित हो जाते है और पत्तियों को पहले ही गिरा देते हैं।
रामतिल	सर्कोस्पोरा जनित पत्ती का धब्बा सर्कोस्पोरा ग्विजोटिकोला से यह बीमारी लगती है।	अधिक गहनता की स्थिति में पेड़ से सब पत्तियाँ गिर जाती है।
तम्बाकू	मेंढक की आंख जैसा धब्बा सर्कोस्पोरा निकोटियानी कवक द्वारा पैदा होती है।	धीरे-धीरे ये धब्बे बड़े होकर छेद का रूप ले लेते हैं। इससे प्रभावित पत्तियाँ सूखने लगती है।

सभी पत्तियों के धब्बे की बीमारियों को रोकने के लिये बीज को बोने से पहले थाश्रम या कैप्टन कवकनाशी से या डाइर्थन थम 45 का उपचार करने से इन बीमारियों में रोकथाम हो जाती है।

आलू की फसल के पत्ती के धब्बे **औल्टर्नेरिया** तथा **फोमा स्पे.** से पैदा होते हैं।

10. कवकजनित अंगमारी या निरंजा (ब्लाइट) रोग

धान का निरंजा रोग **राइजोक्टोनिया सोलानी** कवक से पैदा होता है। इससे आवरण के ऊपर काले धब्बे

पड़ते हैं गेहूँ में यह रोग **औल्टरनेरिया ट्रिट्रिसीना** कवक से पैदा होता है। यही कवक (**रा. सोलानी**)सोयाबीन पर भी आक्रमण करता है। इसका आक्रमण आरम्भ में जमीन के पास की पौधे की निचली पत्तियों से आरम्भ होता है। इसका पहला दर्शन छोटे-छोटे अंडाकार हल्के रंग के प्रतिकृतियों के रुप में पौधे की निचली पत्तियों से आरम्भ होता है। ये धब्बे अनियमित ढ्ग से फैलना आरम्भ कर देते हैं, आकृति में अनियमित, अधिक भूरे से लेकर सिलेटी रंग ले लेते हैं और धीरे-धीरे ऊपर की पत्तियों पर भी फैलने लगते हैं। अधिक आक्रमण की अवस्था में ये पत्तियों के आवरण, सीकुर तथा तुषपत्र भी प्रभावित हो जाते हैं। इसके काले चूर्णीय बीजाणु वायु से इधर-उधर फैलते हैं और इस तरह सारे खेत में यह बीमारी फैल जाती है। यह नीरंजा रोग सरसों का भी आम रोग है। यह **औल्टरनेरिया ब्रेसिकी** कवक से पैदा होता है। सूरजमुखी पर यह व्याधि **औल्टरनेरिया हेलियनथाई** प्रजाति से पैदा होती है।

औल्टरनेरिया जनित पत्ती का नीरंजा रोग पर नियन्त्रण के लिये 1. बीज को बोने से पहले भाइटेभेक्स @ 2.5 ग्राम/किलो बीज को उपचार करें 2. सिंचाई और उर्वरक की उचित मात्रा फसल को दें, 3. रतुआ के लिये जो जाइनेव या डाइथेन एम.45 की अभिस्तावित मात्रायें हैं, उनका इस रोग के नियन्त्रण के लिये भी छिड़काव करें।

मक्का का नींरजा रोग **कहिलियोबोलस हेटरोस्टोफस** कवक से पैदा होता है। इसकी प्रतिकृतियाँ पहले छोटे रुप में प्रगट होती हैं और बाद में बड़ा आकार ले लेती हैं। इस पर नियन्त्रण के लिये बीज को बोने से पहले बेभिस्टन या डेरोसल या ऐग्रोजिम @3 ग्राम/किलो से बीज को उपचारित कर लें।

ज्वार का नीरंजा रोग **कौलेटौट्रिकम ग्रैमिनीकोला** से पैदा होता है। इस व्याधि पर नियन्त्रण के लिये बोने से पहले बीज को थाइरम या कैप्टन से उपचारित करें। खड़ी फसल के ऊपर डाइथेन एम.45 का छिड़काव करें। इससे व्याधि का आक्रमण कम हो जायगा। यह रोग गन्ने की फसल का भी मुख्य रोग है।

चने का नीरंजा रोग **एस्कोचीटा रेबी** कवक से पैदा होता है। यह एक वायु-वाहित रोग है। जिसमें इसके बीजाणु हवा में तैरते-तैरते पौधों के ऊपर स्थापित हो जाते हैं। इसके छोटे बिन्दु पहले पत्ती को हासियों को विवर्ण कर देते हैं और आगे चलकर ये छोटे-छोटे बिन्दु ही बड़ा आकार ले लेते हैं। इसकी रोकथाम के लिये केवल रोधी किस्में ही कृषि उपयोग में लाये।

औल्टरनेरिया नीरंजा रोग अलसी का एक मुख्य रोग है इससे फसल की उपज पर विपरीत प्रभाव पड़ता है। यह **औ.लाइनी** से उत्पन्न होता है। इसकी रोकथाम के लिये बीज को थाइरम @2.5 ग्राम/किलो से उपचारित करें। पौधों के ऊपर रोमरोल (0.2%) या डाइथेन एम.45 (0.25%) 15 दिन के अन्तराल में छिड़काव करें। यह कार्य रोग की जटिलता को देखकर करना चाहिये।

तम्बाकू का पत्ती का नीरंजा रोग तथा साथ ही काला तना **फाइटोफ्थेरा पैरासिटिका** कवक से पैदा होते हैं। नर्सरी के मध्य के दिनों में पत्ती का नीरंजा रोग आरम्भ हो जाता है, साथ ही तने तथा जड़ों का कालापन भी शुरु हो जाता है। इसीलिये इस रोग को काला तना तथा पत्ती का नीरंजा रोग कहते हैं। यह रोग आलू को भी बहुत नुकसान पहुँचाता है।

काला तना नियंत्रण के लिये वही उपाय काम में लाये जाते हैं, जो कि आर्द्रमारी रोग के लिये किये जाते हैं। सिंचित खेती के लिये रोधी किस्मों का ही उपयोग करें। इस रोग के नियन्त्रण के लिये फाइटोलौन या

फौल्टौफ या ब्लाइटौक्स @0.2% जब भी शिशु पौधे 50-60 दिन की आयु के हों उनके ऊपर छड़काव करें। इससे पत्ती की अंगमारी खत्म हो जायगी। रोडोमिल, एम.जेड. 72 डब्ल्यू. पी. का भी इस कार्य के लिये उपयोग कर सकते हैं। 20 ग्राम रसायन का 10 लिटर पानी में घोल बनाकर छिड़काव करना पड़ता है।

11. मिल्ड्यू (तुलासिता फफूंद और छाछिया या चूर्णीय फफूंद)

सामान्यतया फसलों के पौधों में दो प्रकार के तुलासिता डाउनी मिल्ड्यू और छाछियां या चूर्णीय फफूंद (पाउडरी मिल्ड्यू) का आक्रमण होता है।

तुलासिता फफूंद जिसका मक्का के ऊपर काफी प्रकोप देखा गया है, ये दो किस्म की 1. फिलीपाइनी डाउनी मिल्छड्यू और 2. धारीदार डाउनीमिल्ड्यू अक्सर पाई जाती है। इनका कवक **स्केलैरोफथोरा रेसिनी** होता है। इस पर नियन्त्रण इन्डोफिल एम.45 के घोल-500 ग्राम-250 लिटर पानी में बनाकर 10 दिन के अन्तराल में देकर प्रति हेक्टर में देकर नियन्त्रण किया जा सकता है। इस व्याधि में भूरी-हरी धारियाँ पैदा होती है, जिनके ऊपर सफेद क्षारित किस्म की चीज पैदा हो जाती है।

ज्वार का तुलासिता रोग **स्केलौस्पोरा सौर्घाई** फफूंद द्वारा पैदा होता है। सबसे अधिक साफ लक्षण यह होते हैं कि पत्तियों के ऊपर हरे या सफेद धारियाँ बनती है। आगे चलकर पत्तियों के फटने से उनके रेशे की भांति आकृति हो जाती है। पौधों की आकृति बौनी हो जाती है। इस बीमारी की रोकथाम के लिये कृषि में रोधी किस्मों का बोना अधिक महत्त्वपूर्ण है। बीज का मेटाटैक्सिल से बोने से पहले उपचार करने से फायदा रहता है। इसकी दर 1.0 ग्राम/किलोग्राम ठीक रहेगी। नियन्त्रण के लिये डाइथेन-एम.45 (0.3%) अंकुरण के समय से आरम्भ कर 7 दिन अन्तराल में छिड़काव करने से सम्पूर्ण नियन्त्रण इस व्याधि पर पाया जा सकता है।

बाजरे का तुलासिता रोग, **स्क्लेरौस्पोरा ग्रेम्नीकोला** कवक से पैदा होता है। यह कवक का परवेषण बीजाणुओं (ऐस्कोस्पोर) के बीजों के ऊपर चिपकने से होता है। भ्रूणीय अवस्था में बीज में इसके कवक जाल के अन्दर पैदा होने से भी यह बीमारी प्रचारित होती है। पत्तियों के निचले तल पर भी यह व्याधि उपस्थित रहती है। इस के नियन्त्रण के लिये शिशु पौधों को देखकर जो भी प्रभावित पौधा दिखाई दे, उसे उखाड़कर मिट्टी में दबा देना चाहिये। रोधी किस्म के संकरों की ही खेती करनी चाहिये। डाइथेन जेड़ .78 (0.2%) या तांबे का औक्सीक्लोराइड (0.35%) के घोलों का छिड़काव करने से इस बीमारी के नियन्त्रण में काफी सफलता मिलती है। आजकल संकर और संग्रहित किस्मों को उगाने से इस बीमारी से स्वयं काफी राहत मिल जाती है।

यही कवक सांवां की फसल में भी पाया जाता है। इससे फसल को काफी हानि होती है। आरम्भ में पीली पट्टियाँ पत्तियों पर दिखाई देती हैं, जो कि आगे चलकर सफेद रंग की हो जाती हैं। बाद में पत्तियाँ मर जाती हैं और बालियों में केवल भूसा बचा रहता है। इससे बचने के लिये यह जरुरी है कि जो भी पौधों इन लक्षणों को दिखाता है, उनको फौरन उखाड़ कर खेत के बाहर नष्ट कर देना चाहिये।

मटर के ऊपर इस व्याधि का प्रकोप **पेरोनौस्पोरा पीसी** के द्वारा पैदा होता है। पत्ती के ऊपरी सतह पर पीले रंग के दाग दिखाई देते हैं। निचली स्तर पर सफेद कपासी वृद्धि का कवकजाल विद्यमान रहता है। ये कोनिडिओफोर एवं कोनिडिया है। इस कवक से प्रभावित पौधे बौने हो जाते हैं और पत्तियाँ नीचे गिर जाती है। कायिकी कवकनाशी दवाइयों से बीज के उपचार से बीमारी से काफी छुटकारा हो जाता है।

सरसों प्रजाति के पौधों के ऊपर तुलासिता फफूंद **पेरिनौस्पोरा पैरासिटिका** कवक के द्वारा पैदा होती है।

सूरजमुखी की फसल में भी इस बीमारी का प्रकोप अक्सर देखा जाता है। इस बीमारी पर नियन्त्रण के लिये साफ–सुथरी खेती, रोधी किस्मों की कृषि करना, उचित सस्यचक्र अपनाना, बीजोपचार एवं व्याधिवाहक कीटों पर नियन्त्रण करना ही मुख्य नियन्त्रण के साधन हो सकते हैं।

जौ में चूर्णीय तुलासिता रोग का काफी प्रकोप होता दिखाई देती है। इस रोग का जनक कवक **ऐरिसाइफी ग्रैमिनस** होता है। इसका अधिक चिंताजनक प्रकोप पहाड़ी क्षेत्रों में होता है।

गेहूँ का चूर्णीय तुलासिता रोग **ऐरीसाइफी ग्रैन्यूलैरिस ट्रिटिसिना** कवक से पैदा होती है। इसकी आम पहचान पौधे के ऊपर सफेद चूर्णीय वस्तु के विद्यमान होने से होता है। बाद में यह वस्तु सिलेटी रंग की हो जाती है। अधिक अतिक्रमण की दशा में पत्तियाँ, पत्तियों के वृन्त, स्तम्भ यहाँ तक बालियों के ऊपर भी इसे देखा जा सकता है। पौधे भी बौने हो जाते हैं और अन्त में उपज प्रभावित होती है। इस बीमारी में नियन्त्रण के लिये रोधी किस्मों का उपयोग करें। डाइथेन एम.45 और कैरेथेन का मिश्रण 4:1 अनुपात में 2 किलो/हैक्टर की दर से छिड़काव करें। 10–15 दिन कि अन्तराल में इस मिश्रण के छिड़काव को पुनः करें।

मटर की फसल में यह बीमारी अति प्रचालित रुप में पाई जाती है। इसका जनक **ऐरीसाइफी पौलिगोनाई** कवक होता है। सफेद चूर्ण बीजाणुओं तथा कवक जाल का पहले पत्तियों को प्रभावित करता है। फिर शाखाओं तथा स्तम्भ के ऊपर आक्रमण करता है। बाद में पौधों के सभी अंग चाहे वे पीछे की संजनी हो या फली हो या पत्ती के डण्ठल हो, यह सब के ऊपर आच्छादित हो जाता है। फलियाँ ढीली पड़ जाती है, चमकीली हरी दिखाई देती है। तथा फीका रंग लिये हो जाती है। इसके नियन्त्रण के लिये नई रोधी किस्मों को उगाना चाहिये। यदि प्रभावित किस्मों के ऊपर यह व्याधि दिखाई दे तो भी वाल गन्धक को 70 डब्ल्यू.पी. (सल्फेक्स 0.30%) को 10 दिन के अन्तराल में खेत में ग्राह्य किस्मों के ऊपर छिड़काव कर दें।

सरसों में चूर्णीय तुलासिता व्याधि **एरिसाइफी क्रूसीफेरेम** कवक के द्वारा भी पैदा होती है। सूरजमुखी की फसल में भी इस बीमार (तुलासिता) का प्रकोप अक्सर देखा जाता है। इस बीमारी पर नियन्त्रण के लिये साफ–सुथरी खेती, रोधी किस्मों का उपयोग, उचित सस्य चक्र अपनाना एवं व्याधि वाहक कीटों का नियन्त्रण, इस व्याधि के नियन्त्रण के अच्छे उपाय है।

तिल के ऊपर चूर्णीय तुलासिता व्याधि का काफी प्रकोप देखा जाता है। यह **लैभिल्यूला टौरिका** कवक जनित व्याधि है। इससे पत्तियों के ऊपर कुछ सफेद चूर्ण पैदा होता है। अधिक प्रभावित पत्तियाँ गिर जाती है। यहाँ तक कि पूरा पौधा पत्ती रहित हो जाता है। बीज पकने के पहले रामतिल (नाइजर) के ऊपर भी चूर्णीय तुलासिता का भारी प्रकोप होता है। आरम्भ में छोटे–छोटे कपास के जैसें छोटे–छोटे धब्बे पत्तियों के ऊपर दिखाई देते हैं। ये फिर पूरे पत्ते पर फैल जाते हैं, जिसके कारण पत्तियाँ जल्दी ही गिर जाती है। फसल काटने के बाद खेत में पड़े सभी तनों तथा टहनियों तथा पत्तियों को साफ कर लें। यह व्याधि **स्फैरोथीका स्पे.** के द्वारा पैदा होती है। गन्धक के नम किस्म सल्फेक्स को 15 किलो प्रति हेक्टर बुरकाव से या सल्फेक्स के ही या किनोमिथिओनेट (मोरस्यन) 25% डब्ल्यू.पी @2 ग्राम/लिटर पानी के घोल से छिड़काव करने से इस रोग पर नियन्त्रण पाया जाता है।

अलसी का चूर्णीय तुलासिता रोग **ओडियम लाइनी** कवक से पैदा होता है। इसके नियन्त्रण के लिये रोधी किस्मों का उपयोग करें। सल्फेक्स का छिड़काव, नम गन्धक (0.3%) या कैरेथेन (0.2%) का 15 दिन के अन्तराल में आक्रमण की गहनता को देखकर छिड़काव करें।

चूर्णीय तुलासिता लोबिया की तथा मूंग की फसल को भी आक्रमित करता है। यह कवक भी **ऐरिसाइफी पौलीगोनाई** होता है।

आलू की फसल में चूर्णीय घाव कवक जनित बीमारी है। यह आलू की सस्य की एक महत्त्वपूर्ण बीमारी है। यह स्पौगौनसपोरा सबटरेनिया कवक से पैदा होती है।

12. फ्यूजेरियम जनित उकठा रोग

फ्यूजेरियम प्रजाति के कई कवक फसल के पौधों को अन्यान्य प्रकार से व्याधि बनकार ग्रसित करते हैं। इनमें से मुख्य इस प्रकार से हैं। धान तथा ज्वार में **फ्यूजेरियम मोनिलीफौर्मी** एक मुख्य कवक जाति की व्याधि है, जो कि धान के पौधों को ग्रसित करती है। इस प्रजाति की व्याधि (दाने का मोल्ड) **फ्यूजेरियम मोनिलीफौर्मी** तथा **कर्भुलेरिया लैनेटा** कवक के साथ मिश्रित रूप में पाई जाती है। इसके प्रकोप से दाने का रंग फीका पड़ जाता है। और आक्रमण भारी है तो बीज का भार भी कम हो जाता है। बीज का आकार और अंकुरण भी कम हो जाता है। इस कवक से जो विषैले पदार्थ पैदा होते हैं, वे पशुओं के लिये घातक होते हैं। इसके नियन्त्रण के लिये बीज की परिपक्वता अवधि को कम रखें। कुछ रोधी या क्षम्य किस्मों का उपयोग करें। बीज उत्पादन के लिये कवकनाशी औटोफन्जिन, कैप्टन, डाइथेन एम.45, थाइस+बेभिस्टिन जैसे कवकनाशी औषधियों का प्रयोग कर सकते हैं। परन्तु सामान्य कृषि में इस प्रकार के उपचार महंगे होते हैं।

धान की सस्य में **फ्यू. मोनालीफौर्मिस** प्रजाति एक महत्त्वपूर्ण बीमारी की प्रजाति है। इसे बकानी व्याधि के नाम से भी जाना जाता है। अरहर का उकठा रोग **फ्यूजरियम ऊडम** से पैदा होता है। भारत में यह एक भयंकर बीमारी है। जिन पौधों पर इसका प्रकोप होता है, उनकी पत्तियाँ आरम्भ में पीली पड़ने लगती हैं और बाद में सूख जाती है। अन्त में सारा पौधा सूख जाता है। स्तम्भ के आधार पर तथा जड़ों में काली धारियाँ दिखाई देती हैं। नियन्त्रण के लिये प्रभावित पौधों को उखाड़ कर खेत से दूर फेंक दें। मिश्रित कृषि एवं सस्य चक्र को अपनाने से आगे चलकर फायदा रहता है। अरहर की खेती के लिये केवल रोधी किस्मों की ही खेती करें।

फ्यूजेरियम जनित उकट्ठा रोग जो कि कवक का जड़ों पर आक्रमण करने से होता है वह तम्बाकू की भी एक गम्भीर व्याधि है। इससे पदगलन होता है। जिसके कवक की रोकथाम के लिये 75–100 मि.लि. कैलिक्सिन 0.05% घोल बनाकर (कैलिक्सिन 10 मि.लि. 20 लिटर पानी में) को ऐसे पौधों की जड़ों पर जो इस व्याधि से प्रभावित हो, देने से तथा नजदीक के पौधों की जड़ों के पास भी छिड़कना चाहिये। घोल को पूरे पौधे के ऊपर न छिड़कें।

चने का उकठा रोग फ्यूजेरियम ऑक्सीस्पोरियम द्वारा पैदा होता है। यह कवक मसूर को भी हानि करता है। यों तो यह पूर्ण भारत में है, परन्तु विशेषकर मध्यप्रदेश का क्षेत्र इससे सबसे अधिक प्रभावित रहता है। बोने के लगभग तीन सप्ताह बाद यह बीमारी पौधों के ऊपर दीखने लगती है। पौधे के ग्रैवीय क्षेत्र से शुरु होकर नीचे की तरफ यह काला रंग पैदा करता है और इससे पौधा विवर्ण हो जाता है। पत्ती के डण्ठल एवं रैकिस, छोटी पत्तियों सहित नीचे की ओर झुक जाती है। यह झुकना पौधे के ऊपर के भागों के आरम्भ होता है। अन्त में पूरा पौधा ही पूर्णयता झुक जाती है। इस बीमारी की रोकथाम के लिये रोधी किस्मों का ही उपयोग करें। उपयुक्त सस्य चक्र अपनायें, प्रभावित पौधे की समय पर छटनी करने तथा बोने से पहले बीज को 0.2% थाइरम या कैप्टन या बेर्मिस्टिन (50%) @250 ग्राम/100 किलोग्राम बीज को उपचारित करने से बीमारी काफी हद तक खत्म हो जाती है।

इस व्याधि से अरंड के पौधे भी काफी प्रभावित होकर सूखकर मर जाते हैं। इस बीमारी के साथ अन्य व्याधियों का संयोग जैसे **मैक्रोफोमिना/राइजोकटोनिया** (जड़ की सड़न) तथा सूमकृमि (नीमैटोड) के साथ मिलकर अरण्ड की फसल को नष्ट कर देते हैं।

पहाड़ी क्षेत्रों में इस बीमारी की **फ्यूजेरियम ऑक्सीस्पोरियम** एवं **फ्यू. सोलानी** प्रजातियों से आलू की सड़ने की बीमारी पैदा होती है। इस कवक का लोबिया पर भी आक्रमण होता है। जौ की खेती में **फ्यूजेरियम कल्भोरम** से पाद-सड़न हो जाती है। इसकी पहचान रंग की विवर्णता तथा जड़ों में सड़न मुख्य है। इस बीमारी के परिणामस्वरुप जौ की बालियाँ भी नहीं बनती हैं, पौधे गिर जाते हैं, बौने और विकृत बालियाँ पैदा होती है। इस बीमारी को नियन्त्रित करना कठिन होता है। साफ सुथरा बीज और उसको पारे के कार्बनीय कवकनाशी रसायनों से उपचार कर नियन्त्रण किया जा सकता है।

अलसी का उकठा रोग **फ्यूजेरियम ऑक्सीस्पोरियम** से पैदा होता है। इसके नियन्त्रण के लिये अलसी का 3 साल का सस्य चक्र अपनाये। रोधी किस्मों का उपयोग करें। बीज को बोने से पहले थाइरम या टौपसिन @2.5 ग्राम/किलों से उपचारित करें।

13. कर्नाल बन्ट यह बीमारी गेहूँ की फसल के ऊपर पहले कर्नाल, हरियाणा में पाई गई थी। इसलिये इसका नाम स्थानीय महत्त्व के साथ लिया जाता है। यह बीमारी **नीभोसिया इन्डिका** के नाम से जानी जाती है। इस व्याधि के प्रभाव से गेहूँ के दाने की बीच की प्रसीता के अन्दर एक काला चूर्ण पैदा हो जाता है। इस काले चूर्ण से बदबू आती है। यह कवक मिट्टी में एवं बीज के अन्दर रहता है। इसका प्रकोप अधिकतर पुष्पनकाल में वायु से वाहित जीवाणुओं के द्वारा होता है। रोग रोधी गेहूँ की किस्मों की खेती करने से इस पर नियन्त्रण किया जाता है। व्याधि रहित बीज का उपयोग करें और बोने से पहले बीज का सिरेसन या एग्रोसन जी.एन.से उपचारित करलें। सस्य चक्र का उपयोग करें।

14. इरगट व्याधि जिसे मीठी व्याधि भी कहते हैं, **स्पैसिलिया सौर्गाई** नाम की व्याधि है, जो ज्वार की फसल को नुकसान पहुँचाती है। इससे प्रभावित छोटे पुष्पों के ऊपर एक प्रकार का शहद जैसा द्रव पैदा होता है। बेनेलेट 0.1% या थाइरम 0.2% पुष्पनकाल में तीन बार छिड़कने से इस बीमारी को नियन्त्रित किया जा सकता है।

बाजरे की इरगट **क्लेभीसेप्स फ्यूजिफौर्मिस** कवक द्वारा पैदा होती है। इसके एस्कोस्पोर वायु वहित होकर नये पुष्पों के ऊपर बैठ जाते हैं और भविष्य में बनने वाले दानों को प्रभावित करते हैं। अधिक आर्द्रता एवं कम तापमान (20-25 से.) में इस कवक का काफी विकास होता है। बीजाणुओं द्वारा उत्पादित शहद की प्रकार का एक द्रव विसर्जित किया जाता है जो कि आगे चलकर सूखकर सख्त हो जाता है। यह चीज इरगट का रुप होता है, जिसके अन्दर एक विषैला पदार्थ जमा होता है, जो कि मनुष्य और पशुओं के लिये विषैला होता है। इस कवक का प्रकोप कोदों की फसल पर भी पाया जाता है।

15. फसलों की पत्तियों के ऊपर दाग (स्पॉट) बीमारियाँ

ज्वार के ऊपर कुछ दाग-बीमारियाँ पाई जाती है, उनमें मुख्य हैं-1. सिलेटी रंग का पत्ती का दाग, 2. जोनेट पत्ती का दाग, 3. खुरदरा पत्ती का दाग, 4. काला धारीदार दाग बोने से पहले बीज का उपचार थाइरम या कैप्टान से करे या खड़ी फसल के ऊपर डाइथेन यम.45 का छिड़काव नियंत्रण के हेतु करें। उड़द की फसल पर भी इस पत्ती के दाग का प्रकोप पाया जाता है।

एक प्रकार का पत्ती का दाग **औल्टरनेरिया औल्टरनेटा** से सोयाबीन के ऊपर भी पैदा होता है। इसकी रोकथाम के लिये ऐसे बीज का उपयोग करें जो व्याधि-मुक्त हो और टूटे न हों या क्षतिग्रस्त न हो।

मूंगफली के पत्तियों के ऊपर एक पत्ती का दाग काफी देर से पैदा होता है। यह **फेइआईसेरौप्सिस परसोनेटा** कवक से पैदा होता है। यह देर से दीखने वाला दाग जल्दी दीखने वाले दाग से अधिक घातक होता है। पत्ती का दाग कुसुम्भ की पत्तियों के ऊपर भी लगता है। इस रोग का जनक **औल्टरनेरिया कार्थेमस** होता है। **औ.सिसेमी** तिल की बीमारी होती है, जिससे पत्तियों के ऊपर दाग पड़ जाते है। रामतिल के ऊपर भी इसी बीमारी का इसी रुप में आक्रमण होता है।

कपास के पत्ती के दाग की बीमारी **औल्टरनेरिया मैक्रोस्पोरा, माइरोथीसियम रोरीडम** एवं **हेल्मिन्थौस्पोरियम स्पींसफीरम** कवकों द्वारा पैदा होती है। पत्तियों की व्याधियों के नियन्त्रण के लिये एक ऐसे मिश्रण जिसमें कॉपरऑक्सीक्लोराइड (0.2-0.3%) तथा स्टेप्टोमाइसिन (100 पी.पी.एम.) हो, का उपयोग काफी लाभकारी सिद्ध हुआ है।

तम्बाकू के ऊपर पत्ती के दाग की बीमारी (भूरा दाग) **ऑल्टरनेरिया ऑल्टरनेटा** जनित होता है। पत्तियों का दाग कुसुम्भ में **रुमूलेरिया कार्थेमनाई** से पैदा होता है।

आलू का ब्लैक स्कर्फ रोग **राइजोक्टीनिया सोलानी** से पैदा होता है।

आलू का ही सामान्य घाव **स्ट्रेप्टीमाइसीज स्कैबीज** से पैदा होता है।

आलू का मस्सा **सिनकाईट्रियम इन्डोबाइओटिसीयम** से पैदा होता है।

16. जड़ और तने के सड़न-गलन की व्याधियाँ

मूंग उड़द और चने के पौधे अंकुरण के समय से ही एक प्रकार सूखी जड़ों की गलन से नष्ट होने लगता है। यह बीमारी **राइजोक्टोनिया सोलानी** कवक द्वारा पैदा होती है। इससे पत्तियाँ पीली पड़ने लगती हैं और पौधों में उकठा रोग की स्थिति आ जाती है। प्रभावित पौधों के तनों के ऊपर गहरे काली प्रतिकृतियाँ दिखाई देती है। इसकी रोकथाम के लिये बीज का कैप्टन या थाइरम से बोने से पहले उपचार करलें। यह कवक मटर की कृषि को भी नुकसान पहुँचाती है। मटर की शुष्क जड़ के सड़न की बीमारी **राइजोक्टोनिया सोलानी** के द्वारा पैदा होती है। इसके नियन्त्रण के लिये रोधी किस्मों को उगाये, उचित सस्य चक्र अपनाये, बीज को बोने से पहले पी.सी.एन.बी. या कैप्टन या थाइरम 0.25% से उपचार करें।

चने की फसल की तने की सड़न की मिट्टी में से आकर पौधों को आक्रमित करती है, विशेषकर तने को। यह बीमारी विशेषकर वयस्क पौधो को ही ग्रसित करती है। विशेषकर यदि पौधों की संख्या अधिक हो तथा पौधे का वितान भी काफी हो और खेत में नमी भी ज्यादा हो। इसके प्रकोप से पतियाँ तथा शाखायें झुक जाती है, पत्तियाँ सूख जाती हैं और एक प्रकार की सफेद चीज पौधे की गर्दन के ऊपर कवकजाल जैसा दिखाई देता है। इसके नियन्त्रण के लिये खेत में अधिक पानी न रखें तथा खेत को साफ-सुथरा तृणकविहीन रखें। इस बीमारी का कारक **राइजेक्टोनिया बटैटिकोला** कवक होता है।

मटर को फसल की तने की सड़न से, **राइजोक्टोनिया सोलानी** से पैदा होती है। इस बीमारी के बीजाणु भी जमीन में कई वर्षो तक जीवित रहते हैं। सामान्य नमी 25-50% तथा दिन में तापमान 22-23 सेल्सियस से

पहले इस बीमारी को अधिक प्रोत्साहन मिलता है। बीज को यदि बोने से दाहिकीय कावकनाशी रसायनों से उपचार करने से जैसे बीनोमिल या बेभिस्टीन@2ग्राम/किलो के हिसाब से उपचार करने से काफी नियन्त्रण हो जाता है। नियन्त्रण के बीज मिट्टी को पेन्टाक्लोर नाइट्रोबेन्जीन के घोल (0.02%) से तर कर दें तो इससे रोग के नियन्त्रण में काफी सहायता मिलती है।

सोयाबीन के पौधो को **राइजोक्टोनियाँ बैटाटिकोला** द्वारा जड़ो द्वारा तने के निचले भाग में सड़न पैदा करता है। इसकी वजह से मुकुट प्रदेश में लाल–काला से लेकर भूरे रंग की प्रतिकृतियाँ दिखाई देती है। इससे पौधे की मृत्यु हो जाती है। ग्रीष्म ऋतु में खेत में गहरी जुताई करने से तथा गहन सस्य चक्र से इस व्याधि पर नियन्त्रण पाया जा सकता है। बीजों का उपचार थाइरम 1.5 ग्राम+कार्बनडेजिम @1.5 ग्राम/किलो बीज को बोने से पहले उपचार करने से इस रोग पर काफी नियन्त्रण हो जाता है।

भारत के प्रायः सभी मूंगफली उगाने वाले क्षेत्रों मे मूंगफली की कोंलर गैव की सड़न विद्यमान होती है। इसका पैदा करने वाला कवक **ऐस्पर्जिलस नाइजर** तथा **ऐ. परमेल्यूलेनटस** कवक होते हैं। यह व्याधि पंजाब, तमिलनाडु, उत्तरप्रदेश, राजस्थान, हरियाणा प्रदेशों में अधिक पाई जाती है। यह व्याधि रबी ऋतु की तुलना में खरीफ में अधिक प्रचारित होती है।

मूंगफली का तने की सड़न जो कि **सक्लेरोशियम रौल्फसाई** से पैदा होती है। उसका आक्रमण कुछ कम होता है, फिर भी महाराष्ट्र, गुजरात तथा मध्यप्रदेश के क्षेत्रों में इसका प्रकोप बढ़ता जा रहा है।

मूंगफली की तीसरी बीमारी जड़ की सड़न है, जो कि **मैक्रोफोमिना फैजिओलिना** कवक से पैदा होती है। इसकी उपस्थिति कहीं–कहीं पर देखी जाती है।

स्केलेरोटिना जनित कवक की सड़न सरसों जाति के पौधों को भी प्रभावित करती है।

सूरजमुखी के ऊपर भी इन मिट्टी में रहने वाली कवक जनित जड़ की सड़न कौलर की सड़न व्याधियों का काफी प्रकोप होता है। सूरजमुखी की शीर्ष की सड़न जो **राइजोपस कवक** से पैदा होती है, उस पर भी नियन्त्रण करना जरुरी है।

अरंडी की जड़ की सड़न की बीमारी **मैक्रोफोमिना बटैटिकोला** एवं **राइजोक्टोनिया स्पे.** कवकों से पैदा होती है। इससे प्रभावित जड़ों के ऊपर काले दाने दिखाई देते हैं। कपास में भी ये जड़ों की सड़न राइजोक्टीनिया से पैदा होती है।

गन्ने की फसल में लाल सड़न की व्याधि बहुत ही हानिकारक है। गन्ना उत्पादन में यह बीमारी एक बड़ा रोड़ा बन कर सामने आती है। जो किस्में इससे ग्रसित होती है, उनमें अन्दर के ऊतकों में लाल रंग दिखाई देता है। यह लाल रंग पूरे गन्ने के डण्ठल पर ऊपर से नीचे तक दिखाई देता है। यह करक पत्ती की मध्यानाड़ी के ऊपर भी प्रतिकृतियाँ बनाती है तथा पत्ती के ऊपर भी लाल क्षेत्र दिखाई देते हैं। यह व्याधि **कौलिटौट्रिकम फैलकेटम** कवक जनित होती है। इस पर नियन्त्रण के लिये रोधी किस्मों का उपयोग करना आवश्यक होता है।

आलू का चारकोल (कोयले) की सड़न **मैक्रोफोमिना फैजिओलाई** कवक से उत्पन्न होती है। बिहार, मध्यप्रदेश एवं पूर्वी उत्तरप्रदेश में इसका व्यापक आक्रमण होता है।

आलू कन्द की सड़न **स्केलेरोशियम रौल्फसाई** कवक द्वारा पैदा होती है। इसका अधिक आक्रमण प्रायद्वीप तथा कर्नाटक में अधिक होता है।

तम्बाकू का पट्टे की सड़न **स्कलेरोशियम रौल्फसाई** से पैदा होती है। प्रभावित पौधों की अक्समात मृत्यु होने लगती है। पट्टे का काला पड़ना और पौधों का मुरझाना तथा पत्तियों में सड़न पैदा होना इस रोग के मुख्य लक्षण है। 0.4% वोर्डोमिक्सचर या 0.2% थाइरम या 0.2% ब्लाइटौक्स का छिड़काव करने से इस रोग पर नियन्त्रण पाया जा सकता है।

एन्थ्रैकनोज तम्बाकू की बहुत चिन्ताजनक एवं हानिकारक बीमारी है। यह गन्ने में भी काफी उग्र रुप ले लेती है। इसका जनक कवक **कौलिटोट्रिकम टेबेकाई** होता है। इसके नियन्त्रण के लिये वही उपाय है, जो गन्ने की फसल के लिये होते हैं।

17. फसलों का आर्द्रमारी रोग

मटर की फसल में यह व्याधि तीन कवकों के द्वारा उत्पन्न होती है–1. **पिथियम स्पे. राइजोक्टोनिया सोलानी** एवं **फ्यूजेरियम स्पे.**। इनसे छोटे शिशु पौधे जमीन के स्तर पर आक्रमित किये जाते हैं। स्तम्भ भूरा हो जाता है और आकोचित दिखाई देता है। इससे खेत में पौधों की संख्या कम हो जाती है। इसकी रोकथाम के लिये बोआई से पहले बीज को थाइरम @3 ग्राम/किलो से उपचारित करने से बीज में बीमारी कम हो जायगी।

तम्बाकू की नर्सरी के पौधों को **पिथियम ऐफिनीडर्मेटम** नामक कवक अति हानिकारक होता है। इसके व्याधिजन मिट्टी के अन्दर ही विद्यमान रहते हैं। इसकी उपस्थिति से शिशु पौधे नर्सरी में ही जल्दी मरने लगते हैं। भूरा, पानीदार मुलायम सड़न शिशु पौधों के ऊपर देखी जा सकती है। अधिक आर्द्रता मिट्टी में अधिक पानी का होना, बादलों का अधिक रहना 24 सें. के लगभग तापमान का होना, नर्सरी का निचली सतह की जमीन पर होना, कुछ ऐसे कारक हैं, जो इस बीमारी के लिये बहुत अनुकूल होते हैं। इसके नियन्त्रण के लिये ये कार्य करने चाहिये:–

1. गर्मी की ऋतु में गहरी जुताई करनी चाहिये। जिसे खेत में तम्बाकू की नर्सरी लगानी हो।
2. नर्सरी की क्यारियाँ 15 सें.मी. ऊंचे तल पर रखें। इनके चारों तरफ नालियाँ हों जलोत्सारण के लिये।
3. बीज को बोये जानी वाली क्यारियों के ऊपर पहले कुछ कूड़ा करकट जलाना चाहिये, जैसे धान का भूसा, तम्बाकू के सूखे तने एवं खेतों की सूखी घास या कूड़ा आदि।
4. नर्सरी को ऐसी सिंचाई दें कि जिससे उसमें पानी अधिक न हो।
5. बीज बोने के 2 सप्ताह पहले झारे से नर्सरी वाले स्थान को बोर्डो मिक्सचर @ 0.4% (40ग्राम तांबा का सल्फेट+40ग्राम चूने को 10 लिटर पानी में घोल बनाकर) या फाइटोलौन या ब्राइटौक्स @0.2% (20ग्राम 10 लिटर पानी का घोल) से हल्की सिंचाई करें।
6. रोडोमिल एम.जेड़.72 डब्ल्यू. पी. @ 20ग्राम 10 लिटर पानी में घोल बनाकर शिशु पौधों की 20 दिन और 30 दिन की अवस्थाओं पर छिड़कें।

मक्का के ऊपर दाने की सड़न एवं शिशु पौधें का अंगमारी या नीरंजा रोग कवक पिथियम ऐफैनीडर्मेटम के द्वारा पैदा होती है। यदि बीज को बोने से पहले बेभिस्टान या डोरोसौल या ऐग्रोजिम @3ग्राम/किलोग्राम बीज से उपचार किया जाय तो बीमारी का काफी नियन्त्रण हो जाएगा।

इसी कवक से तम्बाकू के पौधे भी ग्रसित होते है। तम्बाकू की यह एक भंयकर व्याधि है। अधिक नमी मिट्टी में, अधिक पानी का होना ही इसकी नर्सरी में बहुत कष्टदायी स्थिति पैदा कर देते है। गर्मियों में गहरी

जुताई, ऊँचे बीज की क्यारी, चारों तरफ निकासी की नालियाँ बनाना, कूड़े कचरे को कुछ समय तक क्यारी के ऊपर जलाने तथा बीज की दर ज्यादा न रखे यही इस बीमारी के बचाव के उपाय है।

18. सस्य पौधों की शाकाणु जनित व्याधियाँ

मूंग की शाकाणु जनित मुख्य व्याधि **जैन्थोमोनस फेजिओलाई** से पैदा होती है। लक्षण के तौर पर भूरे रंग के, सूखे, उभरे अतिमृत पूथिकायें पौधे पर दिखाई देती है, जो कि आगे चलकर ये छोटी पून्थिकायें आपस में जुड़कर बड़े आकार का बड़ा दाग बन जाता है। इससे पत्ती की आकृति चिथड़े की जैसी हो जाती है। प्रभावित पौधे के तने के ऊपर भी इसकी धारियाँ और व्रण दिखाई देते हैं। रोधी किस्मों को बोना इसके नियन्त्रण के लिये एक अच्छा उपाय है। बोने से पहले बीज को कैप्टन के उपचार करने से फायदा रहता है। यह शाकाणु सोयाबीन की फसल को भी आक्रमित करता है।

लोबिया की शाकाणु जनित व्याधि एक बीज में पैदा हुई बीमारी होती है। इसका नाम **जैन्थोमोनस भिग्नीकोला** है। अंकुरण के समय शिशु पौधे भूरे पड़ने लगते हैं और तुरन्त मर जाते हैं। पत्तियों के ऊपर अनियमित गोल दाग पत्ती के ऊपर दिखाई देते हैं, भूरे रंग के हरितरहित प्रभाव मण्डल इनके किनारों पर दिखाई देता है। ये कालन्तर में तने के ऊपर भी फैल जाते हैं। इस बीमारी की रोकथाम के लिये शुद्ध साफ तथा तनदुरुस्त बीज का प्रयोग करें। इससे बीमारी पर नियन्त्रण पाया जा सकेगा।

एक अन्य प्रकार का शाकाणु जिसे शाकाणु जनित नीरंजा रोग **स्यूडोमोनस ग्लाइसीनिया** के द्वारा भी सोयाबीन को हानि पहुँचाता है। इसके लक्षण हैं– पत्तियों, डण्ठलों, तने तथा फलियों के ऊपर छोटे कोणीय पानी से भीगे पीले या हल्के भूरे दाग दिखाई देते हैं। इससे पौधों की पत्तियाँ गिरने लगती है और पौधा जल्दी खाली हो जाता है। इस व्याधि के नियन्त्रण करने हेतु गर्मी की ऋतु में गहरी जुताई तथा प्रमाणित बीज का उपयोग करने से इस रोग पर नियन्त्रण पाया जा सकता है। ब्लाइटौक्स का छिड़काव (0.5%)+स्ट्रेप्टोसाइक्लीन (0.1%) के मिश्रण का छिड़काव करने से इस रोग पर नियन्त्रण पा सकते हैं।

सरसों तथा तिल में शाकाणुओं की व्याधि शाकाणु सड़न की होती है। इसका शाकाणु **जैन्थोमोनस कम्पेस्ट्रिस** नाम का शाकाणु होता है। शाकाणु होता है। शाकाणुओं द्वारा जड़ का उकठा रोग सरसों के पौधों को पूर्णतया खत्म कर देता है। भारी बारिश और भारी पाला पड़ने से इस बीमारी को अधिक प्रोत्साहन मिलता है।

शाकाणु जनित **स्यूडोमोनस स्पे.** तथा **फ्यूजेरियम** दोनों मिलकर सूरजमुखी के पौधे के वाहिनी उत्तकों का उकठा रोग पैदा करते हैं। सूरजमुखी की पत्तियों के ऊपर एक प्रकार का दाग **स्यूडोमोनस सिरोनो** नामक शाकाणु द्वारा पैदा होता है।

तिल का शाकाणु जनित पत्तों का दाग रोग **स्यूडोमोनस सीरिंग्स** कवक के द्वारा पैदा होता है। पत्ती के ऊपर भूरे दाग दिखाई देते हैं। किसी शाकाणु जनित रोग की रोकथाम के लिये उपायों को इस फसल में भी रोकथाम के लिये अपनायें।

गन्ने की फसल की एक महत्त्वपूर्ण व्याधि है। पेडी का छोटा होना (लघुकायिका) व्याधि होती है। गर्म उपचारित बीज की नर्सरी से बीज लेना ही इसकी एकमात्र रुकावट का उपाय है। रोधी किस्मों का उपयोग करना चाहिये।

कपास की सस्य में एक शाकाणु जनित रोग शाकाणु जनित पत्ती का नीरंजा रोग बीज में ही रहता है। ऐसी और अन्य पत्तियों के रोगों को नियन्त्रण में करने के लिये कौपरऑक्सीक्लोराइड (0.2-0.3%)+स्ट्रेप्टोमाइसिन (100 पी.पी.एम.) का छिड़काव काफी काफी प्रभावी देखा गया है। इस फसल का शाकाणु रोग जैन्योमोनस औक्जेनोपोडिस शाकाणु होते हैं।

कपास के खेत में मिट्टी में पाई जाने वाली बीमारियों के नियन्त्रण के लिये मिट्टी को बेभिस्टिन या बेसीकौल से तर कर लें, तब इसके पश्चात ही बीज बोयें। धान को **जैन्थोमोनस ओराइजी** शाकाणु सस्य में रोग फैलाते हैं, जिससे उपज कम हो जाती है। धान की फसल के लिये जैन्थोमोनस ओराइजी शकाणु जनित रोग निवारण हेतु सबसे अच्छा व्याधि रहित बीज का उपयोग करना होता है। कवक एवं शाकाणु जनित रोगों पर नियन्त्रण पाने के लिये सिरेसन @2 ग्रा/किलोग्राम बीज को बोने से पहले उपचारित करें।

अरहर का कुट्टिमचित्र व्याधि भी देश के कई स्थानों पर पाया जाता है। इसका जनक एक प्रकार का विषाणु रोग होता है जिसका वाहक एक कीट ऐसीरिया कजानी होता हैं। आलू का अंगमारी रोग रैलेस्टोनिया सोलानी शाकाणु से पैदा होता है। लोबिया का शाकाणु जनित रोग अंगमारी (ब्लाइट) **जैन्थोमोनस भिग्रीकोला** शाकाणु द्वारा पैदा होता है। शिशु पौधों की अंगमारी, झुलसा रोग गेरुई, छाछिया रोग, कुट्टिमचित्र (विषाणु जनित) व्याधियाँ मुख्य है। ये व्याधियाँ अन्य कई फसलों पर भी लगती है। इसलिये इनके नियन्त्रण के उपाय भी वही होते हैं, जो अन्य सभी प्रभावित फसलों के होते हैं।

19. फसलों के विषाणु जनित रोग

उड़द को कई प्रकार के कीट शत्रु हानि पहुँचाते हैं। इनमें कई तो मूंग और उड़द में, दोनों दालों में इकट्ठा पाये जाते हैं। इन दोनों में पाई जाने वाली व्याधियों के नियन्त्रण भी एक ही हैं। इनमें से कुछ व्याधियाँ विशेषकर उड़द में अधिक सघनता से पाई जाती है। ये विषाणु जनित रोग हैं-

1. यह रोग उड़द का पत्ती या मरोड़ खाया वलियत विषाणु रोग होता है। प्रभावित पौधे की पत्तियाँ मरोड़ी दीखती है, विशेषकर ऊपर की सतह पर। अनुपत्र मोटे हो जाते हैं, चौड़ाई में बढ़ जाते हैं, कलिकायें और पुष्प झाड़ीनुमा बन जाते हैं।

2. उड़द का कुट्टिमचित्र विषाणु रोग के लक्षण से अनियमित, हल्के हरे चकते पत्ती के ऊपर हरे क्षेत्र के ऊपर।

3. बन्ध्याकरण कुट्टिमचित्र विषाणु से पुष्पों का उत्पादन उड़द के पौधे में नहीं होता है। इस व्याधि के नियन्त्रण के लिये कृषि में रोधी किस्मों का उपयोग करना चाहिये।

लोबिया का कुट्टिमचित्र विषाणु रोग भी पौधों को काफी हानि पहुँचाता है। पीले रंग का विषाणु, चेपाकीट के द्वारा आता है, सुनहरा कुट्टिमचित्र विषाणु सफेद मक्खियों के द्वारा फैलाया जाता है। इस व्याधि से हरिद्रोग के क्षेत्र दिखाई देते हैं, जो कि आगे चलकर पूरी पत्ती को ढक लेते हैं और पूरी पत्ती पीली हो जाती है। रोधी किस्मों का उपयोग करना, खेत को साफ सुथरा रखना, बीमार पौधों को उखाड़कर फेंक देना तथा उनको पूर्णतया नष्ट कर देना ही इस रोग के नियन्त्रण करने के कार्य हैं। दैहिकीय कीटनाशक जैसे मौनोक्रोटोफॉस या मिथाइल पैरेथियोन से इन विषाणुओं पर छिड़काव के द्वारा नियन्त्रण पाया जा सकता है। यह विषाणु मूंग की फसल की पतियों पर भी पाया जाता है। इसके लिये भी चेपा और सफेद मक्खी जैसे कीट-शत्रुओं पर नियन्त्रण रखना चाहिये।

सेम फली का पीला कुट्टिमचित्र विषाणु सोयाबीन के पौधों का क्षति पहुँचाता है। इस का उदय मूंग के विषाणु से ही होता है। इसके आक्रमण से पत्तियों पर ही छोटे-छोटे दाने पड़ जाते हैं, जो बड़े होकर पत्तियों को पूर्णतया नष्ट कर देते हैं। पत्ती की मोटी नाड़ियों के ऊपर भी इसके दाने दिखाई देते हैं।

सोयाबीन को आक्रमित विषाणु वही सामान्य विषाणु होता है, जो और सस्यों को भी हानि पहुँचाता है। इनके नियन्त्रण के लिये व्याधि रहित बीज का उपयोग करना चाहिये, जो नियन्त्रण चेपा के नियन्त्रण के लिये आवश्यक होता है। (मौनोक्रोटोफॉस 0.1%) का घोल इस विषाणु को भी नियन्त्रित कर देगा।

सरसों पर भी कुट्टिमचित्र विषाणु रोग का हानिकारक प्रभाव पड़ता है। यह विशेषकर शलगम विषाणु समुदाय का विषाणु होता है। यह पहाड़ी क्षेत्रों में अधिक पाया जाता है।

सूरजमुखी की कृषि में विषाणु रोगों का बड़ा महत्त्व है। कुट्टिमचित्र विषाणु के आक्रमण के लिये यह पौधों में चेपा के द्वारा कई प्रकारों से **माइजस पर्सिकी** तथा **रोफैलोसिफम मेडिस** से आक्रमित होता है। इस फसल के ऊपर विषाणु फैलाने के कई साधन काम करते हैं-1. चेपा कीट द्वारा परोषित विषाणु, पीला गोल कुट्टिमचित्र विषाणु, तम्बाकू का धारी वाला विषाणु माइकोप्लाज्मा जाति के जीवाणुओं द्वारा ऐस्टर-पीला किस्म का विषाणु, पत्तियों के ऊपर आक्रमण करने वाले फुदका कीट (मैक्रीस्टीलस फैसीफ्रौन्स) और ओरासियस ऐल्वीसिन्कस आदि कीट से ये विषाणु सूरजमुखी के खेत में विषाणु रोगों को ज्यादा फैलाते हैं। इनके नियन्त्रण के लिये साफ सुथरी खेती करें। रोग निरोधन सम्बन्धी कार्यो के लिये चूसने वाले कीटों के नियन्त्रण के लिये डिमैथोनेट या फॉस्फोमिडौन जैसे कायिकी कीटनाशकों का उपयोग करें। जो पौधे ऐसी बीमारी से आहत हो उनकी सावधानी से छटनी कर खेत के बाहर कर दें।

आलू की कृषि को भी विषाणु रोग बहुत हानि पहुँचाते हैं। इसमें मुख्य तम्बाकू का कुट्टिमचित्र विषाणु प्रमुख है इसका नाम **मौरमौर टबैकाई** है, इसके नियन्त्रण के लिये मुख्य बाते ये हैं-

1. खेत में काम करने वाले लोगों को अपने हाथों को साबुन से धोकर साफ करना चाहिये।
2. कार्यकर्ताओं को काम के समय न तो धूम्रपान करना या तम्बाकू चबाना नहीं चाहिये।
3. जो रोग से प्रभावित पौधे हों उनको खेत से बाहर कर दें और नष्ट कर दें।

धान की प्रमुख विषाणु जनित बीमारियाँ टुन्ग्रो एवं घास का बौनापन है। पौधों को बीमारी से बचाव का सबसे अच्छा तरीका है कि रोग-मुक्त बीज का उपयोग किया जाय।

गन्ने का विषाणु रोग भी इस फसल की एक मुख्य व्याधि है। यह पेड़ी गन्ना की फसल को अधिक ग्रसित करता है। इसके प्रभाव से फसल लघुकायी हो जाती है।

गन्ने का **घास का गुच्छा** एक ऐसी बीमारी है कि इससे ग्रसित पूरा पौधा घास के पौधे की तरह दीखता है और इसमें लघुकायीयन और अधिक पतली पत्तियाँ दिखाई देती हैं। यह **माइकोप्लाज्मा** से उत्पन्न होती है। केवल रोधी किस्मों का उपयोग करने से इसका निवारण हो जाता है।

आलू के विषाणु रोग पी.बी.एक्स., पी.बी.वाई तथा पी.एल.आर. भी इन किस्म के विषाणुओं से पैदा होते हैं।

20. फसलों की सूमकृमि जनित व्याधियाँ

धान के तने का सूमकृमि, डाइटीलेन्कस ऐन्गस्टस के कारण उफ्रा नामक व्याधि पैदा होती है। सफेद मुंह के सूम कृषि ऐफैलेन्क्वोइडिस बेसिंई भी इस सस्य को आक्रमित करता है। धान की फसल में सूमकृमि के नियन्त्रण के लिये बीज को बोने से पहले गरम पानी 55० सें. में 10–15 मिनट तक भिगो दें। जब भी किसी पौधे के ऊपर रोग दिखाई दे उसे फौरन उखाड़ कर नष्ट कर दें। कवक जनित व्याधियों के नियन्त्रण के लिये धान की फसल के ऊपर कवकमार औषधियों जैसे जाइनेव या हिनोसन का छिड़काव करते रहें।

जौ की मोल्या व्याधि सूमकृमि जनित व्याधि होती है। इसके द्वारा अन्तःक्षेपित पौधे खेत में कहीं पर छोटे–छोटे खेत के भागों में दिखाई देते हैं। इनसे ग्रसित पौधों में फुटान कम होता है, छोटे हो जाते हैं और पीले पड़ जाते हैं। जो पौधे इनसे ग्रसित होते हैं, उनकी जड़ें अधिक शाखान्वित हो जाती हैं। ये आपस में जाल की तरह गुथ जाती हैं। सूमकृमि जड़ के हर वृद्धि करने वाले भाग को ग्रसित करता है। पौधे की वृद्धि रुक जाती है और पिछेती शाखाओं का बाहुल्य हो जाता है। इस कृमि के नियन्त्रण के लिये उचित सस्य चक्र अपनाना आवश्यक है या रोधी किस्मों का उपयोग करें। मिथाइल ब्रोमाइड या क्लोरोपिकृन या इथाइल डिब्रोमाइड से मिट्टी का धूमन करने से ये सूमकृमि मर जाते हैं। इस सस्य का मुख्य सूमकृमि हेटरोडेरा ऐभिनी है। आलू की फसल को सूमकृमि मेलोइगोडाइन जैभनिका आक्रमण करते है। आलू के ऊपर दो और सूमकृमि भी आक्रमण करते है। ये है **ग्लोबीडेरा रोस्टोचाइझेन्सिस** एव ग्लो. पैलिग (सी.यपू.टी.) फिसा के सूमकृमि होते है। हेटरोडेरा भिग्ना, रोटीरेन्कुलस रेनिफौर्मिस, टाइलेनकोटि फिन्कस ब्रेसिकी, टाइलेन्कुलस फिलीफौर्मिस नाम के ये समकृषि मूंग का जेड़ो को आक्रमित करते हैं। जड़ों की शिखा के अन्दर से पौधे में घुसते हैं। शिशु पौधे तो मर जाते हैं, परन्तु बड़े पौधे बीमारी से ग्रसित हो जाते हैं। मिट्टी के ऊपर लक्षण हैं– अधिक लघुकाय पौधे झुलसा रोग से पीड़ित होते हैं। पौधे पीले पड़ते हैं, पत्तियों का बलियत होना और नीचे गिर जाना। फलियों की आकृति के हो जाते हैं। मिट्टी के नीचे जड़ों की संहति में अवरोध पैदा हो जाता है, जिससे कि पानी एवं पौष्टिक पदार्थों का पौधों द्वारा शोषण बन्द हो जाता है। सस्य चक्र अपना कर ही सूमकृमि को नियन्त्रित किया जा सकता है। रोधी किस्मों के उपयोग से इस व्याधि के ऊपर काफी सीमा तक रोक लग सकती है। ऐसे रसायन जैसे कार्बोफ्यूरौन और ऐल्डिकार्ब हैं, इनके इस्तेमाल से भी इन सूमकृमियों पर रोक लगाई जा सकती है।

मूंगफली की फसल में सूमकृमि के अतिक्रमण से मूंगफली की उपज में बहुत कमी हो जाती है। **मेलीओडोगाइन ऐरेनेरिया** किस्म के सूमकृमि के आक्रमण से पौधों की वृद्धि में भारी कमी हो जाती है, साथ ही उपज भी घट जाती है। इस सूमकृमि की उपस्थिति से मूंगफली के छिलके एवं दानों में ऐस्पर्जिलस फ्लेभस कवक से हानि की मात्रा बढ़ जाती है।

मूंगफली में पाया जाने वाला एक और सूमकृमि **ऐफैलैन्क्वाइडिस ऐरेकिटिस** होता है। यह कृमि मूंगफली के छिलके के अन्दर एक अन्तः परजीवी की भांति रहता है। छिलका इस के कारण झुरीदार घना भूरा रंग का जिसके अन्दर छोटे आकार के वलिकुञ्चित बीज होते हैं। इसे प्रतिकृति सूमकृमि कहते हैं। अधिक गहन अवस्था में इस सूमकृमि से छिलके के ऊपर गहरे काले रंग की प्रतिकृतियाँ बनती हैं। ये छिलके ही आरम्भिक अन्तःक्राक का काम करते हैं। इसके मूंगफली के पेगों की सड़न से भी संबन्ध होता है। इससे पौधो में अहरिद्रता तथा पौधों में बौना होना पाया जाता है। तीसरा मूंगफली का सूमकृमि प्रौटिट्यन्कस स्पे. है जिसे प्रतिकृति सूमकृमि कहते हैं। अधिक गहन अवस्था में इस कृमि से छिलकों के ऊपर प्रतिकृतियाँ बनती है। फेनामिफॉस एल्डीकार्व या ऑक्जेमिल का उपयोग करने से मूंगफली की उपज बढ़ जाती है क्योंकि इनसे सूमकृमियों की भूमि में संख्या

काफी कम हो जाती है। फेनोमिफॉस @ 3. 5 किलो. क्रि. कारक/प्रति हैक्टर 2.5–5.0 से.मी. गहराई पर लगाने से सूमकृमि एम. हेप्टा के नियन्त्रण में काफी लाभदायक सिद्ध हुआ है।

अरण्डी में भी कई अन्य कवक जनित व्याधियों के साथ मिलकर सूमकृमि व्याधि **रोटीलेन्कूलस रेमीफौर्मिस** के द्वारा पौधों के वाहिनी तथा अन्य ऊतकों को प्रभावित कर पौधों को सुखा देता है।

तम्बाकू की फसल को जो जड़ की गांठ का सूमकृमि है, **मेलोइडोगाइन जैभैनिका** मुख्यतया हल्की मिट्टियों की पौध स्थलियों में इस सूमकृमि का अधिक प्रकोप होता है। इस सूमकृमि के प्रति निम्नलिखित सावधानी तम्बाकू की नर्सरी तैयार करने से पहले लेनी चाहिये।

1. पौधस्थली में बीज लेने से पहले उसे भली भांति हल चलाकर सूर्यप्रकाश से भली भांति उपचारित कर लें।
2. बीज बोने से पहले नर्सरी की मिट्टी का सूमकृमि की उपस्थिति के लिये परीक्षण कर लें।
3. बीज बोने से पहले नर्सरी की मिट्टी के ऊपर धान का भूसा या क्षेत्रीय कूड़ा करकट जलाकर नर्सरी को सूमकृमि से मुक्त करलें।
4. भूमि का सूर्य की रोशनी में रखना सौर्यकरण मिट्टी को 100 गौज सफेद ऐल्केथीन की चादर से लगभग 6–8 सप्ताह तक ढक कर रखें।
5. ऐसे स्थान पर नर्सरी न उगायें, जिसके निकट बैंगन या टमाटर की खेती हुई हो।
6. नर्सरी क्षेत्र में ऐसा सस्यचक्र उपयोग में लायें, जिनमें सूमकृमि से रोधी फसलों को उगाया गया हो। ऐसी आलू की फसल को नुकसान पहुँचाने वाला सूमकृमि ग्लोवोडेरा रौस्टोचायन्यनसिस होता है जो जमीन के अन्दर पैदा होकर जड़ों को प्रभावित करता है। इससे आलू की कृषि को बहुत नुकसान पहुँचता है।

21. सस्य पौधों के बीज और शिशु पादपों की व्याधियाँ एव कीट शत्रु

भंडार में गेहूँ का दाना बड़ी सावधानी से रखा जाता है चाहे वह बीज का हो या खाद्य का हो। गेहूँ के बीज में श्वसन की चिंताजनक स्थिति तब पैदा होती है जब दाने में नमी की मात्रा 14.6 प्रतिशत से ज्यादा होती है। अधिक नमी बीज में होने के कारण उनकी श्वसन क्रिया बढ़ जाती है। गेहूँ के मुख्य हानिकारक कीट जो भण्डारण में आक्रमण करते हैं, वह है धान का घुन **सीटोफिलस ओराइजी** और दूसरा दाने का पतंगा है–**राइजोपर्था डोमिनिका** कहते हैं। खपराभृंग **ट्रोगोडरमा ग्रैमिनियम** होता है। गेहूँ के दाने को उचित नमी में भण्डारण न करने से उसे **ऐस्परजिलस** एवं **पेनिसिलम** जैसे कवक भी उसपर आक्रमण करके दाने को खराब कर देते हैं।

मक्का की सस्य में बीज का सड़न और छोटे पौधों का नीरंजा रोग कई कवकों द्वारा फैलाया जाता है। यदि बीज का बोने से पहले बेभिस्टन या डेरोसल या ऐग्रोजिम @3ग्राम/किलो के हिसाब से उपचार कर लें तो इन बीमारियों से पूर्णतया छुटकारा मिल जायगा।

ज्वार के भण्डारण के कीट हैं, धान का घुन, आटे का भृग एवं दाने का पतंगा, **सिंटोट्रोगा सिरेइलैला** तथा **ट्राइबोलियम कैस्टरनियम** मुख्य हानिकारक कीट है। इनके नियन्त्रण के लिये एक ही साधन चाहे भण्डारण के लिये हो या बीज के भण्डारण के लिये, वह है दाने में सुखाकर उचित नमी रखी जाय। दाने का

धूमन भी किया जा सकता है, जिससे सब कीट नष्ट हो जाते हैं। इथाईलीन–डाई–क्लोराइड+कार्बन टेट्राक्लोराइड के मिश्रण से धूमन तथा फॉस्टोक्सिन/हाइड्रोजन फॉस्फाइड 1 सें.मीं दाने का घूमन किया जा सकता है। यह क्रिया पौलीथीन के चादर के अन्दर दाने को रखकर भी किया जा सकता है। बीज में नमी की मात्रा 10–11% मटर की आर्द्रमरण की व्याधि पिथियम स्पे. इसके आक्रमण से छोटे अंकुरण अवस्था के पौधे भूमि के स्तर पर ही आक्रमित हो जाते हैं। इससे तने भूरे या काले हो जाते हैं तथा इससे संकुचित हो जाते हैं। इससे खेत में पौधों की संख्या बहुत कम हो जाती है। थाइरम @3ग्राम/किलो बीज के उपचार से बीमारियों पर रोक लगाई जा सकती है।

मूंगफली की सस्य के बीजों या फलियों के भंडारण में ऐफ्लोटौक्सिन (एक विषैला पदार्थ) का दूषण एक जटिल समस्या है। यह दूषण एक कवक से पैदा होता है, जो कि मूंगफली के दानों को प्रभावित करता है। यह कवक **ऐस्पर्जिलस फ्लेवस, ऐ. नोभिअस** तथा **ऐ. पैरेसिटिका** नाम की प्रजातियाँ हैं। बाद का दूषण मूंगफली के संलवन से पहले भी होकर और संलवन के बाद भी सुखाने तथा बीज की दशा में भी हो सकता है। खेत में बोआई से लेकर और आगे इसके बीजों का भंडारण तक आखिरी समय याने बीज के विधायन की अवस्था तक इसके ऊपर निगरानी रखनी चाहिये।

इस व्याधि को रोकने के लिये प्रारम्भ में ही यह देख लें कि इसकी फसल निरन्तर कई साल से 2 या 3 साल से एक ही खेत में न बोई जाय। ऐसा सस्य चक्र जिसमें कपास, तम्बाकू तथा कोई खाद्यान्न शामिल करने से रोग की वृद्धि में रूकावट हो जायगी। यदि संलवन से पहले मूंगफली में कोई भी आक्रमण ऐफ्लोटोक्सिन उत्पत्ति का नहीं हुआ है तो ऐसे मूंगफली की जातियाँ बोये जिनका कि वर्षा ऋतु से पहले ही संलवन हो जाये। इससे बीज तथा फली को सुखाने के लिये भविष्य में काफी समय मिल जायगा। ऐफ्लोटैक्सिन पैदा न करने वाली कवकों को इसकों पैदा करने का समय ही नहीं मिलेगा। ऐफ्लोटौक्सिन का प्रभाव संलवन के पश्चात् कुछ इन बिन्दुओं को ध्यान में रखकर किया जाता है। इनसे ऐफ्लोटौक्सिन से बचा जा सकता है या इसे कम से कम किया जा सकता है।–

1. फलियों के संलवन के समय यांत्रिक क्षति से बचना चाहिये।
2. संलवन के समय ऐसे उपाय करने से जिससे उपज जल्दी से जल्दी सुखाई जा सके। अधिक जल्दी सुखाने से बीज के चोल जल्दी निकल जाता है और मूंगफली में गन्ध की अवनति होती है। इस तरह साथ ही बीज की अंकुरण शक्ति कम भी हो सकती है।
3. फसल को एक बार सूखने के बाद उसे फिर गीला होने से बचाना चाहिये।
4. भंडारण के लिये पहले मूंगफली में से टूटी हुई फलियों तथा बीजों को साफ कर उचित नमी (8%) पर ही भंड़ारण करना चाहिये।

तिल के बीजों को भण्ड़ारण के पहले अच्छी तरह सुखा देना चाहिये, ताकि उनकी नमी 5% तक रह जाय। अधिक नमी वाले बीजों का ऐसे कीट शत्रु जैसे ट्राइबोलियम कैस्टेनियम, इफेस्टिया कैन्टेलिया, कोर्सिस सिफैलोनिका, कार्पाफिलस स्पे. तथा ट्राइगोडर्मा ग्रैमिनिस नाम के कीड़े उसे क्षति पहुँचाते हैं। संलवन के बाद धूमन के लिये तिल के बीज की सहिष्णु सीमा 25 पी.पी.एम. होती है। भंड़ारण में 50% आपेक्षिक नमी एवं 18% अंकुरण पर इस बीज को 1 वर्ष तक रखा जा सकता है।

रामतिल (नाइजर) में बीज की बीमारी **रोइजोक्टोनिया बैटैटिकोला** कवक द्वारा पैदा होती है। इससे प्रभावित बीज बदरंग हो जाते हैं। इसके लिये बीज को थाइरम या कपटान @ 3 ग्राम/किलो से उपचार करना चाहिये। सामान्यतया उचित सस्य चक्र ही अपनाना चाहिये। सस्य को कैप्टाफौल 80% डब्ल्यू.पी. (डाइफोल्टन) या कैप्टन 50% डब्ल्यू.पी. @2.5 ग्राम/लिटर पानी में घोल बनाकर छिड़कना चाहिये।

लोबिया के शिशु पौधे नीरंजा रोग से छोटे पौधे नर्सरी में ही प्रभावित होने लगते हैं। लोबिया के छोटे पौधों में **फाइटोफ्थोरा भिग्री** नामक कवक इस रोग का जनक होता है। यह एक भूमिगत कवक होता है। इसके आक्रमण के कारण मृत ऊतकों के द्वारा निर्मित प्रतिकृतियाँ तनों तथा पत्तियों के ऊपर दिखाई देते हैं। इससे पौधा सूख जाता है। खेत में अच्छा जलोत्सारण का होना, साफ सुथरी कृषि तथा रोधी किस्मों को उगाने से इस रोग पर नियन्त्रण पाया जा सकता है।

कपास में जो रोग पत्तियों के होते है (पर्ण प्रभावित) या मिट्टी से सम्बन्धित होते हैं या बीज वहित होते हैं, जिनमें कि मुख्य है शाकाणु का अंगमारी रोग, **जैनथोमोनस ऐक्सैनोपोडिस** (किस्म माल्भेसियेरम), पत्ती का दाग (**ऑल्टरनेरिया मैक्रोस्पोरा**), माइरोथिसिअम रोरीडम तथा हेल्मिन्थौस्पोरियम स्पीसिफेरम बीज की व्याधियों में जड़ की सड़न (**राइजोक्टोनिया सोलानी** एवं **रा.बटाटिकोला** तथा उकठा रोग, **फ्यूजेरियम मोनिलीफोर्मी, क्लेडोस्पोरियम स्पे., ऐस्पर्जिलस स्पे. जैन्थोमोनस स्पे.** तथा **राइजोक्टीनिया स्पे.** प्रमुख है। ये व्याधि के रोगाणु किसी न किसी रूप में अन्तरवर्ती या बाह्यक बीज में होते हैं। इससे यह आशय निकलता है कि इनके जो आरम्भिक अन्त: क्राक होते हैं वह बीज से हो जाते हैं।

22. कीट शत्रुओं- व्याधियों के नियन्त्रण के लिये अपनाई जाने वाली सर्वोतोन्मुखी योजनायें

ये ऐसी योजनायें हैं, जिनके अपनाने से एक पंथ दो काज होते हैं। इसलिये ऐसी योजनायें अपनाने से समय तथा धन की बचत तो होती ही है, साथ ही उपचार बीमारियों/कीट शत्रुओं के द्वारा की गई बीमारियों पर समयानुसार नियन्त्रण हो जाता है। ऐसे आयोजन उन फसलों में अपनाने आवश्यक होता है। जिनसे अधिक आर्थिक लाभ होता है। इनमें सभी कारकों का जैस खेत की तैयारी में गहरी जुताई, मिट्टी को पलटकर गर्मी की ऋतु में खेत को कुछ समय के लिये छोड़ देना, एक या एक से अधिक कीटनाशकों का या एक या एक से अधिक कवक नाशकों का एक साथ प्रयोग कर कई व्याधियों का नियंत्रण आदि हैं। साथ ही मौसम की दशा को देखकर भी उपचार करना भी इस प्रकार की योजनाओं में सम्मिलित है।

कृषि कार्य जैसे कृषि के तरीके, खेत की सफाई, उर्वरता का प्रबन्धन, पानी का प्रबन्धन खरपतवारों को नियन्त्रण में रखना और बोआई एवं संलवन का कार्य इन्हीं सबकों दृष्टिगत करते किसी भी फसल की कृषि की जाती है। इन कारकों के थोड़ा सा सुधार (परिवर्तन) करके भी सभी व्याधियों के ऊपर कुछ हद तक नियन्त्रण किया जा सकता है।

23. सस्यों का कवक तथा कीटों से भण्डारण में नियन्त्रण तथा बचाव

गेहूँ का भण्डारण दाने को आगे के महीनों में खाद्य तथा बीज के लिये सुरक्षित रखना होता है। बीज को टीन के गोल डब्बों मे अधिक सुरक्षा के साथ रखा जा सकता है। पॉलीथीन के बोरे (थैले) या मिट्टी के बरतन भी इस काम आ सकते हैं। गेहूँ का जो चिंताजनक आर्द्रता जिस पर बीज भण्डारण किया जाता है वह 14.6% है। इसके ऊपर आर्द्रता होने से बीज में श्वसन की गति बढ़ जाती है। मानसून का मौसम कीटों तथा कवक

व्याधियों के फैलाव के लिये अधिक अनुकूल होता है। भण्डारण के मुख्य कीट शत्रु धान का घुण साइटोफिलस ओराइजी, दाने का पतंगा राइजोपार्था डोमिनिका और खपरा-भृंग ट्रोगोडर्मा ग्रैमिनियम है। कवकों में एस्पर्जिलस एवं पेनिसीलियम की प्रजातियाँ धान के दाने को हानि पहुँचाती है। यदि दाने का नमी की ठीक दशा में भण्डारण न किया गया हो।

खरीफ की दलहनी फसलों की दानों को भण्डारण के पहले अच्छी तरह सुखा देना चाहिये। भण्डारण के कमरे भली भांति साफ सुथरे एवं कीड़ों तथा कवक व्याधियों से मुक्त होने चाहिये। 10% एच.सी.एच. के धूलन करने से या मैलेथियोन की धूलन से भण्डारित बीजों को कीडों से मुक्त रखा जा सकता है।

रबी को दलहनी फसलों के बीज भी अच्छी तरह सुखाकर ही भण्डारित किये जाने चाहिये। इस समय इनमें नमी 10% से अधिक नहीं होनी चाहिये। नहीं तो भण्डारण के दौरान इन्हें क्षति हो सकती है।

24. खरीफ ऋतु की दलहनी फसलों पर कई व्याधियाँ का प्रकोप होता है। इन सस्यों की कुछ विशेष व्याधियों का विवरण यहाँ देना उचित होगा:-

तालिका 91 : खरीफ ऋतु की दलहनी फसलों की व्याधियों का भारत में प्रभावकारी वितरण

सस्य	*बीमारियाँ*	*प्रभावित राज्य*
अरहर	बाह्यता कुट्टिमचित्र,	बिहार, गुजरात, कर्नाटक, तमिलनाडु, उत्तरप्रदेश।
	उकठा रोग	आन्ध्रप्रदेश, बिहार, गुजरात, मध्यप्रदेश, तमिलनाडू, कर्नाटक,
मूंग	पीला कुट्टिमचित्र	बिहार, हरियाणा, उत्तरप्रदेश, पंजाब, मध्यप्रदेश, तमिलनाडु, कर्नाटक।
उड़द	छाछिया रोग	महाराष्ट्र, मध्यप्रदेश, आन्ध्रप्रदेश, पंजाब, हरियाणा, तमिलनाडु, उ0प्रदेश।
लोबिया	कुट्टिमचित्र, छाछिया, शाकाणु अंगमारी, जड़ की सड़न	कई उत्पादन क्षेत्रों में विद्यमान।

उकठा रोग या फ्यूजेरियम बिल्ट-अरहर की एक भयानक व्याधि है। इससे प्रभावित पौधे पीलापन लिये होते हैं और पत्तियाँ सूखने लगती है। बाद में पूरा पौधा ही सूख जाता है। तने पर काली धारियाँ दिखाई देती है। इसके नियन्त्रण के लिये जो ग्रसित पौधे हैं, उनको उखाड़ कर फेंक देना चाहिये, मिश्रित फसल लेनी चाहिये, उचित सस्यचक्र अपनाना तथा रोधी किस्मों की ही कृषि करनी चाहिये। रोधी किस्में पी.डी.ई.45-2, आई.सी.पी.यल-2, मारुति इत्यादि को ही उगाना चाहिये।

कुट्टिमचित्र बन्ध्या विषाणु रोग-अरहर के पौधों का एक अति विकट रोग है। इसके प्रभाव से पौधे बौने होने लगते हैं, झाड़ीनुमा पीली हरी पत्तियाँ, हल्का सा कर्वुरण या गोल धब्बे इस बीमारी के मुख्य लक्षण होते हैं। एक बरूथी कीट ऐसेरिया कजानी इस बीमारी को परेषित करता है। मेटासिस्टौक्स का (0.1%) घोल के छिड़काव से इस कीट पर नियन्त्रण किया जा सकता है। प्रभावित पौधों का निकालकर नष्ट कर देना और वैकल्पिक जो ग्राहय पौधे हों उनको भी निकालना एवं नष्ट करना तथा रोधी किस्मों को बोन से इस व्याधि को रोका जा सकता है। इसके लिये मुख्य रोधी किस्में हैं- बहार, आई.सी.पी.यल.-366, डी. ए.-11 हैं।

फाइटौफ्थोरा जनित अंगमारी रोग (फाइटौफ्थोरा ड्रेशलेरी किस्म कजानी) से यह बीमारी उत्पन्न होती है। इसके प्रभाव से अरहर के पौधे एक-एक करके झुलसने लगते हैं, प्रभावित अंग के ऊपर के हिस्से में पत्तियाँ

मुड़ने लगती है (बेलल्न होना), पत्तियों के वृन्त सूखने लगते हैं, तने वृन्तो एवं पत्तियों के ऊपर प्रतिकृतियों का निर्माण होना, प्रतिकृति काली- भूरी या लाल रंग की हो जाती है, 15-20 सें.मी. लम्बी हो जाती हैं। यह बीमारी बहुधा सस्य की आरम्भिक अवस्था में अधिक दीखती है। ग्रसित पौधों की छटनी कर उन्हें नष्ट कर देना, खेत के जलानुविद्ध दशा से बचाना तथा अधिक सिंचाई नहीं देना एवं केवल रोधी किस्मों की कृषि करना ही इस व्याधि के लिये उपचार है।

अरहर की पत्ती का धब्बा सिलेटी रंग का कोणीय धब्बा की प्रतिकृतियाँ, लाल-भूरी पत्तियों की किनारियां इस बीमारी के प्ररुपिक लक्षण होते हैं। जाइनेव या कैप्टन (0.2%) के छिड़काव से इस व्याधि पर रोक लग जाती है। यह छिड़काव 10-12 दिन के अन्तराल पर कर देना हितकर होता है।

मूंग के कई पीले रंग के विषाणु जनित रोग होते हैं। ग्रसित पत्तियों के ऊपर बिखरे कई पीले धब्बे दिखाई देते हैं। कुछ समय पश्चात् पूरी पत्तियाँ पीली हो जाती हैं। जिन पौधों को यह बीमारी लग जाती है, उनकी परिपक्वता की दशा में आने में विलम्ब हो जाता है। इनमे फूल भी कम लगते हैं, जो फलियाँ बनती हैं, उनमें बीज भी कम पड़ते हैं, क्योंकि यह व्याधि सफेद मक्खी के द्वारा आती है और फैलती है। इसके लिये सफेद मक्खी पर नियन्त्रण करने से इस व्याधि का भी स्वयं नियन्त्रण हो जायगा। इसके लिये मूंग को खेत को दैहिक कीटनाशक जैसे इन्डोसल्फान (0.07%) या पैराथियोन (0.05%) का छिड़काव करने से यह व्याधि भी रुक जायगी।

मूंग की पत्ती का धब्बा, **सरकौस्पोरा केनसेन्स** से पत्तियों पर कई प्रकार की प्रतिकृतियाँ बन जाती है जो कि बाद में भूरे रंग की, हासिये लाल-भूरे रंग के होते हैं। ऐसे ही धब्बे आगे चलकर फलियों के ऊपर भी दिखाई देते हैं। कैप्टान या जाइनेब के @2 ग्राम/लिटर के घोल से या बाभिस्टिन @ 0.5 किलो 1000 लिटर पानी का घोल बनाकर छिड़काव करने से बीमारी पर रोक लग जायगी।

मूंग की शुष्क जड़, **राइजोक्टोनिया सोलानी** से प्रभावित पौधों की पत्तियाँ पीली पड़ने लगती हैं तथा पौधे मुरझाने लगते हैं। तनों के वलि के ऊपर गहरी आकृतियाँ बन जाती है। जड़ों मे शुष्क सड़न के लक्षण दीखते हैं। खेत की सफाई इस व्याधि को काफी हद तक रोक सकते हैं। साथ कैप्टान एवं थाइरम कवकनाशकों से बीज को उपचार करने पर इस व्याधि पर अंकुश लगाया जा सकता है।

ऐन्थ्रैक्नोज कौलीटोट्रीकम लिन्डेम्यूथियेनम कवक से यह व्याधि होती है। इस व्याधि के मुख्य लक्षण है- मूंग के बीज पत्रों के ऊपर तथा तने पर गहरी आकृतियाँ। यही फलियाँ तथा बीज के ऊपर भी दिखाई देता है। इस बीमारी की रोकथाम के लिये बीज का उपचार कैपटान या थाइरम से करके हो जाता है। (2-3 ग्राम/किलो)। यदि खेत में सस्य के ऊपर छिड़काव करना हो तो 0.2% जाइनेब 2-4 चार बार 10 दिनों के अन्तराल पर करें।

मूंग का शाकाणु जनित पत्तों का धब्बा जैन्थोमोनस फैजिओलाई से इस बीमारी से पत्तियों के ऊपर भूरे, शुष्क, उठे हुये, मृत ऊतियों के निर्मित दाने (पस्टयूल) जो कि बाद में बड़े होकर आपस में मिल जाते हैं और बड़े-बड़े धब्बे बन जाते हैं। तने के ऊपर भी धारियाँ या व्रण पैदा हो जाती है। रोधी किस्मों जैसे जलगांव 781, एम.एल.9, एम.एल. 10 इत्यादि की ही कृषि करें।

मूंग पर पाउडरी मिलडयू (छाछिया रोग) **एरीसाइफी पोलीगोनाई** का प्रकोप इस सस्य पर वर्षा ऋतु के बाद अधिक होता है। जैसा नाम है इससे पौधे के ऊपर पाउडर सा दीखता है। इसकी रोकथाम के लिये कवकमारों का जैसे कार्बनडेजिम या वीनोमिल का छिड़काव या गन्धक की धूलन 25 किलो/हैक्टर से उपचार करने से इस व्याधि पर नियन्त्रण हो जायगा।

मूंग का मोजाइक मोटल विषाणु के रोकथाम के लिये स्वस्थ एवं व्याधिमुक्त बीजों का प्रयोग करें।

खेत को साथ ही रोधी किस्मों का उपयोग करें और ऐसे कीट जो विषाणु रोगों के ग्राही होते हैं, जैसे माहू, सफेद मक्खी आदि पर नियन्त्रण निरन्तर रखें।

भारत में कुछ सूमकृमि की जातियाँ जैसे मैलोइडोगाइन जैभेनिका, हेटरोडेश भिग्रा रोटाइलेनकूलस रेनीफौर्मिस, टाइलेनकोरिंकस ब्रैसिकी एवं टाइलेनकलस फिलिफौर्मिस की प्रजातियाँ कई सस्यों को काफी हानि पहुँचाती है। मुख्य तथा सहसस्य में ये बहुत हानि पहुचाते है। ये सूमकृमि पौधो की जड़ो की अग्र भाग में घुस जाते हैं। इनसे छोटे-छोटे पौधों की तो मृत्यु भी हो जाती है और बड़े पौधे बीमारी से ग्रसित दीखते हैं। जमीन के ऊपर के लक्षणों से पौधे आकार में छोटे हो जाते हैं, मुरझाने लगते हैं, पीले पड़ने लगते हैं, पौधे मरोड़ खाते हैं तथा पत्तियों की मृत्यु हो जाती है। इन पर नियन्त्रण के लिये 1. सस्य चक्रों का इस्तेमाल करें, 2. इनको नष्ट करने के लिये ऐसे रसायन जैसे कार्वोफ्यूरोन या एल्डीकार्व का उपयोग करें और 3. रोधी किस्मों को ही काम में लायें, उनकी ही बोआई करें।

उड़द की मुख्य व्याधियाँ है-पत्ती का मुड़ना (विषाणु जनित) **मोजाइक मौटल** (विषाणु जनित) बन्ध्य विषाणु। इनके उपचार तथा नियन्त्रण के लिये मूंग के लिये दी गई विधियाँ अपनाई जाती है।

लोबिया को कई व्याधियाँ सस्य को हानि पहुँचाती है। इनमें से मुख्य है, शाकाणु जनित अंगमारी (**जैथोमोनस मिग्रिकोला**) शिशु पौधों की अंगमारी (**फाइटौफ्थोरा भिग्री**), झुलसा रोग (**फ्यूजेरियम ऑक्सीस्पोरियम**), गेरुई (**यूरोमाइसीज फैजिओलाई**), **पाउडरी मिलड्यू (छाछिया, ऐरीसाइफी पोलीगोनाई** तथा **मोजाइक**। इनके रोकथाम के उपाय वहीं है जो अन्य दलहनी फसलों में किये जाते है।

स्ट्रीगा जो एक उद्‌भिदीय परजीवी पौधा होता है, ऐसी फसलों जैसे ज्वार, मक्का आदि में काफी हानि पहुँचाता है। उसके उन्मूलन के लिये जो उत्तम विधि है वह यह है कि स्ट्रीगा को बीजों को ही खेत में न आने दिया जाय। इस कार्य को करने में दो बाते की जा सकती है- 1. रोधी किस्मों की कृषि की जाये तथा 2. स्ट्रीगा के पौधों को बीज पड़ने से पहले ही नष्ट कर दिया जाय। यही विधि अन्य फसलों के अन्यान्य तृणकों के लिये भी अपनाई जा सकती है।

कुछ ऐसी भी सस्ये होती हैं, जिनको पाश-सस्य के रूप में उगाने से खरपतवार को उगने में प्रोत्साहन देने से खरपतवार को खेत में से निकाला जा सकता है। जब कि ऐसी सस्य पर उस खरपतवारो का कोई प्रभाव रहीं होता है। इस प्रकार की विधि स्ट्रीगा के उन्मूलन में अपनाई जाती है। कपास, मूंगफली, अरहर, सोयाबीन आदि ऐसी ही फसले हैं, जिनको इसके लिये इस्तेमाल किया जा सकता है। एक सुदृढ रणनीति अपनानी पड़ेगी जो कि अभी तक अनुपस्थित है।

विधायित आलू का अभी हाल ही में विकास हुआ है और आशा है कि इसकी उतरोत्तर आगे भी तरक्की होती रहेगी। यह इसलिये कि इसकी मांग बढ़ती जा रही है तुरन्त आवागमन में हुई प्रगति और इसके पारगमन में बहुत कम क्षति होती है।

25. आलू का पौध-संरक्षण कार्य एक बहुत ही गम्भीर विषय है। सकंद द्वारा प्रचारित आलू की फसल में कई चिंताजनक व्याधियों जैसे लेट-ब्लाइट, शाकाणु जनित झुलसा रोग उत्पादन में भारी कमी पैदा करते हैं। दूसरी ओर बीज के आलू उत्पादन में विषाणु व्याधियां बीज को समय समय पर पौधों को ग्रसित कर देते हैं जिससे आगे चलकर आलू की फसल की उत्पादन क्षमता बहुत कम हो जाती है। ऐसी व्याधियाँ जैसे काला-स्कर्फ है या सामान्य स्कैब है-ये यद्यपि आलू के उत्पादन को तो प्रभावित नहीं करते परन्तु ये निश्चय ही आलू के बाजार मूल्य में काफी कमी ला देते हैं। इसके अतिरिक्त इनसे हुई क्षति से आलू बीज के लायक नहीं रह जाता है। यदि ये आलू बीज उत्पादन के माणक के सीमा के ऊपर चले जाते हैं, तो इनसे प्रभावित बीज फिर बीज के काबिल ही नहीं रहता है। जिससे कि बीज उद्योग को काफी हानि उठानी पड़ती है।

आलू की फसल में लगने वाले कीट-पतंग भी एक चिंता का विषय है। मुख्य कीट जैसे आलू का सकंद का पतंगा, पत्ती के फुदके, सफेद गिंडार, कली वाले कीड़े तथा माइटस अधिक हानिकारक कीट हैं जो इस फसल को बहुत नुकसान पहुंचाते हैं। ये सभी कीड़े वातावरण में स्थानिक तौर पर पैदा होते रहते हैं। इनसे भी उपज में भारी कमी हो जाती है। यों तो ऐफिड (चेपत) को सही मायने में आलू का हानिकारक कीड़ा नहीं कहा जा सकता है, फिर भी इनकी जो विषाणु रोग को फैलाने में रोग-प्रसारक की भूमिका होती है जिससे वह और बहुत ही चिंता का विषय हो जाता है। अन्य बीमारियाँ आलू में जैसे वार्ट (चमकीला) दार्जिलिंग और नीलगिरि में नीमेटोड (सूमकृमि) के द्वारा पैदा हो जाते हैं। इनका प्रकोप इतना प्रबल होता है कि भारत-सरकार ने इनकी रोकथाम तथा प्रसारण को रोकने के अन्य कई भागों में इसके प्रसारण को रोकने के उपाय किये गये हैं।

II. सस्यों के हानिकारक कीट-शत्रु और उनका नियन्त्रण

व्याधियों की भांति सस्य उत्पादन की एक अन्य समस्या है, कीट-शत्रुओं द्वारा किया जाने वाला नुकसान। यह हानि फसल को बिल्कुल नष्ट करने के स्तर से लेकर 40-50 प्रतिशत हानि कर सकती है। इसलिये एक सफल कृषि के लिये इनका नियन्त्रण आवश्यक होता है। आगे के पृष्ठों पर इस समस्या के ऊपर विचार कर इस विषय को प्रस्तुत किया जा रहा है-

तालिका 92 : सस्यों को हानि पहुंचाने वाले कीट शत्रु

कीट शत्रु का नाम तथा प्रभावी क्षेत्र	*हानि की दशा*	*आर्थिक देहली स्तर*	*रसायनिक नियन्त्रण एवं उपचार*
1.	*2*	*3.*	*4.*
धान			
1. भूरा फुदका **निलापर्भेटा लयूजेन्स** मध्य प्रदेश में अधिक	दोनों ही शिशु एवं वयस्क रस को मुख्यतया आधार के भागों से चूसते हैं। आक्रमित पौधे पीले पड़ जाते हैं, फुदका जलन के लक्षण दिखाते हैं, अति विकट आक्रमण से ये जले भाग बड़ी मात्रा में उपस्थित होते हैं। इनसे प्रभावित पौधे घासीय-लघुकायीता के शिकार हो जाते हैं।	5-10 फुदका प्रति पादप रोपण स्थल	कार्बोफ्यूरौन 3. जी 20 किलो/हैक्टर या फॉरेट 10 जी 12.5 किलो/हैक्टर का उपयोग करें या काबेंरिल 50 डब्ल्यू. पी. 0.15% या मौनोक्रोटोफॉस 36डब्ल्यू. एस. सी. 0.04% या क्लोर पाइरीफॉस 20ई.सी. 0.05% का छिड़काव करें, पौधे की जड़ की दिशा में छिड़काव करें।
2. सफेद पीठ का पौधे का फुदका **सोगाटेला फर्सीफेरा** उत्तरी भारत में अधिक	प्रभावित पौधे पीले हो जाते है या गेरु की भांति लाल बाकी लक्षण ऊपर के कीट जैसे है।	5-10 फुदके प्रति पादप रोपण स्थल	तदैव
3. हरा, पत्ती का फुदका. पूर्वी भारत में अधिक **नेफोटेटिक्स नाइग्रोपिक्टस**	यह नाशीकीट टुंगरो विषाणु रोग का वाहक भी है। इससे प्रभावित पौधों की पत्तियां भूरी पड़ने लगती हैं ऊपर से शुरु होकर नीचे की और भूरी होने लगती है।	टुंगरो प्रभावित क्षेत्रों में दो फुदका प्रति पादप रोपण स्थल	तदैव
4. धान का समिताई मत्कुण, **रिपर्सिया ओराइजी,** वर्षा पर आधारित क्षेत्रों मे अधिक।	आक्रमण से पौधे सूख जाते है, प्रभाव छोटे-छोटे खण्ड़को में बंटा हुआ। अधिक वर्षा के क्षेत्रों में बाहुल्य।	– जब भी 4-5 कीट दिखाई दें।	इन्डोसल्फान 35 ई.सी. 0.07%या फेनी-ट्रोथियोन 50ई.सी. 0.1% या डाइमेथोयेट 30ई.सी. 0.1% घोल का छिड़काव करें। छिड़काव की दिशा पौधे के आधार की तरफ रखें।
5. जड़ का चेपा **टेट्रान्यूरा हिर्सुटा,** वर्षा पर आधारित सस्यों के क्षेत्रों में अधिक	पत्तियों तथा बालियों से रस चुसते हैं, पत्तियाँ पीली हो जाती है। अत्यधिक आपातित दशा में बालियों में केवल भूसा मिलता है।	जब भी जड़ों पर प्रभाव दीखे। जब भी आक्रमण का आभास हो।	तदैव

1.	2.	3.	4.
पीला तना छेदक और पत्तों को मोड़ने वाला कीट **ट्रिपोराइजा इन्सर्टुलास** पूर्वी भारत में अधिक	कीट के पदातिक शाखा के अन्दर घुसते हैं, बीच के प्ररोह पर आक्रमण आरंभ करने के बाद सभी शाखाओं के आधार पर मृत हृदय पैदा करते हैं। वयस्क पौधों में ऐसा करने से बालियों में केवल भूसा रहता है। ऐसी बालियों को सफेद बालियां कहते हैं।	वर्धी वृद्धि के समय 5% मृत हृदय तथा बालियों के 2% सफेद होने पर पुष्पन की दशा में	शिशु पौधों को जड़ के उपचार का 0.05% मृत हृदय के लिए क्लोरपाइरी-फॉस घोल से 1 मिनट तक डुबाये रखें। इसके बाद ही इनका रोपण करें। स्थानिक बीमारी के स्थानों पर यह जरुरी है। ऊपर के कीटों के समान कीटनाशकों का छिड़काव करें। छिड़काव ऐसे समय पर करें जो कीट के अण्डों में से निकलने का समय हो।
आरोही कर्तन कृमि **माईथिम्ना सेपेरेटा** उत्तरी प्रदेशों में अधिक प्रकोप।	जबान पोतक पत्तियों को खाता है, बड़े पोतक पौधों के ऊपर चढ़ जाते हैं और बालियों को काटकर अलग कर देते हैं। दिन में पोतक पौधों की जड़ों के पास छिप जाते हैं, बालियाँ और दाने खेत में बिखरे दिखाई देते हैं।	4-5 पोतक/मीटर	मैलेथियोन या कार्बेरिल से धूलन करें 25-30 किलो/हैक्टर की दर से क्लोरी-पाइरीफॉस 20 ई. सी. 0.05% या इन्डो-सल्फान 35ई.सी. 0.07% या क्विनौलफॉस 25 ई. सी. 0.075% का छिड़काव करें। छिड़काव की दिशा जड़ों की तरफ रखें।
कीट पत्ती को मोड़ने वाला पदातिकों का दल **नैफैलोक्रौपिस मेडिनैलिस** उत्तरी पश्चिमी प्रदेशों में और मध्य भारत में भी अधिक	इसके पोतक सस्य को पौधस्थली एवं खेतों में नुकसान पहुँचाते है। ये बड़ी भूख से पौधों को खाते हैं और अन्त में डण्ठल खेत में खाली रह जाते हैं। इसके पदातिक बड़ी संख्या के झुण्डों में एक खेत से दूसरे खेत में जाते रहते हैं।	4% मुडी पत्तियाँ	तदैव इसका नियन्त्रण सामुहिक तौर पर पूरे खेतों का करना चाहिये, नहीं तो ये पूरे गांव के खेतों को चट कर देते हैं।
हरा श्रृंगी पत्ती का फुदका **नीलों नीफोटेटिक्स माईग्रोपिक्टस**	इसके पोतक पौधों की पत्तियों को खाकर पौधे को पत्ती रहित कर देते हैं। प्रभावित सस्य ऐसी लगती है, जैसे जानवरों ने इसे चट किया हो। उत्तरी भारत में सबसे अधिक प्रकोप।	4-5 कीट जब भी पौधे पर दिखाई दें	कार्बेरिल या मैलाथियोन धूल 25-30%/हैक्टर में उपयोग करे। या क्लोरीपाइरोफैस 20 ई.सी. 0.05% या इन्डोसलफान 35 ई.सी. 0.075% का छिड़काव करे।

1.	2.	3.	4.
धान का धानी कृमि **निम्फ्यूला डिपक्टैलिस** मध्य भारत में अधिक, ठहरे पानी की स्थिति में अधिक व्यापक,	जवान पोतक पौधे के हरे भागों को खाते हैं। व्यस्क पोतक पत्तियों की शीर्ष को खाते हैं और पत्तियों को मोड़ देते हैं। ये पत्तियों की नालीनुमा धानियां बना कर इसके अन्दर रहते हैं। रात को ये इन धानियों में से अपना सिर बाहर निकाल कर पत्तियों को खाते हैं।	4–5 कीट जब भी पौधे पर दिखाई दें।	तदैव
धान का हिस्पा	दोनों ही वयस्क तथा गिण्डारे सस्य को पौधस्थली तथा खेत में बराबर हानि पहुँचाते हैं। पत्तियों की नाड़ियों के बीचों बीच का हरा पदार्थ खा जाते हैं और नग्न नाड़ियों को छोड़ देते हैं।	2 वयस्क या 2 ह्रसित पत्तियाँ प्रति पौधे की जड़ पर	तदैव
धान की जड़ का भृंग नदियों के तटों पर अधिक	इसकी गिण्डारे पौधों की जड़ों को खा जाती हैं। प्रभावित पौधे लघुकाय दिखाई देते हैं। धूमिल कम दीखने वाले गिण्डार पौधों की जड़ों पर चिपके दिखाई देते है।	खेत का बोआई से पहले उपचार कर लें	कार्बोफ्यूरोन का उपयोग करने से 3 जी 20 किलो/हैक्टर या फोरेट 10 जी 12.5 किलो/हैक्टर का उपयोग करें।
गाल मिज (दंशुक कीट) **पैचीडिप्लोसिस ओराइजी** पूर्वी भारत में अधिक	कीट के पोतक तने के अन्दर घुस जाते हैं और पौधे की वृद्धि करने वाले शिखर पर केन्द्रीय प्ररोह को खा जाते हैं। इस प्रकार खाये जाने पर जो मध्य की शाखा होती है वह एक प्रकार की नाली में परिवर्तित हो जाती है। इसे 'चांदी का प्ररोह' कहते हैं। प्रभावित प्ररोह में कोई बाल नहीं लगती है।	5% चांदी के प्ररोह	शिशु पौधों का जड़ उपचार 0.05% क्लो-रक्लोरप्रिफॉस से रोपण से पहले करें। 1मिनट तक जड़ों को इस घोल में डुबा के रखें। बाकी वही सब उपचार करें जो पीले तना छेदक के लिये करते हैं।

1.	2.	3.	4.
धान का गन्धी मत्कुण **लेप्टाकोराइजा भेरीकौर्निस**	दोनों फुदके तथा वयस्क कीट दोनों दाने के विकास होने के समय से ही उसका रस चूसते हैं, विशेषकर दाने की दूधिया अवस्था पर । इससे बाली में दाने के स्थानों पर केवल भूसा रह जाता है।	1 मत्कुण/रोपण स्थल	कार्बेरिल या मैलेथियोन या इन्डोसल्फान 25–30 किलो/हैक्टर से धूलन करें या इन्डो-सल्फास 35ई.सी. 0.07% या मैलेथियोन 50 ईसी. 0.1% या फेनिट्रोथियोन 50ई.सी. 0.1% जल्दी सुबह या देर शाम को छिड़काव करें।
बाली के थ्रिप्स	दोनों अवस्थायें फुदका या वयस्क की फसल को उसकी बालियों पर आक्रमण कर नुकसान पहुँचाते हैं। इससे इनके दानों के स्थान पर केवल भूसा चिपका रहता है।	जब भी 4–5 फुदके खेत में दिखाई दें।	मैलाथियोन 50ई. सी. 0.01% या कार्बेरिल 50 डब्ल्यू.पी.0.1% या इन्डोसल्फान 35ई. सी. 0.07% या मौनोक्रोटोफॉस 36 डब्ल्यू. एस.पी.0.04% से छिड़काव करें या मैले-थियोन या कार्बेरिक 25–30 किलो/हैक्टर का बुरकाव करें।
धान के जैसिड कीट	पत्तियों का रस चूसते हैं, जिससे पत्तियाँ पीली हो जाती है और नीचे गिर जाती है।	बोने के 30–35 दिन बाद छिड़काव कर दें।	तदैव
धान के अन्य हानिकारक कीटों में दीमक **ओडोन्टोटर्मिस ओबीसस** भी वर्षा पर आधारित क्षेत्रों में फसल पर आक्रमण करता है।	खेत को देखने से पता लगता है	खेत की बोआई से पहले नियंत्रण उपाय करें।	गेहूँ के लिये जैसा उपाय किया वैसा करें।
गेहूँ और जौ			
दीमक, **ओडोन्टोटर्मिस ओविसस**	प्रभावित पौधे सूख जाते हैं। इनको हल्का खींच कर उखाड़ा जा सकता है। असिंचित क्षेत्रों में यह अधिक हानि पहुँचाता है।	जब भी खेत में पौधे सूखते दिखाई दें।	5%एल्ड्रिन की धूलन या 10% धूल एच.सी.एच. @ 25–30 किलो/हैक्टर के धूलन से इस पर नियन्त्रण पाया जा सकता है।
गुझिया भृंग **टैनीमीकस इन्डिकस**	यह अंकुरण के समय पौदों को नुकसान पहुँचाता है।	खेत को देखते रहे	तदैव
सेना कीट **माइथिन्नो यूसिपून्कटा**	इसके पदातिक रात में पोधों को खाते हैं, दिन में छिपे रहते हैं।	खेत की मिट्टी को उपचारित करें।	10% एच.सी.एच. का धुलन करे 25किलो/हैक्टर की दर से। या कार्बेरिल (सेबिन 50डब्लू .पी) 2.5 किलो/हैक्टर की दर से 200लिटर पानी के घोल से छिड़काव करें।

1.	2.	3.	4.
गेहूँ भण्डार के कीट धान का भृंग **(सिटोफिलस ओराइजी)** दाने का पतंगा **(राइजोपर्था डोमिनिका)** खापरा **(ट्रोगोडर्मा ग्रेनेरियम) ग्रेनेरियम**			गेहूँ के बीज को 14.6% से कम आर्द्रता पर भण्डारण करना चाहिये। यह कीट ज्वार, के भण्डारण में भी नुकसान करते है मृ ंग
चूहे जाति के जानवर (rodents)			चूहे के छेदो को खेत में एल्यूमिनियम फौस्फाइड को घुआँ करने से बडे छेद में 3 ग्राम प्रति छेद तथा छोटे में 0.15 ग्राम प्रति छेद रखनी चाहिये।
मक्का			
तना छेदक, **काइलो जोनेलस**	इसके पोतक फसल को जून से सितम्बर तक नुकसान पहुँचाते हैं। ये कीड़े पत्तियों के ऊपर से उनको खुरचते हैं और आगे चलकर फिर पत्तियों के गुच्छे के बीच से स्तम्भ के अन्दर घुसते हैं। एक नये पौधे में वृद्धि के शीर्ष को मृत्यु हो जाती है और पौधा फौरन सूख जाता है। इसलिये इससे बचने के लिये रोग निरोधन के उपाय बोने के 2 हफ्ते पहले ही कर दिये जाते हैं।	जब भी 4-5 कीट फसल के ऊपर दिखाई दें।	इस कीट के नियन्त्रण के लिये सुमुसुडीन 20ई.सी. @ 100 मिलिग्राम, रिपकोर्ड 10 ई.सी. @ 100 मिलिग्राम; डेसिस 28 ई. सी. @ 200 मिलिग्राम; या सेविन (का–बेंरिल) 50 डब्ल्यू. पी. @ 250 मि.लि. एवं नूमाक्रोन मौनोक्रोटोफॉस 36 डब्ल्यू एस. पी. 125 लीटर पानी में @ 275 मि.लि./हैक्टर की दर से बोने के 2-3 सप्ताह बाद छिड़काव करें।
सैन्यकीट एवं भुट्टे के बाल काटने वाला कीड़ा, **मिथिम्रा लेब्रिटा**	ये कीट भूमि में स्थित पत्तियों को खा जाते हैं।	4-5 कीट प्रति पेड़ पर दिखाई दें।	मक्का के छेदक के साथ-साथ इन पर भी नियन्त्रण हो जाता है। यदि इनका आक्रमण विकासशील भुट्टों पर दिखाई दे तो सुमिथियोन/ फौलीथियान ऐकोथियोन या डाइपेट्रेक्स 50% @ 25 किलो/हैक्टर से भुट्टे की चोटी पर इनका बुरकाव करें।

1.	2.	3.	4.
बरुथी कीट (माइट) **ओइल्गोलिनकस इन्डिकस**	इस कीट का आक्रमण नये पौधों पर आम दिखाई देता है। यह पत्तियों पर आक्रमण जून-अक्टूबर तक करता है।	4-5 कीट जब भी किसी पौधे पर दिखाई दें।	जो उपचार छेदक कीट के प्रति किया जाता है। उसी से इस पर भी नियन्त्रण हो जाता है।
ज्वार			
प्रोह की मक्खी **ऐथेरिगोना सोकेटा**	यह शिशु पौधों का कीट शत्रु है। 1-4 हफ्ते अंकुरण के बाद तक यह आक्रमण करता है। इसके लक्षण मृत हृदय बीमारी के जैसे होते हैं।	तदैव	फसल बोने के समय का समायोजन कर के इस पर रोक लग सकती है खरीफ की सस्य के लिये जल्दी और रबी की फसल को देर से बोने से इसका काफी नियन्त्रण हो जाता है। मिट्टी में कार्बोफ्यूरोन से इस पर नियंत्रण कर सकते हैं। इसकी मात्रा 3 जी @2.3 किलो ए.आई/हैक्टर से बोआई के समय देने से इस पर नियन्त्रण हो जाता है।
तना छेदक, **काइलो पारटेलस**	फसल को दूसरे सप्ताह से पूर्ण पकने की अवस्था तक आक्रमित करता है। इसके आक्रमण से पत्तियों की ऊपरी सतह (अधिस्तर) पर कुछ छेद एवं खरोचें दिखाई देते हैं। शिशु पौधों में 'मृत हृदय' की लक्षण दिखाई देते हैं। तने में बहुत बड़ी मात्रा में छेद होते हैं। जिससे इनके अन्दर सुरंगे बन जाती है। इस कारण या तो तने टूट जाते हैं या उनमें पुष्प गुच्छ टूट जाते हैं।	4-5 छेदक पेड़ पर दिखाई दें तभी तुरन्त नियन्त्रण उपाय करें।	संलवन के तुरन्त बाद खेत में जो भी स्तम्भों के टुकड़े पड़े हों उनको साफ कर दें। कार्बेरिल 4जी. या कार्बोफ्यूरोन 3जी या इन्डोसल्फान 4जी. को भ्रमियों में रखने से 8 एवं 12 किलो/हैक्टर की दर से पौधे के उगते ही नियन्त्रण हो जायगा।
प्रोह मत्कुण **पेरान्नीनस मेडिस**	अनुकूल दशाओं में यह काफी हानि पहुँचा सकता है। बोने से 30 दिन बाद इसका आक्रमण प्रारम्भ हो जाता है। इसके वयस्क और अधिक सघन आक्रमण की अवस्था में पौधे मर जाते हैं।	जब भी 3-4 कीट पौधों पर दिखाई दें।	कार्बेरिल के 1% के छिड़काव या 0.2% डाइमेथोयेट या मौनोक्रोटीफॉस या 0.3% इन्डोसल्फान का बचाव के लिये छिड़काव करें।

1.	2.	3.	4.
सैनिक कृमि, **माइथिमा सेपेरेटा**	ये कीट पत्तियों को खा जाते हैं और बाद में पौधे मर जाते हैं। कर्नाटक में इससे 40–50% की हानि हो जाती है।	खेत की मिट्टी का कीटनाशी से उपचार करें।	संलवन के पश्चात खेत के कूड़ा-करकट को साफ करके जला दें। साफ सुथरी कृषि और नाइट्रोजन को खेत में हल्की मात्रा देने से इसके आक्रमण में कमी आ जाती है। रोशनी के ट्रेप लगाने से भी ये कीट मारे जाते हैं।
बरुथी, **ओलिगोनिन्कस इन्डिकस**	पत्ती में से पौधे का रस चूसते हैं। जिससे पौधों के ऊपर लाल धब्बे पड़ जाते हैं, पत्तियाँ सिकुड़ जाती है। धब्बे आपस में मिलकर बड़ा आकार ले लेते हैं।	–	कीलथेन 35ई.सी. 0.02% की दर से या मौनोक्रोटोफॉस 35 ई. सी. 0.02%, डाइकोफौल @0.5 मिलिलीटर के छिड़काव से बरुथी कीट पर पूर्ण नियन्त्रण हो जाता है।
दंशुक कीट **कौन्टेरिनिया सौर्धीकोला**	इसके पोतक नई निषेचित अंण्डाशय को खा जाते हैं। इस कारण दाना नहीं बन पाता है। यदि दाने की जगह को दबायें तो उसमें से एक लाल रंग का द्रव्य निकलता है। जब भी 90% बालिया निकलने की अवस्था में कीटनाशों का अवश्य प्रयोग कर दें।	तदैव	किसी कीटनाशक को ऐसे समय पर अवश्य उपयोग में लाये जब की बाल का निकालने का समय हो (पहले ही) कार्बेरिल 10डी या इन्डोसल्फान 4डी या मेलाथियोन 5डी का उपयोग करें।
शीर्ष का मत्कुण **कैलोकौरिस एगंस्टेटस**	मुख्यतया विकासशील बालियों को खाता है। इससे दाना बन ही नहीं पाता है। जो दाना बनता भी है, उसका भार बहुत कम होता है।	जब भी 2–3 कीट शीर्ष पर दिखाई दें।	कार्बेरिल 50एम.पी.@3.0 किलो/हैक्टर का छिड़काव या इन्डोसल्फान 4डी या कार्बेरिल 1.5 डी@ 20 किलो/हैक्टर पुष्पन से पहले का छिड़काव और दूसरा जब दानों की दूधिया अवस्था हो इससे इस कीट के नुकसान से बचा जा सकता है।
बालदार पदातिक 1. हेलिकोभर्पा आर्मीजेरा 2. स्टेनइरोइया इलौन्जेला 3. क्रिप्टेब्लेबस ऐ.गस्टीपिनेला 4. यूब्लेमा सिलिकुला	ये पदातिक कीट दाने के निर्माण के बाद पैदा होते हैं, ये दाने को खाते हैं, जिससे कि बालों के ऊपर टूटे दाने रह जाते हैं।	खेत की भूमि को कीटानाशी से उपचार कर लें।	क्लोरोपाईराफॉस 0.05% या इन्डोसल्फान 35ई.सी. 0.02% का छिड़काव इस कीट को नियन्त्रित कर देता है। मैलोथियोन का 5% धूल @20 किलो/हैक्टर से भी हानि से बचा जा सकता है।

1.	2.	3.	4.
बाजरा			
प्ररोह मक्खी **ऐथेरीगोना सोकेटा**	यह कीट ज्वार में भी पाया जाता है	जब भी 1–2 मक्खी प्ररोह पर दिखाई दे।	मानसून के आरम्भ होते ही जल्दी बीज बोना चाहिये। अंकुरण के बाद मैलेथियोन के दो बुरकाव(5% धूल) @25 किलो/हैक्टर की दर से 10 और 20 दिन पर करना चाहिये या नीम के तेल के दो छिड़काव (4ग्राम साबुन लीटर पानी) या इन्डोसल्फान के (0.07%) के दो छिड़काव 10 और 20 दिन के बाद करने से कीट का नियन्त्रण हो जाता है।
छोटे खाद्यान सफेद गिंडार (लह)	यह कीट मिट्टी का कीट है।	बोने पसे पहले बीज का उपचार करके बोयें।	दलहनी फसलों की मिश्रित कृषि से इस कीट पर काफी नियंत्रण हो जाता है। कार्बोफेरौन या फोरेट की बीज के साथ मिलाकर बोने से इस कीट पर काफी नियंत्रण हो जाता है।
तना छेदक **ट्राइपोराइजा स्पे.** बालदार पदातिक **ऐम्सेक्टा ऐल्चीस्ट्रीया** घास का फुदका **कोत्लेमेनिया स्फेनेस्क्वाइडिस** वाली को खाने वाला पदातिक **स्टेनेक्रोइया इलौन्जेला**	ये कीट पौधों के सभी भागों को हानि पहुचाते है	फसलो की निरंतर निगरानी करनी चाहिये	
सफेद लट **लैक्नौसटेर्ना लौन्जीपेनिस** एवं **एल. कोरियेसिया**	बाजरे के साथ दालों को जैसे मूंग, ग्वार या लोबिया की मिश्रित कृषि करने से इसका प्रभाव कम हो जाता है।		फोरेट या कार्बोफ्यूरौन @12 किलो/हैक्टर बीज के साथ मिलाने से और खूड़ों में देने से बोने के समय या क्षेत्रीय खाद+एस.सी. एच.10% (3.2में) चूर्ण @100 किलो /हैक्टर देने से काफी नियन्त्रण हो जाता है। यह कीट आलू की फसल को भी हानि पहुँचाता है।

1.	2.	3.	4.
सिलेटी रंग का घुण	–	–	क्वानलफॉस 1.5% मिथाईल पैरेथियोन 2% एवं फेनमेलरेट 0.4% धूल @25 किलो/हैक्टर से इस कीट पर नियन्त्रण हो जाता है।
मिज (दंशुक कीट)	यह कीट ज्वार में भी पाया जाता है	–	250सी.सी. मेटासिड (50ई.सी.) या 625 सी.सी.थाओडौन के (5ईसी) 250 लीटर पानी घोल/हैक्टर छिड़काव से इस कीट पर नियन्त्रण हो जाता है। छोटे खाद्यान्नों में कीट नियंत्रण के लिये डियाजिनौन (5%) याथइडीन (4%) गोलियो 20 किलो/हैक्टर की दर से उपयोग करें। बिहार का बालदार पदातिक एवं घास के फुदके के नियंत्रण के लिये 5% लिन्डेन का छिड़काव करने से या कावीरिल धूल 20 किलो/हैक्टर में उपयोग से इनका नियंत्रण हो जाता है।
जौ चेपा (माहू)	हरा या गहरे रंग का कांटेदार कीट	जब भी 1 या 2 कीट पौधों के ऊपर दिखाई दे।	मिथाइल पैरोथियोन @ 0.025% या डाइमिथोयेर @ 0.03% धील का छिड़काव करने से कीट पर नियंत्रण हो जाता है।
खरीफ दालें			
मूंग और अरहर			
तने की मक्खी **ओफीयोमिया फैजिओलाई**	इसके पोतक मूंग के तनों में छेद करते हैं और तने को नुकसान पहुँचाते हैं पत्तियाँ पीली पड़ने लगती है और पौधे मुरझाने शुरु हो जाते हैं।	–	कार्बोफ्यूरोन के दाने पंक्ति के बुआई के समय या कार्बोफ्यूरोन का छिड़काव 40%/2 किलो/हैक्टर से अच्छा नियन्त्रण हो जाता है।
जैसिड कीट **इम्पोआस्का स्पे.** (की)	फुदके तथा वयस्क दोनों को कीट सामान्य तथा पत्ती के निचले तल को खाते हैं। ये पत्ती का रस चूस लेते है और पत्ती के अन्दर विषैले पदार्थो का अन्तः क्रमण करते हैं। यह कीट लोबिया को भी ग्रसित करता है।	जब भी 1-2 कीट पत्तियों पर दिखाई दें।	जैसिड, चेपा, सफेद मक्खी तथा थ्रिप्स पर नियन्त्रण पाने के लिये मौनोक्रोटोफॉस (0.04%, डाइमेथोयेट(0.03%) डेमटौन–मिथाइल (0.05%), मैलेथियोन (0.06%) इन्डोसल्फान (0.07%) का छिड़काव करें कितनी बार छिड़काव किया जाय यह कीटों के आक्रमण की गहनता पर निर्भर करेगा।

1.	2.	3.	4.
चेपा (एफिड) **ऐफिस क्रेसीभोरा**	इसके फुदके तथा वयस्क पौधे के रस को चूसते हैं। सभी वर्धी भाग तथा पत्तियाँ भी प्रभावित होते है।' यह कीट मसूर और लोबिया की फसल का भी शत्रु है।	जब 3-4 कीट किसी पत्ती पर दिखाई दें।	तदैव
अरहर की फली मक्खी **मेलानाग्रोमिजा औब्ट्यूसा**	इसके वयस्क फलों के ऊपर अण्डे देते हैं। और जो डिम्भ इनसे निकलते हैं। वे फलसों में छेदकर अन्दर घुसकर फली को खाते रहते हैं।	जब फली का प्रारम्भिक निर्माण काल हो। उत्तरी प्रदेश में अधिक प्रकोप	दैहिक कीटनाशक जैसे मौनोक्रोटोफौस (0.04%) या डिमैटामेमिथाइज (0.05%) या डाइमिथोयटे (0.03%) फली बनने की और आरम्भिक अवस्था मे छिड़काव करने से इस कीट पर नियंत्रण हो जायगा।
थ्रिप्स कीट, **कैलिओथ्रिप्स इन्डिकस**	ये मूंग के पौधे के किसी भी भाग में छेद कर देते हैं और उसका रस चूसते हैं, ऊतक मर जाते हैं और भूरे रंग के हो जाते हैं। यह कीट लोबिया पर भी आक्रमण करते हैं	तदैव	नियंत्रण के लिये जैसिड के लिये दिये गये जैसा उपचार करें।
सफेद मक्खी, **बेमीसिया टैबेकाई**	इस कीट के फुदके तथा वयस्क मूंग तथा लोबिया पौधें के भागों से रस चूसते हैं। यह लोबिया में सुनहरी मोगाइब फैलाते हैं।	-	इस कीट से पीला मोजाइक विषाणु के फैलने में मदद मिलती है। नियंत्रण के लिये जैसिड के जैसा उपचार करें।
बालदार पदातिक, **डाईक्रिसिया औब्बिकुआ कुआ** (मूंग, अरहर) **ऐमेसेक्टा ऐल्वीस्ट्रीगा** (अरहर) **ऐ. मूरी.**	इस कीट के नये पदातिक पत्तियों के सतह बहुत बडी मात्रा में खाते हैं। बड़े वयस्क कीट पूरी पत्तियों को ही खा जाते हैं। इससे पौधा पूरा पत्ती रहित हो जाता है।	जब भी पत्ती पर 3-4 कीट दिखाई दें।	इनके नियन्त्रण के लिये इनको हाथ से उठाकर नष्ट कर दें। 10% यच.सी.यच@25-30 कि. हैक्टर या 0.05% मिथाइल पैरेथियोन व आल्किनौलफौस (0.05%) का छिड़काव करें।
फली छेदक, **मारुका टेस्ट्रलैलिस** (मूंग) **हेलिकोमर्पा आर्मीजेरा** (मूंग, लोबिया) **इटीला स्पे.** (अरहर)	इसके आक्रमित पुष्प एवं फलियाँ और पत्तियों सभी को खाते हैं। फली निर्माण की अवस्था में ये फली के अन्दर घुस जाते हैं। कभी-2 तो पुष्प एवं फलियाँ पेड़ से नीचे गिर जाती है। इससे फली का रंग खराब हो जाता है।	तदैव	इसके नियन्त्रण के लिये इन्डोसल्फान (0.03%) मैलैथियोन (0.05%) फली निर्मित होने के समय पौधों का छिड़काव कर दें। 10% यच सी एच @ 25-30 कि./हैक्टर के धूलन से इन कीटों पर नियंत्रण हो जाता है। गहरी जुताई, सिंचाई से खेत को पूरित करने से तथा एकान्तरिक ग्राही पौधों को नष्ट

1.	2.	3.	4.
			करना तथा बोने के समय को ठीक निर्धारण कुछ ऐसे उपाय है, जिन्हें मिट्टी में किये जाने से इन कीटों का पनपना कम हो जाता है।
अरहर का बिसल भृंग **मेलेनग्रोमिजा पस्टूलेटस**	इसके वयस्क अरहर के फूलों को भारी नुकसान पहुचाते है जिससे कुछ जिसे लगते हैं।	तदैव	मौलोथियोन 5% या कार्बेरिल 10% का धूलन करने से इसकी रोकथाम में काफी सहायता होती है।
उड़द एवं **लोबिया**	इस फसल पर आक्रमण करने वाले कीट लगभग वही होते हैं, जो मूंग को नुकसान पहुँचाते हैं। मूंग के ऊपर आक्रमण करने वाले जैसिड, थ्रिप्स, चेपा तथा सफेद मक्खी इस सस्य के भी कीट शत्रु हैं।		
कटवर्म, **ऐग्राटिस इस्पीलौन**	इस कीट के पदातिक उगते प्ररोह तथा अन्य मुलायम हिस्सों को खाते हैं। ये रात के समय अधिक क्रियाशील रहते हैं।	जब भी पत्तियों पर 2-3 कीट दिखाई दें।	बीज को बोने से पहले ऐल्ड्रिन @10 मि.लि. /किलो बीज का उपचार करने से ये कीट मर जाते हैं।
पत्ती खाने वाले कीट पाग्रिया कोस्टीटि-पेनिस, प्लूसिया नाइग्रिसिग्रा, स्पोडोप्टेरा लिटुरा, घास का टिड्डे (कोलिमेनिया स्फेना-राइओडिस, क्रोटोगोनस स्पे. तथा ऐट्रैक्टोमौफो क्रिन्यूलेटा)	ये सभी कीट तथा टिड्डे पत्तियों को खाते हैं। वे अन्यवर्धी अंगो को भी खा जाते हैं। इससे पौधे के कुल जैविक पुंज का हनन होने से उपज में भारी कमी आ जाती है।	इनको हाथ से उठा कर भी हटाया जा सकता है।	इनका नियन्त्रण इनको बिनने तथा एकत्र कर नष्ट करने से और अण्डे नष्ट करने से इन पर नियन्त्रण किया जा सकता है। इनको मिथाइल पैरेथियोन की धूल 10% या कार्बेरिल या एच.सी.एच. @25-30 किलो/हैक्टर के धूलन से किया जाता है। फली छेदक के नियन्त्रण के लिये मूंग का जैसा उपचार देंगें।
सूमकृमि मेलौग्डिगाइन जैभैनिका, मे. इनकौग्निटा, हेटेरोडेरा ग्लासीनस, रोटील्यनकूलस रेनीफौर्मिस, जीफिनेमा अमेरीकैनम, हैप्लोलेमस सीनहोर्सटाई तथा प्रेटीलेन्कस स्पे.	ये सभी कृमि जड़ों को प्रभावित करते हैं और उनके ऊपर प्रतिकृतियाँ बनाते रहते हैं। ये गोले और तथा गाढे भी बनाते है। इससे पौधों की वृद्धि रुक जाती है और वे लघुकाय होने लगते हैं। जड़ सहति भी	अच्छे सस्यचक्र अपनाये तथा बोने से पहले खेत को ग्रीष्मकालीन हल से जोत लें।	नीम की खली के भूमि उपचार से इनकी संख्या में कमी होती बताई जाती है। इन खली के कारण इन की क्रियाशीलता भी कम हो जाती है।

1.	2.	3.	4.
	अविकसित रहती है और अधिक गहन आक्रमण से पौधे मर जाते हैं।		
रबी दालें			
मसूर			
काटेंदार फली छेदक इटैइला जिन्केनेला चेपा (एफिड), *Aphid cracivora*	इनके द्वारा पत्तियाँ तथा प्ररोह विकृत हो जाते हैं। पत्ती के सतह पर शहद की तरह का एक चिपचिपा द्रव्य भी दिखाई देता है। इसके पतंगा ऐसी गहरी स्थान पर अण्डे देते हैं, जो उन्होंने इस कार्य के लिये निर्मित किये हैं। यह कीट मूंग में भी पाया जाता है। (ऐफिड)। इटैइला स्पे. फली छेदक मूंग/मटर को भी हानि पहुँचाता है।	जब 2-3 कीट पत्तियों पर दिखाई दें।	प्रकृति में चेपा कीट के भक्षक जंतुओं का काफी महत्त्व है। इसलिये कोई भी रसायनिक कीट नाशक देने पर यह ध्यान रखे कि चेपा के नियन्त्रण के लिये उपयुक्त कीट-नाशक रसायन का एक छिड़काव काफी होता है।
मटर			
पत्ती का सुरंगी कीट	अण्ड़ों में से निकालने के बाद इसके पोतक पत्ती के वृत्त पर छेद कर देते हैं, जिससे पौधे का नुकसान होता है।	जब 1-2 कीट पत्तियों पर दिखाई दे।	तने की मक्खी पत्ती का सुरंगी कीट तथा चेपा के नियंत्रण के लिये बीज का उपचार 2% फोरेट या मिट्टी में फोरेट देने से@1 किलो ए. ई. /हैक्टर बोने के समय का काफी अच्छा प्रभाव होता है। यदि आवश्यक हो तो इसके बाद मौनोक्रोटोफौश का छिड़काव (0.04%) इन्डासल्फान (0.07%) या डाईमिथोयेट (0.03%) का करने से (400-500 लीटर पानी का घोल बनाकर) प्रति हैक्टर की दर से फली बनते समय इन कीटों का नियन्त्रण हो जाता है। यदि बोने के समय मिट्टी का उपचार न किया गया हो तो यह कार्य अवश्य कर लीजिये, इसके लिये मैलेथियोन 0.05 % मोनोक्रोटीफॉस (0.04%) इन्डीसल्फान (0.03%) मेटासिस्टौक्स (0.05%) का डाइमिथोऐट (0.03% का छिड़काव करे यदि आवश्यक हो तो। उन सभी कीटों का एक सा ही नियंत्रण है।
तने की मक्खी, ओफियोमिया फैजिओलाई	इसके आक्रमण से पौधे लघुकाय हो जाते है और कुछ तो सूख भी जाते हैं।	जब भी मक्खी 1-2 पौधों पर दिखाई दें।	
पत्ती का सुरंगी कीट माहू एफिड क्रेसीभोरा (मसूर)	समयानुसार यह कीट कभी-कभी चिंताजनक स्थिति भी पैदा कर सकता है।	जब भी 1-2 कीट पत्तियों पर दिखाई दें।	

1.	2.	3.	4.
कांटेदार फली छेदक इटीला जिंकेनेला	यह कीट फली में छेद कर उसके दाने खा जाता है।	–	इसके नियन्त्रण के लिये फसल को (0.07%) इन्डोसल्फान या मौनोक्रोटाफॉस (0.04%) 10–15 दिन के अन्तराल पर करें। यह क्रिया फली निर्माण के समय से आरंभ करें।
चना			
फली छेदक हैलीकोभर्पा आर्मीजेरा, ज्वार तथा मूंग को भी नुकसान करता है।	यह चने की फसल का मुख्य कीट है। इसके शिशु डिम्भ कुछ समय के लिये पौधे के कोमल भागों को खाते हैं। जैसे ही फली निर्मित होती है, ये डिम्भ फली के अन्दर के बीजों को खाना शुरु कर देते हैं।	तदैव	इस कीट के साथ-साथ सेमीलूपर एवं चेपा के लिये एक संकलित संहति का उपयोग इनके नियन्त्रण के लिये किया जाता है। पहला कार्य तो यह होता है कि फसल संलवन के बाद ही खेत की जुताई कर छोड दें। इसका तात्पर्य मिट्टी के अन्दर शीतलाभ की दशा में छिपे फली छेदक के तथा चेपा कोशित के कीट भक्षी जन्तुओं को प्रोत्साहित करना चाहिये।
सेमीलूपर, औटोग्राफा नाइग्रिसिग्रा	इसके शरीर के ऊपर एक छल्ल नाइग्रिसिया बना होता है, जब यह कीट इधर-उधर चलता है। इसके डिम्भ यह पत्ती, डण्ठल यहाँ तक कि फली का भी काफी बड़ा भाग खा जाते है।	–	मिट्टी में से ऊपर आकर विगोपित हो जाय। साफ सुथरी कृषि पौधों के शेष अंग खेत में से साफ कर एक स्वच्छ कृषि का आरम्भ करें। यह भी ध्यान में रखे कि इन कीटों के जो प्राकृतिक भक्षी-कीट हो उनको संरक्षण दिया जाय।
दीमक, ओडेन्टोटर्मीस ओबीसस तथा माइक्रोटर्मीस स्पे.	यह कीड़ा मुख्यतया अर्धनम क्षेत्रों की खेतों में अधिक पाया जाता है। यह कीट उगते पौधों को नुकसान करता है। पौधे छोटी अवस्था में मुरझा जाते हैं और मर जाते हैं।	–	ये कीड़े कटवर्म के सहित नियंत्रित किये जा सकते हैं। बीज को 1लीटर ऐल्ड्रन 30 सी.सी. दो लीटर पानी में मिलाये, इसे 100 किलो बीज के ऊपर छिड़कें या मिट्टी को 25 किलो/हैक्टर एल्ड्रिन 5% या एच.सी.एच. 10% धूल खेत की तैयारी के समय मिट्टी में डाल दें।

1.	2.	3.	4.
कटवर्म, ऐग्रोटिस इप्सीलौन (उड़द में भी इससे नुकसान होता है।	यह कीट मुख्यतया बाढ़ के क्षेत्रों में अधिक पाया जाता है। यह कीट दिन में छिपा रहता है और रात को बाहर निकल कर पौधों को उनके आधार पर ही काट देता है। ये पौधों के कटे भागों को मिट्टी के अन्दर ले जाकर वहाँ पर खते रहते हैं।	–	तदैव
माहू (चेपा) ऐफिस क्रेसीभोरा	इसका आक्रमण यहा-कदा होता है जो कि यथास्थान होता है। मसूर तथा मटर पर भी इनका आक्रमण होता है।	जब भी पत्तियों पर 1-2 कीट दिखाई दें।	तदैव कीटनाशक औषधियों का आवश्यकतानुसार उपयोग सही समय पर करने से अच्छे परिणाम मिलते हैं। सस्य को एच.सी.एच. की 10% मैलेथियोन 5% कार्बेरिल 5% इन्डोसल्फान 5% तथा फॉसेलीन 4% की धूलन @20-25 किलो/हैक्टर सुबह जल्दी करने से फायदा होता है। सस्य को कीटनाशकों के छिड़काव जैसे इन्डोसल्फान 0.07% या क्लोरोफाइरीड फॉस 0.07% या वनस्पतीय कीटनाशकों जैसे निम्बोसाइडन या नीमेक्स अचूक तथा अन्य नीम से बने कीटनाशकों के छिड़काव करने से भी कई कीड़ों का नाश हो जाता है।
सोयाबीन			
बिहार का बालदार पदातिक,स्पाइलोसोमा औब्लीकुआ	यह कीड़ा पत्तियों के नीचे सतह पर अण्डे देता है। छोटे-छोटे उपनिवेशों में रहकर अण्डे देता है। पोतक पत्ती के हरे पदार्थ को खाते हैं, जिससे पत्ती में केवल नाड़ियाँ ही छूटी रह जाती है। कभी तो आक्रमण इतना अधिक होता है कि केवल सारे पेड़ पर पत्तियों का ढांचा मात्र दिखाई देता हैं।	अधिक देहली स्तर इन कीट का 2-3 पोतक/मीटर पंक्ति में दीखते हैं।	नियंत्रण के लिए आवश्यकतानुसार इन्डो-सल्फान 35 ई.सी. या क्विनोलफॉस 25 ई.सी. @1.25 लीटर+मिथाइल औडीमैटोन (येलसिस्टौक्स 25ई.सी.) @1.25लीटर/ हैक्टर की दर से छिड़काव करें।

1.	2.	3.	4.
तने की मक्खी, मेलाइनोग्रोमिजा सोजाई,अरहर में भी इससे हानि होती है।	उत्तरी भारत में यह सोयाबीन का बहुत महत्त्वपूर्ण हानिकारक कीट शत्रु हैं। इसके वयस्क पत्ती के ऊपर छोटे-छोटे कई छिद्र बनाते है, जो सफेद रंग के होते हैं। पत्तियों के मुलायम ऊतकों के ऊपर यह अण्डे देता है। इसके पोतक शुरु में पत्तियों को खाकर नीचे तने की ओर आक्रमण शुरु कर देते हैं। पत्ती के डण्ठल पर छेद कर देते हैं। यदि इस समय स्तम्भ को खोला जाय तो उसके अन्दर एक सुरंग जैसी आकृति मिलती है, पत्तियाँ तथा तने झुक जाते हैं।	आर्थिक देहली स्तर 2-4 कीट प्रति फुट तना	रोकथाम के लिय फोरेट 10 सी (1.5) किलो ए.इ./हैक्टर की दर से छिड़काव करें। एक छिड़काव मोनोक्रोटोफॉस (0.04%) या इन्डोसल्फान (0.07%) या ट्राइजोफॉस 40 ई.सी. @0.8 लीटर/हैक्टर अंकुरण के 7-8 दिन बाद छिड़काव करें।
मेखला बनाने वाला भृंग, ओवेरोप्सिस ब्रेभिस	मैथुन के बाद जो मादा कीट होता है। वह दो समानान्तर मेखलायें या तो पत्ती के वृत्त पर या तने के ऊपर बनाती है। इन मेखलाओं के बीच मादा कीट कई छिद्र बनाता है और इनके ऊपर वह अण्डे देती है। ये अण्डे पीले रंग के होते हैं। इसके आक्रमण से पत्तियाँ सिकुड जाती है और पत्ती की किनारिया मुड जाती है।	पत्ती के ऊपर 1-2 कीट दीखने पर उपाय करें।	तदैव
पत्ती का बेलनाकार कीट, हिडाइलेप्टा इन्डिकेटा	यह कीट वर्षा ऋतु में पनपता है। पत्तियों के ऊपर एक-एक या 5-20 के झुंड में अण्डे देती है। छोटे-छोटे सफेद पोतक पत्तियों को मोडते हैं, प्राकृतिक दुश्मनों से बचाव हो सक। ये पत्तियों के मध्य पर्णोरी द्रव्य को खाते हैं, जिससे कि पत्ती एक पतली कागज का रुप ले लेती है।	जब भी 1-2 पत्तियाँ ग्रसित दिखाई दें।	तदैव
पत्ती का खनिक कीट, ऐप्रोएईरीमा मौइसेला	वैसे तो यह मूंगफली का विशेष कीट होता है, परन्तु अब यह सोयाबीन पर भी आक्रमण	प्रति पौधे पर दो खाने	तदैव मूंगफली के जैसा नियंत्रण के लिये उपचार करें

1.	2.	3.	4.
	करने लगा है। नव उत्पन्न पोतक पैदा होते ही पत्ती के नीचे के स्तर को खाना शुरु कर देते हैं। पत्ती के अधिस्तर को खाते हैं।		
सफेद मक्खी, बेमिसिया टैवेकाई	ये कीट पीले रंग के विषाणु को फैलाते हैं। मूंग, उड़द की फसल में देखें।	पौधे पर 1–2 मक्खियाँ	आवश्यकतानुसार तदैव
हरा सेमीलूपर डाईक्रेसिया ओरीकेल्शिया	जैसे अन्य फसलों पर	3पोतक/पंक्ति के	तदैव चने में
मूंगफली			
सफेद लट (गिण्डार) होलोट्रिकिया कौनसेन-गुनिया	यह कीट ग्रन्थियों, बारीक जड़े, तथा मुख्य जड़ को मेखलित कर देता है। आक्रमित पौधा पीला पड़ने लगता है, मुरझाने लगता है और अन्त में सूख जाता है।	बोने से पहले खेत की मिट्टी का उपचार करें।	इसका नियन्त्रण दो दशाओं में करना चाहिये– 1. अपने खेत में तथा इसके पोतकों को मिट्टी में नष्ट करने के लिये तथा 2. उस विस्तृत स्थान के पेड़ों के ऊपर जब वयस्क भृग मानसून की पहली वर्षा के समय पेड़ों से जमीन पर आते हैं।
	थिमेट के दानों का उपचार 10ग्राम@ 1.5–2.5 किलो या फेन्सुलफोथियोन 1.0 किलो, कार्बोफ्यूरोन 1किलो तथा ऐकालौस 1.5 किलो ए. इ./ हैक्टर से अच्छे परिणाम प्राप्त हुये हैं। जिसे पौधों की मृत्यु में कमी आई है, प्रति एकड क्षेत्र में गिण्डारों की संख्या कम हुई है तथा सस्य की उपज में वृद्धि हुई है। कीटनाशक धूल जैसे एल्ड्रिन या हेप्टाक्लोर से भी कीट पर काफी नियन्त्रण प्राप्त होता है। इन विषैला पदार्थो को बीज के नीचे रखने से अधिक लाभ होता है। बोने की तिथि का भी प्रभाव पड़ता है, कीट का आक्रमण प्रति दिनों के विलम्ब के साथ बढ़ता जाता है।		

1.	2.	3.	4.
पत्ती का सुरंगी कीट ऐप्रोइरेमा मोइसिला	यह कीड़ा काफी हानि पहुँचाता है, फसल को अधिक संक्रमण की दशा में खेत जले से दीखते है, जिनकी पत्तियाँ सब सूखी दीखती है।	जब भी 1-2 पत्तियाँ प्रभावित दीखें।	इस कीट के नियन्त्रण के लिये मौनाक्रोट-फॉट (0.04%), डाइमेथोयेट (0.03%)या फॉस्फेमिडौन (0.05%) कीट के दीखते ही उपचार करें। इनसे एफिस के ऊपर भी नियन्त्रण हो जाता है। यह छिड़काव पहले 20 दिन बाद फिर करें।
सूमकृमि, नीमेटोड 1. मेलीओडोगाइन ऐसिनेरिया	इसका संक्रमण पंजाब, दिल्ली तथा गुजरात में अधिक पाया गया है। इसके संक्रमण से पौधों की वृद्धि में भारी कमी हो जाती है। पौधे छोटे हो जाते हैं, पत्तियाँ अत: पाण्डुरत हो जाती है। जड़े घनी गुल्मित हो जाती है। पिछेती जड़े भी काफी आती है। इसकी उपस्थिति में छिलके के ऊपर ऐसपर्जिलस का प्रकोप भी बढ़ जाता है। इसकी उपस्थिति से सिलिन्ड्री-क्लेडियम जनित कवक की सड़न बढ़ जाती है।	खेत को गर्मी की ऋतु की जुताई करे।	फिनेमिकौस या एल्डिकार्ब या ऑक्सेमिल के उपयोग करने से मूंगफली की उपज बढ़ जाती है। ये कीटनाशी नीमैटोड की खेत में संख्या घटा देते हैं। फिनैमिफॉस @ 3.5 किलो ए. आई हैक्टर से 2.5 से 5.0 से.मी. की गहराई पर एम. हेप्ता प्रजाति के सूमकृमि पर पूर्ण नियन्त्रण हो गया।
2. ऐफिलैन्कोइडिस ऐरेकिटस	ये सूमकृमि एक अन्त: परजीवी की दशा में बीज चोल के अन्दर निवास करता है। इसके संक्रमण से बीज चोल के ऊपर झुर्रियाँ पड़ जाती है और वह रंग में गहरा भूरा तथा छोटे बीज वाला होता है। इससे पौधा इनके ऊपर अन्य कवकों का संक्रमण भी अधिक होता है।	तदैव	तदैव
3. प्रैटीलिन्कस ऐरेटिस प्रतिकृति बनाने वाला सूमकृमि	अति अधिक संक्रमण से यह सूमकृमि गहरे भूरे प्रतिकृतियाँ छिलके के ऊपर बनाता है। ये छिलके ही कवक जनित व्याधियों के अन्त: क्राक का काम करते हैं। यह फली की सड़न से भी सम्बन्धित होता है। इसके आक्रमण से पौधे बौने हो जाते हैं और अतभ पाण्डुरता से भी ग्रसित हो जाते हैं।	तदैव	तदैव

1.	2.	3.	4.
सरसों			
1. सरसों का माहू लिपैफिस इराइसीमी	माहू से हानि 65–90 प्रतिशत की हो सकती है। सरसों, तोरिया से अधिक सहिष्णु होती है। माहू के प्रति। माहू फसल को दिंसबर के अन्त तक आक्रमण आरंभ करते हैं और यह जनवरी तक चलता रहता है। विशेषकर बादल की दशा में ये जल्दी पनपते हैं।	1–2 कीट पौधों पर दीखने पर	माहू से फसल की रक्षा मिथिलओडिमिट्रन के छिड़काव (मेटासिस्टौक्स डाइमिथोयेट (रोगर 30 ई.सी.) 1 लीटर को 1000 लीटर पानी में घोल बनाकर या फॉस्फोडिडौन (डेमीक्रोन 100 ई.सी.) 30 मि.ली. को 1000 मि.लि. पानी में घोल बनाकर। इनके 2 से 3 छिड़काव दर 10–15 दिन के अन्तराल पर देने से माहू पूर्णयता नियन्त्रित हो जायगा। कीटनाशी रसायनों का छिड़काव अच्छा हो कि दोपहर बाद किया जाय, क्योंकि ऐसा करने से मधुमक्खियों को हानि होगी। यह इसलिये महत्त्वपूर्ण है क्योंकि मधुमक्खियाँ ही फसल में सबसे अधिक परागण करती है जिससे उत्पादन बढ़ता है।
2. आरा मक्खी अथैलिया प्रोक्सीमा			
3. चित्रित मत्कुण बग्राडा हिलैरिस			
4. मटर का पत्ती का सुरंगी क्रोमेटोमिइया हौर्टीकोला			
5. बिहार बालदार पदातिक डाइक्रीसिया औब्लीकुआ			
6. बंदगोभी की तितली पीइरिस ब्रेसिकेई		उचित रसायनिक उपयोग कर नियंत्रण कर लें।	
7. मटर मत्कुण फाइलोट्रेटा क्रुसीफेरी			
8. हीरक पीठ का पतंगा प्लूटेला जाइलौस्टिला			
9. हरा आडू का माहू माइजेस परसिकी			
10.बडा पतंगा क्रोसिडी-लोमिया बाइनोटैलिस			
11. बंदगोभी का शीर्ष का छेदक हेलुला अंडेलिस			
12. बंदगोभी का सेमीलूपर प्लूसिया ओईचेल्सिया			
13.शलगम का पतंगा ऐग्रोटिस ऐजीटम			
14. सफेद मक्खी बेमीसिया टैबेकाई			

1.	2.	3.	4.
15. चने का पदातिक हेलीकोभर्पा आर्मीजेरा			
सूरजमुखी			
शिशु पौधों के कीट कटवर्मस	ये कीड़े पत्तियों तथा कोमल तनों को खा जाते हैं।	1–2 कीट जब पौधों पर दिखाई दें।	सूरजमुखी को मेड़ों के ऊपर 6–8 इंच की ऊंचाई पर उगायें ऐल्ड्रिन (30ई.सी.) या क्लोरपाइरीफॉस (20 ई.सी.) मिट्टी में मिलायें, मौनोक्रोटोफॉस का चुग्गा शाम के वक्त खेत में लगाये। इन्डोसल्फान (0.05%) से छिड़काव कर तर कर दें।
ऐसे शत्रु जो कीट श्रेणी में नहीं है।	कपोत, चूहे, कौवा, धारीदार गिलहरी	इनकी निरन्तर निगरानी करें।	विष के चुग्गे तथा चौकीदारी से इनको रोका जा सकता है।
पत्ती खाने वाले कीट स्पोडौप्टेरा, स्पाइलोसोमा, ट्राइकोप्लूसिया, प्ल्यूसिया, घास के टिड्डे, भृंग आदि	पत्तियाँ खाते हैं और पौधों को हानि पहुँचाते हैं।	जब भी 1–2 कीट पत्तियों पर दिखाई दें।	नियमित रुप से बालचर निगरनी करना, प्रकाश–रुध लगाना और साफ सुथरा खेत इनके नियन्त्रण के उपाय हैं।
पत्ती के फुदके, पौधों के फुदके थ्रिप्स, माहू, पौधों के मत्कुण और सफेद मक्खी	ये सब कीट पौधों के हर भाग से रस चूसते हैं।	तदैव	इनके नियन्त्रण के लिये हारगोप प्रजाति कीट की संख्या को बनाये रखे। कायिकी कीटनाशकों का उपयोग करें, बीज को बोने से पहले इमिडौक्लोप्रिड से उपचारित करें।
पुष्पों का हानिकारक कीट हेलीकोभर्पा आर्मीजेरा। कुसुम्भ को भी यह हानि पहुँचाता है।	पुष्पों को खाता है।	तदैव	प्राकृतिक शत्रुओं की संख्या को खेत में बनाये रखे एन.पी.भी @500 ली.ई/हैक्टर छिड़काव करें। केरोमनपाश का उपयोग करें। फोसेलीन 0.5% या मौनोसाइपरमिथ्रिन 0.05% का उपयोग करें।
मिट्टी के कीड़े दीमक आदि	रवेत में मिट्टी को बोने से पहले उपचार करलें।		दीमक को नियन्त्रित रसायनिक कीटनाशकों से करें।
पक्षी शत्रु	तोते, बीमरवर्ड एवं बन्टिंग एवं स्टारलिंग चिडियाँ	–	यांत्रिक या श्रमिक उपायों से इनको दूर रखने का प्रयास करें।

1.	2.	3.	4.
तिल			
पत्ती का गोल कारक एवं प्रावर छेदक, ऐन्टीगैस्ट्रा कैटेलोनैलिस	सस्य की आरम्भ की दशा में पदातिक पत्तियों को खाते हैं और पत्ती से बने जाल के अन्दर ही निवास करते हैं। पुष्पन आरम्भ होते ही इसके पोतक पुष्पों में घुस जाते हैं और प्रावर बनते ही उन पर आक्रमण करते हैं।	15 दिन पुरानी फसल के ऊपर इनका आक्रमण आरंभ हो जाता है। जुलाई से अक्टूबर तक ये फसल को नुकसान पहुँचातें हैं।	फसल की जल्दी बोआई करने से कीट का आक्रमण कम हो जाता है। सहिष्णु किस्मों का उपयोग करें, रसायनिक कीटनाशकों का उन्हीं का उसी तरह प्रयोग करें जैसे सुरजमुखी के लिये करते हैं। तिल+बाजरा की मिश्रित कृषि में उपयोग किये जाने वाले कीटनाशकों का उपयोग करें।
दुष्फोट मक्खी, एस्फोनडीलिया सीसेमी	पोतक कीट फूल के अन्दर खाना खाते हैं। इससे कुड्मों की शक्ल दुष्फोट जैसी हो जाती है। इन कुडमों का विकास नहीं हो पाता है। प्रभावित कुड्म या प्रावर भी सब सूख जाते हैं और नीचे गिर जाते हैं।	कुड्म के निर्माण के समय से नम्बर आरम्भ होने पर कर दें।	दुष्फोटो को निकाल देना तथा नीचे गिरे कुड्मों को एकत्र कर जलाने से ही रोग निरोधन का कार्य आरंभ हो जाता है। फसल का कुड्म निर्माण अवस्था में डाइमेथोयेट 3% या मौनोक्रोटोफॉस 0.05% या इन्डोसल्फान 0.07% का छिड़काव करने से लाभ होता है। सहनशील किस्मों का उपयोग करें।
हौक शलभ ऐचीरौन्टिया स्टीक्स	इसके पदातिक पत्तियों को खाते हैं और पौधों को पर्णरहित कर देते हैं। यह कीट कभी-कभी दीखता है।	यह पूरे सस्य काल में विद्यमान रहता है।	खेत की गहरी जुताई करने से इसके मिट्टी में छिपे इसके शंखी ऊपर आ जाते हैं और मर जाते हैं। पत्ती के बेल्लन कीट तथा प्रवार छेदक के लिये किये जाते हैं।
बिहार का बालदार पदातिक स्पाइलोसोमा औब्लिकुआ	सस्य की प्राथमिक अवस्था में ये पदातिक बहुभक्षी होते हैं तथा कुछ ही पौधों पर दीखते हैं। इसके बाद ये वयस्क पदातिक सारे पौधे के ऊपर छा जाते हैं।	पौधे की वर्धी अवस्था से आरंभ होते हैं और सस्य के अन्त तक उसके ऊपर रहते हैं।	नियन्त्रण के लिये जो उपचार डष्फोट मक्खी के लिये दिये हैं, उसी का उपयोग करें। प्रकाश जाल का प्रयोग करें।
भण्डारण कीट			
1. इफेस्टिया कैन्टेला			
2. कोर्सिरा सिफैलोनिका			
3. कार्पाफिलस स्पे.,			
4. ट्राइगोडर्मा ग्रेरेरियम			

1.	2.	3.	4.
अरण्डी			
समिउत्कुब्जरा, एचोइया जैनेटा, सेमीलूपर	यह कीड़ा फसल की पूरी अवधि तक विद्यमान रहता है। लेकिन दूसरी किस्म का पदातिक ऐमसेक्टा ऐल्बीस्ट्रिगा का आक्रमण मानसून के आरंभ में बहुत विकट रहता है।	जब भी 1–2 कीट दीखाई दें।	पदातिक को हाथ से पकड़ कर नष्ट कर दें। इसके प्राकृतिक अण्ड परजीवों को खेत में छोड़ने से काफी नियन्त्रण हो जाता है। परजीवी एक मैक्रोप्लाइटस मैक्यूलि–पेनिस नाम का जीव होता है। यह कीट अगस्त के दूसरे पखवाड़े से इसको काफी नियन्त्राण में रखाता है।
लाल बालदार पदातिक, ऐम्सेक्टा ऐल्बीस्ट्रिगा	यह अरण्डी की फसल को काफी नुकसान पहुँचाता है।	तदैव	तिल में दिये गये उपायों का नियन्त्रण के लिये उपयोग करें।
रामतिल			
रामतिल का पदातिक पेरीगेइया कैपेन्सस	यदाति हरे निशानों के साथ लाल निशान लिये होता है। यह पर्णभक्षी कीट है और रामतिल के पौधों को जल्दी ही पर्णहीन कर देता है।	तदैव	खेतों में त्रिणकों की सफाई करना यह कीड़ा कम हो जाता है। पौधों को कार्बेरिल 5% या इथाइलपैरेथियोने 4% फौलिडौला @20–25 किलो/हैक्टर के धूलन से कीट पर नियन्त्रण हो जायगा।
बालदार पदातिक, डाइक्रीसिया औब्लीकुआ	यह पत्ती के नीचली सतह पर रहकर पत्ती को खाता है।	तदैव	अण्ड़े के झुण्ड़ों का जल्दी ही नष्ट करना तथा इसका छोटे रुप को भी जल्दी से नष्ट करना। सस्य का कार्बेरिल 10% या ईथाइल पैरोथियोन 4% @20–25 किलो/हैक्टर का धूलन करें या छिड़काव करें। मौमोक्रोटो–फॉस 40ई.सी. @1मि.लि/लीटर पानी के मिश्रण से भी काफी नियन्त्रण हो जाता है।
सामि उत्कुब्जम	यह पदातिक सिलेटी रंग का होता हैं, अपने ऊपर आधा छल्ला बनाकर घूमता है।	जब भी 1–2 कीट पौधे पर दिखाई दे।	तदैव
घास का टिड्डा क्रोटोगोनस स्पे.	यह कीड़ा सस्य की आरम्भिक अवस्था में अधिक हानिप्रद होता है। हरी पत्तीयों को खा जाता है।	इनको हाथ से उठा कर भी साफ करदें।	सस्य का एच.सी.एच. 10% या कार्बेरिल 5%के धूलन से नियंत्रण हो जाता है।
काटने वाले कीड़े ऐग्रोटिस इप्सीलौन	यह कीड़ा पौधों की शिशु अवस्था में पौधों को हानि पहुँचाता है। यह	जब भी 1–2 कीट पौधों के ऊपर	इसके नियन्त्रण के लिये जो घास या अन्य खरपतवार की गई खेत में हो उन को हटा

1.	2.	3.	4.
	जमीन के सतह पर ही शिशु पौधों को काटा देता है।	दिखाई दें।	देना चाहिये क्योंकि पदातिक इनके अन्दर बैठकर दिन में विश्राम करते हैं। बाकी फसल की इस कीट से मौनोक्रोटोफॉस का छिड़काव करने से या डाइक्लोरोफॉस 40 ई.सी. या क्लोरापाइरीफॉस 20 ई.सी.@1मि.ली. लीटर के छिड़काव करने से नियन्त्रण हो जाता है।
कुसुम्भ			
पदातिक	कुसुम्भ पैदा करने वाले क्षेत्रों में यह सबसे अधिक विनाशकारी कीट है।	जब भी 1-2 कीट पौधों पर दिखाई दें।	इसके नियन्त्रण के लिये अन्यत्र दिये गये माहू के नियन्त्रण काम में लें।
बालदार पदातिक	यह एक पुरुभक्षी कीट है और सभी किस्म के पौधों को खाता है।	जब भी 1-2 कीट प्रभावित प्रावर दीखें।	इसके नियन्त्रण के लिये अन्यत्र दिये गये उपायों का उपयोग करें। इसकी कृषि के लिये सुधरी किस्मों का प्रयोग करें। मिश्रित कृषि के लिये इसकी कृषि चने के साथ न करें।
सेमिलूपर	पत्तियों को चट कर जाता है।	जब भी 1-2 वयस्क दिखाई दें।	जिन फूलों में इसका आक्रमण हो चुका है, उनको निकालकर नष्ट कर दें। चने के कीटों के नियंत्रण में प्रयोग आने वाले सभी रसायन कीटनाशक इसके कीटों के नियंत्रण में भी काम आयेंगे।
घास का फुदका	पौधों को चट कर जाता है।		
काटने वाला कीट	छोटे पौधों की दशा में हानि करता है।		
अलसी			
कुड्म की मक्खी	इससे उपज में 60 प्रतिशत से अधिक की कमी हो जाती है।	तदैव	बोआई जल्दी करें। फॉस्फोमिडोन 45ई.सी.@ 600मि.ली. या मौनोक्रोटोफॉस 36 ई.सी.@ 600 मि.ली. या ऑक्सीडोमिटीन मिथाइल 25 ई.सी.@ 600 मि.लि. पानी में घोल बनाकर 1.2 लीटर/हैक्टर का छिड़काव करें। यह क्रिया 15 दिन के अन्तराल में दोहरायें।
सामि उत्कुब्जग तथा थ्रिप कीट	–	जब भी 1-2 कीट पौधें पर दिखाई दें।	फसल को किसी कायिकी कीटनाशक से छिड़काव करें, जैसे मौनोक्रोटोफॉस 36 ई.सी. @600 मि.ली./हैक्टर से करें। इसी उपचार को 15 दिन बाद फिर दोहराये।

1.	2.	3.	4.
कपास			
चूसने वाले कीड़े जैसिड अमरैस्का विग्यूट्युला), ऐफिड (ऐफिस गौसि-पियाई) सफेद मक्खी(बेसिमिया टैबेकाई) बौल वर्म (डोडे का कीड़ा, पेक्टीनोफोरा गौसीपियाला, बिन्दीदार डोडे का कीड़ा, (इएरीयस भाईटीयेला और इ. इन्सुलाना) अमेरिकन डोडे का कीट (हेलिकोभर्पो आर्मीजेरा), पत्ती खाने वाला कीट (स्पोडौप्टेरा लिटूरा)	इन कीटों का अन्य सस्यों के ऊपर किये गये नियन्त्रणों की तरह रोक-थाम के उपाय करिये।	तदैव	कीटनाशकों के लिये रोधी होने के कारण इन सब कीटों के लिये भिन्न स्थानों पर नियन्त्रण के लिये भिन्न-भिन्न उचित रणनीतियाँ तैयार की गई है। हेलीकोभर्पा ही सबसे अधिक चिंताजनक कीट है, क्योंकि इसके नियन्त्रण के प्रति इस कीट में कीटनाशी रसायनों के लिये काफी अवरोध हो गया है।
जूट			
1. पीली बरुथी, पौलीफेगा-टर्सोनिमस लंटस 2. तने का घुण ऐपिओन कौर्कोरी	–	–	रसायनिक नियन्त्रण के लिये इन्डोसल्फान की 2 या तीन छिड़काव समय-समय पर देने से करीब सभी कीटों का नियन्त्रण हो जाता है। 0.04–0.075 किलों ए.इ./हैक्टर जब 10% आक्रमण आरम्भ हो जाय से पीली बरुथी का नियंत्रण हो जाता है। बोने के 7–8 सप्ताह के बाद यह उपचार कर ले। कृषि कार्य जैसे सस्यचक्र अपनाना, जैसे जूट-धान-गेहूँ-सरसों-सब्जियाँ सूमकृमि पर नियन्त्रण कर सकते हैं। देर से बोआई करने से सभी कीटों का प्रकोप अधिक होता है। कीटशत्रुओं को सामूहिक नष्ट करने के लिए एक प्रावैधिक क्रिया भी अपनाई जाती है। इसमें कीट-शत्रुओं का समूल नष्ट करने के लिये कीटनाशी कवको की जैसे ब्यूमेरिया, बेशियाना, मेटाटाइजियम ऐनीस्पेपीयास तथा जिसीलोमाइसिस स्पे. की बडी मात्रा में खेत में उपस्थिति जरुरी है।
3. जूट समिन्उत्कुब्जग ऐनोमोनस सबुलीफेरा 4. बिहार का बालदार पदातिक स्पाइलोसोमा औब्लिकुआ 5. सूमकृमि मेलोइग्डोगाइन इनर्कोग्नीटा	जब भी कीटों का प्रभाव दिखाई दे।		

1.	2.	3.	4.
गन्ना			
1. गन्ने का प्ररोह छेदक काइलो इनफस्कैटिलस सभी राज्यों में मिलता है।	सभी राज्यों में मिलता हैं	1-2 कीट प्रति वर्गमीटर	भिन्न-भिन्न छेदकों के लिये भिन्न-भिन्न किस्मों के उगाने का अनुमोदन किया गया है, उनको ही तदनुसार उगायें-
2.गुलाबी छेदक सीसेमिया इन्फेरेन्स	सभी राज्यो में	तदैव	1. सीसीओ975, सीओजे64, सीओ1148, सीओ 62198 एवं सीओसी 772 पर्णरोधी किस्में हैं।
3.हरा छेदक रैफिमीटोपस औब्ल्यूटेला	उत्तरी राज्यों में	तदैव	2. सीओजे 67, सीओ1007, सीओ 4158, सीओ 745, सीओ 1111, सीओ 1330, सीओ7224, शीर्ष छेदक के लिये रोधी है।
4. जड़ का छेदक इमैलोसेरा डिप्रेसेला	आन्ध्रप्रदेश,कर्नाटक उतरी भारत में अधिक प्रकोप	तदैव	3. सीओ 617, सीओ 758, सीओ 798 प्ररोह छेदक के लिये रोधी किस्में हैं। दिसम्बर से फरवरी के बीच यदि बोआई की जाय तो इससे प्ररोह छेदक का
5. शीर्ष का छेदक सिर्पोफेगा इक्सरपेटौलिस	- सभी राज्यों में प्रकोप	तदैव	आक्रमण कम होगा। कीट से खाये गये प्ररोहों/निर्जिव भागों का हाथ से एकत्र कर के उनको नष्ट कर दें। जैविक नियन्त्रण के लिये यह देखा गया है कि ट्राइका-
6. तना छेदक काइलो ऑन्सिलस	उत्तरी भारत में अधिक प्रकोप	तदैव	ग्राम्य की प्रजातियाँ भक्षक के द्वारा कोई विशेष सफलता ही नहीं मिल पाई है। यह विशेषकर इस परजीवी के लिये जलवायु
7. गुरदासपुर छेदक ऐसीगोना स्टैनीलस	- हरियाणा,पंजाब उत्तर प्रदेश में	तदैव	की दशायें अनुकूल नहीं रहती है। एक और पनजीवी (टैकेनिड) स्टरमियो क्पसिस फाइनफेटेन्स एवं आइसोटाइम जैमेन्सिस। जिनको उत्तरी भारत से दक्षिणी भारत में
8. प्लासी का छेदक काइलो टयूमिडिकोस्टैलिस	- उत्तरी पूर्वी भारत में क्रियाशील	तदैव	परीक्षण किया गया ये दोनों ही काफी प्रभावी सिद्ध हुये थे।
पाइरिला परप्यूसेला	-	जब 1-2 फुदके	इस कीट के नियन्त्रण के लिये 0.05%

1.	2.	3.	4.
यह रस चूसने वाला कीट है। अप्रैल से अक्टूबर तक यह क्रियाशील रहता है।	सभी स्थानों पर	पौधों के ऊपर दिखाई दें।	मैलेथियोन 50 सीसी से छिड़काव करे। जैविक नियन्त्रण के लिये यह देखा गया है कि बाह्य परजीवी इपिरिकेनिय नोल्यूका शल्क पर्जीवी से काफी प्रभावी ढंग से रोकथाम हो जाती है।
शल्क कीट मेलेनास्पिस ग्लोमेरेटा ये कीट तने के कोष्टों का रस चूस लेते हैं। इससे गन्ने सिकुड़ जाते हैं, उनकी वृद्धि रुक जाती है। रस की गुणवत्ता खराब हो जाती है।	–	बीज के उपचार से रोकथाम	बोने से पहले बीज के टुकड़ों को 0.1% मैलेथियोन के घोल में डूबोने से काफी रोकथाम इस कीट की हो जाती है। दो स्थानीय भूक्षी काइलोकोरस नाइग्रेटस एवं फारास्काइम्नस होर्नाई से यह कीट काफी नियंत्रित रहता है। आन्ध्रप्रदेश में परभक्षी बौट्रिओडिक्लेमा भारतीय स्थापित हो चुका है। तमिलनाडु में भी यह परजीवी काफी सक्रिय है।

तालिका 93 : आलू की भारत के विभिन्न प्रदेशों में विनाशकारी व्याधियाँ

	व्याधियाँ	*प्रभावित क्षेत्र*
1.	तने के घाव (ऊतिमृत्यु) (कारक कवक अभी निश्चित नहीं)	गुजरात, मध्यप्रदेश, राजस्थान
2.	चूर्णीय खुरंज (पपड़ी) **स्पोन्जोस्पोरा सबटेरेनिया**	ऊँचे पर्वतीय क्षेत्र
3.	तनों की स्केलेरोशियम सड़न **स्केलेरोशिय रोल्फशाई**	दक्षिणी पठारी क्षेत्र एवं कर्नाटक
4.	कोयला जैसी सड़न **मैक्रोफोमिना फैजिओलाई**	बिहार, मध्यप्रदेश, पूर्वी उत्तरप्रदेश
5.	फ्यूजेरियम द्वारा सड़न **फ्यूजेरियम ऑक्सीस्पोरियम** (फ्यू.सोलानी)	बिहार, मध्यप्रदेश, पूर्वी उत्तरप्रदेश
6.	कृन्तक (मूलक) भारतीय साही हिस्ट्रिक्स इन्डिका	हिमाचल प्रदेश, जम्मू-कश्मीर उतरांचल, बिहार के पहाड़ी क्षेत्र

विश्व के सभी देशों में भारत का आलू के उत्पादन की दृष्टि से पाचवाँ स्थान है। परन्तु जहाँ तक इसके निर्यात का प्रश्न है, यह नगण्य है। इसका नियति तीन तरह से होता है–1. खाद्य सामग्री के रुप में, 2. बीज के लिये तथा, 3. विधायित रुप में। खाद्य सामग्री के रुप में आलू का 1996–97 में सबसे अधिक 24936 टन का मान था। वैसे देश में बीज के लिये उगाने के लिये आलू की एक सुव्यवस्थित पद्धति है, परन्तु इसे एक व्यापार के रूप में क्रियान्वयन के लिये कई अड़चने सामने आती है।

आलू की फसल को व्याधियों तथा कीट शत्रुओं से बचाने के लिये कृषि वैज्ञानिकों ने एक संकलित योजना का अवष्किार किया है। इसमें कृषि कार्यो की यांत्रिक क्रियायें, जैविक नियन्त्रण, व्यावहारिक प्रक्रियाये तथा कीटनाशक, कवक नाशक के प्रयोग का निर्धारण किया गया है। देश के विभिन्न कृषि जलवायु क्षेत्रों में आलू की कृषि के लिये उपयुक्त तिथिपत्री वर्णावलि को इस अनुसूची में सूचिवद्ध किया गया है, जो कि पूरी फसल के दौरान व्यवहार में लाने से आर्थिक एवं श्रम की दृष्टि से उपयुक्त है। यह सूची नीचे दी गई है।

तालिका 94 : आलू की सस्य के लिये संकलित विनाशकारी जीवों के नियन्त्रण हेतु संकलित व्यवहार में लाये जाने का सूचीबद्धकार्य।

फसल की दशा	*संकलित विनाशकारी जीवों के नियन्त्रण के लिये एक सूचीबद्ध उचित प्रबन्धन*		
	हानिकारक जीव	*फसल की दशा*	*स्थान*
1.	2.	3.	4.
रोपण के समय साफ सुथरा खेत तैयार करना और गहरी जुताई	सभी जीवों के लिये	बीज तथा सामान्य खेत	सभी स्थानों पर
संपाश्विक अतिथि पौधों का उत्पादन न करें	सभी हानिकारक जीव	बीज एवं सामान्य फसल	सभी स्थानों पर
फोरेट का मिट्टी से उपचार करें 10 ग्राम या कार्बोफ्यूरोन 3 ग्राम दर 2.0 तथा 2.6 किलोग्राम ऐ.ड./हैक्टर	सफेद गिण्डार सूमकृमि	बीज और सामान्य फसल	सभी स्थानों पर
मिट्टी का फोरेट से उपचार 10 ग्राम 1.0 किलो/हैक्टर	चीनी,आलू	बीज की फसल	मैदान एवं पहाड़ी क्षेत्रों
गहरी हल–जुताई (10–15 सें.मी.गहरी)	आलू की संकद पतंगा	बीज और सामान्य फसल	सभी क्षेत्रों में
रोधी किस्मों का प्रयोग करें	देर का ब्लाइट चर्म कील	बीज और सामान्य फसल	नीलगिरि, दार्जिलिंग के पहाडी क्षेत्र एवं मैदानी क्षेत्र
सस्य–चक्र	सभी विनाशकारी जीवों के लिये	बीज और सामान्य फसल	सभी स्थानों पर
अंकुरण के समय			
फेनिटोथियोयन का 50ई.सी. 500 ग्राम/हैक्टर का छिड़काव करें	पत्ती का फुदका सामान्य फसल	बीज और	सभी स्थानों पर
हाइकोफौल 18.5 ई.सी. 550 ग्राम/हैक्टर छिड़काव	माहू सामान्य फसल	बीज और	सभी स्थानों पर
संक्लेदन कर मेड़ों के ऊपर क्लोरपाइरी–फॉस 20ई.सी.0.5किलो/हैक्टर की दर से	काटने वाले कीड़ों के लिये	बीज और सामान्य फसल	सभी स्थानों पर
फोरेट का 10 सी.जी. 1.0 किलो 1.0 किलो ए.इ. प्रति हैक्टर का मिट्टी में उपयोग करें	सफेद लट	बीज और सामान्य फसल	पहाड़ी क्षेत्रों में
कार्बोफ्यूरौन 3 जी. 2.6 ए.इ/हैक्टर	सूमकृमि	बीज और सामान्य फसल	नीलगिरि के पहाड़ी क्षेत्र
मैन्कोजेव 75% डब्ल्यू. पी. 2.5 किलो ए.इ./हैक्टर ब्लाइट तथा पत्ती के धब्बे दोनों के लिये	देर का ब्लाइट और पत्ती के धब्बे दोनों के मिश्रण के लिये	बीज और सामान्य फसल	सभी स्थानों पर

1.	2.	3.	4.
मेटालैक्सिल 8 प्रतिशत+मैनोजेब 64 प्रतिशत मिश्रण का प्रयोग करें जब भी मौसम व्याधि के बढ़ने में अनुकूल हो।	देरी का ब्लाइट	बीज और सामान्य फसल	सभी स्थानों पर
भिन्नता गुण लिये पौधों को और विषाणु प्रभावित पौधों के निकाल दें	विषाणु व्याधि	बीज तथा सामान्य खेत	सभी स्थानों पर
सकंदो का प्रकारण के समय (ढेरी लगाना)			
फेनिट्रोथियोन 50 ई.सी.या डिकोफोल 18.5 ई.सी. का छिड़काव करें	पत्ती के फुदके के लिये तथा माइट्स के लिये	बीज तथा सामान्य फसल	मैदानी क्षेत्रों में
साप्रांगिक एवं पोषिता पौधों को निकालना और छिड़काव करना इन्डोसल्फान 35 ई.सी. या क्विनालफॉस 25 ई.सी. रसायनों से	सफेद लट	बीज और सामान्य	मैदानी क्षेत्रों में
रोशनी से आकर्षण करके प्रारम्भिक पौधे की दशा में	सफेद लट	बीज और सामान्य	पहाड़ी क्षेत्रों में
रोगरोधी उपायों के अन्तर्गत मैन्कोजेब 75 प्रतिशत डब्ल्यू.पी.0.25 प्रतिशत पत्ती के ब्लाइट के लिये। इसे बाद मेटलैक्सिल 8%+मैन्कोजेव 64% मिश्रित सूत्र में (0.25%) एकान्तरिक उपयाग मैन्कोजेव 8 और 14 दिन के अन्तर पर क्रमश:	देर का ब्लाइट	बीज और सामान्य फसल	पहाड़ी क्षेत्रों में
मैटालैक्सिल 8%+मैनकोजेव 64% जब भी जलवायु की दशा व्याधि के फैलने के लिये उपयुक्त हों (निरन्तर आसमान में बादल रुक-रुक कर वर्षापात)	देर का ब्लाइट	बीज और सामान्य फसल	मैदानी क्षेत्रों में
हीन पौधों को और विषाणु प्रभावित पौधों को निकाल दें	विषाणु व्याधि	बीज और सामान्य फसल	सभी स्थानों पर
पत्तियों की जीर्णावस्था पर शाखाओं का कर्तन			
विनाशकारी जीवों के नियन्त्रण हेतु फीरोमन के जाल (पाश) बडी संख्या में पी.टी.एम. को फसाने के लिये।	माहू आलू का सकंद पतंगा		
शाखाओं का कर्तन करना			
जब देर के ब्लाइट का 80% से ज्यादा प्रभाव बढ़ जाय	देर का ब्लाईट	बीज और सामान्य फसल	सभी स्थानों पर
फसल का संलवन			
जल्दी संलवन करके जल्दी से निर्वतन एवं भंडारण करलें	सब कीट-पतंगों और व्याधियों से बचाव के लिये	बीज और सामान्य फसल	सभी स्थानों पर

1.	2.	3.	4.
व्याधियों, कीटो से आहत सभी सकंदों का चुनाव तथा उन्हें नष्ट करना	सभी विनाशकारी जीवों से आहत संकद	बीज और सामान्य फसल	सभी स्थानों पर
ऊपर की टहनियों की कटाई, सिंचाई बंद् करना संलवन के एक सप्ताह पहले	सकंद की सडन	बीज तथा सामान्य फसल	सभी स्थानों पर
आलुओं को ढेरी बनाकर 7–10 दिन तक खुली हवा में आरोग्यकरण के लिये रखना	सकंद की सड़न से बचने के लिये	बीज और सामान्य फसल	सभी स्थानों पर
गौदाम में जाने से पहले कटे तथा घात लगे आलुओं का पृथ्थकरण करना	ब्लाइट और अन्य सभी व्याधियों के लिये	बीज और सामान्य फसल	सभी स्थानों पर
बीज के लिये चयनित आलुओं का बोरिक अम्ल (3%) से 20 मिनट तक उपचार करके भण्डारण करना	मिट्टी साफ कर सकंद को उपचारित करना	बीज का आलू	सभी स्थानों पर जहाँ पर बीमारियाँ आती हों।
बीज के आलुओं का जी.पी. या बी.टी. चूर्ण से उपचार करना	आलू की सकंद का पतंग	बीज और सामान्य फसल	मध्यम पहाड़ी क्षेत्रों में
भण्डारण			
शीत भण्डरों में रखना अधिमान्य	सकंद के पतंगे से बचाव	मध्य पहाड़ी क्षेत्र पठारी क्षेत्र	सभी स्थानों पर
सामग्री रखने के पहले भण्डार की अच्छी तरह सफाई कर लें	सकंद के पतंगे से बचाव	मध्यम पहाड़ी तथा पठारी क्षेत्र	सभी स्थानों पर
4 पाश प्रति 100 मीटर वर्ग की दर से भण्डारण क्षेत्र में फीरोमीन का पाश लगा दें	आलू की सकंद पतंगा	मध्य पहाड़ी क्षेत्र, पठारी क्षेत्रों	सभी स्थानों पर

कातरे की लट का नियन्त्रण

खेतों के पास उगे जंगली पौधे एवं जहाँ फसल उगी हुई हो वहाँ पर अण्डों से निकली लटें इसकी प्रथम व द्वितीय अवस्था में बी.एच.सी. 10 प्रतिशत या क्यूनालफॉस 1.5 प्रतिशत या मिथाइल पैराथियोन 2 प्रतिशत दवा के चूर्ण का 25 किलो प्रति हैक्टेयर की दर से भुरकाव करें।

बंजर जमीन या चारागाह में उगे जंगली पौधों से खेतों की फसलों पर कातरे की लट के आगमन को रोकने के लिए खेत के चारों तरफ खाइयां खोदें और खाइयों में बी.एच.सी. 10 प्रतिशत अथवा पैराथियॉन 2 प्रतिशत भुरक दीजिये ताकि खाई में गिरकर आने वाली लटें नष्ट हो जायें।

कातरे की बड़ी अवस्था

खेतों से लटें चुन-चुन कर एवं एकत्रित कर मिट्टी के तेल मिले (5 प्रतिशत) पानी में डालकर नष्ट करें।

निम्नलिखित दवाइयों में से किसी एक दवा का भुरकाव/छिड़काव करें :

मिथाइल पैराथियॉन 2 प्रतिशत

क्यूनालफॉस 1.5 प्रतिशत

फोसालॉन 4 प्रतिशत

कारबेरिल 5 प्रतिशत

चूर्ण 25 किलो का प्रति हैक्टेयर भुरकाव करें।

जहां पानी की सुविधा उपलब्ध हो वहाँः-

डाइक्लोरोवास 100 ई.सी. 200 मि.लि.

मिथाइल पैराथियॉन 50 ई.सी. 1250 मि.लि.

क्यूनालफॉस 25ई.सी. 1000 मि.लि.

क्लोरोपायरीफॉस 20ई.सी. 1 लीटर

प्रति हैक्टेयर का छिड़काव करें।